中国国家标准汇编

453

GB 24956～24980

（2010 年制定）

中国标准出版社　编

中国质检出版社
中国标准出版社

北　京

图书在版编目（CIP）数据

中国国家标准汇编：2010 年制定．453：GB 24956～24980/中国标准出版社编．—北京：中国标准出版社，2011
ISBN 978-7-5066-6483-7

Ⅰ．①中…　Ⅱ．①中…　Ⅲ．①国家标准-汇编-中国-2010
Ⅳ．①T-652.1

中国版本图书馆 CIP 数据核字(2011)第 187737 号

中国质检出版社
中国标准出版社 出版发行
北京市朝阳区和平里西街甲 2 号(100013)
北京市西城区三里河北街 16 号(100045)
网址:www.spc.net.cn
总编室:(010)64275323　发行中心:(010)51780235
读者服务部:(010)68523946
中国标准出版社秦皇岛印刷厂印刷
各地新华书店经销
*
开本 880×1230　1/16　印张 36.75　字数 952 千字
2011 年 12 月第一版　　2011 年 12 月第一次印刷
*
定价 220.00 元

出 版 说 明

1.《中国国家标准汇编》是一部大型综合性国家标准全集。自1983年起，按国家标准顺序号以精装本、平装本两种装帧形式陆续分册汇编出版。它在一定程度上反映了我国建国以来标准化事业发展的基本情况和主要成就，是各级标准化管理机构，工矿企事业单位，农林牧副渔系统，科研、设计、教学等部门必不可少的工具书。

2.《中国国家标准汇编》收入我国每年正式发布的全部国家标准，分为"制定"卷和"修订"卷两种编辑版本。

"制定"卷收入上一年度我国发布的、新制定的国家标准，顺延前年度标准编号分成若干分册，封面和书脊上注明"20××年制定"字样及分册号，分册号一直连续。各分册中的标准是按照标准编号顺序连续排列的，如有标准顺序号缺号的，除特殊情况注明外，暂为空号。

"修订"卷收入上一年度我国发布的、修订的国家标准，视篇幅分设若干分册，但与"制定"卷分册号无关联，仅在封面和书脊上注明"20××年修订-1，-2，-3，……"字样。"修订"卷各分册中的标准，仍按标准编号顺序排列（但不连续）；如有遗漏的，均在当年最后一分册中补齐。需提请读者注意的是，个别非顺延前年度标准编号的新制定的国家标准没有收入在"制定"卷中，而是收入在"修订"卷中。

读者配套购买《中国国家标准汇编》"制定"卷和"修订"卷则可收齐上一年度我国制定和修订的全部国家标准。

3.由于读者需求的变化，自1996年起，《中国国家标准汇编》仅出版精装本。

4.2010年我国制修订国家标准共2846项。本分册为"2010年制定"卷第453分册，收入国家标准GB 24956～24980的最新版本。

中国标准出版社

2011年8月

目　　录

ICS 75.020
E 13

中华人民共和国国家标准

GB/T 24956—2010

石油天然气工业
钻柱设计和操作限度的推荐作法

Recommended practice for petroleum and natural gas industries—
Drill stem design and operating limits

2010-08-09 发布　　　　2010-12-01 实施

中华人民共和国国家质量监督检验检疫总局
中国国家标准化管理委员会　发布

前　言

本标准等同采用 API RP 7G:1998 第 16 版 Recommended Practice for Drill Stem Design and Operating Limits(1998 年 12 月 1 日生效,2000 年 5 月勘误)《钻柱设计和操作限度的推荐作法》,包括其修正案 1:2003。

本标准等同翻译 API RP 7G:1998 第 16 版。

为便于实际使用,本标准做了下列编辑性修改:

——“本推荐作法”一词改为“本标准”;

——删除特别通告、API 前言和 16.8 等资料性概述要素;

——图、表依据 GB/T 1.1—2000 的规定排列;

——将国际标准中公式所要解释的符号“=”按国标 GB/T 1.1 的要求改为“——”;

——对纳入正文的国际标准的技术勘误和修正案内容在正文的页边空白处用垂直双线(‖)进行了标识;

——按 GB/T 20000.2 的要求,在附录 B 后增加了附录 NA 参考标准的采标情况;增加了附录 NB 英制单位与我国法定计量单位的换算。

本标准的附录 A 为规范性的附录,附录 B、NA、NB 为资料性的附录。

本标准由中国石油天然气集团公司提出。

本标准由全国石油天然气标准化技术委员会归口。

本标准起草单位:新疆石油管理局钻井工艺研究院。

本标准主要起草人:陈若铭、刘灵、王芳、谭国琼、宋彬、费维新。

API 环境、健康、安全责任和指导方针

美国石油协会会员致力于不断努力改善作业与环境的适应性，同时经济地开发能源，为消费者提供高质量的产品和服务。我们认识到我们有责任与公众、政府和其他团体一起共同努力，以环保手段来开发和使用自然资源，保护雇员和公众的健康和安全。为了担负起这个责任，API 成员承诺遵循下列方针管理我们的业务，这些方针采取风险优先的科学态度和经济有效的管理办法。

- 认识并对公众关于原材料、产品和作业的关心作出反应。
- 经营工厂和操作设备时，加工原材料和产品要保护环境、雇员和公众的安全和健康的。
- 在设计和开发新产品和新工艺时要优先考虑安全、健康和环保问题。
- 与行业有关的重要危害安全、健康和环境的信息应及时通知相关的官员、雇员、顾客和公众，并推荐保护措施。
- 劝告顾客、运输人员和其他人要安全使用、运输和处理原材料、产品和废料。
- 要经济地开发和生产自然资源，通过有效地使用能源来保护这些资源。
- 通过开展和扶持有关原材料、产品、加工和废料对安全、健康和环境影响的研究来拓展相关知识。
- 确保减少产生辐射和废物的总量。
- 和其他人或其他部门一起来解决因作业中处理和排放有害物质而产生的问题。
- 参与政府和其他部门制定保护社区、工作场所和环境的法律、法规和标准。
- 与生产、处理、使用、运输或排放类似原材料、石油产品和废料的其他人或部门分享经验和提供援助，以此宣传这些原则和做法。

石油天然气工业
钻柱设计和操作限度的推荐作法

1 范围

1.1 覆盖范围

本标准不仅包括钻柱组件的选择，而且还考虑了井斜控制、钻井液、钻压和转速，以及其他操作程序。

1.2 章节覆盖范围

第4、5、6、7章提供了选择钻柱组件的步骤，第8、9、10、11、12和15章是有关可能造成钻柱正常能力降低的操作限度，第13章包含了旧钻杆和旧油管的分类方法以及其他钻柱组件的识别和检查步骤，第14章包含了关于井下工具焊接的说明，第16章包含了牙轮钻头的分类方法。

2 参考文献

(其他参考资料详见附录B)。

API RP 5C1　套管、油管的维护和使用推荐作法

API Bull 5C3　套管、油管、钻杆和管线管性能的公式和计算

API Spec 7　旋转钻井钻柱组件的规格

API RP 7A1　旋转台肩连接螺纹脂检验推荐作法

API RP 13B-1　水基钻井液现场测试标准程序推荐作法

API RP 13B-2　油基钻井液现场测试标准程序推荐作法

ASTM[1)] D3370　取水样的标准作法

NACE[2)] MR0175　油田设备用抗硫化应力裂纹的金属材料

以上标准国内采标情况见附录NA。

3 术语和定义

下列术语和定义适用于本标准。

3.1

抗弯强度比　bending strength ratio

旋肩式内、外螺纹旋紧配合时，外螺纹接头最后丝扣啮合处的抗弯截面模数与外螺纹接头顶端外的内螺纹接头的抗弯截面模数的比值。

3.2

倒角直径　bevel diameter

旋转台肩连接接触面的外径。

3.3

钻头短节　bit sub

通常两端为内螺纹、用于连接钻头和钻柱的接头。

---

1) 美国测试材料协会(地址:100 Barr Harbor Drive, West Conshocken, Pennsylvania 19428)

2) 美国国家防腐工程师协会(P. O. Box 218340, Houston, Texas 77218-8340)

3.4

内螺纹连接　box connection

石油管材具有内(阴)螺纹的螺纹连接。

3.5

校准系统　calibration system

量规校准和控制的相关文件。

3.6

二级　Class 2

对旧钻杆和油管的一种 API 使用分级。

3.7

冷加工　cold working

金属在足够低的温度下引起或确保永久应变的塑性变形。

3.8

腐蚀　corrosion

由所处环境引起的材料改变或性能下降。

3.9

临界转速　critical rotary speed

出现共振时的旋转速度。这些振动可能造成疲劳失效、过度磨损或弯曲。

3.10

脱碳　decarburization

加热时介质表面与碳发生反应,从而造成铁合金表面的碳损失的现象。

3.11

牙底高　dedendum

螺纹节线与牙底的距离。

3.12

狗腿　dogleg

用于描述井眼或沟槽方向急剧变化的术语,也适用于钢丝绳或管柱的永久性弯曲。

3.13

狗腿严重度　dogleg severity

井眼的井斜和(或)方位变化量的度量单位,通常用°/100 ft(井段长度)来表示。

3.14

通径规　drift

检查钻铤、钻杆、套管、油管、接头、水管和管线最小内径的量规。

3.15

钻铤　drill collar

设计用来提供刚度和钻压的厚壁管子或管状物。

3.16

钻杆　drill pipe

两端有特殊螺纹连接(即工具接头)的一段钢管。

3.17

钻柱组件　drill string element

用钻杆接头连接的每根钻杆。

3.18

失效　failure

装置或设备的性能已不适合甚至妨碍完成其设计功能。

3.19

疲劳　fatigue

材料局部受交变应力作用并在交变应力足够大之后累积产生裂纹或发展成裂缝,从而导致材料局部永久性结构发生改变的渐进过程。

3.20

疲劳失效　fatigue failure

一种受最大值低于材料抗拉强度的交变应力作用而产生的失效。

3.21

疲劳裂纹　fatigue crack

材料因疲劳而产生的裂纹。

3.22

锻造(锻件)　forging

1）一般是热锻,用或不用冲模在外力作用下将金属塑性加工成型。

2）用锻造方法制成成型的金属部件。

3.23

方钻杆　kelly

用于连接水龙头和钻柱外形为四方形或六边形的钢管。方钻杆穿过转盘转动并向钻柱传递扭矩。

3.24

方钻杆保护接头　kelly saver sub

连接在方钻杆底部的短节,用于保护方钻杆的外螺纹端在上扣、卸扣作业期间不受磨损。

3.25

最后啮合齿　last engaged thread

与内螺纹啮合的外螺纹或与外螺纹啮合的内螺纹的最后一道螺纹。

3.26

方钻杆下旋塞　lower kelly valve

紧接在方钻杆以下的基本可完全打开的阀,外径和钻杆接头外径相等。在带压状态下可关闭该阀以卸下方钻杆,可在强行起下钻作业中下钻。

3.27

旋接台肩　make-up shoulder

旋转台肩连接上的密封台肩。

3.28

最小上紧扭矩　minimum make-up torque

在外螺纹上产生拉应力或在内螺纹产生压应力所需的最小扭矩。这个任意得出的应力可理解为在多数钻井条件下都足以防止井下卸开和因弯曲载荷使台肩分离的力。

3.29

最小外径　minimum OD

对于旋肩式钻杆接头,其最小外径是旋转时确保丝扣连接强度为钻杆本体强度一定比例的最小内螺纹外径。

3.30

油基钻井液　oil muds

是指油为连续相、水为分散相的特殊类型钻井液。这类钻井液含有氧化沥青和通常以1∶5的比例乳化进含有氢氧化钠或氧化钙和有机酸体系的水，也可含有硅酸盐、盐和磷酸盐。油基钻井液与反相乳化钻井液（两者都是油包水乳化钻井液）的区别在于水的加量、控制黏度和触变性的方法、造壁材料以及滤失性的不同。

3.31

外螺纹端　pin end

石油管材具有外（阳）螺纹的螺纹连接。

3.32

平端　plain end

钻杆、油管或套管没有丝扣的端部。管柱两端可加厚也可不加厚。

3.33

一级　premium class

对旧钻杆和油管的一种API使用分级。

3.34

淬火和回火　quenched and tempered

淬火——通过奥氏体化使铁合金硬化，然后迅速冷却以使部分或全部奥氏体转变成马氏体。

回火——将淬火硬化或正火的铁合金重新加热到低于转变区的温度，然后按所要求的速率冷却。

3.35

类　range

API石油管材的一种按长度分级的方法。

3.36

旋转台肩连接　rotary shouldered connection

钻柱组件所应用的一种具有粗牙、锥形螺纹和密封台肩的连接。

3.37

抗剪强度　shear strength

当施加力和阻力反向平行并偏移一定距离，在横截面上产生裂缝时所需的力。其值为：最大载荷除以被剪切分开的原始横截面面积。

3.38

卡卡瓦区　slip area

从钻杆接头和吊卡台肩的接合处沿管体48 in距离内所包含的区域。

3.39

应力释放特征　stress-relief feature

在旋转台肩连接上进行处理，去除外螺纹或内螺纹未啮合的螺纹。经过这种处理钻柱柔性更强，减少了高应力集中区产生疲劳裂纹的机率。

3.40

水龙头　swivel

安装在钻柱顶部可以同时实现循环和旋转的装置。

3.41

抗拉强度　tensile strength

材料能够承受的最大拉伸应力。抗拉强度根据在拉伸测试期间断裂时的最大载荷和试件的原横截面积计算。

3.42

测试压力　test pressure

用于证明压力容器结构完整性的大于其工作压力的压力。

3.43

螺纹形式　thread form

一个螺距长度内轴向上螺纹剖面的形状。

3.44

公差　tolerance

允许的偏差量。

3.45

钻杆接头　tool joint

钻杆上一种具有粗牙、锥形螺纹和密封台肩的加重连接元件，其可承受钻柱重量，在钻井过程中经受重复上、卸扣的应变，抗疲劳和额外上紧力，并起防泄漏密封作用。钻杆两端分别为外螺纹端和内螺纹端。钻杆接头可以以焊接、螺纹连接，或以焊接和螺纹连接相结合的方式连接在钻杆上。

3.46

方钻杆上旋塞　upper kelly cock

一种紧接在方钻杆上端关闭后可封闭钻杆内压力的阀。

3.47

加厚端　upset

钻杆管体壁厚增加的一端。其可以是外径增大或内径减小，或两种情况兼有。加厚端通常通过热锻管体端而制成。

3.48

工作规　working gauges

用来测量产品螺纹的量规。

3.49

工作压力　working pressure

在正常操作中设备的部件能够承受的压力。

3.50

工作温度　working temperature

在正常操作中设备的部件能够承受的温度。

4　钻杆和钻杆接头的性能

4.1　本章包括了一系列表格（表1～表11），给出了新旧钻杆的尺寸、机械性能和使用性能，表格还包括新旧钻杆所用钻杆接头的这些特性。

4.2　本章包括了所有钻杆和钻杆接头特性表。

4.3　钻杆表中所列数据都是以公认行业标准为基础、通过附录A中的公式计算而得到的。

4.4　新钻柱的推荐通径见表8和表9的第8列。通径规长度至少有4 in，而且必须通过加厚部分，但无需超过吊卡台肩面以下12 in。

4.5　钻杆接头的抗扭强度是一个多变量的函数。这些变量包括钢材强度、连接尺寸、螺纹类型、螺距、锥度和螺纹配合面或台肩配合面的摩擦系数。为使用本标准，摩擦系数假定为一个常数，但是已经得到证实的是，新钻杆接头和使用温度通常会影响钻杆接头的摩擦系数。当新钻杆一般表现出低摩擦系数时，使用温度大于 300 ℉则可以使摩擦系数显著增加或降低，这主要取决于螺纹润滑脂。使旋转台肩连接屈服所需要的扭矩可从 A.9 中的公式获得。

4.6 外螺纹钻杆接头或内螺纹钻杆接头的横截面积，无论哪个起作用都是最大的影响因素，并且变化也最大。钻杆接头的抗扭强度主要由其外径和内径决定，外径影响内螺纹钻杆接头的横截面积，内径影响外螺纹钻杆接头的横截面积。假定其他因素都是定值，则外径和内径的选择决定了外螺纹钻杆接头或内螺纹钻杆接头的横截面积，并确定其理论抗扭强度值。

4.7 钻杆接头使用寿命期间其理论抗扭强度随外径磨损而显著降低。钻杆接头的内螺纹横截面积成为较小的一个或者说成为控制面积时，外径减小多少都会直接降低抗扭强度。如果钻杆接头是新的且内螺纹横截面积起控制作用时，则初始外径磨损会降低抗扭强度；如果钻杆接头是新的且外螺纹横截面积起控制作用时，则外径磨损到某个程度才可能使抗扭强度受到影响。反过来说，可以通过制造比普通尺寸大的外径和比普通尺寸小的内径的钻杆接头来增大抗扭强度。

4.8 表 10 所列的最小外径、内螺纹钻杆接头台肩厚和上紧扭矩值的确定依据。

4.8.1 推荐钻杆接头上紧扭矩是基于所有螺纹和台肩都涂抹了螺纹脂计算的。螺纹脂含有 40%～60%（质量比）金属锌细粉，其中活化硫总含量不超过 0.3%（参考 Spec 7 附录 G 中使用有害材料的注意事项）。计算中拉伸应力为钻杆接头（最小拉伸屈服强度）的 60%。

4.8.2 计算钻杆接头抗扭强度时，新的和磨损后的钻杆接头都未考虑台肩倒角。

4.8.3 一级钻杆其壁厚最小为公称壁厚的 80%。

4.8.4 二级钻杆其壁厚最小为公称壁厚的 70%。

4.8.5 本标准中钻杆接头和管体的抗扭比（≥0.80）仅是推荐值，应该认识到可以采用其他的尺寸组合。适合某种使用场合的特定组合，在某些地方可能不适用而在另一地方可能过于安全。

4.9 许多种尺寸和类型的连接可与某些其他尺寸和类型互换。在这些情况下只是名称不同，而在某些情况下是螺纹形式不同。如果螺纹形式可互换，则连接就可互换。

这些可互换的连接见表 12。

4.10 图 1～图 25 的曲线给出了大量大范围不同内、外径的常用钻杆接头连接的理论抗扭屈服强度。配合面、螺纹和台肩的摩擦系数假定为 0.08（见 API RP 7A1《旋转台肩连接螺纹脂检验的推荐作法》）。上紧扭矩以钻杆接头最小拉伸屈服强度的 60%为基础来计算。

4.11 曲线图使用的步骤方法

4.11.1 根据所研究的钻杆接头连接的尺寸和类型选择相应标题的曲线。

4.11.2 从需查找的外径水平引至曲线并读出该内螺纹连接的抗扭强度。

4.11.3 从内径垂直引至曲线并读出该外螺纹连接的抗扭强度。

4.11.4 上述得到的两个抗扭强度中较小的值就是钻杆接头的理论抗扭强度。

4.11.5 需强调的是，从曲线得到的值是抗扭强度的理论值。现场钻杆接头的抗扭强度可能与此不同，这是因为绘制曲线上各点时有许多影响现场使用的因素没有考虑。

4.11.6 对于新的或磨损后的钻杆接头在外径和内径变化情况下的相对抗扭强度，这些曲线十分有用。在每种情况下，应该使用较小值。

4.12 旧钻杆接头的推荐上紧扭矩确定步骤

4.12.1 按所研究的钻杆接头连接的尺寸和类型选择相应标题的曲线。

4.12.2 从需查找的外径水平引至曲线并读出该内螺纹连接的推荐上紧扭矩。

4.12.3 从内径垂直引至曲线并读出该外螺纹连接的推荐上紧扭矩。

4.12.4 上述得到的两个上紧扭矩中比较小的值就是钻杆接头的推荐上紧扭矩。

4.12.5 极端使用条件下允许上紧扭矩高于推荐值。

表 1 新钻杆尺寸数据

(1)	(2)	(3)	(4)	(5)	(6)	(7)
外径	公称重量（含接头）	平端管子重量[1]	壁厚	内径 d	管体截面积[2] A	极截面模数[3] Z
in	lb/ft	lb/ft	in	in	in^2	in^3
2⅜	4.85	4.43	0.190	1.995	1.304 2	1.321
	6.65	6.26	0.280	1.815	1.842 9	1.733
2⅞	6.85	6.16	0.217	2.441	1.812 0	2.241
	10.40	9.72	0.362	2.151	2.857 9	3.204
3½	9.50	8.81	0.254	2.992	2.590 2	3.923
	13.30	12.31	0.368	2.764	3.620 9	5.144
	15.50	14.63	0.449	2.602	4.303 7	5.847
4	11.85	10.46	0.262	3.476	3.076 7	5.400
	14.00	12.93	0.330	3.340	3.804 8	6.458
	15.70	14.69	0.380	3.240	4.321 6	7.157
4½	13.75	12.24	0.271	3.958	3.600 4	7.184
	16.60	14.98	0.337	3.826	4.407 4	8.543
	20.00	18.69	0.430	3.640	5.498 1	10.232
	22.82	21.36	0.500	3.500	6.283 2	11.345
5	16.25	14.87	0.296	4.408	4.374 3	9.718
	19.50	17.93	0.362	4.276	5.274 6	11.415
	25.60	24.03	0.500	4.000	7.068 6	14.491
5½	19.20	16.87	0.304	4.892	4.962 4	12.221
	21.90	19.81	0.361	4.778	5.828 2	14.062
	24.70	22.54	0.415	4.670	6.629 6	15.688
6⅝	25.20	22.19	0.330	5.965	6.526 2	19.572
	27.70	24.22	0.362	5.901	7.122 7	21.156

1 lb/ft=3.399 6×A(第 6 列)

2 $A=0.785\ 4(D^2-d^2)$

3 $Z=0.196\ 35\left(\frac{D^4-d^4}{D}\right)$

表 2 新钻杆的抗扭强度和抗拉强度数据

(1)	(2)	(3)	(4)	(5)	(6)	(7)	(8)	(9)	(10)
外径	公称重量（含接头）	抗扭强度数据[1] 抗扭强度/(ft·lb)				最小抗拉强度数据[2] 最小屈服强度时的载荷/lb			
in	lb/ft	E75	X95	G105	S135	E75	X95	G105	S135
2⅜	4.85	4 763	6 033	6 668	8 574	97 817	123 902	136 944	176 071
	6.65	6 250	7 917	8 751	11 251	138 214	175 072	193 500	248 786
2⅞	6.85	8 083	10 238	11 316	14 549	135 902	172 143	190 263	244 624
	10.40	11 554	14 635	16 176	20 798	214 344	271 503	300 082	385 820
3½	9.50	14 146	17 918	19 805	25 463	194 264	246 068	271 970	349 676
	13.30	18 551	23 498	25 972	33 392	271 569	343 988	380 197	488 825
	15.50	21 086	26 708	29 520	37 954	322 775	408 848	451 885	580 995

表 2（续）

(1)	(2)	(3)	(4)	(5)	(6)	(7)	(8)	(9)	(10)
外径	公称重量（含接头）	抗扭强度数据[1] 抗扭强度/(ft·lb)				最小抗拉强度数据[2] 最小屈服强度时的载荷/lb			
in	lb/ft	E75	X95	G105	S135	E75	X95	G105	S135
4	11.85	19 474	24 668	27 264	35 054	230 755	292 290	323 057	415 360
	14.00	23 288	29 498	32 603	41 918	285 359	361 454	399 502	513 646
	15.70	25 810	32 692	36 134	46 458	324 118	410 550	453 765	583 413
4½	13.75	25 907	32 816	36 270	46 633	270 034	342 043	378 047	486 061
	16.60	30 807	39 022	43 130	55 453	330 558	418 707	462 781	595 004
	20.00	36 901	46 741	51 661	66 421	412 358	522 320	577 301	742 244
	22.82	40 912	51 821	57 276	73 641	471 239	596 903	659 734	848 230
5	16.25	35 044	44 389	49 062	63 079	328 073	415 559	459 302	590 531
	19.50	41 167	52 144	57 633	74 100	395 595	501 087	553 833	712 070
	25.60	52 257	66 192	73 159	94 062	530 144	671 515	742 201	954 259
5½	19.20	44 074	55 826	61 703	79 332	372 181	471 429	521 053	669 925
	21.90	50 710	64 233	70 994	91 278	437 116	553 681	611 963	786 809
	24.70	56 574	71 660	79 204	101 833	497 222	629 814	696 111	894 999
6⅝	25.20	70 580	89 402	98 812	127 044	489 464	619 988	685 250	881 035
	27.70	76 295	96 640	106 813	137 330	534 199	676 651	747 877	961 556

1 以抗剪强度等于57.7%最小屈服强度和公称壁厚为基础。
最小抗扭强度由公式A.16计算。

2 最小抗拉强度由公式A.13计算。

表 3　新钻杆的抗挤强度和抗内压强度数据

(1)	(2)	(3)	(4)	(5)	(6)	(7)	(8)	(9)	(10)
外径	公称重量（含接头）	最小抗挤强度 psi				最小屈服强度时的抗内压强度 psi			
in	lb/ft	E75	X95	G105	S135	E75	X95	G105	S135
2⅜	4.85	11 040	13 984	15 456	19 035	10 500	13 300	14 700	18 900
	6.65	15 599	19 759	21 839	28 079	15 474	19 600	21 663	27 853
2⅞	6.85	10 467	12 940	14 020	17 034	9 907	12 548	13 869	17 832
	10.40	16 509	20 911	23 112	29 716	16 526	20 933	23 137	29 747
3½	9.50	10 001	12 077	13 055	15 748	9 525	12 065	13 335	17 145
	13.30	14 113	17 877	19 758	25 404	13 800	17 480	19 320	24 840
	15.50	16 774	21 247	23 484	30 194	16 838	21 328	23 573	30 308
4	11.85	8 381	9 978	10 708	12 618	8 597	10 889	12 036	15 474
	14.00	11 354	14 382	15 896	20 141	10 828	13 716	15 159	19 491
	15.70	12 896	16 335	18 055	23 213	12 469	15 794	17 456	22 444
4½	13.75	7 173	8 412	8 956	10 283	7 904	10 012	11 066	14 228
	16.60	10 392	12 765	13 825	16 773	9 829	12 450	13 761	17 693
	20.00	12 964	16 421	18 149	23 335	12 542	15 886	17 558	22 575
	22.82	14 815	18 765	20 741	26 667	14 583	18 472	20 417	26 250

表 3(续)

(1) 外径 in	(2) 公称重量(含接头) lb/ft	(3) 最小抗挤强度 psi E75	(4) X95	(5) G105	(6) S135	(7) 最小屈服强度时的抗内压强度 psi E75	(8) X95	(9) G105	(10) S135
5	16.25	6 938	8 108	8 616	9 831	7 770	9 842	10 878	13 986
	19.50	9 962	12 026	12 999	15 672	9 503	12 037	13 304	17 105
	25.60	13 500	17 100	18 900	24 300	13 125	16 625	18 375	23 625
5½	19.20	6 039	6 942	7 313	8 093	7 255	9 189	10 156	13 058
	21.90	8 413	10 019	10 753	12 679	8 615	10 912	12 061	15 507
	24.70	10 464	12 933	14 013	17 023	9 903	12 544	13 865	17 826
6⅝	25.20	4 788	5 321	5 500	6 036	6 538	8 281	9 153	11 768
	27.70	5 894	6 755	7 103	7 813	7 172	9 084	10 040	12 909

注:根据 API Bull 5C3 中的公式计算。

表 4　API 一级钻杆的抗扭强度和抗拉强度数据

(1) 外径 in	(2) 公称重量(含接头) lb/ft	(3) 基于均匀磨损的抗扭屈服强度[1,2] ft·lb E75	(4) X95	(5) G105	(6) S135	(7) 基于均匀磨损的抗拉强度数据[2] 最小屈服强度时的载荷/lb E75	(8) X95	(9) G105	(10) S135
2⅜	4.85	3 725	4 719	5 215	6 705	76 893	97 398	107 650	138 407
	6.65	4 811	6 093	6 735	8 659	107 616	136 313	150 662	193 709
2⅞	6.85	6 332	8 020	8 865	11 397	106 946	135 465	149 725	192 503
	10.40	8 858	11 220	12 401	15 945	166 535	210 945	233 149	299 764
3½	9.50	11 094	14 052	15 531	19 968	152 979	193 774	214 171	275 363
	13.30	14 361	18 191	20 106	25 850	212 150	268 723	297 010	381 870
	15.50	16 146	20 452	22 605	29 063	250 620	317 452	350 868	451 115
4	11.85	15 310	19 392	21 433	27 557	182 016	230 554	254 823	327 630
	14.00	18 196	23 048	25 474	32 752	224 182	283 963	313 854	403 527
	15.70	20 067	25 418	28 094	36 120	253 851	321 544	355 391	456 931
4½	13.75	20 403	25 844	28 564	36 725	213 258	270 127	298 561	383 864
	16.60	24 139	30 576	33 795	43 450	260 165	329 542	364 231	468 297
	20.00	28 683	36 332	40 157	51 630	322 916	409 026	452 082	581 248
	22.82	31 578	40 010	44 222	56 856	367 566	465 584	514 593	661 620
5	16.25	27 607	34 969	38 650	49 693	259 155	328 263	362 817	466 479
	19.50	32 285	40 895	45 199	58 113	311 535	394 612	436 150	560 764
	25.60	40 544	51 356	56 762	72 979	414 690	525 274	580 566	746 443
5½	19.20	34 764	44 035	48 670	62 575	294 260	372 730	411 965	529 669
	21.90	39 863	50 494	55 809	71 754	344 780	436 721	482 692	620 604
	24.70	44 320	56 139	62 048	79 776	391 285	495 627	547 799	704 313
6⅝	25.20	55 766	71 522	79 050	101 635	387 466	490 790	542 452	697 438
	27.70	60 192	77 312	85 450	109 864	422 419	535 064	591 387	760 354

1　基于抗剪强度为 57.7%最小屈服强度计算。

2　抗扭强度数据和抗拉强度数据基于外径 20%均匀磨损计算。

表 5　API 一级钻杆的抗挤强度和抗内压强度数据

(1)	(2)	(3)	(4)	(5)	(6)	(7)	(8)	(9)	(10)
外径	公称重量（含接头）	最小抗挤强度[1] psi				最小屈服强度时的最小抗内压强度[1] psi			
in	lb/ft	E75	X95	G105	S135	E75	X95	G105	S135
2⅜	4.85	8 522	10 161	10 912	12 891	9 600	12 160	13 440	17 280
	6.65	13 378	16 945	18 729	24 080	14 147	17 920	19 806	25 465
2⅞	6.85	7 640	9 017	9 633	11 186	9 057	11 473	12 680	16 303
	10.40	14 223	18 016	19 912	25 602	15 110	19 139	21 153	27 197
3½	9.50	7 074	8 284	8 813	10 093	8 709	11 031	12 192	15 675
	13.30	12 015	15 218	16 820	21 626	12 617	15 982	17 664	22 711
	15.50	14 472	18 331	20 260	26 049	15 394	19 499	21 552	27 710
4	11.85	5 704	6 508	6 827	7 445	7 860	9 956	11 004	14 148
	14.00	9 012	10 795	11 622	13 836	9 900	12 540	13 860	17 820
	15.70	10 914	13 825	15 190	18 593	11 400	14 440	15 960	20 520
4½	13.75	4 686	5 190	5 352	5 908	7 227	9 154	10 117	13 008
	16.60	7 525	8 868	9 467	10 964	8 987	11 383	12 581	16 176
	20.00	10 975	13 901	15 350	18 806	11 467	14 524	16 053	20 640
	22.82	12 655	16 030	17 718	22 780	13 333	16 889	18 667	24 000
5	16.25	4 490	4 935	5 067	5 661	7 104	8 998	9 946	12 787
	19.50	7 041	8 241	8 765	10 029	8 688	11 005	12 163	15 638
	25.60	11 458	14 514	16 042	20 510	12 000	15 200	16 800	21 600
5½	19.20	3 736	4 130	4 336	4 714	6 633	8 401	9 286	11 939
	21.90	5 730	6 542	6 865	7 496	7 876	9 977	11 027	14 177
	24.70	7 635	9 011	9 626	11 177	9 055	11 469	12 676	16 298
6⅝	25.20	2 931	3 252	3 353	3 429	5 977	7 571	8 386	10 759
	27.70	3 615	4 029	4 222	4 592	6 557	8 306	9 180	11 803

注：一级钻杆数据基于 API Bull 5C3 中的公式计算。

[1] 数据的最小壁厚以公称壁厚的 80%为基础、抗挤强度以外径均匀磨损为基础计算，抗内压强度以均匀磨损和公称外径为基础计算。

表 6　API 二级钻杆的抗扭强度和抗拉强度数据

(1)	(2)	(3)	(4)	(5)	(6)	(7)	(8)	(9)	(10)
外径	公称重量（含接头）	基于均匀磨损的抗拉屈服强度[1,2] ft・lb				基于均匀磨损的抗拉强度数据[2] 最小屈服强度时的载荷/lb			
in	lb/ft	E75	X95	G105	S135	E75	X95	G105	S135
2⅜	4.85	3 224	4 083	4 513	5 802	66 686	84 469	93 360	120 035
	6.65	4 130	5 232	5 782	7 434	92 871	117 636	130 019	167 167
2⅞	6.85	5 484	6 946	7 677	9 871	92 801	117 549	129 922	167 043
	10.40	7 591	9 615	10 627	13 663	143 557	181 839	200 980	258 403
3½	9.50	9 612	12 176	13 457	17 302	132 793	168 204	185 910	239 027
	13.30	12 365	15 663	17 312	22 258	183 398	232 304	256 757	330 116
	15.50	13 828	17 515	19 359	24 890	215 967	273 558	302 354	388 741
4	11.85	13 281	16 823	18 594	23 907	158 132	200 301	221 385	284 638
	14.00	15 738	19 935	22 034	28 329	194 363	246 193	272 108	349 852

表 6（续）

(1)	(2)	(3)	(4)	(5)	(6)	(7)	(8)	(9)	(10)
外径	公称重量（含接头）	基于均匀磨损的抗拉屈服强度[1,2] ft·lb				基于均匀磨损的抗拉强度数据[2] 最小屈服强度时的载荷/lb			
in	lb/ft	E75	X95	G105	S135	E75	X95	G105	S135
	15.70	17 315	21 932	24 241	31 166	219 738	278 335	307 633	395 528
4½	13.75	17 715	22 439	24 801	31 887	185 389	234 827	259 545	333 701
	16.60	20 908	26 483	29 271	37 634	225 771	285 977	316 080	406 388
	20.00	24 747	31 346	34 645	44 544	279 502	354 035	391 302	503 103
	22.82	27 161	34 404	38 026	48 890	317 497	402 163	444 496	571 495
5	16.25	23 974	30 368	33 564	43 154	225 316	285 400	315 442	405 568
	19.50	27 976	35 436	39 166	50 356	270 432	342 548	378 605	486 778
	25.60	34 947	44 267	48 926	62 905	358 731	454 392	502 223	645 715
5½	19.20	30 208	38 263	42 291	54 374	255 954	324 208	358 335	460 717
	21.90	34 582	43 804	48 414	62 247	299 533	379 409	419 346	539 160
	24.70	38 383	48 619	53 737	69 090	339 533	430 076	475 347	611 160
6⅝	25.20	48 497	61 430	67 896	87 295	337 236	427 166	472 131	607 026
	27.70	52 308	66 257	73 231	94 155	367 455	465 443	514 437	661 419

1 基于抗剪强度为 57.7%最小屈服强度计算。

2 抗扭强度数据和抗拉强度数据基于外径 30%均匀磨损计算。

表 7 API 二级钻杆的抗挤强度和抗内压强度数据

(1)	(2)	(3)	(4)	(5)	(6)	(7)	(8)	(9)	(10)
外径	公称重量（含接头）	最小抗挤强度[1] psi				最小屈服强度时的最小抗内压强度[1] psi			
in	lb/ft	E75	X95	G105	S135	E75	X95	G105	S135
2⅜	4.85	6 852	7 996	8 491	9 664	8 400	10 640	11 760	15 120
	6.65	12 138	15 375	16 993	21 849	12 379	15 680	17 331	22 282
2⅞	6.85	6 055	6 963	7 335	8 123	7 925	10 039	11 095	14 265
	10.40	12 938	16 388	18 113	23 288	13 221	16 746	18 509	23 798
3½	9.50	5 544	6 301	6 596	7 137	7 620	9 652	10 668	13 716
	13.30	10 858	13 753	15 042	18 396	11 040	13 984	15 456	19 872
	15.50	13 174	16 686	18 443	23 712	13 470	17 062	18 858	24 246
4	11.85	4 311	4 702	4 876	5 436	6 878	8 712	9 629	12 380
	14.00	7 295	8 570	9 134	10 520	8 663	10 973	12 128	15 593
	15.70	9 531	11 468	12 374	14 840	9 975	12 635	13 965	17 955
4½	13.75	3 397	3 845	4 016	4 287	6 323	8 010	8 853	11 382
	16.60	5 951	6 828	7 185	7 923	7 863	9 960	11 009	14 154
	20.00	9 631	11 598	12 520	15 033	10 033	12 709	14 047	18 060
	22.82	11 458	14 514	16 042	20 510	11 667	14 779	16 333	21 000
5	16.25	3 275	3 696	3 850	4 065	6 216	7 874	8 702	11 189
	19.50	5 514	6 262	6 552	7 079	7 602	9 629	10 643	13 684
	25.60	10 338	12 640	13 685	16 587	10 500	13 300	14 700	18 900

表 7（续）

(1)	(2)	(3)	(4)	(5)	(6)	(7)	(8)	(9)	(10)
外径	公称重量（含接头）	最小抗挤强度[1] psi				最小屈服强度时的最小抗内压强度[1] psi			
in	lb/ft	E75	X95	G105	S135	E75	X95	G105	S135
5½	19.20	2 835	3 128	3 215	3 265	5 804	7 351	8 125	10 447
	21.90	4 334	4 733	4 899	5 465	6 892	8 730	9 649	12 405
	24.70	6 050	6 957	7 329	8 115	7 923	10 035	11 092	14 261
6⅝	25.20	2 227	2 343	2 346	2 346	5 230	6 625	7 322	9 414
	27.70	2 765	3 037	3 113	3 148	5 737	7 267	8 032	10 327

注：二级钻杆数据根据 API Bull 5C3 中的公式计算。

1 数据以最小壁厚为 70%公称壁厚为基础计算，抗挤强度以外径均匀磨损为基础计算，抗内压强度以公称外径和均匀磨损为基础计算。

表 8 新钻杆接头和新钢级 E75 钻杆的机械性能

(1)	(2)	(3)	(4)	(5)	(6)	(7)	(8)	(9)	(10)	(11)	(12)
钻杆数据			钻杆接头数据					机械性能			
								抗拉强度/lb		抗扭强度/(ft·lb)	
公称尺寸 in	公称重量 lb/ft	近似重量[1] lb/ft	加厚类型	连接	外径 in	内径 in	通径[2] in	钻杆本体[3]	钻杆接头[4]	钻杆主体[5]	钻杆接头[6]
2⅜	4.85	5.26	EU	NC26(IF)	3⅜	1¾	1.625	97 817	313 681	4 763	6 875*b*
		4.95	EU	OH	3⅛	2	1.807	97 817	206 416	4 763	4 526*p*
		5.05	EU	SLH90	3¼	2	1.850	97 817	202 670	4 763	5 075*p*
		5.15	EU	WO	3⅜	2	1.807	97 817	195 677	4 763	4 235*p*
	6.65	6.99	EU	NC26(IF)	3⅜	1¾	1.625	138 214	313 681	6 250	6 875*b*
		6.89	EU	OH	3¼	1¾	1.625	138 214	294 620	6 250	6 305*b*
		6.17	IU	PAC	2⅞	1⅜	1.250	138 214	238 504	6 250	4 672*p*
		6.78	EU	SLH90	3¼	2	1.670	138 214	202 850	6 250	5 075*p*
2⅞	6.85	7.50	EU	NC31(IF)	4⅛	2⅛	2.000	135 902	447 130	8 083	11 790*p*
		6.93	EU	OH	3¾	2 7/16	2.253	135 902	223 937	8 083	5 464*p*
		7.05	EU	SLH90	3⅞	2 7/16	2.296	135 902	260 783	8 083	7 513*p*
		7.31	EU	WO	4⅛	2 7/16	2.253	135 902	277 553	8 083	7 015*p*
	10.40	10.87	EU	NC31(IF)	4⅛	2⅛	1.963	214 344	447 130	11 554	11 790*p*
		10.59	EU	OH	3⅞	2 5/32	1.963	214 344	345 566	11 554	8 659*p*
		10.27	IU	PAC	3⅛	1½	1.375	214 344	272 938	11 554	5 706*p*
		10.59	EU	SLH90	3⅞	2 5/32	2.006	214 344	382 765	11 554	11 227*p*
		11.19	IU	XH	4¼	1⅞	1.750	214 344	505 054	11 554	13 088*p*
		10.35	IU	NC26(SH)	3⅜	1¾	1.625	214 344	313 681	11 554	6 875*B*
3½	9.50	10.58	EU	NC38(IF)	4¾	2 11/16	2.563	194 264	587 308	14 146	18 071*p*
		9.84	EU	OH	4½	3	2.804	194 264	392 071	14 146	11 803*p*
		9.99	EU	SLH90	4⅝	3	2.847	194 264	366 705	14 146	12 458*p*
		10.14	EU	WO	4¾	3	2.804	194 264	419 797	14 146	12 723*p*

表 8（续）

(1)	(2)	(3)	(4)	(5)	(6)	(7)	(8)	(9)	(10)	(11)	(12)
钻杆数据				钻杆接头数据				机械性能			
								抗拉强度/lb		抗扭强度/(ft·lb)	
公称尺寸 in	公称重量 lb/ft	近似重量[1] lb/ft	加厚类型	连接	外径 in	内径 in	通径[2] in	钻杆本体[3]	钻杆接头[4]	钻杆主体[5]	钻杆接头[6]
3½	13.30	14.37	EU	H90	5¼	2¾	2.619	271 569	664 050	18 551	23 443*p*
		13.93	EU	NC38(IF)	4¾	$2\frac{11}{16}$	2.457	271 569	587 308	18 551	18 071*p*
		13.75	IU	OH	4¾	$2\frac{11}{16}$	2.414	271 569	559 582	18 551	17 167*p*
		13.40	EU	NC31(IF)	4⅛	2⅛	2.000	271 569	447 130	18 551	11 790*p*
		13.91	EU	XH	4¾	$2\frac{7}{16}$	2.313	271 569	570 939	18 551	16 867*p*
	15.50	16.54	EU	NC38(IF)	5	$2\frac{9}{16}$	2.414	322 775	649 158	21 086	20 095*p*
4	11.85	13.00	IU	H90	5½	$2\frac{13}{16}$	2.688	230 755	913 708	19 474	35 308*p*
		13.52	EU	NC46(IF)	6	3¼	3.125	230 755	901 164	19 474	33 228*p*
		12.10	EU	OH	5¼	$3\frac{15}{32}$	3.287	230 755	621 357	19 474	21 903*p*
		12.91	EU	WO	5¾	$3\frac{7}{16}$	3.313	230 755	782 987	19 474	28 643*p*
	14.00	15.04	IU	NC40(FH)	5¼	$2\frac{13}{16}$	2.688	285 359	711 611	23 288	23 279*p*
		15.43	IU	H90	5½	$2\frac{13}{16}$	2.688	285 359	913 708	23 288	35 308*p*
		15.85	EU	NC46(IF)	6	3¼	3.125	285 359	901 164	23 288	33 228*p*
4	14.00	15.02	EU	OH	5½	3¼	3.125	285 359	759 875	23 288	27 060*p*
		14.35	IU	SH	4⅝	$2\frac{9}{16}$	2.483	285 359	512 035	23 288	15 026*p*
	15.70	16.80	IU	NC40(FH)	5¼	$2\frac{11}{16}$	2.563	324 118	776 406	25 810	25 531*p*
		17.09	IU	H90	5½	$2\frac{13}{16}$	2.688	324 118	913 708	25 810	35 308*p*
		17.54	EU	NC46(IF)	6	3¼	3.095	324 118	901 164	25 810	33 228*p*
4½	13.75	15.23	IU	H90	6	3¼	3.125	270 034	938 403	25 907	38 544*p*
		15.36	EU	NC50(IF)	6⅝	3¾	3.625	270 034	939 096	25 907	37 269*p*
		14.04	EU	OH	5¾	$3\frac{31}{32}$	3.770	270 034	554 844	25 907	20 678*p*
		14.77	EU	WO	6⅛	3⅞	3.750	270 034	848 619	25 907	33 492*p*
	16.60	18.14	IEU	FH	6	3	2.875	330 558	976 156	30 807	34 367*p*
		17.92	IEU	H90	6	3¼	3.125	330 558	938 403	30 807	38 544*p*
		17.95	EU	NC50(IF)	6⅝	3¾	3.625	330 558	939 096	30 807	37 269*p*
		17.07	EU	OH	5⅞	3¾	3.625	330 558	713 979	30 807	26 936*p*
		16.79	IEU	NC38(SH)	5	$2\frac{11}{16}$	2.563	330 558	587 308	30 807	18 071*p*
		18.37	IEU	NC46(XH)	6¼	3¼	3.125	330 558	901 164	30 807	33 228*p*
	20.00	21.64	IEU	FH	6	3	2.875	412 358	976 156	36 901	34 367*p*
		21.64	IEU	H90	6	3	2.875	412 358	1 085 665	36 901	44 948*p*
		21.59	EU	NC50(IF)	6⅝	3⅝	3.452	412 358	1 025 980	36 901	40 915*p*
		22.09	IEU	NC46(XH)	6¼	3	2.875	412 358	1 048 426	36 901	38 998*p*
	22.82	24.11	EU	NC50(IF)	6⅝	3⅝	3.452	471 239	1 025 980	40 912	40 915*p*
		24.56	IEU	NC46(XH)	6¼	3	2.875	471 239	1 048 426	40 912	38 998*p*
	19.50	22.28	IEU	5½FH	7	3¾	3.625	395 595	1 448 407	41 167	62 903*b*
		20.85	IEU	NC50(XH)	6⅝	3¾	3.625	395 595	939 095	41 167	37 269*p*
	25.60	28.27	IEU	5½FH	7	3½	3.375	530 144	1 619 231	52 257	62 903*b*
		26.85	IEU	NC50(XH)	6⅝	3½	3.375	530 144	1 109 920	52 257	44 456*p*

表 8（续）

(1)	(2)	(3)	(4)	(5)	(6)	(7)	(8)	(9)	(10)	(11)	(12)
钻杆数据				钻杆接头数据				机械性能			
								抗拉强度/lb		抗扭强度/(ft·lb)	
公称尺寸 in	公称重量 lb/ft	近似重量[1] lb/ft	加厚类型	连接	外径 in	内径 in	通径[2] in	钻杆本体[3]	钻杆接头[4]	钻杆主体[5]	钻杆接头[6]
5½	21.90	23.78	IEU	FH	7	4	3.875	437 116	1 265 802	50 710	55 687*p*
	24.70	26.30	IEU	FH	7	4	3.875	497 222	1 265 802	56 574	55 687*p*
6⅝	25.20	27.28	IEU	FH	8	5	4.875	489 464	1 447 697	70 580	73 224*p*
6⅝	27.70	29.06	IEU	FH	8	5	4.875	534 198	1 447 697	76 295	73 224*p*

1 适于 2 类钢钻杆加接头（计算方法见附录 A）

2 见 4.4。

3 E 级钻杆的拉伸屈服强度是在 75 000 lb/in² 最小屈服强度的基础上得到的。

4 钻杆外螺纹接头的抗拉强度是在 120 000 lb/in² 最小屈服强度和离台肩 ¾ in 处螺纹牙底横截面积的基础上得到的。

5 扭转屈服强度是在剪切强度取最小屈服强度的 57.7%的基础上得到的。

6 *p*=外螺纹接头极限强度，*b*=内螺纹接头极限强度，*P* 或 *B* 表示钻杆接头的强度未达到钻杆本体抗扭强度的 80%。

表 9 新钻杆接头和新高强度钻杆的机械性能

(1)	(2)	(3)	(4)	(5)	(6)	(7)	(8)	(9)	(10)	(11)	(12)
钻杆数据				钻杆接头数据				机械性能			
								抗拉强度/lb		抗扭强度/(ft·lb)	
公称尺寸 in	公称重量 lb/ft	近似重量[1] lb/ft	加厚类型和钢级	连接	外径 in	内径 in	通径[2] in	钻杆本体[3]	钻杆接头[4]	钻杆主体[3]	钻杆接头[5]
2⅜	6.65	7.11	EU-X95	NC26(IF)	3⅜	1¾	1.625	175 072	313 681	7 917	6 875*b*
		6.99	EU-X95	SLH90	3¼	1 13/16	1.670	175 072	270 223	7 917	6 862*p*
	6.65	7.11	EU-G105	NC26(IF)	3⅜	1¾	1.625	193 500	313 681	8 751	6 875*b*
		6.99	EU-G105	SLH90	3¼	1 13/16	1.670	193 500	270 223	8 751	6 862*p*
2⅞	10.40	11.09	EU-X95	NC31(IF)	4⅛	2	1.875	271 503	495 726	14 635	13 158*p*
		10.95	EU-X95	SLH90	4	2	1.875	271 503	443 971	14 635	13 119*p*
	10.40	11.09	EU-G105	NC31(IF)	4⅛	2	1.875	300 082	495 726	16 176	13 158*p*
		10.95	EU-G105	SLH90	4	2	1.875	300 082	443 971	16 176	13 119*p*
	10.40	11.55	EU-S135	NC31(IF)	4⅜	1⅝	1.500	385 820	623 844	20 798	16 809*p*
		11.26	EU-S135	SLH90	4⅛	1⅝	1.500	385 820	572 089	20 798	17 130*p*
3½	13.30	14.60	EU-X95	H90	5¼	2¾	2.619	343 988	664 050	23 498	23 443*p*
		14.62	EU-X95	NC38(IF)	5	2 9/16	2.438	343 988	649 158	23 498	20 095*p*
		14.06	EU-X95	SLH90	4¾	2 9/16	2.438	343 988	596 066	23 498	20 709*p*
	13.30	14.71	EU-G105	NC38(IF)	5	2 7/16	2.313	380 197	708 063	25 972	22 035*p*
		14.06	EU-G105	SLH90	4¾	2 9/16	2.438	380 197	596 066	25 972	20 709*p*
	13.30	14.92	EU-S135	NC38(IF)	5	2⅛	2.000	488 825	842 440	33 392	26 503*p*
		14.65	EU-S135	SLH90	5	2⅛	2.000	488 825	789 348	33 392	27 809*p*

表 9（续）

(1)	(2)	(3)	(4)	(5)	(6)	(7)	(8)	(9)	(10)	(11)	(12)
钻杆数据			加厚类型和钢级	钻杆接头数据			通径[2] in	机械性能			
								抗拉强度/lb		抗扭强度/(ft·lb)	
公称尺寸 in	公称重量 lb/ft	近似重量[1] lb/ft		连接	外径 in	内径 in		钻杆本体[3]	钻杆接头[4]	钻杆主体[3]	钻杆接头[5]
		15.13	EU-S135	NC40(4FH)	5 3/8	2 7/16	2.313	488 825	897 161	33 392	29 764p
	15.50	16.82	EU-X95	NC38(IF)	5	2 7/16	2.313	408 848	708 063	26 708	22 035p
	15.50	17.03	EU-G105	NC38(IF)	5	2 1/8	2.000	451 885	842 440	29 520	26 503p
		16.97	EU-G105	NC40(4FH)	5 1/4	2 9/16	2.438	451 885	838 257	29 520	27 693p
	15.50	17.57	EU-S135	NC40(4FH)	5 1/2	2 1/4	2.125	580 995	979 996	37 954	32 693p
4	14.00	15.34	IU-X95	NC40(FH)	5 1/4	2 11/16	2.563	361 454	776 406	29 498	25 531p
		15.63	IU-X95	H90	5 1/2	2 13/16	2.688	361 454	913 708	29 498	35 308p
		16.19	EU-X95	NC46(IF)	6	3 1/4	3.125	361 454	901 164	29 498	33 228p
	14.00	15.91	IU-G105	NC40(FH)	5 1/2	2 7/16	2.313	399 502	897 161	32 603	29 764p
		15.63	IU-G105	H90	5 1/2	2 13/16	2.688	399 502	913 708	32 603	35 308p
		16.19	EU-G105	NC46(IF)	6	3 1/4	3.125	399 502	901 164	32 603	33 228p
	14.00	16.19	IU-S135	NC40(FH)	5 1/2	2	1.875	513 646	1 080 135	41 918	36 262p
		15.63	IU-S135	H90	5 1/2	2 13/16	2.688	513 646	913 708	41 918	35 308p
		16.42	EU-S135	NC46(IF)	6	3	2.875	513 646	1 048 426	41 918	38 998p
	15.70	17.52	IU-X95	NC40(FH)	5 1/2	2 7/16	2.313	410 550	897 161	32 692	29 764p
		17.23	IU-X95	H90	5 1/2	2 13/16	2.688	410 550	913 708	32 692	35 308p
		17.80	EU-X95	NC46(IF)	6	3 1/4	3.125	410 550	901 164	32 692	33 228p
	15.70	17.52	IU-G105	NC40(FH)	5 1/2	2 7/16	2.313	453 765	897 161	36 134	29 764p
		17.23	IU-G105	H90	5 1/2	2 13/16	2.688	453 765	913 708	36 134	35 308p
		17.80	EU-G105	NC46(IF)	6	3 1/4	3.125	453 765	901 164	36 134	33 228p
	15.70	18.02	EU-S135	NC46(IF)	6	3	2.875	583 413	1 048 426	46 458	38 998p
4 1/2	16.60	18.33	IEU-X95	FH	6	3	2.875	418 707	976 156	39 022	34 367p
		18.11	IEU-X95	H90	6	3 1/4	3.125	418 707	938 403	39 022	38 544p
		18.36	EU-X95	NC50(IF)	6 5/8	3 3/4	3.625	418 707	939 095	39 022	37 269p
		18.79	IEU-X95	NC46(XH)	6 1/4	3	2.875	418 707	1 048 426	39 022	38 998p
4 1/2	16.60	18.33	IEU-G105	FH	6	3	2.625	462 781	976 156	43 130	34 367p
		18.33	IEU-G105	H90	6	3	3.125	462 781	1 085 665	43 130	44 948p
		18.36	EU-G105	NC50(IF)	6 5/8	3 3/4	3.625	462 781	939 095	43 130	37 269p
		18.79	IEU-G105	NC46(XH)	6 1/4	3	2.875	462 781	1 048 426	43 130	38 998p
	16.60	19.19	IEU-S135	FH	6 1/4	2 1/2	2.375	595 004	1 235 337	55 453	44 214p
4 1/2	16.60	18.33	IEU-S135	H90	6	3	2.857	595 004	1 085 665	55 453	44 948P
		18.62	EU-S135	NC50(IF)	6 5/8	3 1/2	3.375	595 004	1 109 920	55 453	44 456P
		19.00	IEU-S135	NC46(XH)	6 1/4	2 3/4	2.625	595.004	1 183 908	55 453	44 359P
	20.00	22.39	IEU-X95	FH	6	2 1/2	2.375	522 320	1 235 337	46 741	44 214P
		21.78	IEU-X95	H90	6	3 1/4	3.125	522 320	938 403	46 741	38 544P
		22.08	EU-X95	NC50(IF)	6 5/8	3 1/2	3.375	522 320	1 109 920	46 741	44 456P
		22.67	IEU-X95	NC46(XH)	6 1/4	2 3/4	2.625	522 320	1 183 908	46 741	44 359P
	20.00	22.39	IEU-G105	FH	6	2 1/2	2.375	577 301	1 235 337	51 661	44 214P
		22.00	IEU-G105	H90	6	3	2.875	577 301	1 085 665	51 661	44 948P
		22.08	EU-G105	NC50(IF)	6 5/8	3 1/2	3.375	577 301	1 109 920	51 661	44 456P
		22.86	IEU-G105	NC46(XH)	6 1/4	2 1/2	2.375	577 301	1 307 608	51 661	49 297P
	20.00	23.03	EU-S135	NC50(IF)	6 5/8	3	2.875	742 244	1 416 225	66 421	57 534P
		23.03	IEU-S135	NC46(XH)	6 1/4	2 1/4	2.125	742 244	1 419 527	66 421	53 800P

表 9（续）

(1)	(2)	(3)	(4)	(5)	(6)	(7)	(8)	(9)	(10)	(11)	(12)
钻杆数据			加厚类型和钢级	钻杆接头数据			通径[2] in	机械性能			
公称尺寸 in	公称重量 lb/ft	近似重量[1] lb/ft		连接	外径 in	内径 in		抗拉强度/lb		抗扭强度/(ft·lb)	
								钻杆本体[3]	钻杆接头[4]	钻杆主体[3]	钻杆接头[5]
	22.82	25.13	IEU-X95	FH	6¼	2¼	2.125	596 903	1 347 256	51 821	48 522*P*
		24.24	EU-X95	NC50(IF)	6⅝	3½	3.375	596 903	1 109 920	51 821	44 456*P*
		24.77	IEU-X95	NC46(XH)	6¼	2¾	2.625	596 903	1 183 908	51 821	44 359*P*
	22.82	24.72	EU-G105	NC50(IF)	6⅝	3¼	3.125	659 735	1 268 963	57 276	51 217*P*
		24.96	IEU-G105	NC46(XH)	6¼	2½	2.375	659 735	1 307 608	57 276	49 297*P*
	22.82	25.41	EU-S135	NC50(IF)	6⅝	2¾	2.625	848 230	1 551 706	73 641	63 393*P*
5	19.50	22.62	IEU-X95	5½FH	7	3¾	3.625	501 087	1 448 407	52 144	62 903*P*
		21.93	IEU-X95	H90	6½	3¼	3.125	501 087	1 176 265	52 144	51 220*P*
		21.45	IEU-X95	NC50(XH)	6⅝	3½	3.375	501 087	1 109 920	52 144	44 456*P*
	19.50	22.62	IEU-G105	5½FH	7	3¾	3.625	553 833	1 448 407	57 633	62 903*b*
		22.15	IEU-G105	H90	6½	3	2.875	553 833	1 323 527	57 633	58 008*p*
		21.93	IEU-G105	NC50(XH)	6⅝	3¼	3.125	553 833	1 268 963	57 633	51 217*p*
	19.50	23.48	IEU-S135	5½FH	7¼	3½	3.375	712 070	1 619 231	74 100	72 213*p*
		22.61	IEU-S135	NC50(XH)	6⅝	2¾	2.625	712 070	1 551 706	74 100	63 393*p*
	25.60	28.59	IEU-X95	5½FH	7	3½	3.375	671 515	1 619 231	66 192	62 903*b*
		27.87	IEU-X95	NC50(XH)	6⅝	3	2.875	671 515	1 416 225	66 192	57 534*b*
	25.60	29.16	IEU-G105	5½FH	7¼	3½	3.375	742 201	1 619 231	73 159	72 213*p*
		28.32	IEU-G105	NC50(XH)	6⅝	2¾	2.625	742 201	1 551 706	73 159	63 393*b*
	25.60	29.43	IEU-S135	5½FH	7¼	3¼	3.125	954 259	1 778 274	94 062	78 716*b*
5½	21.90	24.53	IEU-X95	FH	7	3¾	3.625	553 681	1 448 407	64 233	62 903*b*
		24.80	IEU-X95	H90	7	3½	3.125	553 681	1 268 877	64 233	58 033*p*
	21.90	25.38	IEU-G105	FH	7¼	3½	3.375	611 963	1 619 231	70 994	72 213*p*
	21.90	26.50	IEU-S135	FH	7½	3	2.875	786 809	1 925 536	91 278	86 765*p*
	24.70	27.85	IEU-X95	FH	7¼	3½	3.375	629 814	1 619 231	71 660	72 213*p*
5½	24.70	27.85	IEU-G105	FH	7¼	3½	3.375	696 111	1 619 231	79 204	72 213*p*
	24.70	27.77	IEU-S135	FH	7½	3	2.875	894 999	1 925 536	101 833	86 765*p*
6⅝	25.20	27.15	IEU-X95	FH	8	5	4.875	619 988	1 448 416	89 402	73 224*p*
	25.20	28.20	IEU-G105	FH	8¼	4¾	4.625	685 250	1 678 145	98 812	85 467*p*
	25.20	29.63	IEU-S135	FH	8½	4¼	4.125	881 035	2 102 260	127 044	108 353*p*
	27.70	30.11	IEU-X95	FH	8¼	4¾	4.625	676 651	1 678 145	96 640	85 467*p*
	27.70	30.11	IEU-G105	FH	8¼	4¾	4.625	747 250	1 678 145	106 813	85 467*p*
	27.70	31.54	IEU-S135	FH	8½	4¼	4.125	961 556	2 102 260	137 330	108 353*p*

1 适于二类钢钻杆加接头(计算方法见附录 A)。

2 见 4.4。

3 扭转屈服强度是在剪切强度取最小屈服强度的 57.7%的基础上得到的。

4 钻杆外螺纹接头的抗拉强度是在 120 000 psi 最小屈服强度和离台肩¾in 处螺纹牙底横截面积的基础上得到的。

5 *p*=外螺纹接头极限强度，*b*=内螺纹接头极限强度，*P* 或 *B* 表示钻杆接头的强度未达到钻杆本体抗扭强度的 80%。

表 10 基于内螺纹抗扭强度的焊接型钻杆接头和钻杆的推荐最小外径* 和上紧扭矩

(1)	(2)	(3)	(4)	(5)	(6)	(7)	(8)	(9)	(10)	(11)	(12)	(13)
钻杆数据			新钻杆接头数据				一级			二级		
公称尺寸 in	公称重量 lb/ft	加厚类型和钢级	连接	新外径 in	新内径 in	上扣扭矩[6] ft·lb	钻杆接头最小外径 in	偏磨内螺纹接头最小台肩厚 in	最小外径接头上紧扭矩 ft·lb	钻杆接头最小外径 in	偏磨内螺纹接头最小台肩厚 in	最小外径接头上紧扭矩 ft·lb
$2\frac{3}{8}$	4.85	EU-E75	NC26	$3\frac{3}{8}$	$1\frac{3}{4}$	4 125*B*	$3\frac{1}{8}$	$\frac{3}{64}$	1 945	$3\frac{3}{32}$	$\frac{1}{32}$	1 689
	4.85	EU-E75	W. O.	$3\frac{3}{8}$	2	2 541*P*	$3\frac{1}{16}$	$\frac{1}{16}$	1 994	$3\frac{1}{32}$	$\frac{3}{64}$	1 746
	4.85	EU-E75	$2\frac{3}{8}$OHLW	$3\frac{1}{8}$	2	2 716*P*	3	$\frac{1}{16}$	1 723	$2\frac{31}{32}$	$\frac{3}{64}$	1 481
	4.85	EU-E75	$2\frac{3}{8}$SL-H90	$3\frac{1}{4}$	2	3 042*P*	$2\frac{31}{32}$	$\frac{1}{16}$	1 996	$2\frac{15}{16}$	$\frac{3}{64}$	1 726
$2\frac{3}{8}$	6.65	IU-E75	$2\frac{3}{8}$PAC[2]	$2\frac{7}{8}$	$1\frac{3}{8}$	2 803*P*	$2\frac{25}{32}$	$\frac{9}{64}$	2 455	$2\frac{23}{32}$	$\frac{7}{64}$	2 055
	6.65	EU-E75	NC26	$3\frac{3}{8}$	$1\frac{3}{4}$	4 125*B*	$3\frac{3}{16}$	$\frac{5}{64}$	2 467	$3\frac{5}{32}$	$\frac{1}{16}$	2 204
	6.65	EU-E75	$2\frac{3}{8}$SL-H90	$3\frac{1}{4}$	2	3 042*P*	$3\frac{1}{32}$	$\frac{3}{32}$	2 549	$2\frac{31}{32}$	$\frac{1}{16}$	1 996
	6.65	EU-E75	$2\frac{3}{8}$OHSW	$3\frac{1}{4}$	$1\frac{3}{4}$	3 783*B*	$3\frac{1}{16}$	$\frac{3}{32}$	2 216	$3\frac{1}{32}$	$\frac{5}{64}$	1 967
$2\frac{3}{8}$	6.65	EU-X95	NC26	$3\frac{3}{8}$	$1\frac{3}{4}$	4 125*B*	$3\frac{1}{4}$	$\frac{7}{64}$	3 005	$3\frac{7}{32}$	$\frac{3}{32}$	2 734
$2\frac{3}{8}$	6.65	EU-G105	NC26[2]	$3\frac{3}{8}$	$1\frac{3}{4}$	4 125*B*	$3\frac{9}{32}$	$\frac{1}{8}$	3 279	$3\frac{1}{4}$	$\frac{7}{64}$	3 005
$2\frac{7}{8}$	6.85	EU-E75	NC31	$4\frac{1}{8}$	$2\frac{1}{8}$	7 074*P*	$3\frac{11}{16}$	$\frac{5}{64}$	3 154	$3\frac{21}{32}$	$\frac{1}{16}$	2 804
	6.85	EU-E75	$2\frac{7}{8}$WO	$4\frac{1}{8}$	$2\frac{7}{16}$	4 209*P*	$3\frac{5}{8}$	$\frac{5}{64}$	3 216	$3\frac{19}{32}$	$\frac{1}{16}$	2 876
	6.85	EU-E75	$2\frac{7}{8}$OHLW[2]	$3\frac{3}{4}$	$2\frac{7}{16}$	3 290*P*	$3\frac{1}{2}$	$\frac{7}{64}$	3 290	$3\frac{7}{16}$	$\frac{5}{64}$	2 804
	6.85	EU-E75	$2\frac{7}{8}$SL-H90	$3\frac{7}{8}$	$2\frac{7}{16}$	4 504*P*	$3\frac{1}{2}$	$\frac{3}{32}$	3 397	$3\frac{7}{16}$	$\frac{1}{16}$	2 666
$2\frac{7}{8}$	10.40	EU-E75	NC31	$4\frac{1}{8}$	$2\frac{1}{8}$	7 074*P*	$3\frac{13}{16}$	$\frac{9}{64}$	4 597	$3\frac{3}{4}$	$\frac{7}{64}$	3 867
	10.40	IU-E75	$2\frac{7}{8}$XH	$4\frac{1}{4}$	$1\frac{7}{8}$	7 853*P*	$3\frac{23}{32}$	$\frac{9}{64}$	4 357	$3\frac{21}{32}$	$\frac{7}{64}$	3 664
	10.40	IU-E75	NC26[2]	$3\frac{3}{8}$	$1\frac{3}{4}$	4 125*B*	$3\frac{3}{8}$	$\frac{11}{64}$	4 125	$3\frac{11}{32}$	$\frac{5}{32}$	3 839
	10.40	EU-E75	$2\frac{7}{8}$OHSW[2]	$3\frac{7}{8}$	$2\frac{5}{32}$	5 194*P*	$3\frac{19}{32}$	$\frac{5}{32}$	4 411	$3\frac{9}{16}$	$\frac{7}{64}$	4 079
	10.40	EU-E75	SL-H90	$3\frac{7}{8}$	$2\frac{5}{32}$	6 732*P*	$3\frac{19}{32}$	$\frac{9}{64}$	4 529	$3\frac{17}{32}$	$\frac{7}{64}$	3 770
	10.40	IU-E75	$2\frac{7}{8}$PAC[2]	$3\frac{1}{8}$	$1\frac{1}{2}$	3 424*P*	$3\frac{1}{8}$	$\frac{15}{64}$	3 424	$3\frac{1}{8}$	$\frac{15}{64}$	3 424
$2\frac{7}{8}$	10.40	EU-X95	NC31	$4\frac{1}{8}$	2	7 895*P*	$3\frac{29}{32}$	$\frac{3}{16}$	5 726	$3\frac{27}{32}$	$\frac{5}{32}$	4 969
	10.40	EU-X95	$2\frac{7}{8}$SL-H90[2]	$3\frac{7}{8}$	$2\frac{5}{32}$	6 732*P*	$3\frac{11}{16}$	$\frac{3}{16}$	5 702	$3\frac{5}{8}$	$\frac{5}{32}$	4 915
$2\frac{7}{8}$	10.40	EU-G105	NC31	$4\frac{1}{8}$	2	7 895*P*	$3\frac{15}{16}$	$\frac{13}{64}$	6 110	$3\frac{7}{8}$	$\frac{11}{64}$	5 345
$2\frac{7}{8}$	10.40	EU-S135	NC31	$4\frac{3}{8}$	$1\frac{5}{8}$	10 086*P*	$4\frac{1}{16}$	$\frac{17}{64}$	7 694	4	$\frac{15}{64}$	6 893

表 10（续）

(1)	(2)	(3)	(4)	(5)	(6)	(7)	(8)	(9)	(10)	(11)	(12)	(13)
钻杆数据			新钻杆接头数据				一级			二级		
公称尺寸 in	公称重量 lb/ft	加厚类型和钢级	连接	新外径 in	新内径 in	上扣扭矩[6] ft·lb	钻杆接头最小外径 in	偏磨内螺纹接头最小台肩厚 in	最小外径接头上紧扭矩 ft·lb	钻杆接头最小外径 in	偏磨内螺纹接头最小台肩厚 in	最小外径接头上紧扭矩 ft·lb
$3\frac{1}{2}$	9.50	EU-E75	NC38	$4\frac{3}{4}$	3	7 595P	$4\frac{13}{32}$	$\frac{1}{8}$	5 773	$4\frac{11}{32}$	$\frac{3}{32}$	4 797
	9.50	EU-E75	NC38	$4\frac{3}{4}$	$2\frac{11}{16}$	10 843P	$4\frac{13}{32}$	$\frac{1}{8}$	5 773	$4\frac{11}{32}$	$\frac{3}{32}$	4 797
	9.50	EU-E75	$3\frac{1}{2}$OHLW	$4\frac{3}{4}$	3	7 082P	$4\frac{9}{32}$	$\frac{1}{8}$	5 340	$4\frac{1}{4}$	$\frac{7}{64}$	4 868
	9.50	EU-E75	$3\frac{1}{2}$SL-H90	$4\frac{5}{8}$	3	7 469P	$4\frac{3}{16}$	$\frac{7}{64}$	5 521	$4\frac{5}{32}$	$\frac{3}{32}$	5 003
$3\frac{1}{2}$	13.30	EU-E75	NC38	$4\frac{3}{4}$	$2\frac{11}{16}$	10 843P	$4\frac{1}{2}$	$\frac{11}{64}$	7 274	$4\frac{7}{16}$	$\frac{9}{64}$	6 268
	13.30	IU-E75	NC3[12]	$4\frac{1}{8}$	$2\frac{1}{8}$	7 074P	4	$\frac{15}{64}$	6 893	$3\frac{15}{16}$	$\frac{13}{64}$	6 110
	13.30	EU-E75	$3\frac{1}{2}$OHSW	$4\frac{3}{4}$	$2\frac{11}{16}$	10 300P	$4\frac{13}{32}$	$\frac{3}{16}$	7 278	$4\frac{11}{32}$	$\frac{5}{32}$	6 299
	13.30	EU-E75	$3\frac{1}{2}$H90	$5\frac{1}{4}$	$2\frac{3}{4}$	14 043P	$4\frac{17}{32}$	$\frac{1}{8}$	7 064	$4\frac{1}{2}$	$\frac{7}{64}$	6 487
	13.30	EU-X95	NC38	5	$2\frac{9}{16}$	12 057P	$4\frac{19}{32}$	$\frac{7}{32}$	8 822	$4\frac{17}{32}$	$\frac{3}{16}$	7 785
	13.30	EU-X95	$3\frac{1}{2}$SL-H90[2]	$4\frac{5}{8}$	$2\frac{11}{16}$	11 073P	$4\frac{3}{8}$	$\frac{13}{64}$	8 742	$4\frac{5}{16}$	$\frac{11}{64}$	7 647
	13.30	EU-X95	$3\frac{1}{2}$H90	$5\frac{1}{4}$	$2\frac{3}{4}$	14 043P	$4\frac{5}{8}$	$\frac{11}{64}$	8 826	$4\frac{9}{16}$	$\frac{9}{64}$	7 646
$3\frac{1}{2}$	13.30	EU-G105	NC38	5	$2\frac{7}{16}$	13 221P	$4\frac{21}{32}$	$\frac{1}{4}$	9 879	$4\frac{19}{32}$	$\frac{7}{32}$	8 822
$3\frac{1}{2}$	13.30	EU-S135	NC40	$5\frac{3}{8}$	$2\frac{7}{16}$	17 858P	5	$\frac{9}{32}$	12 569	$4\frac{29}{32}$	$\frac{15}{64}$	10 768
	13.30	EU-S135	NC38	5	$2\frac{1}{8}$	15 902P	$4\frac{13}{16}$	$\frac{21}{64}$	12 614	$4\frac{23}{32}$	$\frac{9}{32}$	10 957
$3\frac{1}{2}$	15.50	EU-E75	NC38	5	$2\frac{9}{16}$	12 057P	$4\frac{17}{32}$	$\frac{3}{16}$	7 785	$4\frac{15}{32}$	$\frac{5}{32}$	6 769
$3\frac{1}{2}$	15.50	EU-X95	NC38	5	$2\frac{7}{16}$	13 221P	$4\frac{21}{32}$	$\frac{1}{4}$	9 879	$4\frac{19}{32}$	$\frac{7}{32}$	8 822
$3\frac{1}{2}$	15.50	EU-G105	NC38	5	$2\frac{1}{8}$	15 902P	$4\frac{23}{32}$	$\frac{9}{32}$	10 957	$4\frac{5}{8}$	$\frac{15}{64}$	9 348
	15.50	EU-G105	NC40	$5\frac{1}{4}$	$2\frac{9}{16}$	16 616P	$4\frac{15}{16}$	$\frac{1}{4}$	11 363	$4\frac{27}{32}$	$\frac{13}{64}$	9 595
$3\frac{1}{2}$	15.50	EU-S135	NC40	$5\frac{1}{2}$	$2\frac{1}{4}$	19 616P	$5\frac{3}{32}$	$\frac{21}{64}$	14 419	$4\frac{21}{32}$	$\frac{17}{64}$	11 963
4	11.85	EU-E75	NC46	6	$3\frac{1}{4}$	19 937P	$5\frac{7}{32}$	$\frac{7}{64}$	7 843	$5\frac{5}{32}$	$\frac{5}{64}$	6 476
	11.85	EU-E75	4WO	$5\frac{3}{4}$	$3\frac{7}{16}$	17 186P	$5\frac{7}{32}$	$\frac{7}{64}$	7 843	$5\frac{5}{32}$	$\frac{5}{64}$	6 476
	11.85	EU-E75	4OHLW	$5\frac{1}{4}$	$3\frac{15}{32}$	13 186P	5	$\frac{9}{64}$	7 866	$4\frac{15}{16}$	$\frac{7}{64}$	6 593
	11.85	IU-E75	4H90	$5\frac{1}{2}$	$2\frac{13}{16}$	21 185P	$4\frac{7}{8}$	$\frac{7}{64}$	7 630	$4\frac{27}{32}$	$\frac{3}{32}$	6 962
4	14.00	IU-E75	NC40	$5\frac{1}{4}$	$2\frac{13}{16}$	13 968P	$4\frac{13}{16}$	$\frac{3}{16}$	9 017	$4\frac{3}{4}$	$\frac{5}{32}$	7 877

表 10（续）

(1)	(2)	(3)	(4)	(5)	(6)	(7)	(8)	(9)	(10)	(11)	(12)	(13)
钻杆数据			新钻杆接头数据				一 级			二 级		
公称尺寸 in	公称重量 lb/ft	加厚类型和钢级	连接	新外径 in	新内径 in	上扣扭矩[6] ft·lb	钻杆接头最小外径 in	偏磨内螺纹接头最小台肩厚 in	最小外径接头上紧扭矩 ft·lb	钻杆接头最小外径 in	偏磨内螺纹接头最小台肩厚 in	最小外径接头上紧扭矩 ft·lb
	14.00	EU-E75	NC46	6	$3\frac{1}{4}$	19 937*P*	$5\frac{9}{32}$	$\frac{9}{64}$	9 233	$5\frac{7}{32}$	$\frac{7}{64}$	7 843
	14.00	IU-E75	4SH[2]	$4\frac{5}{8}$	$2\frac{9}{16}$	9 016*P*	$4\frac{7}{16}$	$\frac{15}{64}$	8 782	$4\frac{3}{8}$	$\frac{13}{64}$	7 817
	14.00	EU-E75	4OHSW	$5\frac{1}{2}$	$3\frac{1}{4}$	16 236*P*	$5\frac{1}{16}$	$\frac{11}{64}$	9 131	5	$\frac{9}{64}$	7 839
	14.00	IU-E75	4H90	$5\frac{1}{2}$	$2\frac{13}{16}$	21 185*P*	$4\frac{15}{16}$	$\frac{9}{64}$	8 986	$4\frac{7}{8}$	$\frac{7}{64}$	7 630
4	14.00	IU-X95	NC40	$5\frac{1}{4}$	$2\frac{11}{16}$	15 319*P*	$4\frac{15}{16}$	$\frac{1}{4}$	11 363	$4\frac{27}{32}$	$\frac{13}{64}$	9 595
	14.00	EU-X95	NC46	6	$3\frac{1}{4}$	19 937*P*	$5\frac{3}{8}$	$\frac{3}{16}$	11 363	$5\frac{5}{16}$	$\frac{5}{32}$	9 937
	14.00	IU-X95	4H90	$5\frac{1}{2}$	$2\frac{13}{16}$	21 185*P*	$5\frac{1}{32}$	$\frac{3}{16}$	11 065	$4\frac{31}{32}$	$\frac{5}{32}$	9 673
4	14.00	IU-G105	NC40	$5\frac{1}{2}$	$2\frac{7}{16}$	17 858*P*	5	$\frac{9}{32}$	12 569	$4\frac{29}{32}$	$\frac{15}{64}$	10 768
	14.00	EU-G105	NC46	6	$3\frac{1}{4}$	19 937*P*	$5\frac{7}{16}$	$\frac{7}{32}$	12 813	$5\frac{11}{32}$	$\frac{11}{64}$	10 647
	14.00	IU-G105	4H90	$5\frac{1}{2}$	$2\frac{13}{16}$	21 185*P*	$5\frac{3}{32}$	$\frac{7}{32}$	12 481	$5\frac{1}{32}$	$\frac{3}{16}$	11 065
4	14.00	EU-S135	NC46	6	3	23 399*P*	$5\frac{9}{16}$	$\frac{9}{32}$	15 787	$5\frac{1}{2}$	$\frac{1}{4}$	14 288
4	15.70	IU-E75	NC40	$5\frac{1}{4}$	$2\frac{11}{16}$	15 319*P*	$4\frac{7}{8}$	$\frac{7}{32}$	10 179	$4\frac{25}{32}$	$\frac{11}{64}$	8 444
	15.70	EU-E75	NC46	6	$3\frac{1}{4}$	19 937*P*	$5\frac{5}{16}$	$\frac{5}{32}$	9 937	$5\frac{1}{4}$	$\frac{1}{8}$	8 535
	15.70	IU-E75	4H90	$5\frac{1}{2}$	$2\frac{13}{16}$	21 185*P*	$4\frac{31}{32}$	$\frac{5}{32}$	9 673	$4\frac{29}{32}$	$\frac{1}{8}$	8 305
4	15.70	IU-X95	NC40	$5\frac{1}{2}$	$2\frac{7}{16}$	17 858*P*	5	$\frac{9}{32}$	12 569	$4\frac{29}{32}$	$\frac{15}{64}$	10 768
	15.70	EU-X95	NC46	6	3	23 399*P*	$5\frac{7}{16}$	$\frac{7}{32}$	12 813	$5\frac{11}{32}$	$\frac{11}{64}$	10 647
	15.70	IU-X95	4H90	$5\frac{1}{2}$	$2\frac{13}{16}$	21 185*P*	$5\frac{3}{32}$	$\frac{7}{32}$	12 481	$5\frac{1}{32}$	$\frac{3}{16}$	11 065
4	15.70	EU-G105	NC46	6	3	23 399*P*	$5\frac{15}{32}$	$\frac{15}{64}$	13 547	$5\frac{13}{32}$	$\frac{13}{64}$	12 085
	15.70	IU-G105	4H90	$5\frac{1}{2}$	$2\frac{13}{16}$	21 185*P*	$5\frac{5}{32}$	$\frac{1}{4}$	13 922	$5\frac{1}{16}$	$\frac{13}{64}$	11 770
4	15.70	IU-S135	NC46	6	$2\frac{5}{8}$	26 982*B*	$5\frac{21}{32}$	$\frac{21}{64}$	18 083	$5\frac{17}{32}$	$\frac{17}{64}$	15 035
	15.70	EU-S135	NC46	6	$2\frac{7}{8}$	25 038*P*	$5\frac{21}{32}$	$\frac{21}{64}$	18 083	$5\frac{17}{32}$	$\frac{17}{64}$	15 035
$4\frac{1}{2}$	16.60	IEU-E75	$4\frac{1}{2}$FH	6	3	20 620*P*	$5\frac{3}{8}$	$\frac{13}{64}$	12 125	$5\frac{9}{32}$	$\frac{5}{32}$	10 072
	16.60	IEU-E75	NC46	$6\frac{1}{4}$	$3\frac{1}{4}$	19 937*P*	$5\frac{13}{32}$	$\frac{13}{64}$	12 085	$5\frac{11}{32}$	$\frac{11}{64}$	10 647
	16.60	IEU-E75	$4\frac{1}{2}$OHSW	$5\frac{7}{8}$	$3\frac{3}{4}$	16 162*P*	$5\frac{7}{16}$	$\frac{13}{64}$	11 862	$5\frac{3}{8}$	$\frac{11}{64}$	10 375

表 10（续）

(1)	(2)	(3)	(4)	(5)	(6)	(7)	(8)	(9)	(10)	(11)	(12)	(13)
钻杆数据			新钻杆接头数据				一级			二级		
公称尺寸 in	公称重量 lb/ft	加厚类型和钢级	连接	新外径 in	新内径 in	上扣扭矩[6] ft·lb	钻杆接头最小外径 in	偏磨内螺纹接头最小台肩厚 in	最小外径接头上紧扭矩 ft·lb	钻杆接头最小外径 in	偏磨内螺纹接头最小台肩厚 in	最小外径接头上紧扭矩 ft·lb
	16.60	EU-75	NC50	6 5/8	3 3/4	22 361*P*	5 23/32	5/32	11 590	5 11/16	9/64	10 773
	16.60	IEU-E75	4 1/2 H-90	6	3 1/4	23 126*P*	5 11/32	3/16	12 215	5 9/32	5/32	10 642
4 1/2	16.60	IEU-X95	4 1/2 FH	6	2 3/4	23 695*P*	5 1/2	17/64	14 945	5 13/32	7/32	12 821
	16.60	IEU-X95	NC46	6 1/4	3	19 937*P*	5 17/32	17/64	15 035	5 7/16	7/32	12 813
	16.60	EU-X95	NC50	6 5/8	3 3/4	22 361*P*	5 27/32	7/32	14 926	5 25/32	3/16	13 245
	16.60	IEU-X95	4 1/2 H-90	6	3	26 969*P*	5 15/32	1/4	15 441	5 3/8	13/64	13 013
4 1/2	16.60	IEU-G105	4 1/2 FH	6	2 3/4	23 695*P*	5 9/16	19/64	16 391	5 15/32	1/4	14 231
	16.60	IEU-G105	NC46	6 1/4	3	23 399*P*	5 19/32	19/64	16 546	5 1/2	1/4	14 288
	16.60	EU-G105	NC50	6 5/8	3 3/4	22 361*P*	5 29/32	1/4	16 633	5 13/16	13/64	14 082
	16.60	IEU-G105	4 1/2 H-90	6	3	26 969*P*	5 1/2	17/64	16 264	5 7/16	15/64	14 625
4 1/2	16.60	IEU-S135	NC46	6 1/4	2 3/4	26 615*P*	5 25/32	25/64	21 230	5 21/32	21/64	18 083
	16.60	EU-S135	NC50	6 5/8	3 1/2	26 674*P*	6 1/16	21/64	21 017	5 31/32	9/32	18 367
4 1/2	20.00	IEU-E75	4 1/2 FH	6	3	20 620*P*	5 15/32	1/4	14 231	5 3/8	13/64	12 125
	20.00	IEU-E75	NC46	6 1/4	3	23 399*P*	5 1/2	1/4	14 288	5 13/32	13/64	12 085
	20.00	EU-E75	NC50	6 5/8	3 5/8	24 549*P*	5 13/16	13/64	14 082	5 3/4	12/64	12 415
	20.00	IEU-E75	4 1/2 H-90	6	3	26 969*P*	5 13/32	7/32	13 815	5 11/32	3/16	12 215
4 1/2	20.00	IEU-X95	4 1/2 FH	6	2 1/2	26 528*P*	5 5/8	21/64	17 861	5 17/32	9/32	15 665
	20.00	IEU-X95	NC46	6 1/4	2 3/4	26 615*P*	5 21/32	21/64	18 083	5 9/16	9/32	15 787
	20.00	EU-X95	NC50	6 5/8	3 1/2	26 674*P*	5 15/16	17/64	17 497	5 7/8	15/64	15 776
	20.00	IEU-X95	4 1/2 H-90	6	3	26 969*P*	5 9/16	19/64	17 929	5 15/32	1/4	15 441
4 1/2	20.00	IEU-G105	NC46	6 1/4	2 1/2	29 578*P*	5 23/32	23/64	19 644	5 5/8	5/16	17 311
	20.00	EU-G105	NC50	6 5/8	3 1/2	26 674*P*	6 1/32	5/16	20 127	5 29/32	1/4	16 633
4 1/2	20.00	EU-S135	NC50	6 5/8	3	34 520*P*	6 7/32	13/32	25 569	6 3/32	11/32	21 914
5	19.50	IEU-E75	NC50	6 5/8	3 3/4	22 361*P*	5 7/8	15/64	15 776	5 13/16	13/64	14 082

表 10（续）

(1)	(2)	(3)	(4)	(5)	(6)	(7)	(8)	(9)	(10)	(11)	(12)	(13)
钻杆数据			新钻杆接头数据				一级			二级		
公称尺寸 in	公称重量 lb/ft	加厚类型和钢级	连接	新外径 in	新内径 in	上扣扭矩[6] ft·lb	钻杆接头最小外径 in	偏磨内螺纹接头最小台肩厚 in	最小外径接头上紧扭矩 ft·lb	钻杆接头最小外径 in	偏磨内螺纹接头最小台肩厚 in	最小外径接头上紧扭矩 ft·lb
5	19.50	IEU-X95	NC50	6 5/8	3 1/2	26 674*P*	6 1/32	5/16	20 127	5 15/16	17/64	17 497
	19.50	IEU-X95	5H-90	6 1/2	3 1/4	30 732*P*	5 27/32	19/64	19 862	5 3/4	1/4	17 116
5	19.50	IEU-G105	NC50	6 5/8	3 1/4	30 730*P*	6 3/32	11/32	21 914	6	19/64	19 244
	19.50	IEU-G105	5H-90	6 1/2	3	34 805*P*	5 29/32	21/64	21 727	5 13/16	9/32	18 940
5	19.50	IEU-S135	NC50	6 5/8	2 3/4	38 036*P*	6 5/16	29/64	28 381	6 3/16	25/64	24 645
	19.50	IEU-S135	5 1/2 FH	7 1/4	3 1/2	43 328*P*	6 3/4	3/8	28 737	6 5/8	5/16	24 412
5	25.60	IEU-E75	NC50	6 5/8	3 1/2	26 674*P*	6 1/32	5/16	20 127	5 15/16	17/64	17 497
	25.60	IEU-E75	5 1/2 FH	7	3 1/2	37 742*B*	6 1/2	1/4	20 205	6 13/32	13/64	17 127
5	25.60	IEU-X95	NC50	6 5/8	3	34 520*P*	6 7/32	13/32	25 569	6 3/32	11/32	21 914
	25.60	IEU-X95	5 1/2 FH	7	3 1/2	37 742*B*	6 21/32	21/64	25 483	6 9/16	9/32	22 294
5	25.60	IEU-G105	NC50	6 5/8	2 3/4	38 036*P*	6 9/32	7/16	27 437	6 5/32	3/8	23 728
	25.60	IEU-G105	5 1/2 FH	7 1/4	3 1/2	43 328*P*	6 23/32	23/64	27 645	6 5/8	5/16	24 412
5	25.60	IEU-S135	5 1/2 FH	7 1/4	3 1/4	47 230*B*	6 13/16	15/32	35 446	6 13/16	13/32	30 943
5 1/2	21.90	IEU-E75	5 1/2 FH	7	4	33 412*P*	6 15/32	15/64	19 172	6 13/32	13/64	17 127
5 1/2	21.90	IEU-X95	5 1/2 FH	7	3 3/4	37 742*B*	6 5/8	5/16	24 412	6 17/32	17/64	21 246
	21.90	IEU-X95	5 1/2 H-90	7	3 1/2	34 820*P*	6 3/16	21/64	24 414	6 3/32	9/32	21 349
5 1/2	21.90	IEU-G105	5 1/2 FH	7 1/4	3 1/2	43 328*P*	6 23/32	23/64	27 645	6 19/32	19/64	23 350
5 1/2	21.90	IEU-S135	5 1/2 FH	7 1/2	3	52 059*P*	6 15/16	15/32	35 446	6 13/16	13/32	30 943
5 1/2	24.70	IEU-E75	5 1/2 FH	7	4	33 412*P*	6 9/16	9/32	22 294	6 15/32	15/64	19 172
5 1/2	24.70	IEU-X95	5 1/2 FH	7 1/4	3 1/2	43 328*P*	6 23/32	23/64	27 645	6 19/32	19/64	23 350
5 1/2	24.70	IEU-G105	5 1/2 FH	7 1/4	3 1/2	43 328*P*	6 25/32	25/64	29 836	6 11/16	11/32	26 560
5 1/2	24.70	IEU-S135	5 1/2 FH	7 1/2	3	52 059*P*	7 1/32	33/64	38 901	6 7/8	7/16	33 180
6 5/8	25.20	IEU-E75	6 5/8 FH	8	5	43 934*P*	7 7/16	1/4	26 810	7 3/8	7/32	24 100
		IEU-X95	6 5/8 FH	8	5	43 934*P*	7 5/8	11/32	35 139	7 1/2	9/32	29 552

表 10（续）

(1)	(2)	(3)	(4)	(5)	(6)	(7)	(8)	(9)	(10)	(11)	(12)	(13)
钻杆数据			新钻杆接头数据				一级			二级		
公称尺寸 in	公称重量 lb/ft	加厚类型和钢级	连接	新外径 in	新内径 in	上扣扭矩[6] ft·lb	钻杆接头最小外径 in	偏磨内螺纹接头最小台肩厚 in	最小外径接头上紧扭矩 ft·lb	钻杆接头最小外径 in	偏磨内螺纹接头最小台肩厚 in	最小外径接头上紧扭矩 ft·lb
6⅝	27.70	IEU-G105	6⅝FH	8¼	4¾	51 280*P*	7 11/16	5/8	37 983	7 19/32	21/64	33 730
		IEU-S135	6⅝FH	8½	4¼	65 012*P*	7 29/32	31/64	48 204	7 25/32	27/64	42 312
		IEU-E75	6⅝FH	8	5	43 934*P*	7½	9/32	29 552	7 13/32	15/64	25 451
		IEU-X95	6⅝FH	8¼	4¾	51 280*P*	7 11/16	3/8	37 983	7 9/16	5/16	32 329
		IEU-G105	6⅝FH	8¼	4¾	51 280*P*	7¾	13/32	40 860	7 21/32	23/64	36 556
		IEU-S135	6⅝FH	8½	4¼	65 012*P*	8	17/32	52 714	7 27/32	29/64	45 241

1 因特殊需要，使用外径小于表中所列值也是允许的。

2 所示尺寸的钻杆接头所具有的扭转屈服比值比通常使用的 0.80 小。

3 推荐的上紧扭矩基于 72 000 psi 应力计算。

4 在新的和已磨损的两种钻杆接头的抗扭矩计算中，都不考虑钻杆接头台肩的倒角。
这个厚度测量应在由锥口部分的内径到不考虑倒角的内螺纹连接外径的端平面内进行。

5 外径小于 API 倒角直径的任何钻杆接头应在内螺纹连接台肩的外径处和内径处及外螺纹连接台肩的外径处各有一最小的 1/32 in 深×45°的倒角。

6 P=外螺纹连接限定；B=内螺纹连接限定。

* 规定尺寸的钻杆接头要求其抗扭强度与它所连接的钻杆抗扭强度相匹配，这些钻杆接头足以适用于所有应用。抗扭强度比钻杆低得多的钻杆接头可以适用于许多钻井应用。

译者注：英文原文中，除[2]、[6]、[*]外，其他均未在表中注明。

表 11 浮力系数

(1) 钻井液密度 lb/gal	(2) 钻井液密度 lb/ft^3	(3) 浮力系数 K_b	(1) 钻井液密度 lb/gal	(2) 钻井液密度 lb/ft^3	(3) 浮力系数 K_b
8.4	62.84	0.872	14.0	104.73	0.786
8.6	64.33	0.869	14.2	106.22	0.783
8.8	65.83	0.866	14.4	107.72	0.780
			14.6	109.22	0.777
9.0	67.32	0.862	14.8	110.71	0.774
9.2	68.82	0.859			
9.4	70.32	0.856	15.0	112.21	0.771
9.6	71.81	0.853	15.2	113.70	0.768
9.8	73.31	0.850	15.4	115.20	0.765
			15.6	116.70	0.762
10.0	74.80	0.847	15.8	118.19	0.759
10.2	76.30	0.844			
10.4	77.80	0.841	16.0	119.69	0.756
10.6	79.29	0.838	16.2	121.18	0.752
10.8	80.79	0.835	16.4	122.68	0.749
			16.6	124.18	0.746
11.0	82.29	0.832	16.8	125.67	0.743
11.2	83.78	0.829			
11.4	85.28	0.826	17.0	127.17	0.740
11.6	86.77	0.823	17.2	128.66	0.737
11.8	88.27	0.820	17.4	130.16	0.734
			17.6	131.66	0.731
12.0	89.77	0.817	17.8	133.15	0.728
12.2	91.26	0.814			
12.4	92.76	0.811	18.0	134.65	0.725
12.6	94.25	0.807	18.5	138.39	0.717
12.8	95.75	0.804			
			19.0	142.13	0.710
13.0	97.25	0.801	19.5	145.87	0.702
13.2	98.74	0.798			
13.4	100.24	0.795	20.0	149.61	0.694
13.6	101.74	0.792			
13.8	103.23	0.789			

表 12 旋转台肩连接互换表

通用名称		外螺纹基面直径 (带锥度) in	螺纹数 1/in	锥度 in/ft	螺纹牙型[1]	相同的或 可互换的连接
类型	尺寸					
内平(IF)	2⅜	2.876	4	2	V-0.065 (V-0.038R)	2⅞小眼型 NC26[2]
	2⅞	3.391	4	2	V-0.065 (V-0.038R)	3½小眼型 NC31[2]
	3½	4.016	4	2	V-0.065 (V-0.038R)	4½小眼型 NC38[2]

表 12（续）

通用名称		外螺纹基面直径（带锥度）in	螺纹数 1/in	锥度 in/ft	螺纹牙型[1]	相同的或可互换的连接
类型	尺寸					
	4	4.834	4	2	V-0.065 (V-0.038R)	4½加大贯眼型 NC46[2]
	4½	5.250	4	2	V-0.065 (V-0.038R)	5 加大贯眼型 NC50[2] 5½双流线型
贯眼(FH)	4	4.280	4	2	V-0.065 (V-0.038R)	4½双流线型 NC40[2]
加大贯眼(XH)(EH)	2⅞	3.327	4	2	V-0.065 (V-0.038R)	3½双流线型
	3½	3.812	4	2	V-0.065 (V-0.038R)	4 小眼型 4½外平型
	4½	4.834	4	2	V-0.065 (V-0.038R)	4 内平型 NC46[2]
	5	5.250	4	2	V-0.065 (V-0.038R)	4½内平型 NC50[2] 5½"双流线型
小眼(SH)	2⅞	2.876	4	2	V-0.065 (V-0.038R)	2⅜内平型 NC26[2]
	3½	3.391	4	2	V-0.065 (V-0.038R)	2⅞内平型 NC31[2]
	4	3.812	4	2	V-0.065 (V-0.038R)	3½加大贯眼型 4½外平型
	4½	4.016	4	2	V-0.065 (V-0.038R)	3½内平型 NC38[2]
双流线(DSL)	3½	3.327	4	2	V-0.065 (V-0.038R)	2⅞加大贯眼型
	4½	4.280	4	2	V-0.065 (V-0.038R)	4 贯眼型 NC40[2]
	5½	5.250	4	2	V-0.065 (V-0.038R)	4½内平型 5 加大贯眼型 NC50[2]
数字(NC)	26	2.876	4	2	V-0.038R	2⅜内平型 2⅞小眼型
	31	3.391	4	2	V-0.038R	2⅞内平型 3½"小眼型
	38	4.016	4	2	V-0.038R	3½内平型 4½小眼型
	40	4.280	4	2	V-0.038R	4 贯眼型 4½双流线型
	46	4.834	4	2	V-0.038R	4 内平型 4½加大贯眼型

表 12（续）

通用名称		外螺纹基面直径（带锥度）in	螺纹数 1/in	锥度 in/ft	螺纹牙型[1]	相同的或可互换的连接
类型	尺寸					
外平(EF)	50	5.250	4	2	V-0.038R	4½内平型 5 加大贯眼型
	4½	3.812	4	2	V-0.065 (V-0.038R)	4 小眼型 3½加大贯眼型

1 具有所示两种螺纹牙型的连接可按任一种螺纹牙型加工而不影响计量和互换性。

2 数字型连接(NC)只可按 V-0.038R 螺纹牙型加工。

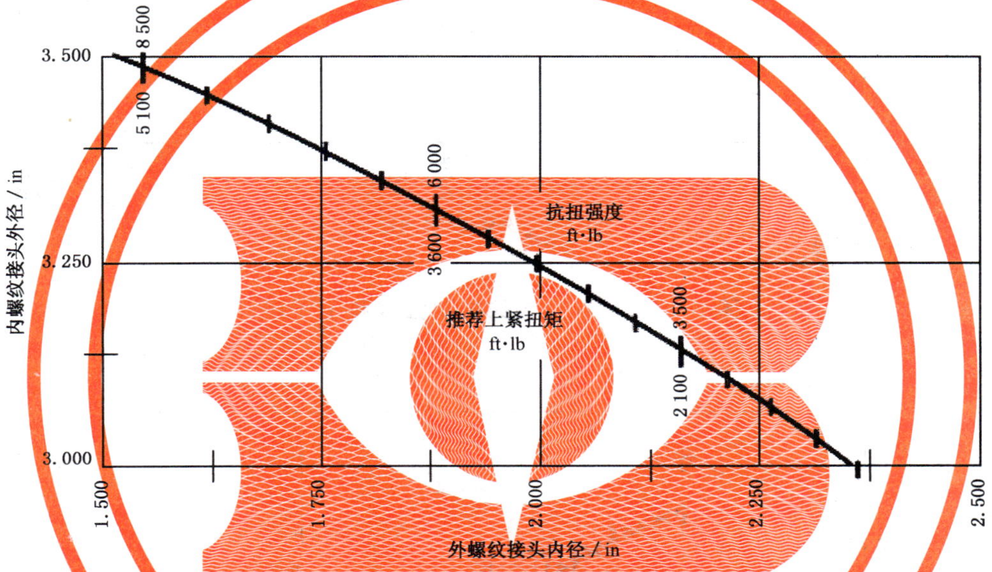

图 1 NC26 接头的抗扭强度和上紧扭矩

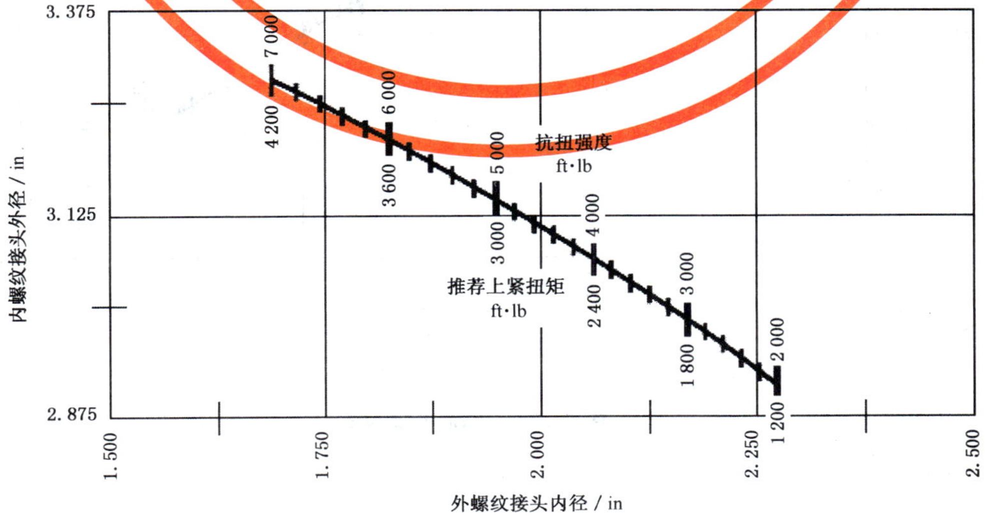

图 2 2⅜OH 接头的抗扭强度和上紧扭矩

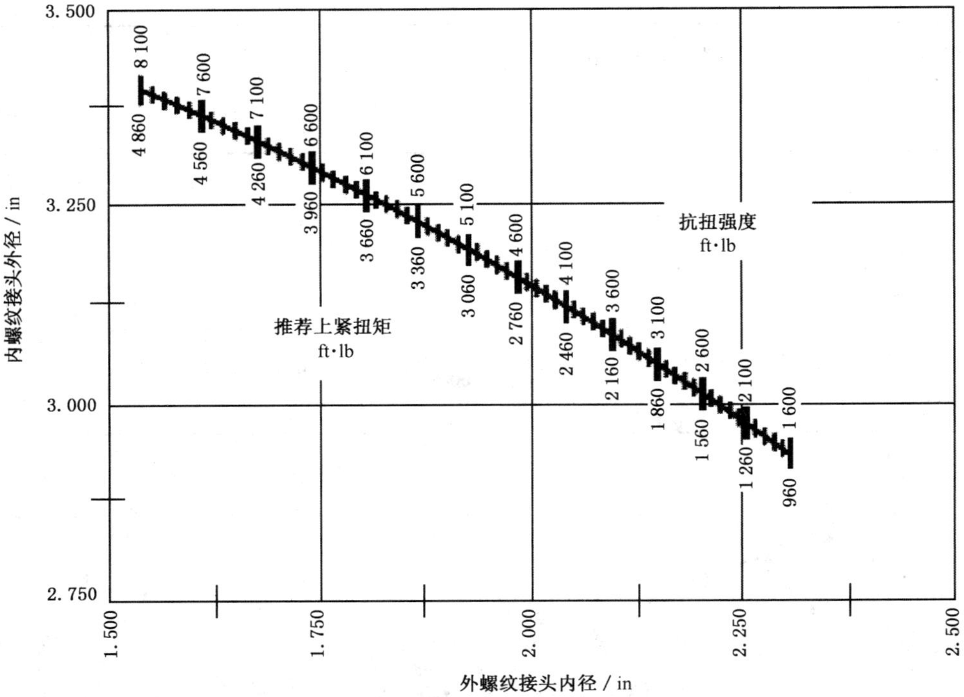

图 3 2⅜WD 接头的抗扭强度和上紧扭矩

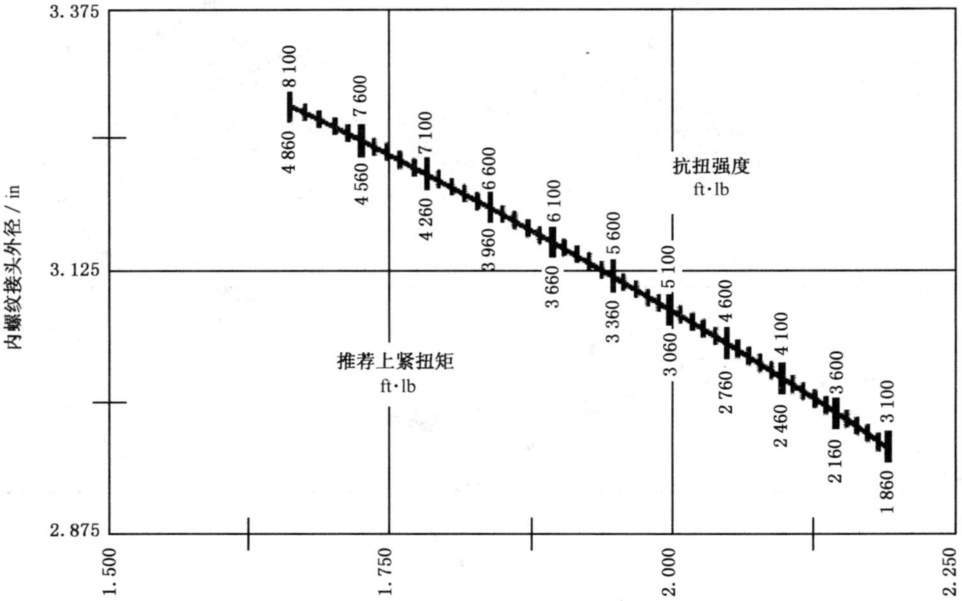

图 4 2⅜SLH90 接头的抗扭强度和上紧扭矩

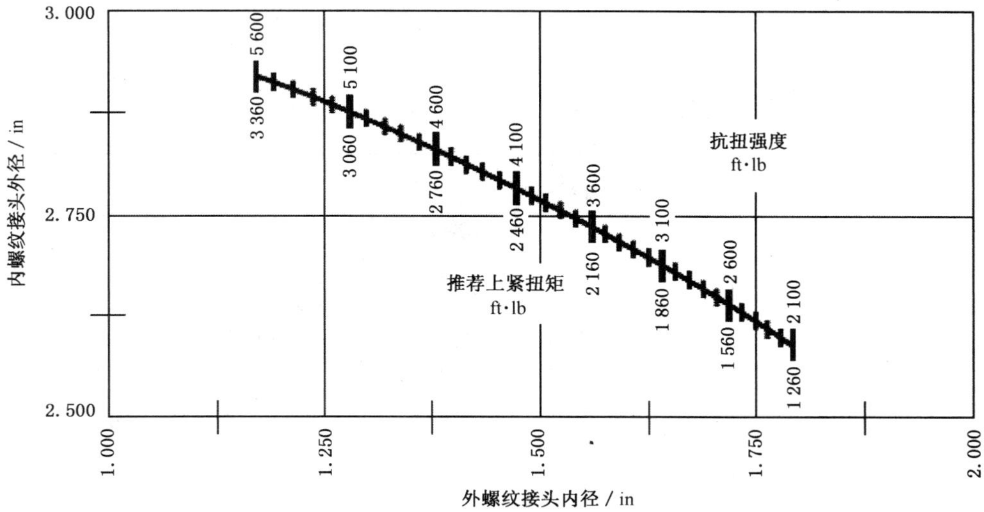

图 5　2⅜PAC 接头的抗扭强度和上紧扭矩

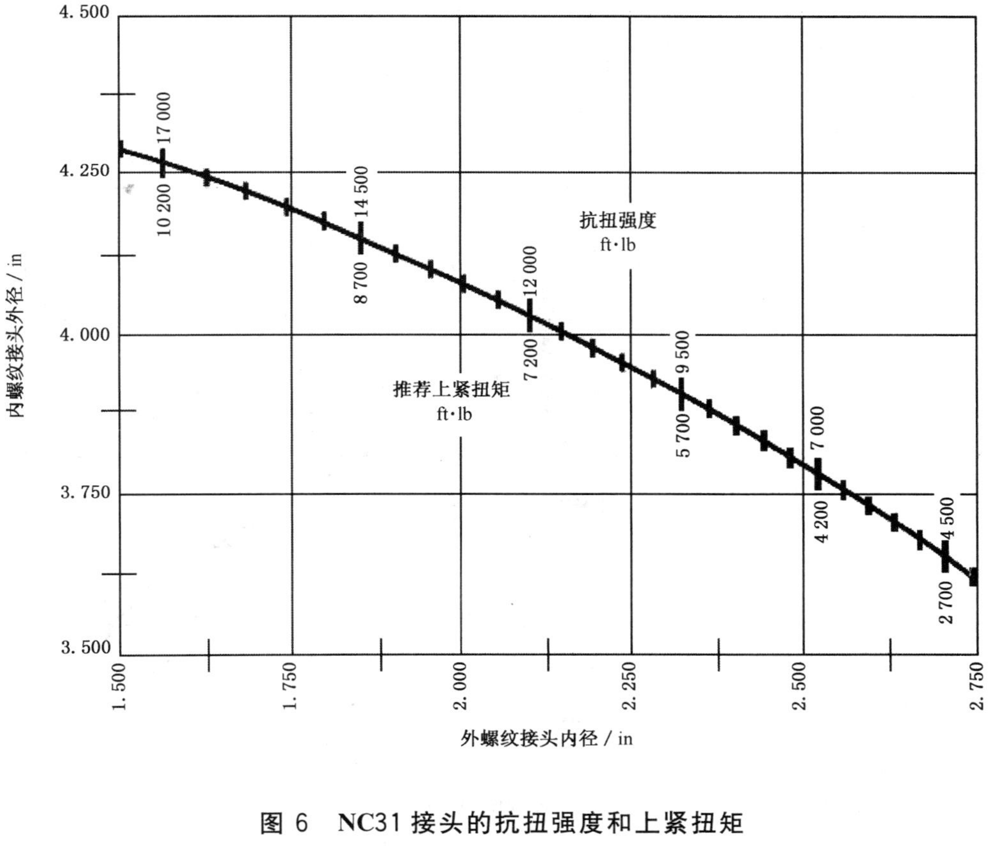

图 6　NC31 接头的抗扭强度和上紧扭矩

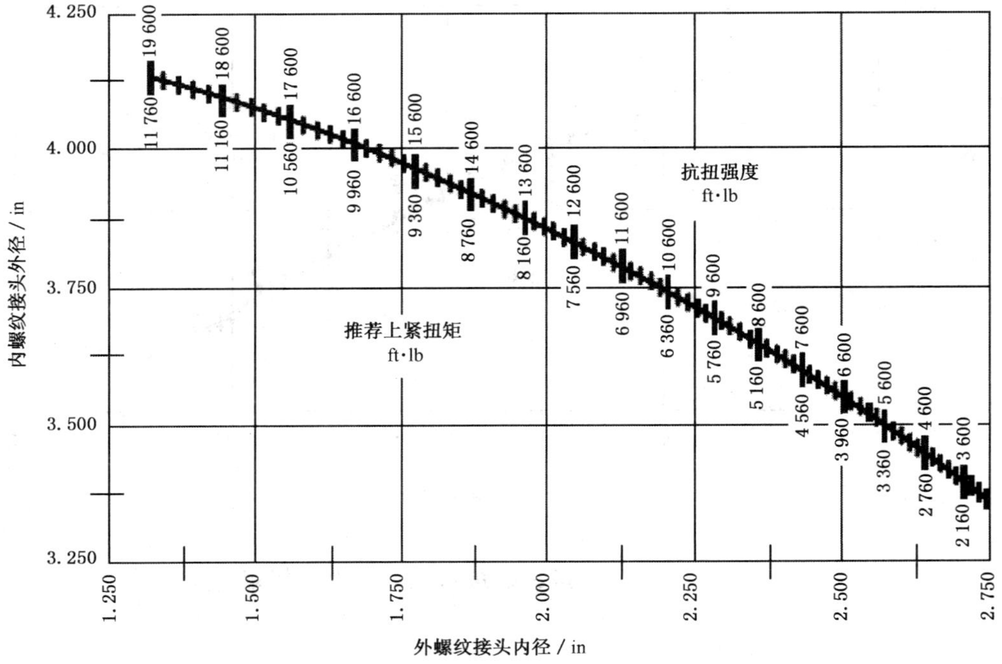

图 7 $2\frac{7}{8}$SLH90 接头的抗扭强度和上紧扭矩

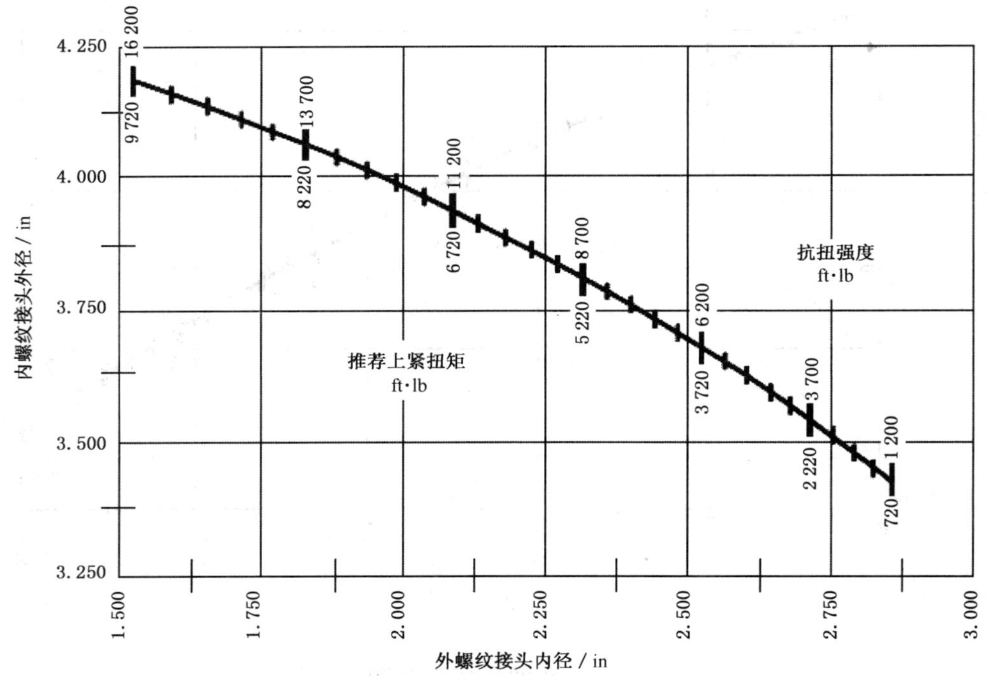

图 8 $2\frac{7}{8}$WO 接头的抗扭强度和上紧扭矩

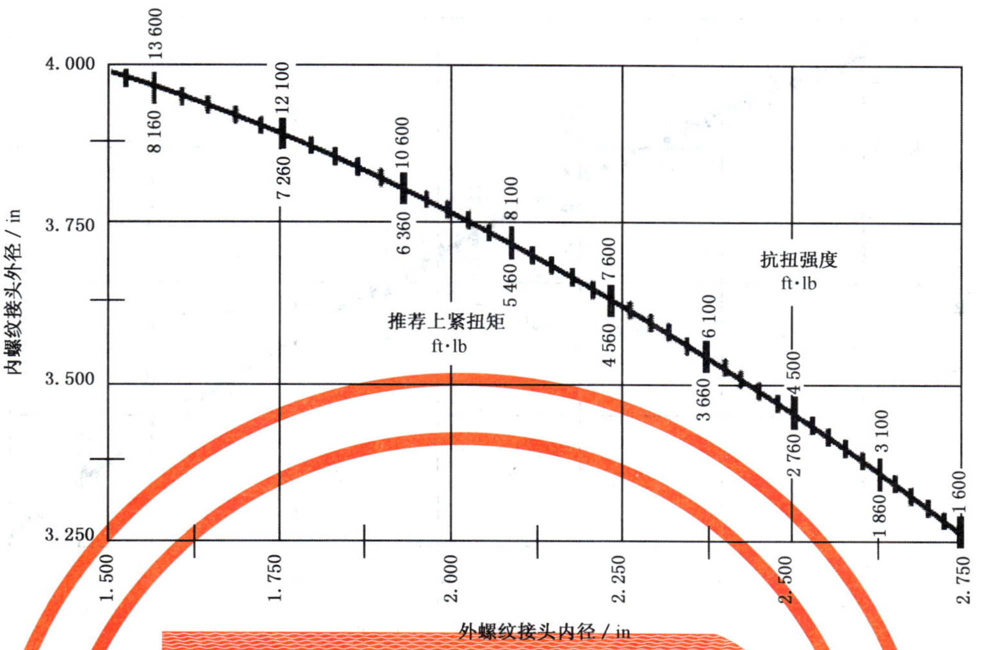

图 9　2⅞OH 接头的抗扭强度和上紧扭矩

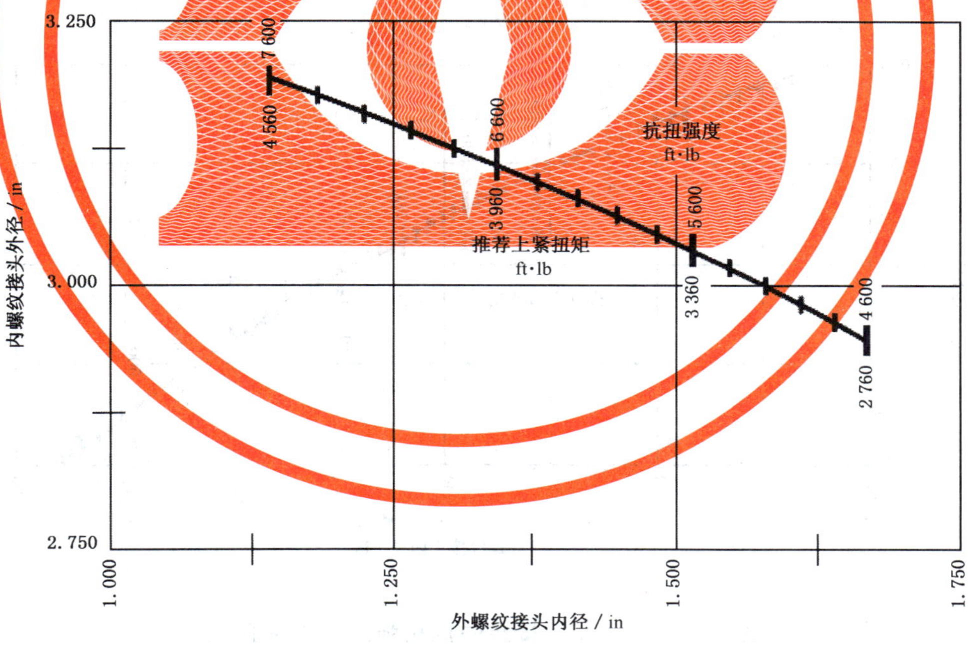

图 10　2⅞PAC 接头的抗扭强度和上紧扭矩

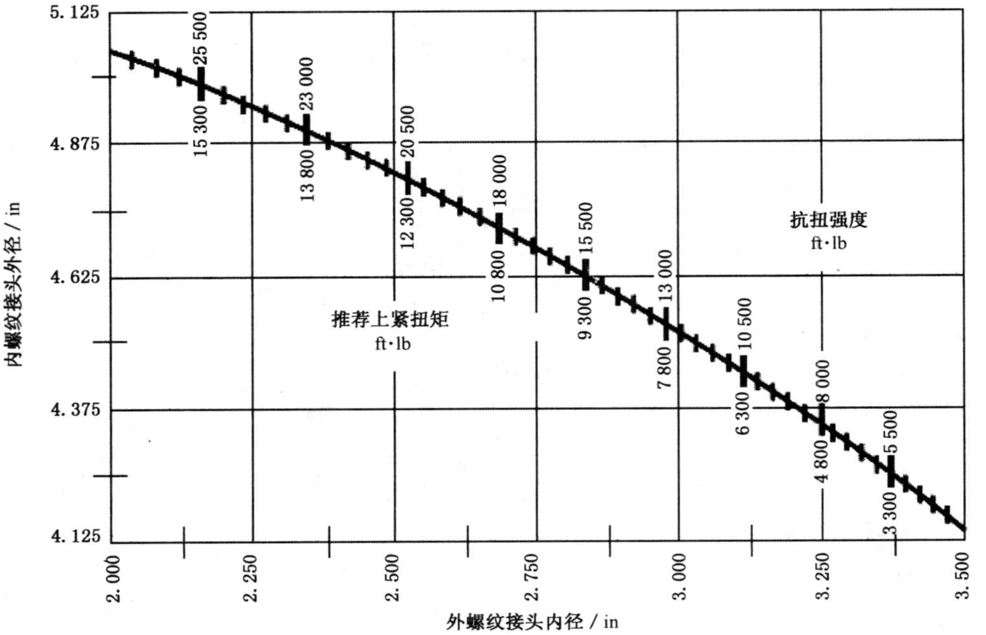

图 11　NC38 接头的抗扭强度和上紧扭矩

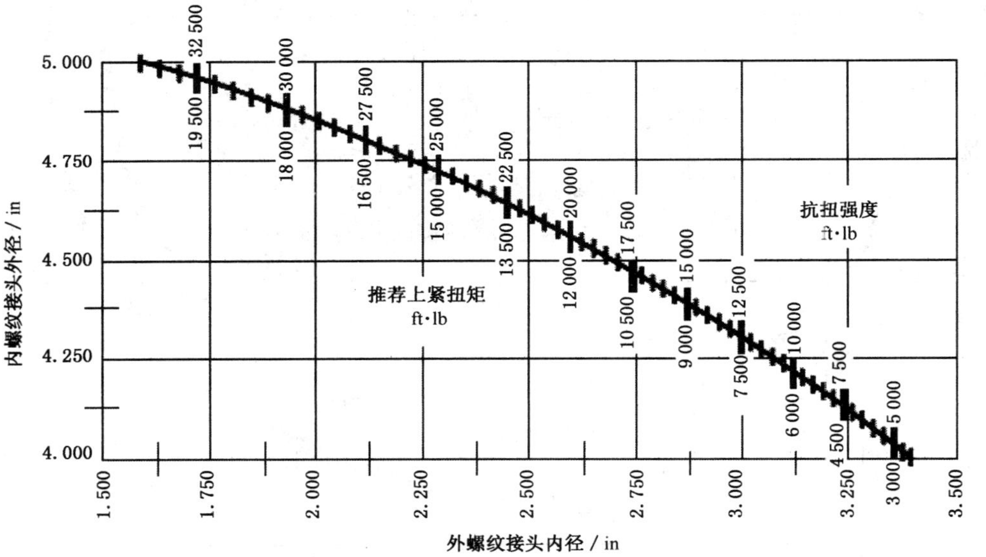

图 12　3½SLH90 接头的抗扭强度和上紧扭矩

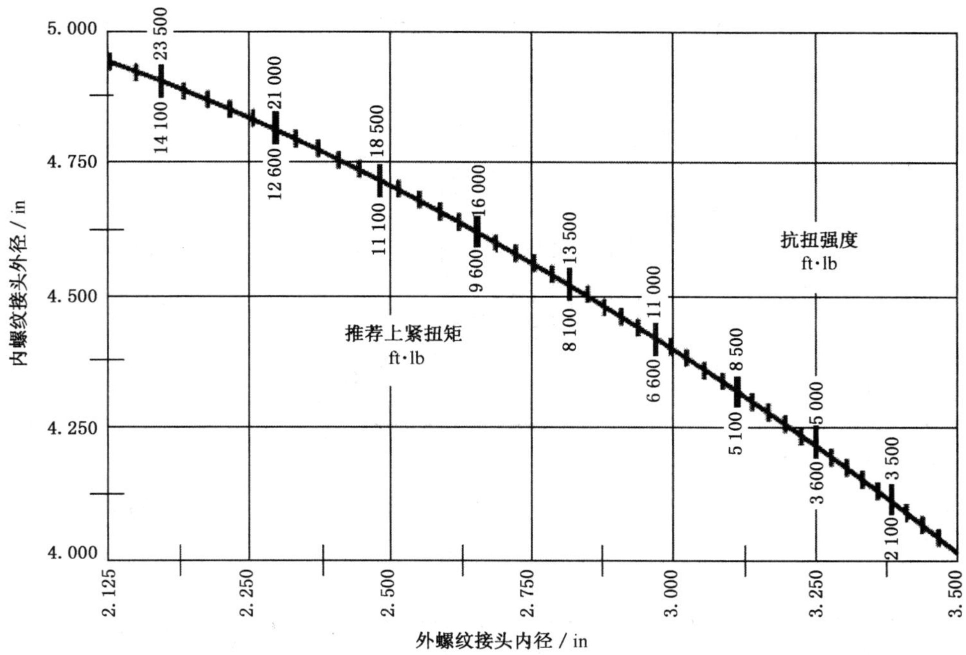

图 13　3½FH 接头的抗扭强度和上紧扭矩

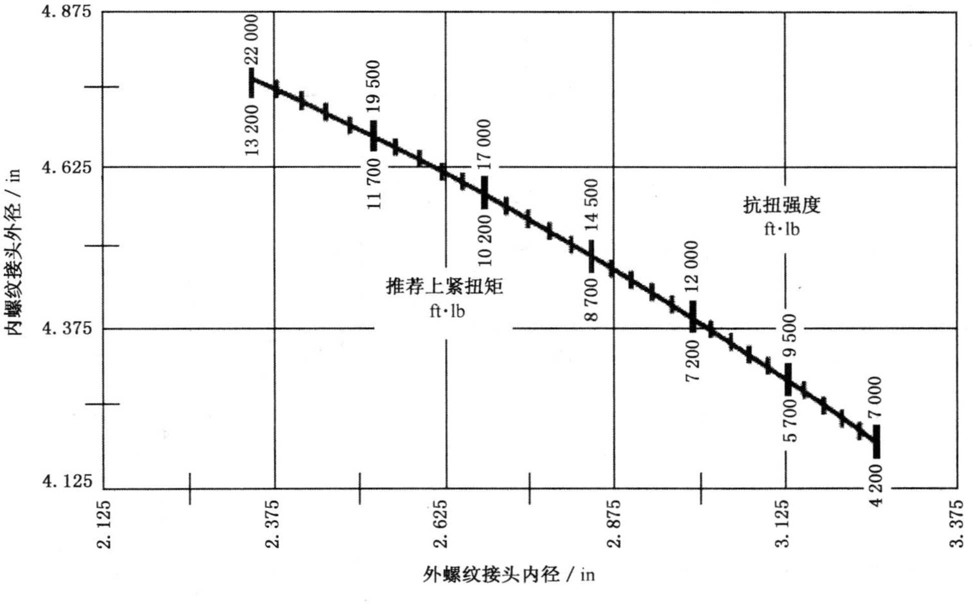

图 14　3½OH 接头的抗扭强度和上紧扭矩

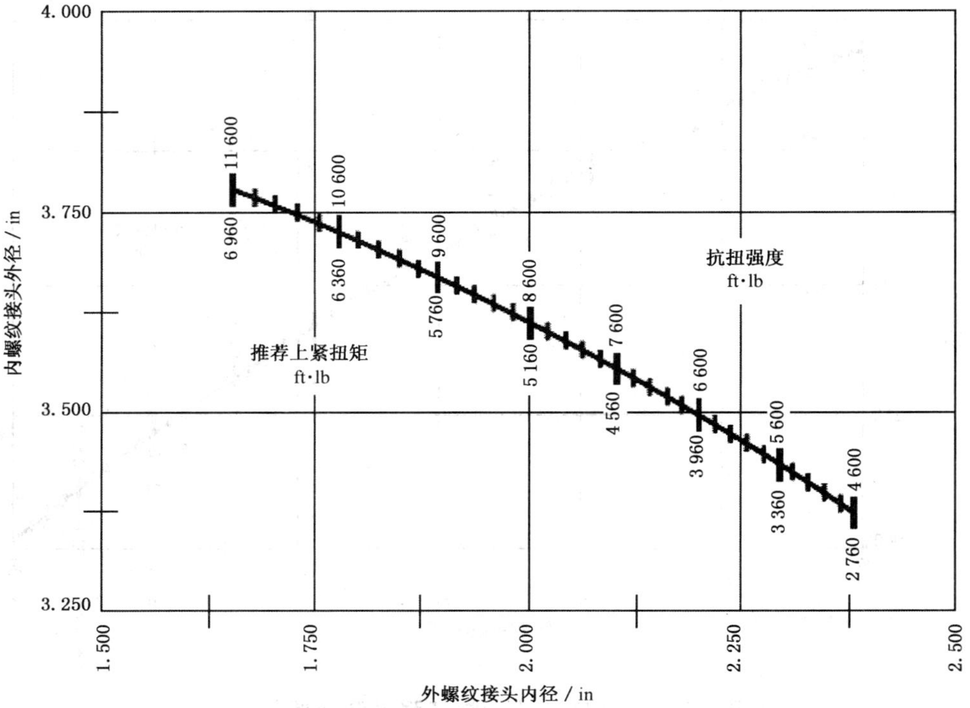

图 15　3½PAC 接头的抗扭强度和上紧扭矩

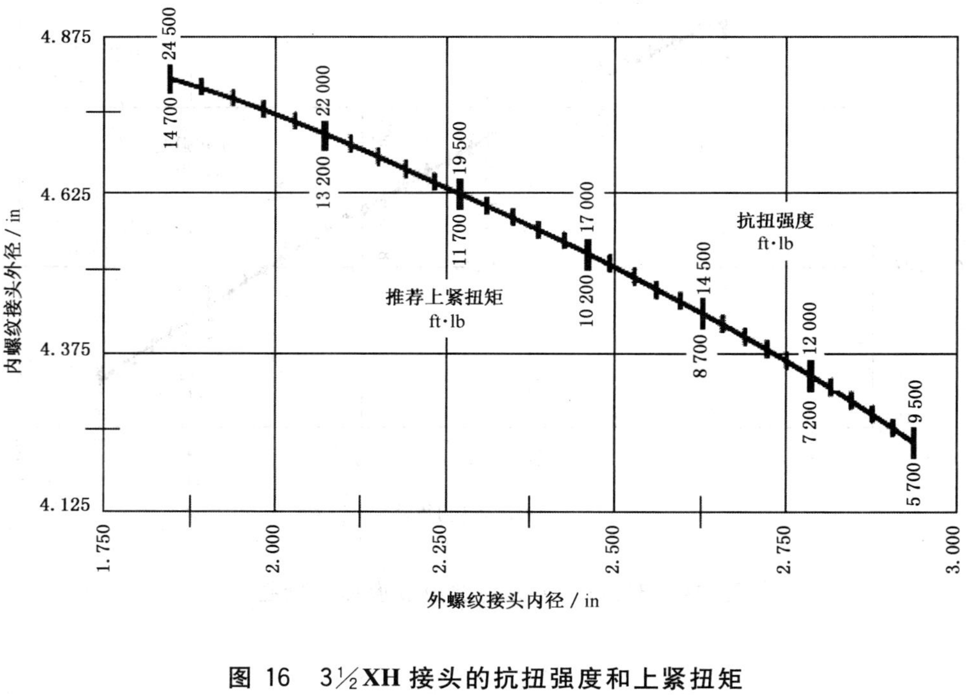

图 16　3½XH 接头的抗扭强度和上紧扭矩

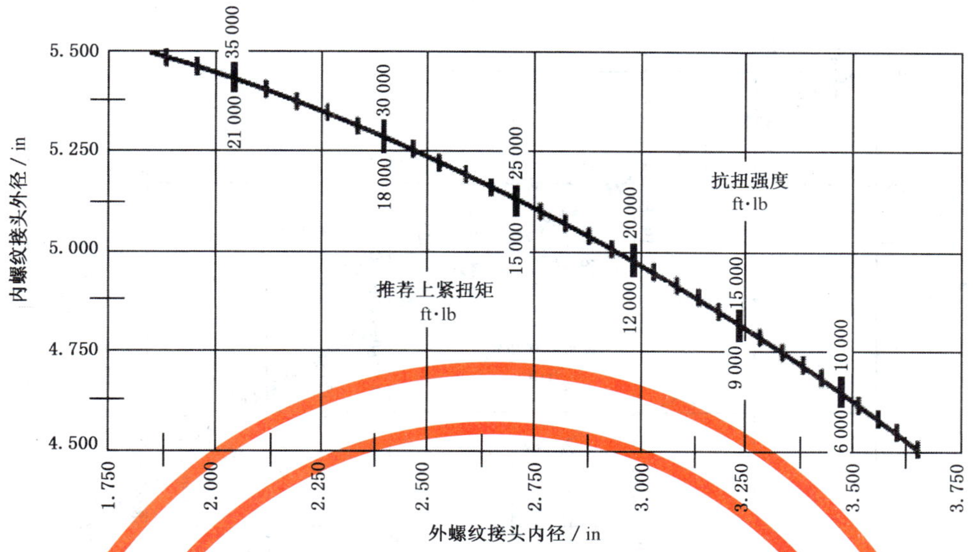

图 17 NC40 接头的抗扭强度和上紧扭矩

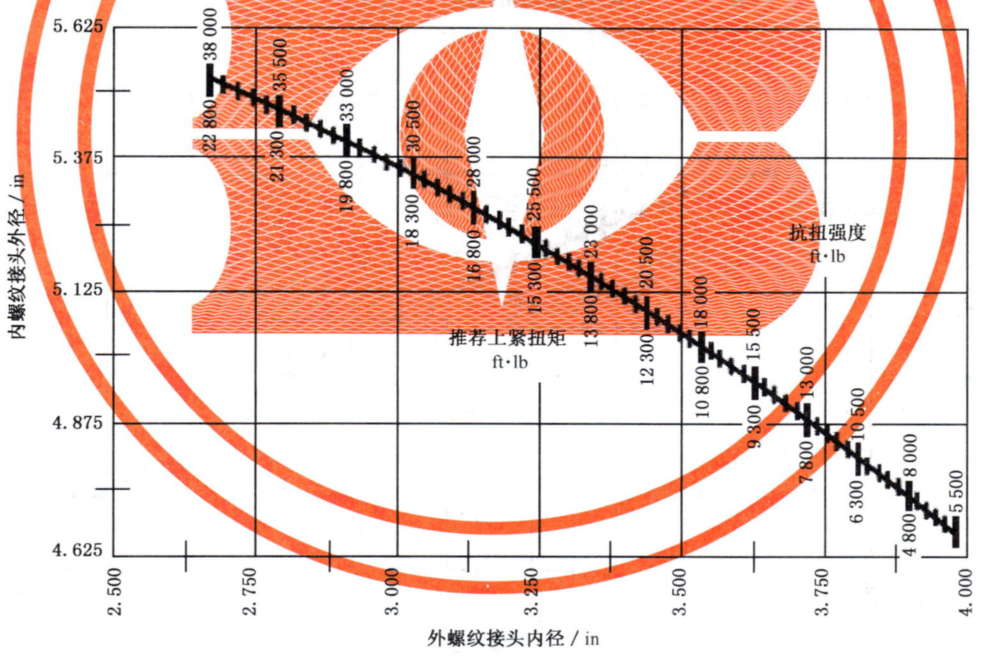

图 18 4inH90 接头的抗扭强度和上紧扭矩

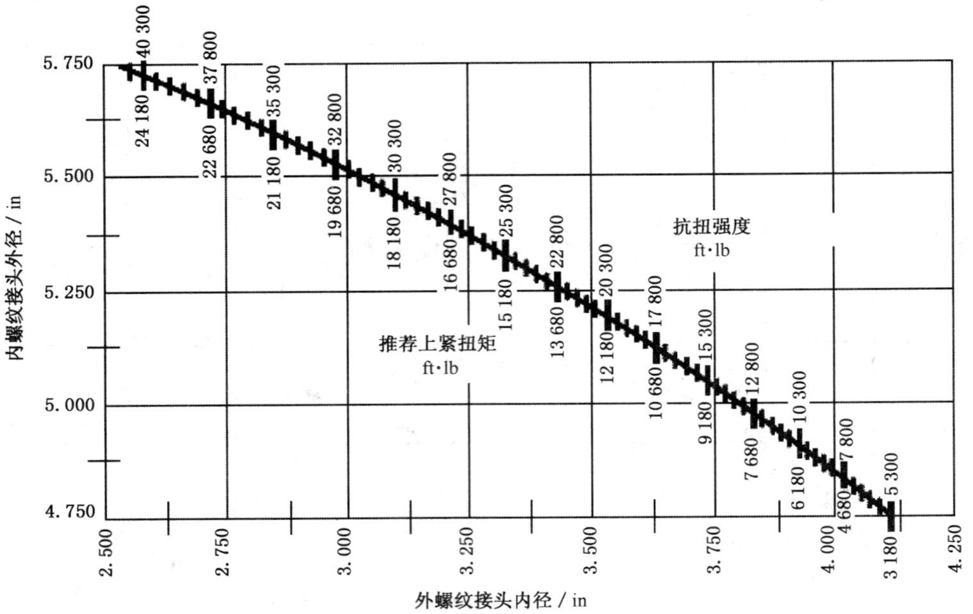

图 19　4inOH 接头的抗扭强度和上紧扭矩

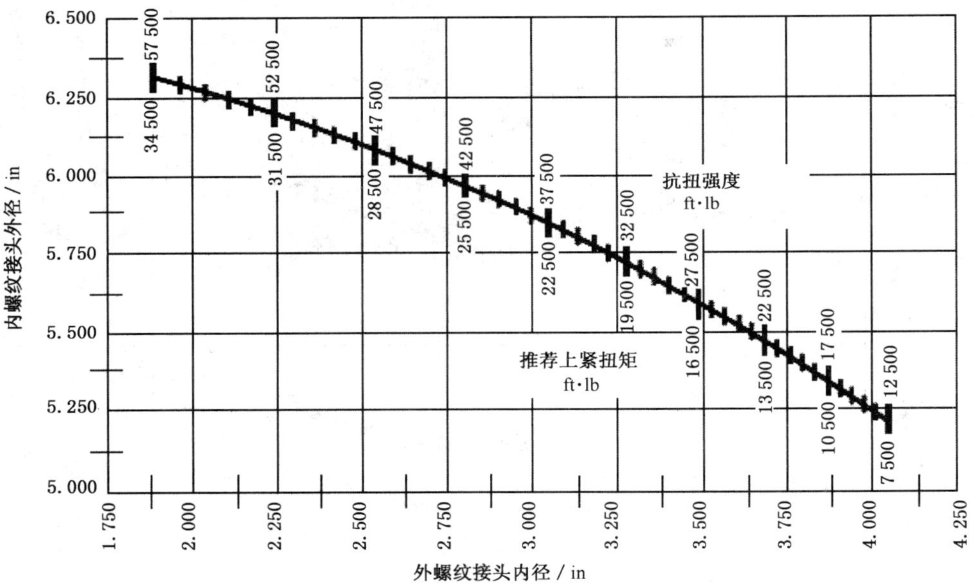

图 20　NC46 接头的抗扭强度和上紧扭矩

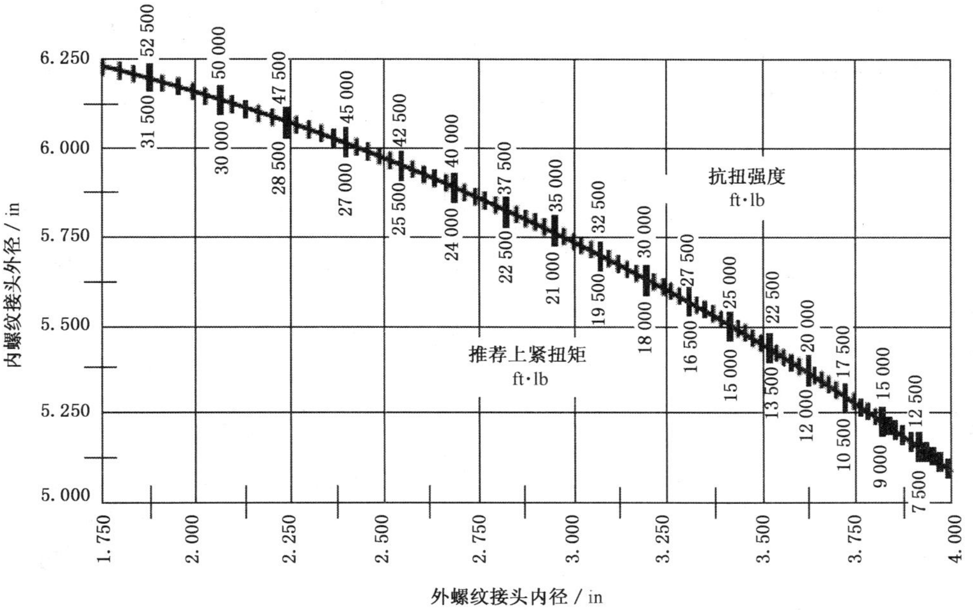

图 21 4½FH 接头的抗扭强度和上紧扭矩

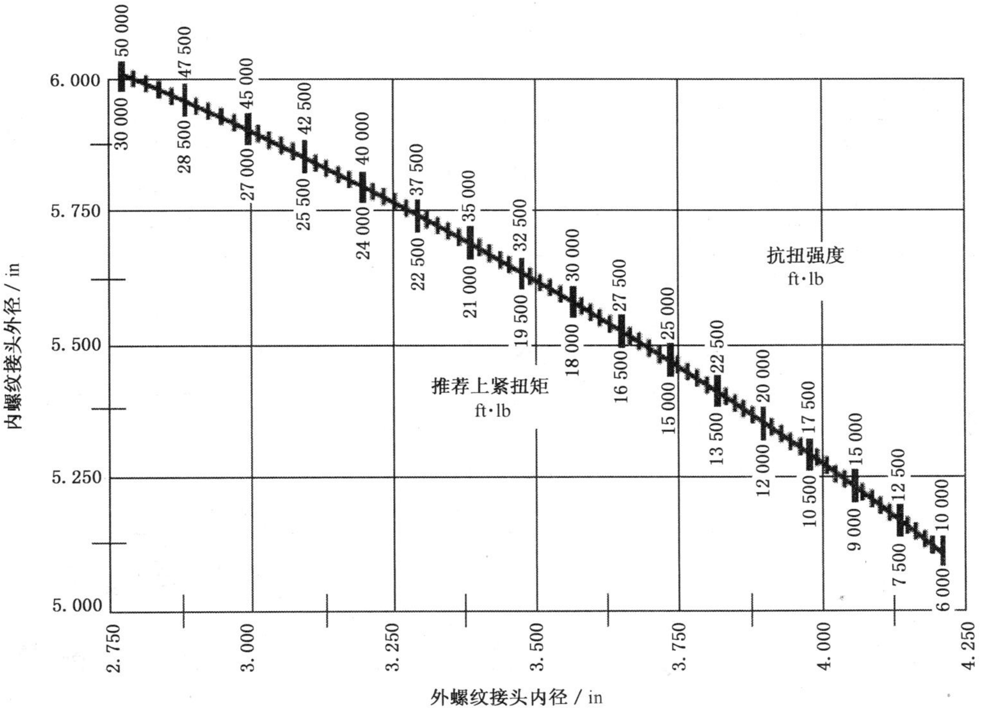

图 22 4½H90 接头的抗扭强度和上紧扭矩

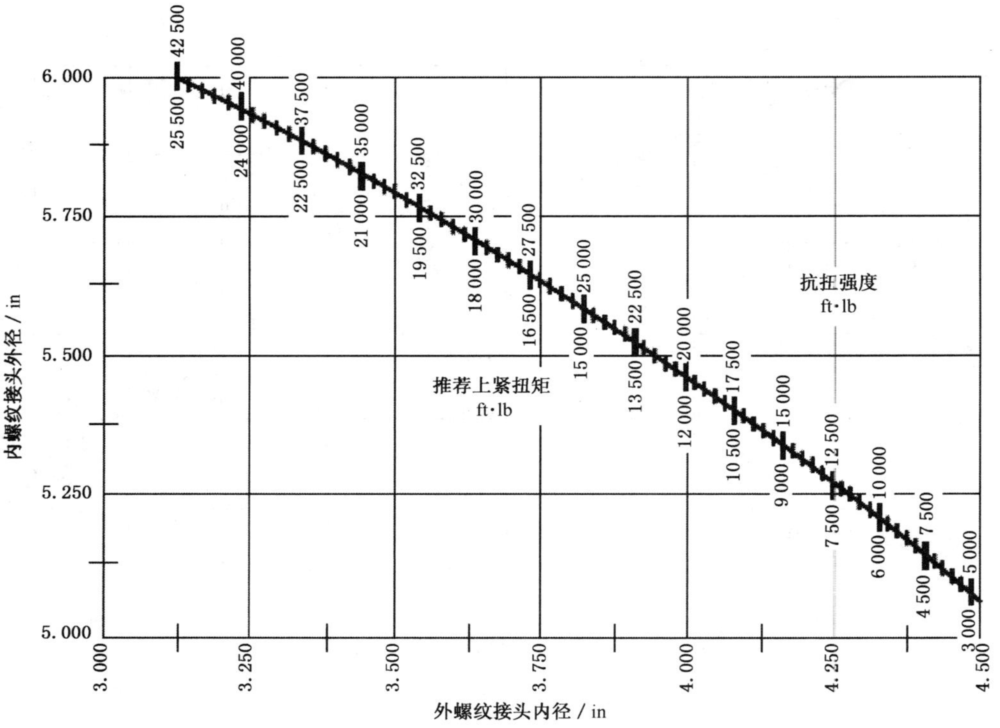

图 23　4½OH 接头(标准重量)的抗扭强度和上紧扭矩

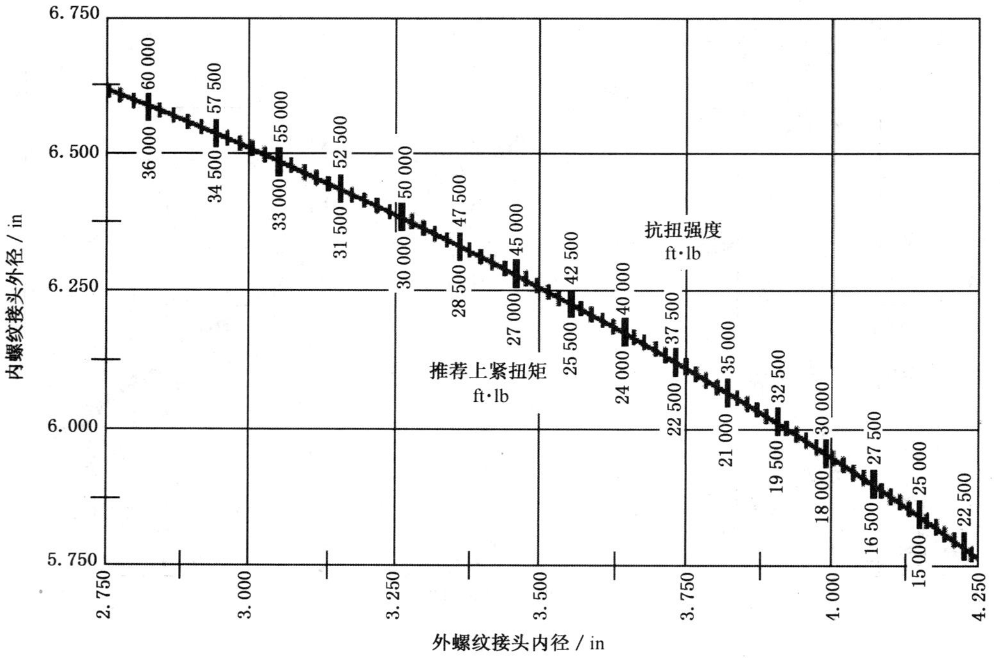

图 24　NC50 接头的抗扭强度和上紧扭矩

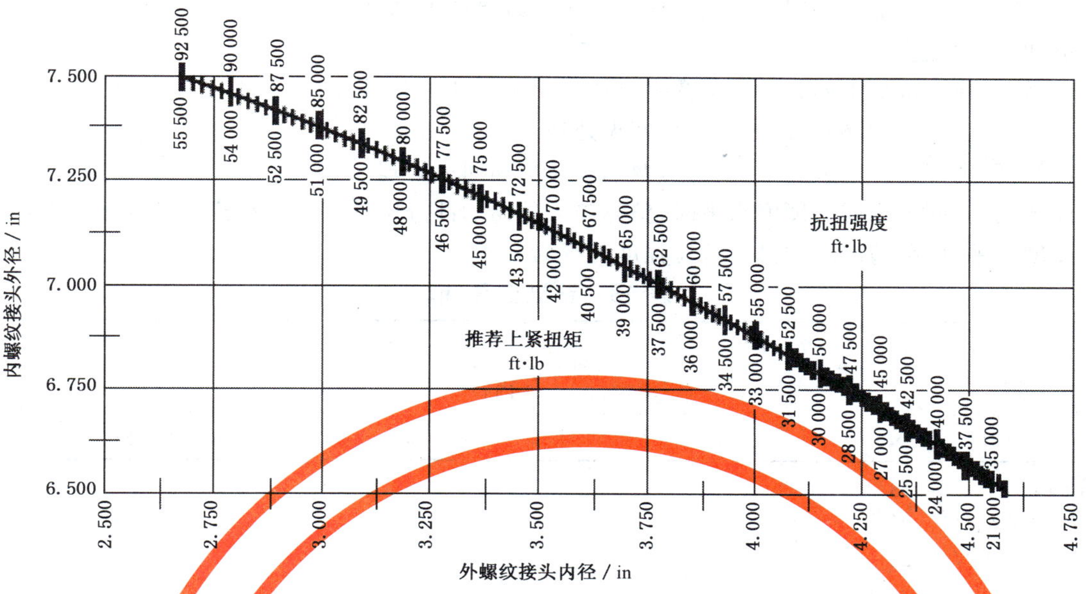

图 25　5½FH 接头的抗扭强度和上紧扭矩

5　钻铤的性能

5.1　表 13 包括 API 尺寸和非 API 尺寸范围中内、外径组合的钻铤重量。表中的数据可以为计算复合或非标准钻铤柱的钻铤重量提供基础数据。

5.2　旋肩式钻铤连接的推荐上紧扭矩列于表 14。各种连接类型和常用内、外径钻铤的推荐上紧扭矩都列于表内，此外还包括每种连接尺寸和类型其薄弱部分(外螺纹端和内螺纹端)的标注。

5.3　许多钻铤连接失效都是弯曲应力而不是扭转应力作用的结果。图 26～图 32 可以用来确定新钻铤最合适的连接或者选择用于外径已磨损钻铤的新连接。

5.4　抗弯强度比为 2.50：1 的连接是通用的平衡连接的平均值。然而，依据钻井条件，3.20：1 到 1.9：1之间的变化均可用。

5.5　由于内螺纹连接外径比外螺纹连接内径磨损得快，因此抗弯强度比也相应降低。当抗弯强度比降到 2.00：1 以下时，则可能出现连接故障，如内螺纹连接胀扣，内螺纹连接开裂，或内螺纹最后啮合处发生疲劳裂纹。

5.6　适合一个作业区的最小抗弯强度比可能在另一个作业区不适用。在确定特定作业区及特定作业类型的最小抗弯强度比时，应该考虑当地处理最近破坏情况的作业实践经验。

5.7　在利用这些图表时应注意一些其他提示。外螺纹连接末端处必须保留足够的台肩宽度和截面积。对于所有连接，抗弯强度比的计算都以标准尺寸为基础。

5.8　实际测量的内径和图 26～图 32 中内径略有微小差别无关紧要，但一定要选择最接近测量内径的图形。

5.9　图 26～图 32 中的曲线是通过使用截面模数(Z)计算得到的抗弯强度比来确定的。截面模数是截面抵抗可能受到的任何弯曲力矩能力的度量。曲线中未考虑应力释放的效果，所应用公式的推导和算例见 A.10。

6　方钻杆的性能

6.1　方钻杆制造成具有四方形或正六边形的驱动外形结构。API Spec 7 中标题为“四方钻杆”和“六方钻杆”的表 2 和表 3 给出了其尺寸。

6.2　四方钻杆的驱动部分采用锻造或机加工而成。锻造的方钻杆，其驱动部分经正火和回火处理，两端经淬火和回火处理。

6.3　六方钻杆或全机加工四方钻杆由圆钢机加工而成。其可采用以下任一热处理方式。

6.3.1　在机加工之前，圆钢全部经淬火和回火处理。

6.3.2　或者驱动部分经正火和回火处理，两端经淬火和回火处理。

应注意的是，回火到同一硬度水平时，整体淬火的驱动部分所具有的最小抗拉强度比正火要高。对于同一硬度水平，两种情况下的最终抗拉强度可视为相同。

表 13　钻铤重量(钢)

lb/ft

(1)	(2)	(3)	(4)	(5)	(6)	(7)	(8)	(9)	(10)	(11)	(12)	(13)	(14)
外径/in	内径/in												
	1	1¼	1½	1¾	2	2¼	2½	$2\frac{13}{16}$	3	3¼	3½	3¾	4
2⅞	19	18	16										
3	21	20	18										
3⅛	22	22	20										
3¼	26	24	22										
3½	30	29	27										
3¾	35	33	32										
4	40	39	37	35	32	29							
4⅛	43	41	39	37	35	32							
4¼	46	44	42	40	38	35							
4½	51	50	48	46	43	41							
4¾			54	52	50	47	44						
5			61	59	56	53	50						
5¼			68	65	63	60	57						
5½			75	73	70	67	64	60					
5¾			82	80	78	75	72	67	64	60			
6			90	88	85	83	79	75	72	68			
6¼			98	96	94	91	88	83	80	76	72		
6½			107	105	102	99	96	91	89	85	80		
6¾			116	114	111	108	105	100	98	93	89		
7			125	123	120	117	114	110	107	103	98	93	84
7¼			134	132	130	127	124	119	116	112	108	103	93
7½			144	142	139	137	133	129	126	122	117	113	102
7¾			154	152	150	147	144	139	136	132	128	123	112
8			165	163	160	157	154	150	147	143	138	133	122
8¼			176	174	171	168	165	160	158	154	149	144	133
8½			187	185	182	179	176	172	169	165	160	155	150
9			210	208	206	203	200	195	192	188	184	179	174
9½			234	232	230	227	224	220	216	212	209	206	198
9¾			248	245	243	240	237	232	229	225	221	216	211
10			261	259	257	254	251	246	243	239	235	230	225
11			317	315	313	310	307	302	299	295	291	286	281
12			379	377	374	371	368	364	361	357	352	347	342

注：API 标准钻铤尺寸参考 API Spec 7 中的表 13。

对于特殊形状的钻铤，可向制造厂查询重量的减小值。

表 14　钻铤旋肩式接头推荐上紧扭矩[1]

（本表用法见表下备注）

(1)	(2)	(3)	(4)	(5)	(6)	(7)	(8)	(9)	(10)	(11)	(12)	(13)	(14)	(15)
接头			最小上紧扭矩[2]/(ft·lb)											
尺寸/in	连接类型	外径/in	钻铤内径/in											
			1	$1\frac{1}{4}$	$1\frac{1}{2}$	$1\frac{3}{4}$	2	$2\frac{1}{4}$	$2\frac{1}{2}$	$2\frac{13}{16}$	3	$3\frac{1}{4}$	$3\frac{1}{2}$	$3\frac{3}{4}$
API	NC23	3	*2 508	*2 508	*2 508									
		$3\frac{1}{8}$	*3 330	*3 330	2 647									
		$3\frac{1}{4}$	4 000	3 387	2 647									
$2\frac{3}{8}$	Reg	3		*2 241	*2 241	1 749								
		$3\frac{1}{8}$		*3 028	2 574	1 749								
		$3\frac{1}{4}$		3 285	2 574	1 749								
$2\frac{7}{8}$	PAC3	3		*3 797	*3 797	2 926								
		$3\frac{1}{8}$		*4 966	4 151	2 926								
		$3\frac{1}{4}$		5 206	4 151	2 926								
$2\frac{3}{8}$	API IF	$3\frac{1}{2}$		*4 606	*4 606	3 697								
API	NC26	$3\frac{3}{4}$		5 501	4 668	3 697								
$2\frac{7}{8}$	Reg	$3\frac{1}{2}$		*3 838	*3 838	*3 838								
		$3\frac{3}{4}$		5 766	4 951	4 002								
		$3\frac{7}{8}$		5 766	4 951	4 002								
$2\frac{7}{8}$	小眼													
$2\frac{7}{8}$	加大贯眼	$3\frac{3}{4}$		*4 089	*4 089	*4 089								
$3\frac{1}{2}$	双流线	$3\frac{7}{8}$		*5 352	*5 352	*5 352								
$2\frac{7}{8}$	议眼	$4\frac{1}{8}$		*8 059	*8 059	7 433								
$2\frac{7}{8}$	API IF	$3\frac{7}{8}$		*4 640	*4 640	*4 640	*4 640							
API	NC31	$4\frac{1}{8}$		*7 390	*7 390	*7 390	6 853							
$3\frac{1}{2}$	Reg	$4\frac{1}{8}$		*6 466	*6 466	*6 466	*6 466	5 685						
		$4\frac{1}{4}$		*7 886	*7 886	*7 886	7 115	5 685						
		$4\frac{1}{2}$		10 471	9 514	8 394	7 115	5 685						
$3\frac{1}{2}$	小眼	$4\frac{1}{4}$		*8 858	*8 858	8 161	6 853	5 391						

表 14（续）

(1)	(2)	(3)	(4)	(5)	(6)	(7)	(8)	(9)	(10)	(11)	(12)	(13)	(14)	(15)
接头			最小上紧扭矩[2]/(ft·lb)											
			钻铤内径/in											
尺寸/in	连接类型	外径/in	1	1¼	1½	1¾	2	2¼	2½	2¹³⁄₁₆	3	3¼	3½	3¾
		4½		10 286	9 307	8 161	6 853	5 391						
API	NC35	4½				* 9 038	* 9 038	* 9 038	7 411					
		4¾				12 273	10 826	9 202	7 411					
		5				12 273	10 826	9 202	7 411					
3½	加大贯眼	4¼				* 5 161	* 5 161	* 5 161	* 5 161					
4	小眼	4½				* 8 479	* 8 479	* 8 479	8 311					
3½	议眼	4¾				* 12 074	11 803	10 144	8 311					
		5				13 283	11 803	10 144	8 311					
		5¼				13 283	11 803	10 144	8 311					
3½	API IF	4¾				* 9 986	* 9 986	* 9 986	* 9 986	8 315				
API	NC38	5				* 13 949	* 13 949	12 907	10 977	8 315				
4½	小眼	5¼				16 207	14 643	12 907	10 977	8 315				
		5½				16 207	14 643	12 907	10 977	8 315				
3½	H-90[4]	4¾				* 8 786	* 8 786	* 8 786	* 8 786	* 8 786				
		5				* 12 794	* 12 794	* 12 794	* 12 794	10 408				
		5¼				* 17 094	16 929	15 137	13 151	10 408				
		5½				18 522	16 929	15 137	13 151	10 408				
4	FH	5				* 10 910	* 10 910	* 10 910	* 10 910	* 10 910				
API	NC40	5¼				* 15 290	* 15 290	* 15 290	14 969	12 125				
4	议眼	5½				* 19 985	18 886	17 028	14 969	12 125				
4½	双流线	5¾				20 539	18 886	17 028	14 969	12 125				
		6				20 539	18 886	17 028	14 969	12 125				
4	H-90[4]	5¼				* 12 590	* 12 590	* 12 590	* 12 590	* 12 590				
		5½				* 17 401	* 17 401	* 17 401	* 17 401	16 536				
		5¾				* 22 531	* 22 531	21 714	19 543	16 536				

表 14（续）

(1)	(2)	(3)	(4)	(5)	(6)	(7)	(8)	(9)	(10)	(11)	(12)	(13)	(14)	(15)
接头			最小上紧扭矩²/(ft·lb)											
尺寸/in	连接类型	外径/in	钻铤内径/in											
			1	1¼	1½	1¾	2	2¼	2½	2¹³⁄₁₆	3	3¼	3½	3¾
		6				25 408	23 671	21 714	19 543	16 536				
		6¼				25 408	23 671	21 714	19 543	16 536				
4½	Reg	5½				* 15 576	* 15 576	* 15 576	* 15 576	* 15 576				
		5¾				* 20 609	* 20 609	* 20 609	19 601	16 629				
		6				25 407	23 686	21 749	19 601	16 629				
		6¼				25 407	23 686	21 749	19 601	16 629				
API	NC44	5¾				* 20 895	* 20 895	* 20 895	* 20 895	18 161				
		6				* 26 453	25 510	23 493	21 257	18 161				
		6¼				27 300	25 510	23 493	21 257	18 161				
		6½				27 300	25 510	23 493	21 257	18 161				
4½	API FH	5½					* 12 973	* 12 973	* 12 973	* 12 973	* 12 973			
		5¾					* 18 119	* 18 119	* 18 119	* 18 119	17 900			
		6					* 23 605	* 23 605	23 028	19 921	17 900			
		6¼					27 294	25 272	23 028	19 921	17 900			
		6½					27 294	25 272	23 028	19 921	17 900			
4½	加大贯眼	5¾						* 17 738	* 17 738	* 17 738	* 17 738			
API	NC46	6						* 23 422	* 23 422	22 426	20 311			
4	API IF	6¼						28 021	25 676	22 426	20 311			
4½	半内平	6½						28 021	25 676	22 426	20 311			
5	双流线	6¾						28 021	25 676	22 426	20 311			
4½	议眼													
4½	H-90⁴	5¾						* 18 019	* 18 019	* 18 019	* 18 019			
		6						* 23 681	* 23 681	23 159	21 051			
		6¼						28 732	26 397	23 159	21 051			
		6½						28 732	26 397	23 159	21 051			

表 14（续）

(1)	(2)	(3)	(4)	(5)	(6)	(7)	(8)	(9)	(10)	(11)	(12)	(13)	(14)	(15)
	接　头		最小上紧扭矩^2/(ft·lb)											
			钻铤内径/in											
尺寸/in	连接类型	外径/in	1	1¼	1½	1¾	2	2¼	2½	2$^{13}/_{16}$	3	3¼	3½	3¾
		6¾						28 732	26 397	23 159	21 051			
5	H-90^4	6¼						*25 360	*25 360	*25 360	*25 360	23 988		
		6½						*31 895	*31 895	29 400	27 167	23 988		
		6¾						35 292	32 825	29 400	27 167	23 988		
		7						35 292	32 825	29 400	27 167	23 988		
4½	API IF	6¼						*23 004	*23 004	*23 004	*23 004	*23 004		
API	NC50	6½						*29 679	*29 679	*29 679	*29 679	26 675		
5	加大贯眼	6¾						*36 742	35 824	32 277	29 966	26 675		
5	议眼	7						38 379	35 824	32 277	29 966	26 675		
5½	双流线	7¼						38 379	35 824	32 277	29 966	26 675		
5	半内平	7½						38 379	35 824	32 277	29 966	26 675		
5½	H-90^4	6¾						*34 508	*34 508	*34 508	34 142	30 781		
		7						*41 993	40 117	36 501	34 142	30 781		
		7¼						42 719	40 117	36 501	34 142	30 781		
		7½						42 719	40 117	36 501	34 142	30 781		
5½	Reg	6¾						*31 941	*31 941	*31 941	*31 941	30 495		
		7						*39 419	*39 419	36 235	33 868	30 495		
		7¼						42 481	39 866	36 235	33 868	30 495		
		7½						42 481	39 866	36 235	33 868	30 495		
5½	API FH	7						*32 762	*32 762	*32 762	*32 762	x 32 762		
		7¼						*40 998	*40 998	*40 998	*40 998	*40 998		
		7½						*49 661	*49 661	47 756	45 190	41 533		
		7¾						54 515	51 687	47 756	45 190	41 533		
API	NC56	7¼							*40 498	*40 498	*40 498	*40 498		
		7½							*49 060	48 221	45 680	42 058		
		7¾							52 115	48 221	45 680	42 058		
		8							52 115	48 221	45 680	42 058		

表 14(续)

(1)	(2)	(3)	(4)	(5)	(6)	(7)	(8)	(9)	(10)	(11)	(12)	(13)	(14)	(15)
接头			最小上紧扭矩²/(ft·lb)											
			钻铤内径/in											
尺寸/in	连接类型	外径/in	1	1¼	1½	1¾	2	2¼	2½	2¹³⁄₁₆	3	3¼	3½	3¾
6⅝	Reg	7½							*46 399	*46 399	*46 399	*46 399		
		7¾							*55 627	53 346	50 704	46 936		
		8							57 393	53 346	50 704	46 936		
		8¼							57 393	53 346	50 704	46 936		
6⅝	H-90⁴	7½							*46 509	*46 509	*46 509	*46 509		
		7¾							*55 708	*55 708	53 629	49 855		
		8							60 321	56 273	53 629	49 855		
		8¼							60 321	56 273	53 629	49 855		
API	NC61	8							*55 131	*55 131	*55 131	*55 131		
		8¼							*65 438	*65 438	*65 438	61 624		
		8½							72 670	68 398	65 607	61 624		
		8¾							72 670	68 398	65 607	61 624		
		9							72 670	68 398	65 607	61 624		
5½	API IF	8							*56 641	*56 641	*56 641	*56 641	*56 641	
		8¼							*67 133	*67 133	*67 133	63 381	59 027	
		8½							74 626	70 277	67 436	63 381	59 027	
		8¾							74 626	70 277	67 436	63 381	59 027	
		9							74 626	70 277	67 436	63 381	59 027	
		9¼							74 626	70 277	67 436	63 381	59 027	
6⅝	API FH	8½							*67 789	*67 789	*67 789	*67 789	*67 789	67 184
		8¾							*79 544	*79 544	*79 544	76 706	72 102	67 184
		9							88 582	83 992	80 991	76 706	72 102	67 184
		9¼							88 582	83 992	80 991	76 706	72 102	67 184
		9½							88 582	83 992	80 991	76 706	72 102	67 184
API	NC70	9							*75 781	*75 781	*75 781	*75 781	*75 781	*75 781
		9¼							*88 802	*88 802	*88 802	*88 802	*88 802	*88 802
		9½							*102 354	*102 354	*102 354	101 107	96 214	90 984

表 14（续）

(1)	(2)	(3)	(4)	(5)	(6)	(7)	(8)	(9)	(10)	(11)	(12)	(13)	(14)	(15)
接头			最小上紧扭矩²/(ft·lb)											
			钻铤内径/in											
尺寸/in	连接类型	外径/in	1	1¼	1½	1¾	2	2¼	2½	2^{13}/$_{16}$	3	3¼	3½	3¾
		9¾							113 710	108 841	105 657	101 107	96 214	90 984
		10							113 710	108 841	105 657	101 107	96 214	90 984
		10¼							113 710	108 841	105 657	101 107	96 214	90 984
API	NC77	10							*108 194	*108 194	*108 194	*108 194	*108 194	*108 194
		10¼							*124 051	*124 051	*124 051	*124 051	*124 051	*124 051
		10½							*140 491	*140 491	*140 491	140 488	135 119	129 375
		10¾							154 297	148 965	145 476	140 488	135 119	129 375
		11							154 297	148 965	145 476	140 488	135 119	129 375
7	H-90⁴	8							*53 454	*53 454	*53 454	*53 454	*53 454	*53 454
		8¼							*63 738	*63 738	*63 738	*63 738	60 971	56 382
		8½							*74 478	72 066	69 265	65 267	60 971	56 382
7⅝	Reg	8½							*60 402	*60 402	*60 402	*60 402	*60 402	*60 402
		8¾							*72 169	*72 169	*72 169	*72 169	*72 169	*72 169
7⅝		9							*84 442	*84 442	*84 442	84 221	79 536	74 529
		9¼							96 301	91 633	88 580	84 221	79 536	74 529
		9½							96 301	91 633	88 580	84 221	79 536	74 529
7⅝	H-90⁴	9							*73 017	*73 017	*73 017	*73 017	*73 017	*73 017
		9¼							*86 006	*86 006	*86 006	*86 006	*86 006	*86 006
		9½							*99 508	*99 508	*99 508	*99 508	*99 508	96 285
8⅝	Reg	10							*109 345	*109 345	*109 345	*109 345	*109 345	*109 345
		10¼							*125 263	*125 263	*125 263	*125 263	*125 263	125 034
		10½							*141 767	*141 767	141 134	136 146	130 777	125 034
8⅝	H-90⁴	10¼							*113 482	*113 482	*113 482	*113 482	*113 482	*113 482
		10½							*130 063	*130 063	*130 063	*130 063	*130 063	*130 063
7	H-90⁴	8¾								*68 061	*68 061	67 257	62 845	58 131
	(带低扭矩面)	9								74 235	71 361	67 257	62 845	58 131
7⅝	API 正规	9¼									*73 099	*73 099	*73 099	*73 099

表 14（续）

(1)	(2)	(3)	(4)	(5)	(6)	(7)	(8)	(9)	(10)	(11)	(12)	(13)	(14)	(15)
接头			最小上紧扭矩²/(ft·lb)											
			钻铤内径/in											
尺寸/in	连接类型	外径/in	1	1¼	1½	1¾	2	2¼	2½	2¹³⁄₁₆	3	3¼	3½	3¾
	（带低扭矩面）	9½									* 86 463	* 86 463	82 457	77 289
		9¾									91 789	87 292	82 457	77 289
		10									91 789	87 292	82 457	77 289
7⅝	H-90⁴	9¾								* 91 667	* 91 667	* 91 667	* 91 667	* 91 667
	（带低扭矩面）	10								* 106 260	* 106 260	* 106 260	* 106 260	* 106 260
		10¼								117 112	113 851	109 188	104 171	98 804
		10½								117 112	113 851	109 188	104 171	98 804
8⅝	Reg	10¾									* 112 883	* 112 883	* 112 883	* 112 883
	（带低扭矩面）	11									* 130 672	* 130 672	* 130 672	* 130 672
		11¼									147 616	142 430	136 846	130 871
8⅝	H-90⁴	10¾									* 92 960	* 92 960	* 92 960	* 92 960
	（带低扭矩面）	11									* 110 781	* 110 781	* 110 781	* 110 781
		11¼									* 129 203	* 129 203	* 129 203	* 129 203

注意：1. 带 * 号的扭矩数据表明对于相应的外径和内径，薄弱构件为内螺纹；其他则是薄弱构件为外螺纹的扭矩数据。

2. 在每一组接头公称尺寸和接头类型中，当使用相同外径和内径的钻铤时，扭矩值适用于组中所有连接类型。例如，用于外径 3½in×内径 1¼ in 的钻铤，其连接类型为 2⅜ API IF、API NC26 和 2⅞ 小眼连接时具有相同的最小上紧扭矩 4 600 ft·lb，且内螺纹为薄弱构件。

3. 上紧扭矩不考虑应力释放。

1 推荐的上紧扭矩的计算基础是，假定所有丝扣和接头使用的螺纹脂含有 40%～60%（质量比）的金属锌细粉或者含 60%（质量比）的金属铅细粉，并含有总量不超过 0.3%的活性硫（根据 Spec 7 附录 G 中关于有害材料的使用注意），并采用 A.9 节中修正的起重螺纹公式进行计算。其次，不论哪个是薄弱构件，内螺纹和外螺纹处的应力均为 62 500 psi。

2 正常扭矩范围是在表例数值的基础上增加 10%。较高的扭矩值为在极端条件下使用。

3 2⅞PAC 连接的上紧扭矩是以应力值 87 500 psi 和注 1 中列出的其他因素为基础计算的。

4 H90 连接的上紧扭矩以应力值 56 200 psi 和注 1 中列出的其他因素为基础计算的。

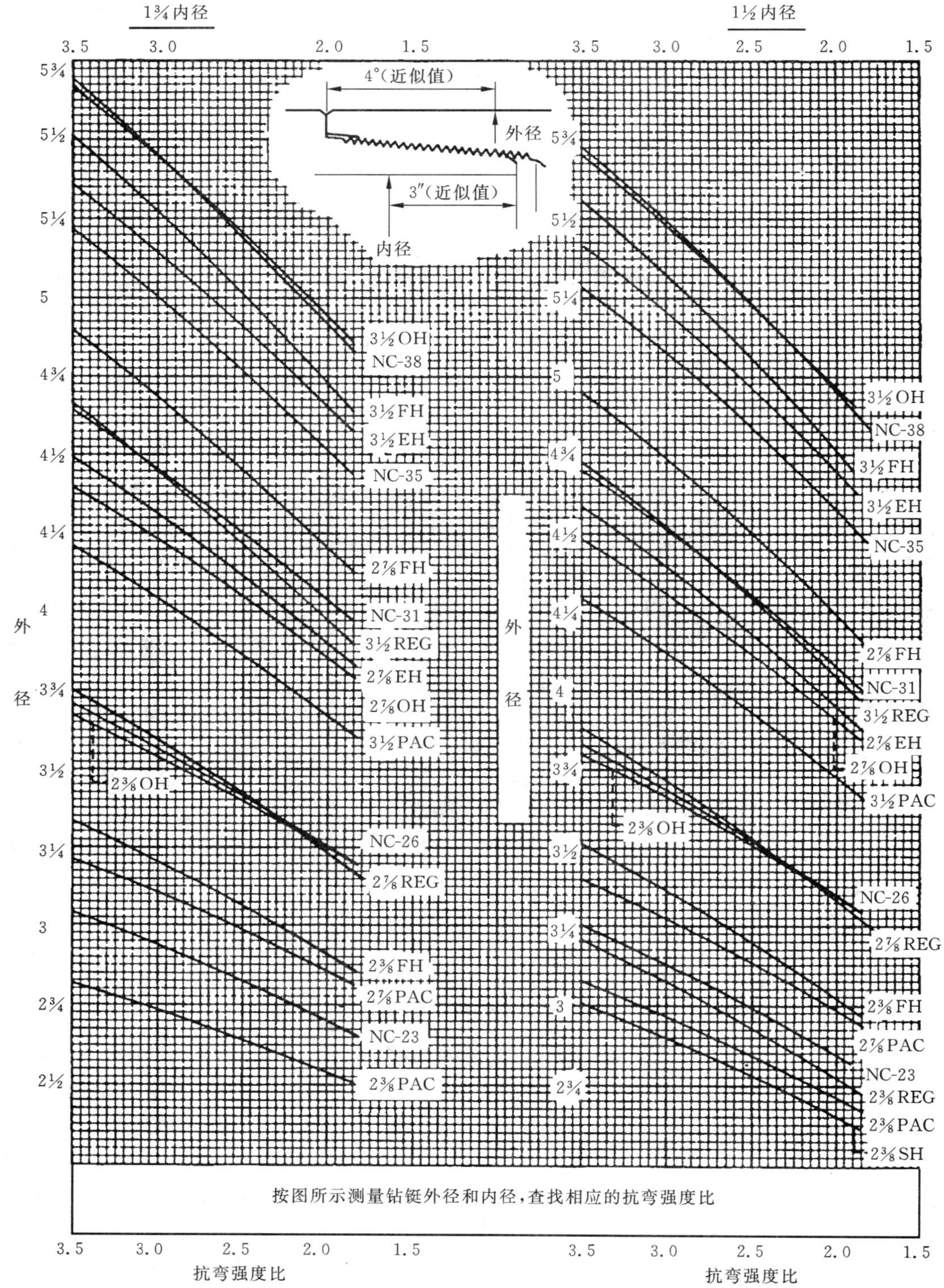

图 26　内径为 1½ in 和 1¾ in 的钻铤抗弯强度比

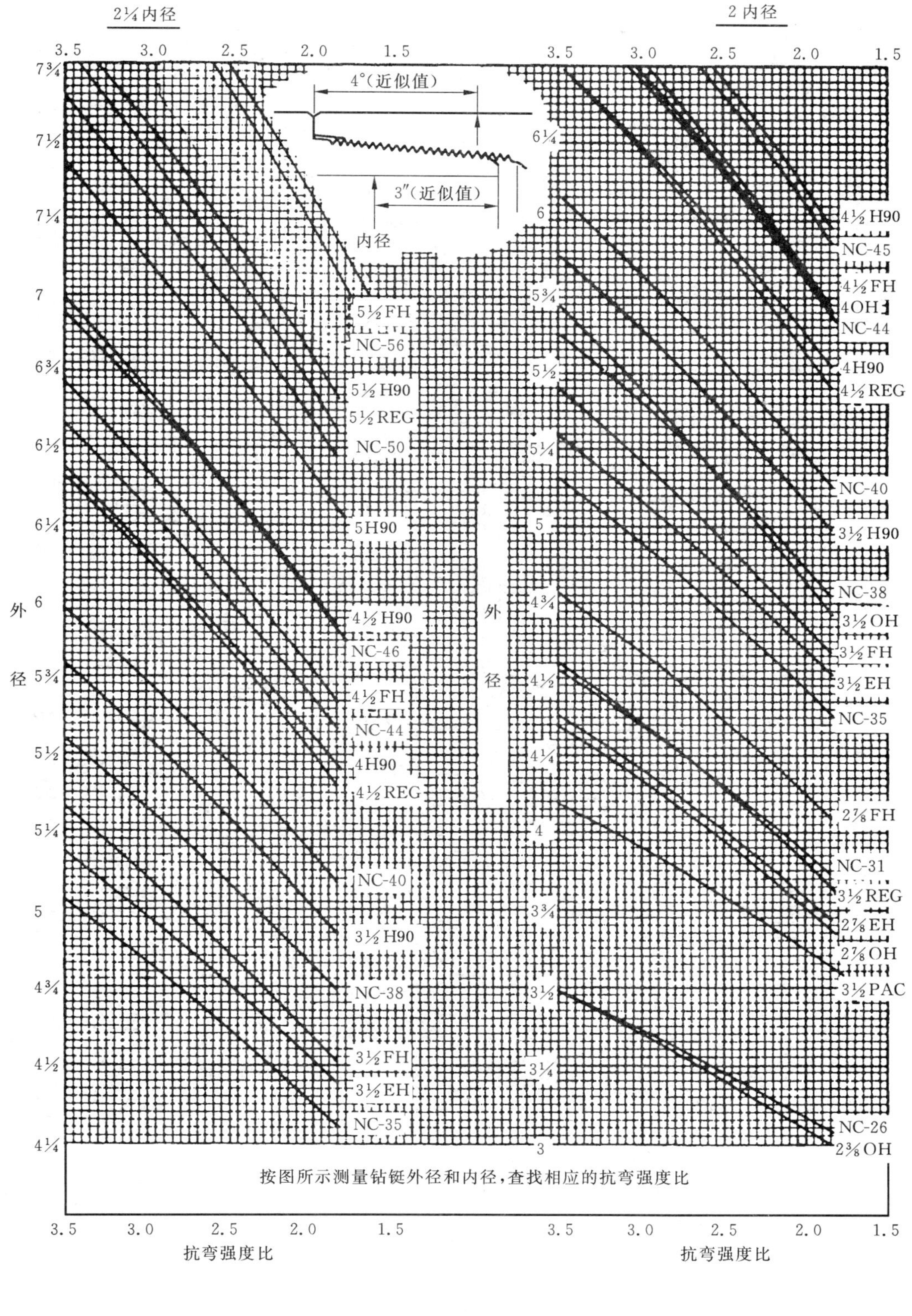

图 27 内径为 2 in 和 2¼ in 的钻铤抗弯强度比

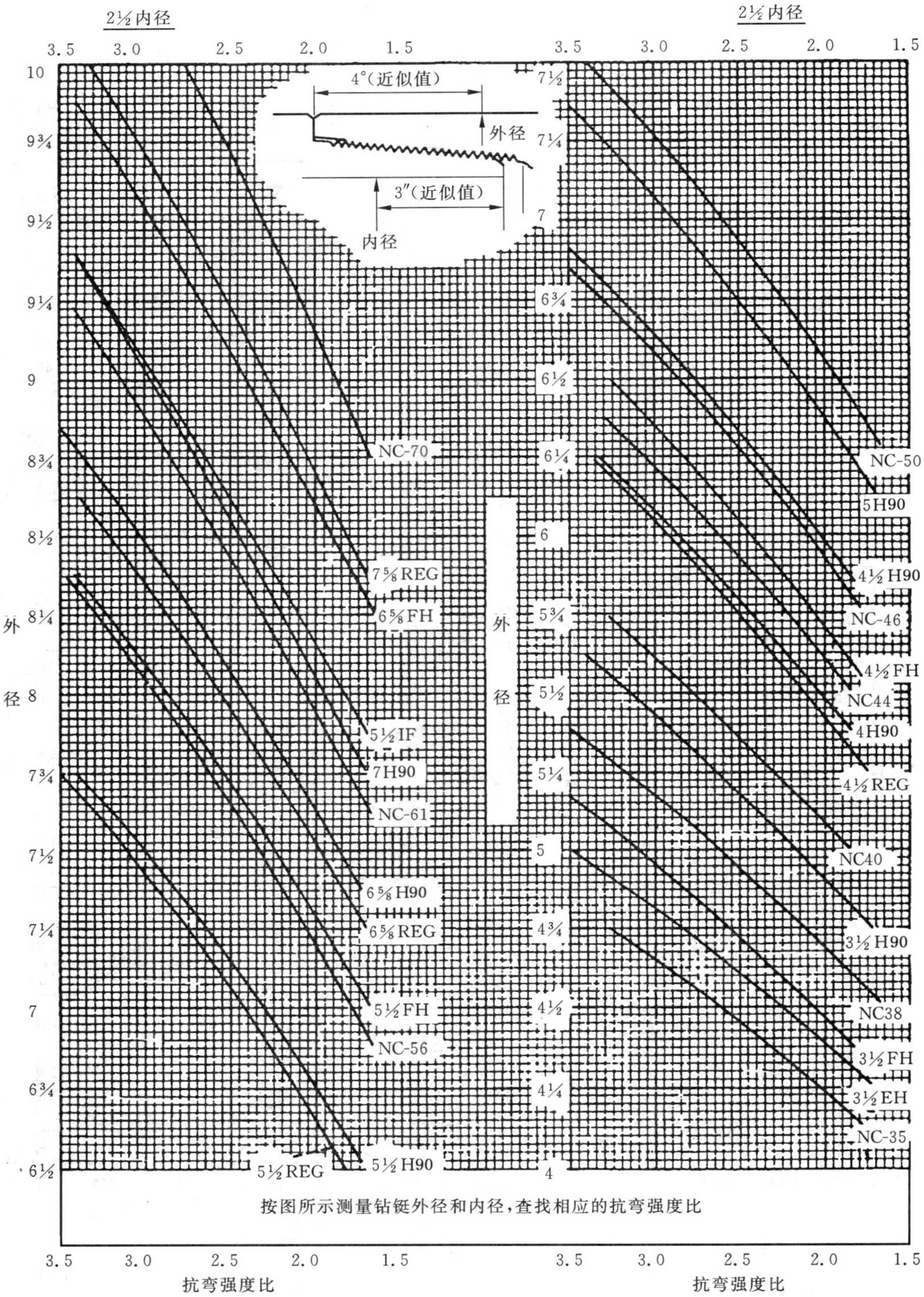

图 28　内径为 2½ in 的钻铤抗弯强度比

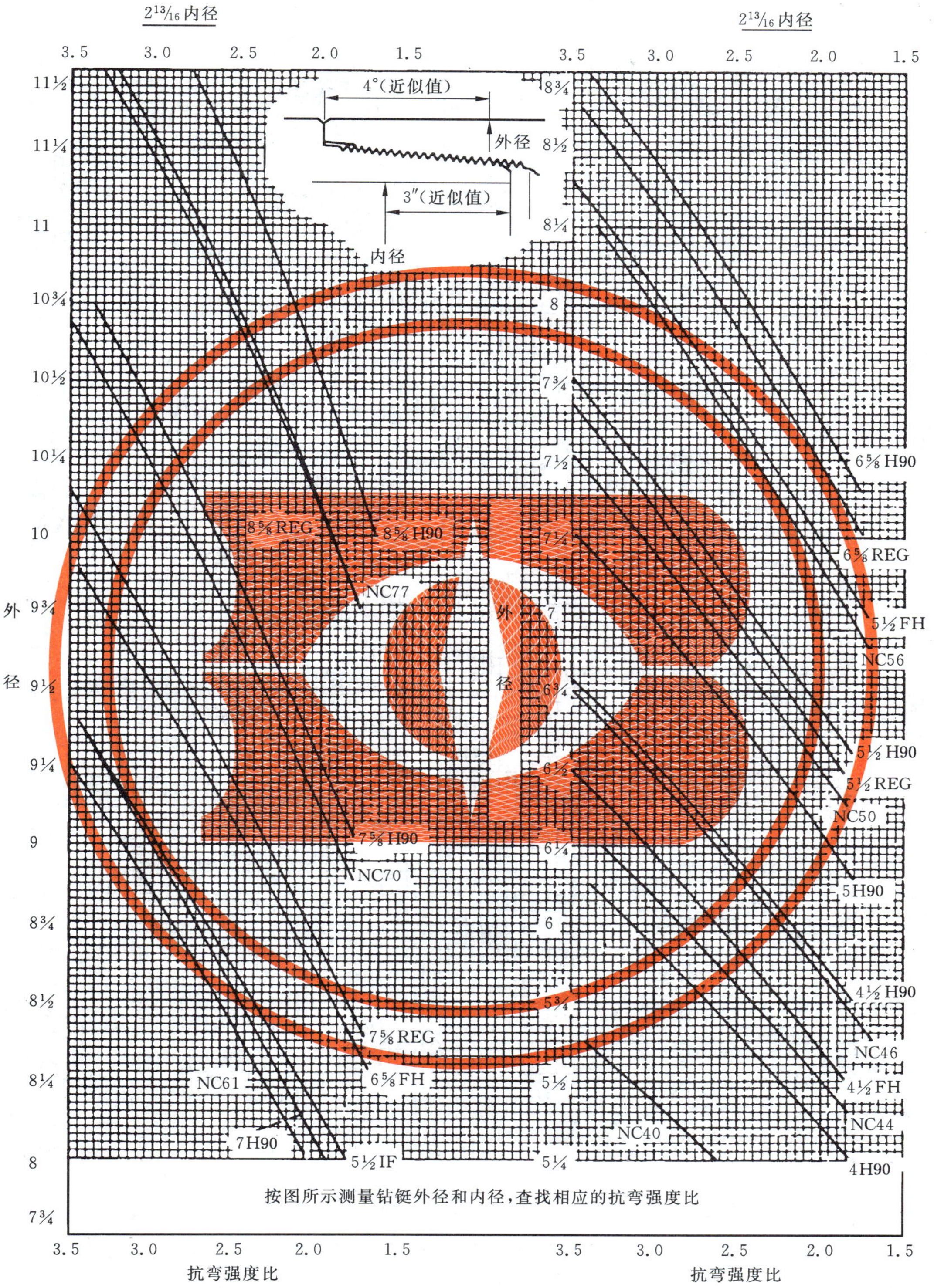

图 29 内径为 $2^{13}/_{16}$ in 的钻铤抗弯强度比

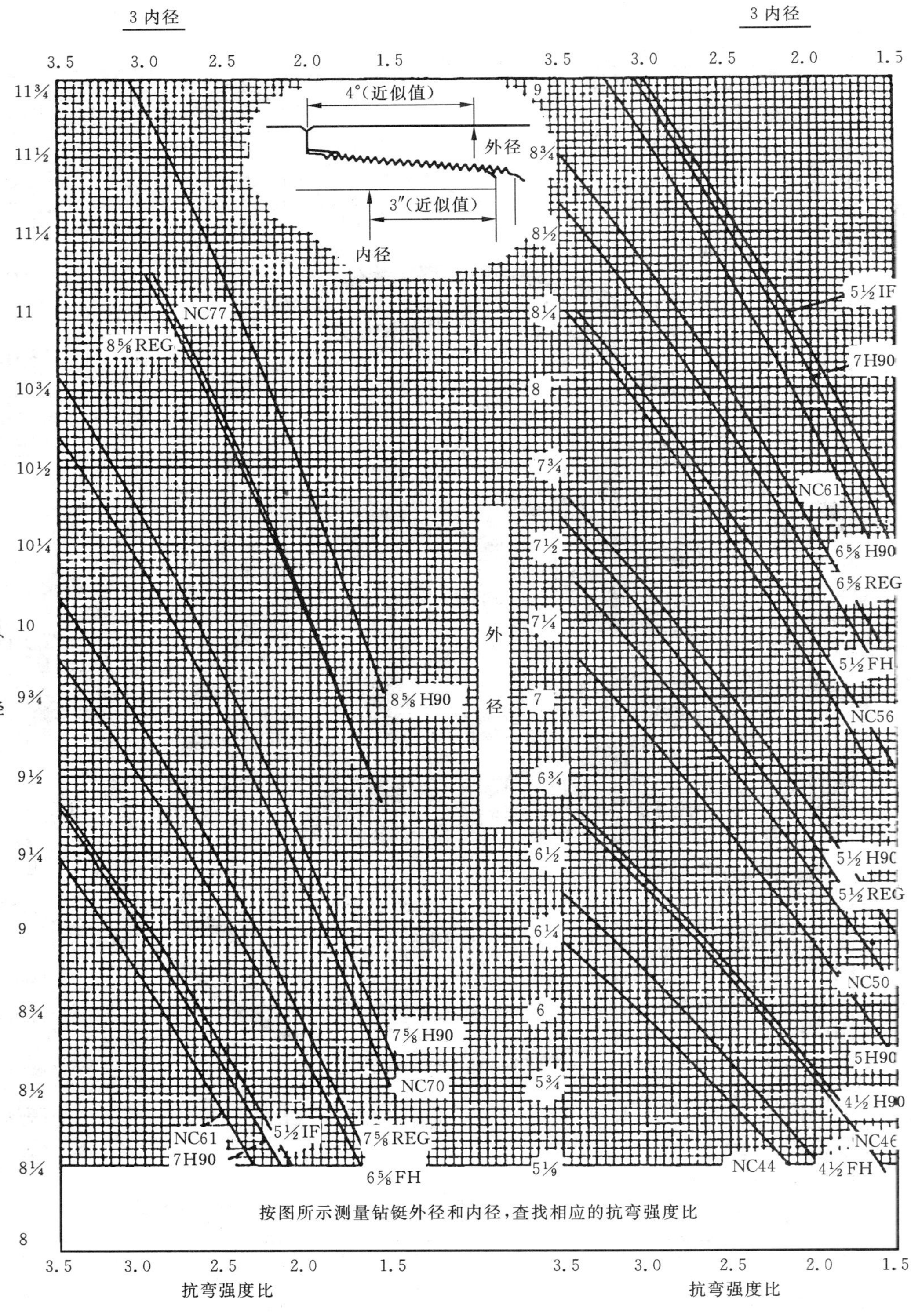

图 30　内径为 3 in 的钻铤抗弯强度比

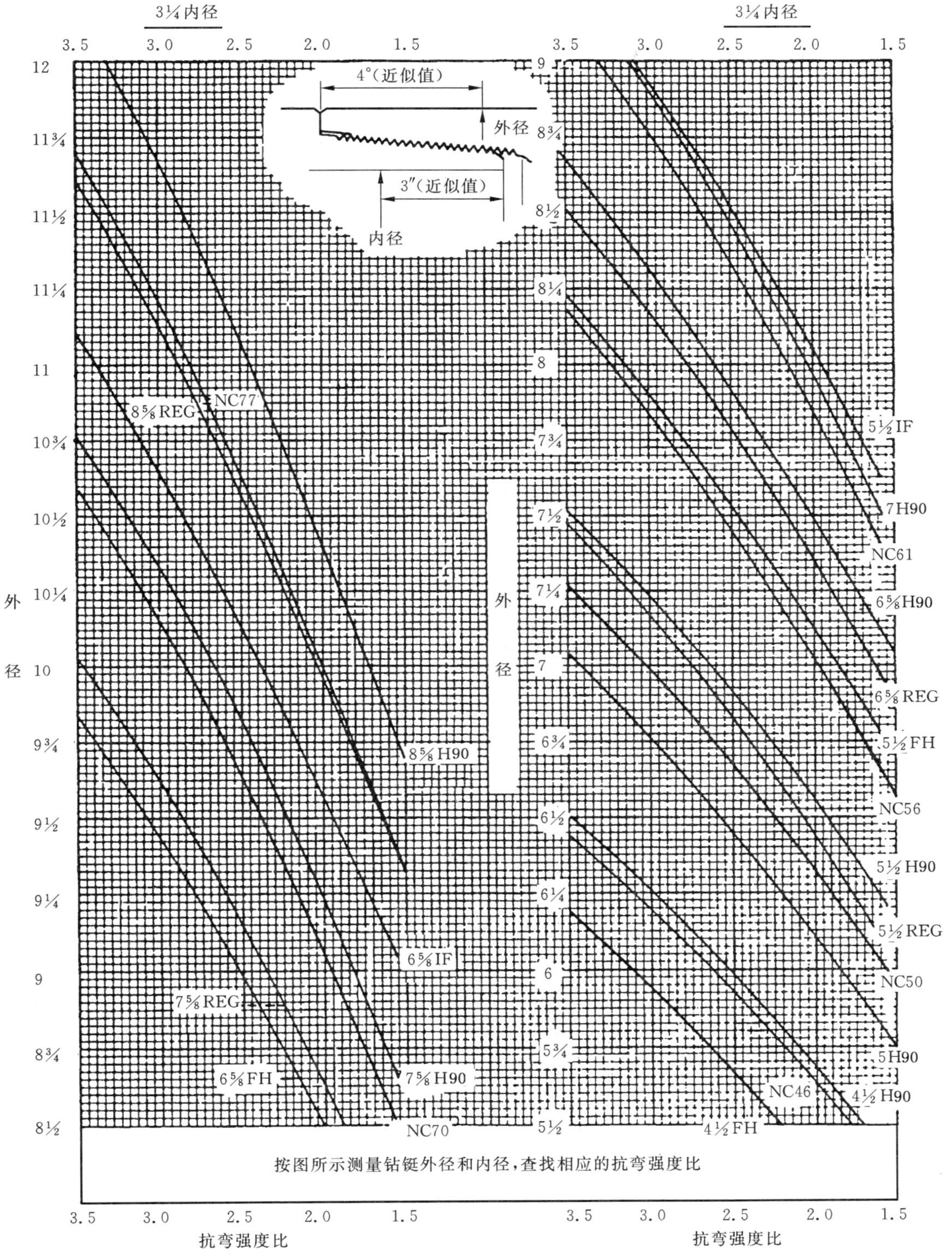

图 31 内径为 3¼ in 的钻铤抗弯强度比

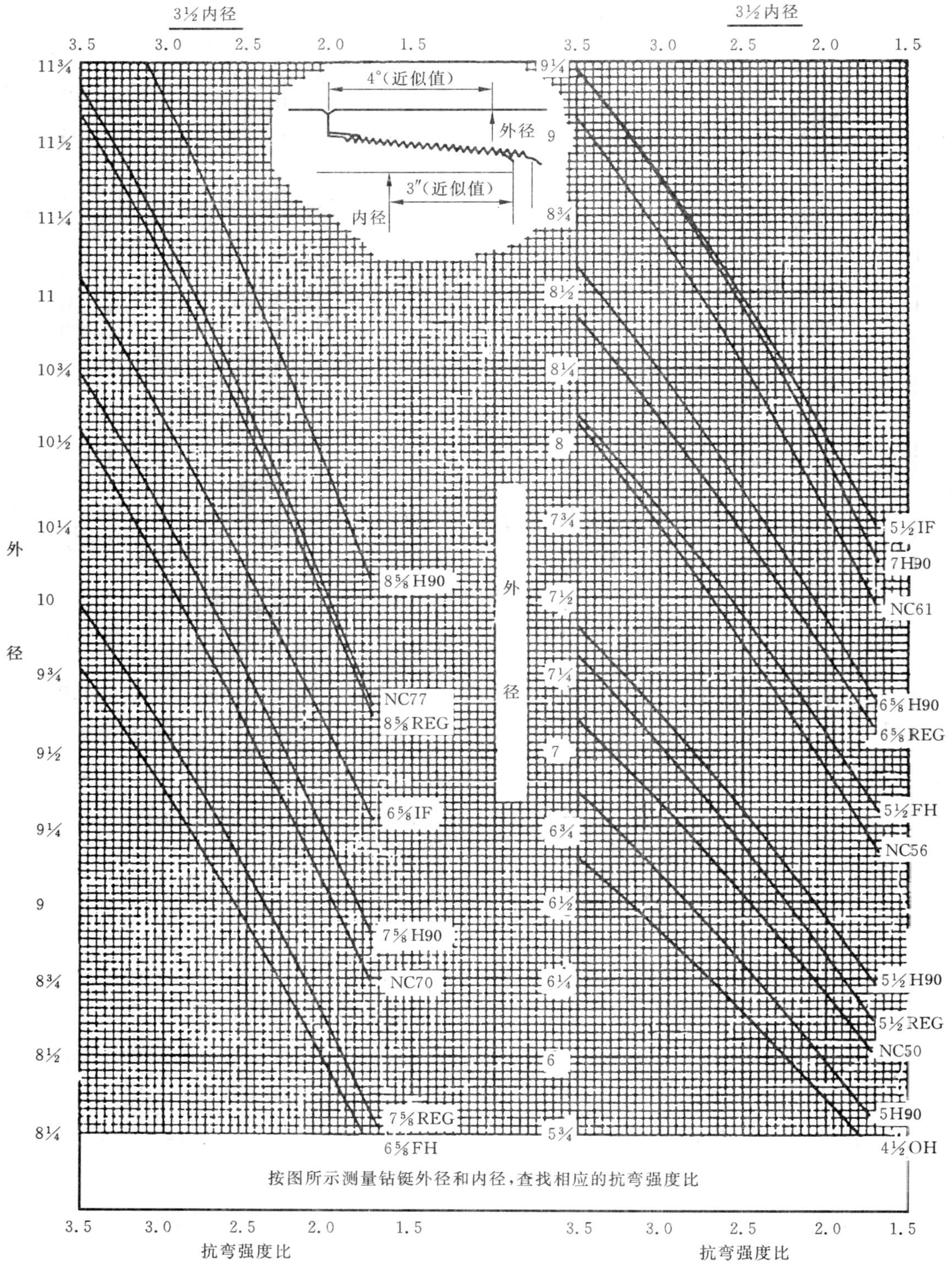

图 32　内径为 3½ in 的钻铤抗弯强度比

6.4 选择四方或六方钻杆时应该考虑的准则

6.4.1 表15中数据可反映出，在给定套管尺寸的情况下选择合适的方钻杆时，驱动部分为六方钻杆的强度比四方钻杆的强度要大。

例如：要在 8 ⅝ in 的套管中可选择 4 ¼ in 四方钻杆或 5 ¼ in 六方钻杆。

应注意的是，这两种方钻杆上的连接一般是相同的，并且如果内径不同，内径较小的方钻杆可能被认为外螺纹连接具有较大的抗拉强度和抗扭强度。

表 15 方钻杆强度[1]

(1)	(2)	(3)	(4)	(5)	(6)	(7)	(8)	(9)	(10)	(11)
方钻杆尺寸和类型	方钻杆内径	下部外螺纹连接		推荐最小套管外径[2]	抗拉强度		抗扭强度		抗弯强度	最小屈服时的内压力
		尺寸和型号	外径		下部外螺纹端[3]	驱动部分	下部外螺纹端	驱动部分	驱动部分的对边	驱动部分
in	in		in	in	lb	lb	ft·lb	ft·lb	ft·lb	psi
2½	1¼	NC26 (2⅜ IF)	3⅜	4½	416 000	444 400	9 650	12 300	13 000	29 800
3	1¾	NC31 (2⅞ IF)	4⅛	5½	535 000	582 500	14 450	19 500	22 300	25 500
3½	2¼	NC38 (3½ IF)	4¾	6⅝	724 000	725 200	22 700	28 300	34 200	22 200
4¼	2 13/16	NC46 (4 IF)	6¼	8⅝	1 054 000	1 047 000	39 350	49 100	60 300	19 500
4¼	2 13/16	NC50 (4½ IF)	6⅜	8⅝	1 375 200	1 047 000	55 810	49 100	60 300	19 500
5¼	3¼	5½ FH	7	9⅝	1 609 000	1 703 400	72 950	99 400	117 000	20 600
3	1½	NC26 (2⅜ IF)	3⅜	4½	356 000	540 500	8 300	20 400	20 000	26 700
3½	1⅞	NC31 (2⅞ IF)	4⅛	5½	495 000	710 000	13 400	31 400	31 200	25 500
4¼	2¼	NC38 (3½ IF)	4¾	6⅝	724 000	1 046 600	22 700	56 600	56 000	25 000
5¼	3	NC46 (4 IF)	6¼	8⅝	960 000	1 507 600	35 450	101 900	103 000	20 600
5¼	3¼	NC50 (4½ IF)	6⅜	8⅝	1 162 000	1 397 100	46 750	95 500	99 300	20 600
6	3½	5½ FH	7	9⅝	1 463 000	1 935 500	66 350	149 800	152 500	18 200

1 所有数据都有系数为1.0的安全系数，并基于接头的最小抗拉强度为 110 000 lb/in²（淬火和回火处理），驱动部分（正火和回火处理）的最小抗拉强度为 90 000 lb/in² 而计算的。充分淬火和回火的驱动部分的值要高于表中所列的数值。抗剪强度是以57.7%的最小抗拉强度为基础计算的。

2 方钻杆保护接头的保护胶套和套管的内径之间的间隙也需要仔细检查。

3 拉伸面积计算自离外螺纹台肩¾ in 的螺纹牙底算起。

6.4.2 在给定拉伸载荷条件下，六方驱动部分的应力相对较小。

6.4.3 由于应力水平较低，根据在给定弯曲载荷条件下失效的周期次数确定的六方驱动部分耐久极限相对要高许多。

6.4.4 锻造的四方方钻杆所固有的表面脱碳现象会进一步降低依据给定弯曲载荷条件下失效的循环次数确定的耐久极限。六方钻杆和机加工而成的四方钻杆表面由于进行了切削加工，因此驱动部分一般没有脱碳现象。

6.4.5 要消除锻造的四方钻杆所有驱动部分的脱碳现象是不现实的，但为防止驱动部分和端部加厚部分之间产生疲劳裂纹，应消除其间边缘各角的脱碳现象。由圆钢机加工而成的四方方钻杆则可消除脱碳现象。

6.4.6 驱动部分的工作寿命直接与方钻杆同方补心的配合有关。在一定的工作寿命期间，四方钻杆的驱动部分通常比六方钻杆的驱动部分允许的间隙要大。现场钻机设备人员通常努力将方钻杆驱动部分和方补心之间的间隙调整至最小，以将影响方钻杆驱动部分工作寿命的因素减少至最小。新方钻杆配合使用新的滚子补心总成将使方钻杆驱动边棱上产生平的磨损形式，磨损从棱角附近的零宽度点接触开始，磨损宽度随着方钻杆与补心开始磨损而增加，直至达到最大磨损宽度，当达到最大磨损宽度时磨损速率将为最小。图 33 表明，当新设备的间隙如表 16 中所示时将预期在方钻杆驱动部分上形成的最大平面磨损宽度。表 16 和图 33、图 34 中的数据可以用于评价方钻杆和方补心之间的间隙。当新装备投入使用一旦出现明显磨损痕迹后就应立即进行评价。

举例：评价时，5¼ in 六方钻杆磨损痕迹宽度是 1.0 in。

这可能存在以下两种情况：

a) 若接触角小于 8°37′，则初始间隙是合理的，磨损不会再加剧。

b) 若接触角大于 8°37′，则磨损将会继续加剧，说明间隙较推荐值大，应进行修正。

表 16 产生最大磨损宽度时方钻杆和方补心之间的接触角

(1)	(2)	(3)	(4)	(5)	(6)	(7)	(8)	(9)
方钻杆尺寸 in	六方钻杆				四方钻杆			
	最小间隙 in	接触角	最大间隙 in	接触角	最小间隙 in	接触角	最大间隙 in	接触角
2½	—	—	—	—	0.015	6°10′	0.107	16°29′
3	0.015	5°41′	0.060	11°22′	0.015	5°39′	0.107	15°5′
3½	0.015	5°16′	0.060	10°32′	0.015	5°14′	0.107	14°2′
4¼	0.015	4°48′	0.060	9°34′	0.015	4°45′	0.123	13°36′
5¼	0.015	4°19′	0.060	8°37′	0.015	4°17′	0.123	12°16′
6	0.015	4°2′	0.060	8°4′	—	—	—	—

6.5 延长方钻杆工作寿命的方法包括将驱动部分重新切削加工到较小的尺寸，以及将上下两端调头使用。

6.5.1 重新切削加工

方钻杆重新进行切削加工前，应进行全面探伤，检查疲劳裂纹，并校核尺寸以确保可重新用于磨铣。重新加工方钻杆的强度应与其连接使用的钻杆的强度进行对比(参见表 17 驱动部分尺寸和强度)。

6.5.2 两端调头

对于要调头的接头而言，原上端太短，而旧的下端直径太小，因此，通常方钻杆的两端必须采用对焊焊接工艺进行焊接(在残端)。应在每端的加厚部分进行焊接，以保证整个部分拉伸力的完整性和抗疲劳能力。为防止产生裂纹和重新调质焊接部位，必须采取正确的加热和焊接方法。

6.6 驱动部分在最小屈服值下的抗内压强度可以根据公式 A.9 计算而得。

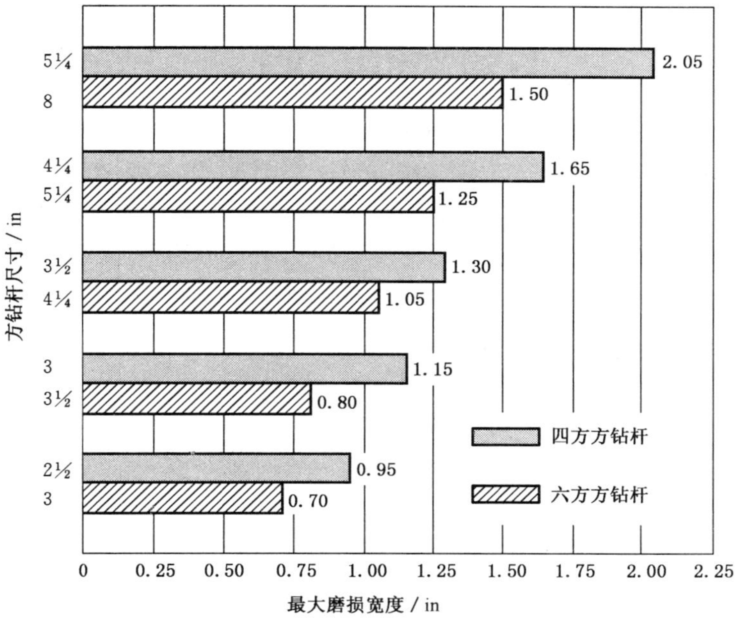

注：该最大磨损宽度是以表16中的最小和最大间隙和接触角为基础计算的平均磨损宽度，精度在5%以内。

图 33 新方钻杆——新方补心组合

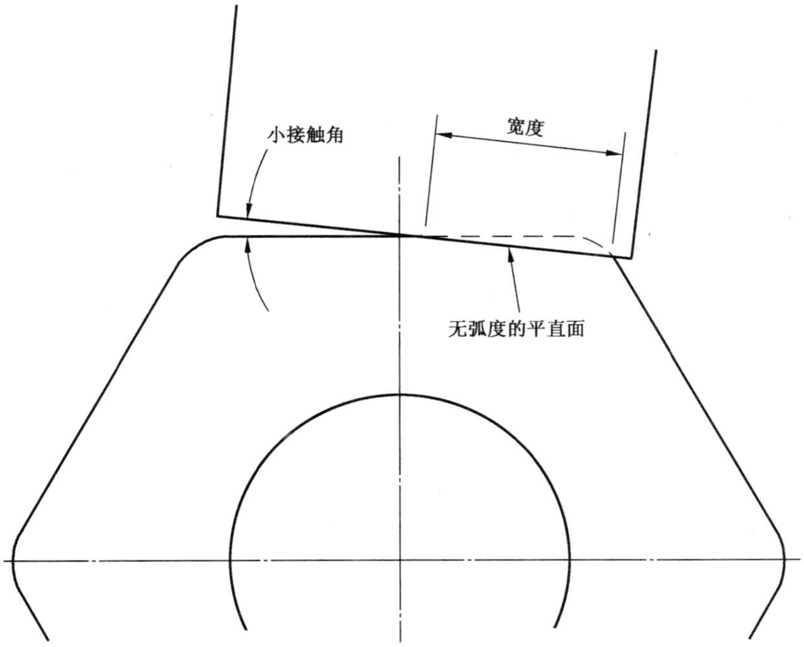

注：驱动边将形成一个带微小接触角度宽平的磨损带。

图 34 新方钻杆——新方补心组合

表 17　重新加工方钻杆[1] 的长度

(1)	(2)	(3)	(4)	(5)	(6)	(7)	(8)	(9)	(10)
原方钻杆的尺寸和类型	重新加工后的方钻杆的尺寸和类型	方钻杆下部外螺纹连接			抗拉强度		抗扭强度		抗弯强度（驱动部分对边）
		内径	尺寸和类型	外径	下部外螺纹端[2]	驱动部分	下部外螺纹端	驱动部分	
in	in	in		in	lb	lb	ft·lb	ft·lb	ft·lb
4¼ 四方	4 四方	2⅞	NC50 (4½ IF)	6⅜	1 344 200	834 400	55 500	36 200	47 800
4¼ 四方	4 四方	2⅞	NC46 (4IF)	6¼	1 011 600	834 400	38 300	36 200	47 800
5¼ 四方	5 四方	3¾	5½ IF	7⅜	1 924 300	1 217 600	92 700	65 000	90 200
5¼ 四方	5 四方	3¾	5½ FH	7	1 356 800	1 217 600	58 900	65 000	90 200
5¼ 六方	$4\frac{27}{32}$ 六方	3¼	NC46 (4IF)	6¼	809 800	1 077 100	30 600	68 600	74 000
5¼ 六方	5 六方	3¼	NC46 (4IF)	6¼	809 800	1 196 800	30 600	78 500	83 300
5¼ 六方	5 六方	3½	NC50 (4½ IF)	6⅜	999 900	1 077 600	40 800	71 100	78 400
6 六方	5¾ 六方	4	5½ FH	7	1 189 500	1 443 400	51 300	109 100	119 100
6 六方	5¾ 六方	4⅛	5½ IF	7⅜	1 669 200	1 371 500	80 400	103 800	116 200

注意：表中所列方钻杆的方补心均可获得。

[1] 所有强度值的安全系数为 1.0，并以接头最小拉伸屈服强度 110 000 lb/in²（淬火和回火处理），驱动部分最小拉伸屈服强度 90 000 lb/in²（正火和回火处理）为基础计算。充分淬火和回火的驱动部分的强度值应高于表中所列的数据。抗剪强度值是 57.7% 的最小抗拉强度值。

[2] 拉伸面积自离外螺纹台肩 ¾ in 的螺纹牙底算起。

7　设计计算

7.1　设计参数

为了保证完整地考虑各种因素并简化计算，现提出逐步计算程序。公式的推导可以查阅附录 A。必须确定的设计数据如下：

a)　预期使用该钻柱的总井深；

b)　井眼尺寸；

c)　设计的钻井液密度；

d)　要求的抗拉安全系数或拉力余量；

e)　要求的抗挤安全系数；

f)　钻铤的长度、外径、内径和线质量；

g)　要求的钻杆规范和检验等级。

7.2 特殊设计参数

如果已确定钻柱实际壁厚超出了 API 标准，设计钻柱时可以使用较高的抗拉、抗挤和抗内压值。

7.3 钻柱附件

所有钻柱附件，如接头、稳定器、钻具等都应按照 API 标准加工连接接头，并对材料进行正确的热处理。

7.4 拉伸载荷

钻柱静拉伸载荷设计时，要求每一尺寸、线质量、钢级和类别最顶部的钻杆应具有足够的强度，以承受其下全部钻杆、钻铤、稳定器和钻头在钻井液中的浮重。该载荷可用公式(1)进行计算。钻头和稳定器的重量可以忽略或包括在钻铤重量中。

$$P=[(L_{dp}\times W_{dp})+(L_c\times W_c)]K_b \quad \cdots\cdots(1)$$

式中：

P——该段钻杆以下的钻柱浮重，单位为磅(lb)；

L_{dp}——钻杆长度，单位为英尺(ft)；

L_c——钻铤长度，单位为英尺(ft)；

W_{dp}——钻杆在空气中的线质量，单位为磅每英尺(lb/ft)；

W_c——钻铤在空气中的线质量，单位为磅每英尺(lb/ft)；

K_b——浮力系数(见表 11)。

任何浮在或浸没在液体中的物体都受到一个与其排开液体重量相等的浮力作用。这个力趋于降低钻柱的有效重量，并且在高密度钻井液中这个力将相当大。例如，表 11 中，1 lb 重力浸没在 14 lb/gal 的钻井液中，浮重仅为 0.786 lb。

表 2、表 4、表 6 和表 8 给出了各种尺寸、钢级和检验级别的钻杆的拉伸载荷值。

值得注意的是，这些表中所列抗拉强度值都是以最小截面积、最小壁厚和最小屈服强度为基础计算的理论数值。API 标准中规定的屈服强度不是材料开始永久变形的具体点，而是已经开始一定变形时的应力。这种变形包括全部弹性变形和部分塑性(永久)变形。若钻杆受载达到表中所给的极限，将可能产生轻微的永久性伸长，则很难使钻杆保持平直。为了避免此情况发生，设计时有时采用一个系数，即表中所列拉伸载荷值的 90%，而更多的做法是要求钻杆供应商提供特定钢级钻杆的具体系数。

$$P_a=P_t\times 0.9 \quad \cdots\cdots(2)$$

式中：

P_a——最大许用设计拉伸载荷，单位为磅(lb)；

P_t——由表查得的理论抗拉强度，单位为磅(lb)；

0.9——屈服强度的相关比例系数。

计算载荷 P 与最大许用拉伸载荷的差值为拉力余量(MOP)。

$$MOP=P_a-P \quad \cdots\cdots(3)$$

同样，用一个比值来表达可以称作安全系数(SF)。

$$SF=\frac{P_a}{P} \quad \cdots\cdots(4)$$

合理选择安全系数和拉力余量极为重要，并应谨慎。安全系数过小将造成钻杆损坏，而过大又会造成浪费。设计者应考虑该区总体的钻井条件，特别是井眼摩阻和发生阻卡的可能性。设计者还应考虑设计钻杆应用的具体井可承受的风险程度。通常，安全系数还应考虑卡瓦挤压、起下钻加速、减速产生的动载的影响。

只要卡瓦和方补心保持良好，则卡瓦挤坏并不是问题。对钻杆检验分级时也应考虑卡瓦挤坏的影响。

通常，设计者希望确定某一井中使用的特定尺寸、钢级和检验级别的钻杆的最大长度。结合公

式(1)和(2)或(3),得出下列公式:

$$\frac{P_{t}\times 0.9}{SF\times W_{dp}\times K_{b}}-\frac{W_{c}L_{c}}{W_{dp}}=L_{dp} \qquad (5)$$

和/或

$$\frac{P_{t}\times 0.9-MOP}{W_{dp}\times K_{b}}-\frac{W_{c}L_{c}}{W_{dp}}=L_{dp} \qquad (6)$$

如果钻柱是复合钻柱,即由不同尺寸、钢级或检验级别的钻杆组成,承载能力最低的钻杆应置于钻铤之上,且按如前所示公式计算其最大长度。承载能力较强的钻杆置于较弱的钻杆之上,公式(5)或(6)中的 WL 项则由钻铤和钻柱下部钻杆在空气中的总重量替换,由此可计算出承载能力较强钻杆的最大长度。上述公式的应用算例见 7.8。

7.5 管外钻井液柱压力引起的外挤压力

在特定工况下,钻杆受到的外挤压力大于内压力。这种情况通常发生在钻杆测试作业期间,且可能造成钻杆管体挤毁。表 3、表 5、表 7 和表 9 计算列出了针对不同尺寸、钢级和级别的钻杆产生挤毁时所需要的压差。为安全起见,一般以一个适当的安全系数去除表中所列的钻杆最小抗挤强度(理论挤毁压力)作为其许用外挤压力。

$$\frac{P_{p}}{SF}=P_{ac} \qquad (7)$$

式中:

P_{p}——表中查得的理论挤毁强度,单位为磅力每平方英寸(lbf/in^2);

SF——安全系数;

P_{ac}——钻杆许用外挤压力,单位为磅力每平方英寸(lbf/in^2)。

当钻杆内外液面相等并且假定钻井液密度为常数时,任意深度的外挤压力都为零,即没有压差。但是,如果管内中空,则实际外挤压力由下式计算。

$$P_{c}=\frac{LW_{g}}{19.251} \qquad (8)$$

或

$$P_{c}=\frac{L\,W_{f}}{144} \qquad (9)$$

式中:

P_{c}——净外挤压力,单位为磅力每平方英寸(lbf/in^2);

L——净外挤压力作用的深度,单位为英尺(ft);

W_{g}——钻井液密度,单位为磅每加仑(lb/gal);

W_{f}——钻井液密度,单位为磅每加仑(lb/gal)。

若钻杆管内外液柱高度不一样,或者钻杆管内外液体密度不一样,则可用下列公式:

$$P_{c}=\frac{LW_{g}-(L-Y)W_{g}'}{19.251} \qquad (10)$$

或

$$P_{c}=\frac{LW_{f}-(L-Y)W_{f}'}{144} \qquad (11)$$

式中:

Y——钻杆内液面深度,单位为英尺(ft);

W_{g}'——钻杆内钻井液密度,单位为磅每加仑(lb/gal);

W_{f}'——钻杆内钻井液密度,单位为磅每立方英尺(lb/ft^3)。

7.6 内压力

钻杆偶尔也会受到较大的净内压力。表 3、表 5、表 7 和表 9 包括了钻杆发生屈服时所需要的不同内压差值,除以适当的安全系数则可作为许用净内压值。

7.7 抗扭强度

在钻斜井、深井、扩眼和处理卡钻事故时，钻杆的抗扭强度计算就显得极其重要。在第8、12章中将进行详细讨论。表2、表4、表6和表8列出了各种尺寸、钢级和级别钻杆的抗扭强度计算值。这些计算的依据见附录A。实际钻井中施加在钻杆上的扭矩很难测量，但可用下式近似计算：

$$T=\frac{HP\times 5\ 250}{RPM} \quad \cdots\cdots(12)$$

式中：

T——传递到钻杆上的扭矩，单位为英尺磅力(ft·lbf)；

HP——用于旋转钻杆的功率，单位为瓦(W)；

RPM——转速，单位为转每分(r/min)。

注：施加在钻柱上的扭矩不应超过实际钻杆接头的上紧扭矩。推荐的钻杆接头上紧扭矩如表10所示。

7.8 典型钻柱设计的算例——以拉力余量为基准

设计参数：

a) 深度——12 700 ft；

b) 井眼尺寸——7 ⅞ in；

c) 钻井液密度——10 lb/gal ；

d) 拉力余量(MOP)——50 000 lb(假设)

e) 抗挤安全系数——1.125(假设)

f) 钻铤数据

① 长度——630 ft；

② 外径——6¼ in；

③ 内径——2¼ in；

④ 线质量——90 lb/ft。

若钻铤长度未知，则可用下列公式计算：

$$L_c=\frac{Bit_{wm}}{\cos\alpha\times NP\times K_b\times W_c}$$

式中：

L_c——钻铤长度，单位为英尺(ft)；

Bit_{wm}——最大钻压，单位为磅(lb)；

α——井斜角，3°；

NP——中和点设计系数(确定中和点位置)，如0.85，则指从井底测量中和点位于钻铤长度的85%处(0.85为假设)；

K_b——浮力系数，见表11；

W_c——钻铤在空气中的线质量，单位为磅每英尺(lb/ft)。

$L_c=\frac{40\ 000}{0.998\times 0.85\times 0.847\times 90}=618(\text{ft})$，以单根钻铤长30 ft为准，最接近的钻铤长为630 ft或21根钻铤。

g) 钻杆尺寸：重量和钢级——4½ in×16.60 lb/ft×E75级钢带4½ in钻杆接头，6¼ in外径×3¼ in内径，检验等级为二级。

由式(5)得：

$$L_{dp1}=\frac{(P_{t1}\times 0.9)-MOP}{W_{dp1}\times K_b}-\frac{W_cL_c}{W_{dp1}}$$

$$= \frac{(225\ 771 \times 0.9) - 50\ 000}{18.37 \times 0.847} - \frac{90 \times 630}{18.37}$$

$$= 9\ 846 - 3\ 087 = 6\ 759(\text{ft})$$

显然，为了钻达 12 700 ft 井深还需更高强度的钻杆，为此增加 4½ in×16.60 lb/ft×X-95 级钻杆，带 4½ in XH 钻杆接头，6¼ in 外径×3 in 内径(18.88 lb/ft)，检验等级为一级。

第一段钻杆和钻铤在空气中的重量：

总重＝$(L_{dp1} \times W_{dp1}) + (L_c \times W_c)$

＝(6 759×18.37)＋(630×90)

＝124 163＋56 700＝180 863(lb)

由式(5)得：

$$L_{dp2} = \frac{(P_{t2} \times 0.9) - MOP}{W_{dp2} \times K_b} - \frac{(L_{dp1} \times W_{dp1}) + (L_c \times W_c)}{W_{dp2}}$$

$$= \frac{329\ 542 \times 0.9 - 50\ 000}{18.88 \times 0.847} - \frac{180\ 863}{18.88}$$

$$= 15\ 420 - 9\ 580 = 5\ 840(\text{ft})$$

这比钻至总井深所要求的钻杆多，所以最终钻柱组成如表 18。

表 18　典型钻柱设计算例最终钻柱组成

钻柱段项目	长度 ft	空气中重量 lb	在 10 lb/gal 钻井液中的重量 lb
钻铤 6¼ in 外径×2¼ in 内径	630	56 700	48 025
第一段钻杆 4½ in×16.6 lb/ft，E75 级钢、检验二级	6 759	124 163	105 166
第二段钻杆 4½ in×16.60 lb/ft，X-95 级钢、检验一级	5 311	100 272	84 930
总　　计	12 700	281 135	238 121

4½ in×16.6 lb/ft×E75 级钢×检验二级钻杆的抗扭强度为 20 902 ft · lb。

4½ in×16.6 lb/ft×E75 级钢×检验二级钻杆的抗挤强度为 5 951 lb/in^2。

4½ in×16.6 lb/ft×X-95 级钢×检验一级钻杆的抗挤强度为 8 868 lb/in^2。

由公式(8)得：

钻杆底部的压力 $P_c = (L\ W_g)/19.251$

$$L = 12\ 070\ \text{ft}, W_g = 10\ \text{lb/gal}$$

$$P_c = \frac{12\ 070 \times 10}{19.251} = 6\ 270(\text{lb/in}^2)$$

因此，当钻至 12 700 ft 时，钻柱中有段钻杆的抗挤压力偏小。当管内全掏空钻柱下入至 10 183 ft 以下时，应采取预防措施以防钻杆损坏。这个深度可通过公式(8)求钻杆最大长度，并除以抗挤安全系数 1.125 来确定：

$$L_{max} = \frac{P_c \times 19.251}{W_g} \div 1.125$$

$$= \frac{5\ 951 \times 19.251}{10} \div 1.125$$

$$= 11\ 456 \div 1.125 = 10\ 183(\text{ft})$$

7.9 由操作大钳引起的钻杆弯曲

上扣和卸扣操作时，为防止钻杆管体发生弯曲，钻杆接头应尽可能靠近卡瓦。

当钻杆接头施加推荐的最大上扣或卸扣扭矩时，为防止弯曲，钻杆接头位于卡瓦上方应有一最大高度。决定这个最大高度的因素有许多，其中最应考虑的几个因素：

a) 上扣和卸扣时两钳臂之间分开的角度，如图 35 情况 1 和情况 2 所示。情况 1 表明两钳臂之间成 90°，情况 2 表明两钳臂之间成 180°。

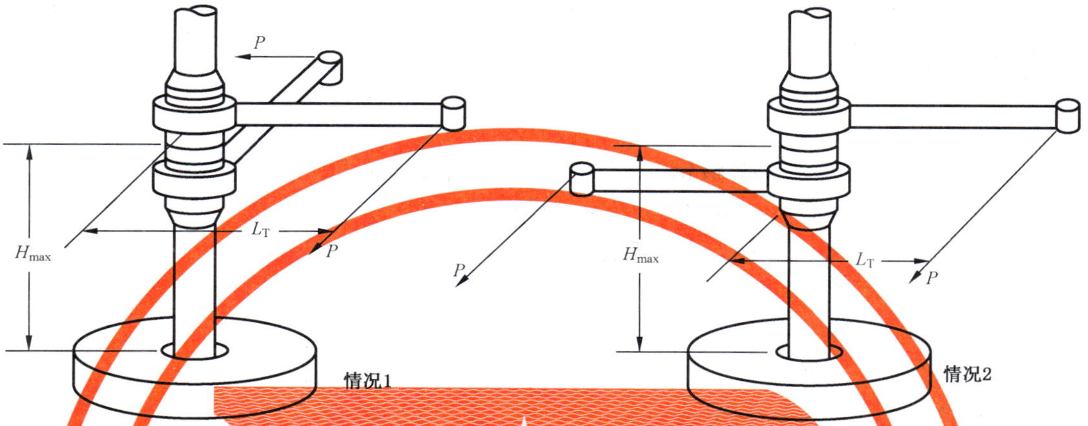

图 35 为防止上、卸丝扣时钻杆发生弯曲，钻杆接头高于卡瓦的最大高度

b) 钻杆本体的最小屈服强度。

c) 钳臂长度。

d) 推荐的最大上紧扭矩。

$$H_{max}=\frac{0.053Y_m L_T(I/C)}{T}\text{（情况 1）} \quad\cdots\cdots(13)$$

$$H_{max}=\frac{0.038Y_m L_T(I/C)}{T}\text{（情况 2）} \quad\cdots\cdots(14)$$

式中：

H_{max}——钻杆接头台肩距离卡瓦的高度，单位为英尺(ft)；

Y_m——钻柱管体最小抗拉强度，单位为磅力每平方英寸(lb/in²)；

L_T——钳臂长度，单位为英尺(ft)；

P——猫头绳的拉力（载荷），单位为磅(lb)；

T——施加在钻杆接头的上紧扭矩，单位为英尺磅力(ft·lbf)；

I/C——钻杆管体的截面模数，单位为立方英寸(in³)（见表 19）。

常数 0.053 和 0.038 包括了 0.9 的系数可将 Y_m 降低到比例极限（见 7.3）。

举例计算

假设：4½ in，16.60 lb/ft，E 级钢钻杆，钻杆接头外径 6¼ in，内径 3¼ in，4½ inXH，钳臂长 3½ ft，钳臂之间成 90°（情况 1）。

用式(13)：

$$H_{max}=\frac{0.053Y_m(I/C)L_T}{T}$$

Y_m=75 000 lb/in²（E 级钢）

I/C=4.27 in³（表 19）

L_T=3.5 ft

T=16 997 ft·lb（来自表 10）

$$H_{max}=\frac{0.053\times75\ 000\times4.27\times3.5}{16\ 997}=3.4(ft)$$

8 与井斜有关的限度

8.1 疲劳破坏

多数钻杆都是因疲劳破坏而失效。钻杆在井斜或方位发生变化的井眼中，即通常称为“狗腿”的井眼中旋转时将会产生疲劳。由此产生的疲劳破坏的程度取决于狗腿处钻杆的拉伸载荷和狗腿严重度。

8.1.1 狗腿处钻杆的拉伸载荷

举例计算

a) 数据

1) 4½ in，16.60 lb/ft，E级钢，2类钻杆(包括钻杆接头在空气中的实际重量为17.8 lb/ft)，外径7¾ in，内径2¼ in钻铤(空气中的实际重量为147 lb/ft)

2) 钻井液密度：15 lb/gal(浮力系数＝0.771)

3) 狗腿段井深：3 000 ft

4) 设计总井深：11 600 ft

5) 钻铤长度：600 ft

6) 达总井深时钻杆的长度：11 000 ft

7) 浮重超过钻压部分钻铤柱的长度：100 ft

b) 计算

狗腿处钻杆的拉伸载荷：

$[(11\ 000-3\ 000)\times17.8+100\times147]\times0.771=121\ 124(lb)$

表19 截面模数值

(1)	(2)	(3)
钻杆外径 in	钻杆公称重量 lb/ft	I/C in^3
2⅜	4.85	0.66
	6.65	0.87
2⅞	6.85	1.12
	10.40	1.60
3½	9.5	1.96
	13.30	2.57
	15.50	2.92
4	11.85	2.70
	14.00	3.22
	15.70	3.58
4½	13.75	3.59

表 19（续）

(1)	(2)	(3)
钻杆外径 in	钻杆公称重量 lb/ft	I/C in^3
	16.60	4.27
	20.00	5.17
	22.82	5.68
	24.66	6.03
	25.50	6.19
5	16.25	4.86
	19.50	5.71
	25.60	7.25
5½	19.20	6.11
	21.90	7.03
	24.70	7.84
6⅝	25.20	9.79

8.1.2 狗腿严重度

钻杆经过狗腿井段的次数，以及钻杆本身的机械尺寸和机械性能。

由于所受拉伸载荷对于钻杆非常重要，深井中上部的狗腿常常造成钻井困难。钻柱旋转提离井底时，悬挂的钻铤会增加附加的拉伸载荷。Lubinski 和 Nicholson 在发表的论文中已经给出了作用在钻杆接头上的力的计算方法和产生疲劳破坏的必要条件，参考图 36 和图 37。值得注意的是，为减少疲劳破坏，必须保持在疲劳曲线左边。Scheck 和 Wilson 也从设计和钻井施工角度提出了将疲劳破坏减至最小的方法，这些方法对降低疲劳破坏是必要的。

图 36～图 38（以及图 41～图 43）中的曲线都是针对 2 类钻杆的，即单根长 30 ft 的钻杆。钻杆长度对曲线有一定影响。3 类钻杆（45 ft）的疲劳数据也可以获得。钻杆接头外径对图 36～图 38 中的曲线没有影响，但当钻杆接头外径变小时，曲线延长，以表示接头间钻杆本体与井壁接触时的情况（图 36、图 38 中的虚线部分），反之亦然。

若使用电子计算器方便，可直接应用以下公式计算，而不用图 36 和图 37 的图版：

$$C=\frac{432\ 000}{\pi}\times\frac{\delta_b}{ED}\times\frac{\tanh KL}{KL} \qquad (15)$$

$$K=\sqrt{\frac{T}{EI}} \qquad (16)$$

式中：

C——最大允许狗腿严重度（井眼曲率），单位为度每 100 英尺[(°)/100 ft]；

E——弹性模量，单位为磅力每平方英寸（lbf/in^2），

$=3\times10^7\ lb/in^2$（钢材）；

$=1.05\times10^{7}$ lb/in²(铝材)；

D——钻杆外径，单位为英寸(in)；

L——钻杆接头之间一半的距离，单位为英寸(in)；对于2类钻杆 $L=180$ in；

注：公式(15)不适用于3类钻杆。

T——狗腿下悬挂的钻柱浮重(包括接头)，单位为磅(lb)；

δ_b——最大允许弯曲应力，单位为磅力每平方英寸(lbf/in²)；

I——钻杆惯性矩，与直径有关，单位为四次方英寸(in⁴)，根据式17计算。

$$I=\frac{\pi}{64}(D^4-d^4) \quad \cdots\cdots(17)$$

式中：

D——钻杆外径，单位为英寸(in)；

d——钻杆内径，单位为英寸(in)。

最大允许弯曲应力 δ_b 是用公式(19)和(20)由狗腿处的拉应力 δ_t(考虑浮力)计算而得的。δ_t 用公式(18)计算：

$$\delta_t=\frac{T}{A} \quad \cdots\cdots(18)$$

式中：

A——钻杆本体的横截面积，单位为平方英寸(in²)。

对于E级钻杆：

$$\delta_b=19\,500-\frac{10}{67}\delta_t-\frac{0.6}{670^2}(\delta_t-33\,500)^2 \quad \cdots\cdots(19)$$

δ_t 值在67 000 psi以内式(19)均适用。

对于S-135级钻杆：

$$\delta_b=20\,000\left(1-\frac{\delta_t}{145\,000}\right) \quad \cdots\cdots(20)$$

δ_t 值在133 400 psi以内式(20)均适用。

下列公式可以用来代替图38：

$$C=\frac{108\,000}{\pi L}\times\frac{F}{T} \quad \cdots\cdots(21)$$

式中 F 为作用在钻杆接头上的侧向力(图38中为1 000，2 000或3 000 lb/in²)，其余符号意义与前述相同。

8.2 减少疲劳的补救措施

如果井眼已经存在或怀疑狗腿度很大，比较好的做法是将狗腿段扩眼以减少井斜变化的严重度。参考图40，当钻杆在腐蚀性的钻井液中使用时，其疲劳寿命将会大大降低。对于各类水基钻井液体系，若pH值保持在9.5或以上，则可延长钻柱的疲劳寿命。具体参考10.1.4腐蚀的监测方法的描述。

有多种方法可用于钻井液的腐蚀性监测和控制。最常用的监测技术是在钻柱中安装一个腐蚀环(有关此项技术的叙述见API RP 13B-1：水基钻井液现场测试标准程序推荐作法)。

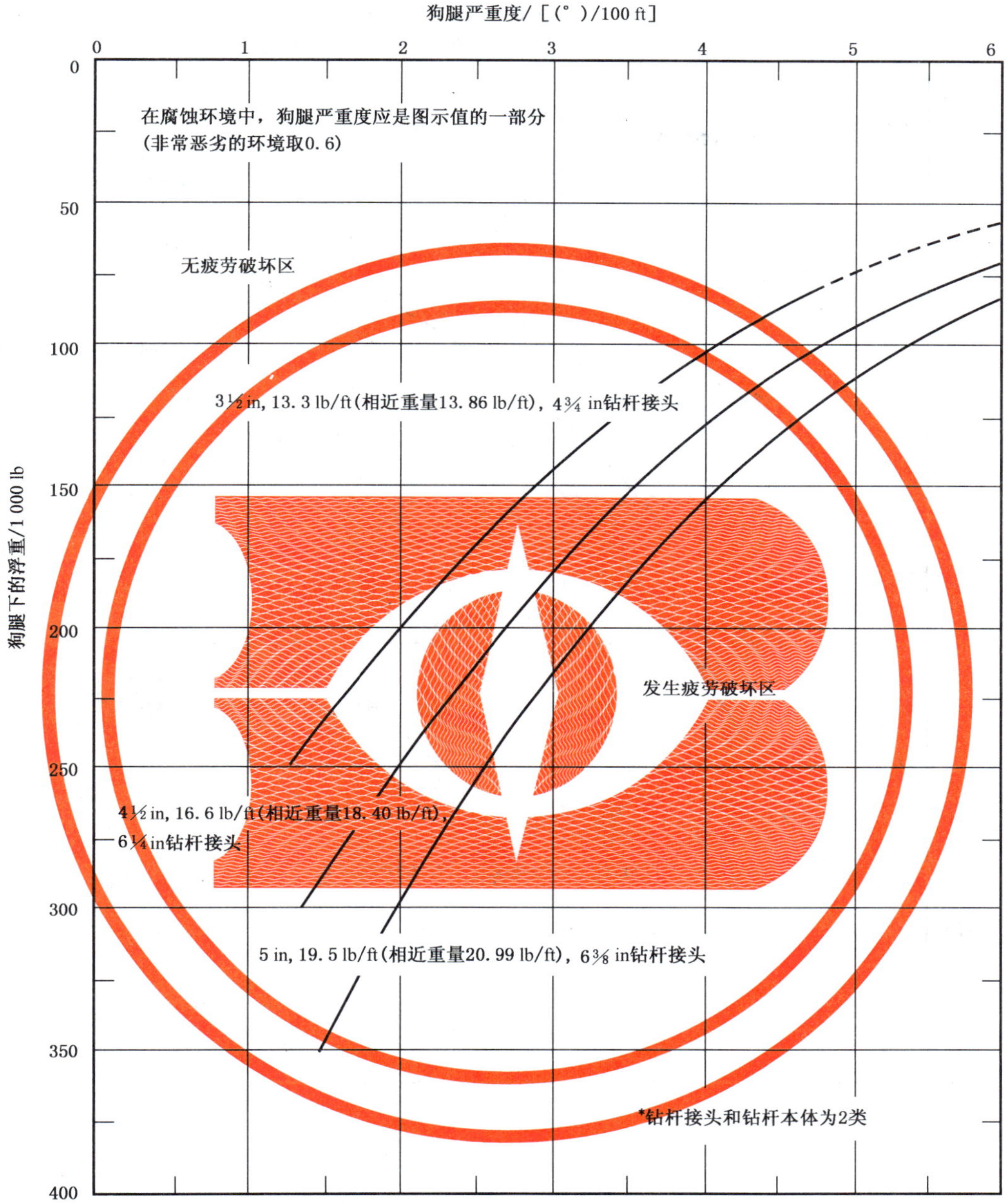

注：虚线对应的是钻杆在两接头间与井眼接触的情况，因此可允许的狗腿严重度要大于图板中给的值。

图 36　E75 钢级钻杆产生疲劳破坏时的狗腿严重度极限

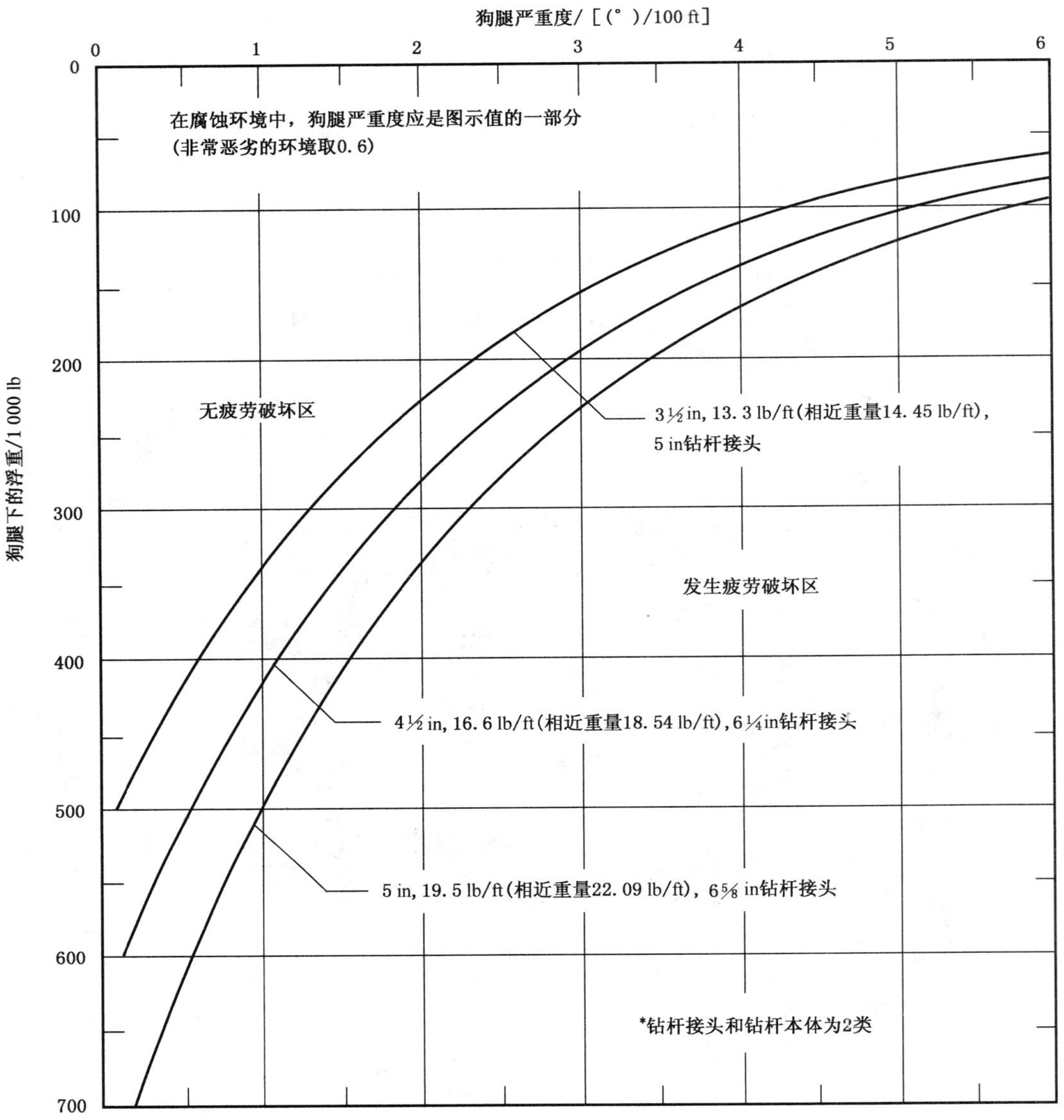

图 37　S135 钢级钻杆产生疲劳破坏时的狗腿严重度极限

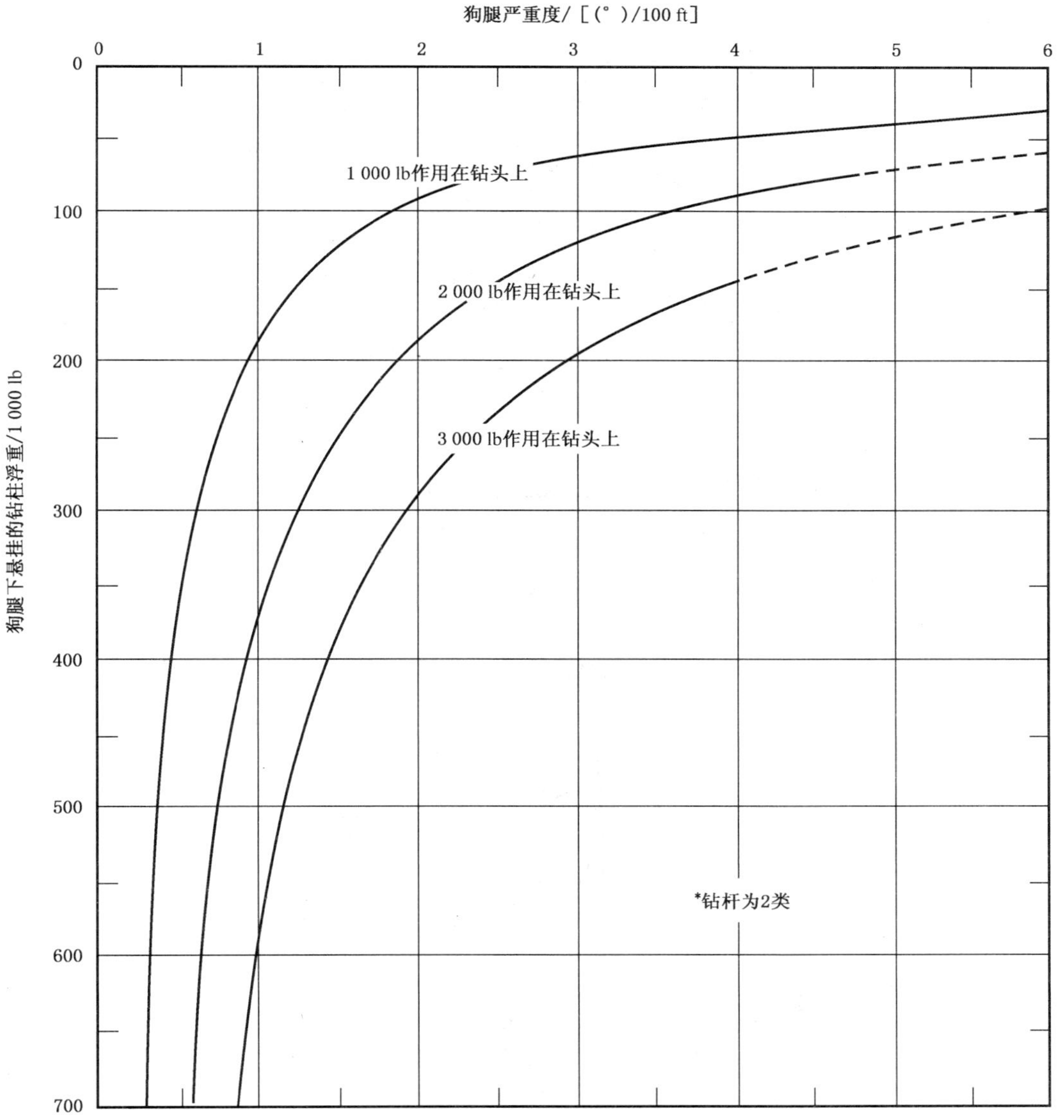

注：虚线对应的是钻杆在两接头间与井眼接触的情况，因此可允许的狗腿严重度要大于图板中给的值。

图 38　作用在钻杆接头上的侧向力

8.3　累计疲劳破坏的估算

Hansford 和 Lubinski 已提出了一套用于计算旋转通过严重狗腿的钻杆的累积疲劳破坏的方法（见图 39、图 40）。尽管还没有足够的现场检验证实该方法应用效果的可靠性，但其作为简单的分析手段可以用来帮助识别一些已经开始损坏的钻杆。下列是用于其他钻速和转速的修正公式：

已使用寿命百分数

$$=\text{由图 39 或图 40 查得已耗寿命百分数}\times\frac{\text{实际转速(r/min)}}{100\text{(r/min)}}\times\frac{10\ \text{ft/h}}{\text{实际机械钻速(ft/h)}}\cdots(22)$$

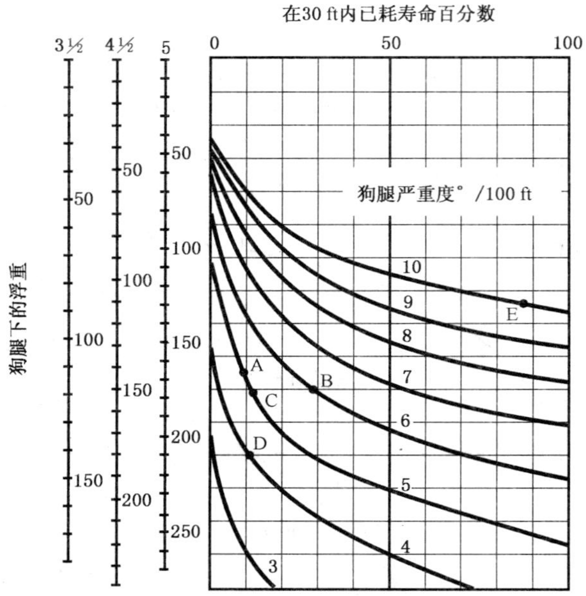

适用于：3½ in、4½ in 和 5 in E 级钻杆转速 100 r/min，钻速 10 ft/h。

图 39 渐变狗腿中的疲劳破坏(无腐蚀环境)

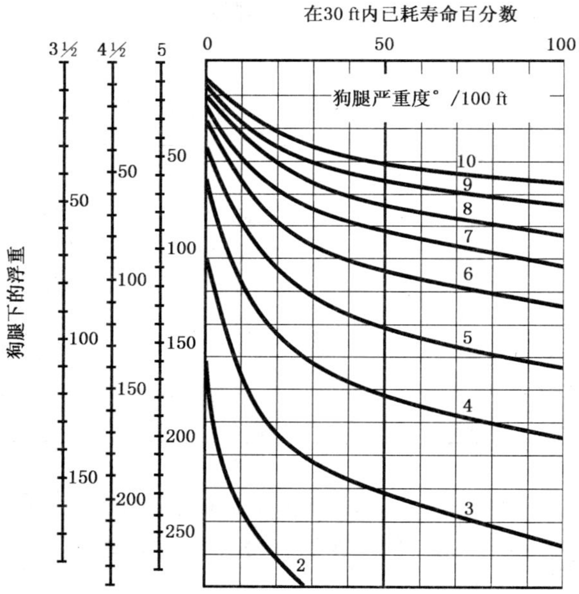

适用于：3½ in、4½ in 和 5 in E 级钻杆转速 100 r/min，钻速 10 ft/h。

图 40 渐变狗腿中的疲劳破坏(高腐蚀环境)

8.4 疲劳钻杆单根的识别

如上所述，没有足够的数据可用来验证 8.3 提到的方法估算结果的可靠性。然而，这是目前可用来估算累计疲劳破坏的唯一方法，并且，如果它可用来识别疲劳钻杆并对疲劳钻杆进行分级，就应该采用。困难在于识别和记录每根钻杆的疲劳情况。应仔细对经计算使用寿命已达 100%以上的钻杆进行检查，若不降级使用或报废，则应尽可能地严密监查。在没有更可靠的预测疲劳时间方法之前，最终还需靠经验来识别钻杆的疲劳程度。

8.5 钻杆本体和钻杆接头的磨损

当钻杆在狗腿处处于拉伸状态时，被相当大的力拉向弯曲的内侧。由此形成的侧向力会加速钻杆和接头的磨损。当地层研磨性较强时，最好是通过控制井斜变化率来限制作用在接头上的侧向力不超过 2 000 lbf。根据狗腿处的地层岩性，小于或者大于 2 000 lbf 的值均在可用范围内。图 38 表明作用在钻杆接头上侧的向力为 1 000 lbf、2 000 lbf 或 3 000 lbf 的曲线。曲线左边侧向力较小；曲线右边侧向力较大。图 41～图 44 由 Lubinski 提出，给出了 3 种常用尺寸钻杆接头和钻杆本体所受到的侧向力。前三个图适用于三种尺寸的 2 类钻杆；图 44 适用于 5 in，19.5 lb/ft，3 类钻杆。

8.5.1 曲线 1 左边的各点(如图 41 中的 A 点)表示只有钻杆接头接触井壁而钻杆接头之间的钻杆本体不接触井壁的状况。由于图 41 所示的是渐变狗腿而非突变狗腿的情况，因此不能解释为钻杆本体一点也不磨损。在一个突变狗腿井段中，两个钻杆接头之间的钻杆部分接触井壁，因而钻杆本体受到磨损，直至狗腿井段变得圆滑渐变为止。

8.5.2 曲线 1 上各点表示，理论上两接头之间的钻杆中间点与井壁接触，但接触力为零的状况。

8.5.3 曲线 1 和 2 之间的各点表示，理论上两接头之间的钻杆仅中间部位与井壁接触，但接触力不为零的状况。这个力由曲线 1 至曲线 2 逐渐增大。当然，实际上，钻杆是沿着中间点附近的一小段长度与井壁接触的。

8.5.4 曲线 2 右边各点表示，理论上钻杆与井壁并不是点接触，而是沿着曲线 2 右边逐渐增长的螺旋面接触的状况。

在图 41～图 44 中，除了曲线 1 和 2 外，还有两组曲线，一组表示作用在钻杆接头上的侧向力，另一组表示作用在钻杆本体上的侧向力。以图 41 为例，B 点表示，若狗腿以下钻柱浮重是 170 000 lbf，狗腿严重度(井眼曲率)为 10.1 °/100 ft，则作用在钻杆接头上的侧向力为 6 000 lbf，钻杆本体上的侧向力为 3 000 lbf。

8.6 钻杆接头的热裂

钻杆接头紧靠着井壁在较大的侧向力情况下旋转，会由于摩擦热而造成破坏。在较大的径向推力载荷作用下与井壁摩擦，在钻杆接头表面产生的热将使钻杆接头温度升高到其钢材临界温度以上。对这些接头进行金相检验表明，受损区域不同硬度深达至外径表面下 3/16 in。若径向载荷足够大时，当钻杆接头在钻井液介质中旋转时，冷热交替骤变，接头表面就可能出现热裂。这种作用产生许多不规则热裂，通常还伴有较长的轴向裂纹，有时长裂纹甚至会延伸穿过整个接头，由此会在这些裂纹和裂口处造成冲蚀(见 1961 年《石油技术杂志》中 Lubinski 著的“旋转时井眼允许的最大狗腿度”)。因此，控制井斜角使侧向力不超过 2 000 lbf 将有助于减轻或消除接头的热裂。

9 与浮式钻井船有关的限度

9.1 应尽可能采取办法以避免钻杆疲劳，即避免在弯曲和拉伸情况下旋转钻柱所产生的交变应力。浮式钻井船上钻井特有的造成钻杆疲劳破坏的两个主要因素是：

9.1.1 转盘与海底井眼不总是对中。

9.1.2 井架随着浮式钻井船摆动而不总是保持垂直。

9.2 本条是针对防止由 9.1.2 所述因素造成的疲劳。井架在摆动期间倾斜时，钻柱的上端不垂直而转盘以下一定距离的钻杆仍保持垂直，因此钻柱是弯曲的。由于钻杆比方钻杆的刚度小许多，多数弯曲产生在方钻杆以下第一根钻杆上。在题为“钻井平台摆动对方钻杆和钻杆疲劳破坏的影响”的论文中已经研究过此问题，作者是 Hansford 和 Lubinski。

9.3 根据 Hansford 和 Lubinski 的论文，为减少钻柱弯曲及相应的因浮式钻井船摆动而引起的第一根钻杆的疲劳破坏，推荐下列操作措施。

9.3.1 不应使用多平面复合方补心，最好用万向架固定的方钻杆补心或单面滚子方补心。

9.3.2 使用加长方钻杆，通过加长刚性大的方钻杆减少易发生严重弯曲的柔性钻杆。以下任意方式均可达到加长方钻杆的目的：

a) 对于 2 类钻杆，推荐使用通常用于 3 类钻杆的 54 ft 方钻杆，而不用 40 ft 长的常规方钻杆。

b) 使用特殊制造、比标准长度至少长 8 ft 的方钻杆。

c) 在方钻杆与钻杆之间加一只至少 8 ft 长的方钻杆保护接头。

9.3.3 若 9.3.2 的方法不能实施，钻井船摆动的最大摆幅又大于 5°，则应避免带方钻杆提离井底一半以上长时间空转。这里的长时间是指：

a) 在钩载大的情况下超过 30 min；

b) 在钩载小的情况下超过 2 h。

9.3.4 若 9.3.2 或 9.3.3 都无法实现，则方钻杆以下第一根钻杆应经常更换并报废。

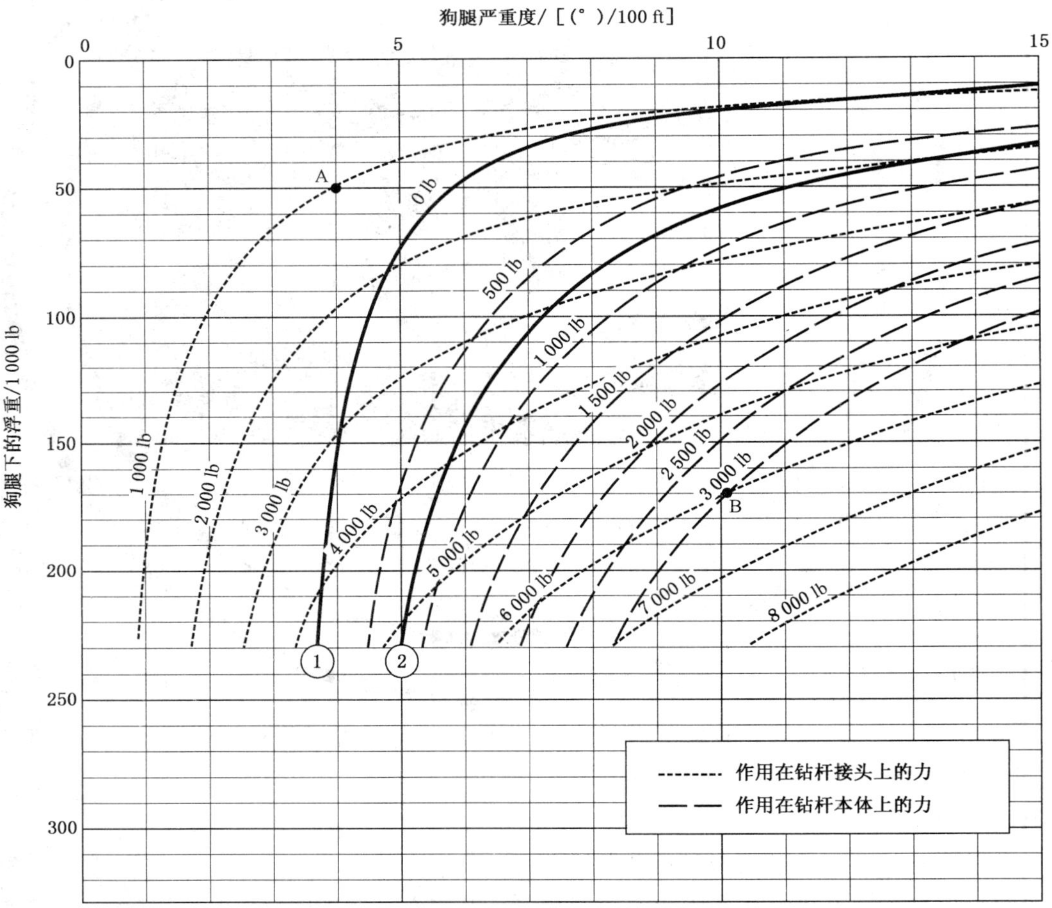

图 41 作用在 4¾ in 钻杆接头和 3½ in、13.3 lb/ft 2 类钻杆本体的侧向力

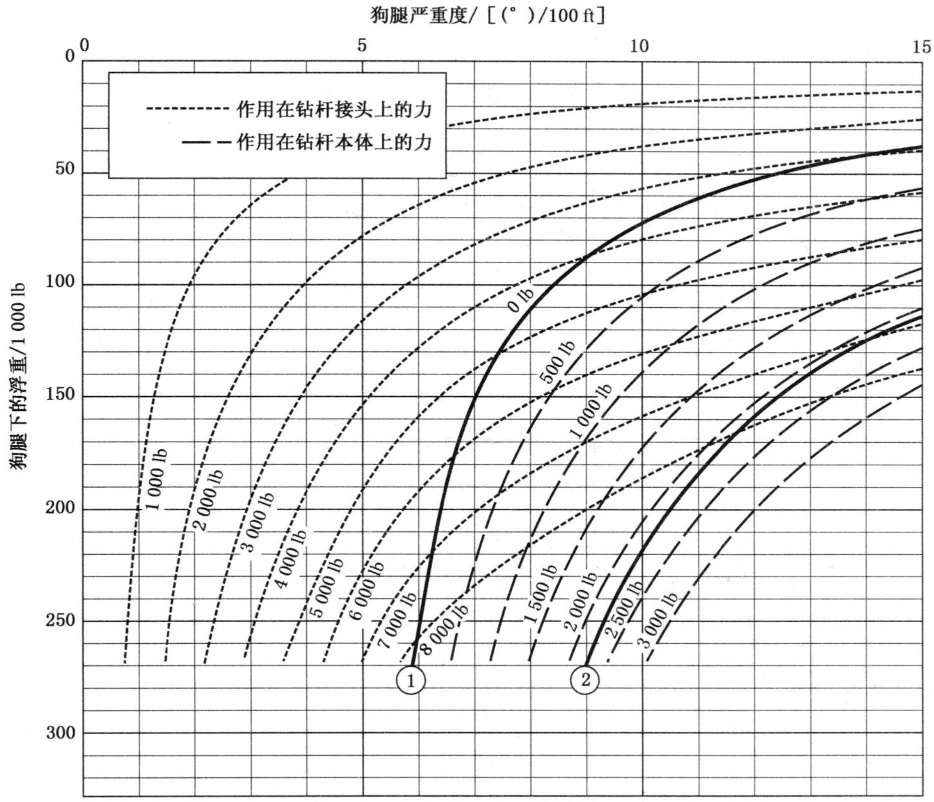

图 42 作用在 6¼ in 钻杆接头和 4½ in、16.6 lb/ft 2 类钻杆本体的侧向力

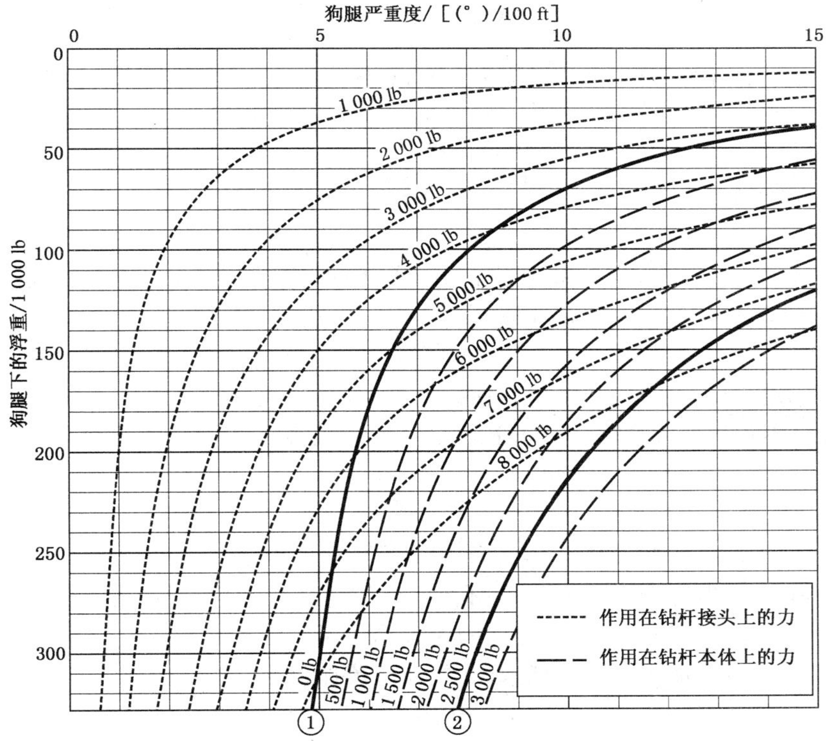

图 43 作用在 6⅜ in 钻杆接头和 5 in、19.5 lb/ft 2 类钻杆本体的侧向力

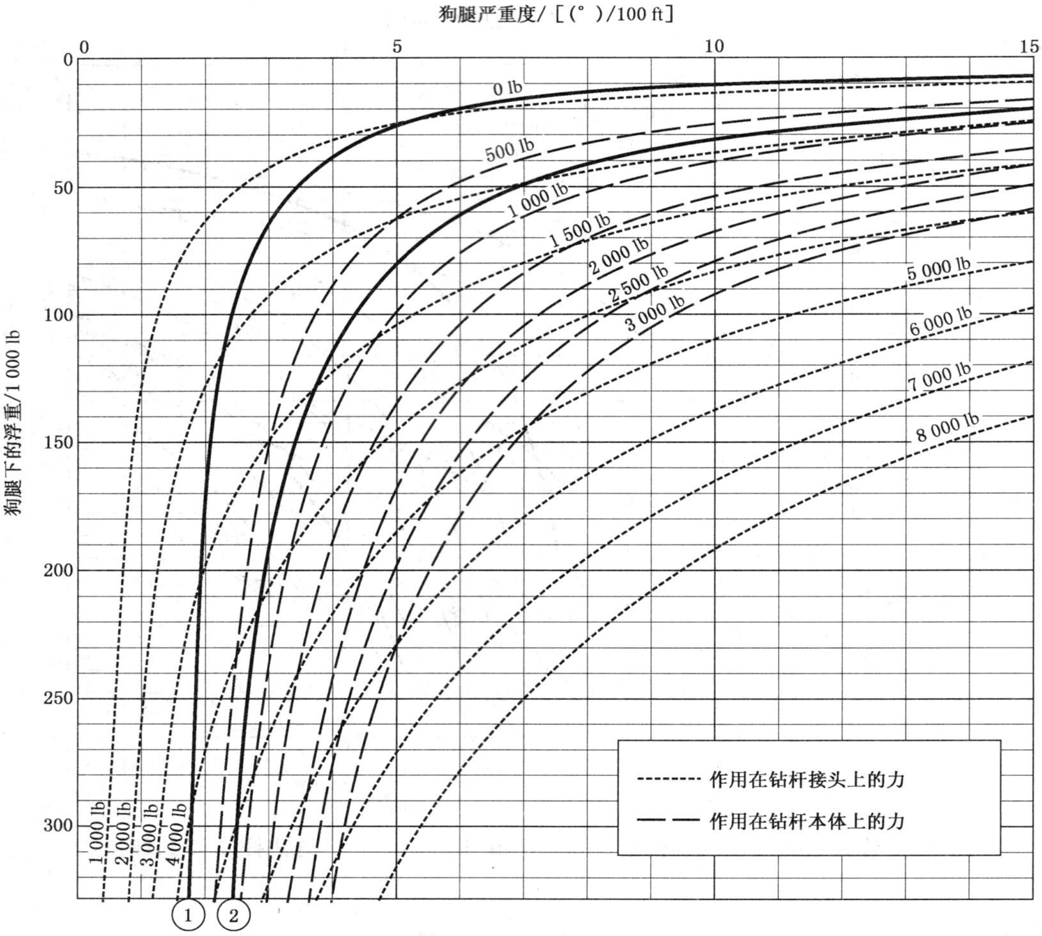

图 44 作用在 6⅜ in 钻杆接头和 5 in、19.5 lb/ft 3 类钻杆本体的侧向力

10 钻柱腐蚀与硫化物应力开裂

10.1 腐蚀

10.1.1 腐蚀剂

腐蚀可定义为材料因环境而改变和性能降低。水基钻井液中影响钻柱材料的主要腐蚀剂是溶解气(包括氧气、二氧化碳和硫化氢)、溶解盐和酸。

10.1.1.1 氧

氧是最常见的腐蚀剂。潮湿的环境中它使钢铁生锈,这是最常见的腐蚀形式。氧所引起的均匀腐蚀和凹痕导致侵蚀、扭断和疲劳失效。由于氧溶于水,且大多数钻井液地面系统敞露于大气中,因此,钻柱持续处于这种潜在的严重腐蚀环境之中。

10.1.1.2 二氧化碳

二氧化碳溶解于水形成弱酸(碳酸),除非 pH 值保持在 6 以上,它与其他酸(通过氢析出)一样的方式腐蚀钢铁。pH 值较高时,二氧化碳腐蚀破坏与氧化腐蚀破坏类似,但速度较慢。当二氧化碳和氧气同时存在时,其腐蚀速率比单一气体造成腐蚀的速率总和还要高。

钻井液中的二氧化碳可能来自于补充水、含气地层流体侵入、热解的溶解盐和有机钻井液添加剂,或由配浆水或钻井液添加剂中有机材料的细菌作用产生。

10.1.1.3 硫化氢

硫化氢溶于水形成弱酸,尽管它可能形成凹痕,尤其是在氧气/二氧化碳存在的情况下,但其腐蚀性较二氧化碳弱。硫化氢非常重要的作用是其对一种称之为硫化物应力开裂的氢脆形式的影响(见10.2详细说明)。

钻井液中的硫化氢可能来自于配浆水、含气地层流体侵入、溶解硫酸盐的细菌作用或含硫钻井液添加剂的热解作用。

10.1.1.4 溶解盐

溶解盐(氯化物、碳酸盐和硫酸盐)能增强钻井液的电导率。由于大多数腐蚀过程都涉及到电化学作用,因此电导率增大会使腐蚀速率增大。由于氧溶解度降低,浓缩的盐溶液通常比稀释溶液的腐蚀性要小。其次,溶解盐也是钻井液中二氧化碳或硫化氢的来源。

钻井液中的溶解盐可能来自于配浆水、地层流体侵入、已钻地层或钻井液添加剂。

10.1.1.5 酸

酸通过降低pH值(造成氢析出)和溶解保护膜腐蚀金属。溶解氧可明显加速酸的腐蚀速率,而溶解的硫化氢则大大加速氢脆过程。钻井液中有机钻井液添加剂的细菌作用或热解作用可以形成有机酸(甲酸、乙酸等),修井作业或增产措施期间则可用到有机酸和无机酸(盐酸、氢氟酸等)。

10.1.2 影响腐蚀速率的因素

在许多影响钻柱材料腐蚀速率的因素中,较为重要的是:

10.1.2.1 pH值

这是衡量氢离子浓度的一个标准。pH值是对数的,即pH值每增加1.0就表示氢离子浓度有十倍的变化。没有溶解气体的纯水pH值是7.0,pH值小于7则酸性增加,pH值大于7则碱性增加。在有溶解氧存在的情况下,在pH值为4.5~9.5之间的溶液中,钢铁的腐蚀速率相对恒定;在较低的pH值下腐蚀速率加快,在较高pH值下腐蚀速率降低。但铝合金在pH值大于8.5时腐蚀速率反而会加快。

10.1.2.2 温度

一般腐蚀速率随温度升高而加快。

10.1.2.3 流速

一般腐蚀速率随流速加快而加快。

10.1.2.4 非均质性

成分或显微结构的局部变化可能会加快腐蚀速率。在钻杆或油管的加厚部位附近,由于镦粗以后没有进行正确热处理,有时会发现环状斑腐蚀,这就是由不均匀晶粒结构引起腐蚀的例子。

10.1.2.5 高应力

高应力区比低应力区的腐蚀速率快。钻铤以上的钻柱通常表现出异常腐蚀破坏,部分原因是由于所受的应力和弯曲力矩较高。

10.1.3 腐蚀破坏(腐蚀的形式)

腐蚀具有多种表现形式,且与其他破坏类型结合(侵蚀、磨损、疲劳等)会造成极为严重的破坏或失效。腐蚀的几种形式可能同时出现,但通常有一种类型占主导。认识和辨别腐蚀形式有助于制定正确的防腐措施。钻柱材料遇到的最常见的腐蚀形式有以下几种:

10.1.3.1 均匀或一般腐蚀

当均匀腐蚀时,材料腐蚀均匀,通常产生一层腐蚀生成物的覆盖层。壁厚的减少会导致材料因负载能力降低而失效。

10.1.3.2 局部腐蚀(凹痕)

发生在小而极细致面上的腐蚀会造成凹痕。凹痕的数量、深度和大小均不同,且可能被腐蚀生成物所遮盖。由于凹痕可能出现在腐蚀生成物、氧化皮和其他沉积物之下,也可能出现在裂缝中或其他污蚀地方、高应力区等等,因此难以探测和评价。凹痕可能造成冲蚀并成为疲劳开裂的源头。氯化物、氧、二氧化碳和硫化氢,尤其是它们的组合是形成凹痕腐蚀的主要因素。

10.1.3.3 侵蚀-腐蚀

许多金属通过形成氧化保护膜或紧紧粘附在沉积物上来抵抗腐蚀。若这些膜或沉积物被高速液流、研磨性的悬浮固相、剧烈的涡流和空化作用等清除或扰动，在新露出的金属表面则会加速侵蚀。侵蚀磨损与腐蚀结合可能造成凹痕腐蚀、严重破坏和失效。

10.1.3.4 腐蚀环境中的疲劳（腐蚀疲劳）

金属在大的交变应力作用下会产生疲劳裂纹，并持续发展至完全失效。一种金属能承受交变应力的极限次数通称是疲劳极限。减轻钻柱疲劳的补救措施在第8章中已讨论过。

由于在腐蚀性环境中，甚至在没有交变应力的作用条件下最终会由腐蚀引起失效，因此，腐蚀环境不存在疲劳极限。腐蚀和交变应力的累积作用（腐蚀疲劳）比单一的破坏形式的总和还要大。在腐蚀环境中，甚至在轻微或不明显的腐蚀条件下，疲劳寿命都相对较短。

10.1.4 腐蚀的检测和监控

各种腐蚀剂以及控制腐蚀速率的多种因素之间复杂的相互作用使得很难精确评价某种钻井液的潜在腐蚀性。现场可用于监测腐蚀剂及其影响的仪器和装置包括，pH测试剂、氧气测量仪、腐蚀测量仪、氢探测器、化学测试工具、测试棒等。

API RP 13B-1《水基钻井液现场测试标准程序推荐作法》附录A中提出的监测系统，可以用来评价腐蚀状况，以及跟踪为纠正腐蚀状况而采取的补救措施的效果。在整个钻柱选定位置，将预先称重的测试环安放在此处钻杆内螺纹接头螺纹末端的凹槽内，在钻井作业条件下暴露一段时间，然后取出、清洗并重新称重。观察到的凹痕的严重性比测量的重量损失更关键。

在现场应尽可能进行钻井液的化学测试（见API RP 13B-1和13B-2），特别是要对pH值、碱性和溶解气（氧气、二氧化碳、硫化氢）进行测试。

10.1.5 实验室样品的获取

当需要对钻井液进行实验检验时，应将钻井液样品放在2 L～4 L的清洁容器中，且容器应留有容积1%的空间进行空气隔绝，并用塞子将容器紧紧密封。对于大多数钻井液样品，抗化学反应的玻璃、聚乙烯和硬橡胶是适宜的容器材料。样品应尽快分析，尽可能缩短收集和分析报告之间的时间。具体取样和运输过程可参考ASTM D3370《取水样的标准作法》。

当需要对腐蚀或失效的钻柱材料进行实验检验时，需注意保护样品。若需要进行气割，应避免在要检验的部位造成物理的或金相的改变。样品不得以任何方式清洗、钢丝刷洗或喷砂清理。包装和运输时应避免破坏腐蚀生成物或断裂表面。可能的话，应提供断裂的两个表面。

10.1.6 钻杆涂层

在钻杆及接头内涂层可有效防止钻杆内壁腐蚀。但是在有腐蚀剂的情况下，钻柱外径的腐蚀速率可能会增加。在工厂里对钻杆进行涂层，清洗掉润滑脂和铁屑、沙子，用喷砂或研磨清洁成白色金属，然后刷上塑料层并烘干。烘干之后，检验涂层是否有破裂或遗漏损坏。

10.1.7 水基钻井液减少腐蚀的正确措施

通常需要由经验丰富的腐蚀技术人员和专家选择和控制适当的措施。一般常采用的措施有以下几种，但是在某些情况可能需要更为特殊的处理。

a) 控制钻井液pH值。在不改变钻井液其他性能时，钻井液pH值保持在9.5或以上将有助于减少钢铁在含有溶解氧的水基钻井液中的腐蚀。然而，在某些钻井液中，pH值大于8.5时会加剧铝制钻杆的腐蚀。

b) 采用适当的抑制剂和/或除氧剂尽可能减少腐蚀的重量损失。尤其是使用低pH值、低固相的钻井液。必须仔细选择和控制使用抑制剂，因为不同的腐蚀剂和不同钻井液体系（特别是那些用于空气或雾化钻井的钻井液体系）需要不同类型的抑制剂。错误使用抑制剂的类型或数量实际上会加速腐蚀。

c) 使用塑料涂层的钻杆，必须细心操作以免损伤涂层。

d) 使用除气器和除砂器，以清除有害的溶解气和研磨性固相材料。

e) 通过保持泵连接密封性和尽量减少钻井液池钻井液枪的使用来限制氧气吸入。

f) 通过保持合适的钻井液密度来限制气侵和地层流体的侵入。

g) 钻杆卸下、储存或运输时，要用清水冲洗掉所有的残余钻井液，清洗掉所有的腐蚀产物（若有必要可进行喷砂处理或水力清砂），并在表面涂上合适的防腐剂（具体见 API RP 5C1《套管、油管的维护和使用推荐作法》）。

10.1.8 延长腐蚀失效寿命

以下各措施通过降低交变应力强度或提高材料的疲劳强度将会延长腐蚀疲劳寿命，而不影响腐蚀速率：

a) 使用厚壁组件。

b) 尽可能减少狗腿度和保持井眼垂直，以此来降低接头附近的应力。

c) 减少应力集中，如卡瓦印、大钳印、划痕、擦痕等。

d) 使用淬火和回火组件。

10.2 硫化物应力开裂

10.2.1 硫化物应力开裂(SSC)的机理

在硫化氢存在的情况下，受拉伸载荷的钻柱组件在长期使用无任何问题，仅在其公称承载能力的一小部分载荷作用下则可能脆化失效。甚至在表面没有腐蚀的情况下也可能出现这种情况，对于存在腐蚀的情况则更容易发生脆化失效。钢铁的脆化是由氢原子的吸收和扩散引起的，并且有硫化氢存在时会更严重。受拉钢铁在硫化氢存在的情况下发生脆化失效称为硫化物应力开裂。

10.2.2 抗硫化物应力开裂的材料

最新修订的 NACE MR0175《油田设备用抗硫化应力裂纹的金属材料》可以作为选择使用符合钻井和修井作业要求的各种材料的参考。

对于其他化学成分、硬度和热处理，在没有全面评价其在使用环境中对 SSC 的敏感性前，不得使用。对 SSC 的敏感性由以下因素决定：

10.2.2.1 钢的强度

钢的强度（硬度）越高，对 SSC 的敏感性越强。一般地，具有强度相当于最大硬度为 22 HRC 的钢是抗 SSC 的。调整化学成分，并经适当淬火和回火开发出一种以马氏体显微结构为主的钢材，其强度等同于最大硬度为 26 HRC 的钢材，也是抗 SSC 的。当需要强度相当硬钢 26 HRC 以上的钢材时，必须采用正确措施；需要钢材强度越高，则越需采取正确措施。

10.2.2.2 作用在钢上的总拉伸载荷（应力）

作用在组件上的总拉伸载荷越高，因 SSC 失效的可能性就越大。对所用钢材的强度一般都有一个临界应力或极限应力，在此应力以下不会发生 SSC；但强度越高，极限应力越低。

10.2.2.3 氢原子和硫化氢含量

环境中存在的硫化氢和氢原子量越多，钢材受 SSC 的影响失效的时间则越短。很少量的氢原子和硫化氢就可引起 SSC，但采用正确措施控制其数量将使钢吸收的氢原子减至最少。

10.2.2.4 时间

氢原子被吸收、在钢铁中扩散至极限浓度并开始破裂和失效需要一定的时间。通过控制上述 SSC 敏感的因素，则可以充分延长失效时间，这可以允许在短期钻井作业中使用敏感较强的钢材。（见图 45）

10.2.2.5 温度

在正常大气温度下 SSC 严重程度最高，随温度升高而降低。在超过 135°F 的作业温度中，敏感性较强的材料（硬度超过 22～26 HRC 的钢材）已经成功地应用于具有潜在易脆化的环境中（材料硬度越高，安全操作所需要的温度越高）。但需注意的是，一旦材料从井眼中提出回到正常温度，则可能出现 SSC 失效。

10.2.3 减少水基钻井液中SSC的正确措施

通常需要由经验丰富的腐蚀技术人员和专家选择和控制适当的措施。一般常采用的措施有以下几种,但是在某些情况可能需要更为特殊的处理。

a) 控制钻井液pH值。在不改变钻井液其他性能的情况下,钻井液pH值控制在10或以上。

注:某些钻井液中,pH值大于8.5时铝合金的腐蚀速率缓慢增大,pH值大于10.5时速率则会加快,因此,若钻柱内有铝制钻杆,则pH值不能超过10.5。

b) 通过保持合适的钻井液密度控制气侵和地层流体侵入。

c) 采用10.1.7的措施减少腐蚀。

注:尽管在钻杆上涂塑料涂层可以减少腐蚀,但却不能保护敏感钻杆不发生SSC。

d) 在遇到硫化物之前最好对硫化氢的侵入进行化学处理。

e) 使用满足钻井条件需要的强度最低的钻杆。在各强度级别中,很好淬火和回火处理的钻杆具有最强的抗SSC能力。

f) 使用厚壁组件减少单位应力。

g) 尽可能减少狗腿度和保持井眼垂直,以降低接头附近的高应力。

h) 减少应力集中,如卡瓦印、大钳印、划痕、擦痕等。

i) 暴露于酸环境后,起钻要小心,避免瞬时冲击和高载荷。

j) 暴露于酸环境后,钻柱需在露天放置几天到几个星期(根据暴露的条件)以去除吸收的氢,或在400 ℉~600 ℉(204 ℃~316 ℃)温度下烘烤数小时。

注:涂了防护涂层的钻杆加热温度不能超过400 ℉(204 ℃)以上,并应随后检查涂层是否剥离和损坏。

腐蚀产物、铁屑、油脂和油的存在不利于氢的去除。在除氢之前已经产生的裂缝(内部和外部的)都无法通过烘烤或应力释放来修复。

k) 按减少在SSC条件下暴露的操作程序作业,尽可能限制在酸性环境中钻杆测试的时间。

10.3 油基钻井液

10.3.1 用油基钻井液保护钻柱

通过使用油作为连续相的钻井液可使腐蚀和SSC降低到最小。若金属完全被一种非电导性的油环境所包围和润湿则不会发生腐蚀。

钻井用的油基或油包水乳化钻井液体系含有表面活性剂,可使水稳定形成乳化水并对金属起到油润湿。水中引起腐蚀的介质(溶解氧、溶解盐和溶解酸)不会损坏到油润湿的金属。因此,在引起腐蚀破坏、侵蚀腐蚀或腐蚀疲劳等严重问题的钻井条件下,使用油基钻井液可使钻柱寿命大大延长。

10.3.2 监控油基钻井液以保护钻柱

必须正确配制和维护油基钻井液才能使钻柱免受腐蚀和SSC。无论是有意添加,还是在地面系统中混入或钻遇含水地层,油基钻井液中总是有水。若这些水游离出来并润湿钻杆,则将发生腐蚀和SSC。监测评价油基钻井液的要素包括以下几方面:

10.3.2.1 电稳定性

该测试测量浸没在油基钻井液中两个电极之间形成电流所需要的电压(详见API RP 13B-2《油基钻井液现场测试标准程序推荐作法》)。电压越高,乳化液的稳定性越强,对钻杆的保护越好。

10.3.2.2 碱性

酸性溶解气(二氧化碳和硫化氢)对大多数油基钻井液而言是有害污染物。监测油基钻井液的碱性能够反映是否遇到酸性气体,并采取相应的正确措施。

10.3.2.3 腐蚀测试环

测试环安装在钻柱内壁用来监测油基钻井液提供的腐蚀保护(详见API RP 13B-2)。性能良好的油基钻井液中测试环上应几乎没有肉眼观察到的腐蚀迹象。

11 钻杆的压缩使用限度(见附录 A.14 和 A.15)

11.1 压缩的应用范围

11.1.1 钻大斜度井、大位移井或水平井时,需要使用高抗压钻杆。只要操作条件没有超过钻杆的抗压极限,钻杆在压缩状态下钻井与常规钻井作业一样都不会造成钻杆的损害。

11.1.2 当井段超过临界滑动井斜角时,钻杆将受压。临界井斜角定义如下:

$$\theta_c = \arctan\left(\frac{1}{f}\right) \qquad \cdots\cdots(23)$$

式中:

θ_c——临界滑动井斜角;

f——摩擦系数。

11.1.3 临界滑动井斜角是指,超过该井斜角,钻柱必须要施加下压力才能进入井眼。尽管影响钻柱和井壁之间的摩擦系数的因素很多,但其中所用钻井液类型的影响最大(见表 20)。水基钻井液产生的摩擦系数最大,其临界井斜角约为 71°,合成基钻井液产生的摩擦系数最小,其临界井斜角约为 80°。

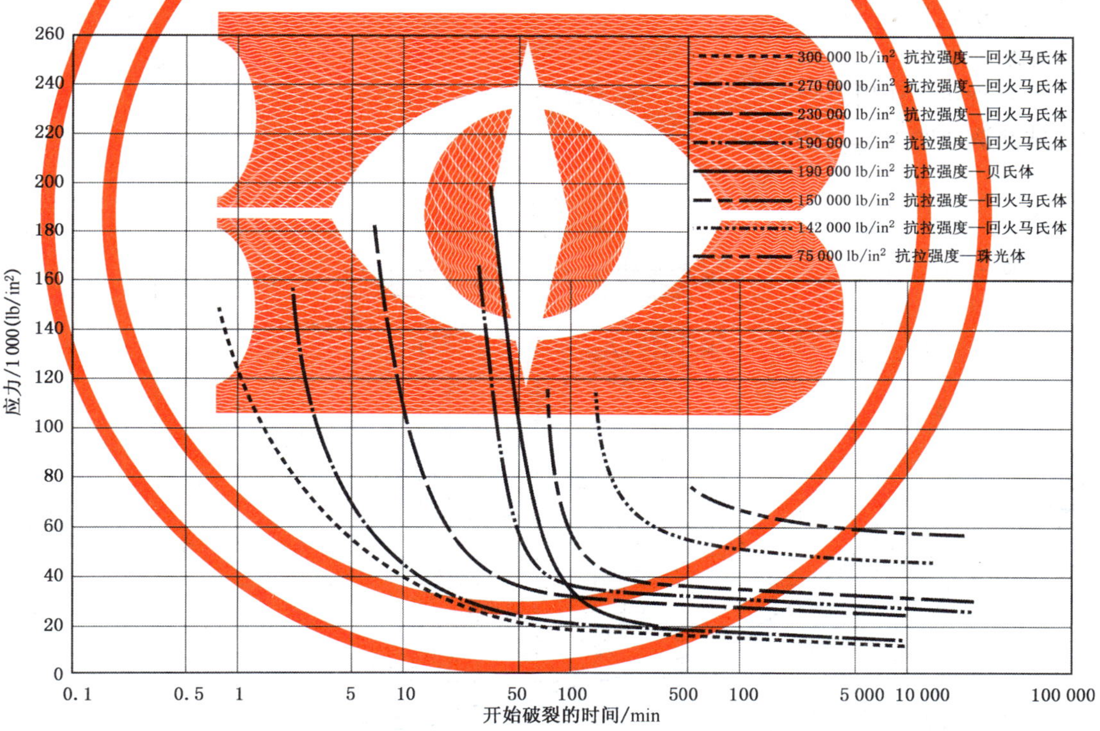

注:Batelle 充电条件 A:

电解质:4%的 H_2SO_4 水溶液(质量百分比)。

腐蚀剂:每升加入 5 滴由 2 g 磷溶解在 40 mL CS_2 组成的腐蚀剂。

电流:8 mA/in²。

图 45 在标准状态下用氢进行阴极放电时,SAE4340 钢的延迟破坏特性

11.1.4 处于受压状态的钻杆长度太长将造成钻杆螺旋屈曲,并导致钻杆曲率大于井眼曲率,产生很大的弯曲应力。由于在弯曲井眼旋转钻杆而产生的周期弯曲应力也同样引起疲劳破坏。大位移井和水平井中有效且合理的钻柱设计应采用能够满足钻井条件的最轻的钻柱。使用较重的或厚壁钻柱只能增加操作载荷,而并不能降低弯曲应力。

表 20　钻井液类型对摩擦系数的影响

钻井液	典型的摩擦系数	临界井斜角度数/(°)
水基钻井液	0.35	71
油基钻井液	0.25	76
合成基钻井液	0.17	80

11.2　直井、斜井中钻杆的屈曲

11.2.1　概述

11.2.1.1　图 46～66 中的曲线给出了在直井、斜井中钻杆产生正弦屈曲时的临界轴向压缩载荷(近似)。钻杆旋转时,将钻杆的压缩载荷控制在这些曲线所示的估计弯曲载荷以下,则将明显降低钻杆疲劳破坏的风险。反之,当发生屈曲时旋转钻杆,将导致钻杆快速疲劳破坏和失效。

11.2.1.2　这些曲线是根据 Dawson 和 Paslay 推导出的公式而绘制出的。经标准 DS-1《钻杆的设计和检查》许可在此重新进行了推导。假设条件如下:

a)　钻杆重量为 X 级接头尺寸的新公称重量。若在一特定钻杆上所用接头为多种,则选择其中最常用的。一级钻杆的接头直径是最小的。径向间隙为接头外径与井眼之间的距离。

b)　钻杆壁厚是新公称的。

c)　井眼垂直。

d)　不考虑扭矩作用。

e)　钻井液密度为 12.0 lb/gal。

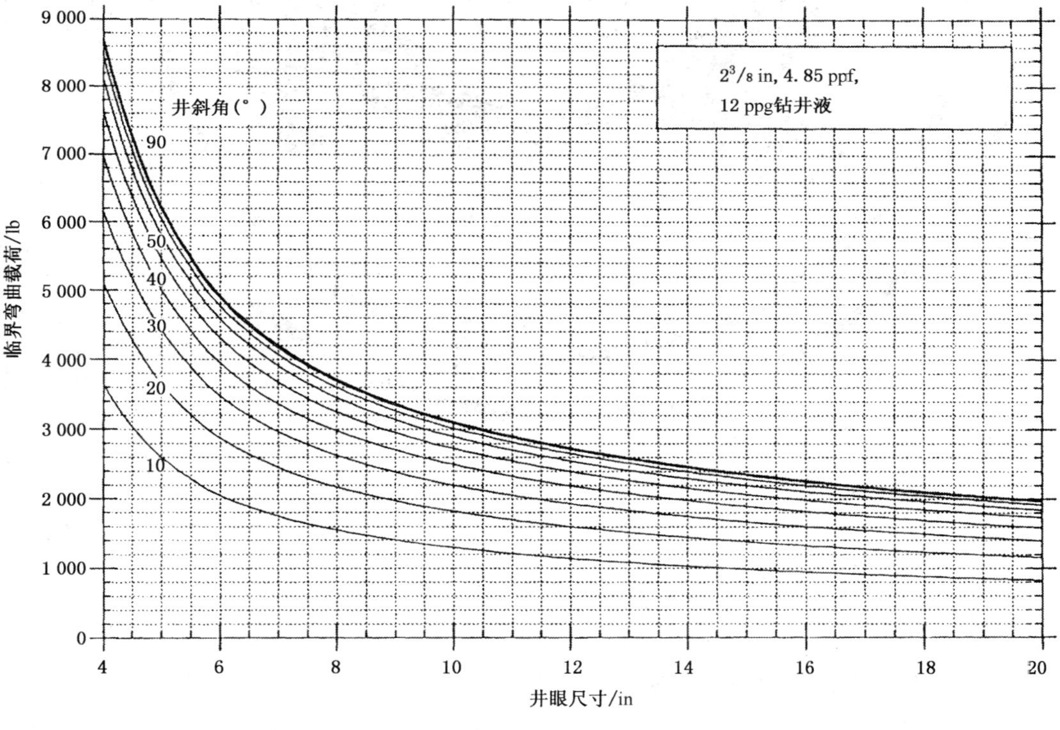

图 46　产生正弦屈曲时的临界轴向压缩载荷(近似)

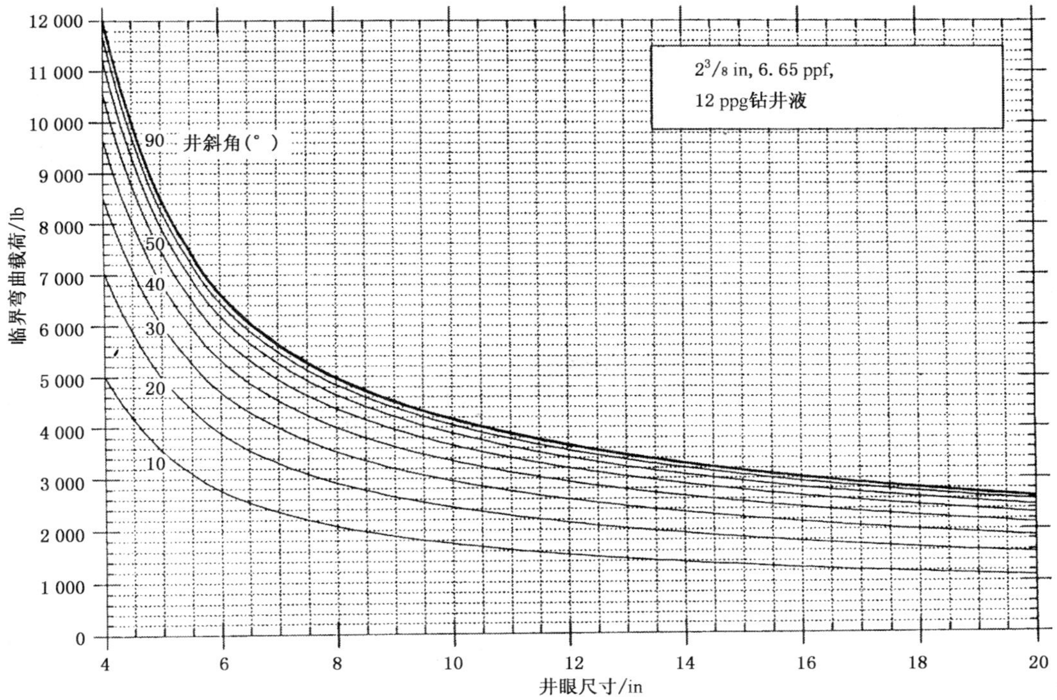

图 47 产生正弦屈曲时的临界轴向压缩载荷(近似)

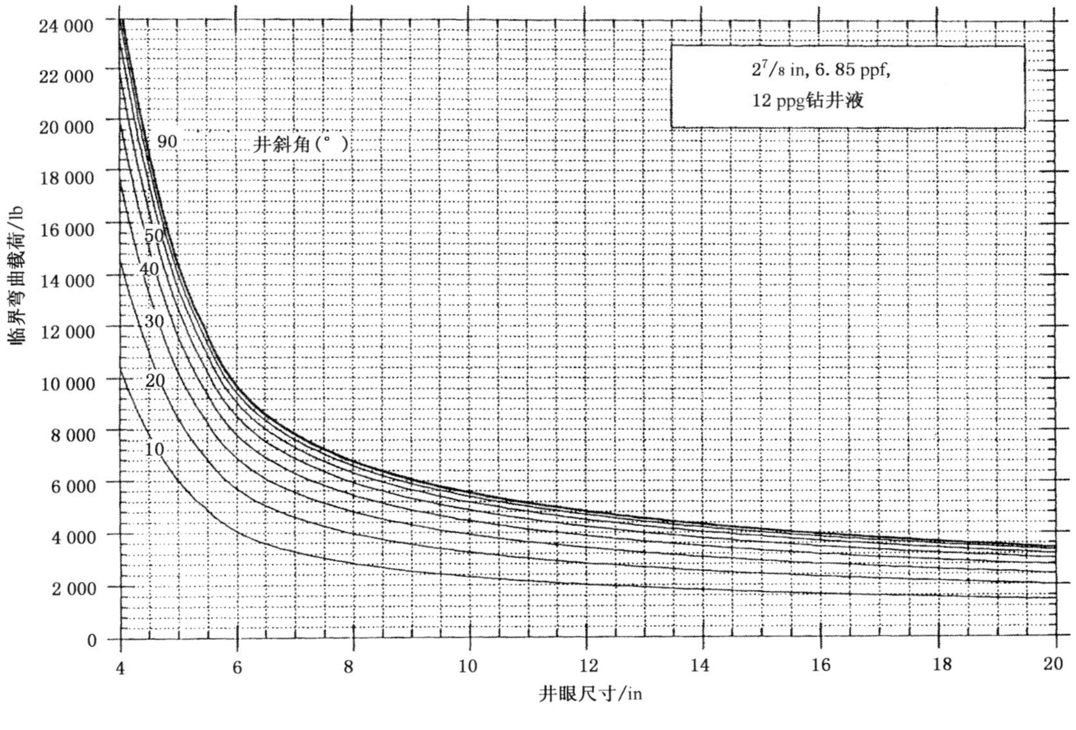

图 48 产生正弦屈曲时的临界轴向压缩载荷(近似)

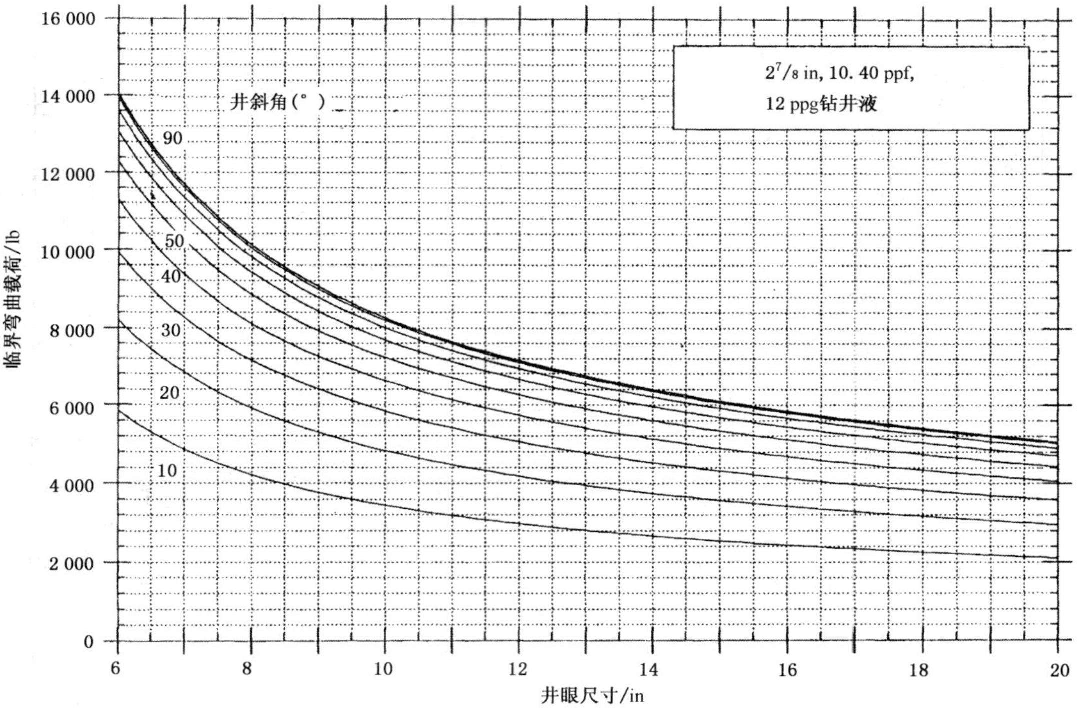

图 49 产生正弦屈曲时的临界轴向压缩载荷(近似)

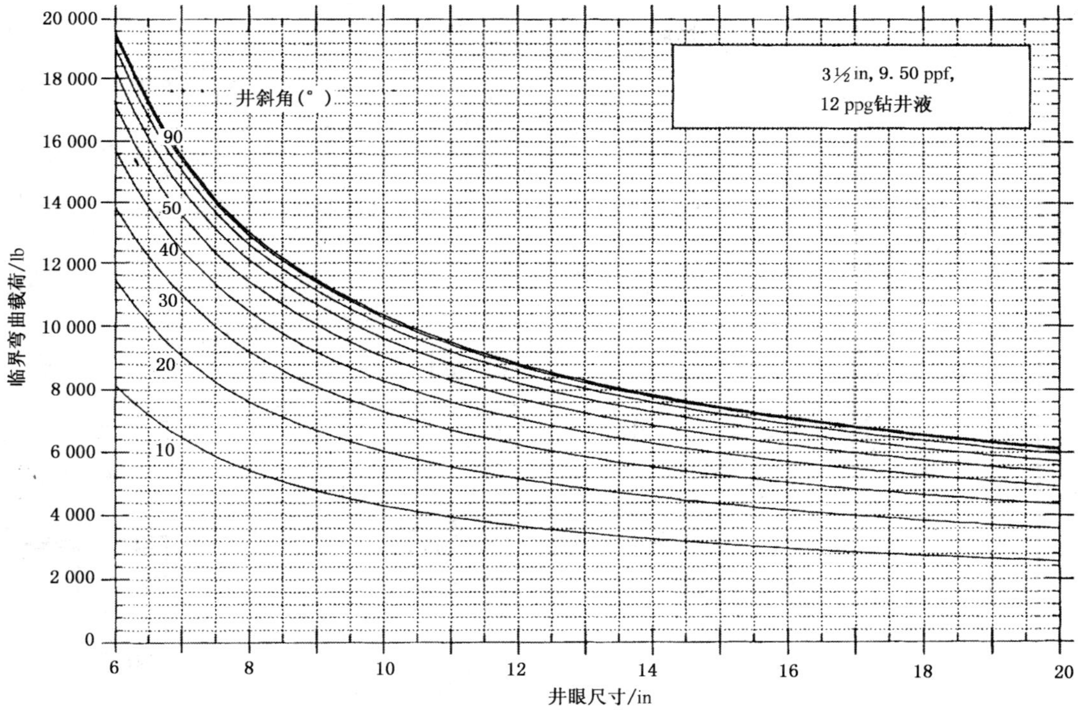

图 50 产生正弦屈曲时的临界轴向压缩载荷(近似)

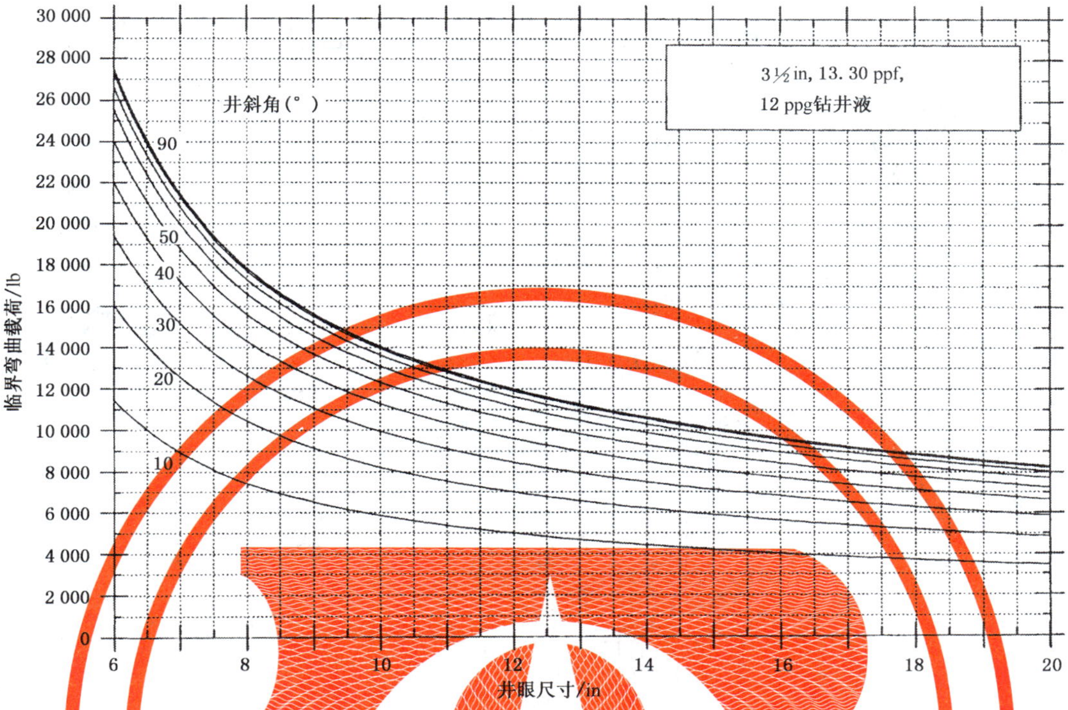

图 51　产生正弦屈曲时的临界轴向压缩载荷(近似)

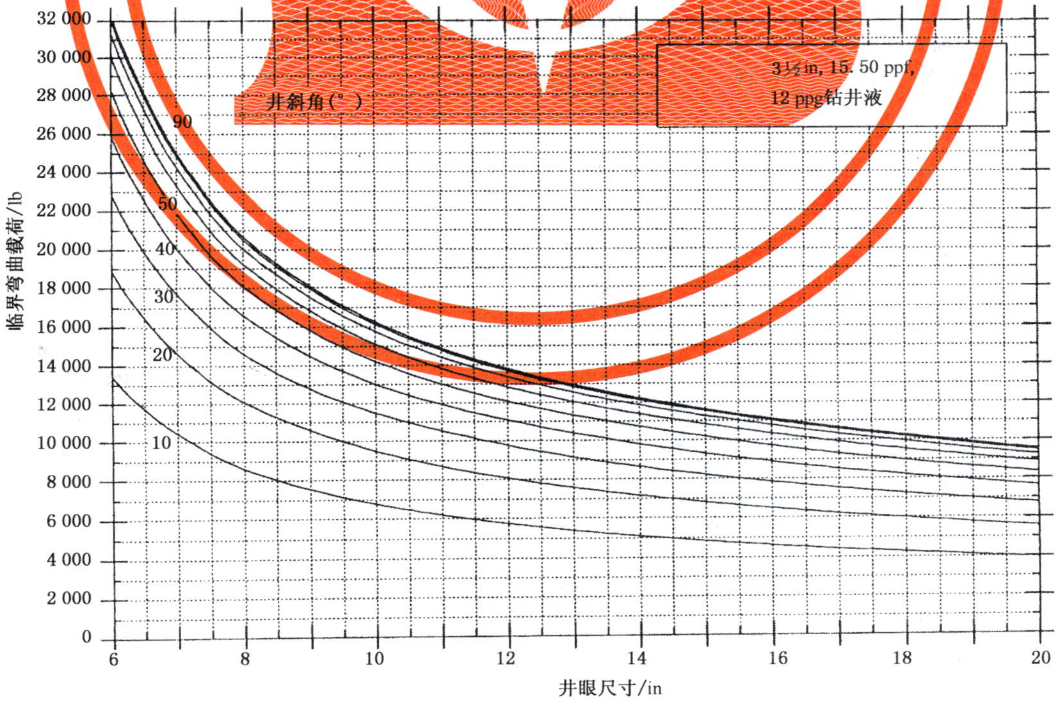

图 52　产生正弦屈曲时的临界轴向压缩载荷(近似)

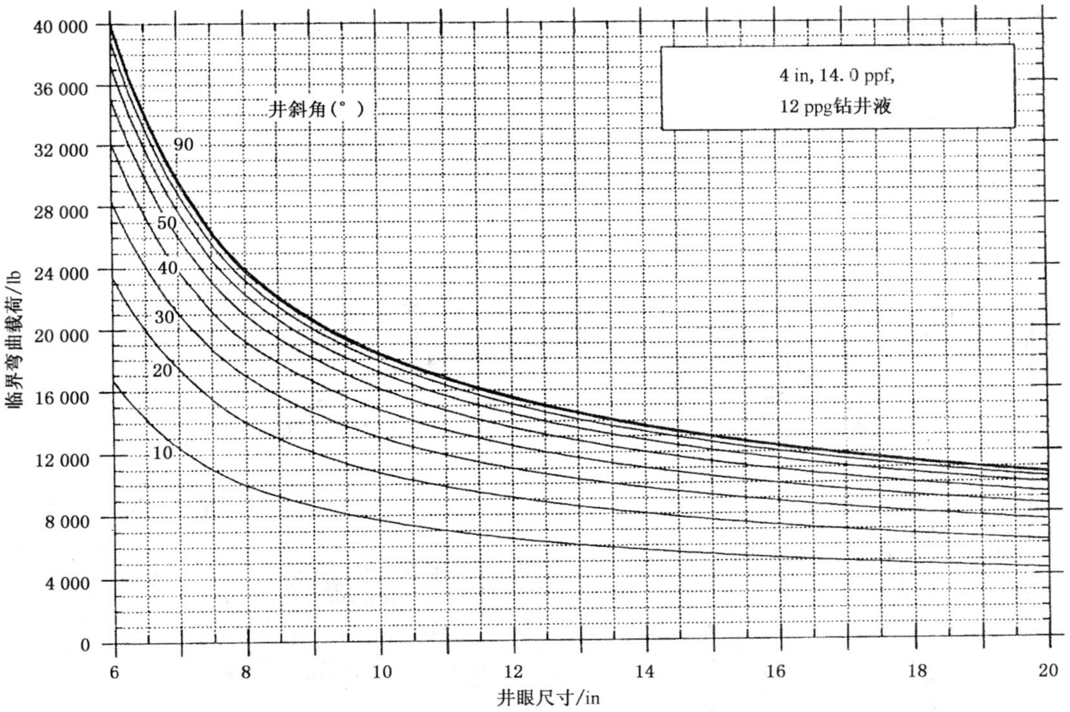

图 53　产生正弦屈曲时的临界轴向压缩载荷(近似)

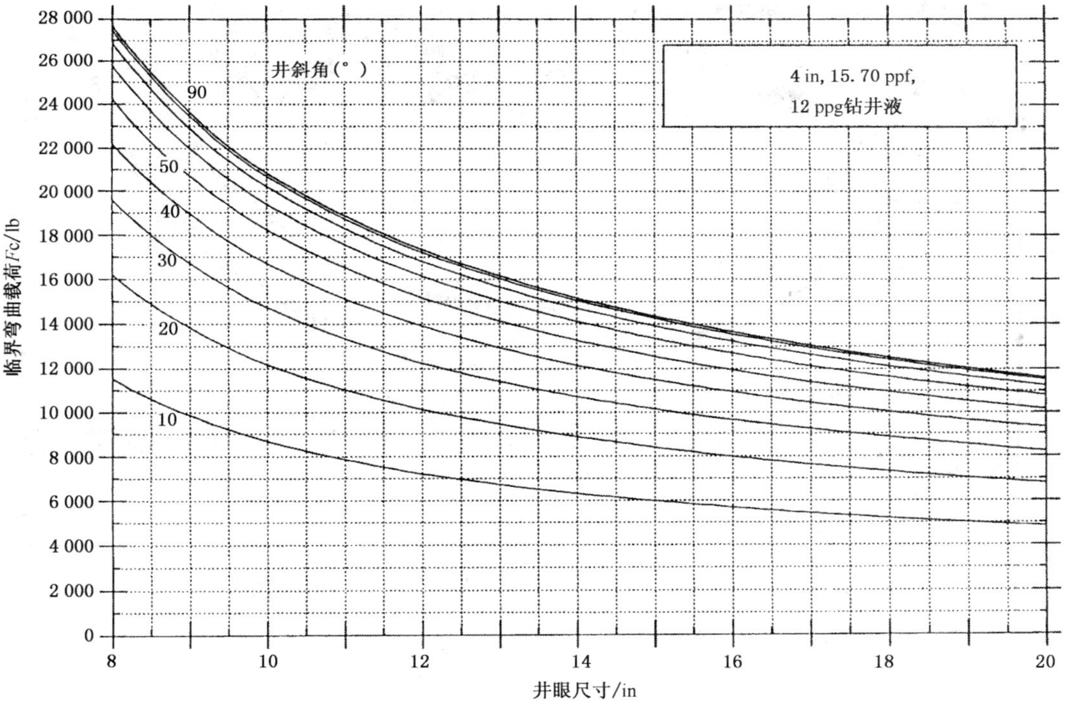

图 54　产生正弦屈曲时的临界轴向压缩载荷(近似)

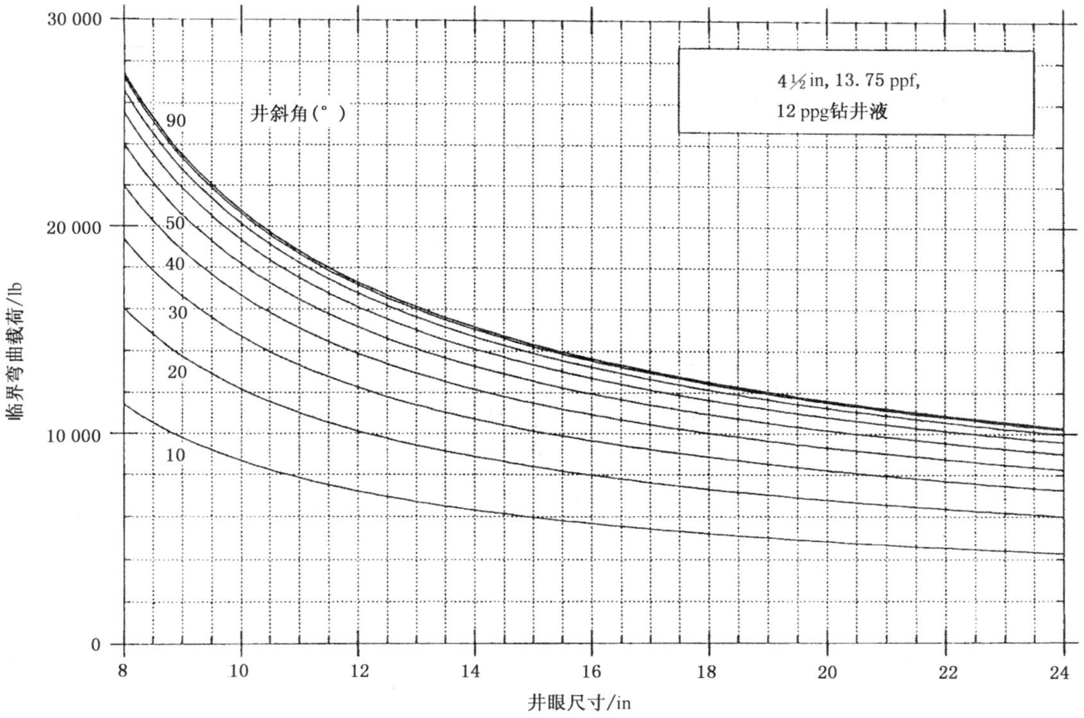

图 55 产生正弦屈曲时的临界轴向压缩载荷(近似)

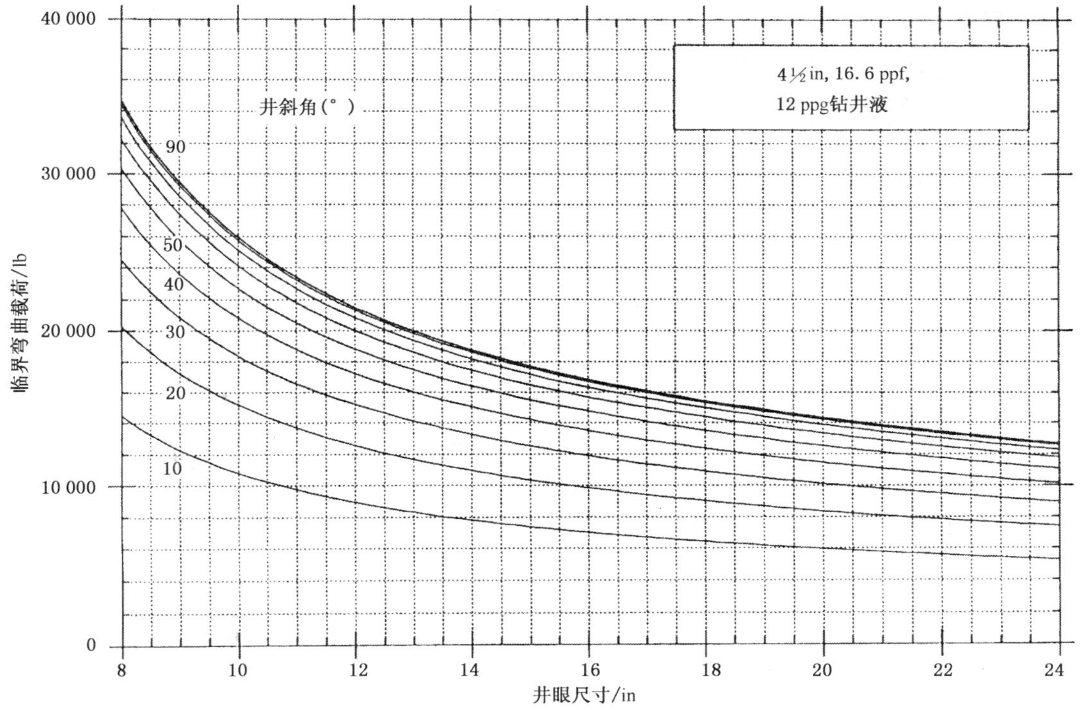

图 56 产生正弦屈曲时的临界轴向压缩载荷(近似)

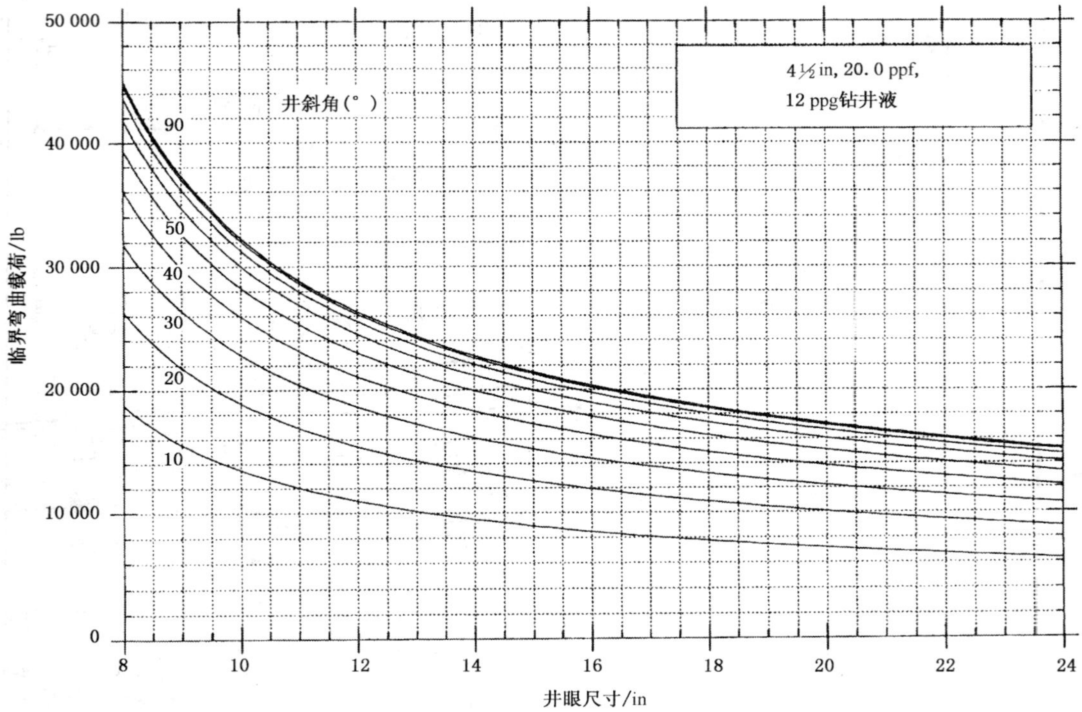

图 57 产生正弦屈曲时的临界轴向压缩载荷(近似)

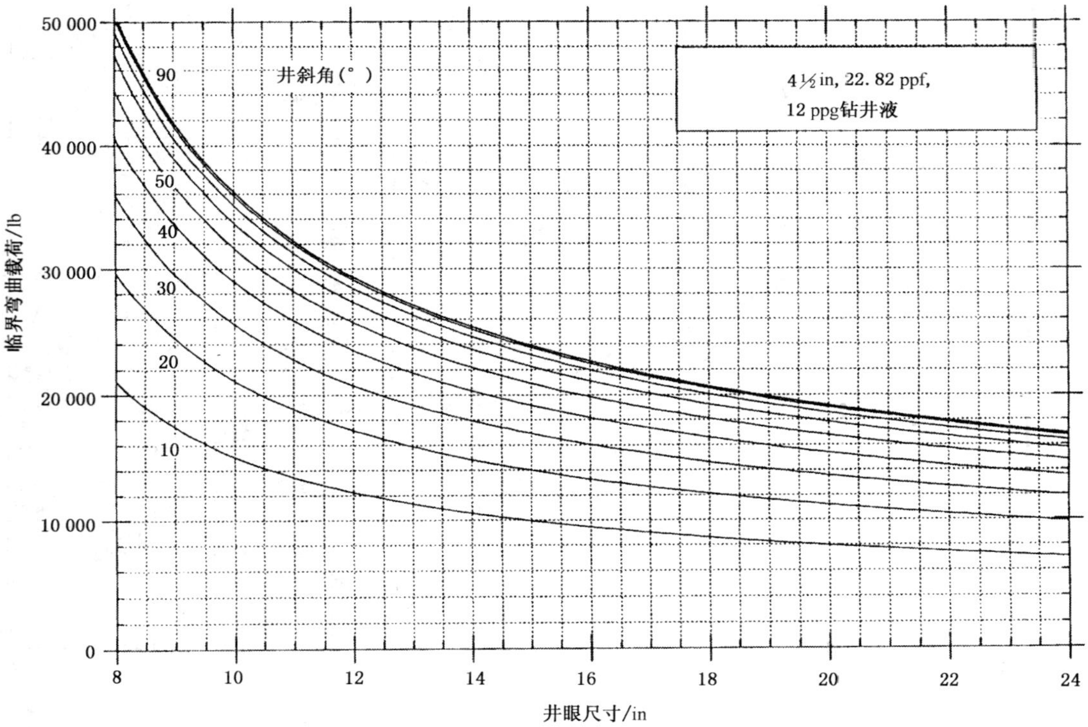

图 58 产生正弦屈曲时的临界轴向压缩载荷(近似)

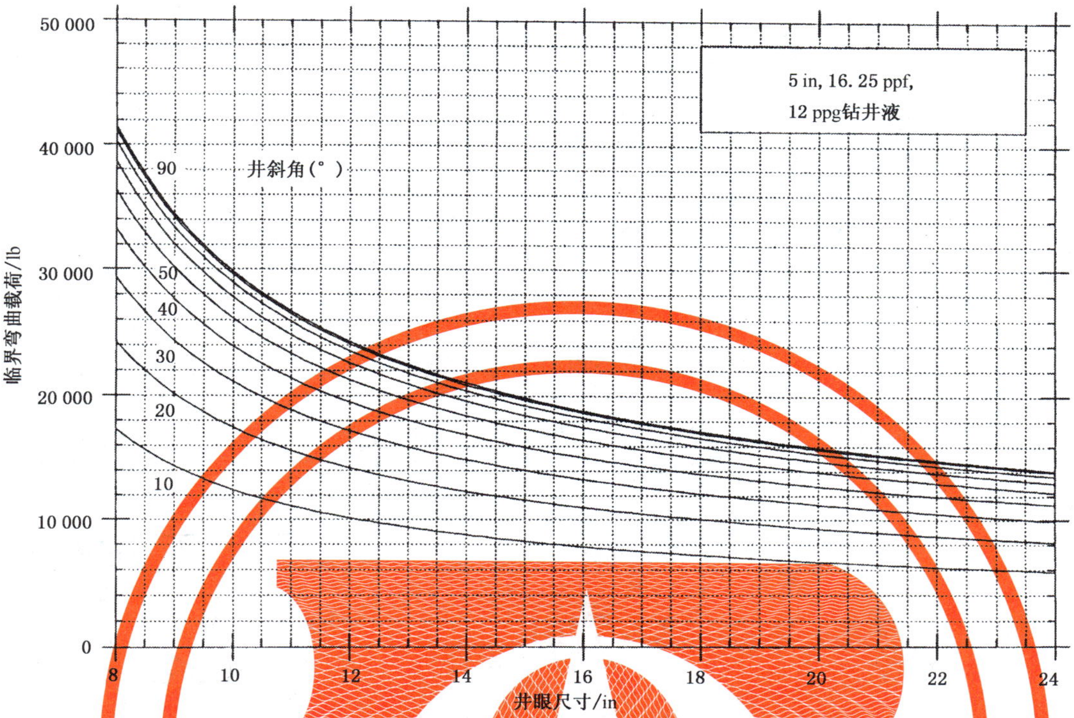

图 59　产生正弦屈曲时的临界轴向压缩载荷(近似)

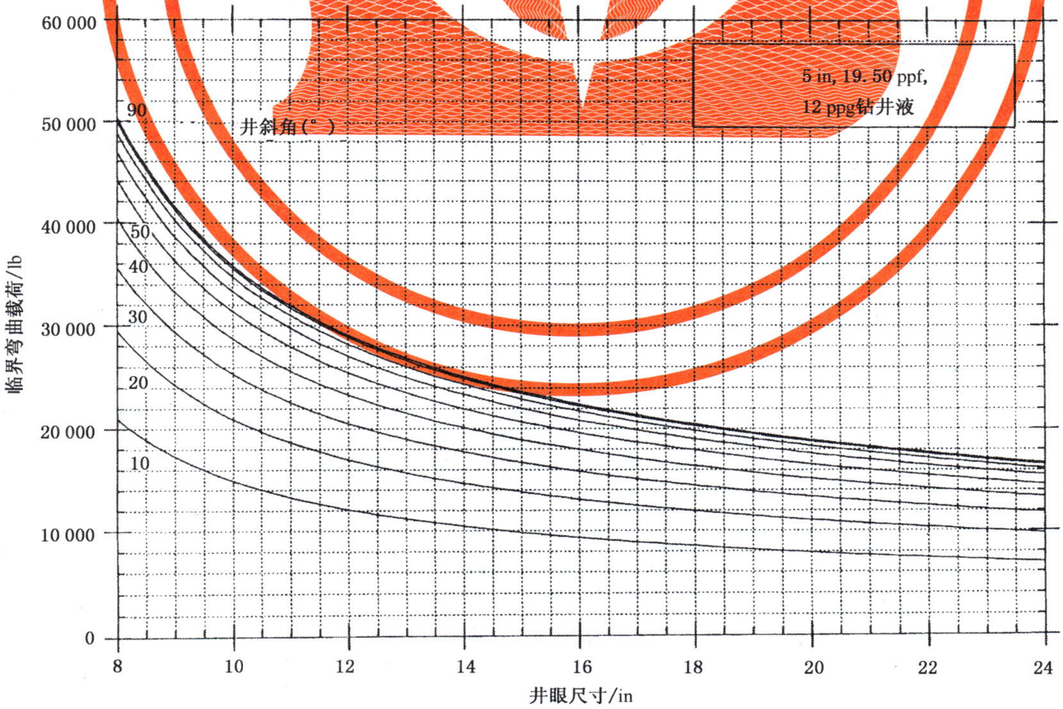

图 60　产生正弦屈曲时的临界轴向压缩载荷(近似)

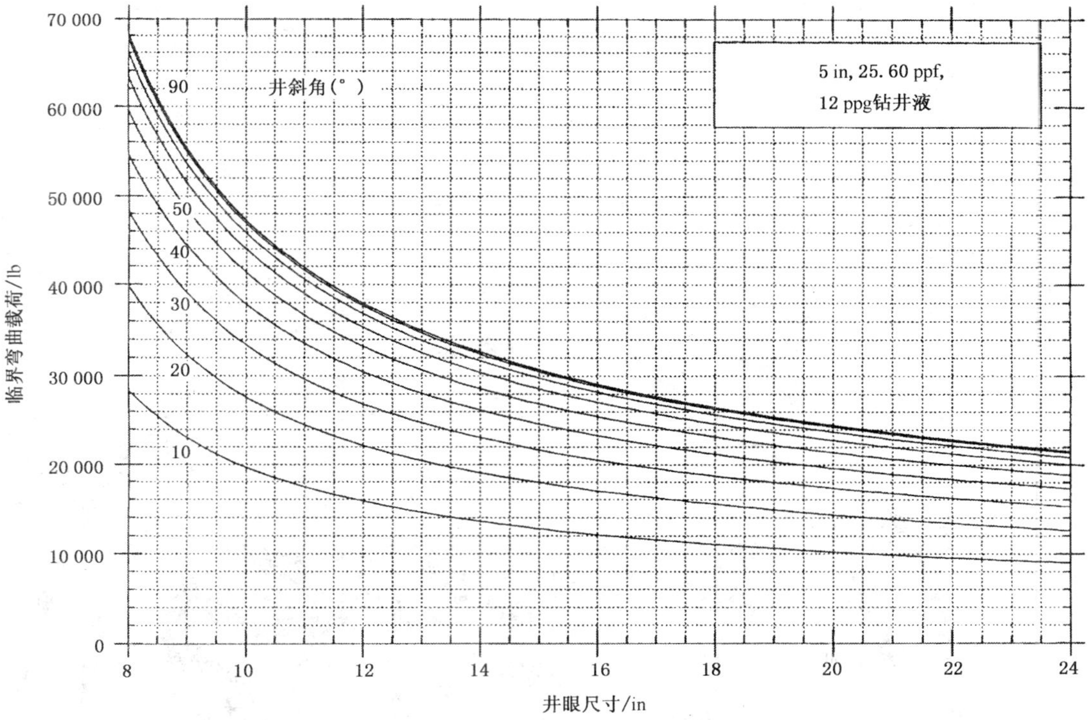

图 61　产生正弦屈曲时的临界轴向压缩载荷(近似)

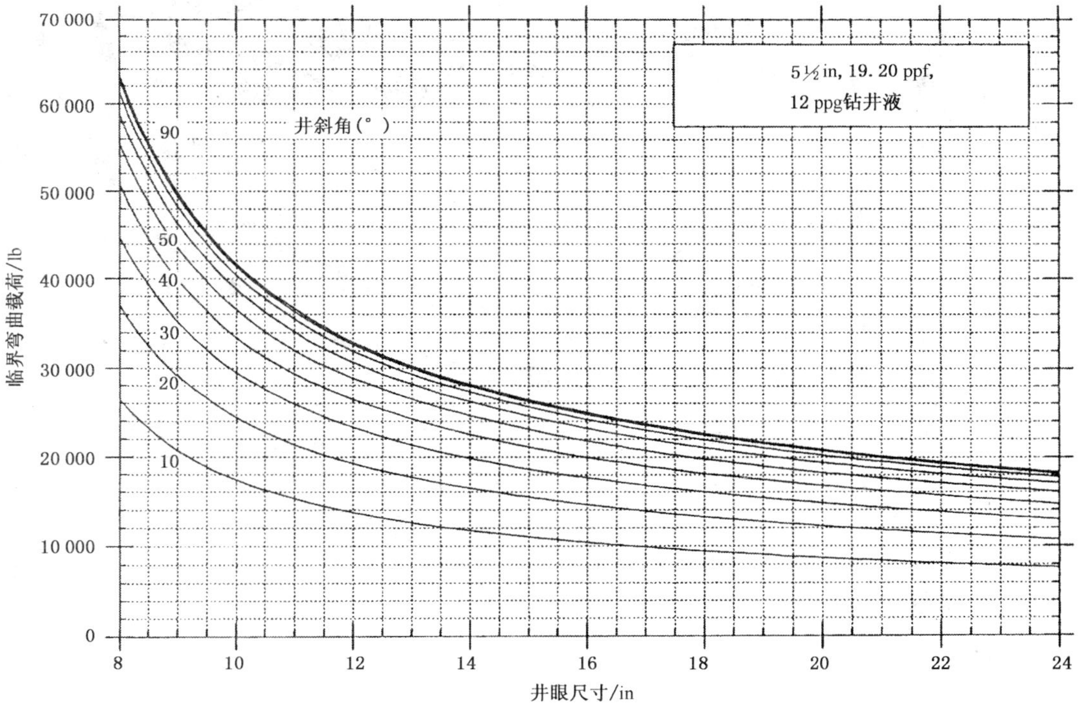

图 62　产生正弦屈曲时的临界轴向压缩载荷(近似)

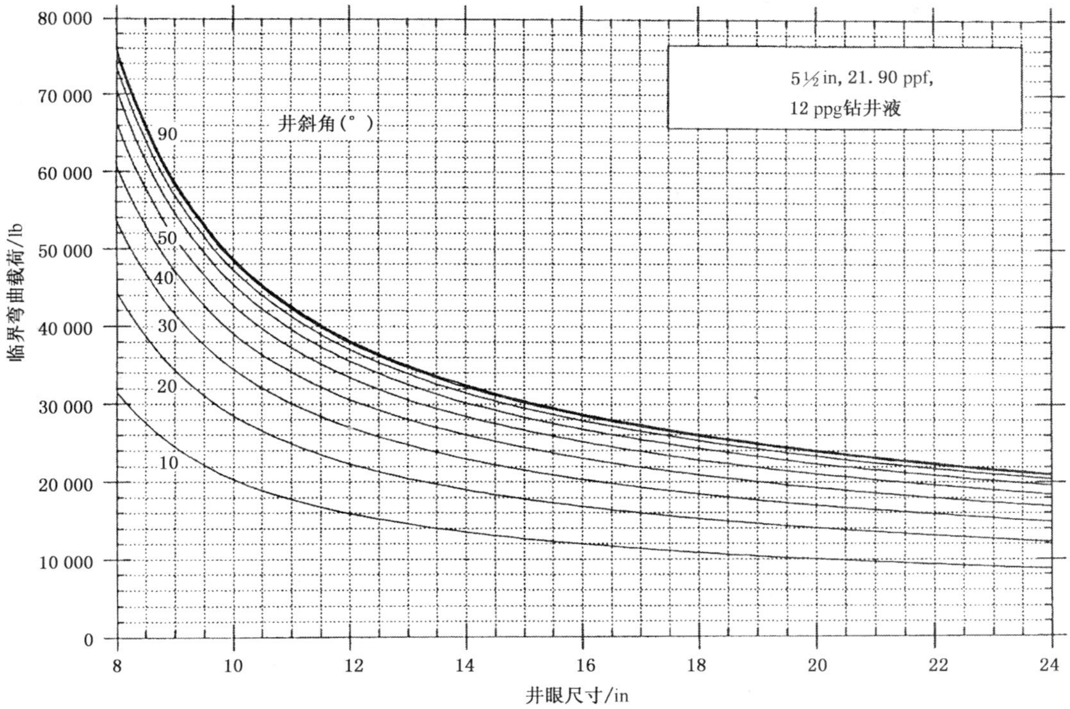

图 63 产生正弦屈曲时的临界轴向压缩载荷(近似)

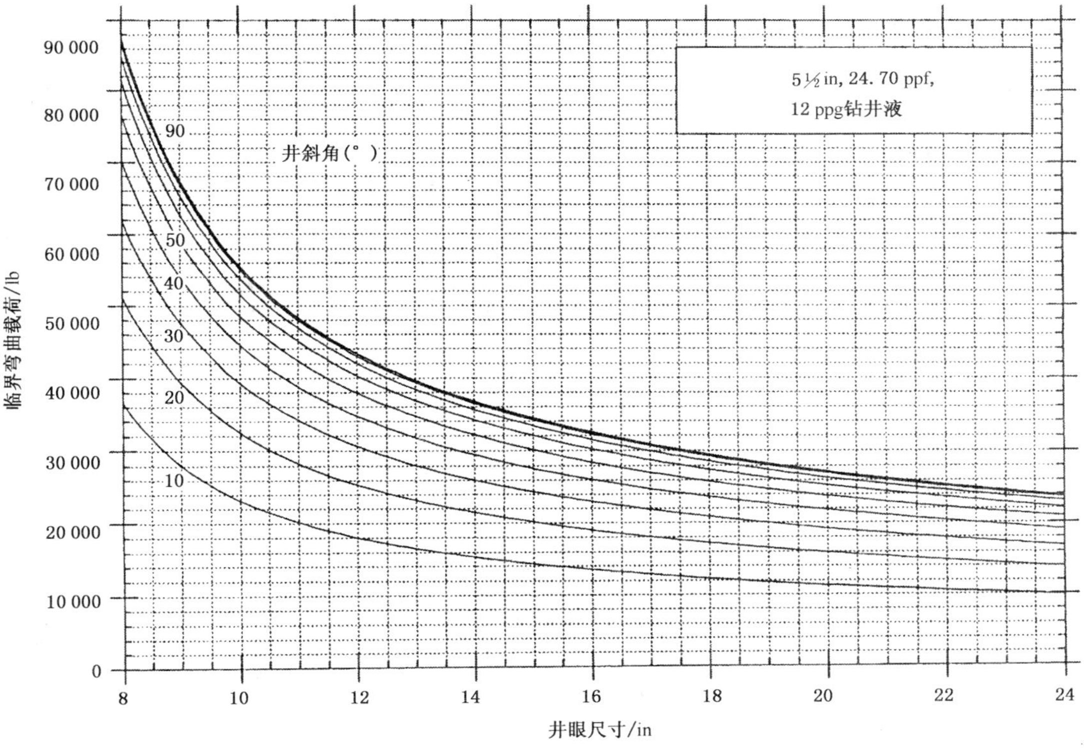

图 64 产生正弦屈曲时的临界轴向压缩载荷(近似)

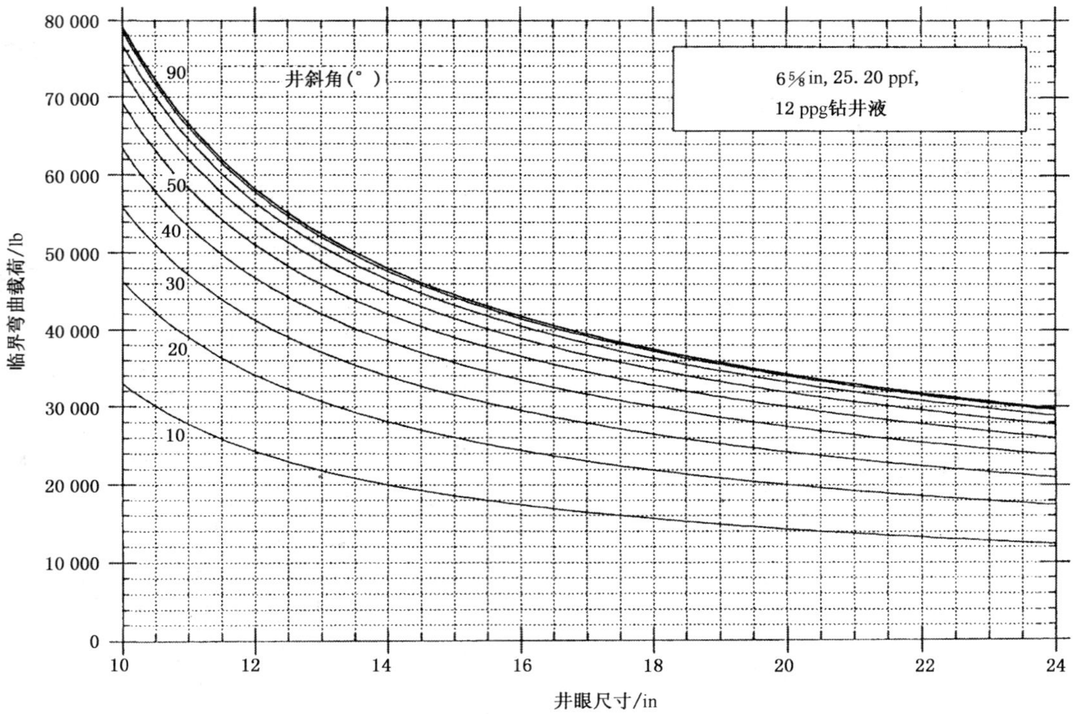

图 65 产生正弦屈曲时的临界轴向压缩载荷(近似)

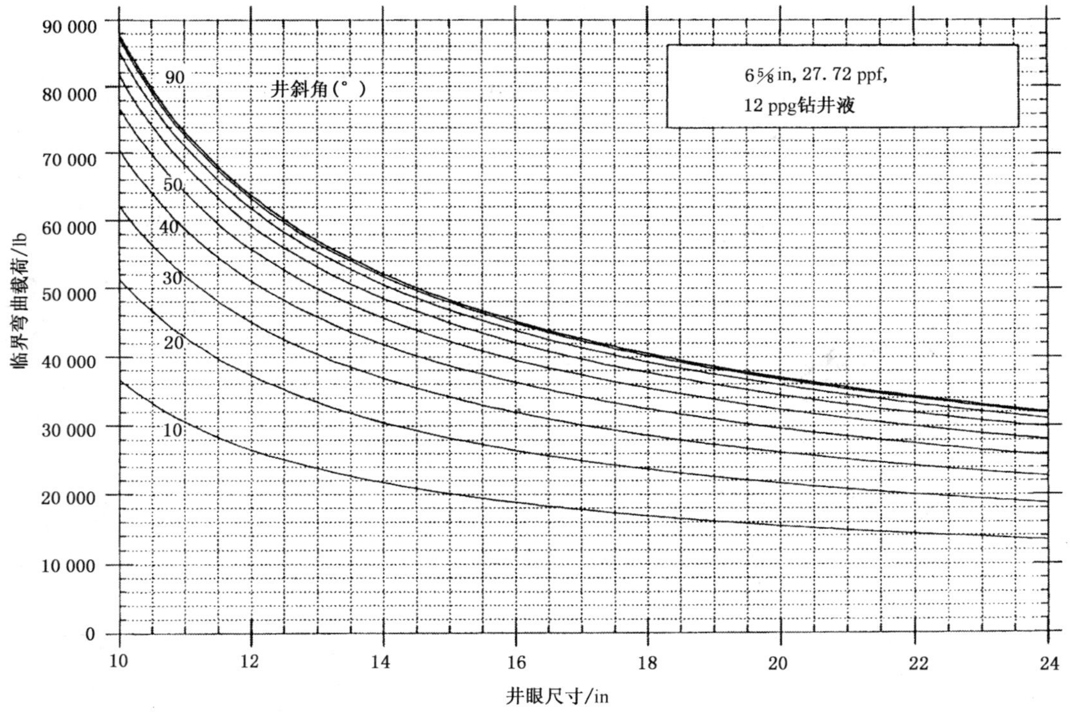

图 66 产生正弦屈曲时的临界轴向压缩载荷(近似)

11.2.2 不同钻井液密度的修正

如果实际钻井液密度不是 12.0 lb/gal,可用以下公式对临界屈曲载荷进行修正:

$$F_{\text{crit-adj}} = F_{\text{crit}} \times f_{\text{mw}} \qquad \cdots\cdots (24)$$

式中：

$F_{crit\text{-}adj}$——修正后的临界屈曲载荷，单位为磅(lb)；

F_{crit}——曲线的临界屈曲载荷，单位为磅(lb)；

f_{mw}——(浮力系数/0.817)$^{0.5}$(见下表)。

表 21　不同钻井液密度的修正

钻井液密度 lb/gal	f_{mw}	钻井液密度 lb/gal	f_{mw}
8.0	1.04	14.0	0.98
9.0	1.03	15.0	0.97
10.0	1.02	16.0	0.96
11.0	1.01	17.0	0.95
12.0	1.00	18.0	0.94
13.0	1.99	19.0	0.93

11.2.3　钻杆屈曲曲线图的使用方法

按钻杆尺寸、线质量查找相应曲线图，读出相应井眼尺寸与井斜角垂直相交的点，然后水平读出临界屈曲载荷。将查找出的值按使用的钻井液密度进行修正。

11.2.3.1　举例

在 12¼ in 水平井眼中，钻井液密度为 9.0 lb/gal，5 in、19.50 lb/ft 钻杆屈曲之前可施加的压缩载荷是多少？

11.2.3.2　解题

找到题目中提供的钻杆所在的图(图 60)，临界屈曲载荷大约为 28 200 lb，按 9.0 lb/gal 钻井液密度修正为：

$F_{crit\text{-}adj}=28\ 200\times1.03=29\ 046$(lb)

11.3　弯曲井眼内钻柱的临界屈曲力

井眼曲率也显著影响受压钻杆的临界屈曲载荷。在造斜段，向上弯曲的井眼会增大临界屈曲力。在方位变化井段，井眼曲率也同样会增大钻杆的弯曲应力。表 22 给出了在一定钻杆和井眼尺寸范围内防止钻杆发生屈曲的井眼曲率值。

11.3.1　举例

5 in 钻杆在水平井 10°/100 ft 的造斜段会发生弯曲吗？井眼尺寸为 8.75 in，最大钻压为 30 000 bl。

11.3.2　解题

由表 22 查知，8.75 in 井眼中，5 in、19 lb/ft 钻杆在 30 000 lb 的载荷下，当井眼曲率大于 1.4°/100 ft 时不会屈曲。

表 22　防止钻杆发生屈曲的井眼曲率

(1)	(2)	(3)	(4)	(5)	(6)	(7)	(8)	(9)	(10)	(11)	(12)	(13)
井眼尺寸	钻杆外径	钻杆内径	公称重量	钻杆接头外径	轴向载荷							
					5 Mlb	10 Mlb	15 Mlb	20 Mlb	25 Mlb	30 Mlb	40 Mlb	50 Mlb
in	in	in	lb/ft	in	(°)/100 ft	(°)/100 ft	(°)/100 ft	(°)/100 ft	(°)/100 ft	(°)/100 ft	(°)/100 ft	(°)/100 ft
4.000	2.375	1.815	6.7	3.125	1.2	2.5	3.7	4.9	6.2	7.4	9.9	12.3
4.750	2.875	2.151	10.4	4.125	0.4	0.8	1.2	1.6	2.0	2.4	3.2	3.9

表 22（续）

(1)	(2)	(3)	(4)	(5)	(6)	(7)	(8)	(9)	(10)	(11)	(12)	(13)
井眼尺寸	钻杆外径	钻杆内径	公称重量	钻杆接头外径	轴向载荷							
					5 Mlb	10 Mlb	15 Mlb	20 Mlb	25 Mlb	30 Mlb	40 Mlb	50 Mlb
in	in	in	lb/ft	in	(°)/100 ft	(°)/100 ft	(°)/100 ft	(°)/100 ft	(°)/100 ft	(°)/100 ft	(°)/100 ft	(°)/100 ft
6.000	2.875	2.151	10.4	4.125	1.2	2.4	3.5	4.7	5.9	7.1	9.5	11.8
6 000	3.500	2.764	13.3	5.000	0.3	0.6	1.0	1.3	1.6	1.9	2.6	3.2
6.750	3.500	2.764	13.3	5.000	0.6	1.1	1.7	2.3	2.8	3.4	4.5	5.6
6.750	4.000	3.340	14.0	5.250	0.3	0.7	1.0	1.3	1.7	2.0	2.7	3.4
7.875	4.000	3.340	14.0	5.250	0.6	1.2	1.8	2.4	3.0	3.5	4.7	5.9
7.875	4.500	3.826	16.6	6.250	0.2	0.5	0.7	1.0	1.2	1.5	2.0	2.5
8.750	4.500	3.826	16.6	6.250	0.4	0.8	1.1	1.5	1.9	2.3	3.0	3.8
8.750	5.000	4.276	19.5	6.375	0.2	0.5	0.7	1.0	1.2	1.4	1.9	2.4
8.750	5.500	4.778	21.9	7.500	0.1	0.2	0.3	0.4	0.5	0.6	0.8	0.9
8.750	5.500	4.670	24.7	7.250	0.1	0.2	0.3	0.4	0.5	0.6	0.8	1.0
9.875	5.000	4.276	19.5	6.375	0.4	0.7	1.1	1.4	1.8	2.1	2.8	3.6
9.875	5.500	4.778	21.9	7.500	0.2	0.4	0.5	0.7	0.9	1.1	1.4	1.8
9.875	5.500	4.670	24.7	7.250	0.2	0.4	0.5	0.7	0.9	1.1	1.4	1.8
9.875	6.625	5.965	25.2	8.000	0.1	0.2	0.3	0.3	0.4	0.5	0.7	0.8
12.250	5.000	4.276	19.5	6.375	0.6	1.2	1.8	2.4	3.0	3.6	4.8	6.0
12.250	5.500	4.778	21.9	7.500	0.4	0.7	1.1	1.4	1.8	2.1	2.9	3.6
12.250	5.500	4.670	24.7	7.250	0.3	0.7	1.0	1.3	1.7	2.0	2.7	3.4
12.250	6.625	5.965	25.2	8.000	0.2	0.4	0.6	0.8	1.0	1.1	1.5	1.9

11.4 弯曲井眼中受压钻杆的弯曲应力

在井眼弯曲段旋转受压钻杆将会产生周期性弯曲应力，若此力足够大，则将导致钻杆疲劳破坏。同时，压缩载荷还可能使部分钻杆本体接触到井壁。在研磨性地层中，与井壁接触可能造成钻杆本体冲蚀，进而增大弯曲应力。弯曲井眼中钻杆由受压引起的最大弯曲应力与接头尺寸、钻杆本体尺寸、接头间距、钻杆所受轴向压缩载荷以及井眼曲率等有关。

弯曲井眼中，作用在接头、连接的钻杆上的压缩载荷要经历三个阶段。在较小载荷作用下，最大弯曲应力出现在钻杆跨距的中心，但只是钻杆接头与井壁接触。随着载荷增加，钻杆中心开始接触井壁。在此载荷状况下，最大弯曲应力出现在钻杆本体接触点位置的任意两侧。当进一步增加载荷，钻杆本体从点接触到螺旋面接触，接触长度沿钻杆中间部位向两边增加。

图 67～图 74 提供了常用的 $2\frac{3}{8}$ in～$6\frac{5}{8}$ in 钻杆的弯曲应力、钻杆本体接触和侧向接触载荷的图版。每个钻杆尺寸都对应有 4 条曲线。图 67～图 74 中的曲线 a 给出了在一定井眼曲率范围内，作为轴向载荷函数的最大弯曲应力值。载荷的类型通过曲线的形态表示。对于无钻杆本体接触的情况，弯曲应力曲线由一条实线表示；对于点接触，弯曲应力由一条虚线表示；对于螺旋面接触，弯曲应力由一条点线表示。图中还包括了 11.5 节叙述的耐疲劳弯曲应力极限。图上假定条件是钻井液密度为 10 lb/gal，井斜角为 90°和一定尺寸的井眼。除非发生卡钻，钻井液密度、井斜角和井眼尺寸不会影响弯曲应力。大多数图中，只有造斜率为零或为负的情况下，才会超过临界屈曲力。发生屈曲的钻杆的弯曲应力与井眼曲率无关。大体上，弯曲应力的趋势是随轴向载荷的增大而快速增大，而井眼曲率恒定时，弯曲应力增加幅度不大。

图 67～图 74 中的图 b 给出了钻杆本体接触长度以及钻杆本体和接头与井壁接触的侧向力。

11.4.1 举例

用 5 in，19.5 lb/ft 的钻杆、$6\frac{3}{8}$ in 接头和 10 lb/gal 密度的钻井液钻 $8\frac{1}{2}$ in 井眼的水平段。最大井眼曲率为 16°/100 ft。用转盘钻具钻水平段，最大钻压为 35 000 lb 时，需要用何种钢级的钻杆？

11.4.2 解题

11.4.2.1 图 69a 表明在 90°、$8\frac{1}{2}$ in 井眼中，钻井液密度为 10 lb/gal，5 in，19.5 lb/ft 钻杆，$6\frac{3}{8}$ in 接头的弯曲应力和疲劳极限。井眼曲率为 16°/100 ft，轴向压缩载荷为 35 000 lb 时，最大弯曲应力是为 24 000 psi。24 000 lb 轴向载荷将会产生 25 000 psi 的弯曲应力。最大弯曲应力超过了 API E75、X95 和 D55 钢级钻杆的耐疲劳极限，但低于 API G105 和 S135 钢级钻杆的耐疲劳极限。图 69b 表明，在 16°/100 ft 的井眼曲率、35 000 lb 轴向载荷的情况下，接头处的接触力约为 2 600 lb。施加 35 000 lb 轴向载荷，钻杆本体的接触力约为 600 lb。在此井眼曲率下，接触出现在接头跨距的中点处。

11.4.2.2 产生点接触和螺旋面接触的最大弯曲应力与井眼曲率、钻杆本体和接头径向间隙成正比。这样，我们就可以用现有的接头间隙尺寸的最大弯曲应力值来估算不在图上所列范围的接头间隙尺寸的最大弯曲应力值。除非在载荷作用下产生点接触或螺旋面接触，计算值无需调整。若出现点接触或螺旋面接触，可以根据实际接头尺寸计算调整系数，并用调整系数计算出当量井眼曲率来确定正确的弯曲应力。

11.4.3 举例

在井眼曲率为 20°/100 ft，20 000 lb 轴向压缩载荷的条件下，计算接头尺寸为 $5\frac{3}{8}$ in 的 4 in，14 lb/ft 的钻杆的最大弯曲应力。

11.4.4 解题

图 71a 表明了 4 in、14 lb/ft、5.25 in 接头的钻杆的弯曲应力。实际应用的接头外径常为 $5\frac{3}{8}$ in 或大 $\frac{1}{8}$ in。图 75 表明了不同尺寸钻杆的井眼曲率调整系数和钻杆接头外径差的函数关系。对于较公称钻杆接头外径大 $\frac{1}{8}$ in 的情况，图 75 表明 4in 钻杆的井眼曲率调整系数为 1.1。在井眼曲率为 20°/100 ft，载荷为 20 000 lb，接头尺寸大于公称尺寸 $\frac{1}{8}$ in 时，确定最大弯曲应力：实际井眼曲率与调整系数相乘，即 20°/100 ft×1.1＝22°/100 ft，在图 71a 中查得，22°/100 ft 井眼曲率、20 000 lb 载荷时、$5\frac{3}{8}$ in 接头的弯曲应力为 24 500 lb/in^2。

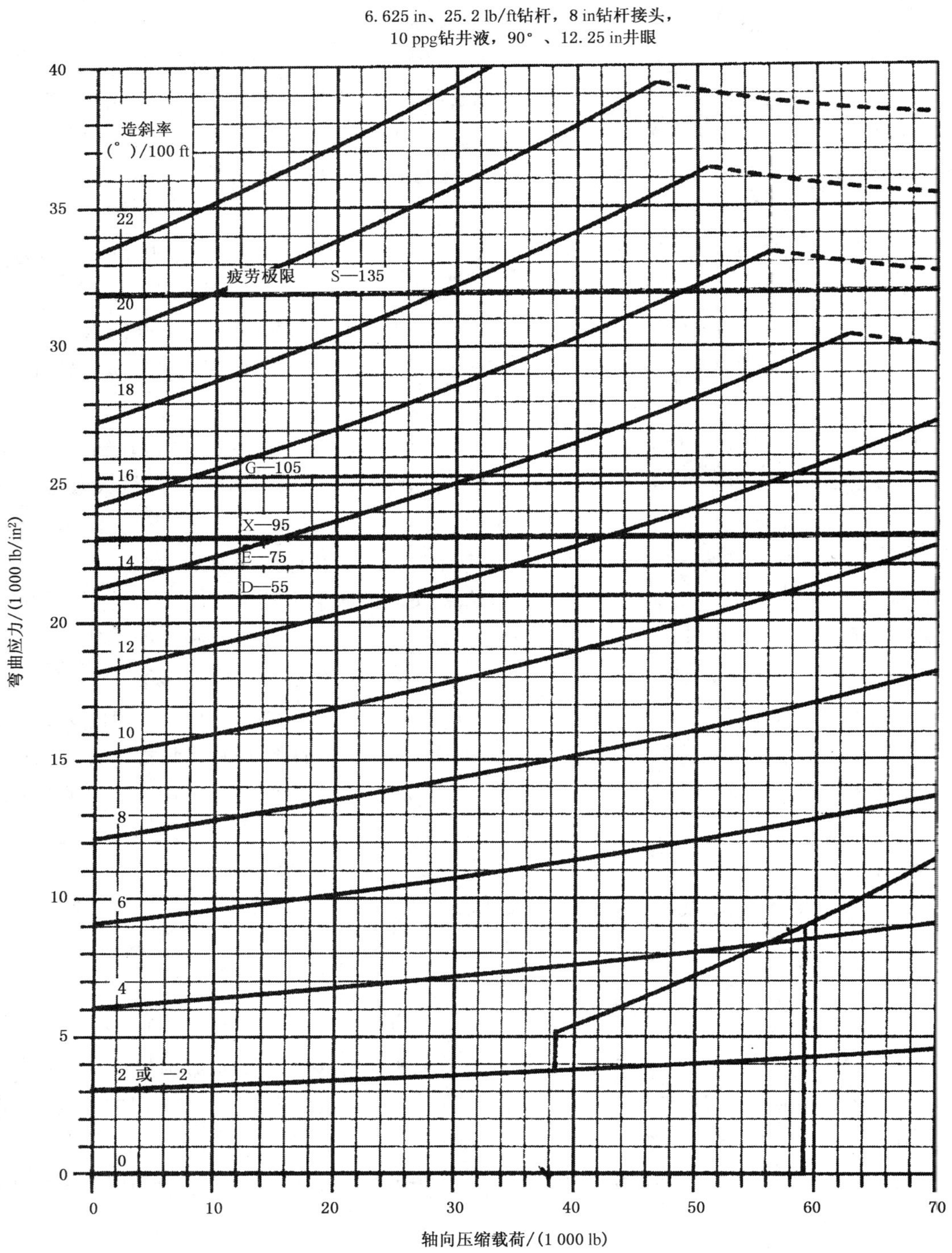

图 67a　弯曲应力和疲劳极限

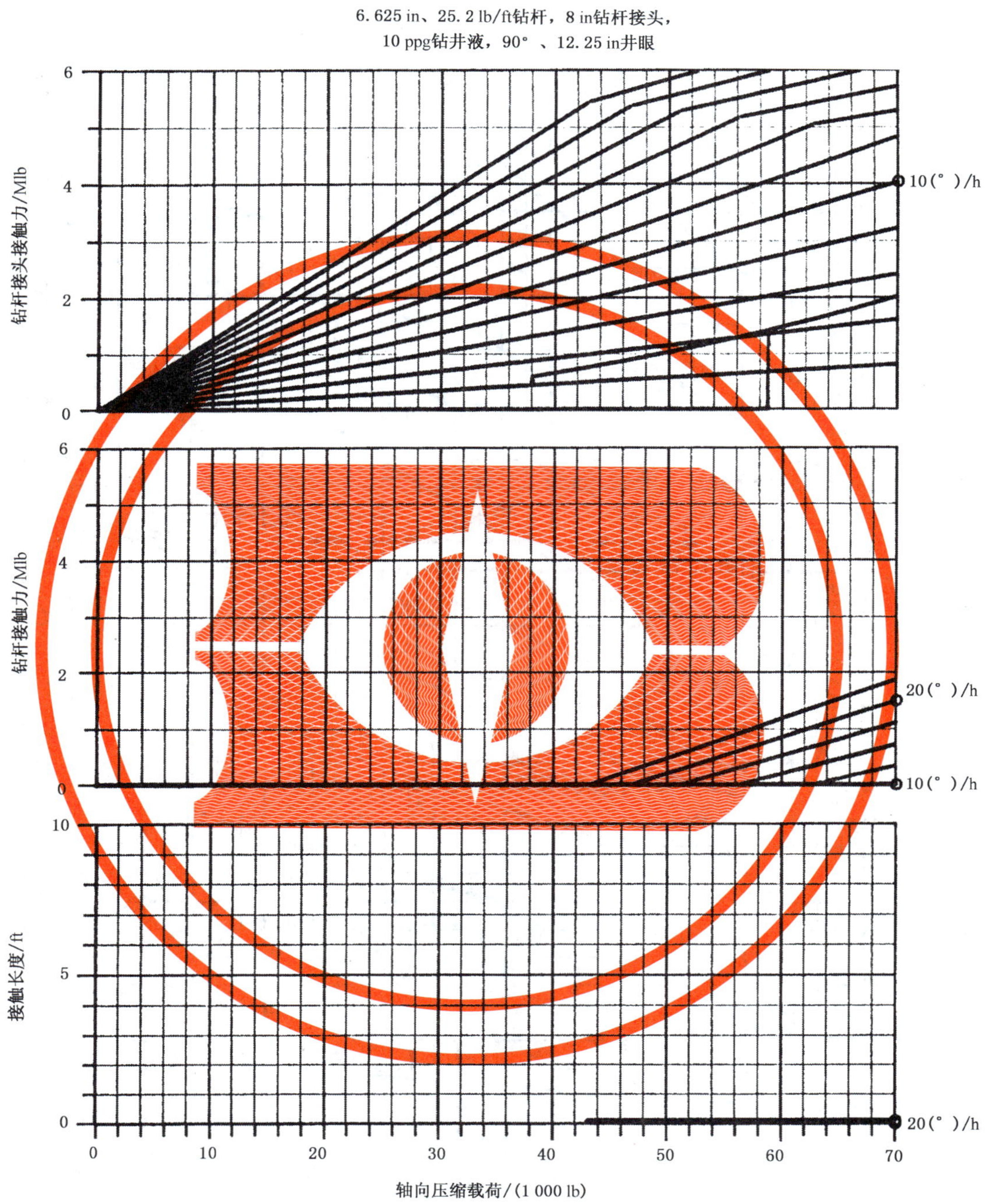

图 67b　侧向接触力和接触长度

5.5 in、21.9 lb/ft钻杆，7.5 in钻杆接头，
10 ppg钻井液，90°、9.875 in井眼

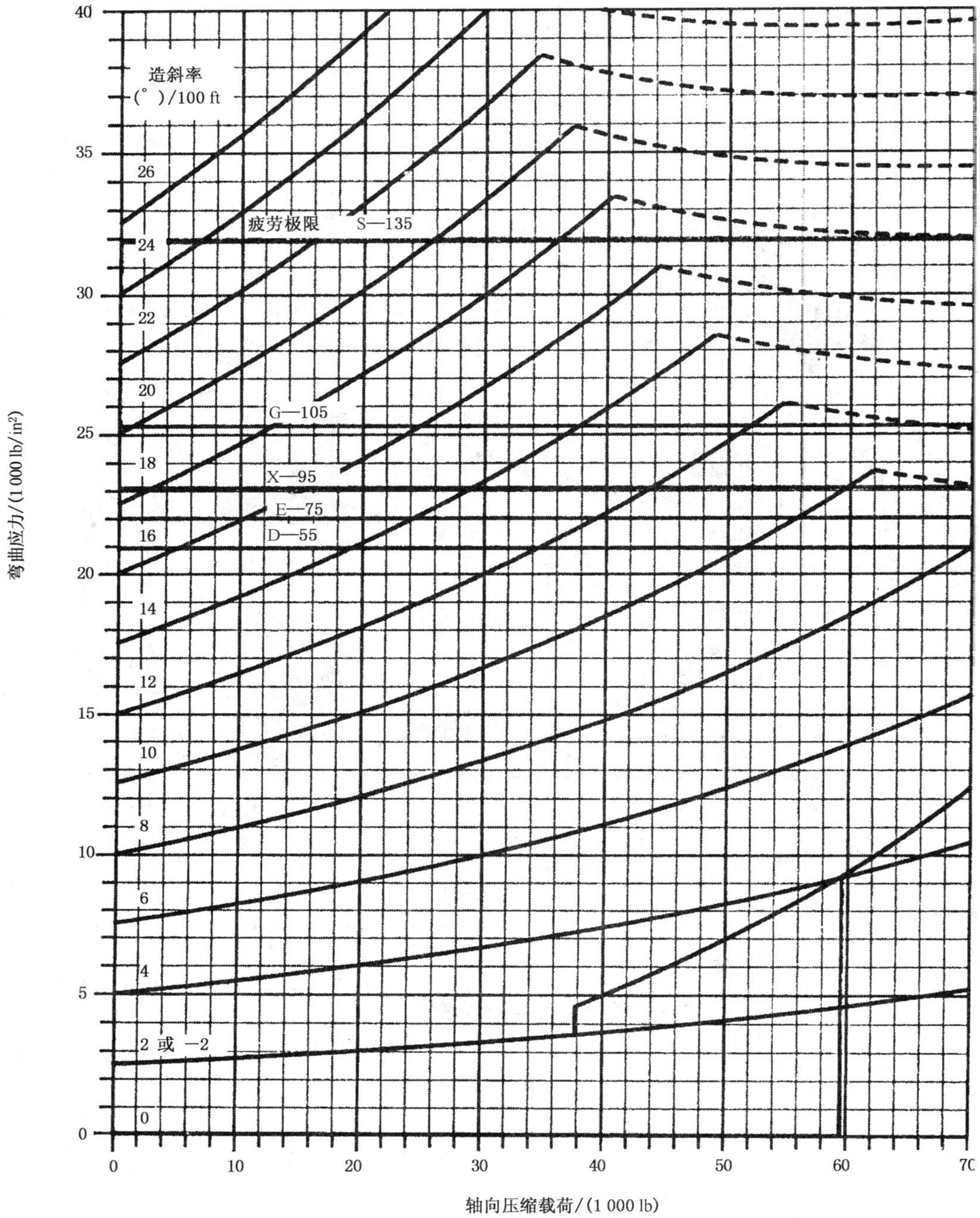

图 68a 弯曲应力和疲劳极限

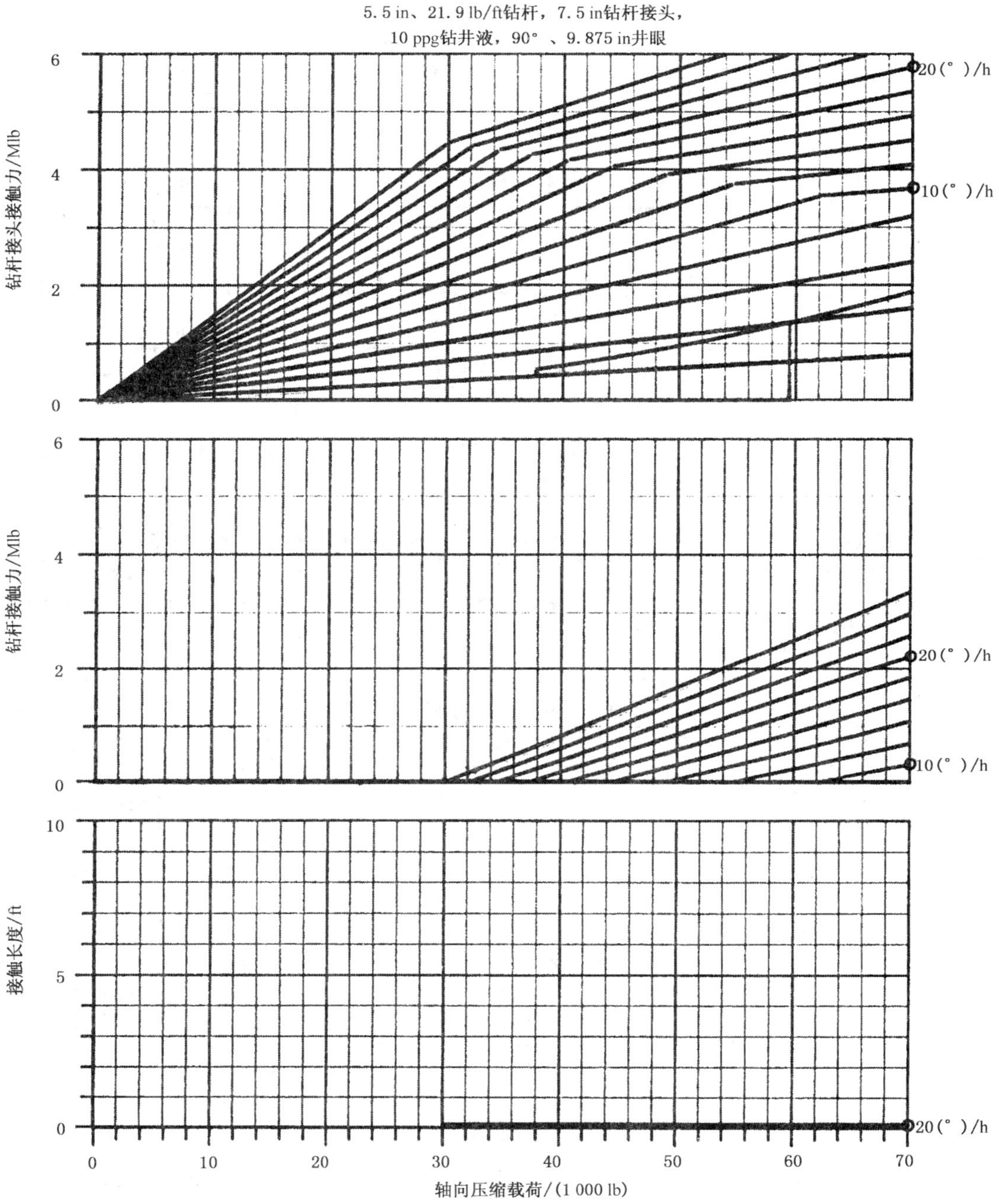

图 68b 侧向接触力和接触长度

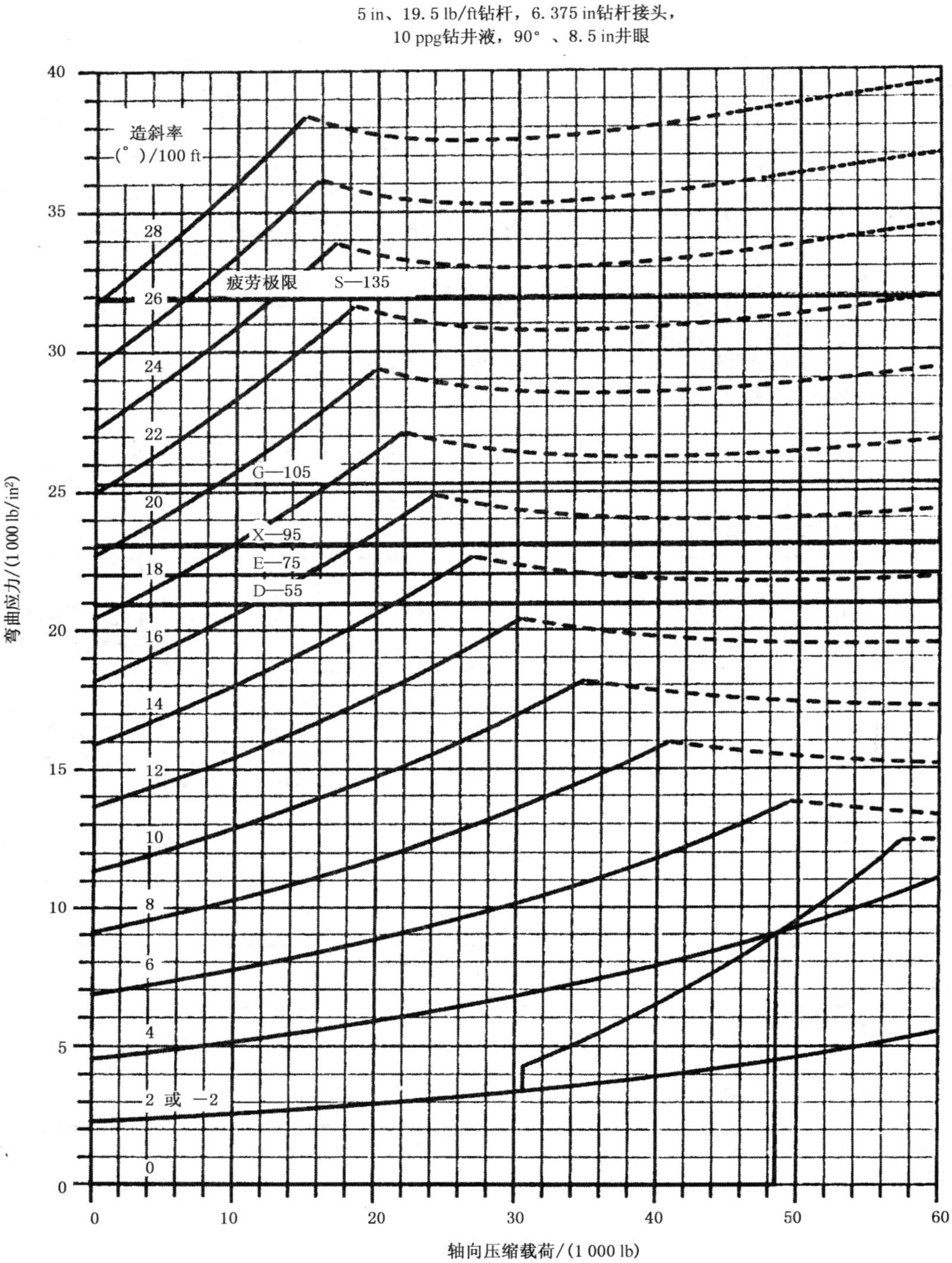

图 69a 弯曲应力和疲劳极限

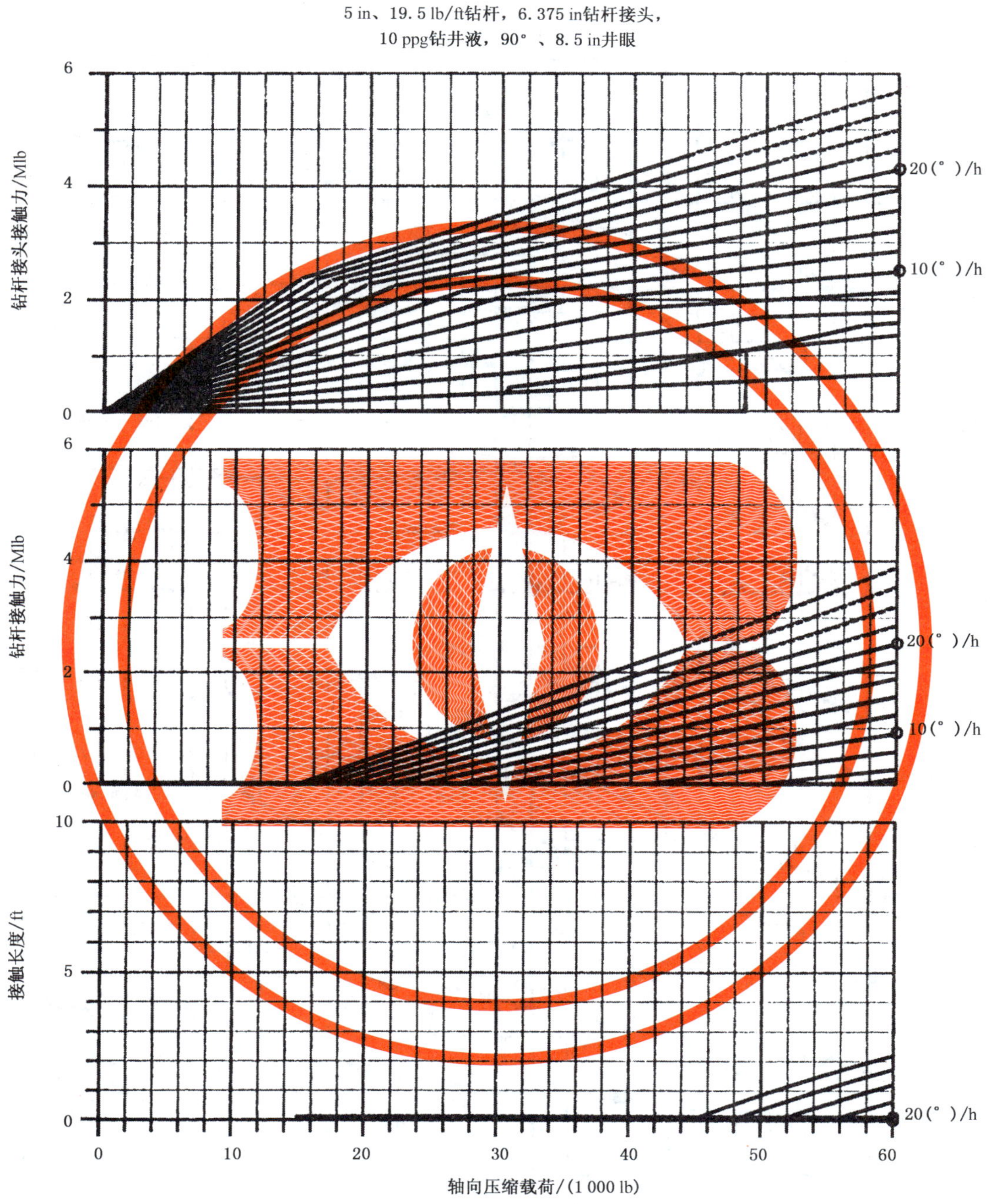

图 69b 侧向接触力和接触长度

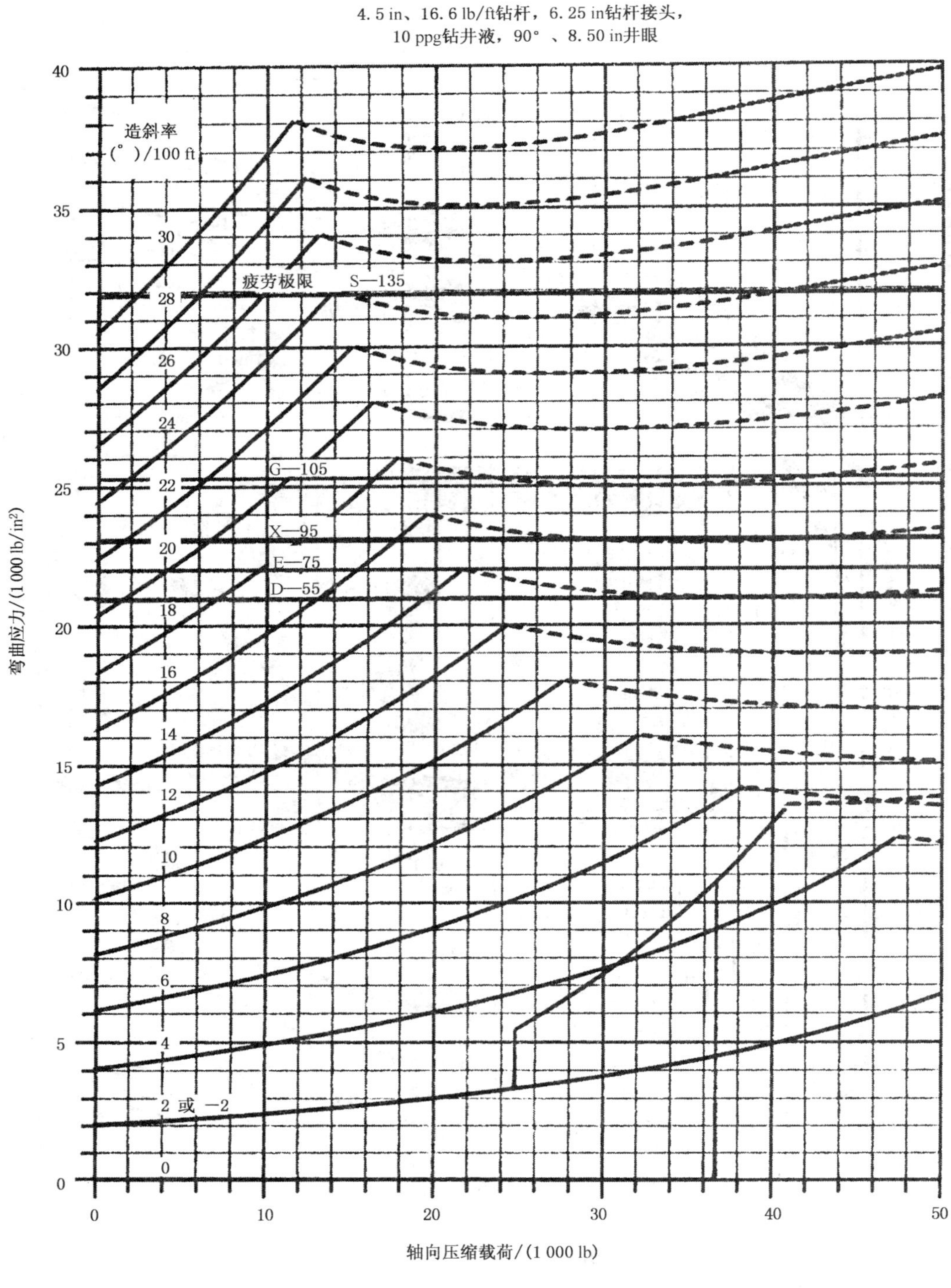

图 70a 弯曲应力和疲劳极限

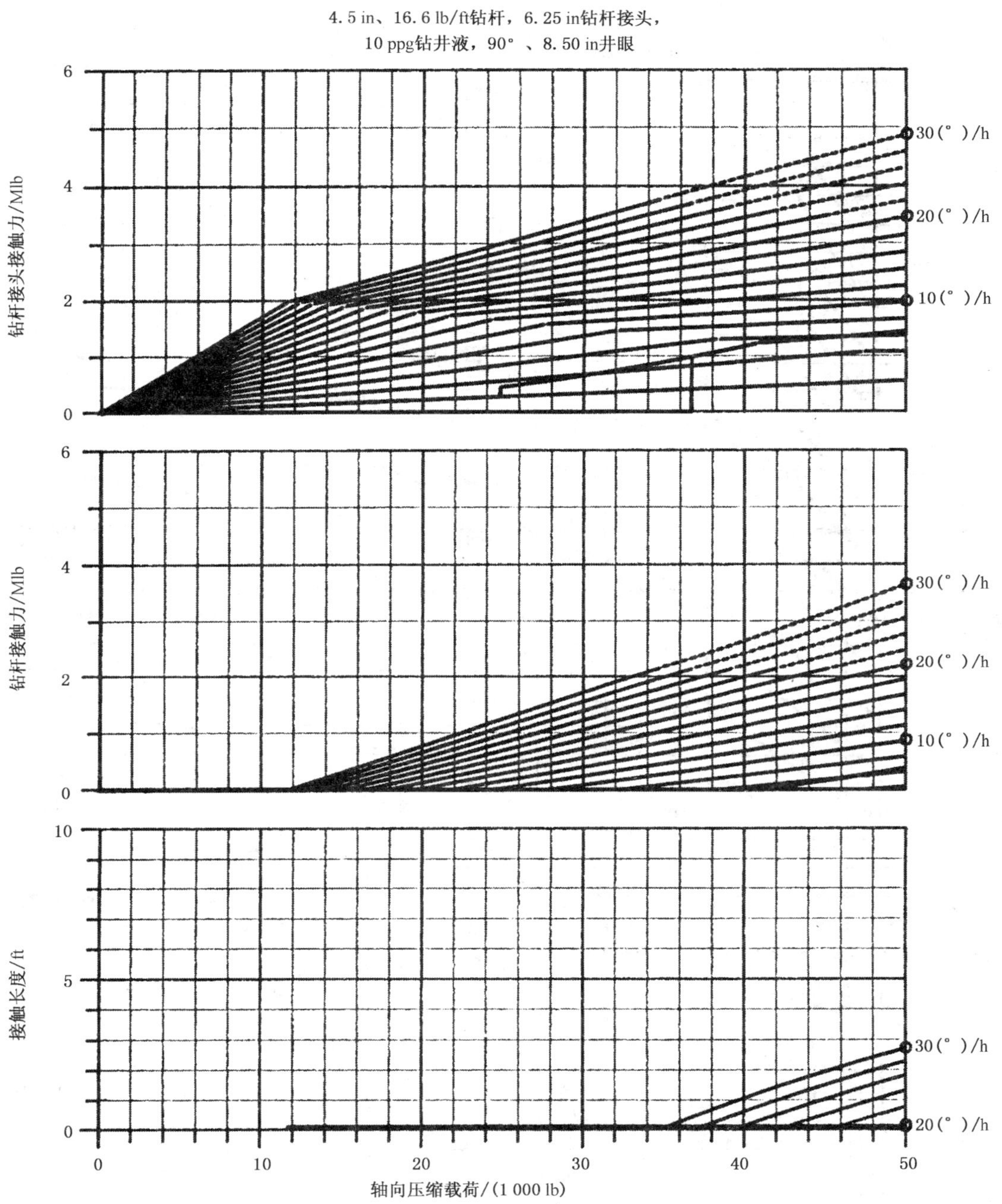

图 70b 侧向接触力和接触长度

4.0 in、14.0 lb/ft钻杆，5.25 in钻杆接头，10 lb/gal钻井液，6.75 in井眼

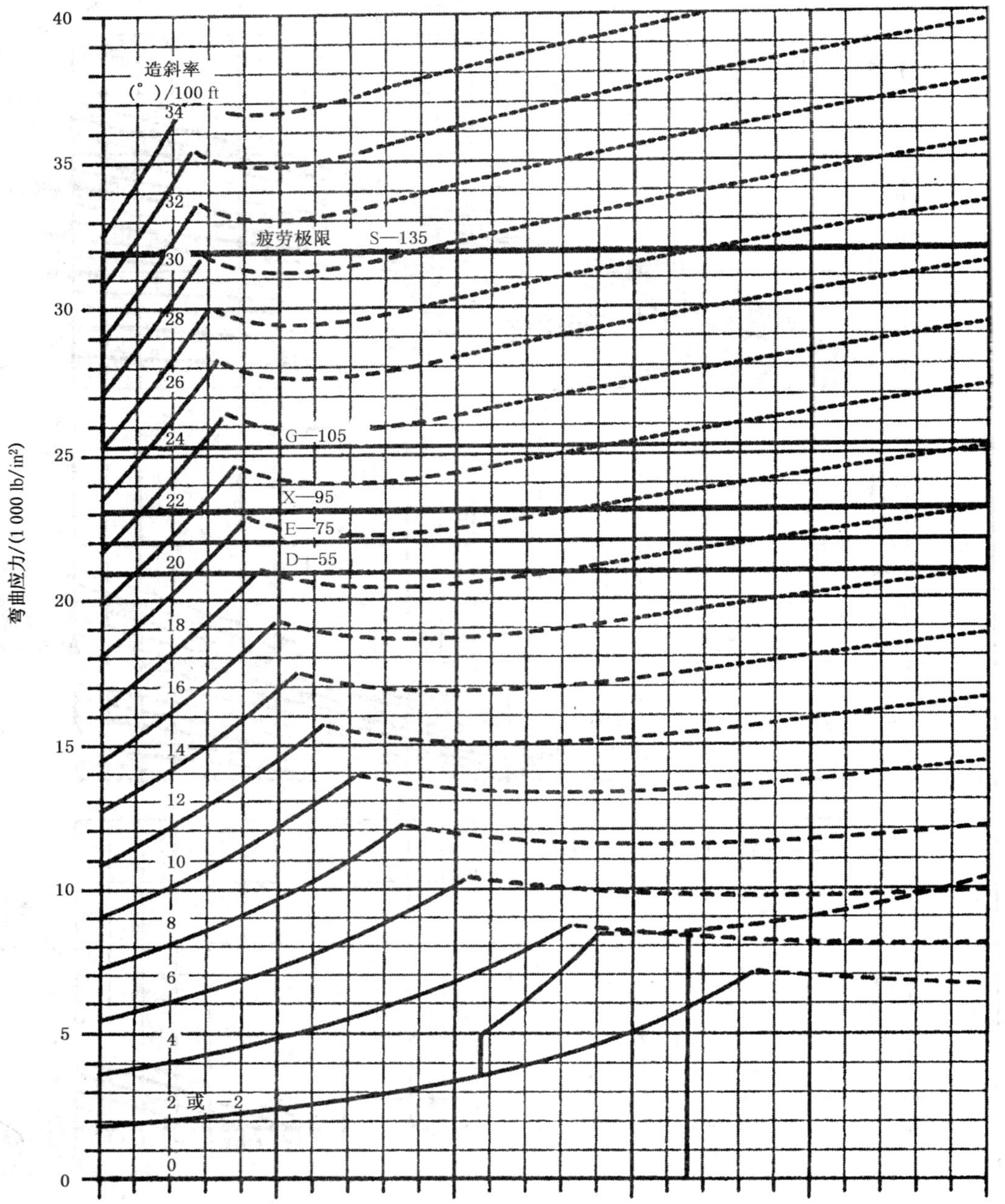

图 71a 弯曲应力和疲劳极限

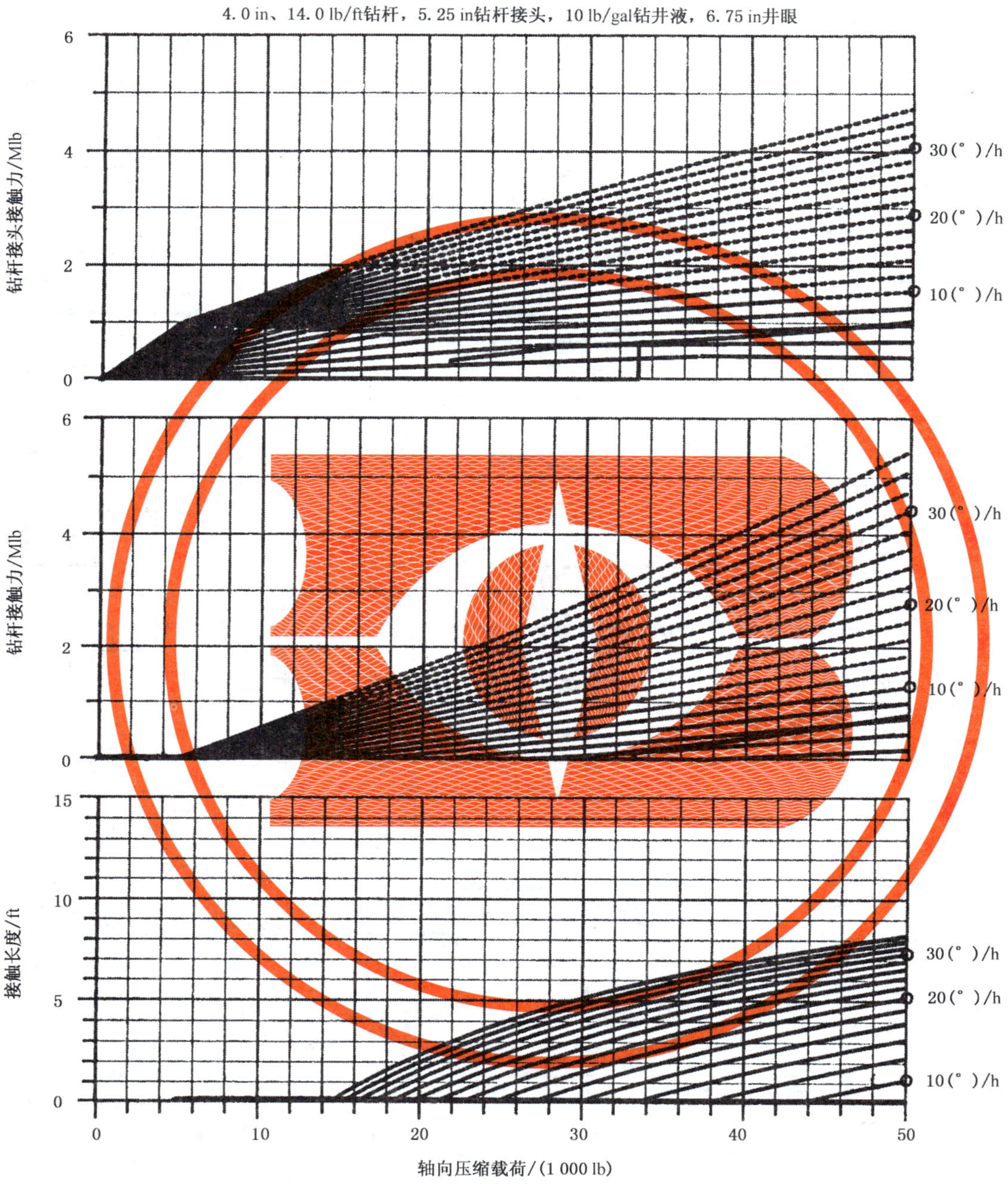

图 71b 侧向接触力和接触长度

3.5 in、13.3 lb/ft钻杆，4.75 in钻杆接头，10 lb/gal钻井液，6 in井眼

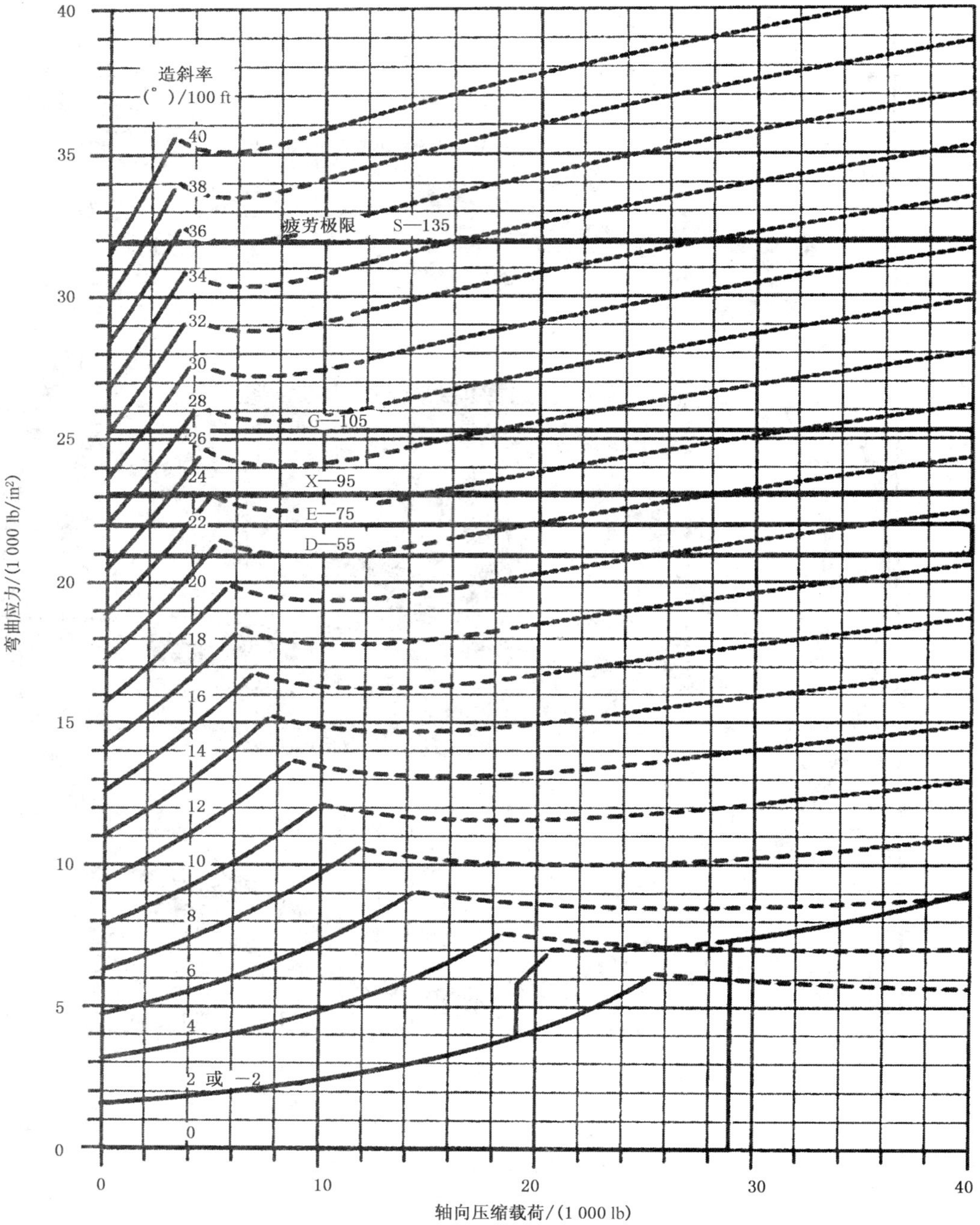

图 72a 弯曲应力和疲劳极限

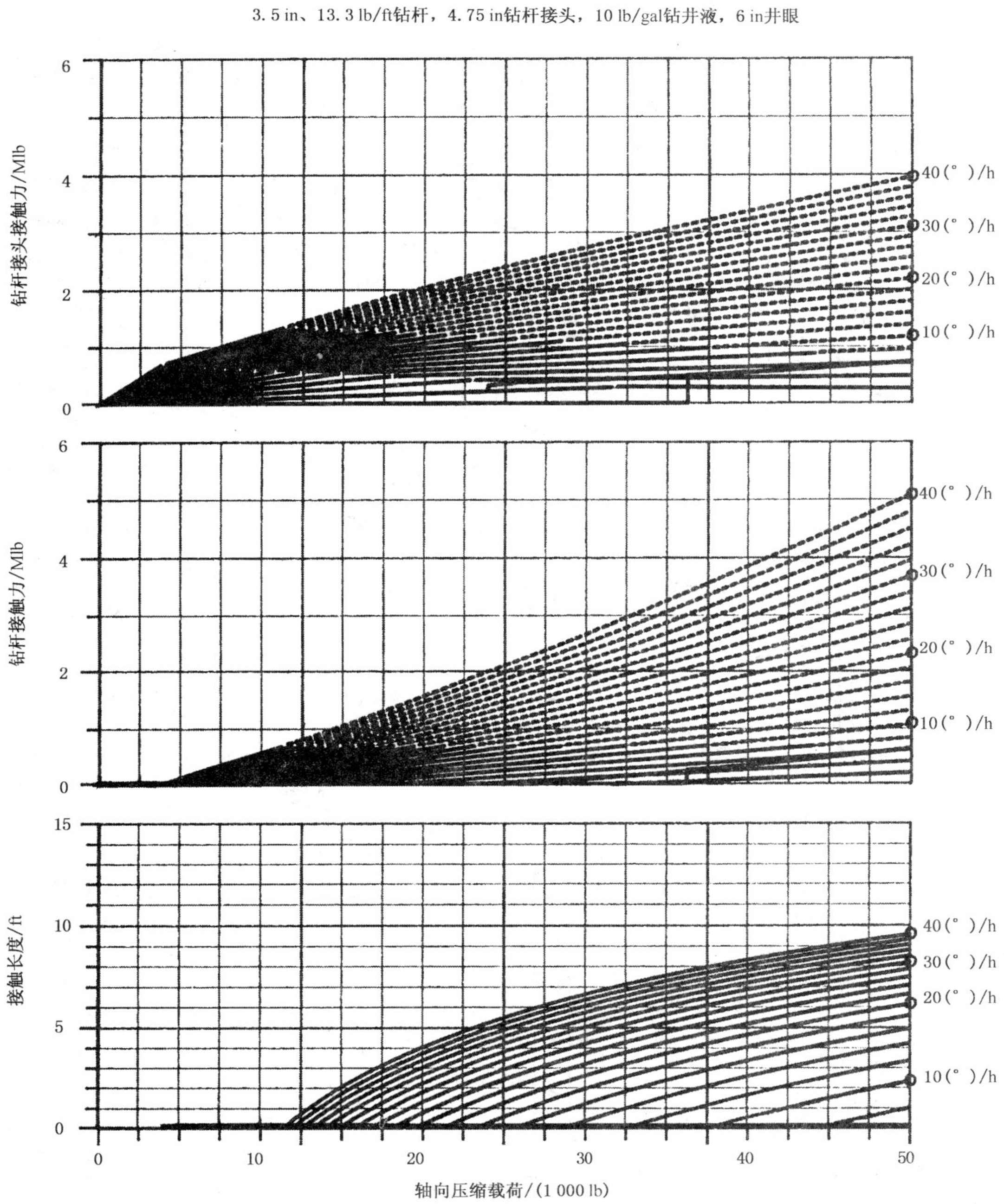

图 72b 侧向接触力和接触长度

2.875 in、10.4 lb/ft钻杆，4.125 in钻杆接头，10 lb/gal钻井液，4.75 in井眼

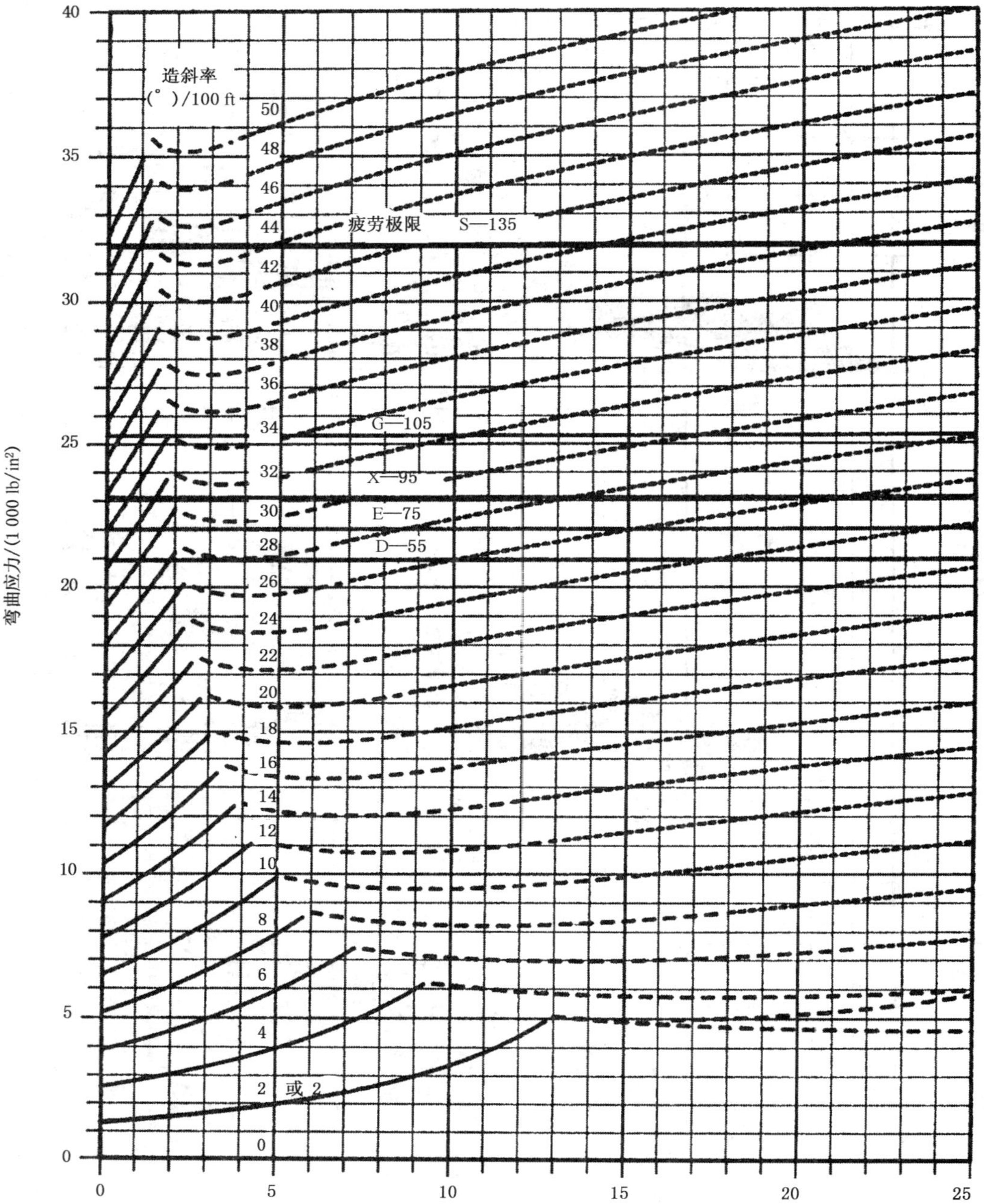

图 73a 弯曲应力和疲劳极限

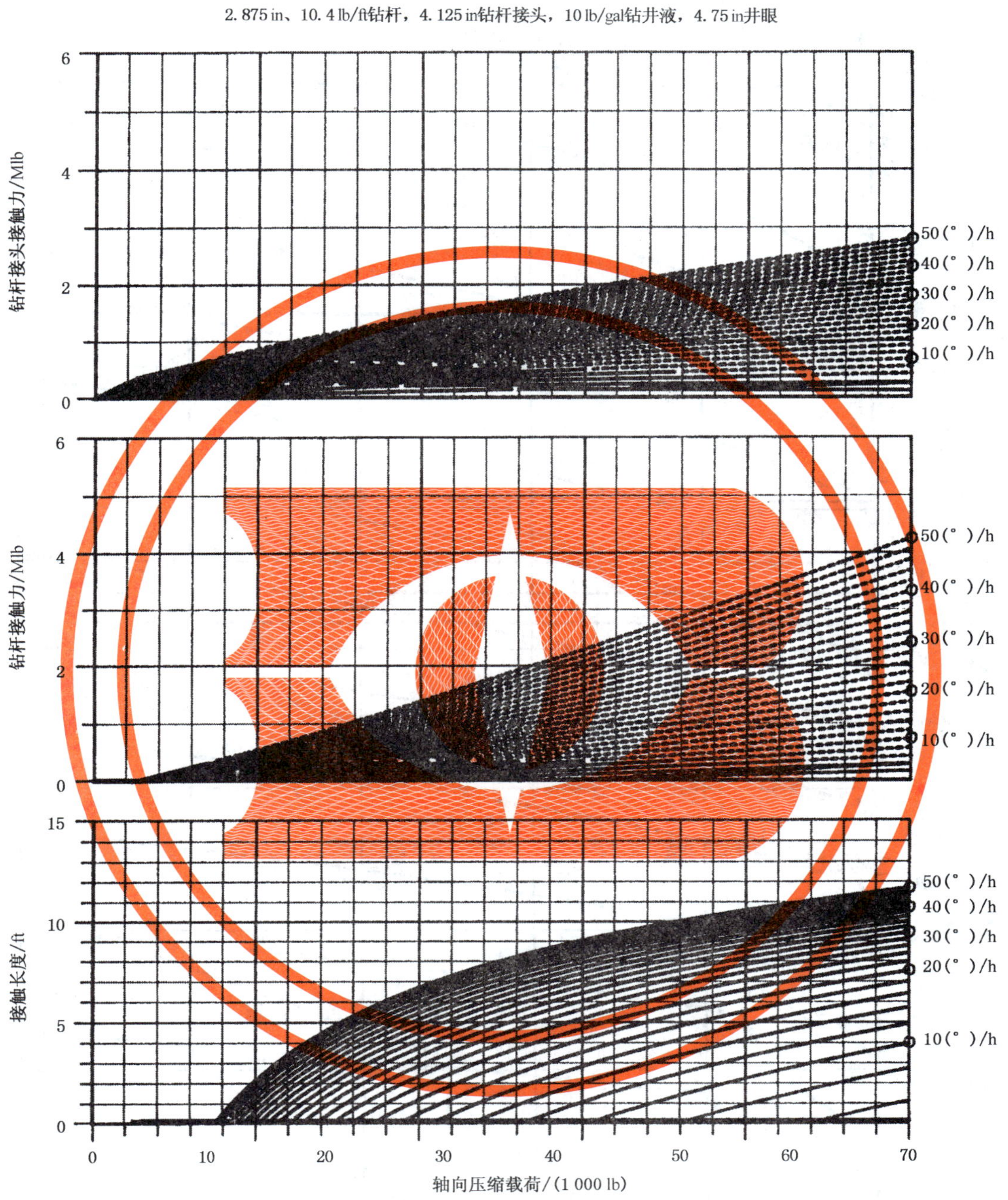

图 73b 侧向接触力和接触长度

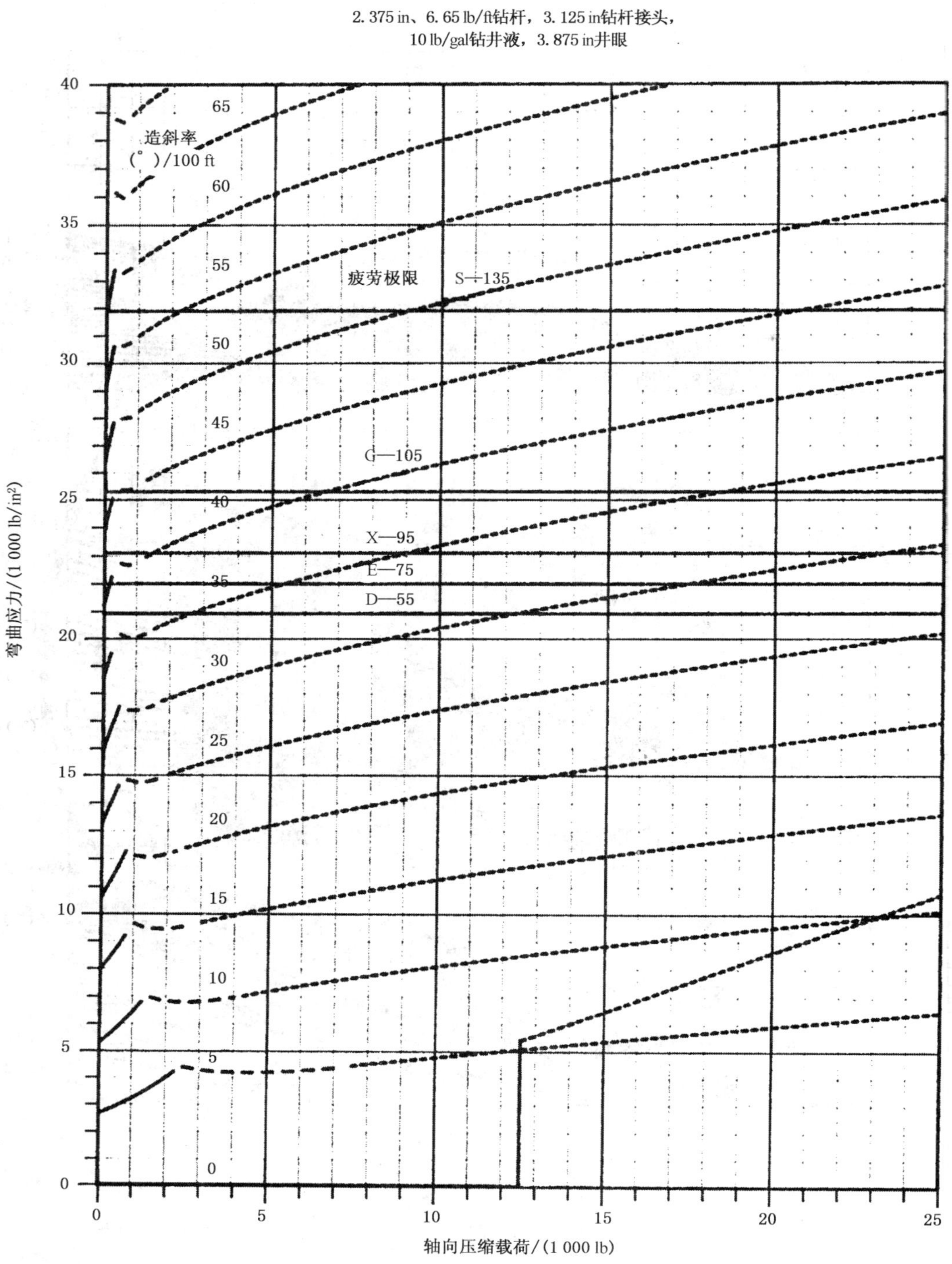

图 74a 弯曲应力和疲劳极限

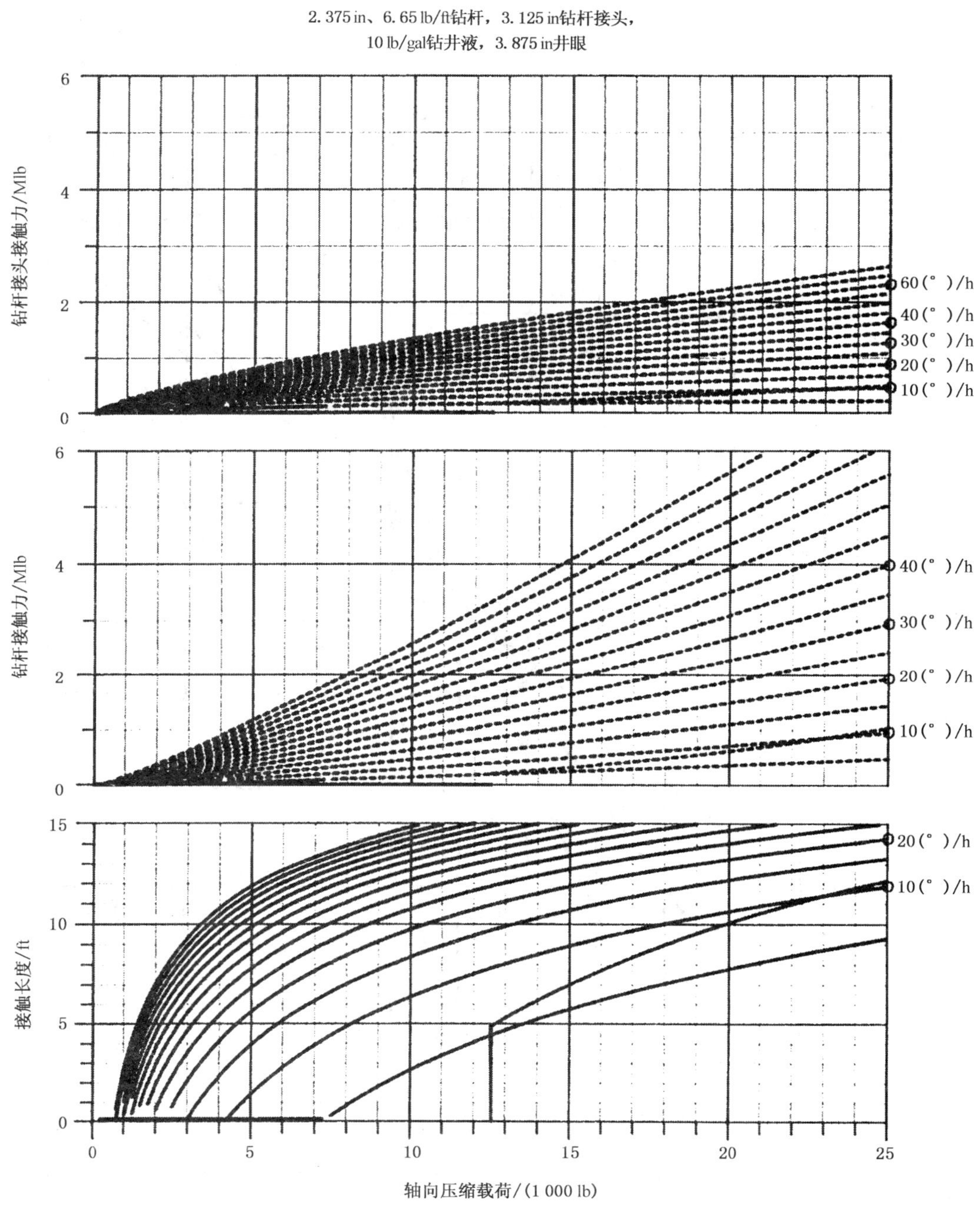

图 74b　侧向接触力和接触长度

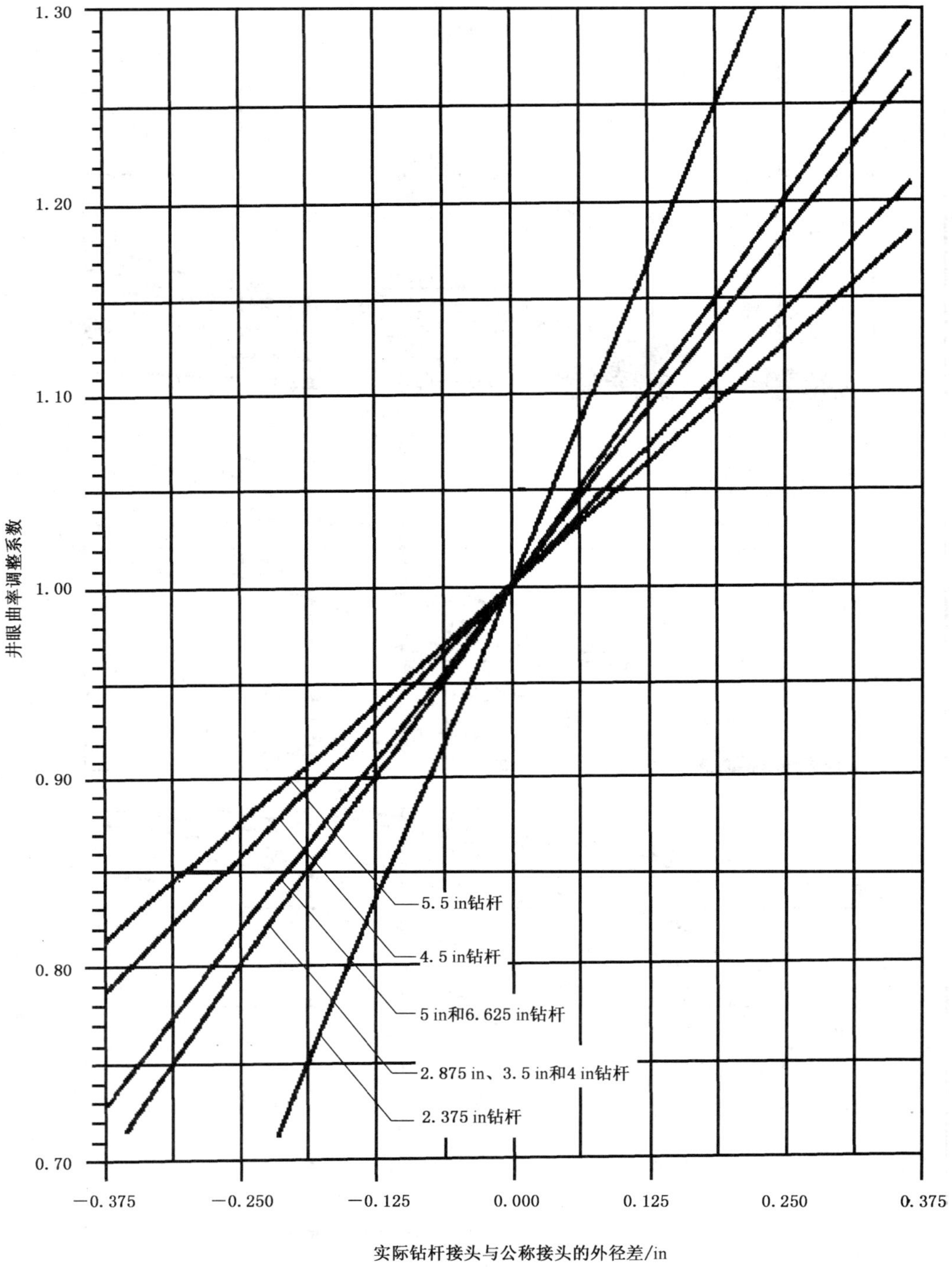

图 75　考虑钻杆接头外径差的井眼曲率调整系数

11.5　钻杆疲劳极限

R. P. Morgan 和 M. J. Roblin 提出了一种用钻杆小样测量钻杆疲劳极限的方法。方法中钻杆表面经过热抛光处理。他们公布了 API E75、X95、G105、S135 钻杆以及作为试验性高强度管材 V180 的测试结果。他们的测试程序表明，钻杆的疲劳极限与钻杆的抗拉伸强度有很大关系。表 23 列出了一些试验结果。

表 23 Youngstown 钢材测试结果[a]

钢级	API 最小屈服强度	API 最大屈服强度	API 最小抗拉强度	测试样品平均抗拉强度	疲劳极限	
					最小测试值	中间测试值
	×1 000 lb/in²	×1 000 lb/in²	×1 000 lb/in²	×1 000 lb/in²	×1 000 lb/in²	×1 000 lb/in²
E75	75	105	100	123	30	32
X95	95	125	105	132	32	35
G105	105	135	115	144	34	38
S135	135	165	145	167	36	40

[a] 1969 年俄克拉何马州塔尔萨 ASME 协会 Youngstown 钢材管具公司

Casner 已经利用他们的试验结果确定符合 API 最小强度要求的 API 钻杆的最小疲劳极限。见表 24。

表 24 受压钻杆的疲劳极限

钢级	API 最小屈服强度	API 最小抗拉强度	最小疲劳极限
	×1 000 lb/in²	×1 000 lb/in²	×1 000 lb/in²
E75	75	100	22
X95	95	105	23.1
G105	105	115	25.3
S135	135	145	31.9

11.6 累积疲劳破坏的估算

与在钻杆疲劳极限以下作业相对应的另一种做法是，监测高曲率井段由于钻杆旋转造成的累积疲劳破坏，并在疲劳破坏前更换钻杆。Hansford 和 Lubinski 提出了跟踪累积疲劳破坏的概念，成功应用此项技术的关键是建立恰当的 API 不同钢级钻杆疲劳破坏周期与应力间的关系曲线。图 76 和图 77 给出了 Morgan 和 Roblin 建立的预计中等疲劳极限的估计值和具有 API 平均性能指标的 API 钻杆的最小疲劳极限估计值。从图 76 可以看到，达到疲劳极限一半的钻杆将发生破坏。对于典型 API 钻杆，在图 77 显示的最小疲劳极限下操作可以避免疲劳破坏。中等疲劳极限依据一个指数关系计算而得。其中这个指数关系反映了一次旋转失效的试件平均抗拉强度和一百万次旋转失效的中等疲劳极限。用表 23 的平均抗拉强度值和中等疲劳极限可得到图 76 所示的应力与发生疲劳失效时的转数的关系曲线。

公式如下：

$$S=\frac{TS}{N^{x}} \qquad \cdots\cdots(25)$$

式中：

S——弯曲应力极限，单位为磅力每平方英寸（lbf/in²）；

TS——钻杆抗拉强度，单位为磅力每平方英寸（lbf/in²）；

N——失效时的转速，单位为转每分钟（r/min）；

x——分式指数（约为 0.1）。

最小疲劳极限曲线也是以 Morgan 和 Roblin 数据为基础计算而得。他们报告中的数据表给出了 E75 钢级(正火处理)、X95 和 G105 钢级(正火和回火处理)、S135 钢级(淬火处理)钻杆的常用屈服强度和抗拉强度。用 Casner 给定的 0.22 的比值可计算出这些钻杆抗拉强度的疲劳极限。用上述指数关系式可计算绘出 SN 曲线,用于绘制图 77 的数据均列在表 25 中。

表 25　图 77 中所用到的数据

钢级	代表性的屈服强度 ksi	预计旋转一次最终强度和疲劳极限 ksi	旋转一百万次的最小疲劳极限 ksi
E75	87.5	121.5	26.7
X95	103.0	131.5	28.9
G105	124.0	149.5	32.9
S135	150.0	159.0	35.0

通过计数钻杆在高曲率井段应力超过疲劳极限时的旋转周数可以确定累积疲劳破坏。例如,如果钻杆在一定狗腿严重度的某一井段,旋转周数达到了发生疲劳的 20% 转数,则推断钻杆耗费了其 20% 的寿命。可用图 76、图 77 判断钻杆检验级别和最终回收级别。图 76 中中等疲劳极限曲线可用来判断钻杆最终的使用寿命,图 77 的最小疲劳极限则可用来推出最低检验级别。当达到此疲劳级别后,检查并更换损坏的接头可以延长剩余钻杆寿命使达到或超过预计的中等使用寿命水平。

图 78～图 80 是 3½in、2⅞in 和 2⅜in 钻杆在高曲率井眼中的弯曲应力图。这些图中查得的弯曲应力可用于确定图 76 和图 77 中钻杆可以承受的旋转周数,由此对照钻杆已旋转的周数可以判断疲劳破坏的级别。在钻进大曲率井眼中,旋转周数与预计的中等疲劳旋转周数的比值确定了钻杆已消耗的疲劳寿命比例。

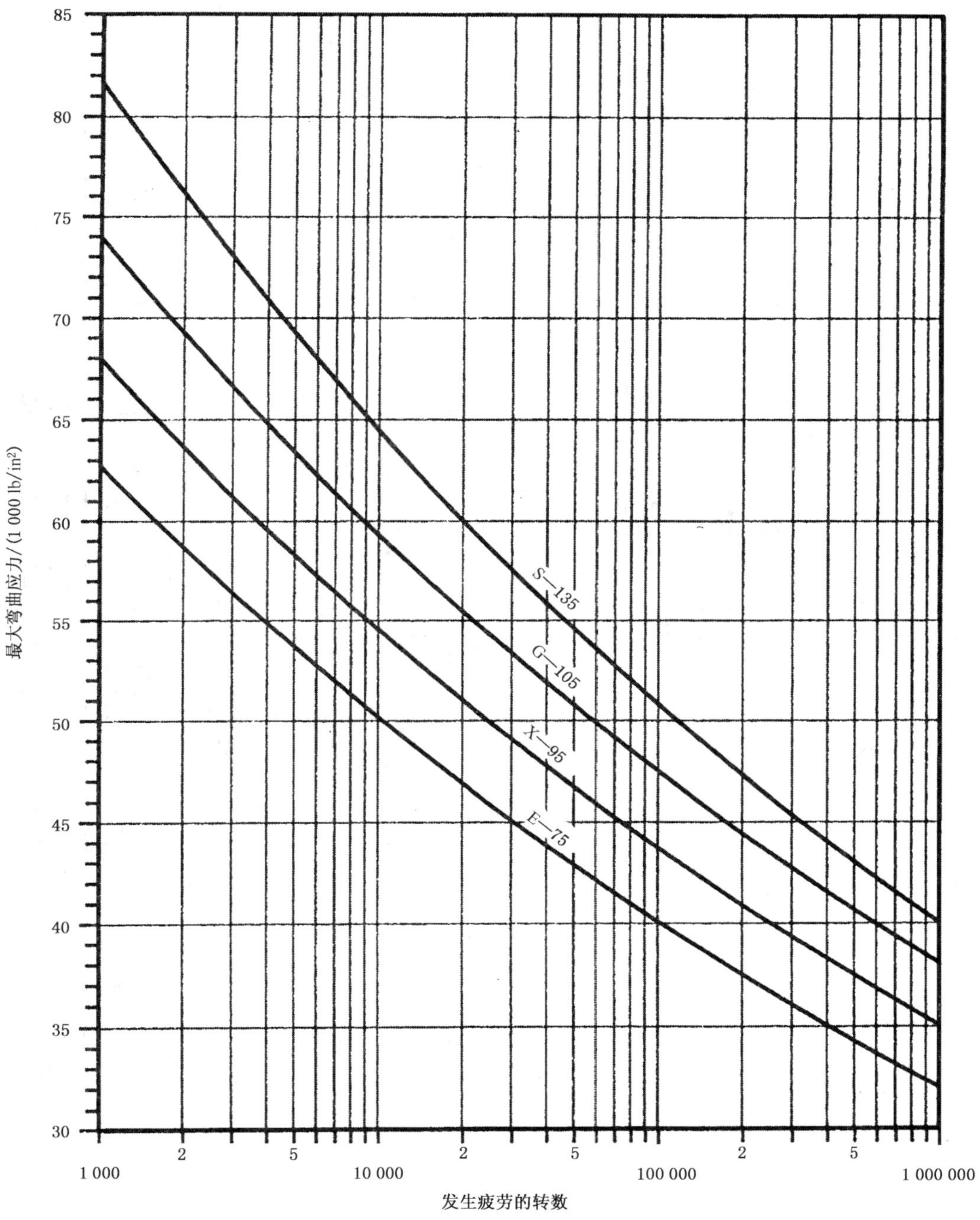

图 76　无腐蚀条件下 API 钻杆的中等疲劳极限

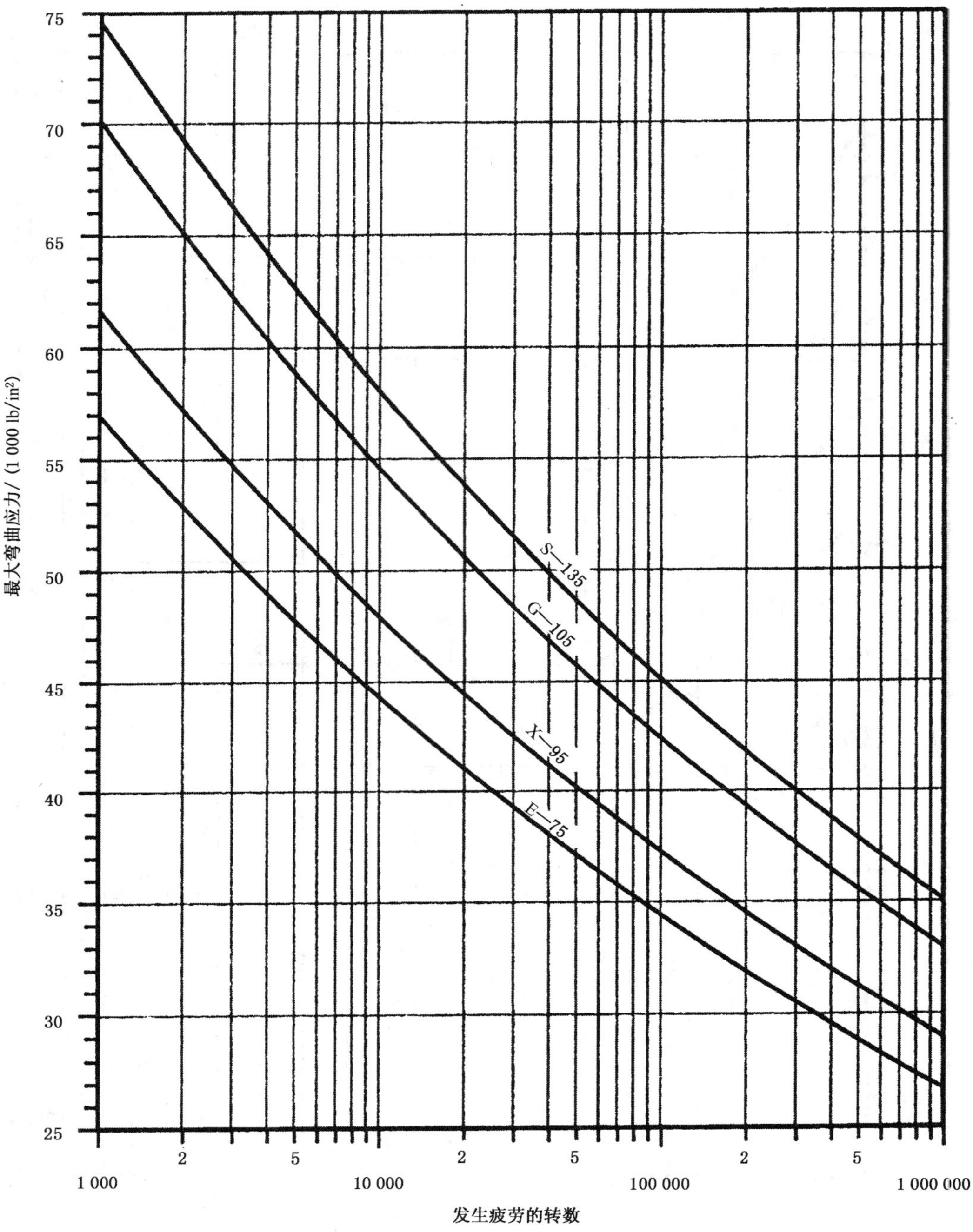

图 77　无腐蚀条件下 API 钻杆的最小疲劳极限

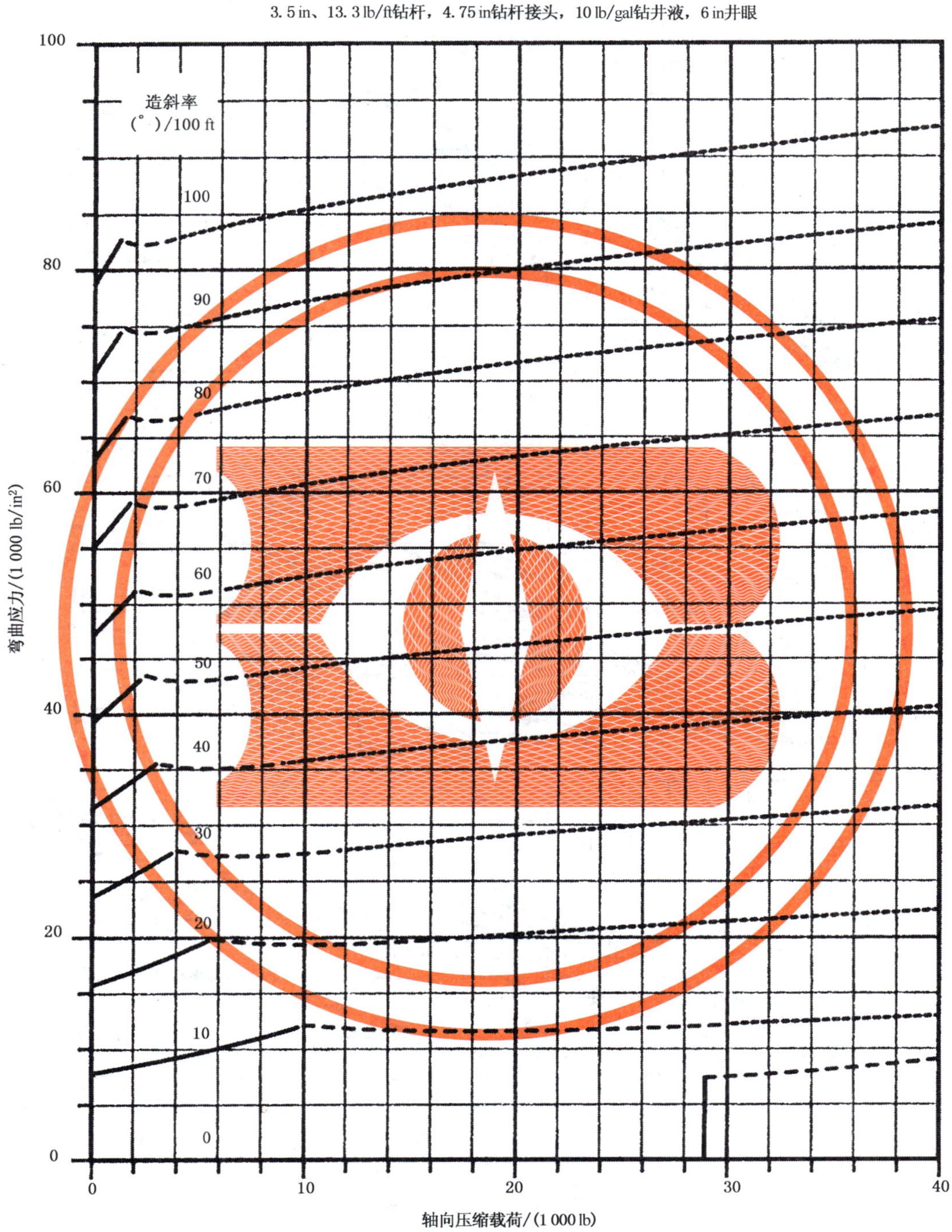

图 78a 高曲率下的弯曲应力

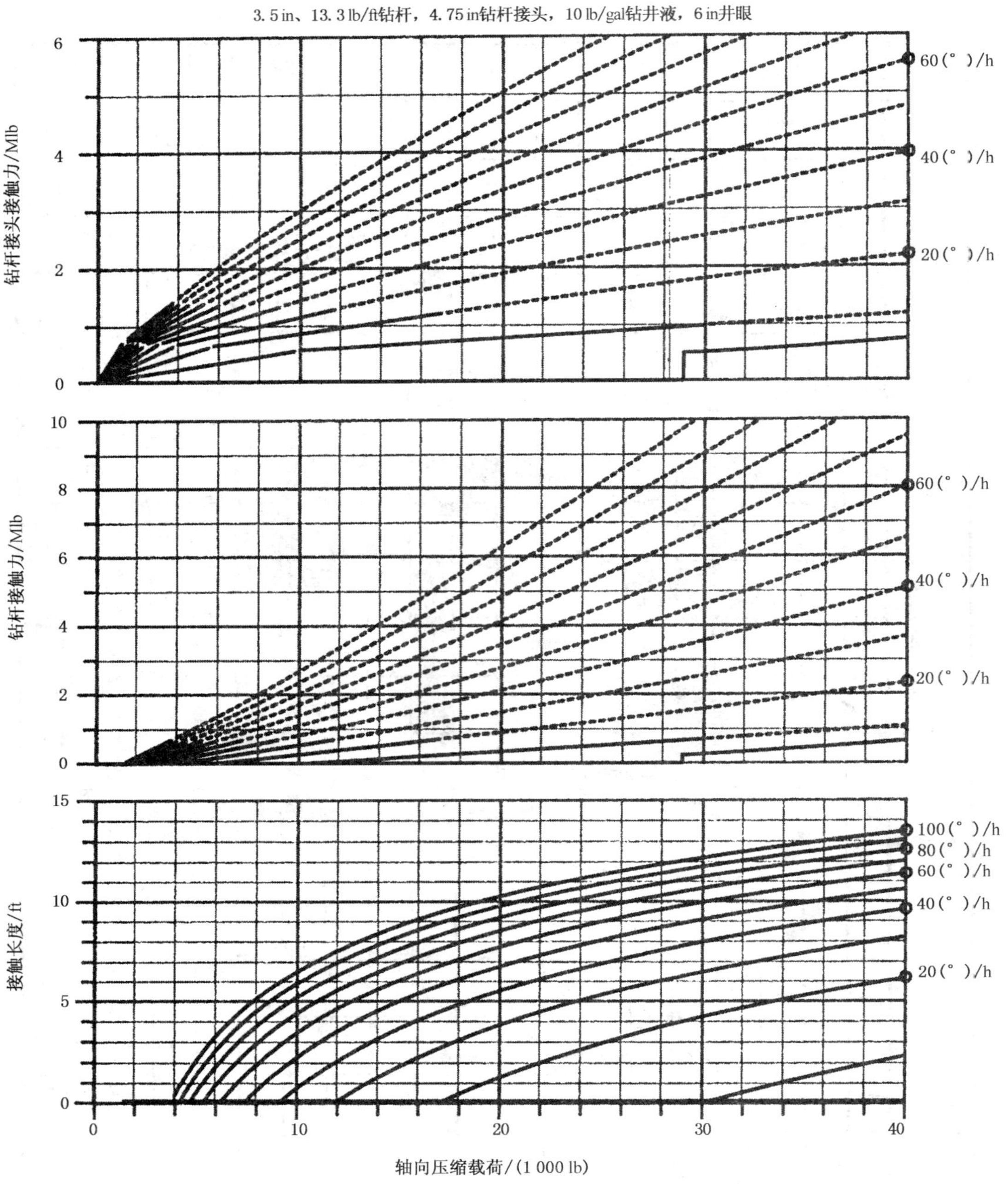

图 78b 侧向接触力和长度

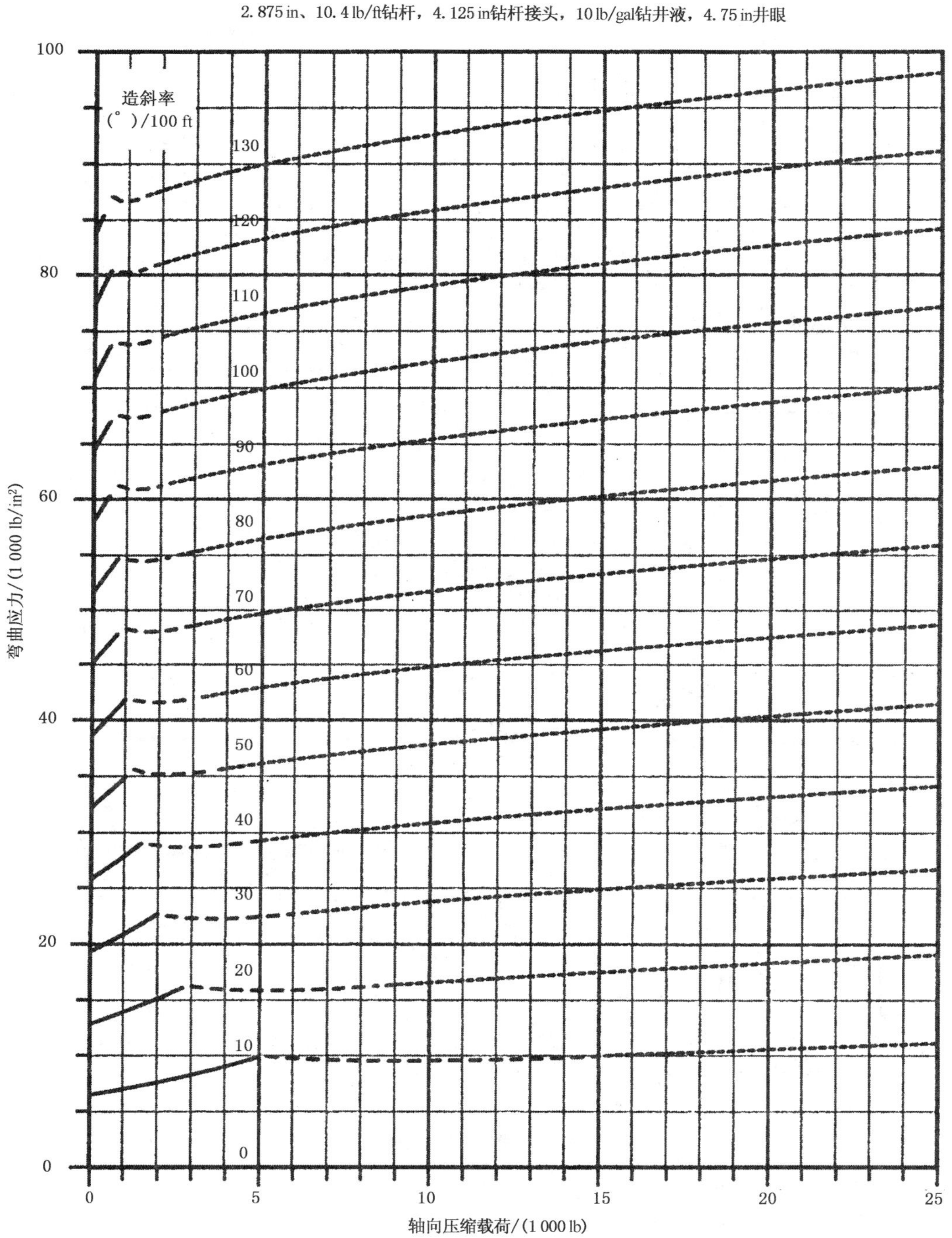

图 79a 高曲率下的弯曲应力

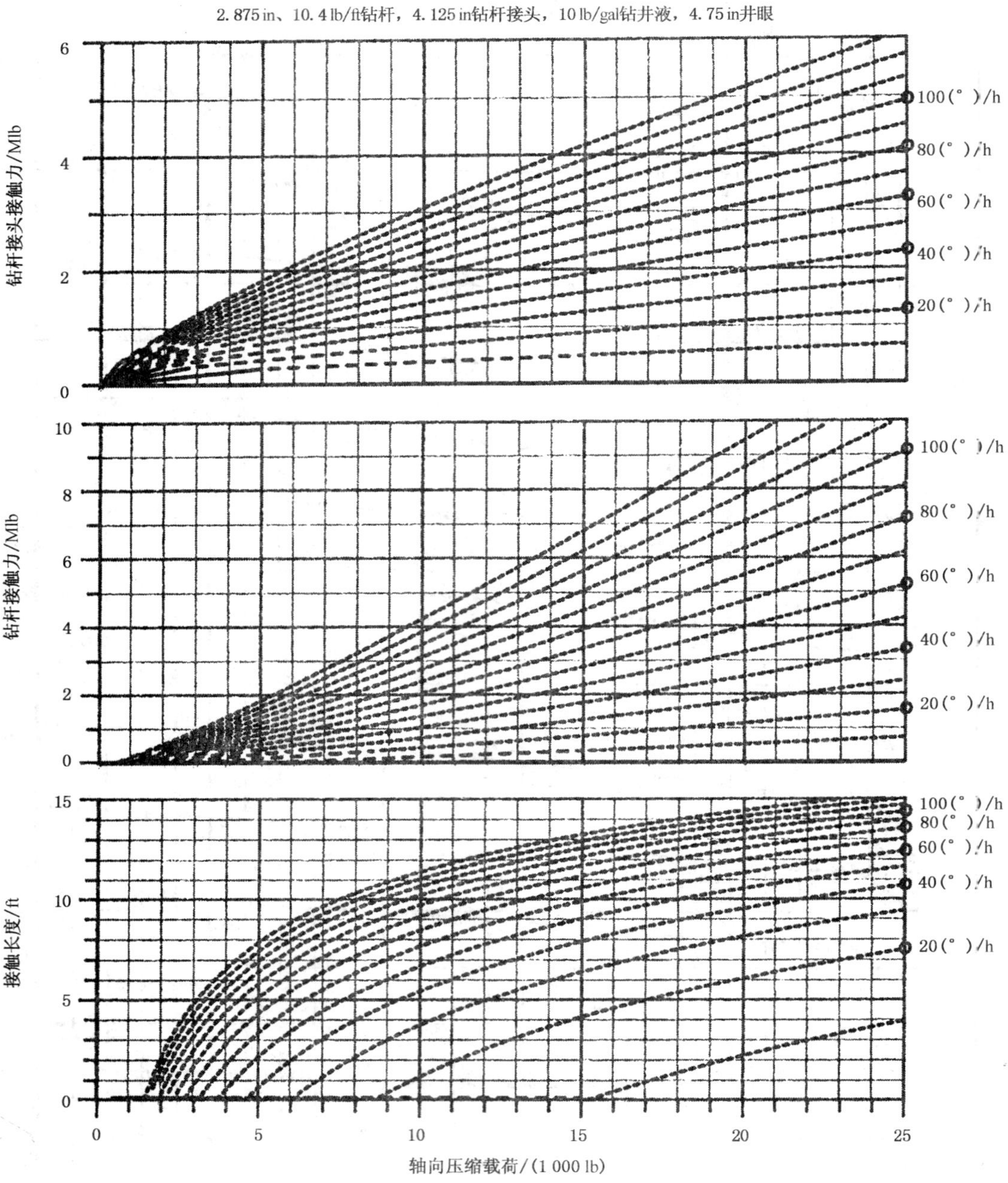

图 79b　侧向接触力和长度

2. 375 in、6. 65 lb/ft钻杆，3. 250 in钻杆接头，10 lb/gal钻井液，4. 00 in井眼

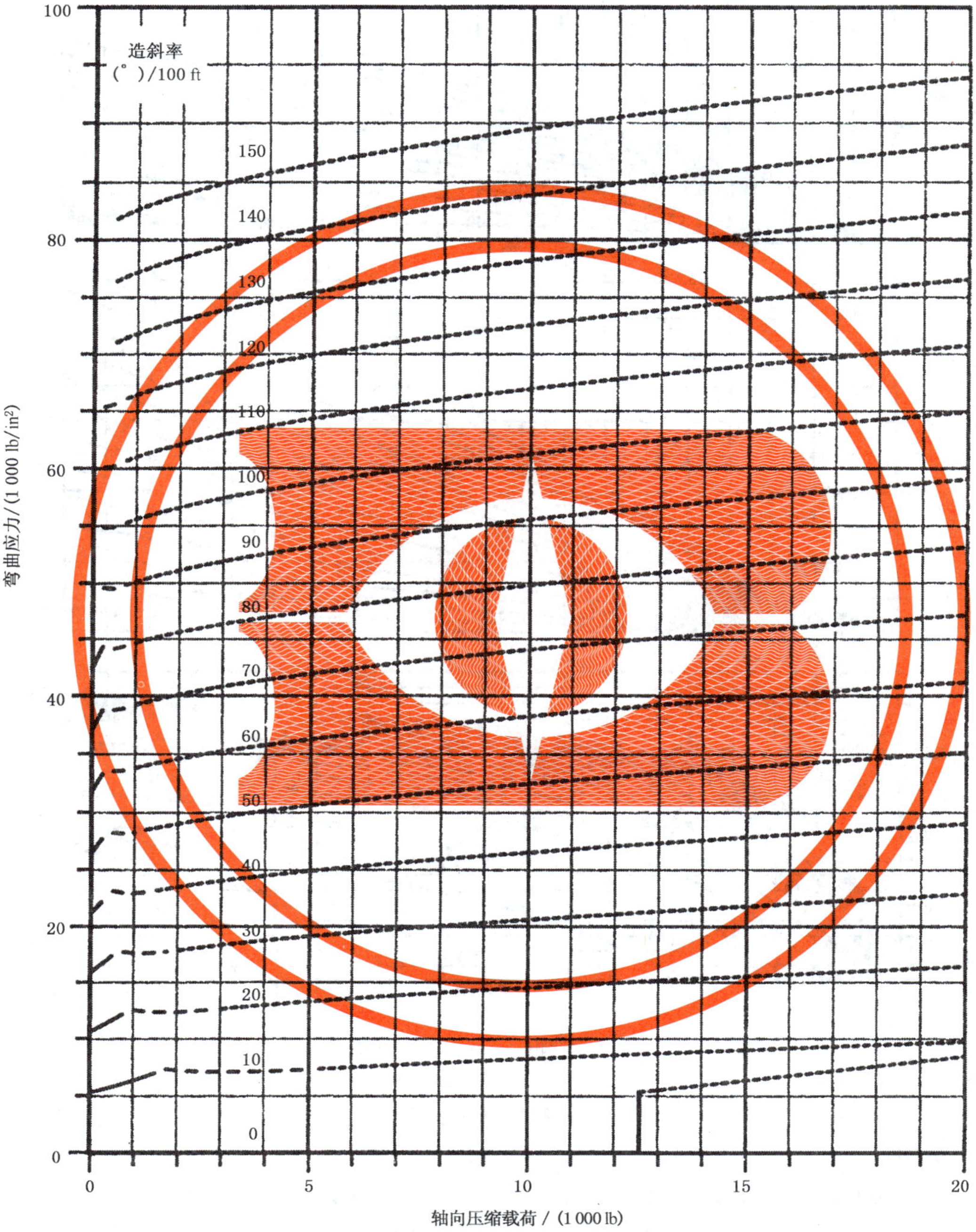

图 80a 高曲率下的弯曲应力

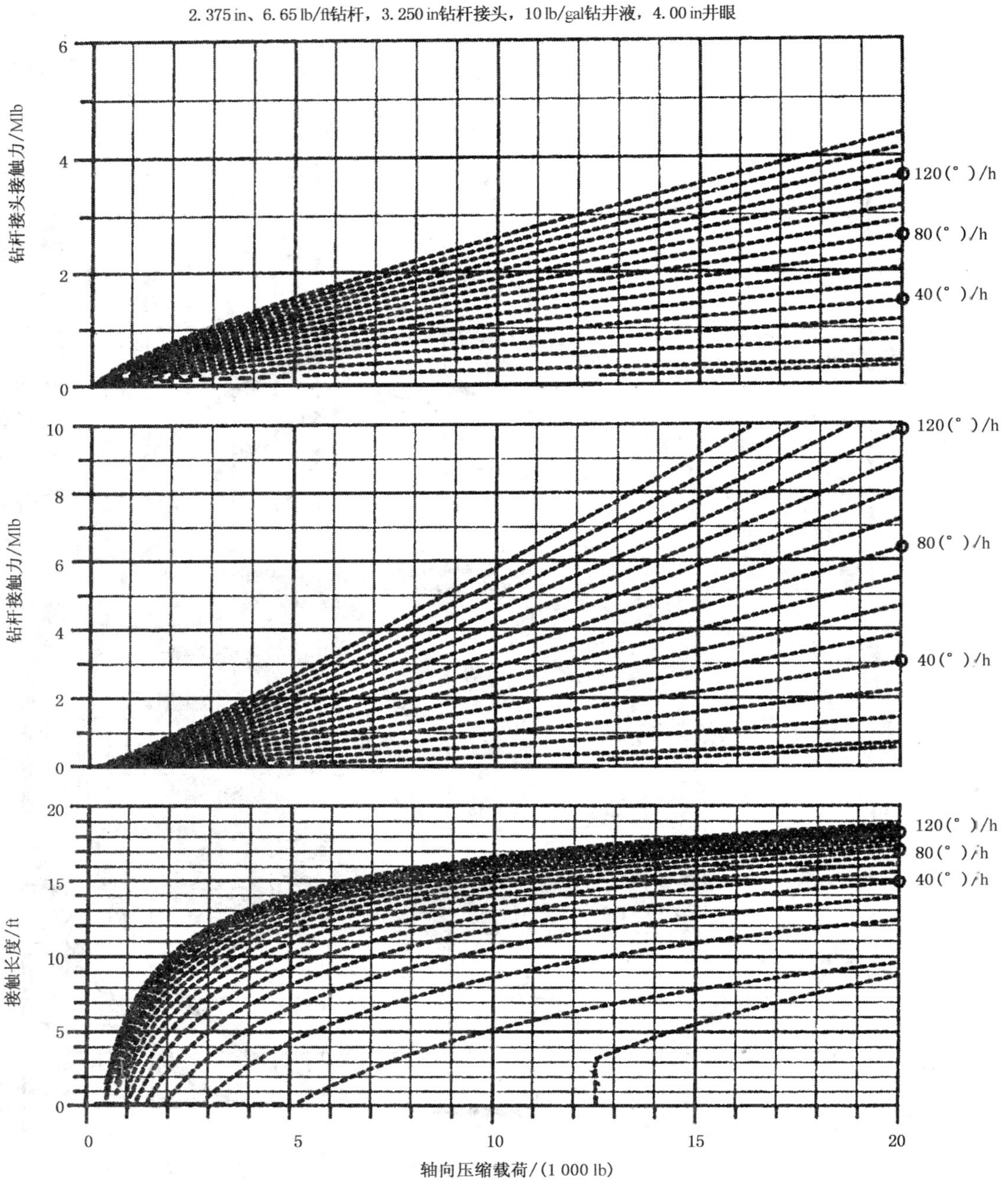

图 80b　侧向接触力和接触长度

11.6.1　举例

以下举例说明累积疲劳破坏的计算。假设用 3.5 in S135 钻杆钻 500 ft 水平井井眼，曲率半径为 100 ft，钻压 10 000 lb，转速为 30 r/min，预计机械钻速为 15 ft/h。则相应的造斜率如下：

$$B=\frac{5\ 730}{R} \quad \cdots\cdots(26)$$

式中：

B——造斜率，单位为度每 100 英尺[(°)/100 ft]；

R——造斜半径，单位为英尺(ft)；

此例中：B=5 730/100=57.3(°/100 ft)

11.6.2 解题

图 78a 显示，在 10 000 lb 轴向压缩载荷和 57.3°/100 ft 的造斜率情况下，最大的弯曲应力是 50 000 psi。图 76 反映出，在 50 000 psi 的弯曲应力下旋转 110 000 周后，S135 钻杆将有一半失效。从图 77 中查得，按最小疲劳极限预计，S135 钻杆可以旋转 39 000 转而不会失效。已用旋转周数公式如下：

$$N=\frac{60\times L\times RPM}{ROP} \qquad \cdots\cdots (27)$$

式中：

N——旋转周数；

L——大曲率井眼长度，单位为英尺(ft)；

RPM——旋转速度，单位为转每分钟(r/min)；

ROP——钻速，单位为英尺每小时(ft/h)。

在 90°井眼中 L：

$$L=\frac{\pi}{2}\times R=\frac{\pi}{2}\times 100=157(\text{ft})$$

因此，旋转通过造斜井段钻杆的旋转转速为：

$$N=\frac{60\times 157\times 30}{15}=18\ 840(\text{转})$$

通过比较实际旋转周数和使一半钻杆失效的 110 000 转数，可以得到累积疲劳破坏。结果表明，钻该井时，消耗了 17%的钻杆疲劳寿命。比较旋转周数和最小疲劳极限的 39 000 转可评估钻杆失效的风险。在此例中，18 840 转的旋转周数占了 S135 钻杆的最小疲劳极限的 48%。这表明，在检测、降级或更换疲劳破坏的接头之前，用这些钻杆可以钻两口这样的井。如继续使用这些钻杆，则需更换受影响的钻杆以预防疲劳破坏。

11.7 已发生屈曲钻杆的弯曲应力

已发生屈曲钻杆的弯曲应力必须考虑屈曲机理以及由轴向压缩载荷和钻杆接头产生的附加弯曲。屈曲产生的曲率如下：

$$B_{buc}=\frac{F\times h_c\times 57.3\times 12\times 100}{2\times E\times I} \qquad \cdots\cdots (28)$$

$$B_{buc}=\frac{17\ 190\times F(D_h-D_{tj})}{E\times I} \qquad \cdots\cdots (29)$$

式中：

B_{buc}——发生屈曲钻杆的曲率，单位为度每 100 英尺[(°)/100 ft]；

F——轴向载荷，单位为磅(lb)；

D_h——井眼直径，单位为英寸(in)；

D_{tj}——钻杆接头外径，单位为英寸(in)；

h_c——径向间隙$=\frac{D_h-D_{tj}}{2}$，单位为英寸(in)；

I——钻杆截面的轴惯性矩，单位为四次方英寸(in^4)；

E——杨氏模量，单位为磅力平方英寸(lbf/in^2)；

$E=3\times 10^7$ lb/in^2(钢)。

该曲率公式可用于 11.4 中所有公式中的井眼曲率计算。

12 特殊使用问题

12.1 严重的井下振动

井下振动是不可避免的，许多情况下，轻微的井下振动是察觉不到的并不会造成危害，但严重的井下振动会导致钻柱疲劳失效(冲蚀/扭断)、钻柱弯曲变形、钻头提前损坏以及钻速降低。钻头和地层、钻柱和井壁间的相互作用是产生井下振动的主要来源。钻柱在井下振动的情况下的各种表现迹象也很复杂。

振动可以导致钻柱和钻头产生三种形式的运动,分别是:纵向运动(沿钻柱轴向的运动)、扭转运动(产生扭矩的运动)和横向摆动(一侧到另一侧的运动)。这三种形式的运动可以同时存在,并且一种形式的运动会导致产生另一种运动形式。

尽管目前已有相关理论,但就如何预测何时会产生破坏性的振动并没有达成共识。通过观察发生严重井下振动时的各种迹象,可以确定其大致原因并采取恰当的解决措施。

发生严重井下振动时所表现出的各种迹象,通常是一种或多种原因产生的结果,这增加了判断主要原因的困难,例如:MWD振动加剧(反映底部钻具组合的横向振动)可能是由底部钻具涡动、钻头回旋或其他原因造成的,而要找出主要的振动原因还需配合其他一些现象来确定,如钻头断齿等。

造成严重井下振动的原因有很多,对于各种原因其表现迹象和控制方法如下所述:

a) 滑动粘附卡钻

1) 机理——钻头旋转不匀速,钻头旋转瞬时减慢或甚至停止,造成钻柱周期性扭矩增加然后又快速旋转,这是造成钻柱发生扭转振动的主要原因。

2) 现象——地面扭矩波动幅度大于15%的平均扭矩变化幅度(平均值一般低于1 Hz或为零),MWD振动加剧,切削齿冲击损坏,钻柱冲蚀/扭断,接头扭矩过大或脱扣。

注:1 Hz指1圈/s。

3) 措施——减小钻压和增加转速,采用牙齿略小的钻头,改善钻井液的润滑性,减少稳定器产生的摩阻(改变稳定器翼片的设计或数量),采用非旋转式稳定器或牙轮扩眼器,调节稳定器安放位置,修整井眼,安装旋转反馈装置。

b) 钻柱涡动

1) 机理——底部钻具组合(或钻杆)绕井眼轴线旋转,剧烈的涡动使钻柱撞击井壁。这种情况下会产生扭转和横向振动。

2) 现象——钻柱冲蚀/扭断,固定位置的钻杆接头/稳定器磨损,扭矩增加,甚至在钻头提离井底时横向振动达(5～20)Hz。

3) 措施——将钻头提离井底并停止转动,然后减小转速,将钻铤重量控制在钻压的(1.15～1.25)倍以内。使用满眼钻具组合,减小稳定器的旋转摩阻,调节稳定器位置,调节钻井液性能,考虑使用井下动力钻具。

c) 钻头回旋

1) 机理——钻头按某点而不是按钻头或井眼的自身轴线偏心旋转(类似行星齿轮的运动方式)。这种情况下会造成钻头和钻柱高频率的横向和扭转振动。

2) 现象——切削齿冲击损坏,钻头保径不均匀磨损,井径扩大,机械钻速降低,横向振动和扭转振动达10～50 Hz。

3) 措施——将钻头提离井底并停止旋转,然后降低转速,提高钻压,考虑更换使用平底、抗回旋钻头,下钻到底和扩眼时降低转速,在停止旋转之前提离井底,使用带全尺寸近钻头稳定器或扩眼器的钻具组合。

d) 跳钻

1) 机理——钻压大幅度波动造成钻头不断跳离和冲击井底。这种机理通常在用牙轮钻头钻进硬地层时会出现。

2) 现象——轴向振动频率大,达(1～10)Hz(造成提升设备抖动),钻压大幅度波动,切削齿/轴承冲击损坏,疲劳破坏,机械钻速降低。

3) 措施——下入震击短节或水力推进器,调节钻压/转速,考虑更换钻头类型,改变底部钻具组合长度。

e) 其他机理——一些现场数据和理论研究表明，存在激发共振的某种临界速度。RP 7G 的旧版本给出了预测这些临界速度的公式和图表。然而，通常现场是通过测量转速而不是用这些简单公式计算来判断严重的井下振动的。

12.2 钻杆与钻铤之间的过渡

钻铤之上的几柱钻杆时常发生失效，说明在这几根钻杆处存在异常高的弯曲应力。当井斜角随井深增加而增大且钻头旋转提离井底时这种状况尤其明显。井眼方位偏离同时有小井斜变化时会造成紧接钻铤的几柱钻杆急剧弯曲。但当这几柱钻杆离开这一位置并转换到其他位置时，这些受损钻杆已混淆，无法识别。当这些钻杆一旦因累积疲劳破坏时，每一根钻杆都成为被怀疑的对象。一种降低过渡区失效和控制已损钻杆的操作方法是，在钻铤之上接 9 根或 10 根加重钻杆或较小尺寸的钻铤。这些钻柱用于过渡区，并作好记号以便识别。对这些钻柱的检查要比常规钻杆更频繁，目的是降低工作失效的可能性。使用加重钻杆降低了钻柱处的应力水平，并可确保在恶劣工作条件下有较长的寿命。

12.3 上提被卡钻杆

超过表 4、表 6 和表 23 中所列尺寸、钢级、重量和分级钻杆的最小拉伸屈服强度提拉被卡钻杆，通常认为不是好的操作方法。例如：假设一柱 5 in，19.5 lb/ft E 级钻杆被卡，要施加的最大钩载近似值如下：

一级钻杆：311 535 lb

二级钻杆：270 432 lb

要考虑钻杆在钻井液中的自重而产生的伸长量，并应采用用于钻杆自由状态或被卡钻时的正确公式来计算伸长量。

12.3.1 例 1（见 A.6 推导）

计算悬浮在 10 lb/gal 钻井液中的 10 000 ft 长钻杆柱的自由伸长量。

$$e=\frac{L_1^2}{9.625\times10^7}[65.44-1.44W_g] \qquad \cdots\cdots(30)$$

$$=\frac{10\ 000^2}{9.625\times10^7}[65.44-1.44\times10]$$

$$=53.03(\text{in})$$

式中：

L_1——自由状态钻杆长度，单位为英尺(ft)；

W_g——钻井液密度，单位为磅每加仑(lb/gal)；

e——伸长量，单位为英寸(in)。

12.3.2 例 2（见 A.4 推导）

确定一长 10 000 ft，外径为 4.5 in，线质量为 16.6 lb/ft 的被卡钻杆的自由长度，由 80 000 lb 拉力差值引起的伸长为 49 in。

$$L_1=\frac{735\ 294\times e\times W_{dp}}{P} \qquad \cdots\cdots(31)$$

$$=\frac{735\ 294\times49\times16.60}{80\ 000}$$

$$=7\ 476(\text{ft})$$

式中：

L_1——自由状态钻杆长度，单位为英尺(ft)；

e——伸长量，单位为英寸(in)；

W_{dp}——线质量，单位为磅每英尺(lb/ft)；

P——拉力差，单位为磅(lb)。

12.4 震击

为防止钻具补卡，打捞、测试、取心和其他操作期间通常都要下入震击器。通常震击器接在几根钻铤以下，对落鱼产生冲击载荷的作用。有必要采取一个正确的伸长量以产生所需的震击。在震击锤上提后，钻铤和复原中的伸长钻杆的运动质量的动能产生震击。震击力可能超过上提整个钻杆重量的(3～4)倍，这取决于钻杆的类型和尺寸、钻铤的数量(重量)、摩阻力和震击器的行程等。这个力可能大得足以破坏被卡钻杆，所以当计划震击作业时应该予以考虑。

12.5 套铣作业中的扭矩

尽管套铣作业期间可得到的扭矩数据不多，但却很重要。套铣管的摩阻将造成钻杆接头和钻杆上的扭矩显著增大，因此钻杆用于此项作业时要考虑到此情况，这在小间隙的定向井和深直井中表现特别明显(见12.6)。

12.6 允许钩载和扭矩

用下列公式可以确定被卡钻柱的允许大钩负载和扭矩：

$$Q_T = \frac{0.096\ 167J}{D}\sqrt{Y_m^2 - \frac{P^2}{A^2}} \qquad \cdots\cdots (32)$$

式中：

Q_T——拉伸状态下的最小抗扭屈服强度，单位为英尺磅力(ft·lbf)；

J——极惯性矩，单位为四次方英寸(in^4)；对于管柱，$J=\frac{\pi}{32}(D^4-d^4)$；

D——外径，单位为英寸(in)；

d——内径，单位为英寸(in)；

Y_m——最小屈服强度，单位为英尺磅力(ft·lbf)；

S_s——最小抗剪强度，单位为英尺磅力(ft·lbf)；

($S_s=0.577Y_m$)

P——总拉伸载荷，单位为磅(lb)；

A——截面面积，单位为平方英寸(in^2)。

举例计算被卡已施加拉伸载荷的钻杆上允许的扭矩：

假设条件：

a. 外径 3.5 in，线质量 13.3 lb/ft，E 级钻杆

b. 3.5 in，IF 钻杆接头

c. 卡点 4 000 ft

d. 拉伸载荷，100 000 lb

e. 新钻杆

则

$$Q_T = \frac{0.096\ 167\times 9.00}{3.5}\sqrt{(75\ 000)^2 - \frac{(100\ 000)^2}{(3.62)^2}} = 17\ 216(\text{ft}\cdot\text{lb})$$

对于允许应用的大钩载荷、扭矩和泵压等数据，请参考 Stall 和 Blenkan 著的《被卡钻柱的允许大钩载荷和扭矩组合》。

12.7 钻杆的双轴载荷

由于拉伸载荷影响而修正的钻杆抗外挤强度可以通过参考图81，并用12.8、12.9、12.10和12.11中所包含的公式和物理常数进行计算。

12.8 公式和物理常数

图81中所示的双轴屈服应力椭圆图只适用于塑性挤毁区，其给出以平均屈服应力(lb/in^2)表示的轴向应力(lb/in^2)和以名义塑性抗挤强度表示的有效抗挤强度之间的关系。

$r^2+rz+z^2=1$，这个关系由以下公式描述：

$$z=\frac{r+\sqrt{4-3r^2}}{2} \quad \cdots\cdots(33)$$

$$r=\frac{z+\sqrt{4-3z^2}}{2} \quad \cdots\cdots(34)$$

$$r=\frac{\text{拉伸作用下的有效抗挤强度(lb/in}^2\text{)}}{\text{名义塑性抗挤强度(lb/in}^2\text{)}} \quad \cdots\cdots(35)$$

$$z=\frac{\text{总拉伸载荷(lb)}}{\text{横截面积}\times\text{平均屈服强度}} \quad \cdots\cdots(36)$$

平均屈服强度(单位：lb/in^2)如下：

E75 钢级	85 000
X95 钢级	110 000
G105 钢级	120 000
S135 钢级	145 000

12.9 弹性挤毁到塑性挤毁的过渡

无拉伸载荷时处于弹性区内的材料受到足够大的轴向载荷时会转变到塑性区，当轴向载荷低于这一转变载荷对弹性挤毁没有任何影响。在转变点，拉伸状态下的抗挤强度等于名义弹性挤毁压力，也等于拉伸系数(r)与由名义塑性公式计算得来的抗挤毁强度的乘积。

方法：用附录 A 中的公式确定的弹性挤毁和塑性挤毁值代入 12.8 中的公式(35)，并求出 r。然后解公式(33)，求 z。将 z 代入 12.8 中的公式(36)，得到总拉伸载荷。

12.10 拉伸载荷对抗挤强度的影响

只有当拉伸载荷超过转变载荷时才会对弹性体产生影响，而对塑性变形体则在任何拉伸载荷下都有影响。任一情况下，由塑性变形公式(附录 A)确定的值都要进行修正。

方法：将拉伸载荷值代入 12.8 中式(36)，求 z 值。将 z 值代入 12.8 中的式(34)，可解出 r 值。接下来，将 r 值代入式(35)中，求得拉伸状态下的有效抗挤强度。

12.11 双轴向载荷的计算举例

校正拉伸载荷下的钻杆抗挤强度的计算。

已知：5 in 外径，19.50 lb/ft，E 级一级钻杆。

要求：在钻柱测试过程中根据拉伸载荷计算校正抗挤强度，内空钻杆下入 15 lb/gal 钻井液中，作用在封隔器以上钻杆上的拉伸载荷为 50 000 lb。

解：按下列步骤计算一级钻杆减小的横截面积：

a. 公称外径＝5 in，公称壁厚＝0.362 in

b. 公称内径＝4.276 in

c. 一级钻杆减小的壁厚＝0.8×0.362＝0.289 6(in)

d. 一级钻杆减小的外径＝4.855 2(in)

e. 一级钻杆的横截面积＝减小的外径面积－公称内径面积

＝18.514 1－14.360 3＝4.153 8(in^2)

f. 底部钻柱的拉伸载荷＝50 000÷4.153 8＝12 037(lb/in^2)

g. E 级钻杆的平均屈服强度＝85 000 lb/in^2

h. 拉应力与平均屈服强度的百分比$=\frac{12\ 037}{85\ 000}\times100\%=14.16\%$

i. 在图 81 的右上方水平坐标上找到 14.16%对应的点，并从此点向下作垂线与椭圆的右边部分相交。此点向左水平延长，在 92%处与名义抗挤强度(中心垂直坐标)相交。

j. 一级钻杆的最小抗挤强度(表 5)＝7 041 lb/in^2

k. 受拉伸载荷的影响校正后的抗挤强度＝7 041×0.92＝6 478(lb/in²)

注意：此例计算没有包括安全系数。

注：使用减小的横截面积、拉伸载荷和抗挤强度要考虑与所用钻杆的级别(一级、二级)相对应。

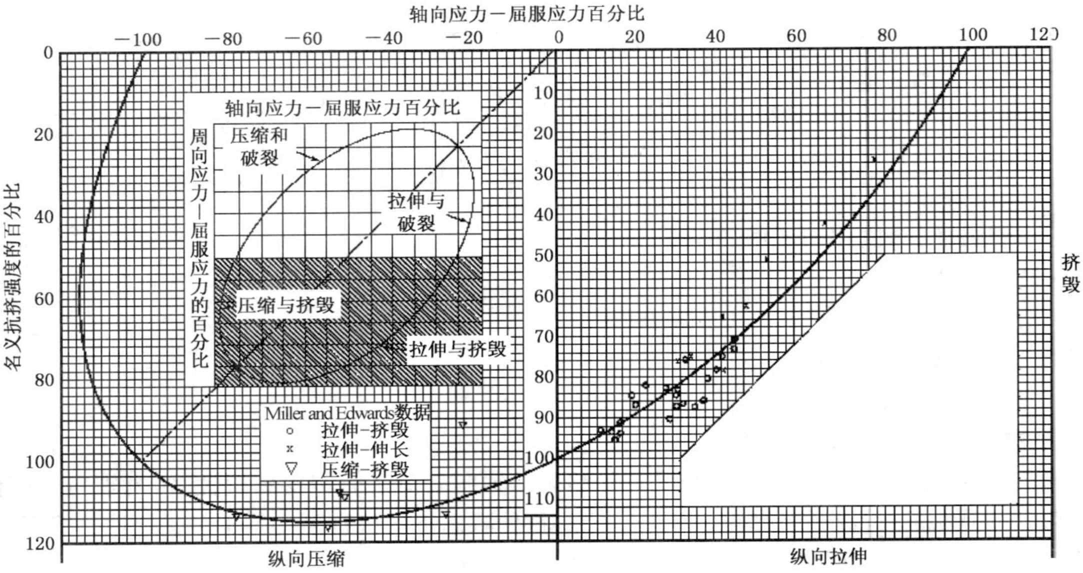

注：只适用于非腐蚀环境。

图 81　双轴屈服应力椭圆或最大剪切应变能量图

依据 Holmquist 和 Nadai 的 1939 年著《API 钻井与采油实践》中“深井套管挤毁”部分

13　钻柱的鉴定、检查和分级

13.1　钻柱的鉴定和标记

根据 API Spec 7 生产的钻柱可用其外螺纹根部的标识进行识别。钻杆根部的其他标识以及钻杆重量代码标识如图 82 所示，推荐的钻杆重量代码如表 27 所示。API Spec 7 未包含的钻柱组件，也建议参照图 82、图 83 所示的铣槽和开槽办法进行标识。

13.2　检查标准——钻杆和油管柱

通过 API 和 IADC 协会的共同努力，建立了旧钻杆的分级检查标准。表 28 中所述的方法曾在 1964 年标准化会议上作为暂时性的标准被采用，后来在 1968 年标准化会议上进行了修订并被批准为标准。为了增加一级钻杆的内容，1970 年标准化会议又进行了一次修订。1971 年标准化会议决定，把钻杆分级方法从 API Spec 7 附录中删除，并放入 API RP 7G 版本中。1979 年标准化会议，对表 29 作了修订，适用于旧油管柱的分级。

本标准中应用的准则已经应用了多年。在多数应用中已经证明这些作法和分级原则是成功的，但仍需要增加检验部分内容。

13.2.1　检验能力的限制

大多数钻杆的失效是由某种形式的金属疲劳造成的。疲劳失效由最大值小于材料抗拉强度的交变应力或波动应力而产生。疲劳裂纹是逐渐形成的，在交变应力的作用下由细裂纹开始逐渐增大，形成的速度与施加的交变载荷有关，并在一定条件下可能非常快。失效通常显现不出过度塑性变形，以至于在明显出现损坏之前难以发现。目前，还没有公认的方法来确定累积疲劳破坏的程度或在给定应力水平下钻杆的剩余寿命。

目前公认的检验方法仅限于确定裂纹和凹痕以及其他表面伤痕的位置、剩余壁厚的测量、外径的测量和剩余横截面积的计算。最新的行业统计数据证实，旧油管本体大部分损坏主要发生在端部或卡瓦卡紧面。对于承受超高弯曲应力的钻杆，检查其疲劳裂缝时，应特别注意这些关键破坏区。已检查并未发现裂纹的钻杆可能会在很短使用期之后产生附加损坏，累积到以前的疲劳损坏而产生裂纹。

13.2.2 钻柱裂纹

疲劳裂纹是管体表面的一条单一的线形裂痕。这个裂痕如足够长，在磁粉探伤中可以通过磁粉显示其长度，且管外裂痕可通过肉眼检查，管内外裂痕都可用光或超声波检查。已产生裂纹的钻杆本体、接头和钻铤不能再继续使用。如果接头本体或钻铤未损坏部分条件允许的话，有裂纹的接头和钻铤可以进行修复。

13.2.3 管壁的测量

按表28中对剩余壁厚的要求以及最小壁厚的测量方法对管体状况进行分级。公认的壁厚测量方法仅有壁厚千分尺、超声波测厚仪或伽码射线装置。操作者通过使用近似于壁厚的试块检测，其测量精确度在2%以内。用高灵敏性的超声波仪器时，必须小心谨慎以保证探测到的夹杂物不会解释为壁厚。

13.2.4 横截面积的测定(可选)

利用直接显示仪器可测量横截面积。操作者采用与被测管柱相近的一截管柱检测，其测量精度在2%以内。没有这种仪器时，在管柱周向上每隔1 in测量一次壁厚取其平均值。

13.2.5 步骤

旧钻杆应根据表28的步骤和图84所示进行分级。表30给出了新钻杆、一级钻杆和二级钻杆最小屈服强度下的钩载。表10则给出了用于新钻杆、一级钻杆和二级钻杆的对焊接头的最小外径和上紧扭矩的推荐值。按表29标准进行分级的新油管、一级油管和二级油管柱的最大允许钩载列于表31。

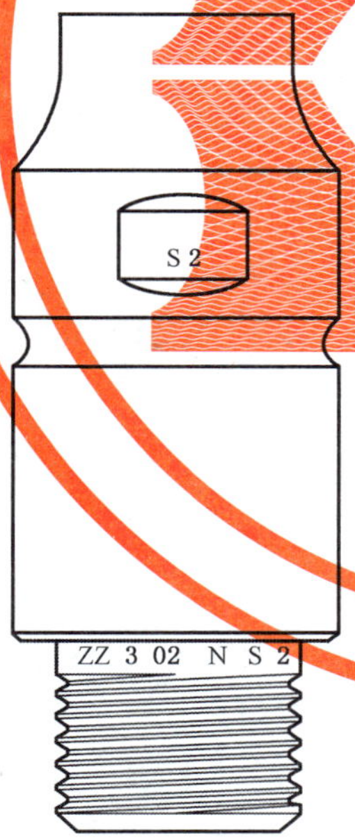

钻杆标识示例[1,2]

1	2	3	4	5	6
ZZ	3	02	N	S	2

1 钻杆接头生产厂家标识(见表26)
  ZZ公司(为举例虚拟的一个公司)
2 焊接月份(1～12月)3月
3 焊接年份(年的后两位数字)2002
4 钻杆本体生产厂家标识
  N——美国钢铁公司
5 钻杆钢级(见表26)S—S135钻杆
6 钻杆重量代码[2]

1 钻杆接头厂家的符号、焊接的月份、年份、钻杆制造厂家和钻杆钢级代号都应如图所示打钢印在外螺纹接头的根部。这些钻杆制造厂家和钻杆钢级的代号应该由制造厂、供应商、业主和用户的文件如出厂合格证或购货订单中说明。

2 除按API Spec 7的要求外，建议用铣槽的方式并打上钻杆重量代码。

图82 钻杆接头上的钻杆标识

表 26　钻杆钢级代号及钻杆接头生产厂家代号

钻杆钢级代号	
钢　级	代　码
E75	E
X95	X
G105	G
S135	S

管材制造商
（钢材生产商或加工商）

常用		非常用	
生产商	代号	生产商	代号
Algoma	X	Armco	A
British Steel		American Seamless	AI
Seamless Tubes LTD	B	B&W	W
Dalmine	D	CF&I	C
Kawasaki	H	J&L	J
Nippon	I	Lone Star	L
NKK	K	Ohio	O
Mannesmann	M	Republic	R
Reynolds Aluminum	RA	TI	Z
Sumitomo	S	Tubemuse	TU
Siderca	SD	Voest	VA
Tamsa	T	Wheeling Pittsburgh	P
US Steel	N	Youngstown	Y
Vallourec	V		
Used	U		

加工商	代号
Grant TFW	TFW
Omsco	OMS
Prideco	PI
Texas Steel Conversion	TSC

注：钻杆接头生产厂家代号可参阅在用版本的 IADC 钻井手册。

制造商是指钻杆钢材厂商或加工商。见 API Spec 5D，钻杆规范。

这些代号用于区分制造商。表中提供的制造商有可能不在现行的 API Spec 5D 所列的制造商之列。现在注册的制造商名单在准许使用 API 代号的制造商总目录中。

钻杆钢材制造商会按他们自己的规范加厚或对管材热处理。但既然是钻杆制造商，其每根钻杆上就应有钻杆代号。

管材加工商购买管材胚料，并按自己的规范加厚或对管材热处理。这种情况下，做为钻杆制造商，其每根钻杆上都应有钻杆代号。

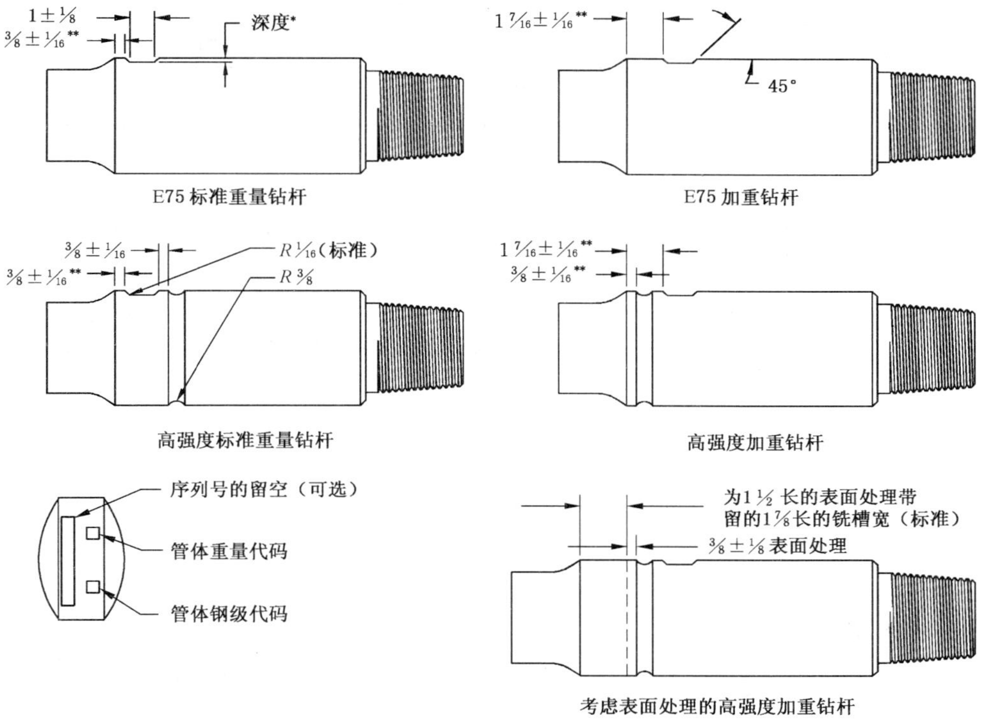

* 对外径 5¼ in 和更大的接头，槽和铣槽深度为¼ in；对外径 5 in 和更小的接头，槽和铣槽深度为3⁄16 in。
各种代码字体的大小为¼ in，以在用吊卡吊起时能够读到。
除按 API Spec 7 的要求标记外，建议还要用铣槽的方式在外螺纹根部打上钻杆重量代码。

** 如果外螺纹接头需要进行表面处理，可按上图的方式增加槽的面积。

图 83 用于进行钻杆标识的铣槽推荐作法

表 27 钻杆重量代码

(1) 外径 in	(2) 公称重量 lb/ft	(3) 壁厚 in	(4) 重量代号	(1) 外径 in	(2) 公称重量 lb/ft	(3) 壁厚 in	(4) 重量代号
2⅜	4.85	190	1	4½	20.00	430	3
	6.65*	280	2		22.82	500	4
					24.66	550	5
2⅞	6.85	217	1		25.50	575	6
	10.40*	362	2				
				5	16.25	296	1
3½	9.5	254	1		19.50*	362	2
	13.30*	368	2		25.60	500	3
	15.50	449	3				
				5½	19.20	304	1
4	11.85	262	1		21.90*	361	2
	14.00*	330	2		24.70	415	3
	15.70	380	3				
				6⅝	25.20*	330	2
4½	13.75	271	1		27.70	362	3
	16.60*	337	2				
带*的为该尺寸钻杆的标准重量							

表 28　旧钻杆的分级标准

（包括所有尺寸、重量和钢级，公称尺寸是所有计算的基础）

(1)	(2)	(3)	(4)
钻杆状况	一级[1] 二条白色带一个冲孔标准	二级 黄色带二个冲孔标准	三级 橙色带三个冲孔标准
1. 外部状况[4]			
A. 外径磨损			
壁厚	剩余壁厚不少于 80%	剩余壁厚不少于 70%	超过二级的任一缺陷和破坏
B. 凹痕和磨伤	外径减少不超过 3%	外径减少不超过 4%	
断裂、缩径	外径减少不超过 3%	外径减少不超过 4%	
C. 卡瓦部位机械损伤			
切痕[2]，擦伤[2]	切痕深度不超过平均壁厚的 10%[5]	切痕深度不超过平均壁厚的 20%[5]	
D. 应力引起的尺寸变化			
(1) 拉长	外径减少不超过 3%	外径减少不超过 4%	
(2) 变短	外径减少不超过 3%	外径减少不超过 4%	
E. 腐蚀、切痕和擦伤			
(1) 腐蚀	剩余壁厚不少于 80%	剩余壁厚不少于 70%	
(2) 切痕和擦伤			
纵向	剩余壁厚不少于 80%	剩余壁厚不少于 70%	
横向	剩余壁厚不少于 80%	剩余壁厚不少于 80%	
F. 裂纹[3]	无	无	无
2. 内部状况			
A. 腐蚀凹痕			
壁厚	从凹痕最深部位量剩余壁厚不少于 80%	从凹痕最深部位量剩余壁厚不少于 70%	
B. 冲蚀和磨损			
壁厚	剩余壁厚不少于 80%	剩余壁厚不少于 70%	
C. 裂纹[3]	无	无	无

1 预计扭矩或拉力要超过二级钻杆、油管柱的极限值，推荐采用一级。具体的一级和二级钻杆的临界值在表 4、表 6 中分别列出。一级钻杆用两条白色带和在外螺纹接头 35°～18°台肩上打的一个冲孔来标识。

2 剩余壁厚不能小于 1. E(2)中的值。缺陷可以被磨去，并且磨到管子外表面接近平整，但提供的剩余壁厚不能少于该表 1. E(1)所示值。

3 无论哪一级钻杆，一旦发现疲劳裂纹或冲蚀，要用一条红色带来标识，并考虑不再继续使用。

4 不能在钻杆带橡胶的情况下进行 API RP 7G 的检查。

5 平均相邻壁厚通过测量最深吃入点的相邻凹槽或擦伤的每一边壁厚来确定。

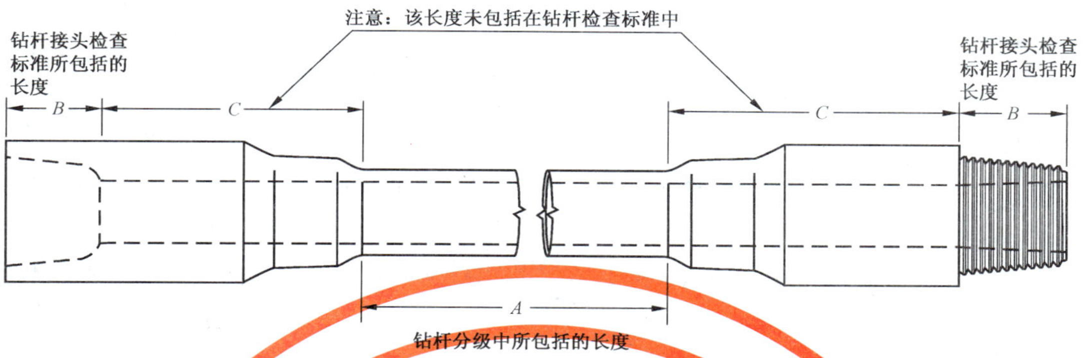

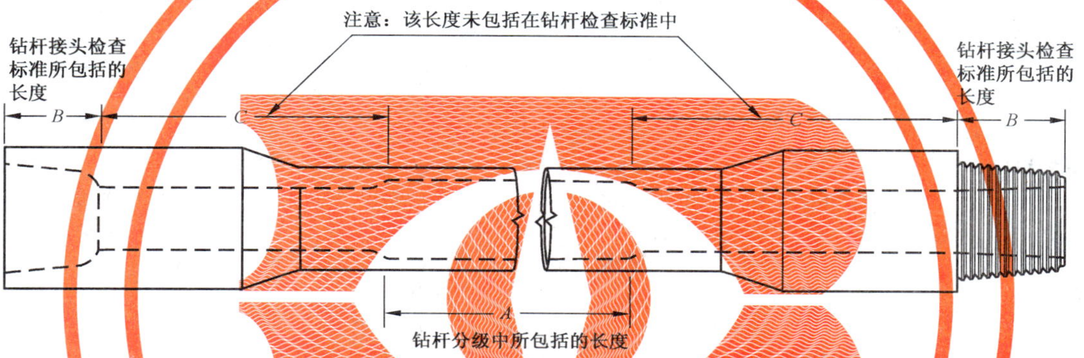

图 84　检查标准中所包括长度的说明

表 29　油管柱的分级标准

(1)	(2)	(3)	(4)
管柱本体状况	特级 一条白色带[1]	一级 二条白色带[2]	二级 蓝色条带
1. 外部状况	仅适用于管体		
A. 外径磨损			
壁厚	剩于壁厚不少于 87.5%	剩于壁厚不少于 80%	剩于壁厚不少于 70%
B. 凹痕和磨伤	外径减少不超过 2%	外径减少不超过 3%	外径减少不超过 4%
断裂、缩径	外径减少不超过 2%	外径减少不超过 3%	外径减少不超过 4%
C. 卡瓦部位机械损伤			
切痕[3]，擦伤[3]	切痕深度不超过平均壁厚的 10%[5]	切痕深度不超过平均壁厚的 10%[5]	切痕深度不超过平均壁厚的 20%[5]
D. 应力引起的尺寸变化			
(1) 拉长	外径减少不超过 2%	外径减少不超过 3%	外径减少不超过 4%
(2) 变短	外径减少不超过 2%	外径减少不超过 3%	外径减少不超过 4%
E. 腐蚀、切痕和擦伤			
(1) 腐蚀	剩余壁厚不少于 87.5%	剩余壁厚不少于 80%	剩余壁厚不少于 70%
(2) 切痕和擦伤			
纵向	剩余壁厚不少于 87.5%	剩余壁厚不少于 80%	剩余壁厚不少于 70%
横向	剩余壁厚不少于 87.5%	剩余壁厚不少于 80%	剩余壁厚不少于 80%
F. 裂纹[4]	无	无	无
2. 内部状况(本体和加厚端)			
A. 腐蚀凹痕			
壁厚	从凹痕最深部位量剩余壁厚不少于 87.5%	从凹痕最深部位量剩余壁厚不少于 80%	从凹痕最深部位量剩余壁厚不少于 70%
B. 冲蚀和磨损			
壁厚	剩余壁厚不少于 87.5%	剩余壁厚不少于 80%	剩余壁厚不少于 70%
A. 偏差			
C. 外加厚 内加厚[6]	内径比 API 标准尺寸少 $\frac{1}{16}$ in	内径比 API 标准尺寸少 $\frac{1}{16}$ in	内径比 API 标准尺寸少 $\frac{1}{16}$ in
D. 裂纹[4]	无	无	无

1 建议特级作为新油管或近似新油管的标准来使用。特级油管应用一条白色带来识别。

2 预计扭矩或拉力要超过二级油管柱的极限值，推荐采用一级。一级油管将用两条白色带识别。

3 剩余壁厚不能小于 1. E(2)中的值。若剩余壁厚不低于本表 1. E(1)中所列值，则对缺陷进行磨光处理，并且磨到管子外表面接近平整。

4 无论哪一级油管，一旦发现疲劳裂纹或冲蚀，要用一条红色带来标识，并考虑不再继续使用。

5 通过测量最深吃入点的相邻凹槽或擦伤的每一边壁厚来确定平均相邻壁厚。

6 适用于镗孔后的内加厚油管。

表 30 新、一级(旧)、二级(旧)钻杆在最小屈服张强度下的钩载

(由于计算所用圆整方法不同,本表中大钩载荷与表 2,4,6,8 和 9 中所列同一钻杆尺寸和级别的拉伸载荷数据略有不同)

(1)	(2)	(3)	(4)	(5)	(6)	(7)	(8)	(9)	(10)	(11)	(12)	(13)	(14)	(15)	(16)	(17)	(18)
		新						一级(旧)					二级(旧)				
外径	单位重量	原外径	壁厚	内径	原横截面积	屈服强度	钩载	外径减少 20%	最小剩余壁厚(80%)	减小后横截面积	截面积之比	钩载	外径减少 30%	最小剩余壁厚(70%)	减少后横截面积	截面积之比	钩载
in	lb/ft	in	in	in	in^2	lb/in^2	lb	in	in	in^2	%	lb	in	in	in^2	%	lb
2⅜	4.85	2.375	0.190	1.995	1.304 2	75 000	97 817	22 990	0.152	1.025 2	78.61	76 893	2.261 0	0.133	0.889 1	68.17	66 686
						95 000	123 902					97 398					84 469
						105 000	136 944					107 650					93 360
						135 000	176 071					138 407					120 035
2⅜	6.65	2.375	0.280	1.815	1.842 9	75 000	138 214	2.263 0	0.224	1.434 9	77.86	107 616	2.207 0	0.196	1.238 3	67.19	92 871
						95 000	175 072					136 313					117 636
						105 000	193 500					150 662					130 019
						135 000	248 786					193 709					167 167
2⅞	6.85	2.875	0.217	2.441	1.812 0	75 000	135 902	2.788 2	0.174	1.426 0	78.69	106 946	2.744 8	0.152	1.237 4	68.29	92 801
						95 000	172 143					135 465					117 549
						105 000	190 263					149 725					129 922
						135 000	244 624					192 503					167 043
2⅞	10.40	2.875	0.362	2.151	2.857 9	75 000	214 344	2.730 2	0.290	2.220 5	77.70	166 535	2.657 8	0.253	1.914 1	66.97	143 557
						95 000	271 503					210 945					181 839
						105 000	300 082					233 149					200 980
						135 000	385 820					299 764					258 403
3½	9.50	3.500	0.254	2.992	2.590 2	75 000	194 264	3.398 4	0.203	2.039 7	78.75	152 979	3.347 6	0.178	1.770 6	68.36	132 793
						95 000	246 068					193 774					168 204
						105 000	271 970					214 171					185 910
						135 000	349 676					275 363					239 027

表 30（续）

(1)	(2)	(3)	(4)	(5)	(6)	(7)	(8)	(9)	(10)	(11)	(12)	(13)	(14)	(15)	(16)	(17)	(18)
		新						一级（旧）					二级（旧）				
外径	单位重量	原外径	壁厚	内径	原横截面积	屈服强度	钩载	外径减少 20%	最小剩余壁厚(80%)	减小后横截面积	截面积之比	钩载	外径减少 30%	最小剩余壁厚(70%)	减少后横截面积	截面积之比	钩载
in	lb/ft	in	in	in	in^2	lb/in^2	lb	in	in	in^2	%	lb	in	in	in^2	%	lb
3½	13.30	3.500	0.368	2.764	3.620 9	75 000	271 569	3.352 8	0.294	2.828 7	78.12	212 150	3.279 2	0.258	2.445 3	67.53	183 398
						95 000	343 988					268 723					232 304
						105 000	380 197					297 010					256 757
						135 000	488 825					381 870					330 116
3½	15.50	3.500	0.449	2.602	4.303 7	75 000	322 775	3.320 4	0.359	3.341 6	77.65	250 620	3.230 6	0.314	2.879 6	66.91	215 967
						95 000	408 848					317 452					273 558
						105 000	451 885					350 868					302 354
						135 000	580 995					451 115					388 741
4	11.85	4.000	0.262	3.476	3.076 7	75 000	230 755	3.895 2	0.210	2.426 9	78.88	182 016	3.842 8	0.183	2.108 4	68.53	158 132
						95 000	292 290					230 554					200 301
						105 000	323 057					254 823					221 385
						135 000	415 360					327 630					284 638
4	14.00	4.000	0.330	3.340	3.804 8	75 000	285 359	3.868 0	0.264	2.989 1	78.56	224 182	3.802 0	0.231	2.591 5	68.11	194 363
						95 000	361 454					283 963					246 193
						105 000	399 502					313 854					272 108
						135 000	513 646					403 527					349 853
4	15.70	4.000	0.380	3.240	4.321 6	75 000	324 118	3.848 0	0.304	3.384 7	78.32	253 851	3.772 0	0.266	2.929 8	67.80	219 738
						95 000	410 550					321 544					278 335
						105 000	453 765					355 391					307 633
						135 000	583 413					456 931					395 526

表 30(续)

(1)	(2)	(3)	(4)	(5)	(6)	(7)	(8)	(9)	(10)	(11)	(12)	(13)	(14)	(15)	(16)	(17)	(18)
		新						一级(旧)					二级(旧)				
外径	单位重量	原外径	壁厚	内径	原横截面积	屈服强度	钩载	外径减少 20%	最小剩余壁厚(80%)	减小后横截面积	截面积之比	钩载	外径减少 30%	最小剩余壁厚(70%)	减少后横截面积	截面积之比	钩载
in	lb/ft	in	in	in	in^2	lb/in^2	lb	in	in	in^2	%	lb	in	in	in^2	%	lb
4½	13.75	4.500	0.271	3.958	3.600 5	75 000	270 034	4.391 6	0.217	2.843 4	78.97	213 258	4.337 4	0.190	2.471 9	68.65	185 390
						95 000	342 043					270 127					234 827
						105 000	378 047					298 562					259 546
						135 000	486 061					383 865					333 702
4½	16.60	4.500	0.337	3.826	4.407 4	75 000	330 558	4.365 2	0.270	3.468 9	78.70	260 165	4.297 8	0.236	3.010 3	68.30	225 771
						95 000	418 707					329 542					285 977
						105 000	462 781					364 231					316 080
						135 000	595 004					468 297					406 388
4½	20.00	4.500	0.430	3.640	5.498 1	75 000	412 358	4.328 0	0.344	4.305 5	78.31	322 916	4.242 0	0.301	3.726 7	67.78	279 502
						95 000	522 320					409 026					354 035
						105 000	577 301					452 082					391 302
						135 000	742 244					581 248					503 103
4½	22.82	4.500	0.500	3.500	6.283 2	75 000	471 239	4.300 0	0.400	4.900 9	78.00	367 566	4.200 0	0.350	4.233 3	67.37	317 497
						95 000	596 903					465 584					402 163
						105 000	659 735					514 593					444 496
						135 000	848 230					661 620					571 495
5	16.25	5.000	0.296	4.408	4.374 3	75 000	328 073	4.881 6	0.237	3.455 4	78.99	259 155	4.822 4	0.207	3.004 2	68.68	225 316
						95 000	415 559					328 263					285 400
						105 000	459 302					362 817					315 442
						135 000	590 531					466 479					405 568

表 30（续）

(1)	(2)	(3)	(4)	(5)	(6)	(7)	(8)	(9)	(10)	(11)	(12)	(13)	(14)	(15)	(16)	(17)	(18)
		新						一级(旧)					二级(旧)				
外径	单位重量	原外径	壁厚	内径	原横截面积	屈服强度	钩载	外径减少 20%	最小剩余壁厚（80%）	减小后横截面积	截面积之比	钩载	外径减少 30%	最小剩余壁厚（70%）	减少后横截面积	截面积之比	钩载
in	lb/ft	in	in	in	in²	lb/in²	lb	in	in	in²	%	lb	in	in	in²	%	lb
5	19.50	5.000	0.362	4.276	5.274 6	75 000	395 595	4.855 2	0.290	4.153 8	78.75	311 535	4.782 8	0.253	3.605 8	68.36	270 432
						95 000	501 087					394 612					342 548
						105 000	553 833					436 150					378 605
						135 000	712 070					560 764					486 778
5	25.60	5.000	0.500	4.000	7.068 6	75 000	530 144	4.800 0	0.400	5.529 2	78.22	414 690	4.700 0	0.350	4.783 1	67.67	358 731
						95 000	671 515					525 274					454 392
						105 000	742 201					580 566					502 223
						135 000	954 259					746 443					645 715
5½	19.20	5.500	0.304	4.892	4.962 4	75 000	372 181	5.378 4	0.243	3.923 5	79.06	294 260	5.317 6	0.213	3.412 7	68.77	255 954
						95 000	471 429					372 730					324 208
						105 000	521 053					411 965					358 335
						135 000	669 925					529 669					460 717
5½	21.90	5.500	0.361	4.778	5.828 2	75 000	437 116	5.355 6	0.289	4.597 1	78.88	344 780	5.283 4	0.253	3.993 8	68.52	299 533
						95 000	553 681					436 721					379 409
						105 000	611 963					482 692					419 346
						135 000	786 809					620 604					539 160
5½	24.70	5.500	0.415	4.670	6.629 6	75 000	497 222	5.334 0	0.332	5.217 1	78.69	391 285	5.251 0	0.290	4.527 1	68.29	339 533
						95 000	629 814					495 627					430 076
						105 000	696 111					547 799					475 347
						135 000	894 999					704 313					611 160

表 30（续）

(1)	(2)	(3)	(4)	(5)	(6)	(7)	(8)	(9)	(10)	(11)	(12)	(13)	(14)	(15)	(16)	(17)	(18)
		新						一级（旧）					二级（旧）				
外径	单位重量	原外径	壁厚	内径	原横截面积	屈服强度	钩载	外径减少 20%	最小剩余壁厚（80%）	减小后横截面积	截面积之比	钩载	外径减少 30%	最小剩余壁厚（70%）	减少后横截面积	截面积之比	钩载
in	lb/ft	in	in	in	in²	lb/in²	lb	in	in	in²	%	lb	in	in	in²	%	lb
6⅝	25.20	6.625	0.330	5.965	6.526 2	75 000	489 464	6.493 0	0.264	5.166 2	79.16	387 466	6.427 0	0.231	4.496 5	68.90	337 236
						95 000	619 988					490 790					427 166
						105 000	685 250					542 452					472 131
						135 000	881 035					697 438					607 026
6⅝	27.70	6.625	0.362	5.901	7.122 7	75 000	534 199	6.480 2	0.290	5.632 3	79.08	422 419	6.407 8	0.253	4.899 4	68.79	367 455
						95 000	676 652					535 064					465 443
						105 000	747 879					591 387					514 437
						135 000	961 558					760 354					661 419

表 31 新、一级(旧)、二级(旧)油管柱在最小屈服强度下的钩载

(由于计算所用圆整方法不同,本表中大钩载荷与表 2,4,6,8 和 9 中列同一钻杆尺寸和级别的拉伸载荷数据略有不同)

(1)	(2)	(3)	(4)	(5)	(6)	(7)	(8)	(9)	(10)	(11)	(12)	(13)	(14)	(15)	(16)	(17)	(18)
		新						一级(旧)					二级(旧)				
外径	单位重量	原外径	壁厚	内径	原横截面积	屈服强度	钩载	外径减少 20%	最小剩余壁厚(80%)	减小后横截面积	截面积之比	钩载	外径减少 30%	最小剩余壁厚(70%)	减少后横截面积	截面积之比	钩载
in	lb/ft	in	in	in	in^2	lb/in^2	lb	in	in	in^2	%	lb	in	in	in^2	%	lb
¾	1.20	1.050	0.113	0.824	0.332 6	55 000	18 295	1.004 8	0.090	0.259 7	78.07	14 283	0.982 2	0.079	0.224 4	67.47	12 343
						75 000	24 948					19 477					16 832
						80 000	26 611					20 775					17 954
						105 000	34 927					27 267					23 564
¾	1.50	1.050	0.154	0.742	0.433 5	55 000	23 842	0.988 4	0.123	0.334 9	77.25	18 418	0.957 6	0.108	0.287 8	66.39	15 829
						75 000	32 512					25 115					21 585
						80 000	34 679					26 790					23 024
						105 000	45 516					35 161					30 219
1	1.80	1.315	0.133	1.049	0.493 9	55 000	27 163	1.261 8	0.106	0.386 2	78.20	21 242	1.235 2	0.093	0.334 0	67.64	18 372
						75 000	37 041					28 966					25 053
						80 000	39 510					30 897					26 724
						105 000	51 857					40 552					35 075
1	2.25	1.315	0.179	0 957	0.638 8	55 000	35 135	1.243	0.143	0.495 0	77.48	27 222	1.207 6	0.125	0.426 0	66.69	23 432
						75 000	47 912					37 122					31 953
						80 000	51 106					39 596					34 083
						105 000	67 077					51 970					44 734
1¼	2.40	1.660	0.140	1.380	0.668 5	55 000	36 769	1.604 0	0.112	0.525 0	78.53	28 873	1.576 0	0.098	0.455 0	68.07	25 027
						75 000	50 140					39 373					34 128
						80 000	53 482					41 998					36 403
						105 000	70 196					55 122					47 779

表 31（续）

(1)	(2)	(3)	(4)	(5)	(6)	(7)	(8)	(9)	(10)	(11)	(12)	(13)	(14)	(15)	(16)	(17)	(18)
		新						一级(旧)					二级(旧)				
外径	单位重量	原外径	壁厚	内径	原横截面积	屈服强度	钩载	外径减少 20%	最小剩余壁厚(80%)	减小后横截面积	截面积之比	钩载	外径减少 30%	最小剩余壁厚(70%)	减少后横截面积	截面积之比	钩载
in	lb/ft	in	in	in	in²	lb/in²	lb	in	in	in²	%	lb	in	in	in²	%	lb
1¼	3.02	1.660	0.191	1.278	0.881 5	55 000	48 481	1.583 6	0.153	0.686 8	77.92	37 776	1.545 4	0.134	0.593 0	67.27	32 613
						75 000	66 110					51 513					44 472
						80 000	70 517					54 947					47 437
						105 000	92 554					72 118					62 261
1¼	3.20	1.660	0.198	1.264	0.909 4	55 000	50 018	1.580 8	0.158	0.707 8	77.83	38 930	1.541 2	0.139	0.610 7	67.16	33 590
						75 000	68 206					53 087					45 805
						80 000	72 753					56 626					48 858
						105 000	95 489					74 322					64 126
1½	2.90	1.900	0.145	1.610	0.799 5	55 000	43 970	1.842 0	0.116	0.629 0	78.68	34 595	1.813 0	0.101	0.545 7	68.26	30 016
						75 000	59 959					47 175					40 931
						80 000	63 957					50 320					43 660
						105 000	83 943					66 045					57 304
1½	4.19	1.900	0.219	1.462	1.156 5	55 000	63 610	1.812 4	0.175	0.901 1	77.92	49 562	1.768 6	0.153	0.777 9	67.26	42 787
						75 000	86 741					67 584					58 345
						80 000	92 523					72 090					62 235
						105 000	121 437					94 618					81 684
2¹⁄₁₆	3.25	2.063	0.156	1.751	0.934 6	55 000	51 403	2.006 6	0.125	0.735 4	78.69	40 450	1.969 4	0.109	0.638 2	68.28	35 099
						75 000	70 095					55 158					47 862
						80 000	74 768					58 836					51 053
						105 000	98 133					77 222					67 007

表 31（续）

(1)	(2)	(3)	(4)	(5)	(6)	(7)	(8)	(9)	(10)	(11)	(12)	(13)	(14)	(15)	(16)	(17)	(18)
		新						一级(旧)					二级(旧)				
外径	单位重量	原外径	壁厚	内径	原横截面积	屈服强度	钩载	外径减少20%	最小剩余壁厚(80%)	减小后横截面积	截面积之比	钩载	外径减少30%	最小剩余壁厚(70%)	减少后横截面积	截面积之比	钩载
in	lb/ft	in	in	in	in^2	lb/in^2	lb	in	in	in^2	%	lb	in	in	in^2	%	lb
$2\frac{3}{8}$	4.70	2.375	0.190	1.995	1.304 2	55 000	71 733	2.299 0	0.152	1.025 2	78.61	56 388	2.261 0	0.133	0.889 1	68.17	48 903
						75 000	97 817					76 893					66 686
						80 000	104 339					82 019					71 132
						105 000	136 944					107 650					93 360
$2\frac{3}{8}$	5.30	2.375	0.218	1.939	1.477 3	55 000	81 249	2.287 8	0.174	1.157 9	78.38	63 686	2.244 2	0.153	1.002 7	67.88	55 150
						75 000	110 794					86 844					75 205
						80 000	118 181					92 634					80 218
						105 000	15 512					121 581					105 286
$2\frac{7}{8}$	5.95	2.375	0.254	1.867	1.692 5	55 000	93 087	2.273 4	0.203	1.321 6	78.08	72 686	2.222 6	0.178	1.142 2	67.49	62 820
						75 000	126 936					99 117					85 663
						80 000	135 399					105 725					91 374
						105 000	177 711					138 764					119 928
$2\frac{3}{8}$	6.50	2.875	0.217	2.441	1.812 0	55 000	99 661	2.788 2	0.174	1.426 0	78.69	76 427	2.744 8	0.152	1.237 4	68.29	88 054
						75 000	135 902					106 946					92 801
						80 000	144 962					114 076					98 988
						105 000	190 263					149 725					129 922
$2\frac{7}{8}$	8.70	2.875	0.308	2.259	2.483 9	55 000	136 612	2.751 8	0.246	1.939 4	78.08	106 667	2.690 2	0.216	1.676 1	67.48	92 186
						75 000	186 289					145 455					125 709
						80 000	198 708					155 152					134 089
						105 000	260 805					203 637					175 992

表 31（续）

(1)	(2)	(3)	(4)	(5)	(6)	(7)	(8)	(9)	(10)	(11)	(12)	(13)	(14)	(15)	(16)	(17)	(18)
		新						一级(旧)					二级(旧)				
外径	单位重量	原外径	壁厚	内径	原横截面积	屈服强度	钩载	外径减少20%	最小剩余壁厚(80%)	减小后横截面积	截面积之比	钩载	外径减少30%	最小剩余壁厚(70%)	减少后横截面积	截面积之比	钩载
in	lb/ft	in	in	in	in²	lb/in²	lb	in	in	in²	%	lb	in	in	in²	%	lb
2⅞	9.50	2.875	0.340	2.195	2.707 7	55 000	148 926	2.739 0	0.272	2.108 1	77.85	11.594 5	2.671 0	0.238	1.819 2	67.18	100 053
						75 000	203 080					158 106					136 436
						80 000	216 619					168 647					145 532
						105 000	284 313					221 349					191 011
2⅞	10.70	2.875	0.392	2.091	3.057 8	55 000	168 180	2.718 2	0.314	2.369 0	77.47	130 296	2.639 8	0.274	2.039 1	66.68	112 151
						75 000	229 337					177 676					152 933
						80 000	244 626					189 522					163 128
						105 000	321 072					248 747					214 106
2⅞	11.00	2.875	0.405	2.065	3.142 7	55 000	172 848	2.713 0	0.324	2.431 7	77.38	133 744	2.632 0	0.283	2.091 7	66.56	115 042
						75 000	235 702					182 378					156 875
						80 000	251 415					194 536					167 334
						105 000	329 983					255 329					219 626
3½	12.80	3.500	0.368	2.764	3.620 9	55 000	199 151	3.352 8	0.294	2.828 7	78.12	155 577	3.279 2	0.258	2.445 3	67.53	134 492
						75 000	271 569					212 150					183 398
						80 000	289 674					226 293					195 624
						105 000	380 197					297 010					256 757
3½	12.95	3.500	0.375	2.750	3.681 6	55 000	202 485	3.350 0	0.300	2.874 6	78.08	158 101	3.275 0	0.263	2.484 3	67.48	136 637
						75 000	276 117					215 592					186 323
						80 000	294 524					229 965					198 745
						105 000	386 563					301 828					260 853

表 31（续）

(1)	(2)	(3)	(4)	(5)	(6)	(7)	(8)	(9)	(10)	(11)	(12)	(13)	(14)	(15)	(16)	(17)	(18)
		新						一级(旧)					二级(旧)				
外径	单位重量	原外径	壁厚	内径	原横截面积	屈服强度	钩载	外径减少 20%	最小剩余壁厚(80%)	减小后横截面积	截面积之比	钩载	外径减少 30%	最小剩余壁厚(70%)	减少后横截面积	截面积之比	钩载
in	lb/ft	in	in	in	in^2	lb/in^2	lb	in	in	in^2	%	lb	in	in	in^2	%	lb
3½	15.80	3.500	0.476	2.548	4.522 1	55 000	248 715	3.309 6	0.381	3.503 8	77.48	192 708	3.214 4	0.333	3.016 0	66.69	165 879
						75 000	339 156					262 783					226 198
						80 000	361 767					280 302					241 278
						105 000	474 819					367 897					316 678
3½	16.70	3.500 0	0.510	2.480	4.790 6	55 000	263 484	3.296 0	0.408	3.701 8	77.27	203 596	3.194 0	0.357	3.181 8	66.42	175 001
						75 000	359 296					277 631					238 638
						80 000	383 249					296 140					254 547
						105 000	503 015					388 684					334 093
4½	15.50	4.500 0	0.337	3.826	4.407 4	55 000	242 409	4.365 2	0.270	3.468 9	78.70	190 788	4.297 8	0.236	3.010 3	68.30	165 565
						75 000	330 558					260 165					225 771
						80 000	352 595					277 509					240 823
						105 000	462 781					364 231					316 080
4½	19.20	4.500	0.430	3.640	5.498 1	55 000	302 396	4.328 0	0.344	4.305 5	78.31	236 805	4.242 0	0.301	3.726 7	67.78	204 968
						75 000	412 358					322 916					279 502
						80 000	439 848					344 443					298 135
						105 000	577 301					452 082					391 302

13.2.6 检验分级标识

钻杆的永久标记或级别分辨标记示例(见表 28 注 1)应该打印在：

a) 外螺纹端 35°或 18°斜台肩上。

b) 或在钻杆接头其他一些低应力部位,这样便于在各种作业中标记都能正常保持。

c) 应避免在钻杆的外表面上打印冷钢印。

d) 一个中心冲孔表示一级,两个表示二级,三个表示三级。

13.3 钻杆接头

13.3.1 颜色代码

表 27 中给出的旧钻杆分级方法包含识别钻杆级别的颜色代码符号。推荐采用同样的方法对钻杆接头进行分级鉴别。此外,钻杆接头还可按现场修理和报废或车间修理进行识别。钻杆接头和钻杆的颜色代码方法见图 85。

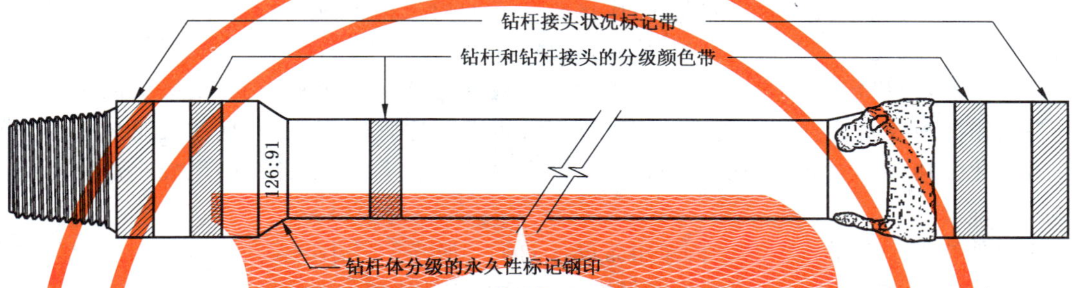

钻杆接头和钻杆的分级	标记带的数目和颜色	钻杆接头状况	标记带的颜色
一级	两条白		
二级	一条黄	报废或车间可修复的	红色
三级	一条橙	现场可修复的	绿色
废管	一条红		

图 85 钻杆和钻杆接头颜色代码识别

13.3.2 检查标准

以下推荐的旧钻杆接头的检查标准最初包含在 API Spec 7 的附录中。经 1971 年标准化会议讨论后被放进了 API RP 7G 中。

13.3.2.1 必检查项目

下面是要求检查的项目：

a) 外径测量——在离台肩 1 in 处测量钻杆接头的外径,并根据表 10 中的数据来决定分级。当接头偏磨时,应使用最小台肩宽度。

b) 台肩状况——检查台肩有无擦伤、裂痕、凹痕和毛刺或任何其他会影响接头承压能力的缺陷及可能影响接头稳定性的条件。确保接头具有不小于$\frac{1}{32}$ in×45°的台肩倒角。

13.3.2.2 可选检查的项目

下面是可选检查的项目：

a) 台肩宽度。采用表 10 中的数据来确定工具接头在受外径控制的情况下可允许的最小台肩宽度。

b) 肉眼检查螺纹形状。注意扭矩过大、扭矩不足、粘扣、伸长的迹象,目的是发现操作引起的损坏、腐蚀破坏或磨损。

c) 内螺纹接头膨胀/外螺纹接头伸长。这些是扭矩过大的迹象,这些现象的存在对接头将来的性能有很大影响。螺距规是测量外螺纹接头伸长量的唯一标准方法。对于旧接头,推荐外螺纹接头 2 in 伸长量超过 0.006 in 应重新加工。所有伸长的接头都应作裂纹检查。

API Spec 7 中表 25 推荐,应该检查内螺纹接头镗孔直径(Q_c)。如果 Q_c 直径比允许的外螺纹差大$\frac{1}{32}$ in，内螺纹接头就应重新加工。

d) 磁粉探伤。如果发现有伸长的膨胀迹象，就应该对外螺纹接头的整个螺纹部位，特别是最后啮合部位进行磁粉检查，以确定是否存在横向裂纹。

在高应力环境下，或者有损伤迹象，例如有裂纹时，就应该对内螺纹接头的整个螺纹部位，特别是最后啮合部位进行磁粉检查，以确定是否存在横向裂纹。

摩擦热可能导致产生纵向或者不规则方向的裂纹(见 8.6)。若如此，除了环形耐磨层，外螺纹接头、内螺纹接头都需进行表面磁粉探伤检查，重点应放在纵向裂纹探测上。

在钻杆接头检查中，推荐使用湿荧光磁粉方法探测裂纹。除了所有的环形耐磨层，螺纹部分或者接头本体内部有裂纹的钻杆接头都不能继续使用。若未受损的钻杆接头本体允许，可对产生裂纹的钻杆接头进行修复。

e) 最小钳位。见图 86。确定旧钻杆接头的最小钳位的标准是要保证在钻台上安全有效地进行大钳操作，特别是使用手动大钳时，应该有足够的使大钳牙板咬合的空间。留有足够的空间，让司钻/钳工能确认上扣和卸扣时不防碍接头的台肩配合。

同时推荐，当确定最小钳位时，任何表面硬化处理的外螺纹接头/内螺纹接头的钳位都应排除在大钳牙板咬合位置外。这样操作可以使大钳上到适宜的程度，并且使大钳牙板的损伤达到最小化。接头直径磨损到初始硬化表面被磨掉的情况下，操作者在确定最小钳位时就可以包括这部分。

使用其他类型大钳，或为上扣、卸扣而设计的工具所需的最小钳位可能与手动大钳的最小钳位不同。此时，应建立一个标准以确保本标准可以满足使用。

就接头的强度和完整性而言，最小钳位不能作为选择钻杆接头的一种方法。

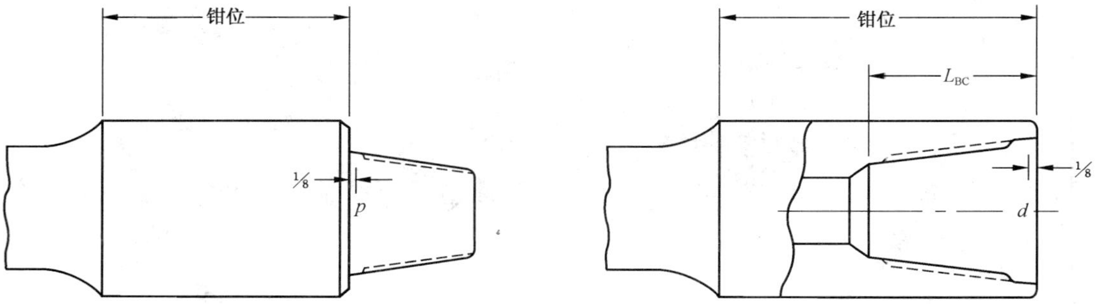

图 86 钳位和基准标记位置

13.3.3 一般检查

a) 量规检查。在旧接头上使用塞规和环规进行检查时，螺纹磨损、塑性变形、机械损伤和不清洁都可能造成错误读数。因此，环规和塞规不能用来确定台肩或接头连接是报废还是继续使用。

b) 受损台肩的修复。修复受损的钻杆接头台肩表面时，应去掉少量的材料。比较好的作法是从内螺纹或外螺纹台肩任意一重修面上清除不超过$\frac{1}{32}$ in 的材料，累计不超过$\frac{1}{16}$ in。

建议用一个基准标记来确定可从接头的上紧台肩上清除的材料量。这个基准标记应适用于量规测量后的新接头或新加工接头。基准标记的形状可能是一个直径为$\frac{3}{16}$ in 的圆，带有一条与这个圆相切且与台肩平行的线条，如图 86 所示。台肩到线条的距离应为$\frac{1}{8}$ in。这个基准或其他类型基准参数的调整可以随接头制造商或加工车间获得。

13.3.4 适用范围

图 84 中的尺寸 A 表示的是在 13.2.5 的钻杆分级方法中所包括的长度，尺寸 B 表示的是 13.3.2 中钻杆接头检查标准所包括的长度。检查标准中未包括的长度由图 84 尺寸 C 的标识表示。

13.4 钻铤检查程序

以下是推荐的旧钻铤的检查步骤：

a） 肉眼检查总长以确定明显的损害和整体状况。

b） 测量两端的外径和内径。

c） 彻底清洗内螺纹接头和外螺纹接头的螺纹，用润湿荧光磁粉进行探伤检查是否有裂纹，并要用放大镜来检查内螺纹接头的裂纹。有裂纹的钻铤不能继续使用，若未受影响部分条件允许，受损钻铤可以进行车间修复。

d） 用螺纹量规检查螺纹牙形并检查外螺纹接头是否伸长。

e） 检查内螺纹接头镗孔直径是否胀大。此外，用一直尺放在螺纹的顶端来检查内螺纹是否因胀大而变形。某些加工车间加工的内螺纹接头镗孔直径大于 API 标准，因此该项检查可能会得出误导性的结果。

f） 检查内螺纹接头和外螺纹接头的台肩是否损坏。所有现场可修复的损坏都要通过重修端面和倒角来修复。较严重的台肩损害要在技术较高的加工车间按 API 标准尺寸进行修复。

13.5 钻铤悬吊系统

13.5.1 带槽钻铤的使用有助于节省起下钻时间，但也给钻台操作带来了一些潜在的危险。通过严格遵守标准检查程序，这些问题可以减到最低程度。

13.5.2 钻铤上的吊卡台肩是新的时，它是直角的，并有足够的面积与吊卡接触（新钻杆和吊卡的尺寸规范见图 87、图 88 和表 32）。当钻铤使用磨损后，如图 89 所示，吊卡接触面积随钻铤外径磨损而减少。由于钻铤上吊卡的台肩磨出斜角和台肩角上磨出圆弧半径增大，且吊卡座上有相应的磨损，吊卡的外扩张载荷增大。吊卡的承载能力由于扩张作用会急剧降低，因为几乎所有钻铤吊卡都只用于具有直角形台肩的钻铤。例如，如果钻铤外径磨损 $\frac{1}{16}$ in，拐角处 $\frac{1}{32}$ in，半径磨损，台肩上磨掉 5°角，根据钻铤尺寸大小和吊卡设计，吊卡承载能力得降低 40%～60%。

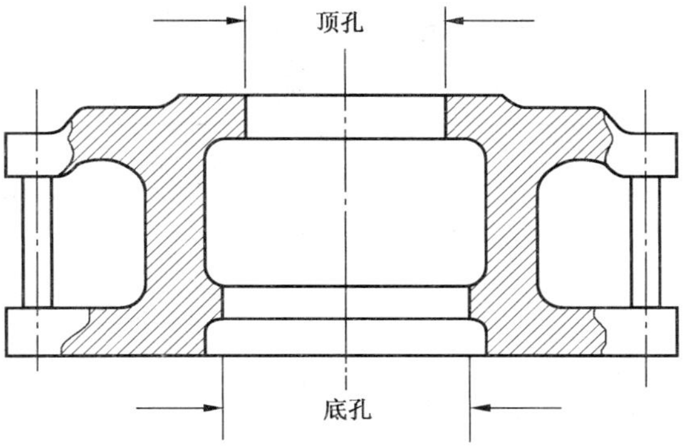

图 87 钻铤吊卡

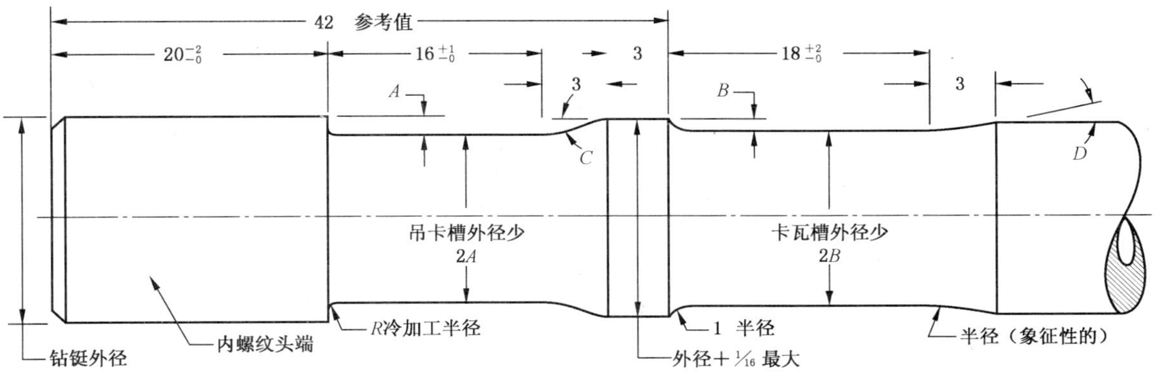

图 88 钻铤的吊卡槽和解卡槽

13.5.3 在达到这个危险点之前，钻铤和吊卡需进行修复，将台肩修复成直角。当台肩重新加工时，必须确定钻铤上的吊卡台肩半径要进行冷加工（见第14章：特殊处理）。钻铤槽直径和吊卡孔之间的过度松动会减少台肩的支撑面积，从而使过多的载荷转移到吊卡侧门上。因此，吊卡的顶孔也需检查并进行修正。

13.5.4 推荐的钻铤吊升系统检查步骤

a) 彻底清洗和检查提升短节，检查有无裂纹。

b) 检查耳环（通常称为吊环）有无裂纹，并仔细测量确定它们的长度相差不超过1 in。

c) 彻底清洗并用磁粉对钻铤吊卡进行探伤，检查是否破裂。确定吊卡安全锁销开关灵活有效。检查吊卡的顶座确定其成直角。按照下列步骤检查吊卡顶孔：

1) 中心锁销式吊卡

扣好吊卡，然后楔住吊卡开口的前部和背部，并沿吊环臂之间在顶孔最大部位进行测量。这个方法可以测量吊卡孔的总磨损量（可能非常少）以及锁轴和锁销表面的磨损。对于5⅝ in或更小的钻铤，吊卡的磨损不能超过$^1/_{32}$ in，5⅝ in以上的钻铤，吊卡的磨损不能超过$^1/_{16}$ in。

2) 侧开式吊卡

扣好吊卡，然后楔住锁销开口。从前到后测量顶孔孔径。采用中心锁销式吊卡相同的磨损公差。

d) 检查钻铤上的吊卡台肩以确定它是直角形的（见13.4钻铤检查程序）。

e) 检查钻铤卡瓦的整体状况并校准要入井的钻铤尺寸范围。查找裂纹、缺失的锁销、松动的卡瓦牙板、磨钝的卡瓦齿、弧形的背锥（从钻铤台肩上卡住）和弯曲的提手。

f) 检查安全卡瓦整体状况，查找有无裂纹、缺失的锁销、粘扣或拉断的螺纹丝扣、磨圆的螺母或搭手、磨钝的咬合齿、损坏的卡簧和不能上下活动自如的卡瓦。

表32 钻铤槽和吊卡孔的尺寸

(1)	(2)	(3)	(4)	(5)	(6)	(7)	(8)
	以钻铤外径为基础的槽尺寸					以钻铤外径为基础的吊卡孔尺寸	
钻铤外径范围	吊卡槽深度 A^1	R	C^2	卡配槽深度 B^1	D^2	+0 顶孔—$^1/_{32}$	+$^1/_{16}$ 底孔—c
4～4⅝	$^7/_{32}$	⅛	4°	$^3/_{16}$	3½°	外径－$^5/_{16}$	外径＋⅛
4¾～5⅝	¼	⅛	5°	$^3/_{16}$	3½°	外径－⅜	外径＋⅛
5¾～6⅝	$^5/_{16}$	⅛	6°	¼	5°	外径－½	外径＋⅛
6¾～8⅝	⅜	$^3/_{16}$	7½°	¼	5°	外径－$^9/_{16}$	外径＋⅛
8¾及以上	$^7/_{16}$	¼	9°	¼	5°	外径－⅝	外径＋⅛

注意：除非另作说明，所有尺寸单位均为in。表中这些尺寸并非是API标准尺寸。

1 A和B的尺寸来自新钻铤的公称外径。

2 角度C和D的值是近似的参考值。

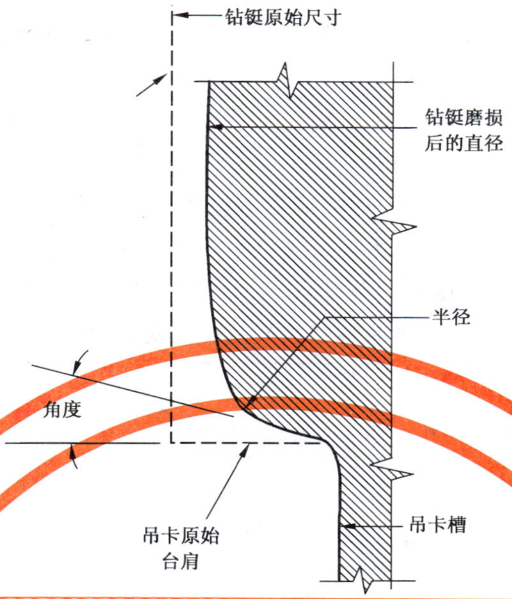

图 89 钻铤的磨损

13.6 方钻杆

以下是推荐的方钻杆的检查步骤。

a) 按照 13.4 所列的钻铤检查的全部程序进行。

b) 检查加厚端与驱动部分之间的接合处是否有裂纹。

c) 检查驱动部分的棱看磨损面是否窄，尤其是六方钻杆的。若磨损面不超过方钻杆对角平面的 1/3，如有可能则要调整方钻杆补心/检查磨损情况。

d) 可以按以下两种方法之一检查方钻杆垂直度。

1) 钻井时观察水龙头和游动滑车摆动是否过大。

2) 将四方钻杆放在水平支撑物上(驱动部分一端一个)，从一端垂直面拉一条粗绳到另一端，测量挠度；将方钻杆旋转 90°，再进行测量。对于六方钻杆，采用同样方法，但方钻杆需要放置在 120°V 形支撑架上，这样驱动部分的端面是垂直的，就可对三个连续的侧面进行挠度测量(每次将方钻杆转动 60°)。

13.7 车削接头

车削接头推荐检查步骤如下：

a) 当检查旋肩接头并发现需要重新车削时，应按照 API Spec 7 中“旋肩接头测量规范”的要求重新车削接头。

b) 推荐在重新加工接头时采用 13.3.3b)中提到的基准面方法。

13.8 租用和短期使用工具的外螺纹应力释放槽

对于租用和其他短期使用工具有关外螺纹端应力释放槽的推荐做法如下：

a) 实验室疲劳试验和实际应用条件下的试验都反映出外螺纹台肩的应力释放槽具有很好的作用。在高应力出现疲劳失效的地方都应加工释放槽。租用部件如短节、震击器、减震器、稳定器和扩眼器等通常在返回维修中心进行检查和修理之前使用的时间相当短。主要维修的是发生粘扣、台肩刺坏的接头，其次才是因疲劳失效造成的维修。

短期租用工具的供应商一直不愿接受应力释放槽的好处，是因为修理台肩和损坏的螺纹时要损失材料。按 API Spec 7 整修外螺纹台肩和螺纹受到槽宽度的公差限制。

b) 为鼓励在短期租用工具的外螺纹端使用应力释放槽，对于每口井用完之后返回维修车间的工具，如租用工具，推荐加工、改进外螺纹端应力释放槽(如图 90 所示)。尺寸 D_{RG}在 API Spec 7 的表 16 中查找。

c) 推荐改进的应力释放槽的初始宽度为¾(+1/16，−0)in。修复损坏的螺纹和台肩之后，改进的应力释放槽宽度应不超过 1¼ in。

d) 技术数据。外螺纹端最后啮合齿根的应力取决于应力释放槽的宽度(SRG)。表 33 表明了根据带 6½ in 内螺纹外径和 3 in 外螺纹内径的 NC50 轴对称有限元模型计算的相对应力(无应力释放槽的外螺纹端作为比较的基础)。

表 33 NC50 轴对称螺纹最后啮合齿根处的最大应力

载荷状况	注 1		注 2	
应力释放槽宽度/in	最大当量应力	最大轴向应力	最大当量应力	最大轴向应力
¾	84%	82%	83%	81%
1	70%	56%	63%	53%
1¼	75%	63%	73%	64%
无应力释放槽	100%	100%	100%	100%

注 1：上扣时在台面上施加的轴向压力仅为 562 000 lb。

注 2：在接头上施加了 1 125 000 lb 轴向拉力造成台肩分开。

注 3：当量应力等于 $0.707[(\sigma_1-\sigma_2)^2+(\sigma_2-\sigma_3)^2+(\sigma_3-\sigma_1)^2]^{1/2}$，其中 σ_1、σ_2 和 σ_3 是三向主应力。

注 4：每个示例中螺纹最后啮合齿根外的当量应力都超过了屈服强度，因为采用有限元计算方法适用于线弹性材料特性，而实际的外螺纹的特性是弹塑性。

上表反映出 1 in 的槽宽度应力为最小。因此，在出现疲劳失效的操作中，推荐应力槽宽度为 1 in(见 API Spec 7 的图 16)。

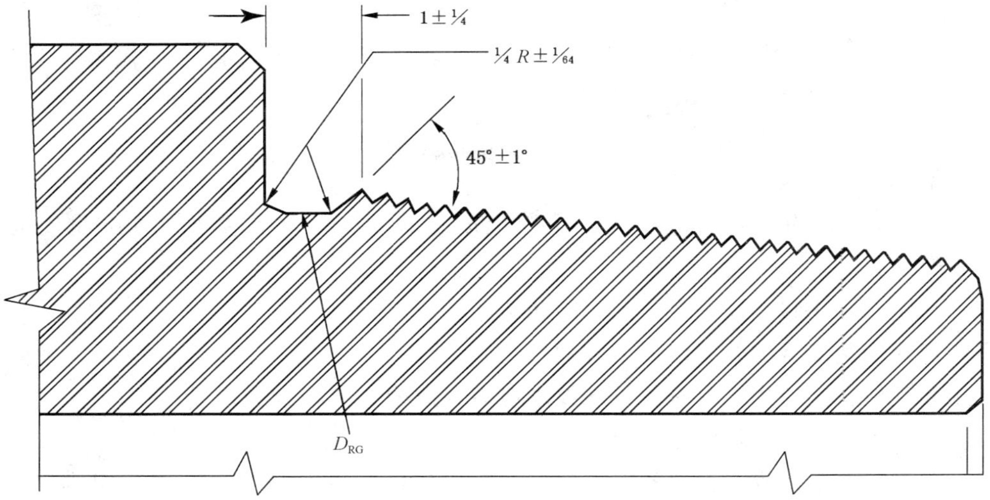

注：尺寸 D_{RG}规定见 API Spec 7 的表 16。

图 90 改进的外螺纹接头应力释放槽

14 特殊处理

14.1 钻杆本体的特殊处理

14.1.1 井下工具(钻杆接头、钻铤、稳定器和短节等)的材料一般是 AISI-4135、4137、4140 或 4145 钢。

14.1.2 这些材料都是合金钢材料,且都经过热处理,除非采取特殊工艺可防止在焊接处形成裂纹或能使焊接处复原,一般不允许进行焊接。

14.1.3 值得注意的是,对焊接区域,如果不能在焊后进行全面的热处理(现场难以实现),那么,将只能对其进行简单的清理而无法消除焊接所致金相结构变化对工具性能的影响。

14.2 接头连接的摩合

现场经验表明,与新外螺纹接头、内螺纹接头相比,用过的旋转台肩外螺纹、内螺纹接头更不容易被磨损。因此,可以认为,上、卸扣操作可使其表面得到强化。可在投入现场使用前在受控的情况下对其进行上扣、卸扣操作。接头连接磨合操作可在现场进行,也可在车间进行,甚至作为一项服务内容也行。

14.2.1 接头连接磨合前的准备工作

将接头表面的脏物和铁锈等清理干净,在外、内螺纹接头的丝扣和台肩上涂满适于旋转台肩外、内螺纹接头的螺纹脂,确定合适的上扣扭矩,记录螺纹脂的摩擦系数和上扣扭矩的变化。关于螺纹脂及其摩擦系数的内容,参见 API Spec 7 附录 G、API RP 7A1。

14.2.2 现场接头连接的磨合

将接头对正,平稳、缓慢上扣。链钳或高速动力钳上、卸扣容易伤扣。因此,用标定过的扭矩仪或拉力指示器控制上扣扭矩,直到扭矩达到规定值。如果用管钳,则需用两对管钳并间隔 90°安放,并缓慢卸扣。不论是在上扣过程中还是在卸扣过程中,要注意过载或可能表明损坏的其他迹象。将外、内螺纹接头清理干净,肉眼观察丝扣和密封台肩有无损伤。如有,则必须在投入使用前重新加工接头连接。

14.2.3 制造过程中接头连接的磨合

待接头冷轧(如有要求)、加工、检验完毕,即可进行车间接头连接的磨合。但,在表面涂一层耐磨材料如磷化物或铜后再强化的效果会更好。

注:磨合将会使螺纹规闲置不用。

缓慢上扣三次到推荐的扭矩。在上扣之前,一定要在台肩和最后的几个丝扣上涂上足够的螺纹脂,最后一次卸扣后,将外、内螺纹接头清理干净,肉眼观察丝扣和台肩有无损伤,如有则报废。

15 钻杆的动载荷

15.1 钻杆从井眼中起出和下入时,受到的不是静载荷而是动载荷。

15.2 动载荷在大于和小于静载荷之间(值大时可能超过屈服极限)变化,这样会造成疲劳,缩短钻杆使用寿命。

15.3 在钻杆柱长度长,如 10 000 ft 时,动载荷可以超过屈服极限。

15.4 动载荷随钻铤柱长度增加而增大。

15.5 当动载荷最小值为负数时,钻杆则从卡瓦中弹出,而下部管柱则可能落入井中。

15.6 当钻杆柱变短而钻铤柱变长时,动载荷造成钻杆弹出卡瓦的可能性变大。

15.7 对于如 10 000 ft 的长钻杆柱,弹出卡瓦只可能发生在钻杆从卡瓦拉出后以非常快的速度下入的情况下,如 16 ft/s 的速度。

15.8 只有在阻尼很小的时候,动载现象才比较严重。这些情况可能出现在那些没有狗腿、井斜很小、环空横截面积大、泥浆黏度和密度较小的特殊井中。

15.9 阻尼小的情况下,一柱钻杆下入的时间不能少于 15 s。

16 牙轮钻头尺寸和上紧扭矩的分类

16.1 国际钻井承包商协会(IADC)下设的专门分委会根据钻头类型(铣齿或镶齿)、所钻地层类型和钻头的机械特点颁布了牙轮钻头的分类方法。1987 年 3 月，该方法被 IADC 接受，并由 IADC 分委会提议由 API 批准。经 API 工作组复审，建议 API 采纳这个钻头的分类方法。工作组的建议在钻井和修井设备标准化会议上被采纳，并以信函投票形式通过，后进一步决定 API RP 7G 中包含这种被批准的形式。

16.2　通过一组字母数字编码形式对钻头进行分类和命名，即在钻头箱上按表 34 和表 35 所示的分类方法用 3 个数字和 1 个字母来表示。

16.3　系列数字 1、2、3 分别表示在软、中、硬地层的铣齿钻头；系列数字 4、5、6、7、8 表示在软、中、硬和极硬地层的镶齿钻头。

16.4　数字 1～4 表示在系列分类中按地层最软到最硬的再细分类的岩性类别。

16.5　结构特性标题下的 7 列特性是多数制造商制造的铣齿钻头和镶齿钻头的 7 个共同的结构特征。第 8 列和第 9 列已被删除并预留为未来使用。

16.6　表格设计成每张表单只列一个制造商，并要求每种特定型号的钻头都在分类表中找到一个对应。但要认识到，许多钻头在几个地层范围内，也许不止在一个系列中会有很高的钻井时效。所以要特别注意表单上的注释，其含有这个原则的陈述。制造商和用户的责任就是确定在特定情况下有效使用的范围。

16.7　在使用表 34 时应结合表 35，制造商为每类钻头设计指定 3 位数字和一个字母，对应在表格中的特定位置，顺序如下：

第一个数字表示系列；

第二个数字表示类型；

第三个数字表示特征。

字母表示附加结构特征，如表 35 所示。

16.8　牙轮钻头推荐扭矩如表 36 所示，金刚石钻头推荐扭矩如表 37 所示。

16.9　常规牙轮钻头尺寸列在表 38 中，没有列出的其他尺寸可从有限的切削结构类型中获得。常规固定切削齿钻头尺寸列在表 39 中，没有列出的其他尺寸可从有限的切削结构类型中获得。

表 34　IADC 牙轮钻头分类表

制造商________　　　　修订________

	系列	地层	岩性类别	特征						
				标准滚动轴承 (1)	滚动轴承，空气冷却 (2)	滚动轴承保径 (3)	密封滚动轴承 (4)	密封滚动轴承，保径 (5)	密封滑动轴承 (6)	密封滑动轴承，保径 (7)
铣齿钻头	1	低抗压强度和高可钻性软地层	1 2 3 4							
	2	高抗压强度、中到硬地层	1 2 3 4							
	3	中等研磨和研磨性硬地层	1 2 3 4							

表 34（续）

制造商＿＿＿＿＿＿＿＿　　　　　　　　　　　　修订＿＿＿＿＿

	系列	地层	岩性类别	特　征						
				标准滚动轴承 （1）	滚动轴承，空气冷却 （2）	滚动轴承保径 （3）	密封滚动轴承 （4）	密封滚动轴承，保径 （5）	密封滑动轴承 （6）	密封滑动轴承，保径 （7）
镶齿钻头	4	低抗压强度和高可钻性软地层	1 2 3 4							
	5	低抗压强度、软到中地层	1 2 3 4							
	6	高抗压强度、中硬地层	1 2 3 4							
	7	中等研磨和研磨性硬地层	1 2 3 4							
	8	研磨性极硬地层	1 2 3 4							

注：表中的钻头分类仅提供一般指导。所有钻头类型可在该表所列以外的地层中有效使用。

表 35　IADC 钻头分类代码的第 4 位代码

下列代号用于 IADC 钻头分类代号的第 4 位所表示的附加设计特点：

特　征		特　征	
A	空气用[1]	N	
B		O	
C	中心喷嘴	P	
D	定向控制用	Q	
E	加长喷嘴[2]	R	加固焊缝[3]
F		S	标准钢齿[4]
G	附加保径/钻头体保护	T	
H		U	
I		V	
J	喷嘴偏射	W	
K		X	楔形镶齿
L		Y	圆锥形镶齿
M		Z	其他形状镶齿

1 带空气循环喷嘴的滑动轴承钻头。

2 全加长(焊接带喷嘴的管子)。部分加长的应在别处注明。

3 用于冲击钻。

4 不带本表所列附加特征的铣齿钻头。如:一只设计用于最软系列中最软地层类型的钻头,其具有标准规格而无附加特征,在钻头箱子将被标记为 1-1-1-S。制造商也将把这个钻头指定列在表的该栏中。

表 36　牙轮钻头上紧扣扭矩范围推荐值

接头	最小上紧扭矩推荐值 ft-lb	最大上紧扭矩推荐值 ft-lb
2⅜ API REG	3 000	3 500
2⅞ API REG	4 500	5 500
3½ API REG	7 000	9 000
4½ API REG	12 000	16 000
6⅝ API REG	28 000	32 000
7⅝ API REG	34 000	40 000
8⅝ API REG	40 000	60 000

注：推荐的上紧扭矩的计算基础是:假定所有丝扣接头使用的螺纹脂含有 40%～60%(质量分数)金属锌细粉或含 60%(质量分数)的金属铅细粉,并含有总量不超过 0.3%的活性硫(根据 API Spec 7 附录 G 中关于有害材料的使用注意事项)。由于牙轮钻头内径孔为不规则几何形状,扭矩都是根据估计的横截面计算的,并得到现场经验的验证。

表 37 金刚石钻头上最小上紧扭矩推荐值

接头	外螺纹端内径最大尺寸 in	钻头短接外径 in	最小上紧扭矩 ft-lb
1 API REG	0.75	1.56	185
1½ API REG	1.00	2.00	665
2⅜ API REG	1	3	1 791*
		3⅛	2 419*
		3¼	3 085*
2⅞ API REG	1¼	3½	3 073*
		3¾	4 617
		3⅞	4 658
3½ API REG	1½	4⅛	5 171*
		4¼	6 306*
		4½	7 660
4½ API REG	2¼	5½	12 451*
		5¾	16 476*
		6	17 551*
		6¼	17 757
6⅝ API REG	3¼	7½	37 100*
		7¾	37 857
		8	38 193
		8¼	38 527
7⅝ API REG	3¾	8½	48 296*
		8¾	57 704*
		9	59 966
		9¼	60 430
		9½	60 895

注：带 * 号的扭矩数据相对应的外径和孔，其薄弱部位是内螺纹接头，其他数据，其薄弱环节为外螺纹接头。

推荐的上紧扭矩的计算基础是：假定所有丝扣接头使用的螺纹脂含有 40%～60%(质量分数)金属锌细粉或含 60%(质量分数)的金属铅细粉，并含有总量不超过 0.3%的活性硫(参考 API Spec 7 附录 G 中关于有害材料的使用注意事项)，以及采用 A.9 中修正的 Screw Jack 公式计算；在外或内螺纹接头上的单位应力是 50 000 psi。

正常扭矩范围要在表中所列的数据的基础上增加 10%，较高的扭矩值可以用在极端条件下。

表 38 常规牙轮钻头尺寸

钻头尺寸/in	钻头尺寸/in
3¾	9½
3⅞	9⅞
4¾	10⅝
5⅞	11
6	12¼
6⅛	13½
6¼	14¾
6½	16
6¾	17½
7⅞	20
8⅜	22
8½	24
8¾	26

表 39 常规固定切削齿钻头尺寸

钻头尺寸/in	钻头尺寸/in
3⅞	8½
4½	8¾
4¾	9½
5⅞	9⅞
6	10⅝
6⅛	12¼
6¼	14¾
6½	16
6¾	17½
7⅞	

附　录　A
（规范性附录）
强度和设计公式

A.1　偏磨钻杆的抗扭强度

假设 1：偏心环空截面（图 A.1）

参考文献：《应力和应变公式》，Roark，第 3 版

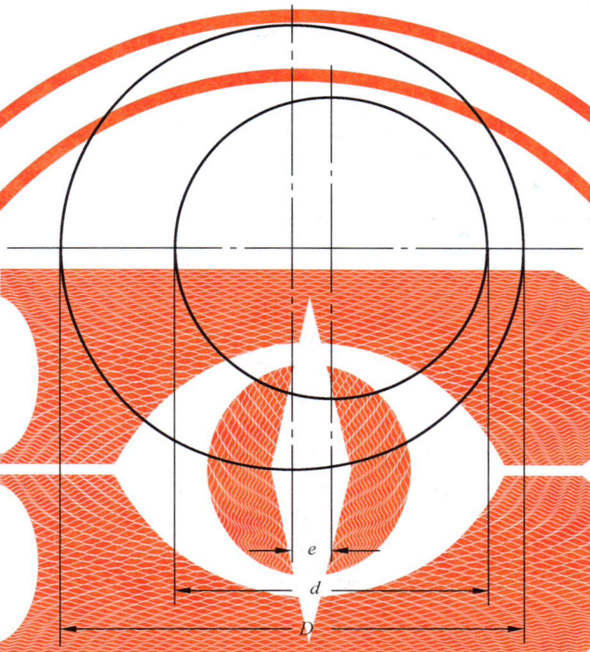

图 A.1　钻杆的偏心孔截面

$$T=\frac{\pi S_s(D^4-d^4)}{12\times 16\times D\times F} \qquad \text{(A.1)}$$

式中：

$$F=1+\frac{4N^2\phi}{(1-N^2)}+\frac{32N^2\phi^2}{(1-N^2)(1-N^4)}+\frac{48N^2(1+2N^2+3N^4+2N^6)\phi^3}{(1-N^2)(1-N^4)(1-N^6)};$$

$$N=\frac{d}{D};$$

$$\phi=\frac{e}{D};$$

T——扭矩，单位为英尺磅力（ft·lbf）；

S_s——最小抗剪强度，单位为磅力每平方英寸（lbf/in^2）；

D——外径，单位为英寸（in）；

d——内径，单位为英寸（in）。

假设 2：内径 d 一定，并且在使用当中都为钻杆本体的公称内径。

假设 3：外径 $D=d+$公称壁厚 $t+$最小壁厚 t；即全部磨损都出现在一边。这个直径与均匀磨损的直径不同。

注：表 4 中一级钻杆和表 6 中二级钻杆的抗扭强度都是由公式 A.1 计算得来（假设外表面均匀磨损）。

A.2 安全系数

表 2～表 7 给出了钻杆各种性能值。所示值为最小值，不包括安全系数。在设计钻杆柱时，对于特殊应用必须考虑使用安全系数。

A.3 钻杆的抗挤强度。

注：A.3 节中公式的推导见 API Bull 5C3。

表 3、表 5、表 7 给出的最小抗挤强度是根据 API Bull 5C3 中公式计算得到的。式 A.2 到式 A.5 为一组简化公式，其计算结果是近似的。由于每个公式都有一个具体的 D/t 比值范围，因此根据 D/t 比值可确定合适的使用公式。

对于具有最小屈服应力极限的塑性范围内的最小挤毁失效：对管体内壁产生最小屈服应力的外压力为：

$$P_c = 2Y_m\left[\frac{(D/t)-1}{(D/t)^2}\right] \qquad \text{(A.2)}$$

采用式 A.2 的适用 D/t 比值如下：

钢级	D/t 比值
E75	13.60 或更小
X95	12.85 或更小
G105	12.57 或更小
S135	11.92 或更小

对于塑性范围内的最小挤毁失效的外压力为：

$$P_c = Y_m\left[\frac{A'}{D/t} - B'\right] - C \qquad \text{(A.3)}$$

式 A.3 的公式系数和适用的 D/t 比值如下：

钢级	公式系数			D/t 比值
	A'	B'	C	
E75	3.054	0.064 2	1 806	13.60～22.91
X95	3.124	0.074 3	2 404	12.85～21.33
G105	3.162	0.079 4	2 702	12.57～20.70
S135	3.278	0.094 6	3 601	11.92～19.18

对于弹性和塑性之间转换或过渡的最小挤毁失效的外压力为：

$$P_c = Y_m\left[\frac{A}{D/t} - B\right] \qquad \text{(A.4)}$$

式 A.4 的公式系数和适用的 D/t 比值如下：

钢级	公式系数		D/t 比值
	A	B	
E75	1.990	0.041 8	22.91～32.05
X95	2.029	0.048 2	21.33～28.36
G105	2.053	0.051 5	20.70～26.89
S135	2.133	0.061 5	19.18～23.44

弹性范围内的最小挤毁失效的外压力为：

$$P_c = \frac{46.95 \times 10^6}{(D/t)[(D/t)-1]^2} \quad \cdots\cdots (A.5)$$

式 A.5 适用的 D/t 比值如下：

钢　级	D/t 比值
E75	32.05 或更大
X95	28.36 或更大
G105	26.89 或更大
S135	23.44 或更大

式中：

P_c——最小抗挤强度，单位为磅力每平方英寸（lbf/in^2）；

[a] D——公称外径，单位为英寸（in）；

[a] t——公称壁厚，单位为英寸（in）；

Y_m——材料的最小屈服强度，单位为磅力每平方英寸（lbf/in^2）。

注：[a] 旧钻杆的抗挤强度是在假设管体外径均匀磨损而内径保持不变的情况下，对公称外径 D 和公称壁厚 t 进行修正来确定的。各级旧钻杆的 D 和 t 值如下所示。这些值用于公式 A.2、A.3、A.4 或 A.5 式中，根据 D/t 比确定抗挤强度。

一级：t=0.80（公称壁厚）　　D=公称外径－0.40（公称壁厚）

二级：t=0.70（公称壁厚）　　D=公称外径－0.60（公称壁厚）

A.4　被卡钻柱的自由长度

被卡钻柱在不同拉力下的伸长量差值与自由长度的关系：

$$L_1 = \frac{EeW_{dp}}{40.8P} \quad \cdots\cdots (A.6)$$

式中：

L_1——钻杆的自由长度，单位为英尺（ft）；

E——弹性模量，单位为磅力每平方英寸（lbf/in^2）；

e——伸长量差值，单位为英寸（in）；

W_{dp}——钻杆线质量，单位为磅每英尺（lb/ft）；

P——不同拉力的差值，单位为磅（lb）。

其中，对于 $E=3\times 10^7$，该公式为：

$$L_1 = \frac{735\ 294eW_{dp}}{P} \quad \cdots\cdots (A.7)$$

A.5　抗内压强度

A.5.1　钻杆

$$P_i = \frac{2Y_m t}{D} \quad \cdots\cdots (A.8)$$

式中：

P_i——抗内压强度，单位为磅力每平方英寸（lbf/in^2）；

Y_m——材料的最小屈服强度，单位为磅力每平方英寸（lbf/in^2）；

t——剩余壁厚，单位为英寸(in)；

D——钻杆公称外径，单位为英寸(in)。

注1：表3中新钻杆的抗内压强度由上式中的公称壁厚 t 来决定，由于壁厚公差为－12.5%，所以需乘以系数0.875。

注2：在公式A.8中，旧钻杆的抗内压强度根据表5和表7的脚注提供的调整公称壁厚和公称外径决定。

A.5.2 方钻杆

$$P_i = \frac{Y_m [D_{FL}^2 - (D_{FL} - 2t)^2]}{\sqrt{3 (D_{FL})^4 + (D_{FL} - 2t)^4}} \quad \cdots\cdots (A.9)$$

式中：

P_i——抗内压强度，单位为磅力每平方英寸(lbf/in^2)；

Y_m——材料的最小屈服强度，单位为磅力每平方英寸(lbf/in^2)；

D_{FL}——驱动部分的宽度，单位为英寸(in)；

t——最小壁厚，单位为英寸(in)。

注：t 为驱动部分的最小壁厚，每次必须使用超声波壁厚仪或类似仪器测定。

A.6 悬浮钻杆的伸长量

当钻杆自由悬浮在液体中时，其由自重产生的伸长量为：

$$e = \frac{L_1^2 [W_a - 2W_f (1 - \mu)]}{24E} \quad \cdots\cdots (A.10)$$

式中：

e——伸长量，单位为英寸(in)；

L_1——钻杆的自由长度，单位为英尺(ft)；

E——弹性模量，单位为磅力每平方英寸(lbf/in^2)；

W_a——管材密度，单位为磅每立方英尺(lb/ft^3)；

W_f——钻井液密度，单位为磅每立方英尺(lb/ft^3)；

μ——泊松比。

对于钢钻杆，其中：

$W_a = 489.5\ lb/ft^3$，$E = 3 \times 10^7\ lb/in^2$，$\mu = 0.28$，此公式变为：

$$e = \frac{L_1^2}{72 \times 10^7} (489.5 - 1.44 W_f) \quad \cdots\cdots (A.11)$$

或

$$e = \frac{L_1^2}{9.625 \times 10^7} (65.44 - 1.44 W_g) \quad \cdots\cdots (A.12)$$

式中：

W_f——钻井液密度，单位为磅每立方英尺(lb/ft^3)；

W_g——钻井液密度，单位为磅每加仑(lb/gal)。

A.7 钻杆本体的抗拉强度

$$P = Y_m A \quad \cdots\cdots (A.13)$$

式中：

P——最小抗拉强度，单位为磅(lb)；

Y_m——最小材料屈服强度，单位为磅力每平方英寸(lbf/in^2)；

A——横截面积，单位为平方英寸(in^2)(对于钻杆，A 值见表1第6列)。

A.8 钻杆本体的抗扭强度

A.8.1 纯扭矩作用

$$Q=\frac{0.096\ 167JY_{m}}{D} \qquad \cdots\cdots(A.14)$$

式中：

Q——最小抗扭强度，单位为英尺磅力(ft·lbf)；

Y_m——材料的最小屈服强度，单位为磅力每平方英寸(lbf/in²)；

J——极惯性矩$=\frac{\pi}{32}(D^4-d^4)$(管体)

$=0.098\ 175(D^4-d^4)$；

D——外径，单位为英寸(in)；

d——内径，单位为英寸(in)。

A.8.2 拉、扭联合作用

$$Q_T=\frac{0.096\ 167J}{D}\sqrt{Y_m^2-\frac{p^2}{A^2}} \qquad \cdots\cdots(A.15)$$

式中：

Q_T——在拉应力下的最小抗扭强度，单位为磅力每平方英寸(lbf/in²)；

J——极惯性矩$=\frac{\pi}{32}(D^4-d^4)$(管体)，$J=0.098\ 175(D^4-d^4)$；

D——外径，单位为英寸(in)；

d——内径，单位为英寸(in)；

Y_m——材料的最小屈服强度，单位为磅力每平方英寸(lbf/in²)；

p——总拉伸载荷，单位为磅(lb)；

A——横截面积，单位为平方英寸(in²)。

A.9 旋转台肩连接的扭矩计算(见表 A.1 和图 A.2)

A.9.1 使旋转台肩连接屈服所需的扭矩

$$T_y=\frac{Y_mA}{12}\left(\frac{P}{2\pi}+\frac{R_tf}{\cos\theta}+R_sf\right) \qquad \cdots\cdots(A.16)$$

式中：

T_y——屈服所需要的转矩或扭矩，单位为英尺磅力(ft·lbf)；

Y_m——材料的最小屈服强度，单位为磅力每平方英寸(lbf/in²)；

P——螺距，单位为英寸(in)；

f——配合面，丝扣和台肩的摩擦系数，对含有 40%～60%金属锌粉末的螺纹脂，假设为 0.08(参见 API spec 7 附录 G 有害材料的注意事项)；

θ——1/2 螺纹牙形角度(见 API Spec 7 中图 21 或图 22)，单位为度(°)；

$$R_t=\frac{C+\left[C-(L_{pc}-0.625)\times tpr\times\frac{1}{12}\right]}{4};$$

L_{pc}——外螺纹长度(见 API Spec 7 表 25 第 9 列)，单位为英寸(in)；

$R_s=\frac{OD+Q_c}{4}$，单位为英寸(in)；

A——横截面积，单位为平方英寸(in²)(取 A_b或 A_p中最小的)。

式中：

$A_p = \frac{\pi}{4}[(C-B)^2 - ID^2]$（无应力释放槽）或 $A_p = \frac{\pi}{4}(D_{RG}{}^2 - ID^2)$（有应力释放槽）；

式中：

D_{RG}——应力释放槽的直径（见 API Spec 7 中表 16 第 5 列），单位为英寸(in)；

C——测量点的螺纹中径（见 API Spec 7 中表 25 第 5 列），单位为英寸(in)；

ID——内径，单位为英寸(in)；

$B = 2\left(\frac{H}{2} - S_{rs}\right) + tpr \times \frac{1}{8} \times \frac{1}{12}$

H——理论牙高（见 API Spec 7 中表 26 第 3 列），单位为英寸(in)；

S_{rs}——截底高（见 API Spec 7 中表 26 第 5 列），单位为英寸(in)；

tpr——锥度（见 API Spec 7 表 25 第 4 列），单位为英寸每英尺(in/ft)。

$$A_b = \frac{\pi}{4}[OD^2 - (Q_c - E)^2]$$

式中：

OD——外径，单位为英寸(in)；

Q_c——内螺纹镗孔（见 API Spec 7 中表 25 第 11 列）；

$E = tpr \times \frac{3}{8} \times \frac{1}{12}$

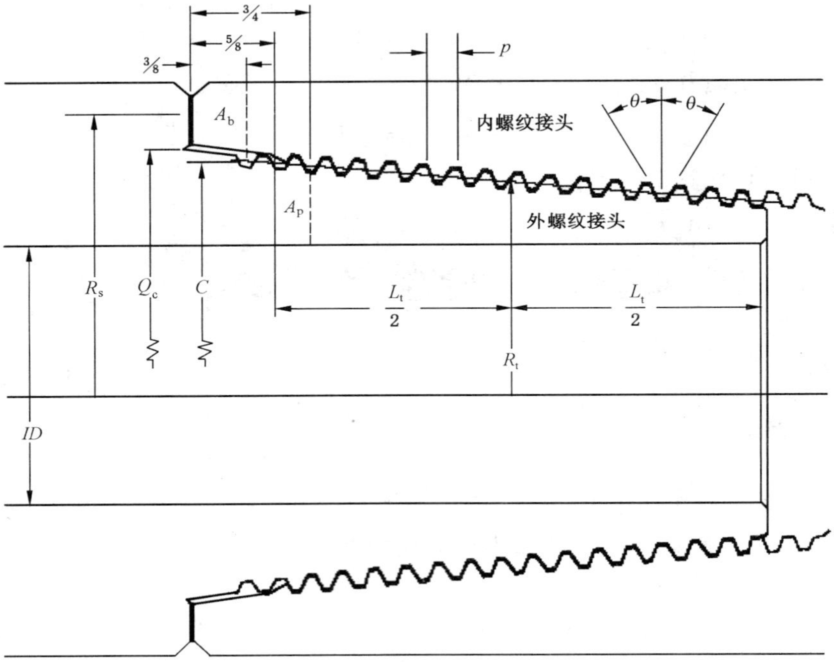

图 A.2 旋转台肩连接

A.9.2 旋转台肩连接的上紧扭矩

$$T = \frac{SA}{12}\left(\frac{P}{2\pi} + \frac{R_t f}{\cos\theta} + R_s f\right) \quad \cdots\cdots\cdots\cdots (A.17)$$

式中：

A——取 A_b 或 A_p 中的较小值；A_p 应基于无应力释放槽的外螺纹连接计算，单位为平方英寸(in^2)；

S——推荐的上紧扭矩值，单位为磅力每平方英寸(lbf/in^2)。

注：钻杆接头的 S 值参见 4.8.1，钻铤的参见 5.2。

A.10 使旋转台肩连接和钻杆本体屈服的扭矩和拉力双重作用

A.10.1 前言

现场上、卸扣所用扭矩应低于前述推荐值由于推荐扭矩曲线没考虑安全余量的问题，因此，在绘制曲线时，必须以接头与本体的实际尺寸为准。在将本体与接头进行对焊时，一定要注意本体的操作限制。

A.10.2 钻杆选择和操作步骤（见图 A.3a）

当扭矩达到钻杆接头上紧扭矩推荐值时，就需要用"施加上紧扭矩后拉伸"图中曲线来确定上紧扭矩的容量限，查出在不受拉状态下相对偏大的最大扭矩值。

A.10.3 特殊作业上紧扭矩选择及其操作步骤（见图 A.3b）

当井下扭矩可能超过推荐的钻杆接头上紧扭矩值时，如打捞、倒划眼等作业中，就需要用"拉伸后施加扭矩"图，其横轴表示的是施加拉伸载荷之后的扭矩。

注意：该简化方法中所考虑的动载与静载有较大区别。API 推荐作业应位于安全区域。超过安全区域或接近边界值都将造成突发失效。

A.10.4 公式的定义及说明

下述公式所用参数的定义见 A.9.1。

$$P1 = Y_m A_p \qquad \cdots\cdots (A.18)$$

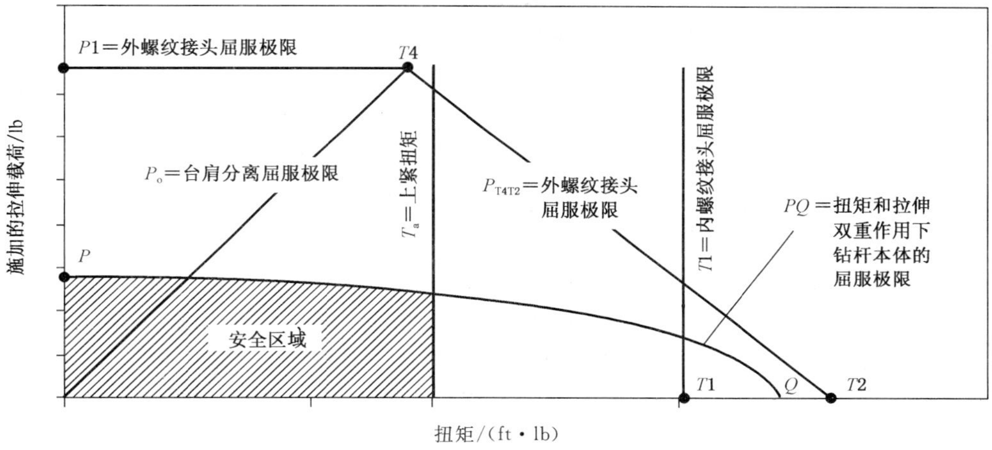

图 A.3a 施加上紧扭矩后拉伸

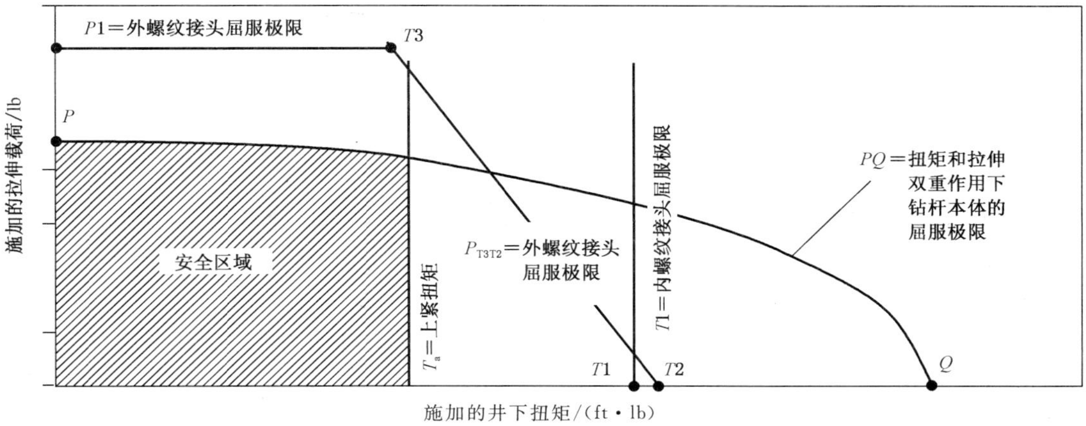

图 A.3b 拉伸后施加扭矩

$$P_o = \frac{12(A_b + A_p)T_a}{A_b\left(\frac{p}{2\pi} + \frac{R_t f}{\cos\theta} + R_s f\right)} \qquad \cdots\cdots(A.19)$$

$$P_{T4T2} = (A_b + A_p)\left[Y_m - \frac{T_a 12}{A_p\left(\frac{p}{2\pi} + \frac{R_t f}{\cos\theta} + R_s f\right)}\right] \qquad \cdots\cdots(A.20)$$

$$P_{T3T2} = \frac{Y_m A_p\left(\frac{p}{2\pi} + \frac{R_t f}{\cos\theta} + R_s f\right) - 12T_{DH}}{R_s f} \qquad \cdots\cdots(A.21)$$

$$T1 = \left(\frac{Y_m}{12}\right)\left[A_b\left(\frac{p}{2\pi} + \frac{R_t f}{\cos\theta} + R_s f\right)\right] \qquad \cdots\cdots(A.22)$$

$$T2 = \left(\frac{Y_m}{12}\right)\left[A_p\left(\frac{p}{2\pi} + \frac{R_t f}{\cos\theta} + R_s f\right)\right] \qquad \cdots\cdots(A.23)$$

$$T3 = \left(\frac{Y_m}{12}\right)\left[A_p\left(\frac{p}{2\pi} + \frac{R_t f}{\cos\theta}\right)\right] \qquad \cdots\cdots(A.24)$$

$$T4 = \left(\frac{Y_m}{12}\right)\left[\left(\frac{A_p A_b}{A_p + A_b}\right)\left(\frac{p}{2\pi} + \frac{R_t f}{\cos\theta} + R_s f\right)\right] \qquad \cdots\cdots(A.25)$$

$$PQ = A\sqrt{Y_m^2 - \left(\frac{Q_t D}{0.096\ 167J}\right)^2} \qquad \cdots\cdots(A.26)$$

上式中计算的和曲线图上用到的数据的定义为：

T_a——不受拉力状态下钻杆接头的上紧扭矩，单位为英尺磅力(ft・lbf)；

T_{DH}——井下实际施加扭矩，单位为英尺磅力(ft・lbf)；

$P1$——钻杆外螺纹接头上距旋转台肩⅝in处的屈服强度，单位为磅(lb)；

P_o——施加 T_a 扭矩后将钻杆接头台肩拉开需要的拉力。P_o 用从原点到 $T4$ 点间的线表示。若 T_a 大于 $T4$，则不能用该公式计算 P_o，因为此时 P_o 将大于 P1；

P_{T4T2}——施加 T_a 扭矩后后使外螺纹接头屈服需要的拉力，用 $T4-T2$ 线段表示；

P_{T3T2}——施加 T_{DH} 扭矩后使外螺纹接头屈服需要的拉力，用 $T3-T2$ 线段表示；

$T1$——钻杆内螺纹接头的抗扭强度，用 X 轴对应强度值的一条竖线表示；

$T2$——钻杆外螺纹接头的抗扭强度，单位为英尺磅力(ft・lbf)；

$T3$——当台肩被可使外螺纹接头产生屈服的钻杆轴向载荷拉开后使台肩重新旋紧需要的上紧扭矩，单位为英尺磅力(ft・lbf)；

$T4$——在受拉状态下使外螺纹接头屈服同时台肩分离的上紧扭矩，单位为英尺磅力(ft・lbf)；

PQ——在椭圆曲线所代表的扭矩载荷作用下使钻杆本体屈服的轴向载荷，单位为磅(lb)(该公式由公式 A.15 变形所得)。

A.10.5 失效形式

拉、扭联合作用下的失效形式有：

1. 外螺纹接头屈服；
2. 内螺纹接头屈服；
3. 台肩分离(密封失效)；
4. 管体屈服。

A.10.6 实例

用钻杆本体与接头的实际尺寸计算上述参数，并用其绘制工作曲线。

实例 1：大位移钻井(见图 A.3c)

假设：

预计钻井过程中的最大扭矩为：25 000 ft-lb，5 in 钻杆，19.50 ppf，钢级 S，一级。

计算数据 P=560 764 lb,Q=58 113 ft-lb,T_a(上紧扭矩)=28 381 ft-lb,$P1$=1 532 498 lb,$T1$=47 302 ft-lb,$T2$=62 608 ft-lb,$T4$=26 945 ft-lb。

问:钻杆柱能否满足抗扭要求? 能

在最大扭矩的情况下允许大钩拉伸载荷是多少? 25 000 ft-lb 扭矩下的拉伸载荷 P=504 772 lb

实例 2:打捞实例 1 中的钻柱(见图 A.3c)

问:在接头不承受扭矩的情况下,不超过屈服极限的最大拉伸载荷为多少? 答:垂直提拉,没有扭矩的情况下,最大拉伸载荷是本体的抗拉强度即 560 764 lb。

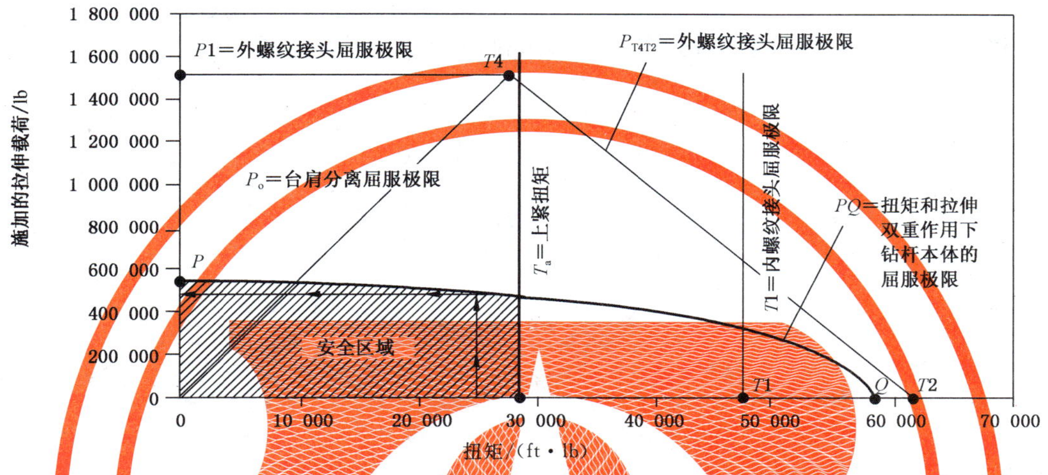

图 A.3c 施加上紧扭矩后拉伸

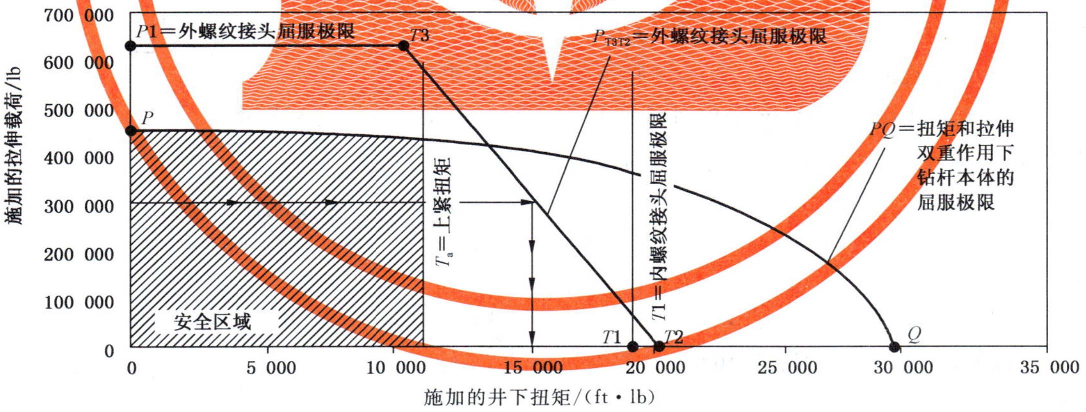

图 A.3d 拉伸后施加上紧扭矩

实例 3:倒划眼(见图 A.3d)

假设:

倒划眼上提力:300 000 lb

倒划眼工具:外径 3½in,15.50 ppf,钢级 S,一级 NC38 接头(外径 4¾in×内径 2 9/16in)

计算数据:

P=451 115 lb,Q=29 063 ft-lb,上扣扭矩=11 504 ft-lb,$P1$=634 795 lb,$T1$=19 174 ft-lb,$T2$=20 062 ft-lb,$T3$=10 722 ft-lb。

问:

若倒划眼上提力为 300 000 lb 时，扭矩最多能达到多少才不会使接头失效？ $T_{DH}=15\ 648$ ft-lb

注意：如果 300 000 lb 上提力超过上紧扭矩(11 054 ft-lb)的扭矩，那么，由于接近 P_{T3T2}，外螺纹接头失效的机会将会大大增加，因此，一定要使用安全系数。

A.10.7

此处仅简单考虑了拉、扭联合作用，而没有考虑内压、弯曲等的影响，为此，引入了一个安全系数，使得由曲线所得的数值减小一些。

A.11 钻铤抗弯强度比

图 26 到图 32 中的抗弯强度比由公式(A.27)求得，其中未考虑应力释放特性的影响。

$$BSR=\frac{Z_B}{Z_P}=\frac{\dfrac{0.098(OD^4-b^4)}{OD}}{\dfrac{0.098(R^4-ID^4)}{R}}=\frac{\dfrac{OD^4-b^4}{OD}}{\dfrac{R^4-ID^4}{R}} \qquad \text{(A.27)}$$

式中：

BSR——抗弯强度比；

Z_B——内螺纹接头截面模数，单位为立方英寸(in^3)；

Z_P——外螺纹接头截面模数，单位为立方英寸(in^3)；

OD——内、外螺纹接头的外径(图 A.4)，单位为英寸(in)；

ID——内径或通径(图 A.4)，单位为英寸(in)；

b——外螺纹接头末端处的内螺纹底径(图 A.4)，单位为英寸(in)；

R——离外螺纹台肩¾ in 处的外螺纹根部底径(图 A.4)，单位为英寸(in)；

使用式 A.27 前必须先计算牙底高、b 和 R：

$$\text{牙底高}=\frac{H}{2}-f_m \qquad \text{(A.28)}$$

式中：

H——理论牙高，单位为英寸(in)；

f_m——截底高度，单位为英寸(in)。

$$b=C-\frac{tpr(L_{PC}-0.625)}{12}+(2\times\text{牙底高}) \qquad \text{(A.29)}$$

式中：

C——基点处中径，单位为英寸(in)；

tpr——锥度，单位为英寸每英尺(in/ft)。

$$R=C-(2\times\text{牙底高})-tpr\times\frac{1}{8}\times\frac{1}{12} \qquad \text{(A.30)}$$

应用公式(A.27)确定一般钻铤连接的抗弯强度的例子如下：

确定 NC46-62 外径 6¼ in×内径 2¹³⁄₁₆ in 钻铤连接的抗弯强度比。

D=6.25(API Spec 7 表 13 第 2 列)；

d=2¹³⁄₁₆=2.185(API Spec 7 表 13 第 3 列)；

$C=4.626$（API Spec 25 表 25 第 5 列）；

$tpr=2$（API Spec 7 表 25 第 4 列）；

$L_{PC}=4.5$（API Spec 7 表 25 第 9 列）；

$H=0.216\,005$（API Spec 7 表 26 第 3 列）；

$f_m=0.038\,000$（API Spec 7 表 26 第 5 列）。

先计算牙底高、b 和 R：

$$牙底高=\frac{H}{2}-f_m=\frac{0.216\,005}{2}-0.038\,000=0.070\,002\,5$$

$$b=C-\frac{tpr(L_{PC}-0.625)}{12}+(2\times 牙底高)$$

$$b=4.625-\frac{2(4.5-0.625)}{12}+(2\times 0.070\,002\,5)$$

$$b=4.120$$

$$R=C-(2\times 牙底高)-\left(tpr\times\frac{1}{8}\times\frac{1}{12}\right)$$

$$R=4.626-(2\times 0.070\,002\,5)-\left(2\times\frac{1}{8}\times\frac{1}{12}\right)$$

$$R=4.465$$

将这些值代入公式(A.27)求得弯曲强度比如下：

$$BSR(NC46-62)=\frac{\dfrac{OD^4-b^4}{OD}}{\dfrac{R^4-ID^4}{R}}$$

$$=\frac{\dfrac{(6.25)^4-(4.120)^4}{6.25}}{\dfrac{(4.465)^4-(2.812\,5)^4}{4.465}}$$

$$=2.64:1$$

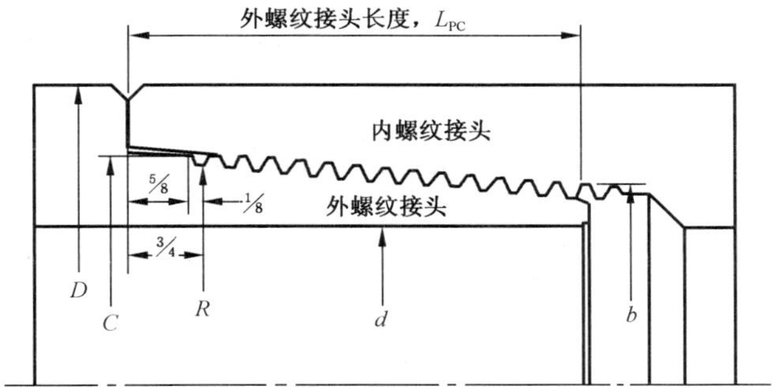

图 A.4 用于抗弯强度比计算的各尺寸在旋转台肩连接中的位置

A.12 方钻杆驱动部分的抗扭强度

表 15 和表 17 所列方钻杆驱动部分抗扭强度值由下式计算得到：

$$Y=\frac{0.577Y_m[0.200(a^3-b^3)]}{12}$$

式中：

Y_m——抗拉强度，单位为磅力每平方英寸(lbf/in²)；

a——相对边之间的距离，单位为英寸(in)；

b——方钻杆通径，单位为英寸(in)。

A.13 方钻杆驱动部分的抗弯强度

表15和表17所列方钻杆驱动部分抗弯强度值可由以下任一公式计算得到：

a. 四方方钻杆驱动面的抗弯强度 Y_{BC}，单位为英尺磅(ft·lb)：

$$Y_{BC}=\frac{Y_m(0.118a^4-0.069b^4)}{12a}$$

b. 六方方钻杆驱动面的抗弯强度，Y_{BF}，单位为英尺磅(ft·lb)：

$$Y_{BF}=\frac{Y_m(0.104a^4-0.085b^4)}{12a}$$

A.14 钻杆本体加钻杆接头的近似总重量

$$\text{钻杆本体加钻杆接头的近似重量}=\frac{(\text{钻杆本体的近似校准重量}\times 29.4)+\text{钻杆接头的近似重量}}{\text{钻杆接头的校准长度}+29.4}(\mathrm{lb/ft}) \quad\cdots\cdots(\mathrm{A}.31)$$

式中：

$$\text{钻杆本体近似校准重量}=\frac{\text{平端管体重量}+\text{加厚端的重量}}{29.4}(\mathrm{lb/ft}) \quad\cdots\cdots(\mathrm{A}.32)$$

平端重量和加厚端重量在 API Spec 5D 中查找。

钻杆接头的近似重量＝

$$0.222L(D^2-d^2)+0.167(D^3-D_{TE}^3)-0.501d^2(D-D_{TE})(\mathrm{lb}) \quad\cdots\cdots\cdots(\mathrm{A}.33)$$

L、D、d 和 D_{TE} 尺寸在 API Spec7 图6和表7中。

$$\text{钻杆接头校准长度}=\frac{L+2.253(D-D_{TE})}{12}(\mathrm{ft}) \cdots\cdots\cdots\cdots\cdots\cdots\cdots\cdots(\mathrm{A}.34)$$

A.15 弯曲井眼中的临界屈曲载荷

A.15.1 下列公式确定了在三维弯曲井眼中使钻杆本体屈曲的井眼曲率范围。只要井眼曲率在由下列公式确定的最小值和最大值范围内，本体就会发生屈曲。

若 $F_b<\frac{4\times E\times I}{12\times h_c\times R_L}$，不会屈曲；

若 $F_b\geqslant\frac{4\times E\times I}{12\times h_c\times R_L}$、$W_{eq}=\frac{12\times h_c\times F_b{}^2}{4\times E\times I}$，

那么 $B_{Vmin}=\frac{-5\ 730}{F_b}\left[\left(W_{eq}^2-\left(\frac{F_b}{R_L}\right)^2\right)^{1/2}+W_m\times\sin\theta\right]$，

$B_{Vmax}=\frac{5\ 730}{F_b}\left[\left(W_{eq}^2-\left(\frac{F_b}{R_L}\right)^2\right)^{1/2}-W_m\times\sin\theta\right]$

式中：

F_b——临界屈曲载荷(＋为压缩载荷)，单位为磅(lb)；

B_{Vmin}——导致钻杆屈曲的最小井斜变化率(＋为增斜，－为降斜)，单位为度每100英尺[(°)/100 ft]；

B_{Vmax}——导致钻杆屈曲的最大井斜变化率(＋为增斜，－为降斜)，单位为度每100英尺[(°)/100 ft]；

W_{eq}——在 F_b 轴向载荷作用下使钻杆发生屈曲的当量钻杆重量；

$E=29.6\times10^6$ psi；

$I=\frac{0.7854(OD^4-ID^4)}{16}$；

$W_m=W_a\left(\frac{65.5-MW}{65.5}\right)$，钻杆在钻井液中的浮重，单位为磅每英尺(lb/ft)；

W_a——钻杆在空气中的重量，单位为磅每英尺(lb/ft)；

MW——钻井液密度，单位为磅每加仑(lb/gal)；

$h_c=\frac{D_H-TJOD}{2}$钻杆接头与井眼之间的径向间隙，单位为英寸(in)；

D_H——井眼直径，单位为英寸(in)；

$TJOD$——钻杆接头外径，单位为英寸(in)；

$B_L=\sqrt{B_T^2-B_V^2}$，方位变化率，单位为度每100英尺[(°)/100 ft]；

B_T——全角变化率，单位为度每100英尺[(°)/100 ft]；

$R_L=\frac{5730}{B_L}$，方位曲率半径，单位为英尺(ft)；

θ——井斜角，单位为度(°)。

A.15.2 如果井眼轨迹完全在竖直平面内，则临界屈曲载荷公式可简化为：

$$W_{eq}=\frac{12\times h_c\times F_b^2}{4\times E\times I}$$

$$B_{Vmin}=\frac{-5730\times(W_{eq}+W_m\times\sin\theta)}{F_b}$$

$$B_{Vmax}=\frac{5730\times(W_{eq}-W_m\times\sin\theta)}{F_b}$$

式中：

B_{Vmin}——导致钻杆屈曲的最小井斜变化率(+为增斜，−为降斜)，单位为度每100英尺[(°)/100 ft]；

B_{Vmax}——导致钻杆屈曲的最大井斜变化率(+为增斜，−为降斜)，单位为度每100英尺[(°)/100 ft]；

F_b——屈曲载荷，单位为磅(lb)；

$E=29.6\times10^6$ psi；

$I=\frac{\pi(OD^4-ID^4)}{64}$；

W_{eq}——钻杆在弯曲井眼中的当量浮重；

$W_m=W_a\left(\frac{65.5-MW}{65.5}\right)$钻杆在钻井液中的浮重，单位为磅每英尺(lb/ft)；

W_a——钻杆在空气中的重量，单位为磅每英尺(lb/ft)；

MW——钻井液密度，单位为磅每加仑(lb/gal)；

$h_c=\frac{D_H-TJOD}{2}$钻杆接头与井眼之间的径向间隙，单位为英寸(in)；

D_H——井眼直径，单位为英寸(in)；

$TJOD$——钻杆接头外径，单位为英寸(in)；

θ——井斜角，单位为度(°)。

A.15.3 图A.5、图A.6分别反映了井眼曲率对5 in、3½ in钻杆临界屈曲载荷的影响规律。图A.7反映了方位变化率对5 in钻杆临界屈曲载荷的影响规律。不论是方位变化率还是井斜变化率，临界屈曲载荷随全角变化率的增加而增加。

A.16 弯曲井眼中承压钻杆的弯曲应力

A.16.1 计算出钻杆从不接触井壁到点接触井壁和从点接触井壁到螺旋面接触井壁过度的临界井眼曲率,然后,将其与实际井眼曲率比较以确定钻杆承受弯曲应力的类型。两种临界井眼曲率的计算如下:

$$B_c=\frac{57.3\times100\times12\times\Delta D}{J\times L\left[\tan\left(\frac{57.3\times L}{4\times J}\right)-\frac{L}{4\times J}\right]}$$

式中:

B_c——钻杆从不接触井壁到点接触井壁过度的临界井眼曲率,单位为度每100英尺[(°)/100 ft];

$TJOD$——钻杆接头外径,单位为英寸(in);

$\Delta D=TJOD-OD$,单位为英寸(in);

OD——钻杆本体外径,单位为英寸(in);

$J=\left(\frac{E\times I}{F}\right)^{1/2}$,单位为英寸(in);

L——一根钻杆的长度,单位为英寸(in);

E——钢的杨氏模量,$E=3\times10^7\,\text{lb/in}^2$;

$I=\frac{\pi(OD^4-ID^4)}{64}$,$I$——钻杆本体的惯性距,单位为四次方英寸($\text{in}^4$);

F——作用在钻杆上的轴向压力,单位为磅(lb);

ID——钻杆本体的内径,单位为英寸(in);

$$B_w=\frac{57.3\times100\times12\times\Delta D}{J\times L\left[\frac{4J}{L}+\frac{L}{4J\times\tan^2\left(\frac{57.3\times L}{4\times J}\right)}-\frac{2}{\tan\left(\frac{57.3\times L}{4\times J}\right)}\right]}$$

式中:

B_w——钻杆从点接触井壁到螺旋面接触井壁过渡的临界井眼曲率,单位为度每100英尺[(°)/100 ft];

ΔD——$(TJOD-OD)$,单位为英寸(in);

$TJOD$——钻杆接头外径,单位为英寸(in);

OD——钻杆本体外径,单位为英寸(in);

$J=\left(\frac{E\times I}{F}\right)^{1/2}$,单位为英寸(in);

L——一根钻杆的长度,单位为英寸(in);

E——钢的杨氏模量,30×10^6 psi;

$I=\frac{\pi(OD^4-ID^4)}{64}$,$I$——钻杆本体的惯性距,单位为四次方英寸($\text{in}^4$);

F——作用在钻杆上的轴向压力,单位为磅(lb);

ID——钻杆本体的内径,单位为英寸(in)。

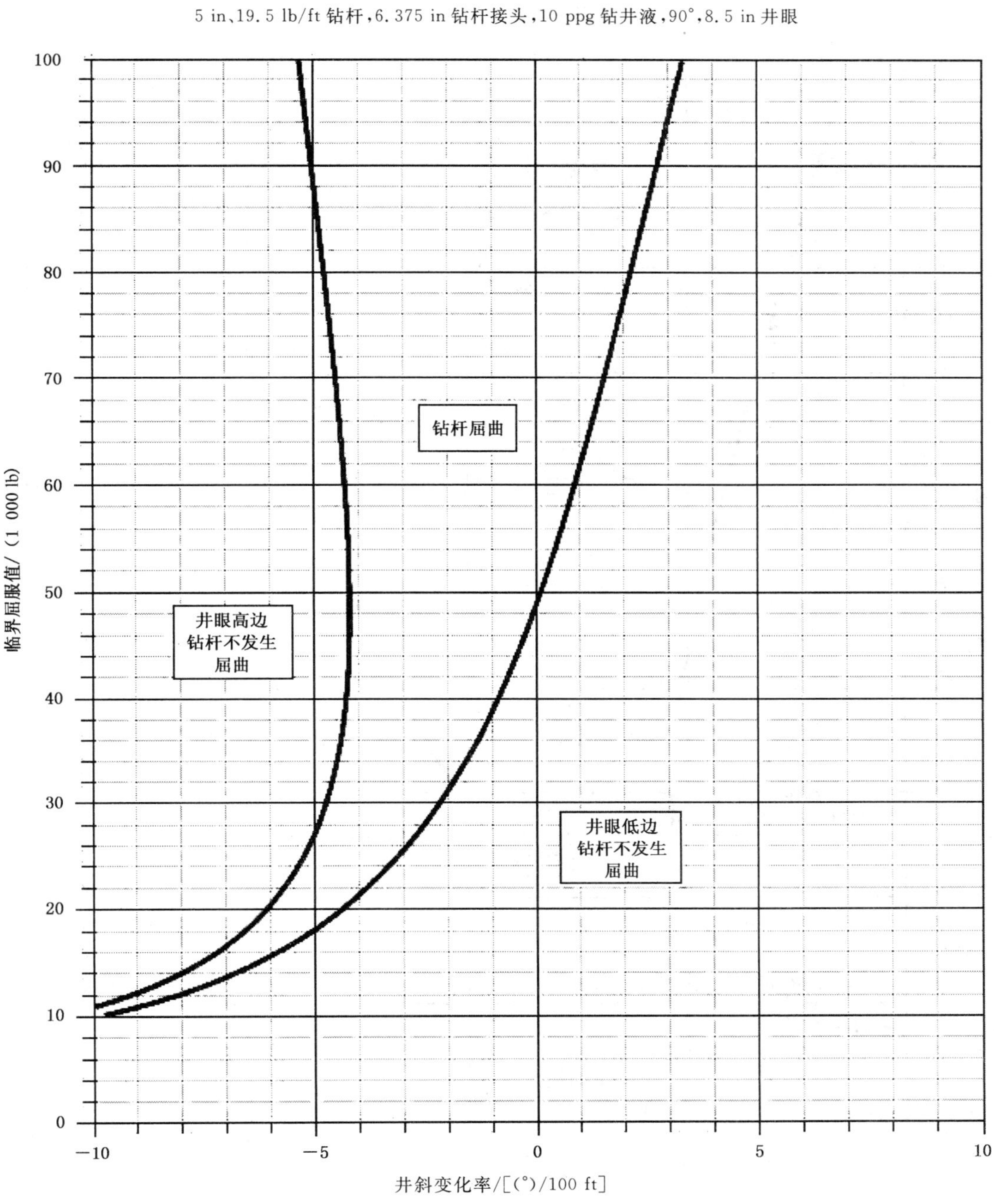

图 A.5 屈曲载荷与井眼曲率的关系

3.5 in、13.3 lb/ft 钻杆，4.75 in 钻杆接头，10 ppg 钻井液，90°，6.0 in 井眼

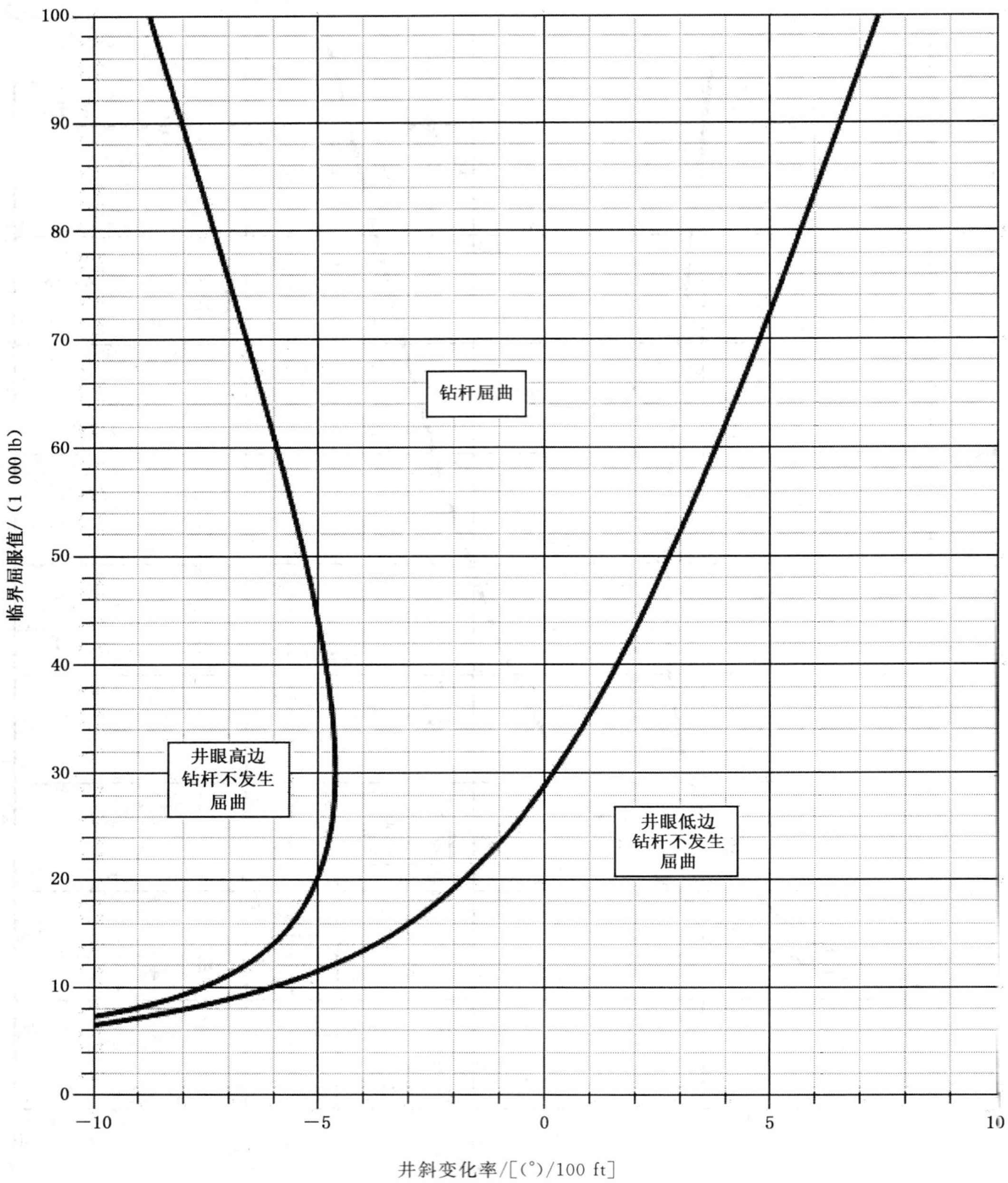

图 A.6 屈曲载荷与井眼曲率的关系

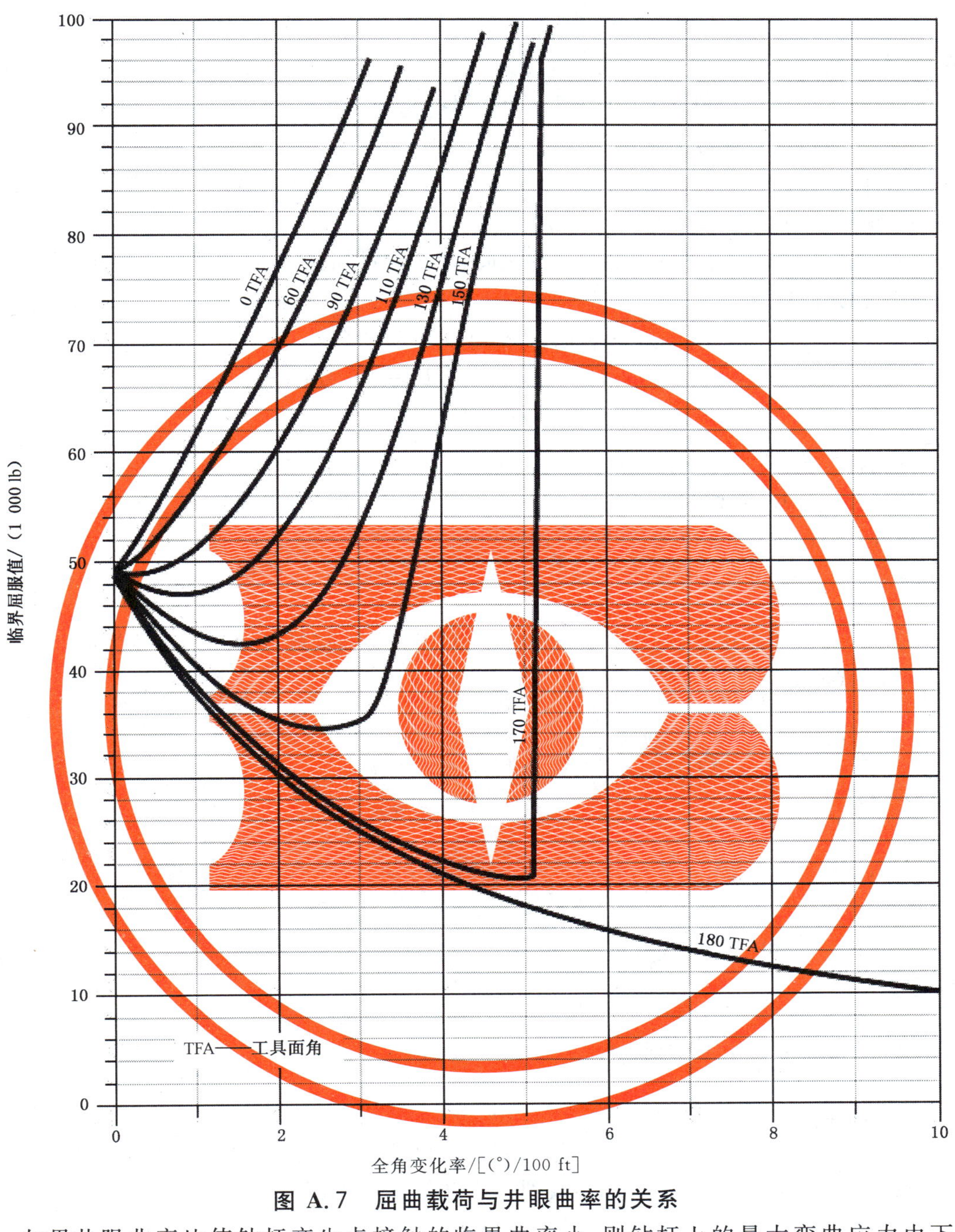

图 A.7 屈曲载荷与井眼曲率的关系

A.16.2 如果井眼曲率比使钻杆产生点接触的临界曲率小，则钻杆上的最大弯曲应力由下式进行计算：

$$S_b = \frac{B \times OD \times F \times J \times L}{57.3 \times 100 \times 12 \times 4 \times I \times \sin\left(\frac{57.3L}{2J}\right)}$$

式中：

S_b——最大弯曲应力，单位为磅力每平方英寸(lbf/in^2)；

B——井眼曲率，单位为度每 100 英尺[(°)/100 ft]；

F——作用在钻杆上的轴向压力，单位为磅(lb)；

$J=\left(\frac{E\times I}{F}\right)^{1/2}$，单位为英寸(in)；

E——钢的杨氏模量，30×10^6 lb/in^2；

$I=\frac{\pi(OD^4-ID^4)}{64}$，$I$——钻杆本体的惯性距，单位为四次方英寸(in^4)；

OD——钻杆本体外径，单位为英寸(in)；

ID——钻杆本体内径，单位为英寸(in)；

L——一根钻杆的长度，单位为英寸(in)。

A.16.3 如果井眼曲率在计算的两个临界曲率之间，那么，钻杆的中点将与井壁点接触，其上的最大弯曲应力由下式进行计算：

$$S_b=\frac{E\times OD\times U^2}{4R}\left[\frac{A\times\sin\theta+B\times\cos\theta}{U\times\sin U-4\times\sin^2\left(\frac{U}{2}\right)}\right]$$

式中：

E——钢的杨氏模量，29.6×10^6 lb/in^2；

OD——钻杆本体外径，单位为英寸(in)；

ID——钻杆本体的内径，单位为英寸(in)；

$U=\frac{L}{2J}$；

L——对于钻杆本体点接触，L 为单根钻杆长度；对于螺旋面接触，L 为 L_e，单位为英寸(in)；

$A=\left(1+\frac{4\times R\times\Delta D}{L^2}\right)\sin U-\frac{4}{U}\times\sin^2\left(\frac{U}{2}\right)$

$B=2\left[1-\frac{\sin U}{U}-\left(1+\frac{4\times R\times\Delta D}{L^2}\right)\sin^2\left(\frac{U}{2}\right)\right]$

$\theta=\arctan\left(\frac{A}{B}\right)$；

$J=\left(\frac{E\times I}{F}\right)^{1/2}$，单位为英寸(in)；

$I=\frac{\pi(OD^4-ID^4)}{64}$，单位为四次方英寸(in^4)；

ΔD——$(TJOD-OD)$，单位为英寸(in)；

$TJOD$——钻杆接头的外径，单位为英寸(in)；

R——$57.3\times100\times12B$；

B——井眼曲率，单位为度每 100 英尺[(°)/100 ft]。

A.16.4 如果井眼曲率超过了从点接触过渡到线接触的临界曲率，那么，要计算最大弯曲应力，需先由下式用试算的办法计算出钻杆的有效间距，直到计算曲率与实际井眼曲率一致：

$$B=\frac{57.3\times100\times12\times\Delta D}{J\times L_e\left[\frac{4J}{L_e}+\frac{L_e}{4J\times\tan^2\left(\frac{57.3L_e}{4J}\right)}-\frac{2}{\tan\left(\frac{57.3L_e}{4J}\right)}\right]}$$

式中：

L_e——钻杆的有效间距，单位为英寸(in)；

B——井眼曲率，单位为度每 100 英尺[(°)/100 ft]；

ΔD——$(TJOD-OD)$，单位为英寸(in)；

$TJOD$——钻杆接头的外径，单位为英寸(in)；

OD——钻杆的外径，单位为英寸(in)；

ID——钻杆的内径，单位为英寸(in)；

$J=\left(\frac{E\times I}{F}\right)^{1/2}$，单位为英寸(in)；

E——钢的杨氏模量，29.6×10^6 lb/in²；

$I=\frac{\pi(OD^4-ID^4)}{64}$，单位为四次方英寸($in^4$)；

F——作用在钻杆上的轴向压力，单位为磅(lb)；

L_W——钻杆本体与井壁接触的长度，$L_W=L-L_e$，单位为英寸(in)；

L——一根钻杆的长度，单位为英寸(in)。

A.16.5 用点接触公式和有效间距计算出最大弯曲应力。

A.16.6 钻杆承压钻进时我们关注的焦点之一就是钻杆接头与井壁之间、钻杆本体与井壁之间侧向力的大小。对此，众多学者都提出了操作限度，认为对钻杆接头与井壁之间的侧向力而言，应将其控制在2 000 lb～3 000 lb或更高，但是，对钻杆本体与井壁之间的侧向力，目前还没有能被大家接受的控制范围。在钻杆本体不与井壁接触的情况下，接头上的侧向力可由下式进行计算：

$$LF_{TJ}=\frac{F\times L\times B}{57.3\times100\times12}$$

式中：

LF_{TJ}——钻杆接头上的侧向力，单位为磅(lb)；

L——一根钻杆的长度，单位为英寸(in)；

B——井眼曲率，单位为度每100英尺[(°)/100 ft]。

A.16.7 下式给出了在点接触或螺旋面接触情况下钻杆接头和钻杆本体与井壁的接触力：

$$LF_{TJ}=\frac{2\times E\times I\times U^2}{R\times L_e}\left[\frac{\left(1-\frac{4R\times\Delta D}{L_e^2}\right)\sin U-\frac{4}{U}\sin^2\left(\frac{U}{2}\right)}{\sin U-\frac{4}{U}\sin^2\left(\frac{U}{2}\right)}\right]$$

$$LF_{pipe}=\frac{F\times L}{R}-LF_{TJ}$$

式中：

LF_{pipe}——钻杆本体上的侧向力，单位为磅(lb)；

LF_{TJ}——钻杆接头上的侧向力，单位为磅(lb)；

$L_W=L-L_e$，

L_W——钻杆本体与井壁接触的长度，单位为英寸(in)；

L_e——对于点接触为L，螺旋面接触时为与钻杆有效间距，单位为英寸(in)；

$R=\frac{57.3\times100\times12}{B}$，

B——井眼曲率，单位为度每100英尺[(°)/100 ft]；

$U=\frac{L_e}{2J}$，

$J=\left(\frac{E\times I}{F}\right)^{1/2}$，单位为英寸(in)；

ΔD——钻杆接头与钻杆本体的直径之差，$=TJOD-OD$，单位为英寸(in)；

$I=\frac{\pi(OD^4-ID^4)}{64}$，单位为四次方英寸($in^4$)。

表 A.1 旋转台肩连接螺纹数据资料

(1)	(2)	(3)	(4)	(5)	(6)	(7)	(8)	(9)	(10)	(11)	(12)	(13)
连接类型	螺纹中径	锥度	外螺纹接头长度	理论牙高	根部削平	公称镗孔	螺距	螺纹倾角	应力释放槽直径	内径	低扭矩镗孔直径	低扭距倒角直径
NC10	1.063 000	1.500 000	1.500 000	0.144 100	0.040 600	1.204 000	0.166 667	30	—	—	—	—
NC12	1.265 000	1.500 000	1.750 000	0.144 100	0.040 600	1.406 000	0.166 667	30	—	—	—	—
NC13	1.391 000	1.500 000	1.750 000	0.144 100	0.040 600	1.532 000	0.166 667	30	—	—	—	—
NC16	1.609 000	1.500 000	1.750 000	0.144 100	0.040 600	1.751 000	0.166 667	30	—	—	—	—
NC23	2.355 000	2.000 000	3.000 000	0.216 005	0.038 000	2.625 000	0.250 000	30	2.140 625	2.218 750	—	—
NC26	2.668 000	2.000 000	3.000 000	0.216 005	0.038 000	2.937 500	0.250 000	30	2.375 000	2.531 250	—	—
NC31	3.183 000	2.000 000	3.500 000	0.216 005	0.038 000	3.453 125	0.250 000	30	2.890 625	2.953 125	—	—
NC35	3.531 000	2.000 000	3.750 000	0.216 005	0.038 000	3.812 500	0.250 000	30	3.231 000	3.234 375	—	—
NC38	3.808 000	2.000 000	4.000 000	0.216 005	0.038 000	4.078 125	0.250 000	30	3.508 000	3.468 750	—	—
NC40	4.072 000	2.000 000	4.500 000	0.216 005	0.038 000	4.343 750	0.250 000	30	3.772 000	3.656 250	—	—
NC44	4.417 000	2.000 000	4.500 000	0.216 005	0.038 000	4.687 500	0.250 000	30	4.117 000	4.000 000	—	—
NC46	4.626 000	2.000 000	4.500 000	0.216 005	0.038 000	4.906 250	0.250 000	30	4.326 000	4.203 125	—	—
NC50	5.041 700	2.000 000	4.500 000	0.216 005	0.038 000	5.312 500	0.250 000	30	4.742 000	4.625 000	—	—
NC56	5.616 000	3.000 000	5.000 000	0.215 379	0.038 000	5.937 500	0.250 000	30	5.277 000	4.796 875	—	—
NC61	6.178 000	3.000 000	5.500 000	0.215 379	0.038 000	6.500 000	0.250 000	30	5.839 000	5.234 375	—	—
NC70	7.053 000	3.000 000	6.000 000	0.215 379	0.038 000	7.375 000	0.250 000	30	6.714 000	5.984 375	—	—
NC77	7.741 000	3.000 000	6.500 000	0.215 379	0.038 000	8.062 500	0.250 000	30	7.402 000	6.546 875	—	—
$5\frac{1}{2}$IF	6.189 000	2.000 000	5.000 000	0.216 005	0.038 000	6.453 125	0.250 000	30	5.890 625	5.687 500	—	—
$6\frac{5}{8}$IF	7.251 000	2.000 000	5.000 000	0.216 005	0.038 000	7.515 625	0.250 000	30	6.953 125	6.750 000	—	—
1REG	1.154 000	1.500 000	1.500 000	1.441 000	0.040 600	1.301 000	0.166 667	30	—	—	—	—
$1\frac{1}{2}$REG	1.541 000	1.500 000	2.000 000	1.441 000	0.040 600	1.688 000	0.166 667	30	—	—	—	—
$2\frac{3}{8}$REG	2.365 370	3.000 000	3.000 000	0.172 303	0.020 000	2.687 500	0.200 000	30	2.015 625	2.062 500	—	—
$2\frac{7}{8}$REG	2.740 370	3.000 000	3.500 000	0.172 303	0.020 000	3.062 500	0.200 000	30	2.390 625	2.312 500	—	—
$3\frac{1}{2}$REG	3.239 870	3.000 000	3.750 000	0.172 303	0.020 000	3.562 500	0.200 000	30	2.906 250	2.718 750	—	—
$4\frac{1}{2}$REG	4.364 870	3.000 000	4.250 000	0.172 303	0.020 000	4.687 500	0.200 000	30	4.013 000	3.718 750	—	—

表 A.1（续）

(1)	(2)	(3)	(4)	(5)	(6)	(7)	(8)	(9)	(10)	(11)	(12)	(13)
连接类型	螺纹中径	锥度	外螺纹接头长度	理论牙高	根部削平	公称镗孔	螺距	螺纹倾角	应力释放槽直径	内径	低扭矩镗孔直径	低扭距倒角直径
5½REG	5.234 020	3.000 000	4.750 000	0.215 379	0.025 000	5.578 125	0.250 000	30	4.869 000	4.500 000	—	—
6⅝REG	5.757 800	2.000 000	5.000 000	0.216 005	0.025 000	6.062 500	0.250 000	30	5.417 000	5.281 250	—	—
7⅝REG	6.714 530	3.000 000	5.250 000	0.215 379	0.025 000	7.093 750	0.250 000	30	6.349 000	5.859 375	7.750 000	9.250 000
8⅝REG	7.666 580	3.000 000	5.375 000	0.215 379	0.025 000	8.046 875	0.250 000	30	7.301 000	6.781 250	9.000 000	10.500 000
2⅞REG	3.365 400	3.000 000	3.500 000	0.172 303	0.020 000	3.687 500	0.200 000	30	—	—	—	—
3½REG	3.734 000	3.000 000	3.750 000	0.172 303	0.020 000	4.046 875	0.200 000	30	3.421 875	3.218 750	—	—
4½REG	4.532 000	3.000 000	4.000 000	0.172 303	0.020 000	4.875 000	0.200 000	30	4.180 000	3.953 125	—	—
5½REG	5.591 000	2.000 000	5.000 000	0.216 005	0.025 000	5.906 250	0.250 000	30	5.250 000	5.109 375	—	—
6⅝REG	6.519 600	2.000 000	5.000 000	0.216 005	0.025 000	6.843 750	0.250 000	30	6.171 875	6.046 875	—	—
2⅜SL-H90	2.578 000	1.250 000	2.812 500	0.166 215	0.034 107	2.765 625	0.333 333	45	2.328 125	2.531 250	—	—
2⅞SL-H90	3.049 000	1.250 000	2.937 500	0.166 215	0.034 107	3.234 375	0.333 333	45	2.671 875	2.984 375	—	—
3½SL-H90	3.688 000	1.250 000	3.187 500	0.166 215	0.034 107	3.875 000	0.333 333	45	3.312 500	3.593 750	—	—
3½H-90	3.929 860	2.000 000	4.000 000	0.141 865	0.017 042	4.187 500	0.285 710	45	3.652 500	3.562 500	—	—
4H-90	4.303 600	2.000 000	4.250 000	0.141 865	0.017 042	4.562 500	0.285 710	45	4.031 250	3.875 000	—	—
4½H-90	4.637 600	2.000 000	4.500 000	0.141 865	0.017 042	4.890 625	0.285 710	45	4.359 375	4.187 500	—	—
5H-90	4.908 100	2.000 000	4.750 000	0.141 865	0.017 042	5.171 875	0.285 710	45	4.625 000	4.406 250	—	—
5½H-90	5.178 600	2.000 000	4.750 000	0.141 865	0.017 042	5.437 500	0.285 710	45	4.906 250	4.687 500	—	—
6⅝H-90	5.803 600	2.000 000	5.000 000	0.141 865	0.017 042	6.062 500	0.285 710	45	5.531 250	5.265 625	—	—
7H-90	6.252 300	3.000 000	5.500 000	0.140 625	0.016 733	6.562 500	0.285 710	45	6.031 250	5.265 625	7.125 000	8.250 000
7⅝H-90	7.141 100	3.000 000	6.125 000	0.140 625	0.016 733	7.453 125	0.285 710	45	6.906 250	6.000 000	8.000 000	9.250 000
8⅝H-90	8.016 100	3.000 000	6.625 000	0.140 625	0.016 733	8.328 125	0.285 710	45	7.781 250	6.750 000	9.375 000	10.500 000
2⅜PAC	2.203 000	1.500 000	2.375 000	0.216 224	0.057 948	2.406 250	0.250 000	30	1.984 375	2.171 875	—	—
2⅞PAC	2.369 000	1.500 000	2.375 000	0.216 224	0.057 948	2.578 125	0.250 000	30	2.156 250	2.343 750	—	—

表 A.1（续）

(1)	(2)	(3)	(4)	(5)	(6)	(7)	(8)	(9)	(10)	(11)	(12)	(13)
连接类型	螺纹中径	锥度	外螺纹接头长度	理论牙高	根部削平	公称镗孔	螺距	螺纹倾角	应力释放槽直径	内径	低扭矩镗孔直径	低扭距倒角直径
3½PAC	2.884 000	1.500 000	3.250 000	0.216 224	0.057 948	3.109 375	0.250 000	30	—	—	—	—
2⅜SH	2.230 000	2.000 000	2.875 000	0.216 005	0.038 000	2.500 000	0.250 000	30	1.937 500	2.093 750	—	—
2⅞SH	2.668 000	2.000 000	3.000 000	0.216 005	0.038 000	2.937 500	0.250 000	30	2.375 000	2.531 250	—	—
3½SH	3.183 000	2.000 000	3.500 000	0.216 005	0.038 000	3.453 125	0.250 000	30	2.890 625	2.953 125	—	—
4SH	3.604 000	2.000 000	3.500 000	0.216 005	0.038 000	3.875 000	0.250 000	30	3.312 500	3.375 000	—	—
4½SH	3.808 000	2.000 000	4.000 000	0.216 005	0.038 000	4.078 125	0.250 000	30	3.508 000	3.468 750	—	—
2⅞XH	3.119 000	2.000 000	4.000 000	0.216 005	0.038 000	3.359 375	0.250 000	30	2.828 125	2.781 250	—	—
3½XH	3.604 000	2.000 000	3.500 000	0.216 005	0.038 000	3.875 000	0.250 000	30	3.312 500	3.375 000	—	—
5XH	5.041 700	2.000 000	4.500 000	0.216 005	0.038 000	5.312 500	0.250 000	30	4.742 000	4.625 000	—	—
2⅜OH SW	2.588 000	1.500 000	2.375 000	0.216 224	0.057 948	2.796 875	0.250 000	30	—	—	—	—
2⅜OH LW	2.588 000	1.500 000	2.375 000	0.216 224	0.057 948	2.796 875	0.250 000	30	—	—	—	—
2⅞OH SW	2.984 000	1.500 000	2.875 000	0.216 224	0.057 948	3.203 125	0.250 000	30	—	—	—	—
2⅞OH LW	2.984 000	1.500 000	2.500 000	0.216 224	0.057 948	3.203 125	0.250 000	30	—	—	—	—
3½OH SW	3.728 000	1.500 000	3.250 000	0.216 224	0.057 948	3.953 125	0.250 000	30	—	—	—	—
3½OH LW	3.728 000	1.500 000	3.250 000	0.216 224	0.057 948	3.953 125	0.250 000	30	—	—	—	—
4OH SW	4.416 000	1.500 000	4.000 000	0.216 224	0.057 948	4.640 625	0.250 000	30	—	—	—	—
4OH LW	4.416 000	1.500 000	3.500 000	0.216 224	0.057 948	4.640 625	0.250 000	30	—	—	—	—
4½OH SW	4.752 000	1.500 000	3.750 000	0.216 224	0.057 948	4.953 125	0.250 000	30	—	—	—	—
4½OH LW	4.752 000	1.500 000	3.750 000	0.216 224	0.057 948	4.953 125	0.250 000	30	—	—	—	—
2⅜WO	2.605 000	2.000 000	2.375 000	0.216 005	0.038 000	2.859 375	0.250 000	30	—	—	—	—
2⅞WO	3.121 000	2.000 000	3.000 000	0.216 005	0.038 000	3.375 000	0.250 000	30	—	—	—	—
3½WO	3.808 000	2.000 000	3.500 000	0.216 005	0.038 000	4.078 125	0.250 000	30	—	—	—	—
4WO	4.626 000	2.000 000	4.500 000	0.216 005	0.038 000	4.906 250	0.250 000	30	—	—	—	—
4½WO	5.041 700	2.000 000	4.500 000	0.216 005	0.038 000	5.312 500	0.250 000	30	—	—	—	—

附 录 B
（资料性附录）
参考资料

RP 7G 中的诸多专题已经成为行业中的重要研究课题。下面列出的是其中相关的部分专题和科技论文题目。

[1] Arthur Lubinski 在旋转钻井眼内所能容许的最大狗腿. 石油技术杂志，1961. 2.

[2] Robert W. Nicholson. 根据允许的狗腿严重度极限，使钻杆损害和井眼问题减到最少. 1974 年国际钻井承包商协会旋转钻井会议会刊.

[3] K. D. Schenk. 公司学习钻大狗腿井. 油气杂志，1964. 10. 12.

[4] G. J. Wilson. 定向钻井中控制狗腿. 美国机械工程师协会会刊. 240 卷，1967.

[5] Hansford，hohn E 和 Lubinski，Arthur 钻杆在狗腿处的累积疲劳损害. 石油技术杂志，1966. 3.

[6] Hansford，hohn E 和 Lubinski，Arthur. 钻井船颠簸和摇摆对方钻杆和钻杆疲劳的影响. 美国机械工程师协会会刊，231 卷，1964.

[7] Thad Vreeland，Jr. 长钻柱中的动态应力. 石油工程师，1961. 5.

[8] Henry Bourne. 钻井液腐蚀. 俄克拉荷马州. 朋加城. 大陆石油公司. 未公开发表.

[9] Edward R. Slaughter. 氢对高强度钢材脆性失效的影响的调查研究. 世界钻井承包商协会技术报告，1955 年 6 月：56～83.

[10] H. M. Rollins. H_2S 导致的钻柱失效. 油气杂志，1966. 1. 24.

[11] Water Main. 钻杆和钻杆接头故障的原因和预防. 世界石油. 1948. 10.

[12] J. C. Stall 和 K. A. Blenkarn. 被卡钻柱的允许大钩载荷和扭矩组合. 美国石油学会中大陆地区会议. 论文号 851-36-M，1962. 4. 6.

[13] Armco. 钢铁公司. 石油管材-工程数据. 1966.

[14] Arthur Lubinski. 3 类钻杆的疲劳. 法国石油研究院周报，1977. 2.

[15] Arthur Lubinski 起下钻时钻杆的动载. 石油技术杂志，1988. 8.

[16] Huang T.，Dareing D. W.，钻杆的弯曲和水平震动，工业工程杂志，1968，11，613-619.

[17] Dareing D. W.，Livesay B. J.，带减震器的钻杆纵向和有一定角度的振动 工业工程杂志，1968 年 11 月. 671～679.

[18] Combes J. D.，Baxter V. R.，临界转速费用高，石油工程师，1969，9，60-63.

[19] Besaisow A. A.，et. al.，in 地面钻柱振动测量系统的研制. SPE 14327，拉斯维加斯工业会议发布，9 月 22 日～25 日，1985.

[20] Burgess T. M.，McDaniel G. L.，Das P. K.，用钻具振动模型提高钻具稳定性的现场试验及局限性，新奥尔良钻井会议 SPE/IADCF 发布，1987 年 3 月.

[21] Halsey G. W.，et. al.，解决粘附复杂问题时扭矩的反应，SPE 18049，新奥尔良科技会议发布，1987 年 3 月.

[22] Cook R. L.，Nicholson J. W.，Sheppard M. C.，and West-lake W.，导向钻进井下振动、拉力、压力实时监测的测量方法，SPE/IADC 19651，SPE/IADC 新奥尔良钻井会议发布，1989 年 2 月 28 日～3 月 3 日.

[23] Warren T. M.，Brett J. F.，and Sinor L. A.，抗回转钻头的研制. SPE 19572，SPE 年度科技博览会，圣地亚哥，1989 年 10 月 8 日～11 日.

[24] Yanglie Zhang，Zaiyang Xiao，API RP 7G 第 9 章节回顾. API 标准化协会，1993 年 6 月.

［25］ Nicholson J. W.，钻井动力学设计、鉴定、控制的综合方法. SPE/IADC27537，达拉斯 SPE/IADC 钻井会议，1994 年 2 月 15 日～18 日.

［26］ Fereidoun Abbassian，钻柱振动初级读本. *BP* 勘探，未公开发表.

［27］ Dawson，Rapier，and Paslay，P. R.，弯曲井眼中的钻杆屈曲. 石油技术杂志，1984. 10.

［28］ *DS*-1 标准，钻杆的设计和检查，第二版. T. H. Hill Associates，Inc.，休斯敦得克萨斯州，1997 年 8 月.

［29］ Mitchell，R. F.，对井斜螺旋弯曲的影响. SPE 29462，SPE 开采作业论文集，俄克拉荷马州，1995 年 4 月.

［30］ Schuh，F. J.，弯曲井眼中钻杆的临界弯曲力和应力. SPE/IADC 21942，SPE/ IADC 阿姆斯特丹钻井会议，1991 年 3 月 11 日～14 日.

［31］ Kyllingstad，Aage，弯曲井眼中管柱的弯曲. 石油科学工程，1995 年 12 月：209-218.

［32］ Suryanarayana，P. V. R.；McCann，R. C.，侧面受限钻杆弯曲和再弯曲的实验研究，能源科技，卷 177，1995 年 6 月：115-124.

［33］ Paslay，P. R，Cernocky，E. P.，狗腿度不变弯曲应力增大对钻杆和套管的影响. SPE 22547，SPE 第 66 届德克萨斯州达拉斯年度科技博览会，1991 年 10 月 6 日～9 日.

［34］ 致谢：小组委员会感谢壳牌勘探出版公司提供的 BSM 弯曲应力编码.

［35］ Morgan，R. P.；Roblin，M. J.，无缝钻杆疲劳强度的研究方法. ASME 会议，俄克拉荷马州，塔尔萨，1969 年 9 月 22 日.

［36］ Casner，John，A. 1995 年 1 月 21 日给 John Altermann 的信函，钻杆耐力极限.

［37］ Hansford，J. E.；Lubinski，A.，狗腿中钻杆的积累疲劳损伤，石油科技杂志，1966 年 3 月：359～363.

［38］ Lubinski，Arthur A.，旋转井眼中狗腿度最大允许值，石油科技杂志，1961 年 2 月.

［39］ 致谢：小组委员会感谢 Paul R. Paslay1993 年 10 月 15 日在德克萨斯州，达拉斯，美孚勘探生产科技中心发布的限制螺旋接触面的钻杆弯曲.

附 录 NA
（资料性附录）
标准第 2 章引用标准国内采标情况

表 NA.1 标准第 2 章引用标准国内采标情况

序号	引用标准	采标代号及名称	备注
1	API RP 5C1 套管、油管的维护和使用推荐作法	—	1999 年 中文译本
2	API Bull 5C3 套管、油管、钻杆和管线管性能的公式和计算	SY/T 6328—1997 石油天然气工业——套管、油管、钻杆和管线管性能计算	
3	API Spec 7 旋转钻井钻柱组件的规格	SY/T 6407—1999 旋转钻井钻柱构件规范	
4	API RP 7A1 旋转台肩连接螺纹脂试验推荐作法		
5	API RP 13B-1 水基钻井液现场测试标准程序推荐作法	GB/T 16783.1—2006 钻井液现场测试 第 1 部分：水基钻井液	
6	API RP 13B-2 油基钻井液现场测试标准程序推荐作法	GB/T 16782—1997 油基钻井液现场测试程序	
7	ASTM D3370 取水样的标准作法	—	
8	NACE MR0175 油田设备用抗硫化应力裂纹的金属材料	—	2002 年 中文译本

附　录　NB
（资料性附录）
英制单位与我国法定计量单位的换算关系

表 NB.1　英制单位与我国法定计量单位的换算

序号	量的名称	单位名称	标准中的单位符号	与我国法定计量单位的换算关系
1	长度	英寸	in	1 in=25.4 mm
2		英尺	ft	1 ft=0.304 8 mm
3	质量	磅	lb	1 lb=0.453 592 kg
4	线质量	磅每英尺	lb/ft	1 lb/ft=1.488 16 kg/m
5	面积	平方英寸	in^2	1 in^2=6.451 6×10^{-4} m^2
6	截面模数	立方英寸	in^3	1 in^3=16.387 064×10^{-6} m^3
7	截面惯性矩	四次方英寸	in^4	1 in^4=41.623 1 cm^4
8	扭矩	英尺磅力	ft·lbf	1 ft·lbf=1.355 82 Nm
9	力	磅力	lb	1 lb=4.448 22 N
10	压力	磅力每平方英寸	psi	1 psi=1 bf/in^2=6.894 76 kPa
11		千磅力每平方英寸	ksi	1 ksi=6.894 76 MPa
12	密度	磅每加仑(美)	lb/gal(ppg)	1 lb/gal=119.826 kg/m^3
13		磅每立方英尺	lb/ft^3	1 lb/ft^3=16.018 5 kg/m^3
14	温度	华氏度	°F	K=5/9(°F+459.67)

注1：表中英制单位与我国法定计量单位之间的换算关系除标注外均引自《法定计量单位换算手册》(石油工业出版社 1985年6月北京第1版)。

注2：序号6截面模数的换算关系引自GB 3102.3—1993《力学的量和单位》。

注3：序号14华氏度的换算关系引自《钻井手册(甲方上册)》(石油工业出版社　1990年6月北京第1版)。

ICS 75.060
E 24

中华人民共和国国家标准

GB/T 24957—2010/ISO 8311:1989

冷冻轻烃流体　船上膜式储罐和独立棱柱形储罐的校准　物理测量法

Refrigerated light hydrocarbon fluids—Calibration of membrane tanks and independent prismatic tanks in ships—Physical measurement

(ISO 8311:1989,IDT)

2010-08-09 发布　　2010-12-01 实施

中华人民共和国国家质量监督检验检疫总局
中国国家标准化管理委员会　发布

前　　言

本标准等同采用 ISO 8311:1989《冷冻轻烃流体　船上膜式储罐和独立棱柱形储罐的校准　物理测量法》(英文版)。

本标准等同翻译 ISO 8311:1989。

为便于使用,本标准还做了下列编辑性修改:

——“本国际标准”一词改为“本标准”;

——删除 ISO 8311:1989 的前言,重新编写本标准的前言;

——按 GB/T 1.1—2000 的要求对公式进行统一编号。

本标准的附录 A、附录 B、附录 C、附录 D、附录 E、附录 F 为资料性附录。

本标准由全国天然气标准化技术委员会(SAC/TC 244)提出。

本标准由全国天然气标准化技术委员会(SAC/TC 244)归口。

本标准负责起草单位:中国石油西南油气田分公司天然气研究院。

本标准参加起草单位:中国石油西气东输管道公司南京计量测试中心、中国石油西南油气田分公司计量检测中心、中国石油集团工程设计有限责任公司西南分公司、中国海油天然气及发电有限责任公司和中国石油大连 LNG 项目部。

本标准主要起草人:孙晓艳、涂振权、罗勤、张福元、黄永忠、段继芹、黄黎明、常宏岗、殷虹、赵静。

引　　言

大量的由1～4个碳原子组成的轻烃在其压力接近大气压下作为冷冻流体被船舶储藏和运输。这些流体分为两类,液化天然气(LNG)和液化石油气(LPG)。这些流体的大量运输,在船舶结构和建造方面需要特别的技术,使得海运既安全又经济。

用于贸易交接目的的船舶储罐内的货物量的测量应是高准确度的。本标准同本系列的其他标准,规定了船上储罐的内部测量方法,从而导出储罐校准表。

本标准包含用于诸如其容器由一层被隔离支撑的相对薄的不锈钢或高镍钢合金膜构成的膜式储罐的校准技术。加以修正后,也用于低温使用的铝合金或钢结构的、独立、自支撑和近似棱柱形状储罐的校准技术。

附录A给出在校准过程中应遵守的安全注意事项的建议。

附录B给出一个典型膜式储罐的误差来源的分析。

附录C给出以液体高度为函数的局部充装容积的校准表的实例;附录D,附录E,附录F给出纵倾、横倾和温度校正表的实例。

冷冻轻烃流体　船上膜式储罐和独立棱柱形储罐的校准　物理测量法

1　范围

1.1　本标准规定了用于运输冷冻轻烃流体的船上膜式储罐和独立棱柱储罐的内部测量方法。除实际的测量过程外，还规定了用于货物数量计算的校准表和修正表编制的计算程序。

1.2　对于膜式储罐，本标准的程序是利用安装膜使用的脚手架来支承测量设备，而对于独立棱柱储罐，应使用其他的安全方式进入到要求测量的位置。

2　规范性引用文件

下列文件中的条款通过本标准的引用而成为本标准的条款。凡是注日期的引用文件，其随后所有的修改单(不包括勘误的内容)或修订版均不适用于本标准，然而，鼓励根据本标准达成协议的各方研究是否可使用这些文件的最新版本。凡是不注日期的引用文件，其最新版本适用于本标准。

ISO 4512:2001　石油和液化石油产品　设备　储罐测量和校准　手动方法

ISO 7507-1:2003　石油和液化石油产品　立式圆柱体储罐容积校准　第1部分:卷尺测量方法

3　术语和定义

下列术语和定义适用于本标准。

3.1

校准　calibrition

根据不同的液位测定储罐总容积或部分容积的过程。

3.1.1

底部校准　bottom calibrition

由于底板起伏而对储罐底部进行校准所做的测量。

3.2

校准表　calibration table

当船在平吃水和正浮状态下与从测量参比点(3.6)测量的不同液位对应的储罐容积或体积，通常被称作储罐校准表或储罐容积表。

3.3

斜面　chamfer

连接储罐壁与储罐底面或顶面的倾斜面(见图5)。

3.4

呆木　deadwood

影响储罐容积的任何构件，包括圆角和弧形边。当构件体积使储罐的有效容积增加时，呆木称为“正呆木”，当构件体积置换了液体体积而降低储罐的有效容积时，呆木称为“负呆木”。

3.5

测量　gauging

为确定储罐中液体和蒸气的量而对储罐进行的全部测量。

3.6

测量参比点　gauge reference point

测量液位的参比点。

3.7

水平面　horizontal plant

平行于罐底的平面。

3.8

液位　liquid level

从测量参比点测量至液体表面的高度。当船舶处于横倾或纵倾时，测量高度应垂直于储罐底面。

3.9

横倾　list

船的横向倾斜度。

3.10

纵向线　longitudinal line

纵剖面穿过水平面形成的线。

3.11

纵剖面　longitudinal plane

与储罐中心线平行的垂直面。

3.12

测量线　measuring line

在一个三维的矩形网格中，间距不超过 5 m 的（纵向的，横向的或垂直的）线。为了校准对这些线进行测量。

3.13

左舷　port

轮船前进方向的左侧。

3.14

参比线　reference line

通过线或激光确定的标准线。当考虑到直接测量不切合实际时，采取此线的校准方法作为直接测量的替代方法。

3.15

基准偏移　reference offsets

罐底及其上面的某个水平面之间的间距或偏置，沿纵向端壁上画的所有垂直线测量。

3.16

参比面　reference plane

通过参比线，与侧壁、端壁或罐底平行的平面。

3.17

截面线　section line

横截面穿过水平面形成的线。

3.18

截面　section plane

平行于储罐纵向端壁的平面。

3.19

右舷　starboard

轮船前进方向的右侧。

3.20

纵倾　trim

船的纵向倾斜度。

3.21

垂线　vertical line

由侧壁上的截面和纵向端壁上的纵剖面形成的线。

4　注意事项

本章概括了测量过程中为确保获得所需的校准精度应注意的事项。

4.1　测量时应特别注意和小心，应记录下在测量过程中任何可能影响结果的异常现象。本标准描述的校准方法适用于处于漂浮状态或停在干船坞的船舶。停在干船坞的船舶使用该方法效果更好，因为船的纵倾或横倾在整个测量过程中可保持不变。如果船体纵倾和横倾发生变化，应使用光学水平仪或激光发射机对所有测量进行必要的调整。

4.2　如果储罐有异常变形，校准人员应该进行必要和足够的附加测量，来保证提供的校准表在要求的准确度内。校准人员对额外测量的细节及其原因说明应包括在校准报告中。

校准人员应提供储罐或其附件的任何异常性的详细图纸，这些图纸将帮助说明这些记录的数据。

4.3　如果能获得储罐的附图，所有测量结果应同附图上标示的相应尺寸比较。应对比较后发现的严重不相符的任何测量进行复核。

4.4　应测量两次来检查它们是否符合下列允差的要求；如果不符合，应继续测量直到连续两次测量结果符合要求，取它们的平均值作为测量结果。

测量结果	允差
不大于 20 m	±2 mm
大于 20 m	±3 mm
偏移	±0.5 mm

如果测量被中断，应重复最后一次测量。如果新的测量和原先的测量相比不在要求的允差内，则应舍去原先的测量值。

4.5　用卷尺进行测量时，应使用卷尺检定或校准证书规定的张力。

4.6　必要时应支承卷尺以防止它弯曲。如果卷尺的弯曲不可避免，校准人员应记录该情况并在计算时使用悬垂线修正。

4.7　测量膜式储罐时，注意保证隔膜同支承物质接触。

注：在某些情况，可能通过使用真空装置抽空隔膜下方空间来保证隔膜同支承物质接触。

4.8　使用光学水平仪或激光发射机时，船舶的纵倾和横倾应保持不变。

5　设备

5.1　测力计，检查卷尺规定的张力。

5.2　端对端尺，刻度为厘米(cm)和毫米(mm)刻度尺，常用于测量呆木等。木制的尺子不能弯曲。该刻度尺应具有认可的权威机构的标识和证书。

5.3　激光发射机，发射一种距离为 35 m，偏差小于 4 mm 的低能量激光束，能垂直和水平地旋转 360°。

5.4　卷尺，符合 ISO 4512:2001 的第 20 章的技术要求和规格。

5.5　光学水平仪，成正像，具有 20 或更高倍数的放大能力，能聚焦于 1.5 m 或更近距离，水平仪灵敏度为 40 s/2 mm 或更佳。

5.6　钢尺，用于测量距离等的刻度尺，以毫米(mm)为刻度。该刻度尺应具有认可的权威机构的标识和证书。

5.7 温度计,具有适当的范围,准确度为±0.5 ℃。

5.8 拉力调整装置,用来拉紧卷尺,使卷尺保持直线(见 ISO 4512:2001)。

6 测量

6.1 方法

本章和第 7 章列出了适用于膜围系统构建的储罐的测量和计算方法。

按卷尺证书的规定,通过拉紧卷尺对储罐两侧壁之间的距离进行测量。

铝合金或钢的低温储罐及独立、自承重和近似棱柱形状的储罐可能出现严重的变形或建筑偏差。如果已识别此类变形,应按 4.2 的说明进行附加测量。

采取的替代方法应由校准人员确定,并记录原因。

6.2 测量位置的确定

储罐校准基本上是对已知位置间的储罐长度、宽度和高度的测量。这些位置由许多水平面、纵剖面和截面确定。

沿这些平面相交形成的线测量储罐的长度、宽度和高度。不同平面的间距不得超过 5 m;平面间距应可调整,使测量结果能够反映截面的变化和充分描述任何变形。由校准人员确定测量位置,但相隔间距不得超过 5 m。

6.3 标记

确定测量位置后,标记储罐内壁上的线。标记顶板和底板上的截面线和纵向线、纵向端壁上的水平线和垂直线及横向端壁上的水平线和垂直线。

6.4 储罐长度的测量

按 6.4.1 到 6.4.3 的描述沿不同液位高度的水平面上的所有纵向线测量储罐长度。

6.4.1 底板上的长度测量

用卷尺沿底板上标记的所有纵向线测量纵向端壁之间的距离。

6.4.2 顶板上的长度测量

用与底板上长度测量类似的方式(见 6.4.1)测量顶板上的距离。注意保持测量卷尺与顶面接触。

6.4.3 中间水平面上的长度测量

为避免由于测量卷尺过度弯曲引起的不准确测量,采用标线(6.4.3.1)或激光束(6.4.3.2)的参比线方法。

如图 1 所示,这些虚拟平面上的长度是通过在 $a_2, a_3, \cdots, a_{n-1}$ 和 $b_2, b_3, \cdots, b_{n-1}$ 两端对在端壁上直接测量的长度进行偏移校正而获得的。

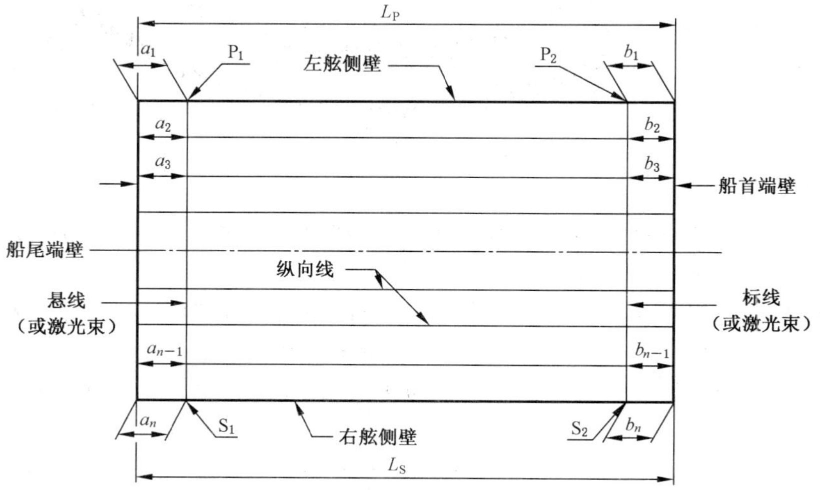

图 1 中间水平面的平面图(1)

6.4.3.1 标线

1) 在两个侧壁上以离端壁相等的距离标记 P_1 和 P_2，S_1 和 S_2。用卷尺沿两侧壁测量纵向端壁之间的长度(L_P,L_S)，在侧壁上支承测量卷尺防止其弯曲。

2) 拉紧对应点 P_1 和 S_1，P_2 和 S_2 间的标线，用尺子测量标线和端壁($a_1,a_2,\cdots,a_n$ 和 $b_1,b_2,\cdots,b_n$)之间的偏移。

3) 测量这些偏移时，注意保持卷尺垂直于标线。

6.4.3.2 激光束

1) 在一个端壁上以适当的间距安装一激光发射机，水平校准激光束，使其平行于该端壁。

2) 在激光束照射的左舷侧壁上标记 P_1，然后旋转激光束 180°，在激光束照射的右舷侧壁上标记 S_1。

3) 用尺子测量激光束的中心和端壁之间的偏移($a_1,a_2,\cdots,a_n$)。

4) 在对面的端壁上重复同样的步骤。标记 P_2，S_2 并测量 $b_1,b_2,\cdots,b_n$。

6.4.3.3 平均长度

使用标线(6.4.3.1)或激光束(6.4.3.2)测量的目的是为了获得每一中间水平面的平均长度 L，用式(1)计算：

$$L=\frac{L_P+L_S-(a_1+a_n+b_1+b_n)}{2}+\frac{\sum_{i=1}^{n}(a_i+b_i)}{n} \quad \cdots\cdots(1)$$

另一方面，当考虑储罐形状时，可使用精度相同或更高的其他公式进行计算。

6.4.3.4 激光束平面

作为 6.4.3.2 描述的激光束参比线方法的替代方法，单激光束可以被产生激光平面的激光所代替。将旋转激光设置在临近每个内表面并与其近似平行的位置。此面将穿过 6.4.3.2 描述的激光参比线。在平面和 6.2 确定的罐壁上的位置之间进行偏移测量。

6.5 储罐宽度的测量

沿在 6.5.1～6.5.3 描述的每个水平面上设置的所有截面线测量储罐的宽度。

6.5.1 中间水平面上的宽度测量

测量储罐宽度与储罐长度测量方式相同，是用标线或激光束方法对图 2 中的 w_f 和 w_a 的实际测量。

每一个中间水平面的平均宽度 w，用式(2)计算：

$$w=\frac{w_f+w_a-(c_1+c_n+d_1+d_n)}{2}+\frac{\sum_{i=1}^{n}(c_i+d_i)}{n} \quad \cdots\cdots(2)$$

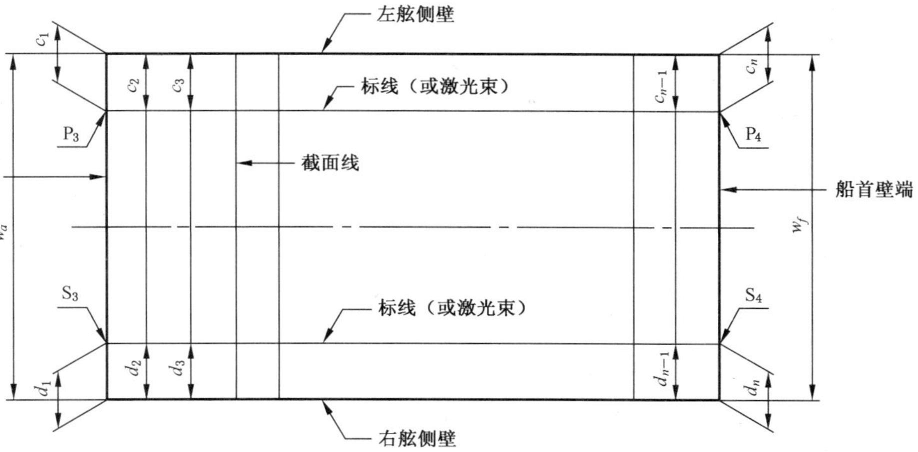

图 2 中间水平面的平面图(2)

6.5.2 斜面部分

在储罐顶部和上斜面的底部测量端壁上的宽度。同样,在储罐底部和下斜面的顶部测量端壁上的宽度。

6.5.3 梯形储罐

如果储罐一端宽度较窄,按 6.5.1 描述的同样方法测量中间水平面的宽度,如图 3 所示。

用式(3)和式(4)计算船首端壁的平均宽度(w_f)和船尾端壁的平均宽度(w_a):

$$w_f = w'_f - \frac{(c'_1 + c'_n + d'_1 + d'_n)}{2} + \frac{\sum_{i=1}^{n}(c'_i + d'_i)}{n} \quad \cdots\cdots(3)$$

$$w_a = w'_a - \frac{(c'_1 + c'_n + d'_1 + d'_n)}{2} + \frac{\sum_{i=1}^{n}(c'_i + d'_i)}{n} \quad \cdots\cdots(4)$$

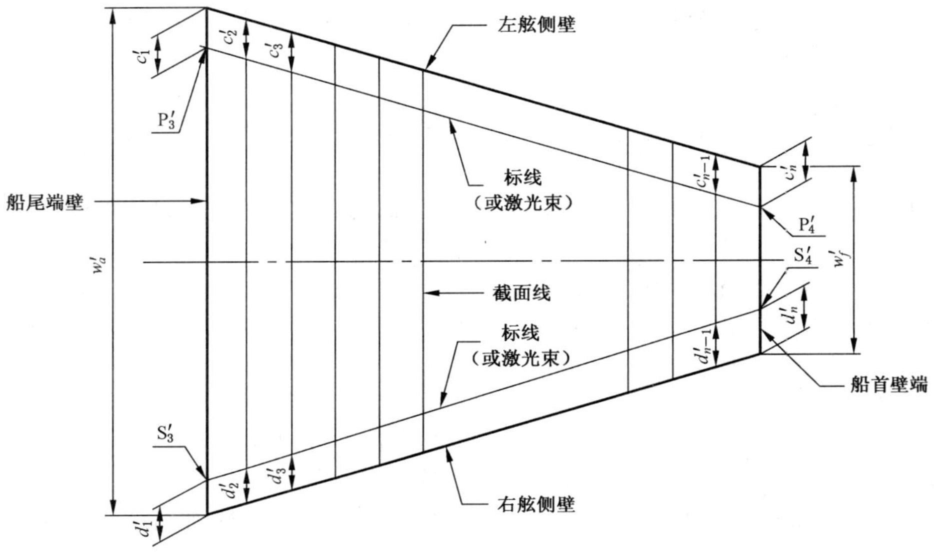

图 3 中间水平面的平面图(梯形储罐)

如图 3 所示,测量宽度时产生的偏移理论上是平行于纵向端壁的偏移($c'_1,\cdots,c'_n,d'_1,\cdots,d'_n$)。应将与侧壁成直角处测量的偏移 d_i 校准为平行于纵向端壁的偏移 d'_i,即 $d'_i = d_i \times \sec\theta$,式中 θ 为侧壁和与纵向端壁成直角的平面之间的角,如图 4 所示。

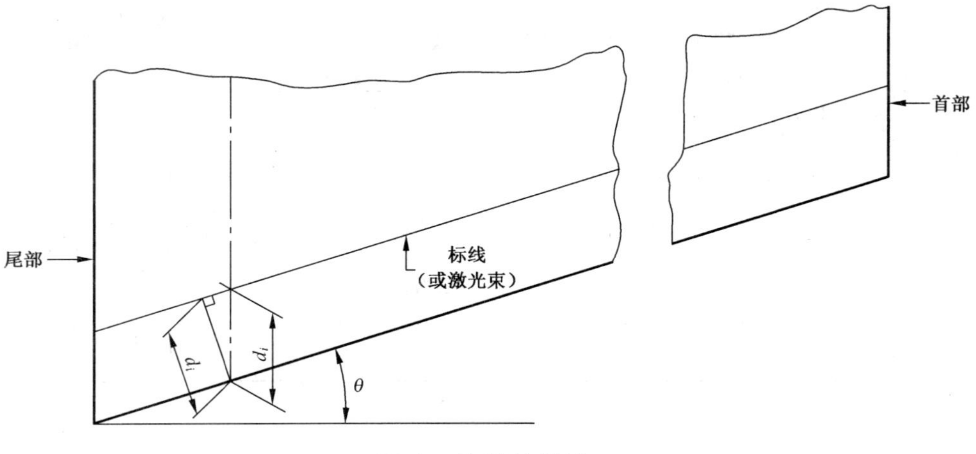

图 4 偏移的校准

6.6 储罐高度的测量

图 5 为储罐的截面图,标明要求测量的位置和用于计算斜面的值。

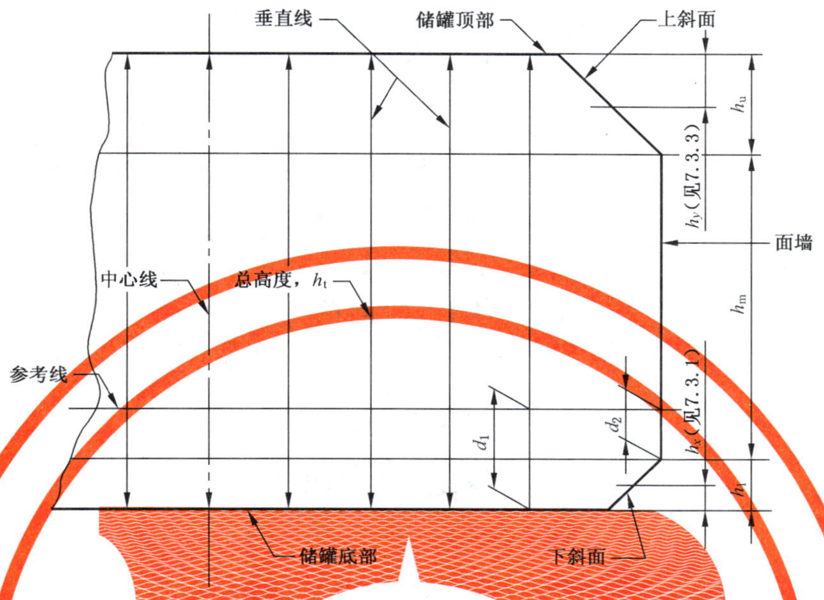

图 5 截面图

6.6.1 总高度测量,h_t

6.6.1.1 纵向端壁总高度

沿所有垂直线用卷尺测量顶板和底板间的距离,计算算术平均值,h_t。

6.6.1.2 中间截面的总高度

在顶板和底板上,画截面线和纵向线,在两个板上形成网格。用卷尺测量这些线在顶板的相交点和底板对应点之间的距离。

6.6.2 局部高度的测量

6.6.2.1 测壁高度,h_m

沿两侧壁上的所有垂直线测量上斜面底部和下斜面顶部之间的距离,通过算术平均得到平均值,表示为 h_m。

6.6.2.2 下斜面在纵向端壁上的高度,h_l

a) 用光学水平仪或激光束设置一近似平行于底部和端壁的参比线,该参比线与下斜面顶部有一定的间距。

b) 沿所有垂直线测量参比线和底板之间的高度 d_1,并测量在参比线和储罐拐角处下斜面顶部之间的另一高度 d_2。

c) 下斜面高度 h_l 用式(5)计算:

$$h_l = d_1 \text{ 的平均值} - d_2 \text{ 的平均值} \quad \cdots\cdots(5)$$

6.6.2.3 上斜面在纵向端壁上的高度,h_u

目前已获得高度 h_t,h_m,h_l,上斜面高度 h_u 用式(6)计算:

$$h_u = h_t - h_m - h_l \quad \cdots\cdots(6)$$

6.7 底部校准

图 6 为储罐底部的斜投影图,并标明要求测量的位置。

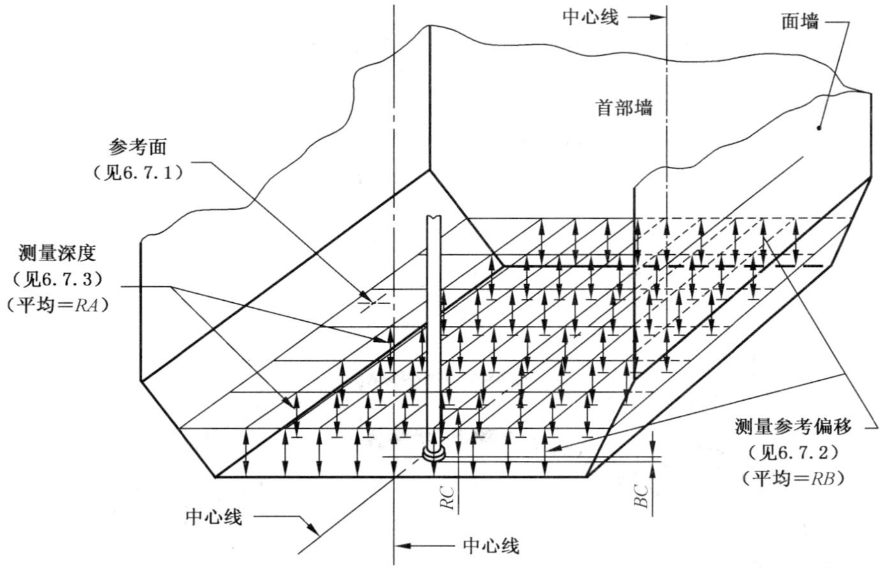

图6 储罐底部的斜投影图

图7为放大的储罐底部的截面图,说明用在底板起伏评估中的测量。

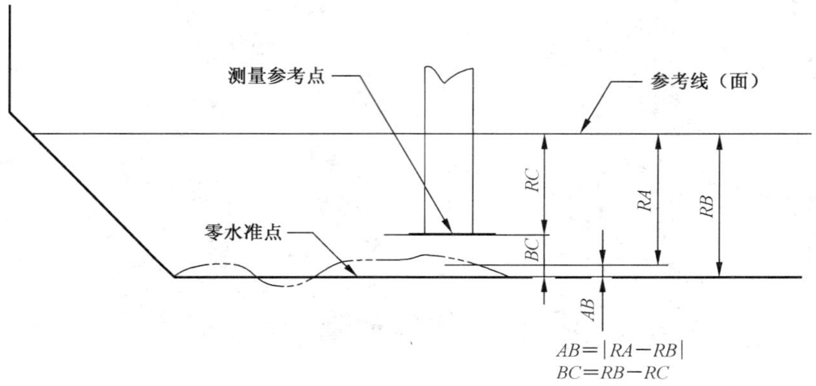

图7 储罐底部的截面图

6.7.1 用光学水平仪或激光束距离储罐底部一定的间距设置一个参比面。

6.7.2 沿设置在纵向端壁上的所有垂直线测量底板和参比面之间的基准偏移。测量的平均值表示为 RB。

6.7.3 同样,在底板上纵向线和截面线的所有相交点处测量深度。同获得 RB 的测量值一样,这些测量值的平均值表示为 RA。

6.7.4 平均参比偏移 RB 和平均深度 RA 的数值差 AB 用式(7)计算:

$$AB = | RA - RB | \qquad (7)$$

差值 AB 乘以储罐底板的面积可得由于底板起伏引起的容积的增加或减少。

6.7.5 测量参比面和测量参比点之间的深度 RC(见图7)。与储罐底部的测量参比点的 BC 的间距用式(8)计算:

$$BC = RB - RC \qquad (8)$$

6.8 水平仪的位置

水平仪的位置应标明离附近罐壁和下斜面底部的距离,并记录在纵倾和横倾修正的计算中。

6.9 温度

每隔2 h或更短时间测量一次储罐内的气温,当此温度与测量卷尺的校准温度(通常为20 ℃)不同时,由于卷尺的膨胀或收缩应对测量结果进行校正。对独立的自承重储罐,由于卷尺和储罐材质的膨胀或收缩，应用式(9)对测量值进行校正：

$$C = D \times (\alpha_s - \alpha_t) \times (T - t) \quad \cdots\cdots (9)$$

式中：

C——由于温度影响而对测量长度的总校正值；

D——测量长度；

α_s——卷尺的平均线性膨胀系数；

α_t——构成储罐的金属的平均线性膨胀系数；

T——卷尺的校准温度；

t——在测量过程中的储罐平均温度。

如果由此方程计算的 C 小于 0.5 mm，此校正可忽略。

6.10 呆木

6.10.1 应根据呆木(例如梯子、液下泵和任何其他构造物)的尺寸，或评价呆木体积的其他适当方法计算呆木的体积。不过，由于形状复杂不能轻易得到其尺寸时，体积可由各设施的质量和构成其材质的密度来计算，只要计算体积的不确定度的大小对整个测量的准确度影响可忽略不计。

6.10.2 装载液体货物的内管体积为管线内体积和外体积之差，即金属的容积。

6.10.3 由舌片尺寸计算膜舌片的容积。在实验室用液体校准程序和水平放置的标准断面来估计膜板凹凸部分的容积。

6.10.4 对于储罐容积的校准，应测量位于测量参比点之上的呆木的高度及该液体位处呆木的容积。

7 计算程序

根据 7.1 和 7.2 描述的原则编辑储罐校准表，并应考虑斜面部分(见 7.3)。

按照 7.4 到 7.7 进行校正。

7.1 储罐容积计算

从储罐底部(零液位)开始，通过在每厘米(cm)高度处计算的多个水平面积来编辑储罐校准表。由平均长度 L 和平均宽度 w 获得每个水平面积，并考虑影响面积的呆木。

7.2 底部起伏的影响

由于储罐底部起伏引起的任何容积的增加或减少应按测量参比点进行调整(见 6.7.5)。

7.3 斜面的面积

7.3.1 储罐下斜面任意高度处的面积应以 h_x 为函数(见图 5)、用 h_l(见 6.6.2.2)及斜面顶部和底部的水平面积来计算。

7.3.2 对于储罐的主体(中间)部分，可以使用同一个面积进行计算。

7.3.3 储罐上斜面任意高度处面积应以 h_y 为函数(见图 5)、用 h_u(见 6.6.2.3)及斜面顶部和底部的水平面积来计算。

7.4 纵倾校正

纵倾校正值为储罐液位计测量的观察液位加上或减去的一个值。通过比较船舶处于正浮和平吃水状态以及船舶处于纵倾和所考虑的纵倾条件下的正浮状态下、相同体积的液体在储罐内的液位来计算纵倾校正值。

7.5 横倾校正

横倾校正值为储罐液位计测量的观察液位加上或减去的一个值。通过比较船舶处于平吃水和正浮状态以及船舶处于横倾和所考虑的横倾条件下的平吃水状态下、相同体积的液体在储罐内的液位来计算横倾校正值。

7.6 纵倾和横倾校正的组合

将按照 7.4 和 7.5 计算的纵倾和横倾校正值组合在一个表内。

7.7 罐壁膨胀或收缩校正

由于储罐在低温负荷条件会引起罐壁收缩，应根据罐壁材料的膨胀系数、用式(10)对罐壁收缩进行校正：

$$F_V = 1 - 3\alpha_t(t_1 - t_2) \qquad \cdots\cdots(10)$$

式中：

F_V——罐壁膨胀或收缩的校正因子；

α_t——构成储罐的金属的平均线性膨胀系数；

t_1——用于储罐计量表的认证参比温度；

t_2——液体或蒸气的实际温度。

当储罐的材料的热收缩对体积影响不大时，不必要对膜式储罐进行校正。

8 校准表

校准表应包括以下的报告和表格。

8.1 校准报告

储罐校准报告应包括以下内容：

a) 校准人姓名；

b) 校准地点；

c) 校准日期；

d) 储罐构造；

e) 使用的测量方法；

f) 储罐计量表的参比温度；

g) 测量过程中储罐的平均温度；

h) 包括穹顶容积的储罐总容积；

i) 呆木的描述；

j) 储罐的校准不确定度；

k) 使用主计量表和校正表的方法；

l) 其他信息。

8.2 主计量表

将校准参比温度下的储罐体积与合适间隔的液位计读数列成表格，为了便于内插，后一列应给出各读数之间的差值。附录C给出主计量表的一个典型格式示例。

8.3 纵倾校正表

在船首纵倾和船尾纵倾的各种不同情况下，将应用于液位计读数的校正值以合适的液位计读数间隔制作成表格。附录D给出了纵倾校正表的典型格式示例。

8.4 横倾校正表

横倾以0.5°为间隔，将应用于液位计读数的校正值以合适的液位计读数间隔制作成表格。附录E给出了横倾校正表的典型格式示例。

8.5 罐壁膨胀或收缩校正表

应用于主计量表的认证参比温度及液体和蒸气的实际温度之差的校正值，是将液体和蒸气在参比温度下的体积校正到测量温度下的体积，示例见附录F。此误差在膜式储罐的情况下可忽略。

8.6 浮子式液位计的校正

8.6.1 温差校正表

应用储罐内的气相温度对由测量卷尺膨胀(在参比温度下校准)引起的液位计读数差异进行校正。

8.6.2 密度差校正表

对不同的密度，如各种不同的LNG或丙烷和丁烷的密度，应校正浮子的浸没深度。

附 录 A
（资料性附录）
膜式储罐作业安全注意事项

除了普通储罐校准需要的一般注意事项（见 ISO 7507-1:2003）外，还应该遵守下列要求：

a） 小心行走，尤其是在脚手架的拐角处。当储罐壁镶膜时，常移动脚手架的支架位置。

b） 在焊接到从绝热障碍伸出的锚板上的高镍钢合金平板构成的膜系统储罐中，锚板的边缘可能是尖的。特别建议使用防护手套和头盔。

c） 通常在镶膜时进行储罐测量。为了避免伤害眼睛应避免注视焊接弧光。

d） 小心不要让鞋、测量仪器和工具等损伤罐壁，尤其是膜。

e） 铝制储罐不宜使用水银温度计。

附　录　B
（资料性附录）
典型膜式储罐的误差计算示例

表 B.1 详细分析了膜式储罐的误差来源，独立棱柱形储罐的误差结果相似。

表 B.1　使用卷尺和直尺测量长度、宽度和高度的误差
（储罐的近似尺寸：35 m×35 m×23 m）

	最大误差	误差性质
卷尺的固有误差（用校准证书对温度影响进行校正后）	测量长度的$\pm 1\times 10^{-4}$	系统误差
由于室温变化（±2 ℃）引起的卷尺误差	测量长度的$\pm 2.4\times 10^{-5}$	可能是系统误差
卷尺读数误差（对 D 环认为可忽略）	±1 mm	随机误差
由于卷尺测量位置不恰当引起的误差	±2 mm	随机误差
直尺的固有误差	可忽略（0.2 mm）	系统误差
由于温度影响引起的尺子误差	可忽略（0.1 mm）	系统误差
直尺读数误差	±1 mm	随机误差
由于直尺测量位置不恰当引起的误差	±2 mm	随机误差
由于激光束定位位置不恰当引起的误差	±2 mm	系统误差

通过使用表 B.1 中最大的误差值，储罐总容积的误差理论上可通过下面计算得到。

水平（长度和宽度）测量的系统误差 $M_{s,k}$ 由下式给出：

$$M_{s,h}^2 = (1\times 10^{-4})^2 + (2.4\times 10^{-5})^2 + (2/35\,000)^2$$
$$= 1.38\times 10^{-8}$$
$$M_{s,h} = 1.17\times 10^{-4}$$

假设使用卷尺或直尺在 20 个点处进行了水平测量，则随机误差 $M_{r,k}$ 如下：

$$M_{r,h}^2 = (1^2 + 2^2 + 1^2 + 2^2)\times 10^{-6}/35^2/20$$
$$= 1.83\times 10^{-9}$$
$$M_{r,h} = 4.28\times 10^{-5}$$

长度测量的不确定度 M_L 为：

$$M_L^2 = M_{s,h} + M_{r,h}^2$$
$$= 1.38\times 10^{-8} + 1.83\times 10^{-9}$$
$$M_L = 1.25\times 10^{-4}$$

宽度测量的不确定度 M_W 与 M_L 相同。

同样，假设使用卷尺或直尺在 20 个点处进行了垂直测量，垂直测量的不确定度 M_H 由下列计算：

$$M_{s,v}^2 = (1\times 10^{-4})^2 + (2.4\times 10^{-5})^2 + (2/23\,000)^2$$
$$= 1.81\times 10^{-8}$$
$$M_{s,v} = 1.35\times 10^{-4}$$
$$M_{r,v}^2 = (1^2 + 2^2 + 1^2 + 2^2)\times 10^{-6}/23^2/20$$
$$= 4.23\times 10^{-9}$$
$$M_{r,v} = 6.50\times 10^{-5}$$
$$M_H^2 = M_{s,v}^2 + M_{r,v}^2$$

$$=1.81\times10^{-8}+4.23\times10^{-9}$$

$$M_H=1.49\times10^{-4}$$

零刻度以下的容体积引起的误差

这取决于水准测量精度和测量时船舶横倾和纵倾的测量精度。容积(ΔV)误差估计为对应于10 mm 高度的容积。

$$\Delta V=10^{-2}\times35\times35=12.3\ m^3$$

对于总容积为 24 000 m^3 的储罐,相对误差为:

$$\Delta V/V=5.13\times10^{-4}$$

储罐形状不规则引起的误差

即使进行大量的测量,也不可能考虑所有不规则的储罐。对一个特定的储罐,对从不同数据组获得的不同值的比较表明由这些不规则引入的最大误差约为容积的 5×10^{-4}。

因此本示例中储罐容积的合成不确定度 M_V 为:

$$M_V^2=M_L^2+M_W^2+M_H^2+(\Delta V/V)^2$$

$$=(1.25\times10^{-4})+(1.25\times10^{-4})^2+(1.49\times10^{-4})^2+(5.13\times10^{-4})^2$$

$$=3.17\times10^{-7}$$

$$M_V=5.63\times10^{-4}(\text{或 }0.06\%)$$

附 录 C
（资料性附录）
主计量表示例
（3 号储罐）

液体高度 cm	容积 m^3	差值 m^3	液体高度 cm	容积 m^3	差值 m^3	液体高度 cm	容积 m^3	差值 m^3
0	0.000	7.883	50	401.455	8.181	100	817.771	8.472
1	7.383	7.890	51	409.636	8.186	101	826.249	8.484
2	15.773	7.895	52	417.822	8.193	102	834.733	8.490
3	23.665	7.901	53	426.015	8.198	103	843.223	8.496
4	31.569	7.908	54	434.213	8.205	104	851.719	8.501
5	39.477	7.913	55	442.415	8.210	105	860.220	8.508
6	47.390	7.919	56	450.625	8.216	106	868.728	8.513
7	55.309	7.925	57	458.344	8.223	107	877.241	8.520
8	63.234	7.931	58	467.067	8.228	108	885.761	8.525
9	71.165	7.937	59	475.295	8.234	109	894.286	8.532
10	79.102	7.943	60	483.529	8.240	110	902.818	8.537
11	87.045	7.949	61	491.769	8.246	111	911.356	8.544
12	94.994	7.955	62	500.015	8.252	112	919.899	8.549
13	102.949	7.960	63	508.267	8.258	113	928.448	8.555
14	110.909	7.967	64	516.525	8.264	114	937.003	8.561
15	115.876	7.973	65	524.789	8.270	115	945.564	8.567
16	126.849	7.978	66	533.059	8.276	116	954.131	8.573
17	134.827	7.985	67	541.335	8.282	117	962.704	8.579
18	142.812	7.990	68	549.617	8.287	118	971.283	8.585
19	150.802	7.997	69	557.904	8.295	119	979.863	8.591
20	158.799	8.002	70	566.198	8.300	120	988.459	8.597
21	166.801	8.008	71	574.498	8.305	121	997.056	8.603
22	174.309	8.014	72	582.803	8.312	122	1 005.659	8.608
23	182.823	8.021	73	591.115	8.317	123	1 014.267	8.615
24	190.544	8.025	74	599.432	8.323	124	1 022.882	8.620
25	198.870	8.032	75	607.755	8.330	125	1 031.502	8.627
26	206.902	8.038	76	616.085	8.335	126	1 040.129	8.632
27	214.940	8.044	77	624.420	8.341	127	1 048.761	8.639
28	222.984	8.050	78	632.761	8.347	128	1 057.400	8.644
29	251.034	8.056	79	641.108	8.353	129	1 066.044	8.651
30	239.090	8.061	80	649.461	8.359	130	1 074.685	8.656
31	247.151	8.068	81	657.820	8.365	131	1 083.351	8.662
32	255.219	8.074	82	666.185	8.371	132	1 092.013	8.668
33	263.293	8.079	83	674.556	8.377	133	1 100.681	8.674
34	271.372	8.086	84	682.933	8.383	134	1 109.355	8.680
35	279.458	8.091	85	691.316	8.389	135	1 118.035	8.686
36	287.549	8.098	86	699.705	8.394	136	1 126.721	8.692
37	295.647	8.103	87	708.099	8.401	137	1 135.413	8.698
38	303.750	8.110	88	716.500	8.406	138	1 144.111	8.704
39	311.860	8.115	89	724.906	8.413	139	1 152.815	8.710
40	319.975	8.121	90	733.319	8.418	140	1 161.525	8.715
41	328.096	8.127	91	741.737	8.425	141	1 170.240	8.722
42	336.223	8.134	92	750.162	8.430	142	1 178.962	8.728
43	344.357	8.139	93	758.592	8.437	143	1 187.690	8.733
44	352.496	8.145	94	767.029	8.442	144	1 196.423	8.740
45	360.641	8.151	95	775.471	8.448	145	1 205.163	8.745
46	368.792	8.156	96	783.919	8.454	146	1 213.908	8.751
47	376.948	8.163	97	792.373	8.460	147	1 222.659	8.758
48	385.111	8.169	98	800.833	8.466	148	1 231.417	8.763
49	393.280	8.175	99	809.299	8.472	149	1 240.180	8.769

附　录　D
（资料性附录）
纵倾校正表示例
（1 号储罐）

船头(B/H);船尾(B/S)　　　　修正值单位:毫米(mm)

液体高度 cm	纵倾												
	2.0 m B/H	1.5 m B/H	1.0 m B/H	0.5 m B/H	0.0 m	0.5 m B/S	1.0 m B/S	1.5 m B/S	2.0 m B/S	2.5 m B/S	3.0 m B/S	3.5 m B/S	4.0 m B/S
0	64	48	32	16	0	0	1	1	1	2	2	2	3
5	63	47	31	16	0	−16	−26	−31	−33	−34	−35	−35	−36
10	63	47	31	16	0	−16	−31	−45	−53	−58	−62	−64	−66
15	63	47	31	16	0	−16	−31	−47	−61	−72	−79	−85	−89
20	63	47	31	16	0	−16	−31	−47	−62	−78	−89	−98	−106
30	63	47	32	16	0	−16	−31	−47	−63	−78	−94	−109	−123
40	64	48	32	16	0	−16	−32	−47	−63	−79	−94	−110	−125
50	64	48	32	16	0	−16	−32	−47	−63	−79	−94	−110	−126
60	64	48	32	16	0	−16	−32	−48	−63	−79	−95	−110	−126
70	64	48	32	16	0	−16	−32	−48	−63	−79	−95	−111	−126
80	64	48	32	16	0	−16	−32	−48	−64	−79	−95	−111	−127
90	64	48	32	16	0	−16	−32	−48	−64	−80	−95	−111	−127
100	65	48	32	16	0	−16	−32	−48	−64	−80	−96	−112	−127
120	65	49	32	16	0	−16	−32	−48	−64	−80	−96	−112	−128
140	65	49	33	16	0	−16	−32	−49	−65	−81	−97	−113	−129
160	65	49	33	16	0	−16	−33	−49	−65	−81	−97	−113	−129
180	66	49	33	16	0	−16	−33	−49	−65	−81	−98	−114	−130
200	66	49	33	16	0	−16	−33	−49	−65	−82	−98	−114	−130
300	67	50	34	17	0	−17	−33	−50	−67	−83	−100	−116	−133
400	68	51	34	17	0	−17	−34	−51	−68	−85	−101	−118	−135
600	68	51	34	17	0	−17	−34	−51	−68	−85	−101	−118	−135
800	68	51	34	17	0	−17	−34	−51	−68	−85	−101	−118	−135
1 000	68	51	34	17	0	−17	−34	−51	−68	−85	−101	−118	−135
1 200	68	51	34	17	0	−17	−34	−51	−68	−85	−101	−118	−135
1 400	68	51	34	17	0	−17	−34	−51	−68	−85	−101	−118	−135
1 500	68	51	34	17	0	−17	−34	−51	−68	−85	−101	−118	−135
1 600	68	51	34	17	0	−17	−34	−51	−68	−85	−101	−118	−135
1 700	68	51	34	17	0	−17	−34	−51	−68	−85	−101	−118	−135
1 800	68	51	34	17	0	−17	−34	−51	−68	−85	−101	−118	−135
1 900	68	51	34	17	0	−17	−34	−51	−68	−85	−101	−118	−135
2 000	67	51	34	17	0	−17	−34	−51	−68	−85	−102	−119	−135
2 100	66	50	33	17	0	−17	−33	−50	−67	−83	−100	−117	−134
2 120	66	50	33	17	0	−17	−33	−50	−66	−83	−100	−117	−133
2 140	66	49	33	16	0	−17	−33	−50	−66	−83	−100	−116	−133
2 160	65	49	33	16	0	−16	−33	−49	−66	−83	−99	−116	−132
2 180	65	49	33	16	0	−16	−33	−49	−66	−82	−99	−115	−132
2 200	65	49	33	16	0	−16	−33	−49	−65	−82	−98	−115	−131
2 220	65	48	32	16	0	−16	−33	−49	−65	−82	−98	−114	−131
2 240	64	48	32	16	0	−16	−32	−49	−65	−81	−97	−114	−130
2 260	64	48	32	16	0	−16	−32	−48	−65	−81	−97	−113	−130
2 280	64	48	32	16	0	−16	−32	−48	−64	−80	−97	−113	−129
2 300	56	46	32	16	0	−16	−32	−48	−64	−80	−96	−112	−128

附 录 E
（资料性附录）
横倾校正表示例
（1 号储罐）

垂直(UP/R) 修正值的单位:毫米(mm)

液体高度	对左舷的侧倾						垂直						
cm	3.0°	2.5°	2.0°	1.5°	1.0°	0.5°	0.0°	0.5°	1.0°	1.5°	2.0°	2.5°	3.0°
0	122	101	80	60	39	20	0	20	39	60	80	101	122
5	99	78	58	38	19	3	0	3	19	38	58	78	99
10	80	59	40	22	7	0	0	0	7	22	40	59	80
15	63	44	27	12	2	0	0	0	2	12	27	44	63
20	49	32	17	6	1	0	0	0	1	6	17	32	49
30	30	17	8	3	1	0	0	0	1	3	8	17	30
40	19	10	6	3	1	0	0	0	1	3	6	10	19
50	14	9	6	3	1	0	0	0	1	3	6	9	14
60	13	9	6	3	1	0	0	0	1	3	6	9	13
70	13	9	6	3	1	0	0	0	1	3	6	9	13
80	13	9	6	3	1	0	0	0	1	3	6	9	13
90	13	9	6	3	1	0	0	0	1	3	6	9	13
100	13	9	6	3	1	0	0	0	1	3	6	9	13
120	14	9	6	3	2	0	0	0	2	3	6	9	14
140	14	10	6	3	2	0	0	0	2	3	6	10	14
160	14	10	6	4	2	0	0	0	2	4	6	10	14
180	14	10	6	4	2	0	0	0	2	4	6	10	14
200	15	10	7	4	2	0	0	0	2	4	7	10	15
300	16	11	7	4	2	0	0	0	2	4	7	11	16
400	3	1	1	0	0	0	0	0	0	0	1	1	3
600	0	0	0	0	0	0	0	0	0	0	0	0	0
800	0	0	0	0	0	0	0	0	0	0	0	0	0
1 000	0	0	0	0	0	0	0	0	0	0	0	0	0
1 200	0	0	0	0	0	0	0	0	0	0	0	0	0
1 400	0	0	0	0	0	0	0	0	0	0	0	0	0
1 500	0	0	0	0	0	0	0	0	0	0	0	0	0
1 600	0	0	0	0	0	0	0	0	0	0	0	0	0
1 700	0	0	0	0	0	0	0	0	0	0	0	0	0
1 800	0	0	0	0	0	0	0	0	0	0	0	0	0
1 900	0	0	0	0	0	0	0	0	0	0	0	0	0
2 000	−11	−8	−5	−3	−2	0	0	0	−2	−3	−5	−8	−11
2 100	−16	−11	−7	−4	−2	0	0	0	−2	−4	−7	−11	−16
2 120	−15	−11	−7	−4	−2	0	0	0	−2	−4	−7	−11	−15
2 140	−15	−10	−7	−4	−2	0	0	0	−2	−4	−7	−10	−15
2 160	−15	−10	−7	−4	−2	0	0	0	−2	−4	−7	−10	−15
2 180	−15.	−10	−6	−4	−2	0	0	0	−2	−4	−6	−10	−15
2 200	−14	−10	−6	−4	−2	0	0	0	−2	−4	−6	−10	−14
2 220	−14	−10	−6	−4	−2	0	0	0	−2	−4	−6	−10	−14
2 240	−14	−10	−6	−3	−2	0	0	0	−2	−3	−6	−10	−14
2 260	−15	−9	−6	−3	−2	0	0	0	−2	−3	−6	−9	−15
2 280	−32	−18	−8	−3	−1	0	0	0	−1	−3	−8	−18	−32
2 300	−82	−61	−41	−22	−7	0	0	0	−7	−22	−41	−61	−82

附 录 F
（资料性附录）
罐壁膨胀/收缩校正表
（适用于任何储罐）

温度 ℃	修正因子	温度 ℃	修正因子	温度 ℃	修正因子	温度 ℃	修正因子
−45.0	0.997 76	−27.5	0.998 36	−10.0	0.998 97	7.5	0.999 57
−44.5	0.997 77	−27.0	0.998 38	−9.5	0.998 98	8.0	0.999 59
−44.0	0.997 79	−26.5	0.998 40	−9.0	0.999 00	8.5	0.999 60
−43.5	0.997 81	−26.0	0.998 41	−8.5	0.999 02	9.0	0.999 62
−43.0	0.997 83	−25.5	0.998 43	−8.0	0.999 03	9.5	0.999 64
−42.5	0.997 84	−25.0	0.998 45	−7.5	0.999 05	10.0	0.999 66
−42.0	0.997 86	−24.5	0.998 46	−7.0	0.999 07	10.5	0.999 67
−41.5	0.997 88	−24.0	0.998 48	−6.5	0.999 09	11.0	0.999 69
−41.0	0.997 90	−23.5	0.998 50	−6.0	0.999 10	11.5	0.999 71
−40.5	0.997 91	−23.0	0.998 52	−5.5	0.999 12	12.0	0.999 72
−40.0	0.997 93	−22.5	0.998 53	−5.0	0.999 14	12.5	0.999 74
−39.5	0.997 95	−22.0	0.998 55	−4.5	0.999 15	13.0	0.999 76
−39.0	0.997 96	−21.5	0.998 57	−4.0	0.999 17	13.5	0.999 78
−38.5	0.997 98	−21.0	0.998 59	−3.5	0.999 19	14.0	0.999 79
−38.0	0.998 00	−20.5	0.998 60	−3.0	0.999 21	14.5	0.999 81
−37.5	0.998 02	−20.0	0.998 62	−2.5	0.999 22	15.0	0.999 83
−37.0	0.998 03	−19.5	0.998 64	−2.0	0.999 24	15.5	0.999 84
−36.5	0.998 05	−19.0	0.998 65	−1.5	0.999 26	16.0	0.999 86
−36.0	0.998 07	−18.5	0.998 67	−1.0	0.999 28	16.5	0.999 88
−35.5	0.998 09	−18.0	0.998 69	−0.5	0.999 29	17.0	0.999 90
−35.0	0.998 10	−17.5	0.998 71	0.0	0.999 31	17.5	0.999 91
−34.5	0.998 12	−17.0	0.998 72	0.5	0.999 33	18.0	0.999 93
−34.0	0.998 14	−16.5	0.998 74	1.0	0.999 34	18.5	0.999 95
−33.5	0.998 15	−16.0	0.998 76	1.5	0.999 36	19.0	0.999 97
−33.0	0.998 17	−15.5	0.998 78	2.0	0.999 38	19.5	0.999 98
−32.5	0.998 19	−15.0	0.998 79	2.5	0.999 40	20.0	1.000 00
−32.0	0.998 21	−14.5	0.998 81	3.0	0.999 41		
−31.5	0.998 22	−14.0	0.998 83	3.5	0.999 43		
−31.0	0.998 24	−13.5	0.998 84	4.0	0.999 45		
−30.5	0.998 26	−13.0	0.998 86	4.5	0.999 47		
−30.0	0.998 28	−12.5	0.998 88	5.0	0.999 48		
−29.5	0.998 29	−12.0	0.998 90	5.5	0.999 50		
−29.0	0.998 31	−11.5	0.998 91	6.0	0.999 52		
−28.5	0.998 33	−11.0	0.998 93	6.5	0.999 53		
−28.0	0.998 34	−10.5	0.998 95	7.0	0.999 55		

ICS 75.060
E 24

中华人民共和国国家标准

GB/T 24958.1—2010/ISO 9091-1:1991

冷冻轻烃流体　船上球形储罐的校准
第1部分:立体照相测量法

**Refrigerated light hydrocarbon fluids—
Calibration of spherical tanks in ships—
Part 1:Stereo photogrammetry**

(ISO 9091-1:1991,IDT)

2010-08-09 发布　　2010-12-01 实施

中华人民共和国国家质量监督检验检疫总局
中国国家标准化管理委员会　发布

前　言

GB/T 24958《冷冻轻烃流体　船上球形储罐的校准》分为两个部分：

——第1部分：立体照相测量法

——第2部分：三角测量法

本部分为GB/T 24958的第1部分。

本部分等同采用ISO 9091-1:1991《冷冻轻烃流体　船上球形储罐的校准　第1部分：立体照相测量法》。

本部分等同翻译ISO 9091-1:1991。

为便于使用，本部分对ISO 9091-1:1991做了下列编辑性修改：

a) 将一些适用于国际标准的表述改为适用于我国标准的表述；

b) 用小数点“.”代替作为小数点的逗号“,”；

c) 删除国际标准的前言，重新编写本部分的前言；

d) 用GB/T 1.1—2000中规范性引用文件的引导语代替ISO 9091-1:1991的引导语。

本部分附录A至附录F均为资料性附录。

本部分由全国天然气标准化技术委员会(SAC/TC 244)提出。

本部分由全国天然气标准化技术委员会(SAC/TC 244)归口。

本部分负责起草单位：中国石油西南油气田分公司天然气研究院。

本部分参加起草单位：中国石油西气东输管道分公司南京计量测试中心、中国石油西南油气田分公司计量检测中心、中国石油集团工程设计有限责任公司西南分公司、中国海油天然气及发电有限责任公司、中国石油大连LNG项目部。

本部分主要起草人：张娅娜、罗勤、张福元、李卫成、夏芳、段继芹、黄黎明、常宏岗、赵静。

引　言

在接近大气压力下，大量含有1～4个碳原子的轻烃被冷冻成液体储存并通过海运运输。这种液体可分为两类：液化天然气（LNG）和液化石油气（LPG）。为了使船舶运输安全且经济，这些液体的大量输送在船舶设计和构造上需要一种特殊技术。

以贸易交接为目的的船上储罐内货物量的测定必须达到很高的准确度等级。本部分以及同系列的其他标准均规定了船上储罐的内部测量方法，由此方法可以推导出储罐校准表。

对于内部测量，通常使用液体校正法、物理测量法、光学测量法和立体照相测量法。液体校正法不适用于罐装接近常压的冷冻轻烃的大型球形罐，因为当罐装的液体高于某个平面，校正液体所施加的静液压可能会超过设计压力。从方法的准确性考虑，如果其他方法的校正结果可疑，则可以采用立体照相测量法作为仲裁方法。立体照相测量法主要包括对罐壁上的目标拍照和室内照片的分析过程。

本部分明确规定了用通用测绘照相机进行拍照和用立体绘图仪进行分析的方法。

冷冻轻烃流体　船上球形储罐的校准
第1部分:立体照相测量法

1　范围

1.1　本部分规定了对液化气体运输工具上的球形储罐内部进行立体照相测量的程序。

1.2　除了实际测量步骤,本部分还介绍了编辑校准表的计算程序。

2　规范性引用文件

下列文件中的条款通过GB/T 24958的本部分的引用而成为本部分的条款。凡是注日期的引用文件,其随后所有的修改单(不包括勘误的内容)或修订版均不适用于本部分,然而,鼓励根据本部分达成协议的各方研究是否使用这些文件的最新版本。凡是不注日期的引用文件,其最新版本适用于本部分。

ISO 7078:1985　房屋建筑　放线、测量和观测程序　词汇和指导性注解

ISO 8311:1989　冷冻轻烃流体　船用隔膜式和分离棱柱式储罐的校准　物理测量法

3　术语和定义

下列术语和定义适用于本部分。

3.1

绝对定向　absolute orientation

通过内部和相对定向构成的立体模型的最终校正过程,在这个过程中立体模型的刻度被转化为实际长度,其倾斜度被调整到罐体的实际状态下。

3.2

校准　calibration

确定储罐总容积或与不同液位相对应的部分容积的过程。

3.3

校准表(主计量表)　calibration table (main gauge table)

一种表格,通常被称作储罐校准表或储罐容积表,显示船在平吃水和正浮状态下从测量参比点测得的不同液位对应的储罐容积或体积。

3.4

基准点　datum point

储罐校准表参比的南极点。

3.5

呆木　deadwood

影响储罐容积的所有构件。当构件体积使储罐的有效容积增加时,呆木称为"正呆木",当构件体积置换了液体体积而降低储罐的有效容积时,呆木称为"负呆木"。

3.6

赤道　equator

球形外壳最大的水平圆周。

3.7

测标 floating mark

在由两张照片立体叠合形成的三维空间内虚拟地占据某个位置的标记，检查或测量立体模型时可作为参比点。

3.8

测量参比点 gauge reference point

测量液位的参比点。

注：在球形罐中，该点可以是液位计的零点，也可以是储罐的南极点。

3.9

内部定向 inner orientation

用数学方法确定照片在分析用立体绘图仪曝光时内视图的过程。校准焦距、校准主点的位置和校准的透镜畸变均是计算中的主要参数。

3.10

横倾 list

船的横向倾斜度。

3.11

北极点 north pole

球形储罐外壳的顶点或最高点（由于存在管塔或其他附件，对大多数球形储罐来说这是一个虚拟点）。

3.12

管塔 pipe tower

与储罐的南北轴同轴的大直径管线，包含装卸管线、测量仪表、梯子、配线和其他用于避免晃动的罐内设施。

3.13

左舷 port

轮船前进方向的左侧。

3.14

相对定向 relative orientation

为建立立体模型，用数学分析法确定两张重叠照片的相对位置和空间方位角的过程。

3.15

南极点 south pole

球形储罐的最低点。

3.16

右舷 starboard

轮船前进方向的右侧。

3.17

立体模型 stereoscopic model

由两张重叠照片的同名投影光线相交构成的三维模型。

3.18

立体照相 stereoscopic photograph

从两个不同位置对某一物体进行拍照，得到的一组照片可形成该物体的三维立体模型。

3.19

目标 targets

为了进行立体照相测量，在储罐内表面预先标注的位置。

3.20

纵倾 trlm

船的纵向倾斜度。

4 注意事项

本章概括了测量过程中的注意事项,以保证获得要求的校准准确度。

4.1 测量和拍照的时候应特别注意,在测量或拍照过程中任何可能影响结果的异常现象都要记录下来。本部分描述的校准方法适用于处于漂浮状态或停在干船坞的船舶。停在干船坞的船舶使用该方法效果更好,因为船的纵倾或横倾在整个测量过程中可保持不变。在使用光学水平仪或其他液位控制装置时应使船的纵倾和横倾保持不变。

4.2 如果发现罐壁上有任何异常变形,应进行额外测量,为校准表中的正确计算获得足够的数据,还应提供与这些补充测量相关的校准人员的记录。

4.3 应不间断地连续测量两次,如果结果不能满足下列允差,应继续测量直到连续两次读数在规定的允差范围内。

测量/m	允差/mm
不大于 20	±2
大于 20	±3
偏移	±0.5

4.4 参比尺底部应安装减震装置,拍照时不宜触碰参比尺。

4.5 标注目标的涂料应由耐低温液体的材料加工而成。

4.6 用卷尺测量时,应使用卷尺检定或校准证书上规定的张力。

4.7 用分析仪器测量时,应单独测量两次,检查结果是否在负片或正片刻度的 0.01 mm 以内,如果不满足要求,应继续测量直到连续两次读数在 0.01 mm 以内。

4.8 应在储罐恒温时,在天黑以后或者储罐被隔热后,对目标拍照。

5 设备

5.1 分析用立体绘图仪

电脑控制设备,常用于测量照片中目标的坐标。通过三维坐标系该设备应能够确定或辨别每个目标的位置。

5.2 照相平台

一个面积足够大并带护栏的平台,能容纳摄影师和照相机三脚架。平台应安装在一个强度适中,长度足够的固定支架上,以便在每个拍照位置均可安装照相机。平台应能从一端围绕管塔沿着罐壁以360°旋转定位。

5.3 端对端尺

刻度为厘米(cm)和毫米(mm)的刻度尺,常用于测量呆木等。该刻度尺应具有认可的权威机构的标识和证书。

5.4 卷尺

具有认可的权威机构的标识和证书的卷尺。

5.5 测绘照相机

用于立体测量的照相机,在像主距、畸变和主点位置方面进行校准,校准时应有清晰可辨的框标间隔。

5.6 光学水平仪

光学水平仪成正像,具有 20 或更高倍数的放大能力,能聚焦于 1.5 m 或更近距离,水平仪灵敏度为 40 s/2 mm 或更佳。

5.7 参比尺

末端带有铅锤的钢尺，上面的几个标记用来标识特定的长度。参比尺用于表示参比长度，照相测绘仪器获得的所有照相尺寸可根据参比长度按比例换算成实际长度。

5.8 遥测温度计

一种用于测量参比尺附近的大气温度、准确度为±0.5 ℃的温度计，用以校正由于刻度尺热胀冷缩引起的误差。

5.9 钢尺

用于测量距离等的刻度尺，以毫米(mm)为刻度。该刻度尺应具有认可的权威机构的标识和证书。

5.10 表面温度计

为了将测量温度下的目标坐标转换为经确认的参比温度下的坐标，用于测量储罐表面温度的温度计，准确度为±0.5 ℃。

6 准备工作

6.1 标记目标

6.1.1 每个目标应由100 mm×120 mm、涂成黑色并带有显著数字的方块构成，方块中心留下一直径为20 mm的圆，并在其中心画上"十"字。标记目标的涂料应由耐低温液体的材料加工而成。

6.1.2 储罐建造过程中及管塔安装以前，应在罐壁内表面、从赤道开始每隔20°的经纬线交叉点上标注目标。在垂直和水平方向上标注误差应小于10 mm。

6.2 安装参比尺

在管塔外，悬挂一根具有一定张力、并按一定间隔标注的参比尺。

6.3 安装照相平台

见5.2。

6.4 安装温度计

在管塔附近和罐壁上各安装一支温度计。

7 拍照

当储罐处于恒温状态时，通过储罐中心，对整个内表面拍几组连续的立体照片，每张照片之间至少应重叠60%。

8 补充测量

8.1 温度

在拍照过程中用遥测温度计测量参比尺周围的温度，用表面温度计测量储罐内表面的温度。

8.2 测量参比点的高度

如果测量参比点和基准点不同，需要用光学水平仪或其他调平装置测量从储罐基准点(南极点)到测量参比点的高度。

8.3 液位计的定位

为了校正纵倾和横倾，应测量储罐底部液位计偏离南北极垂直轴线的水平偏差。

8.4 南极点的深度

船下水之前，通过将储罐底部设定为一个液位，从邻近的目标测量南极点的深度。

8.5 垂直直径

如果储罐穹顶标有北极点，可以用钢卷尺测量南北极之间的距离。

对没有北极点，只有管塔的格子顶层的穹顶，需要在上述顶层中间、虚拟的北极点位置放置一个经纬仪，来调整光学水平仪，并用钢卷尺测量该光学水平仪与南极点之间的距离 H。

然后沿穹顶的舱口栏板，从穹顶的下缘测量光学水平仪的高度 h，并根据储罐的弧度计算从穹顶下缘到北极点的虚拟高度 Δh，储罐的弧度可从垂直直径的设计值得到。

由下式计算南北极点之间的垂直直径：

$$H - h + \Delta h$$

也可用其他计算和测量方法获得垂直直径。

8.6 呆木

8.6.1 应根据呆木(例如梯子、液下泵和任何其他构件)的尺寸，或评价呆木体积的其他适当方法计算呆木的体积。

8.6.2 装载液体货物的内管体积为管线内体积和外体积之差，即金属的体积。

8.6.3 应在管线和其他部件所处的相应高度计算呆木的体积。

9 照片的处理

为了使照片满足要求，应在工作场所附近冲洗胶片，如果照片效果不好，可重新拍照。冲洗时应特别小心，以避免胶片产生局部膨胀或收缩。

10 坐标确定

按下列步骤确定每两张立体照片上罐壁表面目标物的坐标：

10.1 把立体照片放在立体绘图仪上。

10.2 将测标移动到基准点、目标和必要的点上，并记录这些点的坐标。

10.3 通过一系列包括内部定向、相对定向和绝对定向的照相测绘程序处理由10.2得到的测量坐标，由在线计算机系统生成被观测点的三维坐标值。在绝对定向程序中完成立体模型。

10.4 最后应用平均比例系数按比例调整计算出的坐标，平均比例系数通过比较实际的热校正距离和参比尺上两标记之间的计算距离获得。

10.5 应通过下列方法之一检验分析用立体绘图仪的准确性：

——用已知方法得到的试验数据；

——通过一组事先准备的照片绘制已知坐标；

——与其他设备交叉比较。

11 数据处理

用每个液位目标的坐标计算该液位的半径，通过最小二乘法获得每个液位处最佳拟合圆的平均半径。用储罐材料经确认的线性膨胀系数，将该平均半径及其液位高度转换为校准表参比温度下的平均半径和液位高度。

12 计算程序

12.1 储罐体积的计算

用每个液位的半径，计算储壁上标有目标物的两个相邻液位形成的球形带所围绕空间的部分体积，通过对上述部分容积加和，获得校准表参比温度下的球形储罐的总体积。对储罐内低于最低目标和高于最高目标的剩余部分体积，可通过10.3中经过再次细分的合适的液位数据计算。然后，可通过扣除呆木体积，计算获得从南极点开始，间隔为1 cm液位的体积，从而编辑主计量表。

12.2 液体静压的计算

计算储罐在装载指定密度的液体时的体积，然后比较空载状态下的体积。研究呆木对体积的影响。

12.3 纵倾校正

纵倾校正值为储罐液位计测量的观察液位加上或减去的一个值。通过比较船舶处于正浮和平吃水状态以及船舶处于纵倾和所考虑的纵倾条件下的正浮状态下、相同体积的液体在储罐内的液位来计算纵倾校正值。

12.4 横倾校正

横倾校正值为储罐液位计测量的观察液位加上或减去的一个值。通过比较船舶处于平吃水和正浮状态以及船舶处于横倾和所考虑的横倾条件下的平吃水状态下、相同体积的液体在储罐内的液位来计算横倾校正值。

12.5 纵倾和横倾校正的组合

将按照12.3和12.4计算的纵倾和横倾校正值组合在一个表内。

12.6 罐壁膨胀或收缩校正

由于负荷条件下的温度偏离了储罐计量表参比温度，应根据罐壁材料的膨胀系数对罐壁的膨胀或收缩进行校正。

注：膨胀系数不是常数，随温度变化而变化。

13 校准表

校准表应包括下列报告和表格。

13.1 校准报告

储罐的校准报告应包括以下内容：

a) 校准人姓名；

b) 校准地点；

c) 校准日期；

d) 储罐构造；

e) 使用的测量方法；

f) 储罐计量表的参比温度；

g) 测量过程中储罐的平均温度；

h) 包括穹顶容积的储罐总容积；

i) 呆木的描述；

j) 储罐校准的不确定度；

k) 使用主计量表和校准表的方法；

l) 其他信息。

13.2 主计量表

将校准参比温度下的储罐体积与合适间隔的液位计读数列成表格，为了便于内插，后一列应给出各读数之间的差值。附录C给出主计量表的一个典型格式示例。

13.3 纵倾校正表

在船首纵倾和船尾纵倾的各种不同情况下，将应用于液位计读数的校正值以合适的液位计读数间隔制作成表格。附录D给出了纵倾校正表的典型格式示例。

13.4 横倾校正表

横倾以0.5°为间隔，将应用于液位计读数的校正值以合适的液位计读数间隔制作成表格。附录E给出了横倾校正表的典型格式示例。

13.5 罐壁膨胀或收缩校正表

用于指示储罐内液体体积的校正系数是为了补偿在参比温度和测量储罐内液体体积时实际温度之间罐壁的体积变化，对处于参比温度两侧一定范围的温度，以0.1 ℃的间隔将该校正系数制成表格。附录F给出了罐壁膨胀或收缩校正表的典型格式示例。

$$F_v = 1 - 3\alpha_t(t_1 - t_2) \qquad \cdots\cdots(1)$$

式中：

F_v——校正系数；

α_t——建造储罐金属的平均线性膨胀系数；

t_1——储罐计量表的参比温度；

t_2——液体或蒸气的任意温度。

13.6 浮子式液位计的校正

13.6.1 温差校正表

应用储罐内的气相温度对由测量卷尺膨胀(在参比温度下校准)引起的液位计读数差异进行校正。

13.6.2 密度差的校正表

根据参考密度调整浮标。对不同的密度，如各种不同的LNG或丙烷和丁烷的密度，应校正浮标的浸没深度。

附 录 A
（资料性附录）
安全注意事项

除了普通储罐校准需要的一般注意事项（见ISO 7507-1）外，还应该遵守下列要求：

a） 在光滑的储罐表面应穿着适当的防滑鞋底的鞋；

b） 铝制储罐不宜使用水银温度计。

附　录　B
（资料性附录）
校准的准确度

例如，被广泛使用的、直径为 36.5 m、容积为 25 000 m^3 的球形储罐，校准准确度如下所示，假设体积测量的容许允差是±0.25%：

a) 半径准确度：

$$\frac{(R+\Delta R)^3-R^3}{R^3}\times 100=0.25 \qquad \text{(B.1)}$$

忽略$(\Delta R)^2$和$(\Delta R)^3$项，公式可简化为

$$\Delta R=\frac{0.002\ 5R}{3} \qquad \text{(B.2)}$$

将 R=18.25 m 代入式中，得 ΔR=15 mm

b) 坐标准确度：

假设照相机的焦距是 f，物距是 H，基线的长度是 B，可从下列公式获得在横剖面的准确度 δXY 和纵剖面的准确度 δZ。

$$\delta XY=\frac{H}{f}\times\delta P \qquad \text{(B.3)}$$

$$\delta Z=\frac{H}{f}\times\frac{H}{B}\times\delta P \qquad \text{(B.4)}$$

根据测量坐标计算半径 R，设 δR=15 mm（见上面 a)），可从下面公式获得坐标准确度 δP

$$\delta P=\frac{R\times\delta R}{\left[(X'+Y')\dfrac{H}{f}+Z'\times\dfrac{H}{f}\times\dfrac{H}{B}\right]} \qquad \text{(B.5)}$$

式中 X'、Y' 和 Z' 是物体的坐标，该坐标是以球形罐的中心为原点。

对最远的点，$X'=Y'=Z'=10$ m。假设 f=100 mm，$(H/B)=7$，像幅为 130 mm×180 mm，足够覆盖整个表面，取值 δP=11 μm。

c) 立体照相测量法的准确度：

照相准确度：	感光乳剂粒度	3 μm～5 μm
机械准确度：	透镜畸变	3 μm～5 μm
	机械准确度	3 μm～5 μm
测量准确度：		3 μm～5 μm
合成准确度：		6 μm～10 μm

d) 所用仪器的准确度：

1) 照相机

焦距：	刻度为 1/100 mm
主点位置：	刻度为 1/100 mm
畸变：	刻度为 1/1 000 mm
框标间隔：	刻度为 1/1 000 mm
分辨率：	大于 50 线/mm
图像尺寸：	大于(100 至 120)mm×160 mm

2) 分析用绘图仪

最小读数	1/1 000 mm
标称准确度	2/1 000 mm

附 录 C
（资料性附录）
−160 ℃下主计量表示例

表 C.1

读数 cm	体积 m^3	差值 m^3	读数 cm	体积 m^3	差值 m^3	读数 cm	体积 m^3	差值 m^3
0～00	0.000	0.005	0～30	5.183	0.350	0～60	20.620	0.689
01	0.005	0.018	31	5.533	0.362	61	21.309	0.700
02	0.023	0.029	32	5.895	0.373	62	22.009	0.712
03	0.052	0.040	33	6.268	0.384	63	22.721	0.723
04	0.092	0.052	34	6.652	0.396	64	23.444	0.734
05	0.144	0.064	35	7.048	0.407	65	24.178	0.745
06	0.208	0.075	36	7.455	0.419	66	24.923	0.756
07	0.283	0.087	37	7.874	0.429	67	25.679	0.768
08	0.370	0.098	38	8.303	0.442	68	26.447	0.778
09	0.468	0.109	39	8.745	0.452	69	27.225	0.790
0～10	0.577	0.122	0～40	9.197	0.464	0～70	28.015	0.801
11	0.699	0.132	41	9.661	0.475	71	28.816	0.812
12	0.831	0.145	42	10.136	0.487	72	29.628	0.823
13	0.976	0.156	43	10.623	0.498	73	30.451	0.835
14	1.132	0.167	44	11.121	0.509	74	31.286	0.845
15	1.299	0.179	45	11.630	0.520	75	32.131	0.857
16	1.478	0.190	46	12.150	0.532	76	32.988	0.867
17	1.668	0.201	47	12.682	0.543	77	33.855	0.879
18	1.869	0.214	48	13.225	0.554	78	34.734	0.890
19	2.083	0.224	49	13.779	0.566	79	35.624	0.901
0～20	2.307	0.236	0～50	14.345	0.577	0～80	36.525	0.912
21	2.543	0.248	51	14.922	0.588	81	37.437	0.923
22	2.791	0.259	52	15.510	0.599	82	38.360	0.934
23	3.050	0.270	53	16.109	0.611	83	39.294	0.946
24	3.320	0.282	54	16.720	0.622	84	40.240	0.956
25	3.602	0.293	55	17.342	0.633	85	41.196	0.967
26	3.895	0.305	56	17.975	0.644	86	42.163	0.979
27	4.200	0.316	57	18.619	0.656	87	43.142	0.989
28	4.516	0.328	58	19.275	0.667	88	44.131	1.001
29	4.844	0.339	59	19.942	0.678	89	45.132	1.011

表 C.1（续）

读数 cm	体积 m³	差值 m³	读数 cm	体积 m³	差值 m³	读数 cm	体积 m³	差值 m³
0～90	46.143	1.023	1～10	68.743	1.247	1～30	95.702	1.460
91	47.166	1.033	11	69.990	1.258	31	97.162	1.469
92	48.199	1.045	12	71.248	1.268	32	98.631	1.481
93	49.244	1.055	13	72.516	1.279	33	100.112	1.491
94	50.299	1.067	14	73.795	1.289	34	101.603	1.501
95	51.366	1.077	15	75.084	1.300	35	103.104	1.512
96	52.443	1.089	16	76.384	1.311	36	104.616	1.523
97	53.532	1.099	17	77.695	1.322	37	106.139	1.533
98	54.631	1.111	18	79.017	1.332	38	107.672	1.543
99	55.742	1.122	19	80.349	1.342	39	109.215	1.555
1～00	56.864	1.140	1～20	81.691	1.354	1～40	110.770	1.564
01	58.004	1.150	21	83.045	1.364	41	112.334	1.575
02	59.154	1.161	22	84.409	1.374	42	113.909	1.586
03	60.315	1.172	23	85.783	1.386	43	115.495	1.596
04	61.487	1.183	24	87.169	1.395	44	117.091	1.606
05	62.670	1.193	25	88.564	1.407	45	118.697	1.617
06	63.863	1.204	26	89.971	1.417	46	120.314	1.628
07	65.067	1.215	27	91.388	1.427	47	121.942	1.638
08	66.282	1.225	28	92.815	1.439	48	123.580	1.648
09	67.507	1.236	29	94.254	1.448	49	125.228	1.659

附　录　D
（资料性附录）
纵倾校正表示例

表 D.1

B/H＝船头

B/S＝船尾

读数/cm	读数校正/mm												
	2.0 m B/H	1.0 m B/H	0.5 m B/H	0.0 m EVEN	0.5 m B/S	1.0 m B/S	1.5 m B/S	2.0 m B/S	2.5 m B/S	3.0 m B/S	4.0 m B/S	5.0 m B/S	6.0 m B/S
50	−3	−2	−1	0	1	2	3	4	5	6	9	12	15
100	−3	−2	−1	0	1	2	3	4	5	6	9	11	14
150	−3	−2	−1	0	1	2	3	4	5	6	9	11	14
200	−3	−2	−1	0	1	2	3	4	5	6	9	11	14
250	−3	−2	−1	0	1	2	3	4	5	6	9	11	14
300	−3	−2	−1	0	1	2	3	4	5	6	9	11	14
350	−3	−2	−1	0	1	2	3	4	5	6	9	11	14
400	−3	−2	−1	0	1	2	3	4	5	6	8	11	14
450	−3	−2	−1	0	1	2	3	4	5	6	8	11	14
500	−3	−2	−1	0	1	2	3	4	5	6	8	11	13
550	−3	−2	−1	0	1	2	3	4	5	6	8	11	13
600	−3	−2	−1	0	1	2	3	4	5	6	8	11	13
700	−3	−2	−1	0	1	2	3	4	5	6	8	11	13
800	−3	−2	−1	0	1	2	3	4	5	6	8	10	13
900	−3	−2	−1	0	1	2	3	4	5	6	8	10	13
1 000	−3	−2	−1	0	1	2	3	4	5	6	8	10	12
1 100	−3	−2	−1	0	1	2	3	4	5	6	8	10	12
1 200	−3	−2	−1	0	1	2	3	4	5	6	8	10	12
1 300	−3	−2	−1	0	1	2	3	4	5	6	8	10	12
1 400	−3	−2	−1	0	1	2	3	4	5	6	7	9	11
1 500	−3	−2	−1	0	1	2	3	4	5	5	7	9	11
1 600	−4	−2	−1	0	1	2	3	4	4	5	7	9	11
1 700	−4	−2	−1	0	1	2	3	4	4	5	7	9	11
1 800	−4	−2	−1	0	1	2	3	4	4	5	7	9	11
1 900	−4	−2	−1	0	1	2	3	4	4	5	7	9	10
2 000	−4	−2	−1	0	1	2	3	3	4	5	7	8	10
2 100	−4	−2	−1	0	1	2	3	3	4	5	7	8	10

表 D.1（续）

B/H=船头

B/S=船尾

读数/cm	读数校正/mm												
	2.0 m B/H	1.0 m B/H	0.5 m B/H	0.0 m EVEN	0.5 m B/S	1.0 m B/S	1.5 m B/S	2.0 m B/S	2.5 m B/S	3.0 m B/S	4.0 m B/S	5.0 m B/S	6.0 m B/S
2 200	−4	−2	−1	0	1	2	3	3	4	5	7	8	10
2 300	−4	−2	−1	0	1	2	3	3	4	5	7	8	9
2 400	−4	−2	−1	0	1	2	3	3	4	5	6	8	9
2 500	−4	−2	−1	0	1	2	3	3	4	5	6	8	9
2 600	−4	−2	−1	0	1	2	3	3	4	5	6	8	9
2 700	−4	−2	−1	0	1	2	3	3	4	5	6	7	8
2 800	−4	−2	−1	0	1	2	3	3	4	5	6	7	8
2 900	−4	−2	−1	0	1	2	3	3	4	5	6	7	8
2 950	−4	−2	−1	0	1	2	2	3	4	5	6	7	8
3 000	−4	−2	−1	0	1	2	2	3	4	5	6	7	8
3 050	−4	−2	−1	0	1	2	2	3	4	5	6	7	8
3 100	−4	−2	−1	0	1	2	2	3	4	5	6	7	8
3 150	−4	−2	−1	0	1	2	2	3	4	5	6	7	7
3 200	−4	−2	−1	0	1	2	2	3	4	5	6	7	7
3 250	−4	−2	−1	0	1	2	2	3	4	4	6	7	7
3 300	−4	−2	−1	0	1	2	2	3	4	4	6	6	7
3 350	−4	−2	−1	0	1	2	2	3	4	4	5	6	7
3 400	−4	−2	−1	0	1	2	2	3	4	4	5	6	7
3 450	−4	−2	−1	0	1	2	2	3	4	4	5	6	7

附 录 E
（资料性附录）
横倾校正表示例

表 E.1

UP/R =垂直

读数/cm	读数校正/mm												
	向左舷横倾						UP/R	向右舷横倾					
	3.0°	2.5°	2.0°	1.5°	1.0°	0.5°	0.0°	0.5°	1.0°	1.5°	2.0°	2.5°	3.0°
50	−5	−7	−8	−8	−7	−4	0	5	12	20	29	39	51
100	−5	−7	−8	−8	−7	−4	0	5	12	19	28	39	50
150	−6	−8	−9	−8	−7	−4	0	5	12	19	28	38	50
200	−7	−8	−9	−9	−7	−4	0	5	12	19	28	38	49
250	−7	−9	−9	−9	−7	−4	0	5	12	19	28	37	48
300	−8	−9	−10	−9	−7	−4	0	5	11	19	27	37	47
350	−9	−10	−10	−9	−7	−4	0	5	11	19	27	36	47
400	−9	−10	−10	−9	−7	−4	0	5	11	18	27	36	46
450	−10	−11	−11	−9	−7	−4	0	5	11	18	26	35	45
500	−11	−11	−11	−10	−7	−4	0	5	11	18	26	35	45
550	−11	−12	−11	−10	−7	−4	0	5	11	18	26	34	44
600	−12	−12	−12	−10	−8	−4	0	5	11	18	25	34	43
700	−13	−13	−12	−10	−8	−4	0	5	11	17	25	33	42
800	−15	−14	−13	−11	−8	−4	0	5	11	17	24	32	41
900	−16	−15	−13	−11	−8	−4	0	5	11	17	24	31	39
1 000	−18	−16	−14	−11	−8	−4	0	5	10	16	23	30	38
1 100	−19	−17	−15	−12	−8	−4	0	5	10	16	22	29	37
1 200	−20	−18	−15	−12	−8	−4	0	5	10	16	22	28	35
1 300	−22	−19	−16	−12	−9	−4	0	5	10	15	21	27	34
1 400	−23	−20	−16	−13	−9	−4	0	5	10	15	21	26	32
1 500	−24	−21	−17	−13	−9	−5	0	5	10	15	20	25	31
1 600	−26	−22	−18	−13	−9	−5	0	5	9	14	19	24	30
1 700	−27	−23	−18	−14	−9	−5	0	5	9	14	19	24	28
1 800	−29	−24	−19	−14	−9	−5	0	5	9	14	18	23	27
1 900	−30	−25	−19	−14	−9	−5	0	5	9	13	18	22	26
2 000	−31	−26	−20	−15	−10	−5	0	5	9	13	17	21	24
2 100	−33	−27	−21	−15	−10	−5	0	4	9	13	16	20	23
2 200	−34	−27	−21	−15	−10	−5	0	4	9	12	16	19	21

表 E.1（续）

UP/R =垂直

读数/cm	读数校正/mm												
	向左舷横倾						UP/R	向右舷横倾					
	3.0°	2.5°	2.0°	1.5°	1.0°	0.5°	0.0°	0.5°	1.0°	1.5°	2.0°	2.5°	3.0°
2 300	−35	−28	−22	−16	−10	−5	0	4	8	12	15	18	20
2 400	−37	−29	−23	−16	−10	−5	0	4	8	12	14	17	19
2 500	−38	−30	−23	−16	−10	−5	0	4	8	11	14	16	17
2 600	−40	−31	−24	−17	−11	−5	0	4	8	11	13	15	16
2 700	−41	−32	−24	−17	−11	−5	0	4	8	11	13	14	15
2 800	−42	−33	−25	−18	−11	−5	0	4	8	10	12	13	13
2 900	−44	−34	−26	−18	−11	−5	0	4	7	10	11	12	12
2 950	−44	−35	−26	−18	−11	−5	0	4	7	10	11	12	11
3 000	−45	−35	−26	−18	−11	−5	0	4	7	10	11	11	10
3 050	−46	−36	−26	−18	−11	−5	0	4	7	9	11	11	10
3 100	−46	−36	−27	−19	−11	−5	0	4	7	9	10	10	9
3 150	−47	−37	−27	−19	−11	−5	0	4	7	9	10	10	8
3 200	−48	−37	−27	−19	−11	−5	0	4	7	9	10	9	8
3 250	−48	−37	−28	−19	−12	−5	0	4	7	9	9	9	7
3 300	−49	−38	−28	−19	−12	−5	0	4	7	9	9	8	6
3 350	−50	−38	−28	−19	−12	−5	0	4	7	8	9	8	6
3 400	−50	−39	−29	−20	−12	−5	0	4	7	8	8	7	5
3 450	−51	−39	−29	−20	−12	−5	0	4	7	8	8	7	4

附 录 F
（资料性附录）
罐壁膨胀或收缩的校正表示例

表 F.1

温度/℃	校正系数	温度/℃	校正系数	温度/℃	校正系数	温度/℃	校正系数
−165.0	0.999 81	−161.9	0.999 93	−158.8	1.000 05	−155.7	1.000 19
−164.9	0.999 82	−161.8	0.999 93	−158.7	1.000 06	−155.6	1.000 20
−164.8	0.999 82	−161.7	0.999 94	−158.6	1.000 06	−155.5	1.000 20
−164.7	0.999 83	−161.6	0.999 94	−158.5	1.000 07	−155.4	1.000 20
−164.6	0.999 83	−161.5	0.999 94	−158.4	1.000 07	−155.3	1.000 21
−164.5	0.999 83	−161.4	0.999 95	−158.3	1.000 08	−155.2	1.000 21
−164.4	0.999 84	−161.3	0.999 95	−158.2	1.000 08	−155.1	1.000 22
−164.3	0.999 84	−161.2	0.999 96	−158.1	1.000 08	−155.0	1.000 22
−164.2	0.999 84	−161.1	0.999 96	−158.0	1.000 09	−154.9	1.000 23
−164.1	0.999 85	−161.0	0.999 96	−157.9	1.000 09	−154.8	1.000 23
−164.0	0.999 85	−160.9	0.999 97	−157.8	1.000 10	−154.7	1.000 24
−163.9	0.999 85	−160.8	0.999 97	−157.7	1.000 10	−154.6	1.000 24
−163.8	0.999 86	−160.7	0.999 97	−157.6	1.000 11	−154.5	1.000 24
−163.7	0.999 86	−160.6	0.999 98	−157.5	1.000 11	−154.4	1.000 25
−163.6	0.999 87	−160.5	0.999 98	−157.4	1.000 12	−154.3	1.000 25
−163.5	0.999 87	−160.4	0.999 99	−157.3	1.000 12	−154.2	1.000 26
−163.4	0.999 87	−160.3	0.999 99	−157.2	1.000 12	−154.1	1.000 26
−163.3	0.999 88	−160.2	0.999 99	−157.1	1.000 13	−154.0	1.000 27
−163.2	0.999 88	−160.1	1.000 00	−157.0	1.000 13	−153.9	1.000 27
−163.1	0.999 88	−160.0	1.000 00	−156.9	1.000 14	−153.8	1.000 28
−163.0	0.999 89	−159.9	1.000 00	−156.8	1.000 14	−153.7	1.000 28
−162.9	0.999 89	−159.8	1.000 01	−156.7	1.000 15	−153.6	1.000 28
−162.8	0.999 90	−159.7	1.000 01	−156.6	1.000 15	−153.5	1.000 29
−162.7	0.999 90	−159.6	1.000 02	−156.5	1.000 16	−153.4	1.000 29
−162.6	0.999 90	−159.5	1.000 02	−156.4	1.000 16	−153.3	1.000 30
−162.5	0.999 91	−159.4	1.000 03	−156.3	1.000 16	−153.2	1.000 30
−162.4	0.999 91	−159.3	1.000 03	−156.2	1.000 17	−153.1	1.000 31
−162.3	0.999 91	−159.2	1.000 04	−156.1	1.000 17	−153.0	1.000 31
−162.2	0.999 92	−159.1	1.000 04	−156.0	1.000 18	−152.9	1.000 32
−162.1	0.999 92	−159.0	1.000 04	−155.9	1.000 18	−152.8	1.000 32
−162.0	0.999 93	−158.9	1.000 05	−155.8	1.000 19	−152.7	1.000 33

表 F.1（续）

温度/℃	校正系数	温度/℃	校正系数	温度/℃	校正系数	温度/℃	校正系数
−152.6	1.000 33	−151.7	1.000 37	−150.8	1.000 41	−149.9	1.000 45
−152.5	1.000 33	−151.6	1.000 37	−150.7	1.000 41	−149.8	1.000 45
−152.4	1.000 34	−151.5	1.000 38	−150.6	1.000 42	−149.7	1.000 46
−152.3	1.000 34	−151.4	1.000 38	−150.5	1.000 42	−149.6	1.000 46
−152.2	1.000 35	−151.3	1.000 39	−150.4	1.000 43	−149.5	1.000 47
−152.1	1.000 35	−151.2	1.000 39	−150.3	1.000 43	−149.4	1.000 47
−152.0	1.000 36	−151.1	1.000 40	−150.2	1.000 44	−149.3	1.000 48
−151.9	1.000 36	−151.0	1.000 40	−150.1	1.000 44	−149.2	1.000 48
−151.8	1.000 36	−150.9	1.000 40	−150.0	1.000 44	−149.1	1.000 48

ICS 75.060
E 24

中华人民共和国国家标准

GB/T 24959—2010/ISO 8310:1991

冷冻轻烃流体 液化气储罐内温度的测量 电阻温度计和热电偶

Refrigerated light hydrocarbon fluids—Measurement of temperature in tanks containing liquefied gases—Resistance thermometers and thermocouples

(ISO 8310:1991,IDT)

2010-08-09 发布 2010-12-01 实施

中华人民共和国国家质量监督检验检疫总局
中国国家标准化管理委员会 发布

前　言

本标准等同采用 ISO 8310《冷冻轻烃流体　液化气储罐内温度的测量　电阻温度计和热电偶》(1991 年英文版)。

本标准等同翻译 ISO 8310:1991。

为便于使用,本标准还做了下列编辑性修改:

——“本国际标准”一词改为“本标准”;

——删除 ISO 8310:1991 的前言,重新编写本标准的前言;

——第 2 章规范性引用文件中,将一些适用于国际标准的表述修改为适用于我国标准的表述,部分 IEC 标准替换为我国对应内容的国家标准,并将老版本的 IEC 标准替换为最新版本,其余章节对应内容也同时修改;

——按 GB/T 1.1—2000 的要求对附录 A 中的公式进行统一编号。

本标准的附录 A 和附录 B 为资料性附录。

本标准由全国天然气标准化技术委员会(SAC/TC 244)提出。

本标准由全国天然气标准化技术委员会(SAC/TC 244)归口。

本标准负责起草单位:中国石油西南油气田分公司天然气研究院、中国石油西气东输管道公司南京计量测试中心。

本标准参加起草单位:中国石油西南油气田分公司计量检测中心、中国石油集团工程设计有限责任公司西南分公司、中国海油天然气及发电有限责任公司、中国石油大连 LNG 项目部。

本标准主要起草人:张福元、王劲松、罗勤、国明昌、夏芳、苏运国、郑军、邱惠、李峰、陈荟宇、赵静。

冷冻轻烃流体
液化气储罐内温度的测量
电阻温度计和热电偶

1 范围

本标准规定了在储存冷冻轻烃流体的船上和岸上储罐使用的电阻温度计传感器、热电偶和相关设备的基本要求和检定程序。

2 规范性引用文件

下列文件中的条款通过在标准中的引用而成为本标准的条款。凡是注日期的引用文件，其随后所有的修改单(不包括勘误的内容)或修订版均不适用于本标准，然而，鼓励根据本标准达成协议的各方研究是否使用这些文件的最新版本。凡是不注日期的引用文件，其最新版本适用于本标准。

GB 3836.6 爆炸性气体环境用电气设备 第6部分:油浸型“o”(GB 3836.6—2004,IEC 60079-6:1995,IDT)

GB 3836.7 爆炸性气体环境用电气设备 第7部分:充砂型“q”(GB 3836.7—2004,IEC 60079-5:1997,IDT)

GB 3836.14—2000 爆炸性气体环境用电气设备 第14部分:危险场所分类(IEC 60079-10:1995,IDT)

GB/T 17214.2—2005 工业过程测量和控制装置工作条件 第2部分:动力(IEC 60654-2:1979,IDT)

IEC 60079-0 爆炸性气体环境用电气设备 第0部分:通用要求

IEC 60079-1 爆炸性气体环境用电气设备 第1部分:隔爆型“d”

IEC 60079-2 爆炸性气体环境用电气设备 第2部分:正压外壳型“p”

IEC 60079-3 爆炸性气体环境用电气设备 第3部分:本安电路用火花测试装置

IEC 60079-4 爆炸性气体环境用电气设备 第4部分:引燃温度测试方法

IEC 60079-7 爆炸性气体环境用电气设备 第7部分:增安型“e”

IEC 60079-11 爆炸性气体环境用电气设备 第11部分:本质安全型“i”

IEC 60079-12 爆炸性气体环境用电气设备 第12部分:气体或蒸气与空气的混合物按最大测试安全间隙及最小点燃电流的分类

IEC 60092-504:1974 船上电气设备 第504部分:特性 控制与仪器

IEC 60533 船舶电气与电子设备的电磁兼容

IEC 60584-1:1977 热电偶 第1部分:参考表

IEC 60584-2:1982 热电偶 第2部分:公差

IEC 60654-1:1979 工业过程测量和控制装置工作条件 第1部分:气候条件

IEC 60751:1983 工业铂电阻温度传感器

IMO(国际海事组织)大批运输液化气体船舶构造和设备规范,决议A.328(Ⅸ)

IPTS-68 国际实用温标—1968

3 术语和定义

下列术语和定义适用于本标准。

3.1

温度测量系统　temperature-measurement system

由温度检测器、处理信号和显示温度的接收仪表及连接温度检测器和接收仪表的导线组成的系统。

3.2

气体危险区域　gas-dangerous space

气体或蒸气与空气混合形成易燃混合气的区域。这与GB 3836.14—2000岸上储罐规定的“危险区域”和IMO决议A.328(Ⅸ),1.4.16船上储罐规定的“气体危险区域或地带”的含义相同。

3.3

最大允差　maximum permissible error

系统中规定的允许误差极值。

4　温度检测器类型

温度检测器有两种类型,一种是铂电阻温度传感器(除测量高温外IEC 60751:1983推荐100 Ω),另一种是铜/康铜热电偶(T型)(见IEC 60584-1:1977和IEC 60584-2:1982)。温度检测器的材质和连接检测器与接收仪表的导线应不受时间变化的影响。

电阻温度传感器应是三线制或四线制。

5　温度测量系统的误差

5.1　温度检测器

5.1.1　用于测量液相温度的A级电阻温度传感器的误差(见表1)不能超过:

a)　液化天然气:±0.15 ℃;

或

b)　液化石油气和其他低温流体:±0.3 ℃。

注1:由于液化天然气(LNG)和液化石油气(LPG)的膨胀系数差异而规定不同的误差限。

表1　合成误差

级别	状态	LNG	LPG和其他
A级	液相	±0.3 ℃	±1 ℃
	气相	±2 ℃	±2 ℃
B级	液相	±2 ℃	±2 ℃
	气相	±2 ℃	±2 ℃

注2:A级:要求高准确度的应用。

注3:B级:要求不高的准确度的应用。A级准确度更适用于在商业交易中确定数量。

注4:各个误差值是按LNG、LPG及其他流体的膨胀系数差别而定的。

5.1.2　用于测量气相温度的A级电阻温度传感器的误差不能超过±0.3 ℃。

5.1.3　电阻温度传感器测量电流时所消耗的电能导致温度计产生的温升不能超过5.1.1和5.1.2规定的最大允差的1/5(见IEC 60751:1983)。

5.1.4　用于测量气相温度的A级热电偶在其测量范围内(−200 ℃~0 ℃)的最大允差等于或小于±0.5 ℃或1%。

5.1.5　当连接的终端设备温度在−25 ℃~100 ℃之间时,补偿导线连接的A级热电偶误差不能超过±0.5 ℃(见IEC 60584-1:1977和IEC 60584-2:1982)。

5.2　合成误差

5.2.1　温度测量的合成误差包括温度测量系统中所有元件引起的误差,对于合适的应用,其值不应高于表1所示值。

5.2.2 合成误差应看作是按第9章规定的测试方法给出的最大仪表误差平方和的平方根。

6 接收仪表要求

6.1 接收仪表应安装在由温度变动导致的测量误差不超过5.2.1规定值的地方。

6.2 接收仪表应有高阻抗接收电路以便将误差减到最小。

7 绝缘电阻

7.1 按照7.2规定的方法测试时，温度检测器的绝缘电阻至少应有10 MΩ。

7.2 把检测器的温度传感器部分应保持在接近100 ℃和−196 ℃环境中，在终端和外壳或保护管之间施加500 V直流电压的条件下测试绝缘电阻。

8 环境条件和电源允许波动

电阻温度计或热电偶不同部分的环境条件见表2和表3。电源波动不能超过表4所列数值。

注1：这些限制用于保护系统免受损害，并不用于维持准确性。

表2 电阻温度计和热电偶各部件的环境条件(岸上储罐)

项目	罐内	罐外	
		外露部分	其他部分
温度	LNG:−165 ℃～+55 ℃ LPG:−50 ℃～+55 ℃	−25 ℃～+70 ℃ (引用自IEC 60654-1:1979)	0 ℃～+55 ℃ (引用自IEC 60654-1:1979)
相对湿度	0 ℃～40 ℃:5%～100%(引用自IEC 60654-1:1979) 40 ℃以上:5%～70%		
注1：除液化天然气或液化石油气体以外的液体，储罐内低温限制可根据该液体的沸点而定。 注2：安装在罐内设备的各部件都应有足够强度承受液体的静压和波动或其他作用力。			

表3 电阻温度计和热电偶各部件的环境条件(船上储罐)

项目	罐内	罐外	
		外露部分	其他部分
温度	LNG:−165 ℃～+80 ℃ LPG:−50 ℃～+80 ℃	−25 ℃～+70 ℃ (引用自IEC 60092-504:1974)	0 ℃～+55 ℃
振动	设备自然频率不在0 Hz～80 Hz之间(引用自IEC 60092-504:1974) 振幅:在2.0 Hz～13.2 Hz范围内为±1.0 mm 加速度:在13.2 Hz～80 Hz范围内为0.7 G 最大加速度:0.7 G		
相对湿度	0 ℃～40 ℃:0%～100%(引用自IEC 60092-504: 1974) 40 ℃以上:5%～70%		
倾斜	倾角(各个方向):22.5°(引用自IEC 60092-504: 1974) 摇摆(10秒/周期):22.5°		
纵倾	加速度:+1.0 g_n 垂直方向(引用自IEC 60092-504:1974)		
电磁兼容性	参照IEC 60533		
注1：上表所列数值为操作参数。 注2：传感器和储罐内接线应有足够的强度承受液体波动或其他活动。 注3：安装在船甲板的所有设备应有适当保护以防暴露于海水或浸入其中。 注4：除液化天然气或液化石油气外，储罐内低温限制可根据该液体的沸点而定。			

表 4 电源波动

电源	变量名称	变量		
		持续	瞬间	
		变量值/%	变量值/%	恢复时间/s
交流电	电压频率	±10[a] ±5	±20[a] ±10	3[a] 3
电池	电压	±30[a] −25	—	—
注：充电时设备未连接电池或使用稳压设备时，电池电压的波动会减少到±20%。				
[a] 引用自 GB/T 17214.2—2005 和 IEC 60092-504:1974。				

9 检定程序

9.1 安装前的检定

应完成下列测试。

9.1.1 温度检测器

温度检测器的准确度应该使用定点法检查或标准温度计校准。

推荐使用的定点温度设备、恒温设备、标准温度计和温度检测器误差测定的方法在附录 A 和 B 给出。

9.1.2 接收仪表

接收仪表的误差应按下述步骤确定：

a) 传送标准值到输入端。该值为电阻或电动势，这取决于要校准的是电阻温度计还是热电偶。

b) 读取显示值。

c) 比较显示值和传到输入端的标准值。

9.2 安装后的检定

温度检测器完成安装后，应进行下列测试：

9.2.1 检查所有电线、电缆的连接和悬挂，以及其他有关设备是否按厂家说明书推荐的方法安装。

9.2.2 检查传感器的绝缘电阻和温度检测器的电缆连接，并与按第 7 章规定的方法取得的原始读数进行比较。

9.3 使用期内的检定

建议尽量定期地进行下列测试。

9.3.1 当打开储罐并能够进入时，检查温度检测器的安装、连接电缆和辅助是否按本标准和厂家的推荐方法连接。

9.3.2 假如一个储罐内安装了两个或更多的温度检测器，通过液体温度的细微差别来监视设备是否正常运转。

9.3.3 接收仪表按照 9.1.2 再次测试。

10 气体危险区域仪器要求

温度测量系统应与相关国家或国际标准，诸如 GB 3836.6、GB 3836.7、GB 3836.14、IEC 60079-1、IEC 60079-2、IEC 60079-7、IEC 60079-11、IEC 60092-504 和 IMO 决议 A.328(Ⅸ)中 10.2 等一致。

附　录　A
（资料性附录）
准确度检查细则

A.1　校准

温度检测器与标准温度计一起放置在一个可控或固定点温度装置中，以便于比较两者的温度。为了确保温度计的测温部件处于同一温度，两者紧密接触并插入充满冷却介质且不断搅拌的杜瓦瓶铜板上的孔中。

A.2　标准温度计

标准温度计采用铂电阻温度计，按 IPTS-68 规定至少在水的沸点、三相点和氧的（凝析）冷凝点等 3 个固定点进行校准，准确度应优于±0.03 ℃。

与上述 3 个固定点温度计使用的电阻值相对应的电阻率（W_{CCT-68}）和偏差函数（ΔW_S），两者均按 IPTS-68 的规定；从而得到标准温度计在氧的冷凝点（−182.962 ℃）和 0 ℃之间的电阻率（W_S）。

$$W_S = W_{CCT-68} + \Delta W_S \qquad \text{(A.1)}$$

A.3　电阻温度计系统误差的确定

电阻温度计在测量范围内的误差按下列步骤确定：

a）应在 3 个温度点校准检查温度计：第一点在测量范围下限附近，第二点在冰点，第三点大约在上述两点中间。冰点校准可用固定点法或比较校准法，第一点和第三点校准应该使用比较校准法。

b）通过比较校准法测定温度，测量对应温度下标准温度计的电阻，代入式（A.1）。

c）温度计测量范围内的误差可以通过比较测量电阻和确定接收仪表等级的标准电阻的方法确定。

A.4　热电偶系统误差的确定

热电偶测量范围误差按下列方法确定：

a）按照 A.3 描述的相同方法完成三点校准。得到校准温度和相应的电动势等 3 个数值。

b）热电偶的校准点误差可以通过比较测量电动势和确定接收仪表等级的标准电动势的方法确定。

附 录 B
（资料性附录）
固定点温度装置和控制温度装置的设计和使用

下面方法描述推荐的固定点和控制温度装置的结构。

B.1 冰点

图 B.1 所示的装置是按照下列方式操作的一种具有±0.01 ℃准确度的冰点，即 0 ℃，的产生方法：

将经彻底洗净的工业用冰打碎成小块后放入大小合适的杜瓦瓶中。再在碎冰上灌入足够量的冷冻蒸馏水直至杜瓦瓶的一半。

连接装满蒸馏水的辅助容器，使上水位稍微高于温度计的低端。

虹吸管一端 B 充满蒸馏水，暂时封住，另一端 A 插入杜瓦瓶。B 端插入辅助容器，打开末端使虹吸管开始工作。

杜瓦瓶中多余的水通过虹吸管排掉，保持水位比瓶底高 20 mm 或更多。

将电阻温度计的感应器或热电偶的偶接点浸入水层，在杜瓦瓶中插好，但应保持在离瓶底至少 2 cm 的高度上。

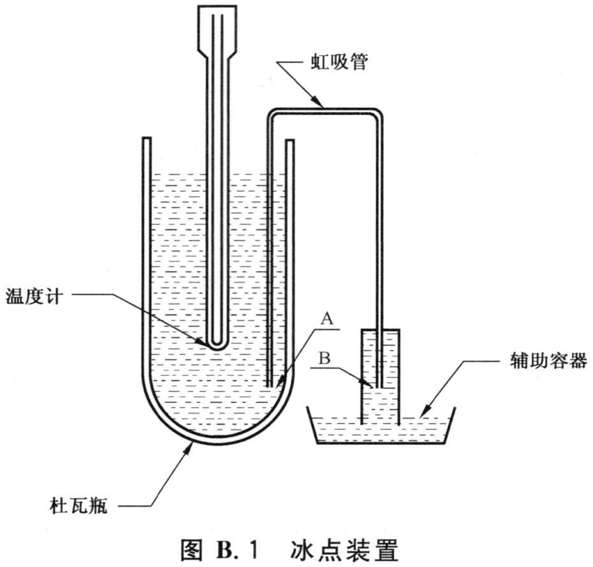

图 B.1 冰点装置

应注意如下附加点：

a) 为防止杂质溶入水中，诸如杜瓦瓶内表面和温度计等所有接触到水和冰元件都应保持清洁。不能用手直接接触水和冰。
b) 杜瓦瓶装满冰和少量的水，由于冰的溶化而在温度计周围产生空隙，从而使温度升高到 0 ℃以上。在这种情况下，有必要用玻璃不断地棒搅拌。
c) 当杜瓦瓶中冰块减少时，应加入冰块。

B.2 水的沸点

为了再现具有±0.02 ℃准确度的水沸点，按照下列方式操作图 B.2 所示的装置：

注入蒸馏水于装置中，首先使水剧烈沸腾以排出留在装置中的空气，然后控制加热，当温度计的检测末端变化不大或热的强度不再影响温度数值时，读取温度。

另外还应注意以下事宜：

a) 沸点应进行压力修正。压力是大气压和压力计压力差(图 B.2 所示)的总和。大气压通常用 Fortin 型气压计测量。用仪器误差、温度和重力校正大气压读数。在相同的房间放置压力计和沸点装置，放置位置的温度变化应很小。

b) 在恒定大气压下完成校准。

B.3 0 ℃至－110 ℃的温度范围

冷却液体导入至少一升容量的杜瓦瓶中，为了保持一致的温度，应安装机械搅拌器。表 B.1 中列出适用的液体。

表 B.1

温度范围/℃	液　　体
0～30	体积比为 3∶2 的乙二醇和水的混合物
0～－50	异丙醇、甲基乙基酮或甲基异丁基酮[a]
－20～－110	低沸点的石脑油[a]

[a] 由于这些液体易燃，应极其小心操作防止发生火灾或爆炸。

使用冷却装置、干冰(冷却到－65 ℃左右)或液氮冷却。

不能使用液体空气或液体氧气。

反复使用后的冷冻剂可能含有较多的水，在温度范围的低温极限区域，因其粘度增加而搅拌困难。

B.4 －110 ℃至－200 ℃的温度范围

搁置一铜块于杜瓦瓶上，通过铜块上的小孔将液氮缓慢地注入瓶中。

校准时温度计的传感元件插入铜块上的孔中。

通过降低液氮的压力，可在低至约－200 ℃温度下完成校准。

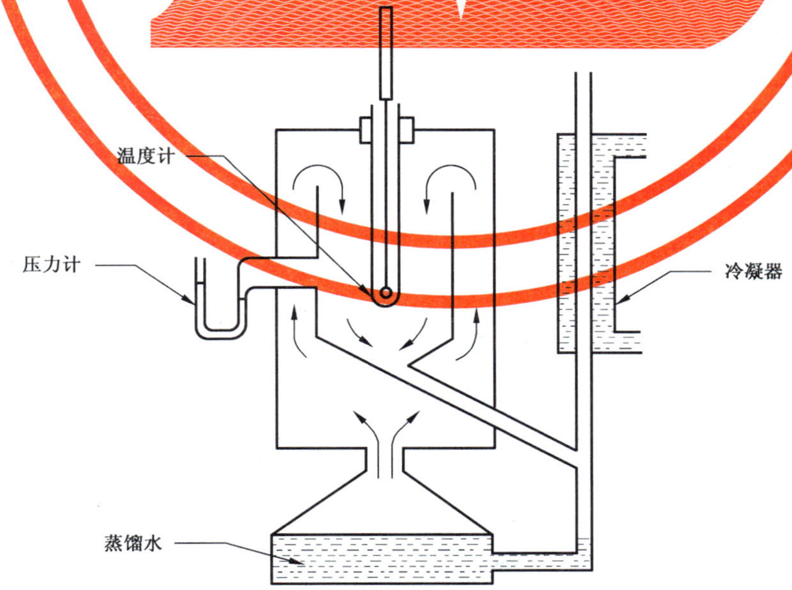

图 B.2　沸点装置

ICS 75.060
E 24

中华人民共和国国家标准

GB/T 24960—2010/ISO 8309:1991

冷冻轻烃流体
液化气储罐内液位的测量　电容液位计

**Refrigerated light hydrocarbon fluids—
Measurement of liquid levels in tanks containing liquefied gases—
Electrical capacitance gauges**

(ISO 8309:1991,IDT)

2010-08-09 发布　　2010-12-01 实施

中华人民共和国国家质量监督检验检疫总局
中国国家标准化管理委员会　发布

前　言

本标准等同采用 ISO 8309:1991《冷冻轻烃流体　罐内液化气液位的测量　电容液位计》(英文版)。

本标准等同翻译 ISO 8309:1991。

为便于使用,本标准还做了下列编辑性修改:

——“本国际标准”一词改为“本标准”;

——删除 ISO 8309:1991 的前言,重新编写本标准的前言;

——第 2 章规范性引用文件中,将一些适用于国际标准的表述修改为适用于我国标准的表述,将部分 IEC 标准替换为我国对应内容的国家标准,其余章节对应内容也同时修改;

——按 GB/T 1.1—2000 的要求对附录 A 和附录 B 中的公式进行统一编号。

本标准的附录 A 和附录 B 均为资料性附录。

本标准由全国天然气标准化技术委员会(SAC/TC 244)提出。

本标准由全国天然气标准化技术委员会(SAC/TC 244)归口。

本标准负责起草单位:中国石油西南油气田分公司天然气研究院。

本标准参加起草单位:中国石油西气东输管道公司南京计量测试中心、中国石油西南油气田分公司计量检测中心、中国石油集团工程设计有限责任公司西南分公司、中国海油天然气及发电有限责任公司、中国石油大连 LNG 项目部。

本标准主要起草人:许文晓、罗勤、张福元、段继芹、黄黎明、常宏岗、王沁、殷虹、赵静。

冷冻轻烃流体
液化气储罐内液位的测量　电容液位计

1　范围

本标准规定了装载冷冻轻烃流体的船上和岸上储罐所使用的电容液位计的基本要求和检定程序。

2　规范性引用文件

下列文件中的条款通过本标准的引用而成为本标准的条款。凡是注日期的引用文件，其随后所有的修改单(不包括勘误的内容)或修订版均不适用于本标准，然而鼓励根据本标准达成协议的各方研究是否可使用这些文件的最新版本。凡是不注日期的引用文件，其最新版本适用于本标准。

GB 3836.6　爆炸性气体环境用电气设备　第6部分:油浸型“o”[1](GB 3836.6—2004,IEC 60079-6:1995,IDT)

GB 3836.7　爆炸性气体环境用电气设备　第7部分:充砂型“q”[1](GB 3836.7—2004,IEC 60079-5:1997,IDT)

GB 3836.12　爆炸性气体环境用电气设备　第12部分:气体或蒸气混合物按照其最大试验安全间隙和最小点燃电流的分级[1]

GB 3836.14　爆炸性气体环境用电气设备　第14部分:危险场所分类[1](GB 3836.14—2000,idt IEC 60079-10:1995)

GB/T 5332　可燃液体和气体引燃温度试验方法[1](GB/T 5332—2007,IEC 60079-4:1975,IDT)

GB/T 10250　船舶电气与电子设备的电磁兼容[2](GB/T 10250—2007,IEC 60533:1999,IDT)

GB/T 17214.2—2005　工业过程测量和控制装置的工作条件　第2部分:动力[1](IEC 60654-2:1979,IDT)

IEC 60079-0　爆炸性气体环境用电气设备　第0部分:通用要求[1]

IEC 60079-1　爆炸性气体环境用电气设备　第1部分:隔爆型“d”[1]

IEC 60079-2　爆炸性气体环境用电气设备　第2部分:正压外壳型“p”[1]

IEC 60079-7　爆炸性气体环境用电气设备　第7部分:增安型“e”[1]

IEC 60079-11　爆炸性气体环境用电气设备　第11部分:本质安全型“i”[1]

IEC 60092-504:1974　船上电气设备　第504部分:特性　控制与仪器[2]

IEC 60654-1:1979　工业过程测量和控制装置工作条件　第1部分:气候条件[1]

IMO(国际海事组织)　大批运输液化气体船舶构造和设备规范，决议A.328(Ⅸ)[2]

3　术语和定义

下列术语和定义适用于本标准。

3.1

准确度测试　accuracy test

确定误差范围的测试。

1)　作为岸上储罐内液位计的参考。

2)　作为船上储罐内液位计的参考。

3.2

气体危险区域　gas-dangerous space

气体或蒸气与空气混合时可能形成易燃混合物的区域。与 GB 3836.14 描述的适用于岸上储罐的“危险区域”及 IMO 决议 A.328(Ⅸ)中描述的适用于船上储罐的“气体危险区域或地带”含义相同。

3.3

测量参比点　gauge reference point

测量液位时作为参比的固定不变点。

3.4

本质安全结构　intrinsically safe construction

根据 GB 3836.4,通过测试证明在正常或故障状态下在规定的气体或蒸气中不会产生可燃火花的结构。

3.5

液位　liquid level

沿液位计中心线测量的储罐中液面与测量参比点之间的距离。

3.6

偏置常数　offset constant

主传感器在罐内安装后,从储罐底部到主传感器下端的高度。

3.7

最大允差　maximum permissible error

系统中规定的允许误差极值。

3.8

传感器　sensors

3.8.1

主传感器　main sensor

液位计中对液位变化做出响应的部分。

3.8.2

参比传感器　reference sensor

液位计中测定液体介电常数的部分。

3.9

标准刻度表　standard scale

用以测试液位计准确度的一种量具。

4　液位计设计

电容液位计由图 1 所示的部件构成。

液位计的材质和构造应使其暴露于表 1 和表 2 所列的环境条件下时不受损害。

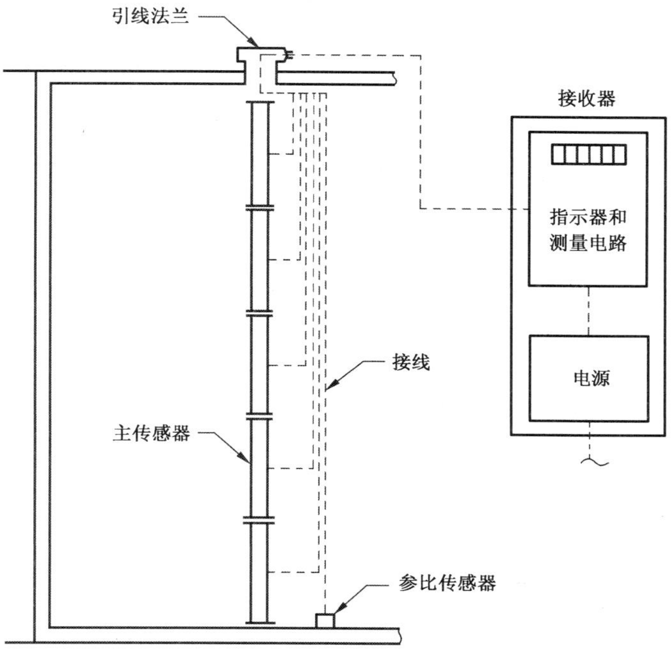

图 1 电容液位计示例

表 1 电容液位计各部件的环境条件(岸上储罐)

	罐 内	罐 外	
		外露部分	其他部分
温 度	LNG:−165 ℃～+55 ℃ LPG:−50 ℃～+55 ℃	−25 ℃～+70 ℃[a]	0 ℃～55 ℃[a]
相对湿度	0 ℃～40 ℃时为 5%～100%[a] 高于 40 ℃时为 5%～70%		

注 1:如果是液化天然气和液化石油气以外的液体,储罐内低温限制可根据该液体的沸点而定。

注 2:安装在罐内设备的各部件都应具备足够的强度来承受液体的静压和波动或其他作用。

[a] 引用 IEC 60654-1:1979。

表 2 电容液位计各部分的环境条件(船上储罐)

	罐 内	罐 外	
		外露部分	其他部分
温 度	LNG:−165 ℃～+80 ℃ LPG:−50 ℃～+80 ℃	−25 ℃～+70 ℃[a]	0 ℃～55 ℃
振 动	设备的自然频率不在 0 Hz～80 Hz[a] 振幅:2.0 Hz～13.2 Hz 范围内为±1.0 mm 加速度:13.2 Hz～80 Hz 范围内为 0.7 G 最大加速度:0.7 G		— — — —
相对湿度	0 ℃～40 ℃时为 0%～100%[a] 高于 40 ℃时为 0%～70%		

表 2（续）

	罐　　内	罐　　外	
		外露部分	其他部分
倾　　斜	倾角(所有方向):22.5°[a] 横摇角(横摇周期 10 s):22.5°		
纵　　摇	加速度:垂直方向为+1.0 G[a]		
电磁兼容性	符合 GB/T 10250 的规定		

注 1：上表中所有值都指示操作时的条件。

注 2：连接到传感器和储罐内的接线应具备足够的强度来承受液体波动或其他作用。

注 3：所有安装在露天甲板上的设备都应给予适当的保护，防止其暴露或浸入海水中。

注 4：如果是液化天然气和液化石油气以外的液体，储罐内低温限制可根据该液体的沸点而定。

[a] 引用 IEC 60092-504:1974。

4.1 传感器

传感器应由主传感器和参比传感器构成。

4.1.1 主传感器

主传感器由双同轴管或类似结构组成的两个电极构成。主传感器通过测量因液位变化而导致的传感器电容值的变化来测量液位。主传感器在构造上应考虑以下要求：

a) 为了达到每个测量范围所要求的测量准确度，应将电极分为适当长度的几个部分，使其能够提供第 6 章规定的准确度。

b) 非传感部分，也就是被分开电极的连接处，应尽可能小，以减少连续测量时的断点。

c) 为了维持所有电极的线性关系，例如，双同轴管电极，在生产时应严格控制管子内外径尺寸的变化。两管应紧密装配以防止其同轴移动，但应尽可能限制在电极之间使用支撑。

d) 应采取措施使电极内外的液体能够自由循环，以保持电极内外的液体组成相同。建议有规律地在一定间隔开孔以供液体流动。

4.1.2 参比传感器

参比传感器应始终浸没在液体中，以便检测液体介电常数的变化。使用参比传感器是在液体介电常数变化时为主传感器提供补偿。进行高准确度测量时参比传感器是必须的。参比传感器既可以是某一专门设备；也可以是完全浸没在液体中的主传感器的一部分。

直接安装在储罐底部的专用参比传感器的构造应以不聚集杂质、且尽可能简单以方便清洗与维修为宜。

4.2 接收器

接收器由下列单元构成：

a) 供电单元，提供电源驱动传感器；

b) 测量单元，用来测量阻抗变换、传感器信号的放大和转换；

c) 控制单元，用于开关、计算和逻辑操作，控制设备的所有功能；

d) 指示器。

接收器显示测量结果，并应满足下列条件：

a) 控制器单元的性能应易于校准；

b) 接收器的设计应使对测量有重要意义的数值，如传感器的零点等，不受电源故障、振动等的影响，且每次测量时都应易于校准。

4.3 接线

穿过储罐上的引线法兰连接传感器和接收器的接线应满足下列条件：

a） 接线应不受电干扰的影响；

b） 储罐内接线应能经得起低温及振动或流动液体造成的任何冲击；

c） 储罐上的引线法兰应为密封结构，并能把储罐内外安全地隔离。

5 环境条件和允许的电源波动

电容液位计各部分的环境条件见表1（岸上储罐）和表2（船上储罐）。电源波动不应超过表3中的规定值。应注意：这些极限值是防止系统损坏所必需，而不是用来维持其准确度的。

表3 电源波动

电源	变量	变化		
		永久变化	瞬时变化	
		变量值 %	变量值 %	恢复时间 s
交流电	电压频率	±10[a] ±5	±20[a] ±10	3[a] 3
电池	电压	+30[a] −25	—	—

注：电池充电过程中不连接设备，或使用稳压设备时，电池的电压变化值可降低到±20%。

[a] 引用GB/T 17214.2—2005和IEC 60092-504:1974。

6 性能

6.1 主传感器和接收器的合成误差

主传感器和接收器的合成误差（定义见8.2.3）不应超过下列极限值：

a） A级：5 mm

b） B级：按需要而定

6.2 最大允差

一个系统的液位计的最大允差（定义见3.7）不应超过下列极限值：

a） A级：$(7.5+0.05L)$ mm

式中 L 为液位，m

b） B级：按需要而定

6.3 液位指示

应在某个仪器上指示液位，分辨率为：

a） A级：1 mm

b） B级：按需要而定

6.4 液位计等级

根据实际应用选择液位计等级（A级或B级）。

7 安装

7.1 主传感器

7.1.1 原则上，主传感器的最低点应直接或用一连接件固定在储罐底部。传感器最低点的位置不应随温度变化而过多的改变。

7.1.2 应沿着具有足够强度的支柱安装主传感器，并按一定的间隔对其进行加固。传感器的结构应具有柔韧性，以便热胀冷缩时沿支柱垂直移动。

7.1.3 主传感器应与罐底成垂直方向安装。

7.2 参比传感器

为了使由组成或温度变化而造成的液体分层引起的介电常数差降低到最小，主传感器的感应部分和参比传感器应安装得尽可能的接近。因此，除了主传感器，还要安装参比传感器时，两传感器之间的距离应降至最小，且应使用参比传感器距液体表面最近的部分作为测量段。

当将主传感器的某一段用作参比传感器时，应使用距离液面最近的浸入液体的测量段。

7.3 接线

7.3.1 在小间隔内将储罐内的任何接线固定在储罐的刚性元件或其他结构上，以避免过度外力(如液体的波动)施加到接线柱上。

7.3.2 接线柱应为坚固的结构，应用锁定装置牢固地保护起来，防止因振动或温度变化引起松动。

7.3.3 为防止由于潮湿气体冷凝引起的绝缘性能的下降，应使用绝缘不渗透的材料密封引线法兰。

8 准确度保证

8.1 一般要求

测量液位时应进行切实可行的校正，自动校正更好。

8.2 准确度测试

传感器和接收器制造完成后，应按 8.2.1 和 8.2.2 的规定分别对主传感器和接收器进行准确度测试。

8.2.1 主传感器的准确度测试

主传感器的准确度测试是逐段测试其线性。主传感器的每个测量段都应标出 5 个或更多的等距离点作为测试点。

将传感器浸入液氮、液态氟化烃制冷剂或其他具有相似介电常数的液体中测定每个测试点处的电容。然后将测得的电容计算的液位与用标准刻度表测量的实际液位进行对比。

8.2.2 接收器的准确度测试

主传感器的每段测量电路上都应进行接收器的准确度测试。该项测试由两部分组成：沿主传感器每个测量段长度规定 5 个或更多等距离划分点的测试值；并将与这些测试值相对应的标准电容器连接到接收电路上。

读取接收器指示的液位，并与由测试值模拟的液位进行对比。

现场安装中使用的电缆长度大于 300 m 时，上述测试应与一个类似测试相结合，在该类似测试中，连接标准电容器和接收器的电缆与实际电缆的长度相同。

8.2.3 合成误差

合成误差应视为 8.2.1 和 8.2.2 中所规定测试的各仪器最大误差平方和的平方根。

8.3 传感器长度测量

应测量主传感器每个测量段的长度，测量准确度应优于 0.1 mm，测量时应同时记录温度。

8.4 安装后的检查和测试

液位计现场安装后应进行下列检查和测试：

a) 根据设计图检查以确认每个部分均已装配、安装或连接。这些检查应特别注意储罐内部。

b) 安装在储罐内后，应测量并记录偏置常数，同时记录储罐内的温度。

c) 应确定所有装配部分以一个整体模式正常操作。

8.5 投产后的检查和测试

建议定期进行下列检查和测试：

a) 检查以确认储罐内传感器、电缆等处于正常状态(储罐被打开时可进行此项检查)；

b) 液位计交叉检查(在一个储罐内安装两个或多个液位计时)；

c) 接收器测试按8.2.2中规定方法进行。

9 气体危险区域的仪器要求

液位测量系统应符合相关国家标准或国际标准，如GB 3836.6、GB 3836.7、GB 3836.12、GB 3836.14、IEC 60079-1、IEC 60079-2、IEC 60079-7、IEC 60079-11、IEC 60092-504和IMO决议A.328(Ⅸ)中10.2。

附　录　A
（资料性附录）
一　般　原　理

由式(A.1)计算真空(介电常数为 ε_0)中两个平行金属板的电容 C_0：

$$C_0 = \frac{aH}{d} \times \varepsilon_0 \qquad \cdots\cdots (A.1)$$

式中的 a、H 和 d 的含义见图 A.1。

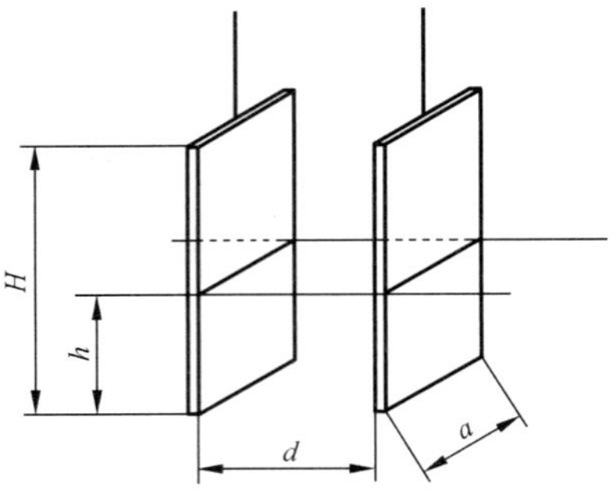

图 A.1　基本原理图

由式(A.2)计算介电常数为 ε_G 的气体中金属板的电容 C_G：

$$C_G = \frac{aH}{d} \times \varepsilon_G \qquad \cdots\cdots (A.2)$$

当 2 个金属板之间介电常数为 ε_L 的液体高度达到 h 时(见图 A.1)，金属板的电容 C 由式(A.3)计算：

$$\begin{aligned} C &= \frac{a(H-h)}{d} \times \varepsilon_G + \frac{ah}{d} \times \varepsilon_L \\ &= \frac{aH}{d} \times \varepsilon_G + \frac{ah}{d}(\varepsilon_L - \varepsilon_G) \\ &= C_G + C_G \times \frac{h}{H}\left[\frac{\varepsilon_L}{\varepsilon_G} - 1\right] \qquad \cdots\cdots (A.3) \end{aligned}$$

由于比率 $\varepsilon_G/\varepsilon_0$ 非常接近 1，

$$\begin{aligned} \frac{\varepsilon_L}{\varepsilon_G} &= \frac{(\varepsilon_L/\varepsilon_0)}{(\varepsilon_G/\varepsilon_0)} \\ &= \varepsilon_L/\varepsilon_0 \\ &= \varepsilon_{L0} \quad \text{(液体的相对介电常数)} \end{aligned}$$

$$C = C_G + C_G \times \frac{h}{H}(\varepsilon_{L0} - 1)$$

假设 $\frac{C_G}{H}(\varepsilon_{L0} - 1) = b$

$C - C_G = bh$

因此电容的变化与液面高度 h 成正比。

附 录 B
（资料性附录）
误 差 分 析

A 级液位计产生误差的主要原因如下：

B.1 与液位无关的误差

B.1.1 由主传感器的非线性产生的误差[3]

主传感器由两根管子构成，每根管子都应具有精确的圆形截面。该类误差产生于这些管子的变形或位移，可按 8.2.1 所描述的方法估计这些误差。通常，这些非线性值小于 5 mm，但不会得到补偿，因此成为一种误差因素。

假定主传感器某测量段末端的间隙造成的非线性可忽略不计。

B.1.2 电缆中杂散电容造成的误差

这些误差来源于沿传感器和接收器之间电缆不规则产生的“杂散电容”。一定的天气条件或其他因素都会造成这种现象的发生。

B.1.3 接收器误差

相关技术的进步降低了与电路有关的误差。因此，该类误差主要归因于分辨极限。

B.1.4 误差估算

上述三类误差中，B.1.2 所述误差是最难估算的。研究表明，B.1.2 中的误差估算约为 1 mm 液位/100m 电缆。船上的最大电缆长度为 100 m～200 m，陆上最大电缆长度约为 500 m。

一般而言，假定 B.1.1～B.1.3 的总误差 e_0 约为 7.5 mm，目前这个误差值是不能避免的。

B.2 与液位有关的误差

B.2.1 由传感器材料（铝）[3]的线性膨胀系数的不确定度产生的误差 e_1（以毫米计）

$$e_1 = 0.03 \times \bar{\alpha} \times (T_R - T_L) \times L \times 10^3 \quad \cdots\cdots (B.1)$$

式中：

$\bar{\alpha}$——温度介于 T_R 和 T_L 之间时铝的平均线性膨胀系数，单位为每摄氏度（℃$^{-1}$）；

T_R——环境温度，单位为摄氏度（℃）；

T_L——液体温度，单位为摄氏度（℃）；

L——液位，单位为米（m）。

当 T_R 等于+20 ℃，T_L 等于−160 ℃时，$\bar{\alpha}$ 将约等于 18×10^{-6}℃$^{-1}$。

这时，e_1=0.097 L

B.2.2 由液体温度的假设值和实际值之间的差异产生的误差 e_2（以毫米计）

$$e_2 = \alpha \times \overline{\Delta T} \times L \times 10^3 \quad \cdots\cdots (B.2)$$

式中：

α——传感器处于液体温度时的线性膨胀系数，单位为每摄氏度（℃$^{-1}$）；

$\overline{\Delta T}$——液体温度假设值和实际值之间的平均差值（根据现有数据，约为 2 ℃或更低），单位为摄氏度（℃）；

L——液位，单位为米（m）。

当液体温度为−160 ℃，α 将约等于 12×16^{-6}℃$^{-1}$。

3） 见 NIST（前美国国家标准局）IR 82-1668，液化天然气液位计的不确定度测定，第 18 页。

如果$\overline{\Delta T}=2$ ℃，则

$e_2=0.0024L$

上述三种主要误差（e_0、e_1 和 e_2）的合成误差 e 随储罐内液位 L 的不同而变化，如表 B.1 所示。如果以图形表示，这种变化见图 B.1。

最大允差见 6.2 和图 B.1，仅作参考。

表 B.1 合成误差 e 随储罐内液位 L 的变化

L m	e_0 mm	e_1 mm	e_2 mm	$e=\sqrt{e_0^2+e_1^2+e_2^2}$ mm
0	7.5	0	0	7.5
10	7.5	1.0	0.2	7.6
20	7.5	1.9	0.5	7.8
30	7.5	2.9	0.7	8.1
40	7.5	3.9	1.0	8.5
50	7.5	4.9	1.2	9.0

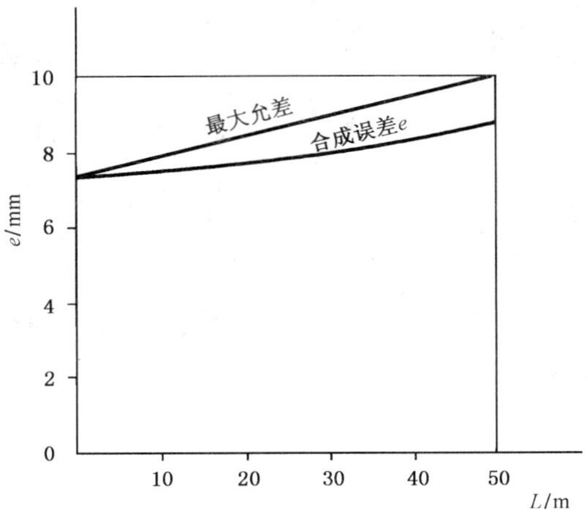

图 B.1 储罐内液位 L 与合成误差 e 之间的关系

ICS 75.060
E 24

中华人民共和国国家标准

GB/T 24961—2010/ISO 10574:1993

冷冻轻烃流体 液化气储罐内液位的测量 浮子式液位计

Refrigerated light hydrocarbon fluids—Measurement of liquid levels in tanks containing liquefied gases—Float-type level gauges

(ISO 10574:1993,IDT)

2010-08-09 发布　　2010-12-01 实施

中华人民共和国国家质量监督检验检疫总局
中国国家标准化管理委员会　发布

前　言

本标准等同采用 ISO 10574:1993《冷冻轻烃流体　液化气储罐内液位的测量　浮子式液位计》(英文版)。

本标准等同翻译 ISO 10574:1993。

为便于使用,本标准还做了下列编辑性修改:

——“本国际标准”一词改为‘本标准’;

——删除 ISO 10574:1993 的前言,重新编写本标准的前言;

——第 2 章规范性引用文件中,将一些适用于国际标准的表述修改为适用于我国标准的表述,部分 IEC 标准替换为我国对应内容的国家标准,其余章节对应内容也同时修改。

本标准由全国天然气标准化技术委员会(SAC/TC 244)提出。

本标准由全国天然气标准化技术委员会(SAC/TC 244)归口。

本标准负责起草单位:中国石油西南油气田分公司天然气研究院。

本标准参加起草单位:中国石油西气东输管道公司南京计量测试中心、中国石油西南油气田分公司计量检测中心、中国石油集团工程设计有限责任公司西南分公司、中国海油天然气及发电有限责任公司和中国石油大连 LNG 项目部。

本标准主要起草人:孙晓艳、鲁春、罗勤、张福元、段继芹、刘刚、夏芳、黄黎明、常宏岗、赵静。

冷冻轻烃流体 液化气储罐内液位的测量 浮子式液位计

1 范围

本标准规定了装载冷冻轻烃流体的船上和岸上储罐使用的浮子式液位计(包括由伺服系统操作的液位计)的基本要求和检定程序。

2 规范性引用文件

下列文件中的条款通过本标准的引用而成为本标准的条款。凡是注日期的引用文件,其随后所有的修改单(不包括勘误的内容)或修订版均不适用于本标准,然而鼓励根据本标准达成协议的各方研究是否可使用这些文件的最新版本。凡是不注日期的引用文件,其最新版本适用于本标准。

GB 3836.6 爆炸性气体环境用电气设备 第6部分:油浸型“o”[1)](GB 3836.6—2004,IEC 60079-6:1995,IDT)

GB 3836.7 爆炸性气体环境用电气设备 第7部分:充砂型“q”[1)](GB 3836.7—2004,IEC 60079-5:1997,IDT)

GB 3836.12 爆炸性气体环境用电气设备 第12部分:气体或蒸气混合物按照其最大试验安全间隙和最小点燃电流的分级[1)](GB 3836.12—1991,IEC 60079-12:1978,IDT)

GB 3836.14 爆炸性气体环境用电气设备 第14部分:危险场所分类[1)](GB 3836.14—2000,IEC 60079-10:1995,IDT)

GB/T 5332 可燃液体和气体引燃温度试验方法[1)](GB/T 5332—2007,IEC 60079-4:1975,IDT)

GB/T 17214.2—2005 工业过程中测量和控制装置的工作条件 第2部分:动力[1)](IEC 60654-2:1979,IDT)

IEC 60079-0 爆炸性气体环境用电气设备 第0部分:通用要求

IEC 60079-1 爆炸性气体环境用电气设备 第1部分:隔爆型“d”[1)]

IEC 60079-2 爆炸性气体环境用电气设备 第2部分:正压外壳型“p”[1)]

IEC 60079-3 爆炸性气体环境用电气设备 第3部分:本安电路用火花测试装置[1)]

IEC 60079-7 爆炸性气体环境用电气设备 第7部分:增安型“e”[1)]

IEC 60079-11 爆炸性气体环境用电气设备 第11部分:本质安全型“i”[1)]

IEC 60092-502:1980 船舶电气安装 第502部分:专用设备 油罐

IEC 60092-504:1974 船上电气设备 第504部分:特性 控制与仪器[2)]

IEC 60654-1:1979 工业过程中测量和控制装置的工作条件 第1部分:气候条件[1)]

IMO(国际海事组织)-MSC 协议 5(48),大批量运输液化气体船舶建造的国际规范[2)],IMO,伦敦

---

1) 作为岸上储罐内液位计的参考。

2) 作为船上储罐内液位计的参考。

3 术语和定义

下列术语和定义适用于本标准。

3.1

浮子 float

液位测量元件,浮于液体表面或液体中并随液位变化而垂直移动。如果该元件的质量比其置换的液体质量大,则称为平衡浮子。

3.2

气体危险区域 gas-dangerous space

此定义等同于 GB 3836.14 岸上储罐中规定的“危险区域”和 IMO-MSC 协议 5(48)船上储罐中规定的“气体危险区域或空间”。

3.3

测量参比点 gauge reference point

测量液位时作为参比的固定不变点。

3.4

液位 liquid level

沿液位计中心线测量的储罐中液面与液位参比点之间的距离。

3.5

总误差 overall error

由涉及到机械部件、数据传送和就地显示和(或)远程显示误差因素组成的误差,但不包括安装和储罐变形引起的误差。

3.6

液位计读数 reading of level gauge

液位计指示的数值。

3.7

检定卷尺 verifying measuring tape

用于检定液位计的卷尺。

4 液位计的材料和结构

4.1 浮子式液位计的材料和结构应能承受外露在表 1 和表 2 所列的环境条件下而不损坏。

4.2 液位计顶部结构应能防止蒸气从罐中泄漏,船上和岸上储罐所用的典型浮子式液位计示意图分别见图 1 和图 2。

4.3 必要的设备如下:

a) 随罐中液位垂直移动的浮子。

b) 系浮子的纤绳或金属线,用于测量浮子的位置。

c) 防止浮子水平移动的引导绳或引导管。在引导管上以适当的间距开孔。

d) 用于就地和/或远程指示的机械、电气或电动机械装置。

e) 拉紧纤绳或金属线的装置。

f) 提升或下降浮子的装置。

g) 控制浮子下降速度的装置。

h) 船上储罐中锁定闲置浮子位置的设备或装置。

i) 防止坠落浮子损伤储罐底部的适当措施。

4.4 制订储罐在用条件下液位计的维护保养要求。

5 环境条件和允许的电源波动

制订储罐在用条件下液位计的维护保养条款。表 1 和表 2 分别列出岸上和船上浮子式液位计的环境条件。

电源波动不能超过表 3 的数据。应注意以上限制条件是为了防止对测量系统的损伤，而不是维持其准确度。

6 性能

6.1 指示器

指示器的最小分辨率应不大于 1 mm。

6.2 电源波动

电源的特性参数在表 3 规定的极限值范围内波动，不会对液位计的操作产生有害影响。

6.3 最大允差

对于贸易交接计量或存量测定，液位计读数在出厂前试验中的总误差允许为±0.02%，绝对误差为±2 mm。上述误差是假定已完成所有必要的校正。

7 液位测量的通用要求

7.1 为了校正由于浮子浸入液面引起的液位计读数变化，应知道测量温度下液体的密度。

7.2 安装液位计的储罐应配备适当数量的温度计以测量气、液相的温度。

7.3 应提供相应的校正表或公式用来校正液位计读数：

a) 基于被测液体密度的浮子浮力；

b) 基于液位计校准温度和储罐气相温度差异的纤绳收缩。

7.4 应在设备上注明在安装条件下可测量的最低液位。

8 安装

8.1 浮子应安装在液位参比点受罐框架或罐底移动影响最小的位置。

8.2 浮子应位于受罐中液体流入或流出影响最小的位置。

9 校准和检定

制造商应在出厂前完成校准和检定。

9.1 应测量浮子自身的质量、浮子在操作环境中的质量和浮子的尺寸。应测量浮子在蒸馏水或指定的液体中周边 4 个等距点处的浸入液位。

9.2 测量单位长度的纤绳或金属线的质量及其长度，其材质也要确认。如果纤绳是穿孔的，其孔距也应测量。

9.3 浮子式液位计系统应在其测量范围的 5 个或更多个点上，用与检定卷尺对比的方法进行操作及检定。每点应在浮子升降时各测量 2 次，测量结果应在 6.3 规定的允差范围内。

如果上述方法不可行，应采用具有同等功能或性能的测试方法。

10 气体危险区域的仪器要求

浮子式液位计的性能应满足相关的国家或国际标准要求，如 GB 3836.6、GB3836.7、GB 3836.12、GB 3836.14、GB/T 5332、IEC 60079-0、IEC 60079-1、IEC 60079-2、IEC 60079-3、IEC 60079-7、IEC 60079-11、IEC 60092-502:1980 和 IMO 决议 MSC 协议 5(48)。

表 1　浮子式液位计各部件的环境条件(岸上储罐)

	罐　　内	罐　　外	
		外露部分	其他部分
温度	LNG:−165 ℃～+55 ℃ LPG:−50 ℃～+55 ℃	−25 ℃～+70 ℃[a]	0 ℃～+55 ℃[a]
相对湿度	0 ℃～40 ℃:5%～100%[a] 40 ℃以上:5%～70%		
注 1:如果是液化天然气和液化石油气以外的液体,储罐内低温限制可根据该液体的沸点而定。 注 2:安装在罐内设备的各部件都应有足够的强度承受液体的静压和波动或其他作用力。			
[a] 引用自 IEC 60654-1:1979。			

表 2　浮子式液位计各部件的环境条件(船上储罐)

	罐　　内	罐　　外	
		外露部分	其他部分
温度	LNG:−165 ℃～+80 ℃ LPG:−50 ℃～+80 ℃	−25 ℃～+70 ℃[a]	0 ℃～+55 ℃[a]
振动	设备的自然频率不在 0 Hz～80 Hz 之间[a] 振幅在 2.0 Hz～13.2 Hz 之间为±1.0 mm 加速度在 13.2 Hz～80 Hz 之间为 0.7g 最大加速度 0.7g_n		
相对湿度	0 ℃～40 ℃:0%～100%[a] 40 ℃以上:5%～70%		
倾斜	倾角:22.5°[a]		
摇摆	摇摆角(10 s/周期):22.5°[b]		
纵倾	加速度:+1.0g_n 垂直方向[a b]		
注 1:如果是液化天然气和液化石油气以外的液体,储罐内低温限制可根据该液体的沸点而定。 注 2:安装在罐内设备的各部件都应有足够强度承受液体的静压和波动或其他作用力。 注 3:依据国际海事组织 MSC5(48)决议,液位计顶部的材料和结构在 925 ℃以下的任何温度下,都不会发生气体从罐中泄漏。			
[a] 引用自 IEC 60092-504:1974。 [b] 只适用于固定的浮子[见 4.3 中 h)]。			

表 3　动力供应源的正常波动(船和岸上储罐)

电　　源	变　　量	变　　化		
		永久变化	瞬时变化	
		变量值/%	变量值/%	恢复时间/s
气压/液压	压力	±20	±20	—
交流电	电压频率	±10[a] ±5	±20[a] ±10	3[a] 3

表 3（续）

电　源	变　量	变　化		
		永久变化	瞬时变化	
		变量值/%	变量值/%	恢复时间/s
直流电	电压	+30[a] −25	—	—
注：包括由充电器的电压波动，设备直流供电（电池供电）电压变化在+30%～−25%的公差范围之内或由于设备的充/放电特性决定。 充电期间设备没有连接电池，最高电压值降到+20%。				
[a] 引用自 GB/T 17214.2—2005 和 IEC 60092-504:1974。				

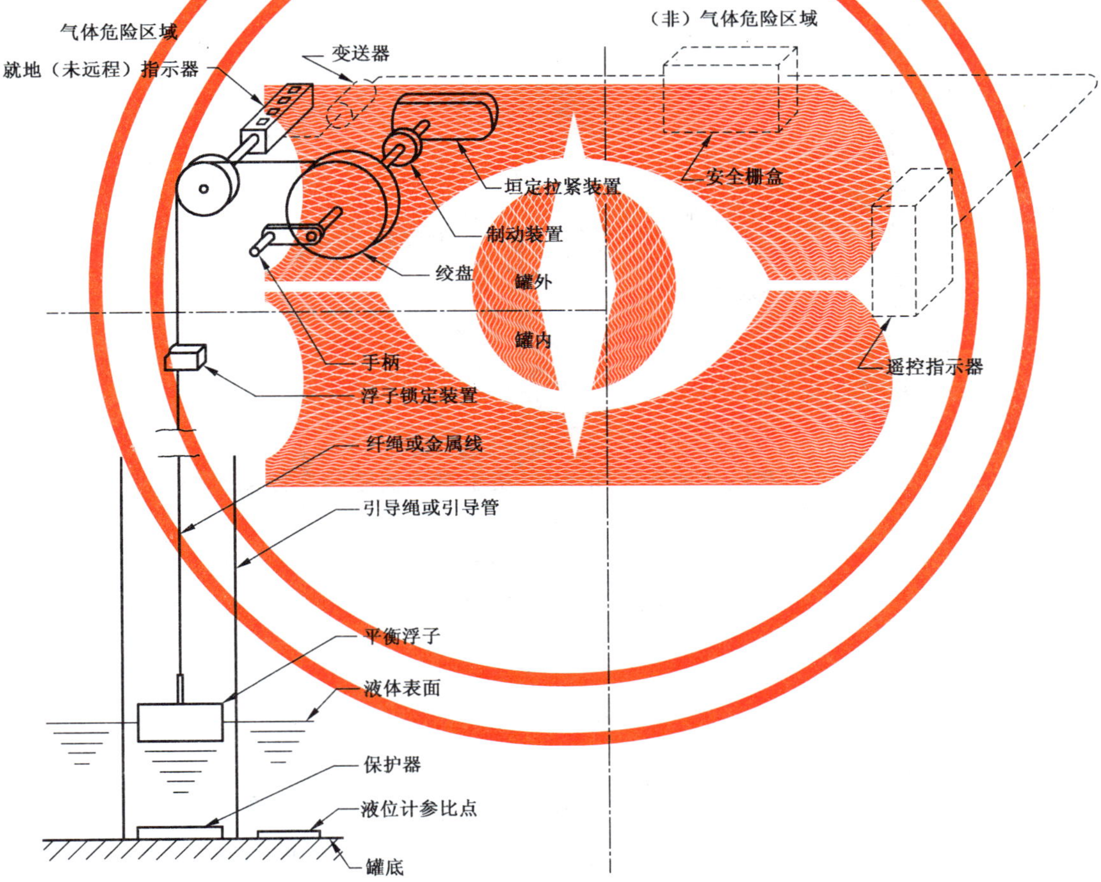

图 1　浮子式液位计系统框图示例（用于船上储罐的机械型）

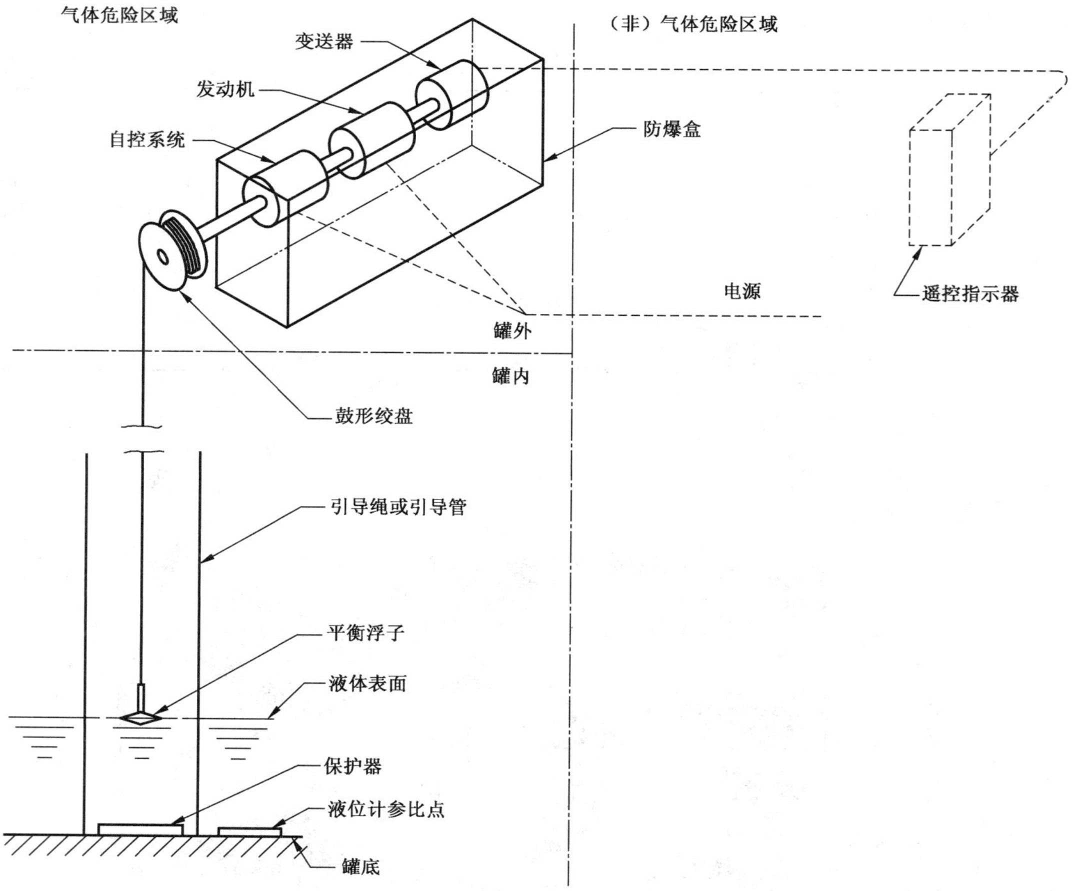

图 2　浮子式液位计系统框图示例(用于岸上储罐的自控操作型)

ICS 75.060
E 24

中华人民共和国国家标准

GB/T 24962—2010

冷冻烃类流体
静态测量 计算方法

Refrigerated hydrocarbon liquids—
Static measurement—Calculation procedure

(ISO 6578:1991,MOD)

2010-08-09 发布 2010-12-01 实施

中华人民共和国国家质量监督检验检疫总局
中国国家标准化管理委员会 发布

前　言

本标准修改采用 ISO 6578:1991《冷冻烃类流体　静态测量　计算方法》。

本标准根据 ISO 6578:1991 重新起草。

本标准与 ISO 6578:1991 的主要技术性差异是在第 2 章规范性引用文件中用国家标准代替 ISO 标准。

本标准与 ISO 6578:1991 的主要编辑性差异如下：

——“本国际标准”一词改为“本标准”；

——删除 ISO 6578:1991 的前言，重新编写本标准的前言；

——修改 ISO 6578:1991 的引言；

——第 5 章至第 9 章，按 GB/T 1.1—2000 的要求对公式进行统一编号；

——删除 ISO 6578:1991 附录 F；

——增加“参考文献”，按 GB/T 1.1 的要求把 ISO 6578:1991 附录中的参考文献汇兑并统一编号。

本标准的附录 A 至附录 G 为规范性附录。

本标准由全国天然气标准化技术委员会(SAC/TC 244)提出。

本标准由全国天然气标准化技术委员会(SAC/TC 244)归口。

本标准负责起草单位：中国石油西南油气田分公司天然气研究院、中国石油西气东输管道公司南京计量测试中心。

本标准参加起草单位：中国石油西南油气田分公司计量检测中心、中国石油集团工程设计有限责任公司西南分公司、中国海油天然气及发电有限责任公司、中国石油大连 LNG 项目部。

本标准主要起草人：张福元、王劲松、罗勤、国明昌、夏芳、苏运国、郑军、邱惠、钟小木、陈荟宇、赵静。

引　言

目前，大量冷冻轻烃流体（如LNG和LPG）的储藏和运输非常普遍。因为这些产品处于低温条件，所以现有测量石油产品的标准不适用，在某些情况下甚至不能采用。对这些产品，应按照本标准提供的程序对原有标准进行替代或修改。

在冷冻轻烃流体的销售、采购和处理过程中准确测量是最重要的。贸易交接协议要求静态测量程序标准化，并推荐交接量以质量或能量表示。目前，使用其他单位进行液化石油气（LPG）交接虽予以承认，但不包括在本标准内。

虽然计算静态冷冻轻烃流体量与计算在环境温度下石油产品量的原理基本相似，但由于冷冻轻烃的低温和物理性质导致一些差异。这些差异如下：

a) 液体产品处于或接近其泡点温度。储存冷冻轻烃流体的储罐总是会通过绝热层产生很小的热传递，从而引起产品连续蒸发。易挥发组分在蒸气相的浓度高于在液相的浓度。为了避免超压，蒸气从储罐排出，然后再压缩，冷却和再液化，并回注到储罐中。

b) 当液体产品从一个储罐转入另一个储罐时，在管线和泵工作中产生额外的热量传入，引起在接收储罐中产生更多的蒸发。

c) 对于从一个供应储罐到接收储罐的贸易交接，通常将蒸气返回管线与储罐连接，以避免蒸气进入大气。再液化可避免连接系统压力升高。

d) 部分充注后，储罐中液体成分可能按不同温度、密度出现分层。因此，可能需要设置多个温度测量点和一个特殊的采样系统。如果充注操作能保证充分混合，可以减少这些设置。

e) 有很多证据表明，在冷冻轻烃储罐的蒸气空间存在很大的温度梯度；且后者不呈线性。如果液位测量设备的读数受液位传感器牵引索收缩程度不同的影响，则必须进行合适的补偿（物理的或通过计算）。

f) 冷冻轻烃流体的体积膨胀温度系数较大，其近似值如下：

——丙烷，0.20％/℃

——甲烷，0.35％/℃

必须强调的是温度测量误差是量值测量的主要误差部分，因此应更加注意对温度测量设备的选择和使用。

本标准适用于陆地和船上储罐中冷冻液体在其蒸气压力接近大气压下被完全冷冻时的测量。不推荐应用于小包装的冷冻液体，后者可直接称量。

计算程序不包括主要由乙烷和乙烯组成的冷冻轻烃液体或压力高于大气压的部分冷冻轻烃液体。当获得更多可靠数据时，会在后续的版本给出。

测量程序负责人必须具有丰富的经验和技巧。

冷冻烃类流体
静态测量　计算方法

1　范围

1.1　本标准规定了冷冻轻烃流体，如LNG(液化天然气)和LPG(液化石油气)，将测量条件下的体积换算为标准参比温度和压力条件下等效的液体或蒸气体积，或换算为等效质量或能量(热量)的计算方法。本标准适用于静态储存条件使用液位计测量冷冻轻烃液体在储罐中储存、或从储罐中转移、或转移进入储罐时的计量。

1.2　应用这些程序，最后量值表示如下：

a)　质量(见注)；

b)　能量(热量)；

c)　在标准条件下等效蒸气体积。

注：目前在实践中测量的是LPG在空气中的观察质量。

使用表1给出的换算因子可以把质量换算成在空气中的观察质量。

表1　质量与空气中的观察质量的换算因子

密度(15 ℃)/(kg/m^3)	换算因子
500.0～519.1	0.997 75
519.2～542.1	0.997 85
542.2～567.3	0.997 95
567.4～595.0	0.998 05
595.1～625.5	0.998 15
625.6～659.3	0.998 25

1.3　如果需要以标准参比温度下的液体体积表示，在第4章给出了量值的计算程序和关联式。石油产品的标准参比温度为15 ℃(见ISO 5024)，但是在其他领域也使用其他标准参比温度，如20 ℃。

1.4　如果量值计算中，需要产品密度或发热量，可以直接测定或由产品组成分析数据计算得到。第8章和第9章给出这些辅助计算的程序。

1.5　附录A到F给出了计算程序采用的规范性基础数据和资料。

2　规范性引用文件

下列文件中的条款通过在标准中的引用而成为本标准的条款。凡是注日期的引用文件，其随后所有的修改单(不包括勘误的内容)或修订版均不适用于本标准，然而，鼓励根据本标准达成协议的各方研究是否使用这些文件的最新版本。凡是不注日期的引用文件，其最新版本适用于本标准。

GB/T 1885—1998　石油计量表(eqv ISO 91-2:1991)

GB/T 11062—1998　天然气发热量、密度、相对密度和沃泊指数的计算方法(neq ISO 6976:1995)

3　术语和定义与符号

3.1　术语和定义

下列术语和定义适用于本标准。

3.1.1

冷冻烃类流体　refrigerated hydrocarbon liquids

储存在接近大气压力下完全冷冻的液体，其主要组成为烃类。

3.1.2

液化石油气　liquefied petroleum gases

LPG

主要由丙烷、丙烯、丁烷和丁烯中的任何一种或它们的混合物组成的液体。

3.1.3

质量高位发热量　gross calorific value (specific energy) on mass basis

在标准参比温度和压力下，单位质量的蒸气在干空气中完全燃烧所产生的热量。燃烧气体产物恢复到反应物相同的标准参比温度和压力的条件下，但是水凝结为与水蒸汽相平衡的液态水。

3.1.4

体积高位发热量　gross calorific value (specific energy) on volume basis

在标准参比温度和压力下，单位体积的蒸气在干空气中完全燃烧所产生的热量。燃烧气体产物恢复到反应物相同的标准参比温度和压力的条件下，但是水凝结为与水蒸汽相平衡的液态水。

3.1.5

标准密度　orthobaric density

在给定温度下，液体与其蒸气相平衡时，单位体积液体的质量。

3.1.6

密度计　densitometer

一种测量密度的仪器。

3.1.7

体积基(理想)　volume basis (ideal)

蒸气基于理想气体行为计算的体积。

3.1.8

体积基(真实)　volume basis (real)

蒸气基于类似超压缩气体行为时计算的体积。

3.1.9

压缩因子　compressibility factor

在规定的压力和温度下，一定质量气体的真实体积和在相同条件下由理想气体计算的体积之比。

3.2　符号

下列符号适用于本标准；但有些符号使用在某些方程中时其含义有所限制。在有关方程后给出了限制的含义。

$H_{s,m,i}$　组分 i 质量高位发热量，单位为兆焦每千克(MJ/kg)；

$H_{s,m}$　液体质量高位发热量，单位为兆焦每千克(MJ/kg)；

$H_{s,v,i}$　组分 i(理想气体)体积高位发热量，单位为兆焦每立方米(MJ/m³)；

$H_{s,vol}$　蒸气在选定的标准参比温度和压力下体积高位发热量，单位为兆焦每立方米(MJ/m³)；

m　产品交接质量，即液体加蒸气的质量，单位为千克(kg)；

m_{liq}　液体质量，单位为千克(kg)；

M_i　组分 i 摩尔质量，单位为千克每千摩尔(kg/kmol)；

M_{mix}　蒸气混合物摩尔质量，单位为千克每千摩尔(kg/kmol)；

P_s　标准参比压力，如 101.325 kPa(1.013 25 bar)；

P_{vap}　储罐内蒸气的压力，单位为千帕(kPa)；

Q　以高位发热量为基础的交接净能量,单位为兆焦(MJ);

Q_{liq}　液体所包含的能(热)量,单位为兆焦(MJ);

t　液体温度,单位为摄氏度(℃);

T_s　标准参比温度,如 288.15 K(15 ℃);

T_{vap}　储罐内蒸气的温度,单位为开尔文(K);

V_i　液体在温度 t 时,组分 i 摩尔体积,单位为立方米每千摩尔(m^3/kmol);

V_{liq}　液体在温度 t 的体积,单位为立方米(m^3);

V_m　在标准参比温度和压力下,理想气体的摩尔体积,单位为立方米每千摩尔(m^3/kmol);

例如:在 P_s 和 273.15 K(0 ℃),理想气体的摩尔体积 22.413 8 m^3/kmol;

在 P_s 和 T_s,理想气体的摩尔体积 23.644 7 m^3/kmol。

V_{vap}　储罐内蒸气的体积,单位为立方米(m^3);

x_i,x_j　分别为组分 i,j 的摩尔分数;

x_1　液化天然气(LNG)中甲烷的摩尔分数;

x_2　液化天然气(LNG)中氮气的摩尔分数;

Z_i　在规定的温度和压力下,组分 i 的压缩因子;

Z_{mix}　在已知的温度和压力下,蒸气混合物的压缩因子;

ρ_t　液体在温度 t 的密度,单位为千克每立方米(kg/m^3);

其他下标:F 和 I 分别表示两个储罐交接时任一储罐的最末状态或起始状态的计量或产品性质。

注:本标准计算可使用的其他单位,量纲一致即可,但是蒸气的温度和压力必须用绝对单位表示。

4　LPG 在标准参比温度下的体积

冷冻 LPG 体积换算为标准参比温度和对应平衡压力下的等效体积的程序包含以下方面:

a)　观察密度校正到标准参比温度下的密度需要应用大量的换算因子;如对冷冻丙烷 60 ℃温差的影响进行校正是非常必要的。只要 LPG 含不饱和烃不超过 20%,应该使用 GB/T 1885—1998 中的校正表进行体积校正。如果 LPG 含有 20%或更多的不饱和烃,密度应按照本标准第 8 章给出的方法计算。

b)　储存冷冻 LPG 的储罐,其气相空间的等效液体量显著低于常温条件下。因此,由蒸气空间等效液体量引入的误差可以忽略。

注 1:下面的例子说明使用 GB/T 1885—1998 标准中的校正表可能引入误差的大小。

　a)　纯丁烯或丙烯:从－60 ℃校正到＋20 ℃产生的最大误差约 2%。

　b)　包含大约 20%不饱和烃的混合物:20 ℃温差约产生 0.1%的误差。

注 2:液体在标准参比温度(20 ℃或 15 ℃)下的蒸气压明显高于大气压的条件可以被认为是一种虚拟条件;只有当用压力(液体)密度计在环境条件下的测定值能以某种程序校正至冷冻温度下的密度值时,才能使用此条件下的液体体积。

5　质量

5.1　液相的质量

5.1.1　按式(1)计算液体的质量:

$$m_{liq} = V_{liq}\rho \quad \cdots\cdots(1)$$

式中:

m_{liq}——液体质量,单位为千克(kg);

V_{liq}——液体在温度 t 的体积,单位为立方米(m^3);

ρ——液体在温度 t 的密度,单位为千克每立方米(kg/m^3)。

示例：

储罐内 LNG 液体在－163.5 ℃的测量体积＝45 550 m^3

在－163.5 ℃的密度＝468.3 kg/m^3

LNG 的质量（m_{liq}）＝45 550 m^3×468.3 kg/m^3＝21.33×10^6 kg 或 21.33×10^3 t

5.1.2 规定温度下的密度用压力密度计（只限于 LPG）或其他合适的密度计测量，或由组成分析计算（见第 8 章）。

5.1.3 如果测量密度的实际温度 t_2 和储罐内液本体的温度 t_1 的差不大于 5 ℃，则观察密度可用式（2）校正到储罐内液本体的密度：

$$\rho_{t,1} = \rho_{t,2} + F(t_2 - t_1) \qquad \cdots\cdots(2)$$

式中：

$\rho_{t,1}$ 和 $\rho_{t,2}$——分别为在温度 t_1 和 t_2 的密度；

F——用于特定液体的密度校正因子。单位与密度的单位对应，当密度单位表示为千克每立方米，F 单位为 kg/(m^3·℃)。

产品	F/(kg/(m^3·℃))
LNG（甲烷质量分数＞80%）	1.4
液化丙烷（丙烷质量分数＞60%）	1.2
液化丁烷（丁烷质量分数＞60%）	1.1

示例：

在 t_2＝－161.0 ℃时，LNG 密度为 464.8 kg/m^3，求在－163.5 ℃时 LNG 密度。

把数据代入式(2)得：

$$\begin{aligned}\rho_{t,1} &= 464.8 + 1.4[-161.0-(-163.5)] \\ &= 464.8 + 3.5 \\ &= 468.3(\text{kg/m}^3)\end{aligned}$$

5.1.4 冷冻 LPG 的密度可在标准参比温度（20 ℃或 15 ℃）下使用压力密度计法测量。

液体样品引入密度计钢瓶前，允许在压力下且没有蒸气损失的条件下在接近常温时导入合适的储罐。

5.2 气相校正

5.2.1 当交接一定量冷冻轻烃时，有必要对接收或交付液体的蒸气所占体积中的液体质量进行校正。

假设所有测量都是在气液平衡状态下进行，式（3）适用于交付或接收储罐的计量。

交接质量＝最终质量－初始质量

$$m = \left[V_{liq,F}\rho_F + V_{vap,F} \times \frac{T_n}{T_{vap,F}} \times \frac{P_{vap,F}}{P_n} \times \frac{M_{mix,F}}{V_m Z_{mix,F}}\right] - \left[V_{liq,I}\rho_I + V_{vap,I} \times \frac{T_n}{T_{vap,I}} \times \frac{P_{vap,I}}{P_n} \times \frac{M_{mix,I}}{V_m Z_{mix,I}}\right] \qquad \cdots\cdots(3)$$

式中：

V_{liq} 和 ρ——在储存温度 t 状态下液体的体积和密度。

如果储罐内液体密度测量不可行，则不能测量 ρ_F 和 ρ_I。但可通过测量被交接的液体密度，应用简化式（4）计算交接样品的质量。

$$m = V_{liq}\rho - \left(V_{liq} \times \frac{T_n}{T_{vap,F}} \times \frac{P_{vap,F}}{p_n} \times \frac{M_{mix,F}}{V_m Z_{mix,F}}\right) \qquad \cdots\cdots(4)$$

式中：

$V_{liq} = V_{liq,F} - V_{liq,I}$（被交接液体的体积）；

ρ——被交接液体的平均密度。

对于未装烃类液体和蒸气的接收储罐，式（3）变为

$$m = V_{\mathrm{liq,F}}\rho + \left(V_{\mathrm{vap,F}} \times \frac{T_{\mathrm{n}}}{T_{\mathrm{vap}}} \times \frac{P_{\mathrm{vap}}}{P_{\mathrm{n}}} \times \frac{M_{\mathrm{mix}}}{V_{\mathrm{m}}Z_{\mathrm{mix}}}\right) \quad \cdots\cdots(5)$$

注 1：在初始或最终状态下，如果罐内的蒸气体积与液体体积相比可以忽略，或液体体积与蒸气体积相比可以忽略，则可以使用简化式(4)。

注 2：因为蒸气的质量与交接的液体质量相比可以忽略，气体组成的准确值和是否考虑压缩因子均无关紧要；理想气体摩尔体积可能不需要修正，蒸气相空间的温度(T_{vap})、压力(P_{vap})、蒸气混合物的摩尔质量(M_{mix})和压缩因子(Z_{mix})也可以使用典型值。

注 3：对于接收储罐的计量，只有当导入液体温度和罐内原有液体温度一样时，式(4)才严格正确。否则，当引入的液体体积和原有体积相等时，对于 LNG 质量将产生最大误差为 0.004%/K。

示例 1：

从储罐转移 LNG

交接的 LNG 液体在温度 t 的体积＝45 550 m^3

液体的温度 t＝－163.5 ℃

液体在－163.5 ℃的密度＝468.3 kg/m^3

交接后蒸气的平均温度＝－118 ℃＝155 K

交接后蒸气的压力＝110 kPa

假设蒸气混合物摩尔质量为纯甲烷的摩尔质量(见附录 B)＝16.043 0 kg/kmol

蒸气的压缩因子可取 1，合成误差小于 0.05%。

$$\begin{aligned} m &= \left[(45\ 550 \times 468.3) - \left(45\ 550 \times \frac{288}{155} \times \frac{110}{101.3} \times \frac{16.043\ 0}{23.644\ 7}\right)\right] \\ &= 21\ 331\ 065 - 62\ 355 \\ &= 21\ 269 \times 10^3 (\mathrm{kg})\ 或\ 21\ 269(\mathrm{t}) \end{aligned}$$

示例 2：

从储罐转移 LPG

在下列条件下计算一个储罐交接 LPG 质量：

	初始状态	最终状态
储罐内液体在 15 ℃的体积/m^3	45 550	850
液体在 15 ℃的密度/(kg/m^3)	507	507
储罐内蒸气的体积/m^3	950	40 000
储罐内蒸气的温度/K	233	250
罐内蒸气的压力/MPa	0.108	0.112

假设蒸气混合物的摩尔质量和液体的摩尔质量相同、压缩因子为 1，即：M_{mix}＝44.153 kg/m^3

代入式(3)得

$$\begin{aligned} m &= \left[(45\ 550 \times 507) + \left(950 \times \frac{288}{233} \times \frac{0.108}{0.101\ 3} \times \frac{44.153}{23.644\ 7}\right)\right] - \\ &\quad \left[(850 \times 507) + \left(40\ 000 \times \frac{288}{250} \times \frac{0.112}{0.101\ 3} \times \frac{44.153}{23.644\ 7}\right)\right] \\ &= (23\ 093\ 850 + 2\ 338) - (430\ 950 + 95\ 137) \\ &= 22\ 570 \times 10^3 (\mathrm{kg})\ 或\ 22\ 570(\mathrm{t}) \end{aligned}$$

5.2.2 类似地，如果库存需要能量计量，则考虑整个消耗空间中与蒸气等效的液体。

6 能量

6.1 液体能量按式(6)计算

$$Q_{\mathrm{liq}} = m_{\mathrm{liq}} H_{\mathrm{s,m}} \quad \cdots\cdots(6)$$

6.2 交接一定量的冷冻轻烃，需对其蒸气占用体积的能量进行校正。

假设所有测量都是在气液平衡状态下进行，式(7)适用于输送或接收储罐计量。

被交接能量＝最终能量－起始能量

$$Q=\left[V_{\text{liq,F}}Q_{\text{F}}H_{\text{s,m,F}}+V_{\text{vap,F}}\times\frac{T_{\text{s}}}{T_{\text{vap,F}}}\times\frac{P_{\text{vap,F}}}{P_{\text{s}}}\times H_{\text{s,vol,F}}\right]-\left[V_{\text{liq,I}}Q_{\text{I}}H_{\text{s,m,I}}+V_{\text{vap,I}}\times\frac{T_{\text{s}}}{T_{\text{vap,I}}}\times\frac{P_{\text{vap,I}}}{P_{\text{s}}}\times H_{\text{s,vol,I}}\right]\quad\cdots\cdots(7)$$

式中：

$H_{\text{s,vol}}=\dfrac{M_{\text{mix}}}{V_{\text{m}}Z_{\text{mix}}}\times H_{\text{s,m}}$＝蒸气在适当的标准参比温度和压力下的体积高位发热量，单位为兆焦每立方米（MJ/m^3）；

如果储罐内液体密度不能测量，即不能使用测量的交接液化密度确定 ρ_{F} 和 ρ_{I}，则应用简化式(8)计算输送或接收的净能量。

$$Q=V_{\text{liq}}\rho H_{\text{s,m}}-\left(V_{\text{liq}}\times\frac{T_{\text{s}}}{T_{\text{vap}}}\times\frac{P_{\text{vap}}}{P_{\text{s}}}\times H_{\text{s,vol}}\right)\quad\cdots\cdots(8)$$

式中：

$V_{\text{liq}}=V_{\text{liq,F}}-V_{\text{liq,I}}$（即交接液体的体积）；

ρ——交接液体的平均密度。

对于没有烃类液体和蒸气的接收储罐，式(7)变为

$$Q=V_{\text{liq}}\rho H_{\text{s,m}}+\left(V_{\text{vap,F}}\times\frac{T_{\text{s}}}{T_{\text{vap}}}\times\frac{P_{\text{vap}}}{P_{\text{s}}}\times H_{\text{s,vol}}\right)\quad\cdots\cdots(9)$$

注：见 5.2.1 注 1、注 2 和注 3，但“式(4)”理解为“式(8)”。

示例 1：

从储罐交接 LNG

交接的 LNG 液体在温度 t 的体积＝45 550 m^3

液体的温度，t＝－163.5 ℃

液体在－163.5 ℃的密度＝468.3 kg/m^3

交接后蒸气的平均温度＝－118 ℃＝155 K

交接后的压力＝110 kPa

液体质量高位发热量使用 9.2 示例 1 的发热量，即 $H_{\text{s,m}}$＝54.216 MJ/kg

蒸气混合物体积高位发热量可以采用纯甲烷在 101.325 kPa 和 15 ℃下的体积高位发热量（见附录 D）＝37.696 MJ/m^3

蒸气的压缩因子采用 1，合成误差小于 0.005%。

$$Q=(45\,550\times468.3\times54.216)-\left(45\,550\times\frac{288}{155}\times\frac{110}{101.3}\times37.696\right)$$

$$=(1\,156.848\times10^6)-(3.46\times10^6)$$

$$Q=1\,153.0\times10^6\ (\text{MJ})$$

示例 2：

从储罐交接 LPG

在下列条件下计算一个储罐交接 LPG 的能量：

	初始状态	终止状态
储罐内液体在 15 ℃的体积/m^3	45 550	850
液体在 15 ℃的密度/(kg/m^3)	507	507
储罐内蒸气的体积/m^3	950	40 000
储罐内蒸气的温度/K	233	250
储罐内蒸气的压力/MPa	0.108	0.112

液体质量高位发热量使用 9.2 示例 2 的发热量，即 $H_{\text{s,m}}$＝50.384 MJ/kg

蒸气混合物的体积高位发热量可以采用纯丙烷在 101.325 kPa 和 15 ℃下的体积发热量（见附录 D），即：$H_{\text{s,vol}}$＝93.973 MJ/m^3

代入式(7)得：

$$Q = \left[(45\ 550 \times 507 \times 50.384) + \left(950 \times \frac{288}{233} \times \frac{0.108}{0.1013} \times 93.973\right) \right] - \left[(850 \times 507 \times 50.384) + \left(40\ 000 \times \frac{288}{250} \times \frac{0.112}{0.101\ 3} \times 93.973\right) \right]$$

$$= (1\ 163.56 \times 10^6 + 0.12 \times 10^6) - (21.72 \times 10^6 + 4.79 \times 10^6)$$

$$= 1\ 137.2 \times 10^6 (\text{MJ})$$

6.3 与此类似，如果库存需要能量计量，则考虑整个罐空空间蒸气的能量。

7 液体质量和在标准参比条件下蒸气体积之间的换算

7.1 液体质量和在标准参比条件下蒸气所占体积之间的关系式由式(10)或式(11)给出：

$$V_{vap} = \frac{m_{liq} V_m Z_{mix}}{M_{mix}} \qquad \cdots\cdots (10)$$

或

$$m_{liq} = \frac{V_{vap} M_{mix}}{V_m Z_{mix}} \qquad \cdots\cdots (11)$$

式中：

V_{vap}——在规定标准参比条件下的体积。

$$M_{mix} = \sum x_i M_i \qquad \cdots\cdots (12)$$

7.2 标准参比条件下蒸气混合物体积的压缩因子一般按如式(13)计算：

$$Z_{mix} = 1 - [\sum x_i (1 - Z_i)^{1/2}]^2 \qquad \cdots\cdots (13)$$

附录 E 提供了不同组分的 Z_i 值、摩尔质量 M_i 和 $(1-Z_i)^{1/2}$ 值。

示例 1：

计算下列组成的蒸气在标准大气压和 15 ℃的压缩因子，计算数据见表 2。

甲烷	90.0%(mol/mol)
乙烷	4.9%(mol/mol)
丙烷	2.9%(mol/mol)
正丁烷	1.3%(mol/mol)
异丁烷	0.4%(mol/mol)
正戊烷	0.1%(mol/mol)
氮气	0.4%(mol/mol)

表 2　7.2 示例 1 的计算数据

组　分	M_i	摩尔分数 x_i	$x_i M_i$	$(1-Z_i)^{1/2}$	$x_i(1-Z_i)^{1/2}$
甲烷	16.043 0	0.900	14.438 7	0.044 7	0.040 2
乙烷	30.070 0	0.049	1.473 4	0.092 2	0.004 5
丙烷	44.097 0	0.029	1.278 8	0.133 8	0.003 9
正丁烷	58.123 0	0.013	0.755 6	0.187 1	0.002 4
异丁烷	58.123 0	0.004	0.232 5	0.178 9	0.000 7
正戊烷	72.150 0	0.001	0.072 2	0.251 0	0.000 3
氮气	28.013 5	0.004	0.112 1	0.017 3	0.000 1
Σ	—	1.000	18.363 2	—	0.052 1

$$Z = 1 - [\sum x_i (1-Z)^{1/2}]^2$$

$$= 1 - (0.052\ 1)^2$$

$$= 0.997\ 3$$

示例 2：

计算质量为 21 331 t LNG 对应的蒸气在标准参比条件下（101.325 kPa 和 15 ℃）的等效体积。假设摩尔质量 M_{mix} = 18.362 8 kg/kmol

假设压缩因子 $Z_{mix}=0.997\ 3$

在 101.325 kPa 和 15 ℃（见 3.2）下的 $V_m=23.644\ 7\ m^3/kmol$

在 101.325 kPa 和 15 ℃下的：

$$V_{vap}=21\ 331\times10^3\times23.644\ 7\times\frac{0.997\ 3}{18.362\ 8}$$

$$=27.393\times10^6\ m^3$$

8 由组成计算液体密度

8.1 概述

冷冻烃类液体密度可用式(14)计算：

$$\rho_t=\frac{\sum x_iM_i}{\sum(x_iV_i)-V_c} \quad \cdots\cdots(14)$$

式中：

V_c——组分在温度 t 混合时的缩小体积（见 8.2 注），单位为立方米每千摩尔（$m^3/kmol$）。

8.2 LPG——丙烷和丁烷混合物

对于温度在 +30 ℃到 −60 ℃之间的液体，V_i 用式(15)计算：

$$V_i=\frac{M_i}{A-Bt-[C/(E-t)]} \quad \cdots\cdots(15)$$

$$V_t=\sum V_i \quad \cdots\cdots(16)$$

式中：

A,B,C,E——每个组分对应的常数，见附录 A；

V_t——液体在温度 t 的摩尔体积，单位为立方米每千摩尔（$m^3/kmol$）。

注 1：在式(15)中混合组分缩小的体积被忽略。附录 D 给出包含混合组分缩小体积校正的计算 V_t 的替代公式；如果利益有关方同意，就可使用。

注 2：附录 A 给出液体组分在不同参比温度（15 ℃，20 ℃和 60 ℉）下的摩尔体积。如果利益有关方同意，这些数据可应用于式(15)计算参比温度下的液体密度。

注 3：如果将使用几种不同方法得到密度进行比较，最后的结果存在差异。差异的大小随着摩尔组成的变化而变化。

8.3 LNG——甲烷或以甲烷为主要成分的混合物

对于温度在 −180 ℃～−140 ℃之间的液体，可用附录 B 中的基础数据计算 V_i。

对于平均摩尔质量为 20 kg/kmol 或更小、并且氮气摩尔分数少于 5%、正、异丁烷摩尔分数之和少于 5%、戊烷和更重烃摩尔分数之和少于 1% 和含痕量氧的 LNG 混合物，V_c 用式(17)计算：

$$V_c=\left[k_1+(k_2-k_1)\frac{x_2}{0.042\ 5}\right]x_1 \quad \cdots\cdots(17)$$

式中：

k_1——校正因子，$m^3/kmol$；由于存在多种烃类，基于附录 C 表 C.1 给出平均摩尔质量和温度的混合物修正因子。

k_2——修正因子，$m^3/kmol$；由于存在氮气，基于附录 C 表 C.2 给出平均摩尔质量和温度的混合物修正因子。

注 1：上述 V_c 计算方法在发布时是最佳的，但在使用中可能修改。

示例 1：

计算组成与 7.2 的示例 1 相同的 LNG，在 −163.5 ℃的密度，计算数据见表 3。

表 3　8.3 示例 1 的计算数据

组　分	M_i	摩尔分数 x_i	x_iM_i	V_i（见注）	x_iV_i
甲烷	16.043 0	0.900	14.438 7	0.037 695	0.033 926
乙烷	30.070 0	0.049	1.473 4	0.047 649	0.002 335
丙烷	44.097 0	0.029	1.278 8	0.062 181	0.001 803
正丁烷	58.123 0	0.013	0.755 6	0.076 541	0.000 995
异丁烷	58.123 0	0.004	0.232 5	0.078 001	0.000 312
正戊烷	72.150 0	0.001	0.072 2	0.091 342	0.000 091
氮气	28.013 5	0.004	0.112 1	0.044 936	0.000 180
Σ	—	1.000	18.363 2	—	0.039 642

平均摩尔质量＝18.362 8 kg/kmol。

用附录 C 表 C.1 插值得校正因子 $k_1=0.436\times10^{-3}$。

用附录 C 表 C.2 插值得校正因子 $k_2=0.641\times10^{-3}$。

$$V_c=\left[0.000\,436+(0.000\,641-0.000\,436)\times\frac{0.004}{0.042\,5}\right]\times0.9$$

$$=0.000\,41$$

$$密度=\rho_t=\frac{\sum x_iM_i}{\sum(x_iV_i)-V_c}=\frac{18.363\,2}{(0.039\,642-0.000\,41)}$$

$$=468.1(\mathrm{kg/m^3})$$

注 2：这些值由附录 B 中给出的 −160 ℃和 −165 ℃数据插值得到。

示例 2：

计算表 4 给出的摩尔组成的 LPG 在 −43 ℃的密度。

表 4　8.3 示例 2 的计算数据

组　分	摩尔分数 x_i	M_i	在 −43 ℃的 V_i（见式(15)）	x_iM_i	x_iV_i
乙烷	0.009	30.070 0	0.061 805	0.271	0.000 556
丙烷	0.978	44.097 0	0.075 789	43.127	0.074 122
正丁烷	0.013	58.123 0	0.090 191	0.756	0.001 172
Σ	1.000	—	—	44.153	0.075 850

$$密度=\rho_t=\frac{\sum x_iM_i}{\sum x_iV_i}=\frac{44.153}{0.075\,850}=582.1(\mathrm{kg/m^3})$$

9　由组成数据计算发热量

9.1　体积为基准

体积基的混合物高位发热量可用式(18)计算：

$$H_{s,vol}=\frac{\sum x_iH_{s,V,i}}{Z_{mix}} \qquad \cdots\cdots(18)$$

示例：

计算表 5 给出的摩尔组成的 LNG 的体积基的高位发热量。

表 5 9.1 示例的计算数据

组 分	x_i	在 1.013 25 bar 和 15 ℃下 $H_{s,V,i}$ MJ/m³	$x_i H_{s,V,i}$
甲烷	0.900	37.696	33.926
乙烷	0.049	66.035	3.236
丙烷	0.029	93.975	2.725
正丁烷	0.013	121.782	1.583
异丁烷	0.004	121.428	0.486
正戊烷	0.001	149.676	0.150
氮气	0.004	0	0.000
Σ	1.000	—	42.106

$Z_{mix}=0.997\ 3$(见 7.2 示例 1)

体积基的高位发热量:

$$H_{s,vol}=\frac{42.106}{0.997\ 3}\text{MJ/m}^3=42.22\ \text{MJ/m}^3$$

9.2 质量为基准

质量基的混合物高位发热量可用式(19)计算:

$$H_{s,m}=\sum H_{s,m,i}\left[\frac{x_iM_i}{\sum(x_iM_i)}\right] \qquad\cdots\cdots(19)$$

示例 1:

计算表 6 给出的摩尔组成的 LNG 的质量基的高位发热量。

表 6 9.2 示例 1 的计算数据

组 分	M_i	x_i	x_iM_i	$\frac{x_iM_i}{\sum(x_iM_i)}$	在 101.3 kPa 和 15 ℃下 $H_{s,m,i}$, MJ/kg	$H_{s,m,i}\times\frac{x_iM_i}{\sum(x_iM_i)}$
甲烷	16.042 6	0.900	14.438 3	0.786 3	55.558	43.684
乙烷	30.069 4	0.049	1.473 4	0.080 2	51.925	4.166
丙烷	44.096 2	0.029	1.278 8	0.069 6	50.389	3.509
正丁烷	58.123 0	0.013	0.755 6	0.041 1	49.541	2.039
异丁烷	58.123 0	0.004	0.232 5	0.012 7	49.397	0.625
正戊烷	72.149 8	0.001	0.072 1	0.003 9	49.051	0.193
氮气	28.013 4	0.004	0.112 1	0.006 1	0	0
Σ	—	1.000	18.362 8	1.000 0	—	54.216

质量基的混合物高位发热量:$H_{s,m}=54.216$ MJ/kg

示例 2:

计算表 7 给出的摩尔组成的 LPG 的质量基的高位发热量。

表 7 9.2 示例 2 的计算数据

组 分	M_i	x_i	x_iM_i	$\frac{x_iM_i}{\sum(x_iM_i)}$	在 101.3 kPa 和 15 ℃下 $H_{s,m,i}$ MJ/kg	$H_{s,m,i}\times\frac{x_iM_i}{\sum(x_iM_i)}$
乙烷	30.069 4	0.009	0.271	0.006 1	51.925	0.317
丙烷	44.096 2	0.978	43.126	0.976 8	50.389	49.220
正丁烷	58.123	0.013	0.756	0.017 1	49.541	0.847
Σ	—	1.000	44.153	1.000 0	—	50.384

质量基的混合物高位发热量:$H_{s,m}=50.384$ MJ/kg

附 录 A
（规范性附录）
密度计算常数

表 A.1 密度计算常数

组 分	摩尔质量 M_i kg/kmol	常数				在参比温度下的摩尔体积 V_i m^3/kmol		
		A	B	C	E	15 ℃	20 ℃	60 ℃
乙烷	30.070	499.0	0.99	6 000	66	0.083 992	0.088 464	0.084 452
丙烷	44.097	575.0	0.97	6 000	129	0.086 872	0.088 104	0.086 940
正丁烷	58.123	637.6	0.87	7 000	186	0.099 407	0.100 420	0.099 555
异丁烷	58.123	616.7	0.97	6 000	169	0.103 183	0.104 313	0.103 321
正戊烷	72.150	676.2	0.87	7 000	231	0.114 366	0.115 215	0.114 555
异戊烷	72.150	666.6	0.88	6 000	222	0.115 508	0.116 437	0.115 608
正己烷	86.177	705.0	0.83	7 000	269	0.129 820	0.130 700	0.129 912
正庚烷	100.20	731.9	0.85	7 000	301	0.145 646	0.146 551	0.145 743
乙烯	28.054	502.8	1.09	7 000	44	—	—	—
丙烯	42.081	601.2	1.02	7 000	126	0.080 520	0.081 884	0.080 692
正丁烯	56.108	657.4	0.97	7 000	180	0.093 294	0.094 282	0.093 401

注：式(15)中使用这些常数应限制在主要成分是丙烷/丙烯，温度范围为－60 ℃～＋30 ℃或主要成分是丁烷/丁烯，温度范围为－20 ℃～＋30 ℃的 LPG 混合物。

附 录 B
（规范性附录）
LNG 组分标准摩尔体积

表 B.1 LNG 组分标准摩尔体积

组 分	摩尔质量 M_i/(kg/kmol)	摩尔体积 V_i/(m^3/kmol)								
		−180 ℃	−175 ℃	−170 ℃	−165 ℃	−160 ℃	−155 ℃	−150 ℃	−145 ℃	−140 ℃
甲烷	16.043	0.035 771	0.036 315	0.036 891	0.037 500	0.038 149	0.038 839	0.039 580	0.040 375	0.041 237
乙烷	30.070	0.046 324	0.046 716	0.047 116	0.047 524	0.047 942	0.048 369	0.048 806	0.049 253	0.049 711
丙烷	44.097	0.060 731	0.061 164	0.061 602	0.062 046	0.062 497	0.062 953	0.063 417	0.063 887	0.064 364
正丁烷	58.123	0.074 997	0.075 459	0.075 926	0.076 398	0.076 875	0.077 359	0.077 847	0.078 342	0.078 843
异丁烷	58.123	0.076 384	0.076 868	0.077 356	0.077 851	0.078 352	0.078 859	0.079 374	0.079 896	0.080 425
正戊烷	72.150	0.089 498	0.090 016	0.090 536	0.091 058	0.091 583	0.092 111	0.092 642	0.093 177	0.093 715
异戊烷	72.150	0.089 576	0.090 107	0.090 642	0.091 179	0.091 721	0.092 267	0.092 817	0.093 372	0.093 930
正己烷	86.177	0.102 73	0.103 26	0.103 80	0.104 34	0.104 89	0.105 45	0.106 02	0.106 59	0.107 16
氮气	28.014	0.038 408	0.039 949	0.041 788	0.044 043	0.047 019	0.051 022	0.055 897	0.061 767	0.069 064
氧气	31.999	—	—	0.029 80	0.030 61	0.031 51	0.032 52	0.033 67	—	—

注 1：假设表中相邻值为精确地呈线性，任何温度下精确的摩尔体积用插值法得到。

注 2：上述的 V_i 值在发布时是最佳的，但使用时可能修改。

附　录　C
（规范性附录）
LNG 混合物体积缩小的校正因子

表 C.1　校正因子 k_1

混合物的摩尔质量 Σx_iM_i	$k_1\times10^3$/(m^3/kmol)								
	−180 ℃	−175 ℃	−170 ℃	−165 ℃	−160 ℃	−155 ℃	−150 ℃	−145 ℃	−140℃
16	−0.01	−0.01	−0.01	−0.01	−0.01	−0.01	−0.01	−0.01	0.01
17	0.13	0.15	0.16	0.18	0.21	0.24	0.28	0.33	0.38
18	0.25	0.29	0.33	0.37	0.41	0.47	0.56	0.66	0.76
19	0.37	0.41	0.45	0.51	0.58	0.67	0.76	0.87	1.01
20	0.47	0.52	0.59	0.67	0.76	0.86	0.98	1.10	1.30
21	0.55	0.62	0.70	0.79	0.89	1.00	1.13	1.29	1.45
22	0.64	0.72	0.81	0.90	1.01	1.17	1.32	1.52	1.71
23	0.72	0.82	0.92	1.02	1.15	1.33	1.53	1.68	1.84
24	0.81	0.92	1.04	1.16	1.30	1.47	1.66	1.87	2.13
25	0.88	1.00	1.12	1.25	1.41	1.58	1.78	2.00	2.27
26	0.95	1.07	1.19	1.33	1.50	1.68	1.89	2.13	2.41
27	1.01	1.13	1.26	1.41	1.58	1.78	1.99	2.24	2.53
28	1.06	1.18	1.32	1.47	1.64	1.84	2.06	2.32	2.62
29	1.11	1.23	1.37	1.54	1.72	1.92	2.15	2.42	2.73
30	1.16	1.29	1.43	1.60	1.79	2.00	2.24	2.51	2.83

表 C.2　校正因子 k_2

混合物的摩尔质量 Σx_iM_i	$k_2\times10^3$/(m^3/kmol)								
	−180 ℃	−175 ℃	−170 ℃	−165 ℃	−160 ℃	−155 ℃	−150 ℃	−145 ℃	−140 ℃
16	0	−0.01	−0.01	−0.01	−0.02	−0.03	−0.04	−0.05	−0.07
17	0.11	0.15	0.21	0.29	0.46	0.68	0.91	1.21	1.60
18	0.26	0.32	0.39	0.53	0.67	0.84	1.05	1.34	1.80
19	0.40	0.47	0.57	0.71	0.88	1.13	1.39	1.76	2.22
20	0.56	0.62	0.71	0.86	1.06	1.33	1.62	2.03	2.45
21	0.67	0.76	0.87	1.01	1.16	1.48	1.85	2.26	2.79
22	0.78	0.90	1.01	1.16	1.27	1.65	2.09	2.51	3.13
23	0.88	1.03	1.15	1.30	1.42	1.85	2.33	2.81	3.49
24	0.98	1.13	1.27	1.45	1.60	2.06	2.58	3.11	3.74
25	1.07	1.22	1.38	1.61	1.89	2.28	2.73	3.29	3.97
26	1.15	1.31	1.50	1.74	2.04	2.44	2.92	3.48	4.19
27	1.22	1.40	1.61	1.87	2.19	2.60	3.10	3.71	4.46
28	1.31	1.50	1.72	1.99	2.33	2.77	3.31	3.95	4.74
29	1.38	1.59	1.83	2.12	2.48	2.95	3.51	4.19	5.03
30	1.47	1.68	1.93	2.24	2.63	3.12	3.72	4.45	5.34

注 1：假设表中相邻值精确地呈线性，在任何温度和摩尔质量下精确的校正因子用插值法得到。

注 2：上述校正因子 k_1 和 k_2 在发布时是最佳的，但使用时可能修改。

注 3：上述的校正因子 k_1 和 k_2 以乘 10^3 的值表示，是为了避免表中出现多个 0。在使用这些因子时，应将上述校正值乘 10^{-3}，使校正值缩小到正确的数量级（见 8.3 中的示例 1）。

附　录　D
（规范性附录）
单组分的高位发热量

表 D.1　单组分的高位发热量

组　分	在 101.325 kPa (1.013 25 bar)和 15 ℃下的质量高位发热量 $H_{s,m,i}$/(MJ/kg)	在 101.325 kPa (1.013 25 bar)和 15 ℃下的理想体积发热量 $H_{s,V,i}$/(MJ/m^3)	在 101.325 kPa (1.013 25 bar)和 15 ℃下的真实体积发热量 $H_{s,V,i}$/(MJ/m^3)
CH_4	55.558	37.696	37.772
C_2H_6	51.925	66.035	66.608
C_3H_8	50.389	93.975	95.834
n-C_4H_{10}	49.541	121.782	126.408
i-C_4H_{10}	49.397	121.428	125.715
n-C_5H_{12}	49.051	149.676	158.555
i-C_5H_{12}	48.939	149.336	157.212
n-C_6H_{14}	48.716	177.556	194.795
n-C_7H_{16}	48.475	205.432	237.411
C_2H_4	50.315	59.700	60.070
C_3H_6	48.950	87.120	88.550
C_4H_8(平均)	48.296	114.61	118.52
H_2S	16.519	23.807	24.038

注 1：理想发热量用于 9.1 所述的混合物发热量的计算。当涉及纯组分时，列出真实发热量更加方便，它由 $\frac{H_{s,V,i}}{Z_i}$ 得来。

注 2：101.325 kPa 和 20 ℃下的数据见 GB/T 11062—1998。

表 D.1 列出的发热量是由文献[6]和[7]给出的 25 ℃反应标准热计算的。

附 录 E
（规范性附录）
单组分的相对分子质量和压缩因子

表 E.1 单组分的相对分子质量和压缩因子

组 分	相对分子质量 M_i kg/kmol	在 101.325 kPa (1.013 25 bar)和 15 ℃下的压缩因子 Z_i	$(1-Z_i)^{1/2}$
CH_4	16.042 6	0.998 0	0.044 7
C_2H_6	30.069 4	0.991 4	0.092 7
C_3H_8	44.096 2	0.980 6	0.139 3
n-C_4H_{10}	58.123 0	0.963 4	0.191 3
i-C_4H_{10}	58.123 0	0.965 9	0.184 7
n-C_5H_{12}	72.149 8	0.944 0	0.236 6
i-C_5H_{12}	72.149 8	0.949 9	0.223 8
n-C_6H_{14}	86.176 6	0.911 5	0.297 5
n-C_7H_{16}	100.203 4	0.865 3	0.367 0
C_2H_4	28.053 6	0.993 9	0.078 10
C_3H_6	42.080 4	0.983 8	0.127 28
C_4H_8(平均)	56.107 2	0.967 0	0.181 66
N_2	28.013 4	0.999 7	0.017 32
CO_2	44.009 8	0.994 3	0.075 50
H_2S	34.076 0	0.990 4	0.098 0

注 1：相对分子质量是以碳为 12.011±0.001 和氢为 1.007 9±0.001 作基准得到的。

注 2：101.325 kPa 和 20 ℃下的数据见 GB/T 11062—1998。

附 录 F
（规范性附录）
计算 LPG 混合物的摩尔体积和饱和密度的备用公式

注：本方法在利益有关双方同意时使用。

F.1 基本公式

$$V = V^{*} V_{R1}(1 - \overline{\omega}_{mix} V_{R2}) \qquad (F.1)$$

$$\rho_t = \frac{\sum x_i M_i}{V_t} \qquad (F.2)$$

$$V_{R1} = 1 + a(1 - T_R)^{1/3} + b(1 - T_R)^{2/3} + c(1 - T_R) + d(1 - T_R)^{4/3} \qquad (F.3)$$

$$V_{R2} = \frac{e + fT_R + gT_R^{2} + hT_R^{3}}{T_R - 1.000\ 01} \qquad (F.4)$$

$$T_R = \frac{T}{T_{c,mix}} \qquad (F.5)$$

式中：

V_t——LPG 混合物在温度 t 的摩尔体积，单位为立方米每千摩尔（$m^3/kmol$）；

V^{*}——特征体积，单位为立方米每千摩尔（$m^3/kmol$）；

$\overline{\omega}_{mix}$——混合物的偏心因子，即 $\sum x_i \omega_i$；

ω_i——组分 i 的偏心因子；

V_{R1}——常态流体的对应状态函数；

V_{R2}——重新修正的偏离函数；

$T_{c,i}$——组分 i 的临界温度，单位为开尔文（K）；

$T_{c,mix}$——混合物的临界温度，单位为开尔文（K）；

T——液体温度，单位为开尔文（K），$T = t + 273.15$；

式（F.3）的常数：

$a = -1.528\ 16$

$b = 1.439\ 07$

$c = -0.814\ 46$

$d = 0.190\ 454$

式（F.4）的常数：

$e = -0.296\ 123$

$f = 0.386\ 914$

$g = -0.042\ 725\ 8$

$h = -0.048\ 064\ 5$

ρ_t、M_i 和 x_i 定义见 3.2。

F.2 混合物公式

$$\sum x_i M_i = \sum_{i=1}^{n} x_i M_i \qquad (F.6)$$

$$\sum x_i \overline{\omega}_i = \sum_{i=1}^{n} x_i \overline{\omega}_i \qquad (F.7)$$

$$V_{mix}^* = \frac{1}{4}\left[\sum_{i=1}^{n} x_i V_i^* + 3\left(\sum_{i=1}^{n} x_i V_i^{*\,2/3}\right)\left(\sum_{i=1}^{n} x_i V_i^{*\,1/3}\right)\right] \qquad \cdots\cdots(\text{F.8})$$

$$T_{c,mix} = \frac{\sum_{i=1}^{n}\sum_{j=i}^{n} x_i x_j V_{ij}^* T_{c,ij}}{V_{mix}^*} \qquad \cdots\cdots(\text{F.9})$$

$$V_{ij}^* T_{c,ij} = (V_i^* T_{c,i} V_j^* T_{c,j})^{1/2} \qquad \cdots\cdots(\text{F.10})$$

式中：

V_{mix}^*——混合物的特征体积，单位为立方米每千摩尔（$m^3/kmol$）。

F.3 示例（见 8.3 示例 2）：

计算表 F.1 给出的摩尔组成的 LPG 在 −43 ℃的密度：

表 F.1　F.3 示例的计算数据

组分	摩尔分数 x_i	M_i	x_iM_i	V_i^*（见附录 E）	$x_iV_i^*$	$V_i^{*\,1/3}$	$x_iV_i^{*\,1/3}$	$V_i^{*\,2/3}$	$x_iV_i^{*\,2/3}$	$T_{c,i}$（见附录 E）	ω_i（见附录 E）	$x_i\omega_i$
乙烷	0.009	30.069 4	0.271	0.145 8	0.001 312 2	0.526 32	0.004 737	0.277 02	0.002 493	305.42	0.098 3	0.000 88
丙烷	0.978	44.096 2	43.126	0.200 1	0.195 698 0	0.584 90	0.572 032	0.342 11	0.334 584	369.82	0.153 2	0.149 83
正丁烷	0.013	58.123 0	0.756	0.254 4	0.003 307 0	0.633 64	0.008 237	0.401 49	0.005 219	425.18	0.200 8	0.002 61
Σ			44.153		0.200 32		0.585 01		0.342 30			0.153 3

根据式（F.8）：

$$V_{mix}^* = \frac{1}{4}\left[\sum_{i=1}^{n} x_i V_i^* + 3\left(\sum_{i=1}^{n} x_i V_i^{*\,2/3}\right)\left(\sum_{i=1}^{n} x_i V_i^{*\,1/3}\right)\right]$$

$$= \frac{1}{4}(0.200\,32 + 3 \times 0.342\,30 \times 0.585\,01)$$

$$= 0.200\,27$$

结合式（F.9）和式（F.10）得：

$$T_{c,mix} = \sum_{i=1}^{n}\sum_{j=1}^{n} x_i x_j V_i^{*\,1/2} T_{c,i}^{1/2} V_j^{*\,1/2} T_{c,j}^{1/2} / V_{mix}^*$$

$$\begin{aligned}= [&(0.009^2 \times 0.145\,8 \times 305.42) + \\ &(0.009 \times 0.978 \times 0.145\,8^{1/2} \times 305.42^{1/2} \times 0.200\,1^{1/2} \times 369.82^{1/2}) + \\ &(0.009 \times 0.013 \times 0.145\,8^{1/2} \times 305.42^{1/2} \times 0.254\,4^{1/2} \times 425.18^{1/2}) + \\ &(0.978 \times 0.009 \times 0.200\,1^{1/2} \times 369.82^{1/2} \times 0.145\,8^{1/2} \times 305.42^{1/2}) + \\ &(0.978^2 \times 0.200\,1 \times 369.82) + \\ &(0.978 \times 0.013 \times 0.200\,1^{1/2} \times 369.82^{1/2} \times 0.254\,4^{1/2} \times 425.18^{1/2}) + \\ &(0.013 \times 0.009 \times 0.254\,4^{1/2} \times 425.18^{1/2} \times 0.145\,8^{1/2} \times 305.42^{1/2}) + \\ &(0.013 \times 0.978 \times 0.254\,4^{1/2} \times 425.18^{1/2} \times 0.200\,1^{1/2} \times 369.82^{1/2}) + \\ &(0.013^2 \times 0.254\,4 \times 425.18)]/0.200\,27\end{aligned}$$

$T_{c,mix} = 74.104\,5/0.200\,27 = 370.023$

根据式（F.5）：

$$T_R = \frac{T}{T_{c,mix}}$$

式中：

$T = t + 273.15 = -43 + 273.15 = 230.15$ K

$$T_R = \frac{230.15}{370.023} = 0.621\,99$$

$(1-T_R)=0.378\,01$

根据式(F.3)：

$$V_{R1}=1-1.528\,16\,(1-T_R)^{1/3}+1.439\,07\,(1-T_R)^{2/3}-0.814\,46(1-T_R)+0.190\,454\,(1-T_R)^{4/3}$$

$$=1-1.528\,16\times 0.378\,01^{1/3}+1.439\,07\times 0.378\,01^{2/3}-0.814\,46\times 0.378\,01+0.190\,454\times 0.378\,01^{4/3}$$

$$V_{R1}=0.391\,592$$

根据式(F.4)：

$$V_{R2}=(-0.296\,123+0.386\,194T_R-0.042\,725\,8T_R^{\,2}-0.048\,064\,5T_R^{\,3})/(T_R-1.000\,1)$$

$$=\frac{(-0.296\,123+0.386\,194\times 0.621\,99-0.042\,725\times 0.621\,99^2-0.048\,064\,5\times 0.621\,99^3)}{(0.621\,99-1.000\,01)}$$

$$V_{R2}=0.222\,24$$

式(F.1)中用 V_{mix}^{*} 代替 V^{*}：

$$V_t=V_{mix}^{*}V_{R1}(1-\overline{\omega}_{mix}V_{R2})$$

$$=0.200\,27\times 0.391\,592(1-0.153\,3\times 0.222\,24)$$

$$V_t=0.075\,752$$

根据式(F.2)：

$$\rho_t=\frac{\sum x_iM_i}{V_t}$$

$$\rho_t=\frac{44.153}{0.075\,752}=582.9(\mathrm{kg/m^3})$$

附　录　G
（规范性附录）
公式中各组分的临界温度、偏心因子和特征体积

表 G.1　公式中各组分的临界温度、偏心因子和特征体

组　分	临界温度 $T_{c,i}$[6]/K	偏心因子 ω_i[6]	特征体积 V^*[6]/(m^3/kmol)
甲烷	190.58	0.007 4	0.099 39
乙烷	305.42	0.098 3	0.145 8
丙烷	369.82	0.153 2	0.200 1
正丁烷	425.18	0.200 8	0.254 4
异丁烷	408.14	0.182 5	0.256 8
正戊烷	469.65	0.252 2	0.311 3
异戊烷	460.43	0.240 0	0.309 6
正己烷	507.43	0.300 7	0.368 2
正庚烷	540.26	0.350 7	0.430 4
乙烯	282.36	0.088 2	0.131 0
丙烯	364.76	0.145 5	0.182 9
丁烯	419.57	0.192 1	0.237 7
氮气	126.2	0.035 8	0.090 12
氧气	154.58	0.029 8	0.073 82
二氧化碳	304.21	0.237 3	0.093 83
硫化氢	373.54	0.103 9	0.099 41

参 考 文 献

[1] FRANCIS, A. W. ,Pressure-temperature liquid density relations of pure hydrocarbons, Industrial and Engineering Chemistry,49,No. 10(1957).

[2] API Research Project 44,Physical Constants of Hydrocarbons,C1 to C10.

[3] HAYNES,W. M. ,HIZA,M. J. ,and McCARTY,R. D. ,Density of LNG for custody transfer,Proceedings of 5th International Conference on LNG,Dusseldort,Germany,FR,1977.

[4] KLOSEK,J. ,and McCARTY,C. ,Density of liquefied natrualgas and of the low molecular weight hydrocarbons,Proceedings of 1st International Conference on LNG,1968.

[5] HAYNES,W. M. ,HIZA,M. J. ,and McCARTY,R. D. ,Density of LNG for custody transfer,Proceedings of 5th International Conference on LNG,Dusseldort,Germany,FR,1977.

[6] ISO 6976:1983,Natural gas-Calculation of calorific value,density and relative density.

[7] API Resarch Project 44.

[8] API Research Project 44,Tables23. 2(1. 2001 to 1. 2007).

[9] MASON,D. M. ,and EAKIN,B. E. ,Rvesearch Bvulletin,No. 32(1961).

[10] HANKINSON, R. W. ,and THOMSON, G. H. ,COSTALD(Corresponding states liquid density)equation,Hydrocarbon Processing,Sept,1979.

[11] Engineering Data Book,Gas Processors and Suppliers Association,9th ed. ,1972(4th revision,1979).

ICS 75.060
E 24

中华人民共和国国家标准

GB/T 24963—2010

液化天然气设备与安装　船岸界面

Installation and equipment for liquefied natural gas—Ship to shore interface

2010-08-09 发布　　2010-12-01 实施

中华人民共和国国家质量监督检验检疫总局
中国国家标准化管理委员会　发布

前　言

本标准修改采用欧洲标准 EN 1532:1997《液化天然气设备与安装　船岸界面》(英文版)。

本标准根据 EN 1532:1997(英文版)翻译。

对于 EN 1532:1997 引用的其他国际和国外先进标准中有被修改采用为我国标准的,本标准引用我国的这些国家标准和行业标准代替对应的标准(见本标准第 2 章)。

为便于使用,本标准还做了下列编辑性修改:

a)　删除了 EN1532:1997 中"责任委员会"部分;

b)　删除了 EN1532:1997 中"政府宣言"部分;

c)　删除了 EN1532:1997 中"前言"部分;

d)　将原附录 A 修改为附录 D;

e)　增加附录 C"LNG 船岸安全检查表",替代标准正文 7.1、7.2.4 中对参考文献 6 的引用;

f)　将原附录 B 中的 ISO 5620-1、ISO 5620-2 由资料性附录修改为规范性引用文件;

g)　保留原标准中的 0 条款,将其作为本标准的引言;

h)　增加附录 A 技术差异及其原因及可参考的国家标准。

本标准的附录 A、附录 B、附录 C、附录 D 为资料性附录。

本标准由中国石油天然气集团公司提出。

本标准由全国天然气标准化技术委员会归口。

本标准主要起草单位:中海石油气电集团有限责任公司、中海浙江宁波液化天然气有限公司。

本标准参加起草单位:中国石油天然气管道工程有限公司。

本标准主要起草人:刘万山、赵红强、殷虹、夏芳、周巍、尹晔昕、洪友松、李银喜、孙军民、邢云。

引　　言

每座液化天然气港口设施和终端都宜通过风险分析，建立专门的安全管理系统。使用港口设施的LNG运输船的安全管理系统宜与港口设施和终端的安全管理系统相兼容。在每次LNG运输船进行LNG转输前，需特别注意确保已了解本标准所规定的基本要求。

为了给船岸操作创造一个良好的条件，从安全方面考虑，建立本标准很有必要，尽可能使LNG运输船和终端的不同要求协调一致。

本标准主要指导船岸界面的设计与操作，特别适用于各种与安全相关的内容。本标准同时也考虑下列国际组织的出版物，如：国际气船和终端操作者（SIGTTO），石油公司国际海事论坛（OCIMF），国际海事组织（IMO）等的推荐做法。

液化天然气设备与安装　船岸界面

1　范围

为确保 LNG 在终端的安全转输，本标准对终端和 LNG 运输船舶提出建议和要求。本标准包括下列与船岸转输系统有关的内容：

a）船岸连接；

b）所有转输作业的安全事项；

c）LNG 运输船系泊码头期间的任何其他作业。

2　规范性引用文件

下列文件中的条款通过本标准的引用而成为本标准的条款。凡是注日期的引用文件，其随后所有的修改单（不包括勘误内容）或修订版均不适用于本标准。然而，鼓励根据本标准达成协议的各方研究是否可使用这些文件的最新版本。凡是不注日期的引用文件，其最新版本适用于本标准。

GB 3836.1　爆炸性气体环境用电气设备　第 1 部分：通用要求

GB 3836.2　爆炸性气体环境用电气设备　第 2 部分：隔爆型"d"

GB 3836.3　爆炸性气体环境用电气设备　第 3 部分：增安型"e"

GB 3836.4　爆炸性气体环境用电气设备　第 4 部分：本质安全型"i"

GB 3836.5　爆炸性气体环境用电气设备　第 5 部分：正压外壳型"p"

GB 3836.6　爆炸性气体环境用电气设备　第 6 部分：油浸型"o"

GB 3836.7　爆炸性气体环境用电气设备　第 7 部分：冲砂型"q"

GB 3836.9　爆炸性气体环境用电气设备　第 9 部分：浇封型电气设备"m"

GB/T 19204　液化天然气的一般特性

ISO 5620-1　造船和船舶构造　饮用水舱注水接头　第 1 部分：一般要求
Shipbuilding and marine structures—Filling connection for drinking water tanks—Part 1:General requirements

ISO 5620-2　造船和船舶构造　饮用水舱注水接头　第 2 部分：部件
Shipbuilding and marine structures—Filling connection for drinking water tanks—Part 2:Components

ISO 10497　阀门试验　防火型的设定要求
Testing of valves—Fire type setting requirements

EN 50054　可燃性气体探测和测量电器　基本要求及测试方法
Electrical apparatus for the detection and measurement of combustible gases—General requirements and test methods

EN 50056　可燃性气体探测和测量电器规范　一级元器件性能要求，至 100%（V/V）甲烷
Electrical apparatus for the detection and measurement of combustible gases—Performance requirements for Group Ⅰ apparatus indicating up to 100%(V/V) methane

EN 50057　可燃性气体探测和测量电器　用预显示到 100%爆炸下限的第二组电器性能要求
Electrical apparatus for the detection and measurement of combustible gases—Performance requirements for Group Ⅱ apparatus indicating up to 100% lower explosive limit

EN 50058 可燃性气体探测和测量电器规范 用预显示到100%爆炸下限的第二组电器性能要求
Electrical apparatus for the detection and measurement of combustible gases—Performance requirements for Group Ⅱ apparatus indicating up to 100%(V/V) gas

EN 50145 潜在爆炸环境电器 危险区域的分类
Electrical apparatus for potentially explosive gas atmospheres—Classification of hazardous areas

EN 1127-1 机器安全 火灾和爆炸 第1部分:爆炸的预防及保护
Safety of machinery—Fire and explosions—Part 1:Explosion prevention and protection

EN 1473 液化天然气设备与安装 陆上装置设计
Installation and equipment for liquefied nature gas—Design of onshore installation

EN 1474 液化天然气设备与安装 装/卸料臂的设计及测试
Installation and equipment for liquefied nature gas—Design and testing of loading/unloading arms

3 术语和定义及缩略语

3.1 术语和定义

下列术语和定义适用于本标准。

3.1.1

船岸转输设施 ship/shore transfer facilities

用于接收或输出LNG并拥有各种船/岸连接作业设备的码头设施。

3.1.2

通信 communication

包括书面或语音信息和数据交换等所有的传送方式。

3.1.3

界面 interface

与LNG转输、上下船通道或船的供给有关的船上和码头上的所有作业。

3.1.4

主控制室 main control room

主控制室位于终端内,可直接实行中央控制。

3.1.5

码头控制中心 jetty control centre

码头控制中心位于或邻近码头上,主要用于控制装/卸料臂作业。

3.1.6

船舶货物控制室 ship cargo control room

船舶货物控制室位于船上,用于直接控制转输作业。

3.1.7

紧急关断 emergency shut down (ESD)

对LNG船岸间转输作业进行安全、有效关断的方法。

3.1.8

紧急解脱系统 emergency release system (ERS)

以强制手段使装/卸料臂快速解脱和使LNG运输船与码头进行安全脱离的系统。

3.1.9

紧急解脱程序　emergency release procedure (ERP)

以强制手段使 LNG 运输船快速解脱并使 LNG 运输船与码头安全脱离的操作程序。

3.1.10

船舶货物管汇　ship's cargo manifold

LNG 运输船上用于与装/卸料臂法兰连接的，带有法兰的货管端口总成。

3.1.11

终端　terminal

具有装/卸设施的 LNG 工厂。

3.1.12

转输　transfer

装料或卸料作业。

3.2　缩略语

本标准采用如下缩略语：

LNG (Liquified Natural Gas)　　液化天然气

NG (Natural Gas)　　天然气

MOV (Motor Operated Valve)　　电动阀

4　船岸界面组成

LNG 转输过程中至少考虑下列各项内容：

a) LNG 运输船安全地系泊于码头；

b) 码头至 LNG 运输船之间的登船梯；

c) 码头至 LNG 运输船之间所有的通信；

d) 通过船岸界面的所有仪表和电气连接；

e) 装载或卸载；

f) 从终端或供应船供给燃料；

g) 液氮接口连接；

h) 船舶补给。

5　LNG 特性及相关危险

5.1　LNG 特性

有关 LNG 的特性见 GB/T 19204。

5.2　LNG 相关危险

LNG 的主要危险在 GB/T 19204 中已有详细说明。在 LNG 转输作业中最重要的是：

a) 超低温引起的低温影响。低温造成的人体伤害，如冻伤等；以及低温对非低温材料的破坏，如：非低温材料机械特性降低，变脆和破裂等；

b) LNG 的泄漏或溢出引发火灾或爆炸的潜在危险；

c) LNG 与水接触后快速相变(RPT)引起的超压；

d) 捕集的 LNG 因热膨胀引起的超压。

5.3　LNG 转输相关危险

相关的主要危险是：

a) 装/卸料臂的冷却、升温、吹扫和排放；

b) 储罐溢流(船上和岸上)；

c) 储罐超压(船上和岸上)。

5.4 潜在外部因素

在转输作业时还宜考虑如下潜在的外部危险。

a) 自然环境

——气象条件(风、雷电等);

——海况条件;

——地震条件;

——涨潮、落潮。

b) 其他危险

——LNG 运输船与码头碰击;

——LNG 运输船与其他船舶或码头撞击;

——系泊缆绳断裂;

——终端或其周边发生火灾;

——其他船只从 LNG 运输船附近通过时引发的船吸效应从而引起 LNG 运输船运动。

6 危险区域

在 LNG 运输船靠泊码头后,船舶的气体危险空间或区域将列入到码头危险区域中(有关船上气体危险空间或区域的定义,宜参考国际海事组织(IMO)规范:附录 B,参考文献 7)。

终端和码头的危险区可划分为两类。

a) 一级危险区

指正常生产操作期间存在发生爆炸危险的区域。

b) 二级危险区

指背离正常操作时存在可能发生爆炸气氛的区域。

以上危险区的定义参考 EN 1127-1 和 EN 50145。

码头区域内电气设备的布置应根据 GB 3836.1、GB 3836.2、GB 3836.3、GB 3836.4、GB 3836.5、GB 3836.6、GB 3836.7、GB 3836.9、EN 50054,EN 50056～EN 50058 中有关区域使用的要求;非电气设备区域的布置应根据 EN1127-1 进行。LNG 运输船电气设备的布置宜符合国际海事组织(IMO)发布的相关天然气规范要求。

7 安全防范

7.1 概述

应根据所处地域的实际情况,分析可能发生的各种潜在危险因素,并通过风险分析建立最低的安全防范标准。风险分析应根据 EN 1473 的要求进行。

本标准所提出的规定是最低的安全防范要求,每个终端应根据所处地域的实际情况,通过风险分析提出适合于本地的安全防范标准,其中包括基本防范以外的附加防范。

终端和 LNG 运输船至少应通过使用船岸安全检查表(见附录 B)的方式来保证这一安全防范标准的有效实施。

7.2 基本防范

7.2.1 港口限制区

相关部门和终端管理部门宜在泊位周边水域划定限制区,以避免其他水上船只与 LNG 运输船发生意外碰撞事故。

7.2.2 码头限制区

终端的安全管理手册或其他规定性文件中应规定在码头划定限制区,以控制未经授权人员的出入。该限制区是指与 LNG 转输作业有关或部分有关区域,限制区内应有明显的标识。

7.2.3 LNG 运输船限制区

LNG 运输船的安全管理手册或其他规定性文件中应规定在 LNG 运输船上划定限制区，以控制未经授权人员的出入。该限制区是指与 LNG 转输作业有关或部分有关的区域。

7.2.4 船岸安全检查表

在开始 LNG 转输作业前，船上和岸上的人员应完成船岸安全检查(检查内容参见附录 C)。

7.2.5 系泊布置

LNG 运输船应按照相关管理部门和终端的规定安全系泊[对此宜参考石油公司国际海事论坛(OCIMF)指南：附录 A，参考文献 2]。

系泊布置宜与终端设施相匹配。至少应考虑以下几点：

a) 海流；

b) 风；

c) 船行波；

d) 潮高；

e) 风浪和涌浪；

f) 干舷的变化；

g) 接卸船型的多样性。

设置在码头上的绞车或绞盘应根据其所在危险区域的等级来配置并满足操作要求。护舷安装的位置应使其与 LNG 运输船体直线段骨架区的船身相匹配；护舷应有足够的表面积以避免破坏船壳；护舷不应妨碍船上循环或压舱海水的进、出口；LNG 运输船应安全靠泊且应能保证在尽可能短的时间内完成解脱；泊位区的水深应能在最低潮位下保证龙骨下部有足够的深度，满足 LNG 运输船安全靠离泊。

7.2.6 天气预报

LNG 运输船与岸上所用的天气预报时距不应超过 12 h。

7.2.7 主要的火源

应消除任何在危险区内产生火花的风险。

应根据当地现有的规范和危险区的特征来制定避免电气和非电气设备产生火花的防范措施。

由于 LNG 运输船和码头之间存在电位差，在装/卸料臂连接或解脱时存在产生火花的危险。

宜通过采取在船岸间安装绝缘法兰的方法来避免此种产生火花的风险。

7.2.8 数据传输和通信

船岸间应提供数据传输的通道。LNG 运输船在码头靠泊之后，紧急关断(ESD)信息应通过一条硬线数据链传输数据。

船岸间应设置语音通讯系统，如手持式对讲机等。另外宜设置独立的备用语音通讯系统，如陆上有线电话。

7.2.9 船岸通道

LNG 运输船与码头之间至少应设置两条通道。

a) 一条通道用于紧急事故时人员和船员逃生，该通道应临近 LNG 运输船的生活区；

b) 另一条通道供操作人员使用，其位置宜远离管汇区。

7.2.10 火灾和泄露检测

所有危险区域应根据 EN 1473 的推荐做法设置火灾和泄漏检测传感器并始终处于工作状态。因火灾和/或泄漏检测而导致的紧急关断(ESD)动作的信号宜通过 7.2.8 中所描述的方式传输到 LNG 运输船。有关关断的启动条件应根据 EN 1473 制定。

7.2.11 防火

为使火灾事故发生后的损失减少至最小，LNG 运输船和码头应具备相应的消防设备及措施，以保障所有人员和设备安全。

7.2.12 消防

按照下述四种因素配备消防设备：

a) 扑灭小的火情；

b) 发生大火情时应能够保护人员安全；

c) 在消防部门到来之前，控制火情并防止火情蔓延；

d) 为紧急消防服务提供紧急通道。

消防设备的配备程度须考虑多种因素并且宜参照终端的危险评估结果决定。

至少宜考虑如下因素：

e) 可能发生火灾的原因和类型；

f) 船岸人员的逃生路线；

g) 到达终端的船型、特性和频率；

h) 泊位和LNG运输船的尺度及其与其他工业危险源和人口聚集区的距离；

i) 包括消防船在内的场外消防服务的情况；

j) 消防部门动员所需时间；

k) 应急预案。

码头上应设固定消防设备。当LNG运输船靠泊时，这些设备宜处于正常待命状态。消防设备的设计和配备宜满足EN 1473的要求。

同时还应在码头上配备便携式消防设备，作为固定式消防设备的补充和扑灭小的火情。

宜在泊位明显位置设置消防设备或设施的平面布置图，图中宜标明所有消防设备的位置和类型以及必要的使用方法和注意事项。根据国际海事组织（IMO）相关条款，LNG运输船的消防设备布置图宜设置在船上明显的位置。

7.2.13 LNG泄漏和溢出的防护

船和岸都应采取保护措施以将LNG泄露和溢出的影响后果降低至最小，应注意LNG对非低温钢材的影响，即脆性断裂，为把由于LNG的溢出造成的损坏降至最小，有关的程序应由船岸双方共同商定。应采取措施保护总管区域内的甲板并将任何溢出的LNG排到船外。

7.2.14 船岸停输作业的安全策略和程序

7.2.14.1 总则

船岸间的停输作业分正常和事故两种关断。关断和解脱的方法如下所述，并见附录C的流程图。

7.2.14.2 解脱的标准程序

除紧急情况以外，应使用标准操作程序停止LNG传输。

管线和装/卸料臂的设计应满足LNG停输作业的要求，所有的装/卸料臂应能够在最短的时间内复位到正常空载状态。设计上应考虑防止可能发生装/卸料臂内冻结现象。

LNG转输作业时，应将船岸间非LNG连接的数量限制到最少以缩短解脱的时间，正常的解脱时间宜在1 h之内。

7.2.14.3 紧急关断系统

进行LNG转输作业开始之前，应确认紧急关断（ESD）系统处于正常工作状态，紧急关断（ESD）系统的动作可对LNG转输产生直接影响。

a) 紧急关断（ESD）系统的主要功能

1) LNG运输船装载LNG时，关断LNG运输船上的天然气压缩机和终端的转输泵；

2) LNG运输船卸载LNG时，关断LNG运输船上的转输泵和终端的天然气压缩机；

3) 关断LNG运输船管汇处的紧急关断（ESD）阀；

4) 关断岸上的紧急关断（ESD）阀。此项操作时应注意避免液体波动压力的增大；

5) 根据操作需要排空卸料臂的LNG。

b) 手动操作的 ESD

宜设置手动的紧急关断(ESD)以便使其能从多个控制点进行手动操作。

c) 自动触发紧急关断(ESD)动作的信号

1) 火灾探测信号；

2) LNG 运输船漂移超出规定范围的首次探测信号(LNG 运输船的异常移动)；

3) LNG 运输船或岸上储罐高液位报警信号；

4) LNG 溢出探测信号；

5) LNG 运输船或岸上储罐的正压或负压高低报警信号；

6) LNG 运输船或岸上供电不足或控制电源断电信号。

d) 主控制室、LNG 运输船的货舱控制室、码头控制室均能显示紧急关断(ESD)信号

这些控制室都应配备能够自动触发紧急关断(ESD)的设备,同时当自动触发的紧急关断(ESD)设备失效时,还应能通过手动触发紧急关断(ESD)动作来保证紧急关断的实施。报警信号的传送应为有效的双回路数据传送,一路用于传送报警信号,另一路返回紧急关断(ESD)指令。

紧急关断(ESD)系统的设计应满足在着火温度为 1 100 ℃～350 ℃的范围内仍然可以分别操作 1 min,5 min 到 10 min。

7.2.14.4 紧急关断系统完成后的紧急解脱程序

只有当正常的解脱无法实现时,才能执行紧急解脱程序。

若紧急关断执行之后,紧急状态依然存在,应执行紧急解脱系统(ERS)使装/卸料臂解脱。紧急解脱系统(ERS)动作可以通过区域监控系统自动完成,也可以通过码头控制室、主控室、LNG 运输船的货舱控制室手动操作完成。

操作时机不当,执行紧急解脱系统(ERS)进行解脱将会非常危险。因此,为避免误操作的发生应制定操作规程。

在制定操作规程时应考虑如下两种解脱状态:

a) 装/卸料臂排空后进行解脱。此种工况装/卸料臂是在空载状态下进行解脱的(紧急空载非平衡状态,见附录 D)。

b) 装/卸料臂排空前进行解脱。此种工况装/卸料臂是在满载状态下进行解脱的(紧急满载非平衡状态,见附录 D)。

c) 只有当紧急解脱连接单元(ERC)中的两个球阀被证明已经关闭,机械解脱才可执行(相关内容参考 EN 1474)。

7.2.14.5 紧急关断触发和完成前的紧急解脱程序

为最大限度的保护终端,当 LNG 运输船发生异常移动并超过允许范围,或者由于其他原因时,可在紧急关断(ESD)完成前执行紧急解脱程序。紧急解脱程序(ERP)可以通过区域监控系统自动或者通过码头控制室、主控室手动触发。

为避免在 LNG 运输船离开泊位时装/卸料臂与船体结构发生碰撞,在快速解脱后应随即将装/卸料臂升高至存放位置。

只有在安全状态下,并经船长批准船舶方能离港。

7.2.15 建造材料

LNG 运输船和岸上所有与 LNG 接触的管道、设备应由适宜的材料制造,见 GB/T 19204。

7.2.16 LNG 装/卸料臂

根据 EN 1474,船岸间所有 LNG 转输作业应使用刚性铰接管道。

7.3 附加防范措施

应对终端进行风险分析,根据风险分析结果考虑船岸间其他需注意的事项。

为保证 LNG 运输船能够以最安全地方式快速离港,所有船岸间的连接都应装备快速解脱系统。

应重点考虑以下因素：

a） 码头一侧靠泊系统的快速脱缆（仅限于岸）；

b） 登船梯的快速回收；

c） 所有其他船岸连接的快速解脱；

d） 电气电缆的快速解脱。

当需要紧急解脱时，可根据紧急关断（ESD）的次序关闭紧急解脱系统（ERS）阀。

注：本条款的目的是保证 LNG 运输船与终端的所有连接能够在尽可能短时间内且不会增加任何危险的情况下完成解脱。只有在船长知晓全部情况并同意后 LNG 运输船才可解脱。

8 船舶设备

8.1 船舶系泊设备

船舶的系泊缆绳可使用尾部带有合成纤维端部接头的钢丝缆绳或全部为合成纤维的缆绳；若使用钢丝缆绳，其合成纤维接头可使用尼龙材料，且其长度通常不应少于 11 m。

终端可配备缆绳张力实时监测系统，终端和船舶可同时监测到各缆绳张力的数据。

在 LNG 运输船的船艏和船艉（水面以上处）宜各配备一条带有扣头的缆绳以便在紧急情况下让拖轮容易带缆。

8.2 船舶的工作平台和装卸管汇布置

应充分考虑船舶在码头的靠泊位置以及相应的装卸管汇的位置，系泊布置对此极其重要。

船舶的装卸管汇布置应与石油公司国际海事论坛（OCIMF）的相关推荐做法相一致。

船舶上管汇支架的承载力设计应考虑各种情况下的载荷，如：管汇中的 LNG 流动载荷；可能的结冰载荷；作用在臂上的风力载荷；船舶漂移和回转等。

船舶装卸管汇配备的法兰应与岸上装/卸料臂的法兰相配套。按照 EN1474 的要求，码头上的装/卸料臂应以机械机构与船舶管汇相连接。

8.3 紧急关断电动阀

安装在每组管汇，包括气相管汇和液相管汇上的紧急关断阀应能就地操作和遥控操作。这些阀应是安全-防火型并应符合 ISO 10497 的规定。

在设计时应考虑抑制管线的压力喘振。在进行装/卸 LNG 操作之前，应核对紧急关断阀的关断时间。

8.4 船舶货舱控制室的控制设备

船舶货舱控制室宜设置下列控制设备：

a） 与港务管理部门联系的甚高频（VHF）通信设备；

b） 装卸作业的通信系统；

c） 所有 LNG 货舱的主要参数，如：温度、压力等；

d） LNG 的液位显示器；

e） 紧急关断控制器；

f） 蒸发气压缩机控制器；

g） 货泵控制器；

h） 装/卸转输阀控制器；

i） 船舶纵倾监视器；

j） 船舶压载控制器；

k） 可燃性气体探测器；

l） 火灾报警探测系统。

此外，与终端统一考虑，应编制与装/卸料作业相关的各种操作规程、安全警示和应急响应程序等。

8.5 船舶消防设备

装卸管汇附近应配备下列消防设备：

a) 干粉；

b) 喷淋系统；

c) 消防水龙带；

d) 消防防护服。

装卸管汇区域属于船舶消防和岸上消防双重防护区。船舶的消防设备应为独立系统，不受岸上消防设备的影响。

8.6 船舶结构保护

进行转输作业时，为避免 LNG 溢出导致甲板和船舷遭到损坏，应在船舶的管汇下方设置防滴漏设备（如：接液盘）以保护甲板，在管汇一侧或两侧应设水帘或其他合适的设备用以保护附近的船舷。

8.7 通信设备

8.7.1 概述

应配备适用于所有危险区域的通信设备，通信设备包括语音通讯和数据交换两种。

8.7.2 语音通讯

语音通讯系统通常为便携式无线电和电话机（见 7.2.8），甚高频（VHF）无线电用于与港口相关管理部门之间的通信。

8.7.3 数据交换

为了便于船岸之间通过数据连线交换数据，LNG 运输船应安装与终端配套的数据接口，用于与终端的数据连接（见 7.2.8）。

8.8 船舶电气安全

依照相关海事标准，电气仪表应使用防爆型，本质安全或有安全证书的合格产品。

8.9 LNG 转输泵系统

LNG 运输船上的 LNG 转输泵理论上可以全部同时运转，但实际作业时应以终端接受的卸货速率进行转输，特别注意下列情况：

a) 应配置合适的转输泵，其流量-扬程特性曲线应满足装载和卸载作业时的工况；

b) LNG 的温度；

c) 转输管道内 LNG 的流速。

应依照船岸之间共同确认的规程进行 LNG 的转输。所有转输泵应设有遥控的起动/停止按钮。在 LNG 运输船装卸控制室内应能监测到各转输泵出口压力和驱动电动机的电流。

当 LNG 运输船货舱内的主转输泵无法正常工作时，船上应制定紧急转输方案以保证继续进行转输作业。

8.10 冷却系统

在向 LNG 运输船装载 LNG 时，应提前对船上的设备进行冷却，以防延误装/卸货时间。

8.11 燃油接口

LNG 运输船上的燃油接口宜参照石油公司国际海事论坛（OCIMF）的规程进行设计和安装[对此宜参考石油公司国际海事论坛（OCIMF）建议中附录 B 的参考文献 3]。

8.12 淡水接口

LNG 运输船上的淡水接口宜依照 ISO 5620-1 和 ISO 5620-2 的要求配置标准法兰。

8.13 船岸间通道布置

LNG 运输船上工作人员上、下船通道的相关规定，见 7.2.9。

9 船/岸间的转输设备

9.1 概述

船岸间的转输设备应符合 LNG 终端提出的以风险分析为基础的最低安全要求。

9.2 码头及附属设备的设计和建造

9.2.1 一般原则

码头的设计和建造应适合当地的环境条件并能接受所有可能的 LNG 运输船型。

码头的位置应该考虑以下情况：

a) 主导风向和海流流向；

b) 过往船只发生碰撞的可能性，泊位宜位于主航道以外；

c) LNG 运输船在没有外部帮助下可自行离开码头；

d) 具备合适的回旋水域。

码头的设计应考虑以下情况：

a) 土建工程所必需的设计和试验；

b) 地上和地下的自然条件；

c) 到港船型的尺寸；

d) 水下金属部件的阴极保护；

e) 需要在码头上的装/卸料臂、管线和相关阀门四周设置封闭区域；

f) 地方管理部门的其他要求；

g) 应考虑的载荷。包括：

  1) 装/卸料臂；
  2) 管线；
  3) 排放系统和集液罐；
  4) 安全设备；
  5) 所有建筑物和结构；
  6) 吊机、登船梯和带缆通道；
  7) 系泊系统；
  8) LNG 运输船靠泊时引起的撞击力；
  9) 紧急维护设备，例如：检修装/卸料臂的吊机；
  10) 地震应力。

9.2.2 系泊和防碰撞设备的布置

系泊系统的设计和布置应能适合各类船型的安全操作。系缆钩应安装在旋转支架上，且应配备快速脱缆装置。在船长授权下，快速脱缆装置才可由终端人员操作。

LNG 运输船和码头上应分别设立缆绳张力监控系统，以便能在两处同时测量和显示缆绳张力。在每个系缆钩上均宜安装测力传感器，以监测每条缆绳的受力情况。这些数据宜由在码头或终端的数据中心计算机进行处理，船上的显示器可读取处理结果。

为了安全的连接装/卸料臂，LNG 运输船上的管汇应布置在合适的位置以方便装/卸料臂的使用。

设计护舷时应考虑能将靠泊时产生的撞击载荷分散到足够大的船体面积。

9.2.3 装/卸料臂的安装

装/卸料臂的安装见 EN 1474。

9.2.4 码头控制室

码头控制室包括以下控制系统：

a) 终端和 LNG 运输船货舱控制室之间的通信系统；

b) 装/卸料臂控制系统；

c) 装/卸料臂的清扫控制系统；

d) 紧急解脱控制系统(紧急关断(ESD)和紧急解脱系统(ERS)按钮);
e) 装/卸料臂的冷却控制系统;
f) 消防控制系统(仅码头前沿);
g) 气象信息采集系统;
h) 缆绳张力监控系统。

鉴于安全原因,码头控制室应对 LNG 运输船在装/卸料过程中实施连续监控。

9.2.5 码头管线布置

管线的设计和绝缘见 EN 1473。

9.3 装/卸料臂

装/卸料臂的设计和测试见 EN 1474。装/卸料臂上应安装一组检测传感器,以检测装/卸料臂与 LNG 运输船的位置偏离程度,监测数据将作为紧急关断(ESD)系统的动作依据。

在排空 LNG 后,装/卸料臂在断开前应充入氮气并恢复到存放位置。

9.4 通信设备

详见 8.7。

9.4.1 语音通讯

LNG 运输船系泊和船岸连接操作以及 LNG 运输船离岸时,便携式无线电设备将作为主要语音通讯方式。终端应配置应急备用语音通讯设备,可使用甚高频(VHF)。

9.4.2 数据交换

在 LNG 转输过程中,LNG 运输船应与终端保持数据交换连接状态,用于传送船岸之间的数据信息,同时还宜配备一套备用数据通道。

9.5 消防设备和程序

9.5.1 固定消防设备

在码头上应配备固定式干粉灭火设备和消防水设备。固定消防设备应安装在码头上一定高度的位置,以便在最高潮位时消防设备的消防能力能覆盖 LNG 运输船甲板上足够大的范围。

所有的船/岸传输设施宜在消防设备的覆盖范围以内。应事先编制消防程序并应得到终端、地方政府主管部门和 LNG 运输船所有船员的认可。

干粉灭火器可以用于灭火和控制火势,干粉供给设备应布置在码头上较低的位置以避免发生火灾时热辐射的影响。干粉式消防炮还应该具备远程控制功能(参考 EN 1473)。

9.5.2 便携设备

在 LNG 运输船停泊处宜配备按照相关标准制造的便携式灭火器,以便发生小火灾时能够立即扑灭,干粉灭火器适合于扑灭 LNG 火灾,在 LNG 运输船装/卸货时,在管汇周围至少宜配备两个干粉灭火器。

干粉灭火器的最小容量不宜小于 9 kg,且宜配置较大容量的移动式灭火器(如:50 kg 的干粉灭火器)。在终端的其他可能发生火灾的地方(如:主控制室、码头控制室),也宜配备适当的灭火器。

9.5.3 消防水供应

消防水的主要目的是使设备冷却降温,消防水也可以用于形成水雾或喷淋以隔绝火焰,保护消防工作人员。消防水还可以用于驱散扩散的天然气蒸气云,在没有 LNG 运输船停泊时消防水管线可以是空的或者是充满水的,但是在 LNG 装/卸作业过程中,消防水管线宜保持带压状态。在必要位置,宜对消防水管线进行保护以防止外力撞伤和冻损。消防水管线的消防能力将根据需要提供消防水的设备需要的量以及需要达到的有效喷射范围来确定,消防水管线的尺寸宜按 EN 1473 的要求进行设计。

9.6 主控制室

本标准要求终端主控制室应配备以下设备:

a) LNG 转输操作监控系统;

b) 与 LNG 运输船货舱控制室之间通信系统；

c) LNG 转输操作可视监控系统；

d) 甚高频(VHF)通信系统(港口通信网络的一部分)；

e) 与码头控制室的通信系统；

f) 紧急关断(ESD)系统；

g) 气象信息采集系统。

9.7 蒸发气返回系统

LNG 运输船在卸货过程中产生的蒸发气作为容积补偿气返回到 LNG 运输船上的货舱，或由终端储罐的蒸发气作为容积补偿气返回到货舱，蒸发气由布置在主管汇区域内的蒸发气回气臂转输。

LNG 运输船上多余的气体宜返回到终端的蒸发气回收系统。

设计蒸发气回流系统时宜考虑以下事项：

a) 最大蒸发气流速；

b) 压力；

c) 温度。

9.8 船员和工作人员通道

为保证安全，终端宜制定相应的管理规程，限制参观人员以及非本公司工作人员进入码头区域。

9.9 紧急关断装置的电动阀

详见 8.3。

9.10 码头电气安全

根据 GB 3836.1、GB 3836.2、GB 3836.3、GB 3836.4、GB 3836.5、GB 3836.6、GB 3836.7 的要求，所有使用的仪表都应是防爆型、本质安全或者是为检定合格的安全型产品。

9.11 船舶补给设备的布置

若在码头上配备了用于 LNG 运输船补给的吊机，该吊机应符合码头的功能区域划分的要求。

10 LNG 转输程序

10.1 LNG 运输船进港前应具备的资质

LNG 运输船应持有合法的有效证书[相关证书见国际海事组织(IMO)(统一)颁发的有关天然气转输的相关规范]，否则将不被接收。

10.2 LNG 运输船进港条件

LNG 运输船在天气和海况条件均可接受范围内，并经港务部门、引水员和船长的认可后方可入泊。

拖船宜提前做好准备并给予即时有效的靠泊协助，带缆艇和带缆水手宜在需要地点提前待命。

10.3 连接装/卸料臂前应具备的条件

a) 应完成船岸安全检查，参考第 7 章及相应的工作程序(见 7.2.4)；

b) 计算出运输船上 LNG 的量；

c) 所有必需的文件已签署完毕；

d) 运输船上 LNG 管汇的位置宜位于码头上装/卸料臂回旋范围内。

10.4 LNG 输送前应具备的条件

a) 连接回气臂和装/卸料臂(宜首先连接回气臂)；

b) 完成多点相互通信检查，确保紧急关断(ESD)系统和紧急解脱程序(ERP)正常工作。所有的紧急关断(ESD)系统的限位开关都宜一一检查；

c) 船岸间的所有连接以及安全装置都应进行测试；

d) 确保装/卸料臂旋转接头内有氮气流动，以防止其冻结；

e) 整个系统，包括装/卸料臂，都已按照制定的程序预冷，以避免热应力过大。

10.5 转输操作期间应具备的安全条件

a) LNG 运输船安全区域内应限制其他船舶通航，且应遵守地方法规的要求；

b) 禁止向 LNG 运输船舶补给生活用品；

c) 码头上的工作应在受控条件下进行；

d) 码头区域内控制车辆通行。

在 LNG 转输期间不宜向船舶供应生活补给品，但可以按规程从岸上向 LNG 运输船补给燃油。

10.6 LNG 转输完成后的工作

在满足下列条件的前提下方可解脱装/卸料臂，且应先解脱装/卸料臂，再解脱蒸发气回气臂。

a) 所有的转输泵已停止运转；

b) 根据相关程序和规范所有阀门已被关闭；

c) 装/卸料臂里的液体和蒸发气已被排除，并用氮气置换；

d) 船岸双方工作人员已同意解脱操作。

10.7 船岸操作人员的安全防护

在装/卸船操作过程中，所有有关的操作人员均应配备适当的安全防护装备。

10.8 责任

10.8.1 正常程序

a) LNG 运输船的系泊作业由船长负责，引航员和终端内码头作业人员提供协助；

b) 装/卸料臂的连接工作由终端操作人员负责完成；

c) LNG 的转输作业由船上和岸上的控制室共同协调完成；

d) 岸上人员征得船长的授权后方可登船；

e) 船上人员要征得终端管理部门的许可后才能进入或通过终端。

10.8.2 紧急程序

a) LNG 运输船货舱控制室、码头控制室或终端的主控制室均能触发紧急关断(ESD)系统；

b) 终端负责维护紧急解脱系统(ERS)；

c) 当 LNG 运输船准备离开码头时，只有在船长的授权下才能进行快速与系泊处解脱。

11 人员培训

为保障终端和码头以及 LNG 运输船上的操作人员能安全、有效地履行其职责，所有与 LNG 转输作业有关的从业人员均应进行相关的专业培训并应取得相应的培训合格证书。

附　录　A
（资料性附录）
技术差异及其原因及可参考的国家标准

表 A.1 给出了本标准与 EN 1532 技术差异及其原因及可参考的国标。

表 A.1　本标准与 EN 1532 技术差异及其原因

本标准章条编号	技术性差异	原因及可参考的国标
前言	修改引言	与国内标准要求一致
2、7.2.15	“GB/T 19204　液化天然气的一般特性”代替“EN 1160　液化天然气设备与安装　液化天然气一般特性”	国内有相应标准
2、9.10	“GB 3836.1　爆炸性气体环境用电器设备　第 1 部分：通用要求”代替“EN 50014　潜在爆炸环境电器件　一般要求”	国内有相应标准
2	“GB 3836.6　爆炸性气体环境用电器设备　第 6 部分：油浸型“o””代替“EN 50015　潜在爆炸环境电器　冲油型“o””	国内有相应标准
2	“GB 3836.5　爆炸性气体环境用电器设备　第 5 部分：正压外壳型”代替“EN 50016　潜在爆炸环境电器　正压型“p””	国内有相应标准
2	“GB 3836.7　爆炸性气体环境用电器设备　第 7 部分：冲砂型“q””代替“EN 50017　潜在爆炸环境电器　粉末冲沙型“q””	国内有相应标准
2	“GB 3836.2　爆炸性气体环境用电器设备　第 2 部分：隔爆型“d””代替“EN 50018　潜在爆炸环境电器　隔爆型“d””	国内有相应标准
2	“GB 3836.3　爆炸性气体环境用电器设备　第 3 部分：增安型“e””代替“EN 50019　潜在爆炸环境电器　增安型“e””	国内有相应标准
2、9.10	“GB 3836.4　爆炸性气体环境用电器设备　第 4 部分：本质安全型”代替“EN 50020　潜在爆炸环境电器　本质安全型“i””	国内有相应标准
2	“GB 3836.9　爆炸性气体环境用电器设备　第 9 部分：浇封型电气设备“m””代替“EN 50028　潜在爆炸环境电器　填料密封型“m””	国内有相应标准
2	“GB 3836.4　爆炸性气体环境用电器设备　第 4 部分：本质安全型”代替“EN 50020　潜在爆炸环境电器　本质安全型“i””	国内有相应标准
2	“EN 50054　可燃气体探测和测量电器　基本要求及测试方法”	可参考 GB 15322《可燃气体探测器》
2	“EN 50054　可燃气体探测和测量电器规范　一级元器件性能要求，至 100%(*V*/*V*)甲烷”	可参考 GB 15322《可燃气体探测器》
2	“EN 50054　可燃气体探测和测量电器　用预显示到 100%爆炸下限的第二组电器性能要求”	可参考 GB 15322《可燃气体探测器》
2	“EN 50054　可燃气体探测和测量电器规范　用预显示到 100%爆炸下限的第二组电器性能要求”	可参考 GB 15322《可燃气体探测器》
2	“EN 1127-1 ”代替“prEN 1127-1 ”	标准更新
2、7.1、7.2.9、7.2.10、7.2.12、9.2.5、9.5.1、9.5.2	“EN 1473　液化天然气设备与安装　陆上装置设计”代替“prEN 1473液化天然气的装置和设备　陆地设施的设计”	标准更新。EN 1473 相应转化国标“液化天然气设备与安装　陆上装置设计”批准后，可代替 EN 1473《液化天然气设备与安装　陆上装置设计》

表 A.1（续）

本标准章条编号	技术性差异	原因及可参考的国标
2、7.2.14.4、9.2.3	“EN 1474”代替“prEN 1474”	标准更新
2	“prEN 50145　爆炸性气体环境用电气设备　危险场所分类”	可参考 GB 50058《爆炸和火灾危险环境电力装置　设计规范》

附 录 B
（资料性附录）
参 考 文 献

[1] *Safe Transport, Handling and Storage of Dangerous Substances in Port Areas, 1983, IMO.*

[2] *Mooring Equipment Guidelines, 1992, OCIMF. ISBN 1-85609-088-4.*

[3] *Guidelines and recommendations for the safe mooring of large Ships at Piers and Sea Islands, 1994, OCIMF. ISBN 1-85609-054-X.*

[4] *Recommendations for manifolds for refrigerated Liquefied Natural Gas carriers-(LNG) 1994, OCIMF. ISBN 1-85609-066-3.*

[5] *Guidelines on the Alleviation of Excessive Surge Pressures on ESD, 1987, SIGTTO. ISBN 0 948691 40 9.*

[6] *Liquefied Gas Handling Principles on Ships and in Terminals, SIGTTO. ISBN 1-85609-087-6.*

[7] *International Code for the Construction and Equipments of ships carrying liquefied gases in bulk, IMO. ISBN 92-801-1277-5.*

[8] *Code for the construction and equipment of ships carrying liquefied gases in bulk, IMO.*

附 录 C
（资料性附录）
LNG 船岸安全检查表

抵港日期：____________________　　　　抵港时间：____________________
Date of Arrival：______________　　　　Time of Arrival：______________

靠泊处：　　　　港口：
Berth：　　　　Port：

船舶名：
Ship's Name：____________________

完成指导书
Instructions for completion：

安全操作要求对单方或各方对所有的问题及相关声明予以重视和承担相关职责，在相应的框内标以记号（√）。如果任何一方不愿接受所分配职责，请务必在备注栏里加以注释，宜对先期的事项予以考虑以评估作业是否继续进行。
The safety of operations requires that all questions and relevant statements are considered and the associated responsibility for compliance are accepted, either jointly or singly by clearly ticking (√) the appropriate box. Where either party is not prepared to accept assigned accountability, a comment must be made in the 'remarks' column and due consideration should be given to assessing whether operations can proceed.

不适用于船方、终端或既定的操作特别的条款，应对此在备注栏里加以注明。
Where a particular item is considered not to be applicable to the ship, terminal or to the planned operation, a note to this effect should be entered in the 'remarks' column.

信息代码 Coding of Items

在"代码"栏中出现的字母 A、P、R 含义分别如下：
The presence of the letters A, P or R in the column entitled 'Code' indicates the following：

A 表示宜在检查表备注栏里对此项协议或程序进行确认或通过其他相互认可的形式进行交流。

A　('Agreement'). This indicates an agreement or procedure that should be identified in the 'remarks' column of the check-list or communicated in some other mutually acceptable form.

对有代码 P 的声明项做否定回答的情况表明：未经港务管理机关的书面许可，不宜执行此项作业。
P　('Permission'). In the case of a negative answer to the statements coded 'P', operations should not be conducted without written permission from the Port authority.

R 表示在不超过声明中约定的恰当的时间间隔内，需要定期复查的项目。

R ('Re-Check'). This indicates items to be re-checked at appropriate intervals not exceeding that agreed in the declaration.

联合声明宜在双方均已进行核查并接受其所指定的责任和义务后签署。

The joint declaration should not be signed until both parties have checked and accepted their assigned responsibilities and accountabilities.

A 部分：散装液体货船　常规外部检查

Part A: Bulk Liquid General　Physical Checks

散装液体货船 Bulk Liquid General	终端 Terminal	船舶 Ship	代码 Code	备注 Remarks
1. 船岸之间有安全通道。 There is safe access between the ship and shore.			R	
2. 船舶已安全系泊。 The ship is securely moored			R	
3. 协议的船岸通讯系统有效运作。 The agreed ship/shore communication system is operative.			A R	系统：System 备用系统： Backup System
4. 应急拖缆已恰当装配到位。 Emergency towing-off pennants are correctly rigged and positioned.			R	
5. 船上的灭火水龙带和消防设备就位并备妥随时可用。 The ship's fire hoses and fire-fighting equipment are positioned and ready for immediate use.			R	
6. 终端消防设备就位并备妥随时可用。 The terminal's fire fighting equipment is positioned and ready for immediate use.			R	
7. 船上货物、加油软管、管线、管汇状况良好、装配妥当并符合作业要求。 The ships cargo and bunker hoses, pipelines and manifolds are in good condition, properly rigged and appropriate for the service intended.				
8. 终端货物管线和管汇状况良好、装配妥当并符合作业要求。 The terminal's cargo pipelines and manifolds are in good condition, properly rigged and appropriate for the service intended				

散装液体货船 Bulk Liquid General	终端 Terminal	船舶 Ship	代码 Code	备注 Remarks
9. 货物转输系统充分隔离并排空，以便在连接前安全的打开管口盲法兰。 The cargo transfer system is sufficiently isolated and drained to allow safe removal of blank flanges prior to connection.				
10. 船上的排水孔以及节约装置塞紧，化霜水盘就到位并倒空。 Scuppers and save-alls on board are effectively plugged and drip trays are in position and empty.			R	
11. 临时移开的排水孔塞将须处于监控状态下。 Temporarily removed scupper plugs will be constantly monitored.			R	
12. 对岸上溢油污染和收集池采取有效的控制措施。 Shore spill containment and sumps are correctly managed.				
13. 船上的装卸管道和加油软管处于不用状态时，其接头妥善由盲法兰完全封上。 The ship's unused cargo and bunker connections are properly secured with blank flanges fully bolted.				
14. 终端的装卸管道处于不用状态时，其接头妥善由盲法兰完全封上。 The terminal's unused cargo connections are properly secured with blank flanges fully bolted.				
15. 所有货物，压舱物以及油舱盖板全部关闭。 All cargo, ballast and bunker tank lids are closed.				
16. 海底阀和舷外排出阀处于不用状态时，关闭并绑妥。 Sea and overboard discharge valves when not in use, are closed and visibly secured.				
17. 船上住处，储存室以及机舱所有外部的门，舱门及窗关闭，轮机舱排风口打开。 All external doors, ports and windows in the accommodation, stores and machinery spaces are closed. Engine room vents may be open.			R	
18. 船上设置应急防火方案指示图 The ships emergency fire control plans are located externally.				位置：Locations

B 部分:散装液体货船　常规口头确认

Part B:Bulk Liquid General　Verbal Verification

散装液体货船-常规口头确认 Bulk Liquid—General Verbal Verification	终端 Terminal	船 Ship	代码 Code	备注 Remarks
1. 船舶即将在自身动力牵引下运行。 The ships is ready to move under it's own power.			P R	
2. 有有效的加班值班表以保障足够的人员在甲板上值班并充分的监督船岸作业。 There is an efficient deck watch in attendance on board and adequate supervision of operations on the ship and terminal.			R	
3. 在船上和岸上有足够的人员来处理应对紧急事件。 There are sufficient personnel on board and ashore to deal with an emergency.			R	
4. 货物、油料、压舱物操作程序获得双方认可。 The procedures for cargo, bunker and ballast handling have been agreed.			A. R	
5. 船岸使用的事故信号和紧急关断程序已被说明并周知。 The emergency signal and shut down procedure to be used by the ship and shore have been explained and understood.			A	
6. 货物转输的物质安全数据表(MSDS)已被说明并周知。 Material Safety Data Sheets (MSDS) for the cargo transfer have been explained and understood.				
7. 货物中有毒物质的相关危害已被识别并周知。 The hazards associated with toxic substances in the cargo being handled have been identified and understood.				
8. 提供国际海岸消防接口。 An International Shore Fire connection has been provided.			R	
9. 将使用商定的船舱排风系统。 The agreed tank venting system will be used.			A R	方法:Method
10. 关闭操作的要求获得一致同意。 The requirements for closed operations have been agreed.			R	

散装液体货船-常规口头确认 Bulk Liquid—General Verbal Verification	终端 Terminal	船 Ship	代码 Code	备注 Remarks
11. 回气管线连接,其操作参数已获得一致认可。 Where a vapour return line is connected, operating parameters have been agreed.				
12. 如果配备了独立的高液位报警器,其可运作并经过测试。 Independent high level alarms, if fitted, are operational and have been tested.			A R	
13. 船岸连接处采取了足够的绝缘措施。 Adequate insulating means are in place in the ship/shore connection.			A R	
14. 岸上管线设置止回阀,或避免回流的操作程序已讨论。 Shore lines are fitted with a non-return valve, or procedures to avoid back filling have been discussed.			P R	
15. 吸烟室已经设定,并且吸烟要求已被接受。 Smoking rooms have been identified and smoking requirements are being observed.			A R	推荐的吸烟室 Nominated Smoking Rooms: ……………… ………………
16. 明火规定被接受。 Naked light regulations being observed.			A R	
17. 船/岸电话、移动电话和呼机使用要求被接受。 Ship/Shore telephones, mobile phones and pager requirements are being observed.			A R	
18. 手电筒为批准使用的类型。 Hand torches (flashlights) are of an approved type.				
19. 固定甚高频(VHF)/超高频(UHF)和自动识别系统(AIS)备在正确的模式下或处于关闭状态。 Fixed VHF/UHF transceivers and AIS equipment are on the correct power mode or switched off.				
20. 便携甚高频(VHF)/超高频(UHF)对讲机为批准使用的类型。 Portable VHF/UHF transceivers are of an approved type.				

散装液体货船-常规口头确认 Bulk Liquid—General Verbal Verification	终端 Terminal	船 Ship	代码 Code	备注 Remarks
21. 船上主要发射天线已接地，雷达系统关闭。 The ships main transmitter aerials are earthed and radars are switched off.				
22. 在危险区域内，便携式电器设备的电线被切断电源。 Electrical cables to portable electrical equipment within the hazardous area are disconnected from power.				
23. 窗式空调装置已断开。 Window type air conditioning units are disconnected.				
24. 船上住处保持正压，货物蒸汽允许进入的空调通风口关闭。 Positive pressure is being maintained within the accommodation, and air conditioning intakes, which may permit the entry of cargo vapours, are closed.				
25. 已采取措施确保泵房里有足够的机械通风。 Measures have been taken to ensure sufficient mechanical ventilation in the pumproom.			R	
26. 有紧急撤离的程序。 There is a provision for emergency escape.				
27. 可进行作业的最大风浪标准已经达成一致。 The maximum wind and swell criteria for operations have been agreed.			A	停止卸货： Stop Cargo @ 分离： Disconnect @ 离泊： Unberth @
28. 船上安全办公室和港口设施安全办公室已就安全协议达成一致。 Security protocols have been agreed between the Ship Security Officer and the Port Facility Security Officer.			A	
29. 适当的，就接受岸方提供氮气进行船上储罐的惰化、清洗或管线的吹扫的程序已达成一致。 Where appropriate, procedures have been agreed for receiving nitrogen supplied from the shore, either for inerting or purging ship's tanks or for line clearing.			AP	

C 部分:散装液化气　口头确认

Part C:Bulk Liquefied Gases　Verbal Verification

散装液化气 Bulk Liquefied Gases	终端 Terminal	船舶 Ship	代码 Code	备注 Remarks
1. 安全数据表能有效的为货物作业安全提供必要的数据。 Material Safety Data Sheets are available giving the necessary data for the safe handling of the cargo.				
2. 提供可用的生产厂家出具的货物抑制状态证明书。 A manufacturers inhibition certificate, where applicable, has been provided.			P	
3. 水喷淋系统已准备好,且随时可以使用。 The water spray system is ready for immediate use.			A	
4. 有足够相应的保护设备(包括自立式呼吸器)及防护服,随时可用。 There is sufficient suitable protective equipment (including self contained breathing apparatus) and protective clothing ready for immediate use.				
5. 货舱和内屏蔽空间已完全惰化或已按照要求充干燥空气。 Hold and inter-barrier spaces are properly inerted or filled with dry air as required.				
6. 所有的远程控制阀处于工作状态。 All remote control valves are in working order.				
7. 所需的卸船泵和压缩机处于正常状态,且船岸双方就最大工作压力达成一致。 The required cargo pumps and compressors are in good order, and the maximum working pressures have been agreed between the ship and shore.			A	
8. 再冷凝或汽化控制设备处于正常状态。 Re-liquefaction or boil-off control equipment is in good order.				
9. 气体探测设备已根据货物类型进行了相应安装、校准、测试和检查,处于正常状态。 The gas detection equipment has been properly set for the cargo, is calibrated, has been tested and inspected and is in good order.				
10. 货物测量和警报系统已正确设定,且状态良好。 Cargo system gauges and alarms are correctly set and in order.				

散装液化气 Bulk Liquefied Gases	终端 Terminal	船舶 Ship	代码 Code	备注 Remarks
11. 紧急关断系统已经过测试且工作正常。 Emergency shutdown systems have been tested and are working properly.				
12. 船岸双方相互告知紧急关断阀(ESD)、自动阀或类似设备的关断速度。 Ship and shore have informed each other of the closing rate of the ESD valves, automatic valves or similar devices.			A	船:Ship 岸:Shore
13. 船岸双方已相互交流了作业时货物处理的最大/最小温度/压力等信息。 Information has been exchanged between the ship and shore on the maximum/minimum temperatures/pressures of the cargo to be handled.			A	
14. 任何时候、任何货物作业进行时,货船被一直处于保护状态防止过量装填。 Cargo tanks are protected against inadvertent over-filling at all times while any cargo operations are in progress.				
15. 压缩机房要适当通风,电机房处于适当正压状态,警报系统工作正常。 The compressor room is properly ventilated, the electrical motor room is properly pressurised and the alarm system is working.				
16. 货舱压力释放阀正确设定,压力释放阀的设定值已标注并清晰可见。(设定值如下记录) Cargo tank relief valves are set correctly and actual relief valve settings are clearly and visibly displayed. (Record the settings below.)				

货舱安全阀设置

Cargo Tank Relief Valve Settings

1号舱 Tank No. 1		2号舱 Tank No. 2	
3号舱 Tank No. 3		4号舱 Tank No. 4	
5号舱 Tank No. 5		6号舱 Tank No. 6	
……		X号舱 Tank No. X	

联合声明
Declaration

我们，下面表中的签名者，已经对本安全检查表内的各个项目进行了检查，对涉及双方的项目也作了共同检查，并确信就我们目前的了解而言，我们所填写的内容是正确的。

We the undersigned have checked, where appropriate jointly, the items on this checklist and have satisfied ourselves that the entries we have made are correct to the best of our knowledge.

我们对需要进行必要复查的项目也已做好安排，并同意在不超过______个小时(不超过 6 小时)内对哪些“代码”栏(非数字填写)中标有“R”的项目进行间隔复查。

We have also made arrangements to carry out the repetitive checks as necessary and agreed that those items with the letter ‘R’ in the column ‘Code’ not supplemented by number in the check-list should be re-checked at intervals not exceeding ______ hours (not to exceed 6 hours).

船方/For Ship		岸方/For Shore	
姓名/Name:		姓名/Name:	
职务/Rank:		职务/Rank:	
签署/Signature		签署/Signature:	
日期/Date:	时间/Time:	日期/Date:	时间/Time:

复查记录

Record of Repetitive Checks

日期/Date				
时间/Time				
接收站首次检查/Initial for Terminal				
船方首次检查/Initial for Ship				

附　录　D
（资料性附录）
LNG 停输作业安全策略

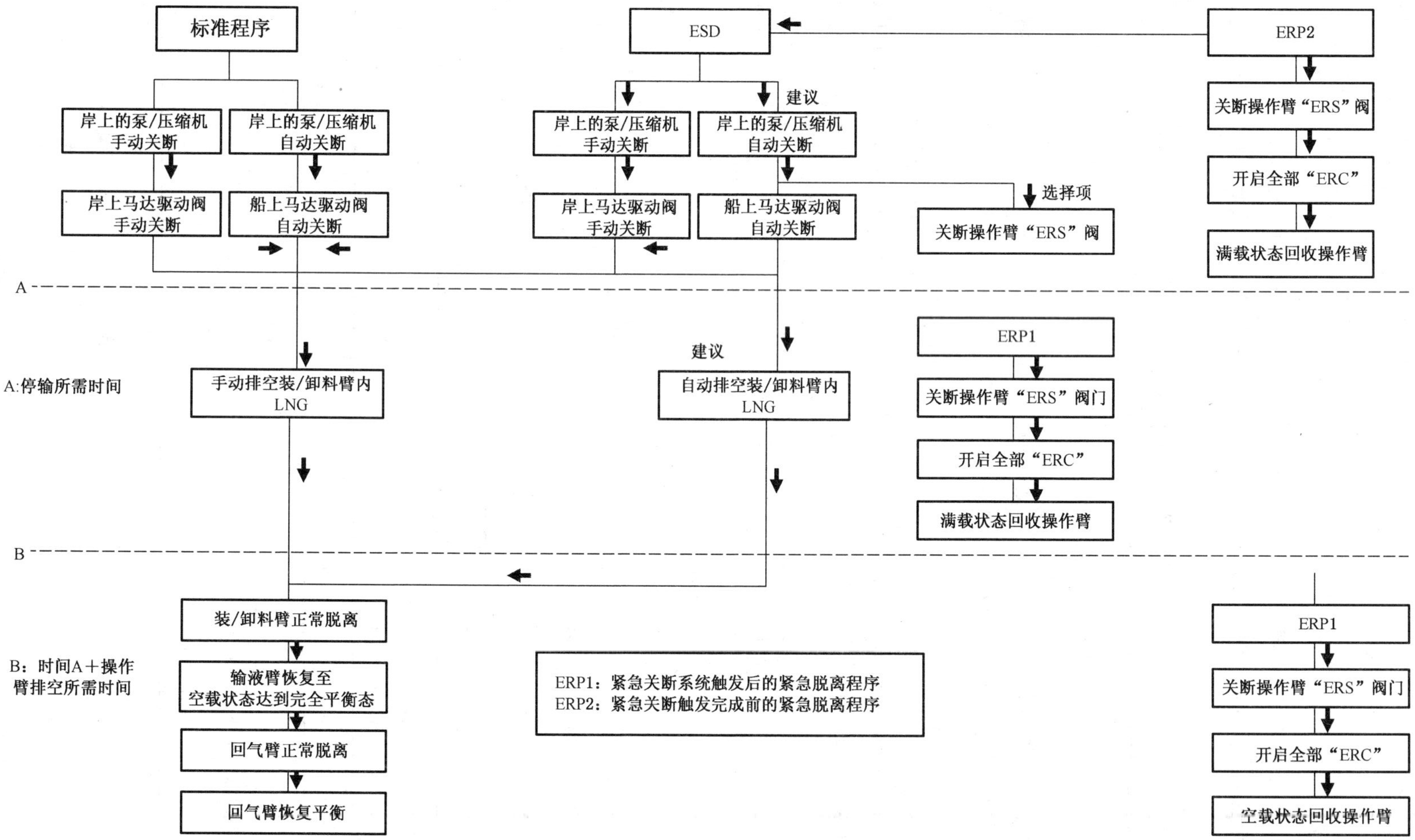

ICS 75.060
E 24

中华人民共和国国家标准

GB/T 24964—2010/ISO 13398:1997

冷冻轻烃流体 液化天然气船上贸易交接程序

Refrigerated light hydrocarbon fluids—Liquefied natural gas—Procedure for custody transfer on board ship

(ISO 13398:1997,IDT)

2010-08-09 发布 2010-12-01 实施

中华人民共和国国家质量监督检验检疫总局
中国国家标准化管理委员会 发布

前　言

本标准等同采用ISO 13398:1997第一版(英文版)《冷冻轻烃流体　液化天然气　船上贸易交接程序》。

本标准等同翻译ISO 13398:1997。

为便于使用,本标准还做了下列编辑性修改:

——用GB/T 13610《天然气的组成分析　气相色谱法》代替ISO 6568:1981《天然气　用气相色谱进行简单分析》,ISO 6568:1981已废止;

——用GB/T 20603《冷冻轻烃流体　液化天然气的取样　连续法》代替ISO 8943:1991《冷冻轻烃流体　液化天然气取样　连续法》;

——将第8章中的"采用连续取样方法时,参照ISO 8943进行LNG取样"改为:"采用连续取样方法时,按GB/T 20603执行";

——将第9章中的"LNG组成分析见ISO 6568"改为"LNG组成分析按GB/T 13610执行";

——用"本标准"代替"本国际标准";

——删除了ISO 13398:1997标准的前言,重新起草前言;

——用GB/T 1.1—2000中规范性引用文件的引导语代替ISO 13398:1997的引导语;

——增加了附录A中图A.1和图A.2的图题。

本标准的附录A为规范性附录,附录B为资料性附录。

本标准由全国天然气标准化技术委员会(SAC/TC 244)提出。

本标准由全国天然气标准化技术委员会(SAC/TC 244)归口。

本标准负责起草单位:中国石油西南油气田分公司天然气研究院。

本标准参加起草单位:中国石油西气东输管道公司南京计量测试中心、中国石油西南油气田公司计量检测中心、中国石油集团工程设计有限责任公司西南分公司和中国海油天然气及发电有限责任公司、大连LNG项目部。

本标准主要起草人:许文晓、罗勤、张福元、殷虹、黄黎明、常宏岗、文代龙、段继芹、赵静。

引　言

在 LNG 运输船上装卸 LNG 是通过连接船上和岸上储罐的卸料管线和蒸发气回流管线形成的闭式环路系统完成操作的。这就避免了将蒸发气放空到大气。另外,为了更方便地进行货物装卸作业,可能涉及两个或更多个岸上储罐。因此,通常是在 LNG 运输船上进行贸易交接,以确保更准确的体积测定。

冷冻轻烃流体　液化天然气
船上贸易交接程序

1　范围

本标准规定了在船上使用液位计、温度计和压力计测定船上储罐中的液位、液体或蒸气的温度和蒸气的压力进行液化天然气(LNG)贸易交接的方法。

2　规范性引用文件

下列文件中的条款通过本标准的引用而成为本标准的条款。凡是注日期的引用文件,其随后所有的修改单(不包括勘误的内容)或修订版均不适用于本标准,然而鼓励根据本标准达成协议的各方研究是否可使用这些文件的最新版本。凡是不注日期的引用文件,其最新版本适用于本标准。

GB/T 13610　天然气组成分析　气相色谱法

GB/T 20603　冷冻轻烃流体　液化天然气的取样　连续法(GB/T 20603—2006,ISO 8943:1991,IDT)

ISO 6578:1991　冷冻轻烃流体　静态测量　计算程序

ISO 8309　冷冻轻烃流体　液化气储罐内液位的测量　电容液位计

ISO 8310　冷冻轻烃流体　液化气储罐内温度的测量　电阻温度计和热电偶

ISO 8311:1989　冷冻轻烃流体　船上膜式储罐和独立棱柱形储罐的校准　物理测量

ISO 10574　冷冻轻烃流体　液化气储罐内液位的测量　浮子式液位计

3　术语和定义

下列术语和定义适用于本标准。

3.1

蒸发气　"boil-off"gas

BOG

在接近大气压力、低温条件下储存的 LNG 受热传递的影响,一部分会蒸发或气化,由此产生的蒸气。

3.2

结束贸易交接　closing custody transfer

LNG 分别在装货港装货和卸货港卸货之后进行的贸易交接。

3.3

贸易交接　custody transfer

对输入输出船上储罐 LNG 的液位、液相和气相温度、气相压力和组成进行测量,由此确定体积和其他数据,以作为结算的基础。

3.4

船上贸易交接系统　custody transfer system on board ship

由液位计、温度计和压力计构成的、用来测定以贸易交接为目的的船上储罐内货物液位、温度和压力的系统。

3.5

开始贸易交接　opening custody transfer

LNG 分别在装货港装货和卸货港卸货之前进行的贸易交接。

3.6

热校正系数　thermal correction factor

用来将船上储罐内任意温度下 LNG 的体积校正到参比温度下的体积的系数。

4　测量仪表

4.1　液位计

4.1.1　液位计数量

每个船上储罐应配备两套液位计,最好具有不同的测量原理,如:一个浮子式液位计和一个电容式液位计。

4.1.2　安装

液位计应安装在 LNG 晃动对其影响较小的位置;应对液位计进行校准,以指示从任何形状的船上储罐最低点到液位计之间的液体深度。液位计基准点的设置应尽可能的低,以方便在卸货港卸货后及在装货港装货前对液位进行测量。

4.2　温度传感器

4.2.1　温度传感器的数量

为了测定 LNG 液相和气相的温度,每个船上储罐应配备五支或更多温度传感器。为了应急使用,还应在温度传感器附近安装备用温度传感器。

4.2.2　安装

为了能够连续测定液相和气相的温度,应在储罐底部和顶部各安装一个温度传感器及备用传感器。其他温度传感器及备用传感器应在储罐底部和顶部之间等距离安装。

所有安装的温度传感器,在使用喷淋泵时不应受 LNG 喷雾的影响。

4.3　压力计

测量船上储罐中蒸气压力的压力计可以是由一个压力变送器和一个接收器构成的组合型,也可以是就地显示型。

4.3.1　压力计数量

每个船上储罐应配备一个压力变送器型或一个就地显示型压力计。

如果已有任何类型的压力计安装在蒸发气汇管上,也可以用于贸易交接。

4.3.2　安装

压力计应安装在蒸发气穹顶或蒸发气汇管上的适当位置,以准确测量储罐中的蒸气压力。

就地显示型或压力变送器型压力计应安装在合适的容器内,以防止海水直接溅到压力计上。

5　注意事项

本章概括了在装货港或卸货港停泊 LNG 运输船时,为了保证准确地进行贸易交接而应该注意的事项。

5.1　维护

为了在预期的准确度范围内履行贸易交接,应使贸易交接系统保持在良好的状态和条件下。

5.2　功能预测试

贸易交接开始之前,应通过合适的检测,如试运行,对贸易交接系统进行功能测试。

5.3　操作

贸易交接系统应由熟练的高级船员进行操作。

5.4 甚高频(VHF)无线电设备的使用

除非贸易交接系统的控制台有屏蔽保护,否则有受到电磁干扰的风险,这会导致该系统出现故障。在这种情况下,系统控制台处于操作状态时不应在其附近使用VHF无线电设备。

5.5 防止浮子式液位计出现故障

由于航行过程中浮标吊升到储罐顶部,在贸易交接开始前应将浮标降到液面位置使其处于热稳定状态,从而使其处于可使用状态。

5.6 贸易交接时的船舶条件

5.6.1 管线

5.6.1.1 装货或卸货时使用的输送管线在开始贸易交接和结束贸易交接时的容积应保持一致。

5.6.1.2 应打开连接蒸发气汇管的管线,使船上所有储罐中的蒸气压保持一致。

5.6.2 船上设施

贸易交接前,应关闭可能影响贸易交接结果的各种船上设施,如船上储罐中的喷淋泵、BOG压缩机等。

5.6.3 纵倾和横倾

执行贸易交接时,应保持船舶的纵倾和横倾不变。

6 贸易交接

6.1 方法

本章概括了使用电容式液位计或浮子式液位计进行贸易交接的方法。

在开始贸易交接和结束贸易交接时原则上推荐使用相同的方法。如果开始贸易交接时正常使用的液位计不起作用,则应启用备用液位计;结束贸易交接时,即使原正常使用的液位计已被校正,仍应使用备用液位计。

6.2 液位测量

在液位测量之前,确认连接蒸发器和岸上储罐的蒸发气管线已被关闭,用吃水线或其他合适的方法观测船头、船尾、左舷和右舷的吃水深度,检查船舶的纵倾和横倾以及是否需要纵倾和横倾校正。

6.2.1 电容式液位计

每个船上储罐内的液位应以合适的时间间隔至少测定五次,时间间隔已被编程到处理器,如果没有自动扫描程序,也可进行手动操作,具体按ISO 8309执行。

6.2.2 浮子式液位计

6.2.2.1 每个船上储罐内的液位应至少测定五次。具体按ISO 10574执行。

6.2.2.2 在装货港进行开始贸易交接和卸货港进行结束贸易交接时,船上储罐内的液位均应维持在高于浮子式液位计浮点的位置。

6.2.2.3 测定前,应将浮标向上摇至其上升的最高位置和上一次观察到的最大指示位置,确认浮子式液位计的功能正常。

6.2.3 校正液位的确定

纵倾和横倾校正表的计算程序见附录A。

6.2.3.1 当使用电容式液位计测量船上储罐内的液位时,使用纵倾校正和横倾校正的算术平均值来获得真实液位。

6.2.3.2 当使用浮子式液位计时,除了上述的校正之外,还应使用热校正系数对浮标牵引索收缩引起的测量误差进行校正。

如果被测LNG的液体密度与浮标浸入深度被调整时的液体密度不同,则应使用校正的浸入深度来校正由于浮标浸入深度改变而引起的测量误差,见A.6.1和A.6.2。

注:开始和结束贸易交接时装载的液体密度是未知的。临时测定真实液位时,可对密度进行统计估算,如果对估算的密度有疑义,则在对货运样品进行实验室分析确定密度之后对其进行校正。

6.3 温度测量

6.3.1 测量时间

液位测量之后应立即测量液体和蒸气的温度。

6.3.2 温度传感器的选择

具体按 ISO 8310 执行。

6.3.2.1 用浸没在 LNG 中的温度传感器测量液相温度。应计算船上所有储罐温度的算术平均值。

测定的是液相温度还是气相温度应根据船上储罐中液位和温度传感器高度之间的相对位置来判断。

6.3.2.2 用浸没在气相中的温度传感器测量蒸气温度。应计算船上所有储罐温度的算术平均值。

测定的是液相温度还是气相温度应根据船上储罐中液位和温度传感器高度之间的相对位置来判断。

测定蒸气温度时，如果测量值偏差不合理或与船上储罐内温度梯度相比差别太大，舍弃该温度，重新计算算术平均值。

6.3.2.3 如果用浮子式液位计测定船上储罐中的液位，应计算船上储罐内蒸气温度的算术平均值，为蒸气温度和浮子式液位计校准时的温度不同所引起的浮标牵引索热收缩提供校正值。

6.4 储罐压力测定

6.4.1 测定时间

温度测定完成后，应立即测量船上储罐的压力。

6.4.2 计算方法

如果单独测量每个船上储罐的压力，则应计算船上所有储罐压力的算术平均值。即使按 5.6.1.2 的规定执行，每个储罐的压力也不一定总是相同。

7 计算

本章规定了以体积、质量和发热量单位为基础的船上储罐装卸 LNG 量的计算方法。该方法的实施是以对有代表性的样品进行气相色谱分析而获得的 LNG 组成为基础。

7.1 按照储罐液位计量表，对观察液位进行必要的校正，以获得用毫米(mm)表示的校正液位。计算船上储罐内与前面提到的装货或卸货前后的校正液位相对应的 LNG 的体积，以立方米(m^3)为单位，保留三位小数。

如果船上储罐是固定和独立式的，且 LNG 温度不等于开始贸易交接和结束贸易交接时储罐液位计表指示的温度，则应将平均液体温度下的体积乘以热校正系数表中对应的系数，将以储罐液位计量表为基础计算的体积校正到真实温度下的体积。

以立方米(m^3)表示的 LNG 装卸体积是以开始和结束贸易交接的 LNG 的排出体积之差计算的。

7.2 应按 ISO 6578:1991 中的第 3、5、6、8 章和附录计算装卸的 LNG 发热量。

7.3 应按 ISO 6578:1991 中的附录计算装卸的 LNG 的密度。

7.4 应按 ISO 6578:1991 中的第 5、7 章和附录计算装卸的 LNG 的质量。

可采用式(1)进行简单计算：

$$m = \frac{Q}{Q_m} \qquad \cdots\cdots(1)$$

式中：

m——蒸气校正后产品转移的质量，单位为千克(kg)；

Q——蒸气校正后产品转移的总热量，单位为兆焦(MJ)；

Q_m——液体的质量高位发热量，单位为兆焦每千克(MJ/kg)。

8 取样

采用连续取样方法时，按 GB/T 20603 执行。

9 分析

LNG 组分分析按 GB/T 13610 执行。

附　录　A
（规范性附录）
校正表的计算程序

A.1　棱柱形储罐的纵倾校正

纵倾校正是用来将船舶处于纵倾状态时测定的观察液位校正到船舶处于水平吃水状态下的液位。校正是根据纵倾程度对观察液位值进行加减。该校正应根据水平吃水状态和纵倾状态之间的体积差进行计算，而不应简单的按纵倾方向上安装的液位计的几何形状来校正。

A.1.1　计算程序

A.1.1.1　在船舶处于水平吃水状态时，以 1 cm 液位为间隔，向罐内部分充填液体，并制作体积与液位之间的关系表。

A.1.1.2　在船舶处于纵倾状态时，按照相同的方法，以 1 cm 液位为间隔，向罐内部分充填液体，制作体积与液位之间的关系表。

A.1.1.3　在水平吃水表中以 0.1 m 液位为间隔，与纵倾表比较液体体积，确定相同体积时纵倾表中的液位。以毫米表示的液位之差即为校正值。

A.1.1.4　对于所有要求的纵倾状态，按上述方法重复进行体积比较，制作液位纵倾校正表。

A.2　棱柱形储罐的横倾校正

横倾校正是用来将船舶处于横倾状态时测定的观察液位校正到船舶处于垂直状态下的液位。校正是根据横倾程度对观察液位值进行加减。该校正应根据垂直状态和横倾状态之间的体积差进行计算，而不应简单的按横倾方向上安装的液位计的几何形状来校正。

A.2.1　计算程序

A.2.1.1　在船舶处于垂直状态时，以 1 cm 液位为间隔，向罐内部分充填液体，制作体积与液位之间的关系表。

A.2.1.2　在船舶处于横倾状态时，按照相同的方法，以 1 cm 液位为间隔，向罐内部分充填液体，制作体积与液位之间的关系表。

A.2.1.3　在垂直表中以 0.1 m 液位为间隔，与横倾表比较液体体积，确定相同体积时横倾表中的液位。以毫米表示的液位之差即为校正值。

A.2.1.4　对于所有要求的横倾状态，按上述方法重复进行体积比较，制作液位横倾校正表。

A.3　球形储罐的纵倾校正

A.3.1　计算程序

计算程序见图 A.1。

A.4　球形储罐的横倾校正

A.4.1　计算程序

计算程序见图 A.2。

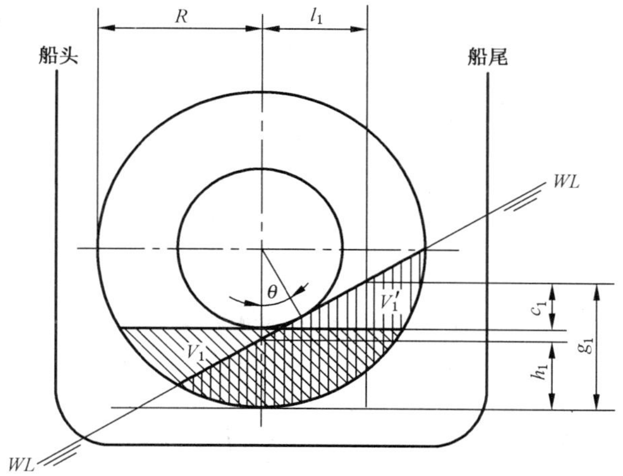

V_1　水平吃水状态下的液体体积,液位用(g_1-c_1)表示

V_1'　纵倾状态下的液体体积,液位用 g 表示

c_1　由船舶纵倾引起的观察液位校正值,可按式(A.1)计算:

$$c_1 = R-(R-h_1)\cos\theta - g_1 \quad \cdots\cdots\cdots\cdots (A.1)$$

式中:

c_1——校正值,单位为毫米(mm);

R——球形储罐的半径,单位为毫米(mm);

g_1——纵倾状态下的观测液位,单位为毫米(mm);

h_1——由($g_1-l_1\tan\theta$)获得的值;

l_1——储罐垂直轴和液位计之间的纵向距离,单位为毫米(mm)。

图 A.1　球形储罐的纵倾校正

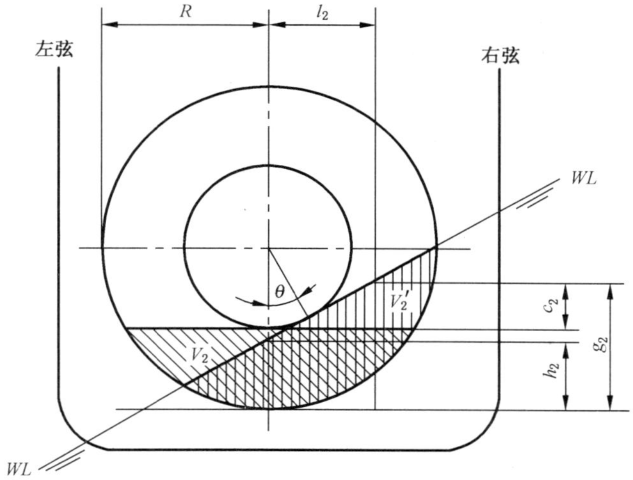

V_2　垂直状态下的液体体积,液位用(g_2-c_2)表示

V_2'　横倾状态下的液体体积,液位用 g_2 表示

c_2　由船舶横倾引起的观察液位的校正值,可按式(A.2)计算:

$$c_2 = R-(R-h_2)\cos\theta - g_2 \quad \cdots\cdots\cdots\cdots (A.2)$$

式中:

c_2——校正值,单位为毫米(mm);

R——球形储罐的半径,单位为毫米(mm);

g_2——横倾状态下的观测液位,单位为毫米(mm);

h_2——由($g_2-l_2\tan\theta$)获得的值;

l_2——储罐垂直轴和液位计之间的横向距离,单位为毫米(mm)。

图 A.2　球形储罐的横倾校正

A.5 罐壁膨胀和收缩校正

按 ISO 8311:1989 中的 7.7 和 8.5 进行校正。

A.6 浮子式液位计的校正

按 ISO 8311:1989 中的 8.6 进行校正。

A.6.1 浮标牵引索的热校正

在 20 ℃下校准悬挂浮标的牵引索。罐内的平均蒸气温度与该参比温度不同。校正值应在观察液位上进行加减。校正值既对牵引索的膨胀进行校正,也对储罐材料的膨胀进行校正。

按下式计算校正值,单位为毫米(mm):

$$c_3 = [\beta(t_1' - t') - \alpha(t_1' - t')](L - d) + \alpha(t_2 - t_0)L \quad \cdots\cdots\cdots\cdots\cdots\cdots (A.3)$$

式中:

c_3——校正值,单位为毫米(mm);

β——牵引索的线性膨胀系数,单位为每摄氏度(℃$^{-1}$);

α——储罐壳体的线性膨胀系数,单位为每摄氏度(℃$^{-1}$);

t_1'——液位计校准时的参比温度,单位为摄氏度(℃);

t'——储罐内蒸气的平均温度,单位为摄氏度(℃);

L——储罐内液位计的总长度,单位为毫米(mm);

d——液位,单位为毫米(mm);

t_2——制作储罐校正表时的参比温度,单位为摄氏度(℃);

t_0——储罐校准时的温度,单位为摄氏度(℃)。

注:校准隔膜式储罐时,α 可忽略不计。

A.6.2 浮子式液位计读数受液体密度影响的校正

LNG 的密度不同于浮标零位调整时使用的 LNG 的密度时,观察液位应加上或减去一校正值。

使用盘式浮标时,可用下式计算校正值,以毫米(mm)表示:

$$c_4 = V/A \times (\rho_1/\rho_2 - 1) \quad \cdots\cdots\cdots\cdots\cdots\cdots\cdots\cdots\cdots\cdots (A.4)$$

式中:

c_4——校正值,单位为毫米(mm);

V——在 ρ_1 时浮标的排液量,单位为立方毫米(mm^3);

A——浮标的截面面积,单位为平方毫米(mm^2);

ρ_1——零位调整时使用的参考密度,单位为千克每升(kg/L);

ρ_2——罐内 LNG 的密度,单位为千克每升(kg/L)。

附 录 B
（资料性附录）
安全注意事项

建议遵守下列注意事项。

B.1 从事贸易交接的全体船员和相关方应熟知天然气的特性。

B.2 离开货物控制室时，工作人员必须通过接触提供的金属装置来消除静电。

B.3 在危险区域使用防爆型手电筒。

B.4 为了将静电产生降低到最低程度，从事贸易交接的船员和相关方不应穿合成纤维制作的服装。

B.5 除以上几点，还应遵守油轮和终点站国际安全导则(ISGOTT)中规定的安全注意事项。

ICS 03.220.20
R 84

中华人民共和国国家标准

GB/T 24965.1—2010

交通警示灯
第1部分:通则

**Traffic warning lights—
Part 1:General rule**

2010-08-09 发布

2011-01-01 实施

中华人民共和国国家质量监督检验检疫总局
中国国家标准化管理委员会 发布

前　言

GB/T 24965《交通警示灯》分为四个部分：

——第1部分：通则；

——第2部分：黄色闪烁警示灯；

——第3部分：雾灯；

——第4部分：临时安全警示灯。

本部分为GB/T 24965的第1部分。

本部分由全国交通工程设施(公路)标准化技术委员会(SAC/TC 223)提出并归口。

本部分起草单位：交通部公路科学研究院、国家交通安全设施质量监督检验中心、北京中交华安科技有限公司。

本部分主要起草人：朱传征、张智勇、杨丰艳、杨勇、李洪琴、李伟、王晓。

交通警示灯
第1部分:通则

1 范围

GB/T 24965的本部分规定了交通警示灯的产品分类、通用技术要求、试验方法、检验规则、标志、包装、运输及贮存等。

本部分适用于具有交通警示作用的灯具。

2 规范性引用文件

下列文件中的条款通过GB/T 24965的本部分的引用而成为本部分的条款。凡是注日期的引用文件,其随后所有的修改单(不包括勘误的内容)或修订版均不适用于本部分,然而,鼓励根据本部分达成协议的各方研究是否可使用这些文件的最新版本。凡是不注日期的引用文件,其最新版本适用于本部分。

GB/T 191 包装储运图示标志(GB/T 191—2008,ISO 780:1997,MOD)

GB/T 2423.1 电工电子产品环境试验 第2部分:试验方法 试验A:低温(GB/T 2423.1—2008,IEC 60068-2-1:2007,IDT)

GB/T 2423.2 电工电子产品环境试验 第2部分:试验方法 试验B:高温(GB/T 2423.2—2008,IEC 60068-2-2:2007,IDT)

GB/T 2423.3 电工电子产品环境试验 第2部分:试验方法 试验Cab:恒定湿热试验(GB/T 2423.3—2006,IEC 60068-2-78:2001,IDT)

GB/T 2423.10 电工电子产品环境试验 第2部分:试验方法 试验Fc:振动(正弦)(GB/T 2423.10—2008,IEC 60068-2-6:1995,IDT)

GB/T 2423.17 电工电子产品环境试验 第2部分:试验方法 试验Ka:盐雾(GB/T 2423.17—2008,IEC 60068-2-11:1981,IDT)

GB/T 2423.22 电工电子产品环境试验 第2部分:试验方法 试验N:温度变化(GB/T 2423.22—2002,IEC 60068-2-14:1984,IDT)

GB 4208—2008 外壳防护等级(IP代码)(IEC 60529:2001,IDT)

GB/T 9535—1998 地面用晶体硅光伏组件设计鉴定和定型(eqv IEC 1215:1993)

GB/T 22040—2008 公路沿线设施塑料制品耐候性要求及测试方法

GB/T 24716—2009 公路沿线设施太阳能供电系统通用技术规范

3 分类

3.1 按功能分类

按交通警示灯的功能,可分为黄色闪烁警示灯、雾灯、临时安全警示灯和其他具有交通警示作用的灯具。

3.2 按供电方式分类

按交通警示灯的供电方式,可分为交流电网单相电源供电型、蓄电池供电和太阳电池充电型、干电池供电型及其他可以提供灯具正常工作的供电方式型。

4 通用技术要求

4.1 适用环境条件

4.1.1 安装环境：户外无气候防护。

4.1.2 相对湿度：不大于98%。

4.1.3 环境温度：

——A级：−5 ℃～+55 ℃；

——B级：−20 ℃～+55 ℃；

——C级：−40 ℃～+50 ℃；

——D级：−55 ℃～+45 ℃。

4.2 材料和外观

4.2.1 警示灯的外壳应采用金属或非金属材料，并经过密封防水处理。

4.2.2 警示灯构件应完整、装配牢固、结构稳定，边角过渡圆滑，无飞边、毛刺。

4.2.3 安装连接件应设置可调节灯具视认角度的机构，以便于安装施工；其活动零件应灵活、无卡滞现象，机壳及安装连接件应无明显变形、凹凸等缺陷。

4.2.4 外壳及连接件的防护层色泽应均匀，无划伤、裂痕、基体裸露等缺陷，其理化性能指标应符合相关标准的要求。

4.2.5 壳内元器件安装要求牢固端正、位置正确、部件齐全；出线孔开口合适、切口整齐，出线管与壳体连接密封良好；内部接线整齐，符合工艺和视觉美学要求。

4.2.6 警示灯光源类型宜选择发光二极管(LED)，以LED为发光单元的交通警示灯，其单粒LED在额定电流时的法向发光强度不小于6 000 mcd；半强角$\theta_{1/2}$不小于15°。LED的平均无故障时间(MTBF)不小于50 000 h，其他电子元器件的MTBF不小于30 000 h。

4.2.7 蓄电池供电和太阳电池充电型交通警示灯用太阳电池应符合GB/T 24716—2009中5.3的规定。

4.2.8 蓄电池供电和太阳电池充电型交通警示灯用蓄电池应符合GB/T 24716—2009中5.4的规定。

4.3 供电要求与安全

4.3.1 交流电网单相电源供电型交通警示灯

4.3.1.1 绝缘电阻

警示灯电源输入线缆端子与外壳的绝缘电阻应不小于100 MΩ。

4.3.1.2 电气强度

在警示灯电源输入线缆端子与外壳之间施加频率50 Hz、有效值1 500 V正弦交流电压，历时1 min，应无闪络或击穿现象。

4.3.1.3 安全接地

警示灯应设置安全保护接地端子，并与外壳可靠连接，接地端子与外壳的接触电阻应小于0.1 Ω。

4.3.1.4 电源适应性

警示灯应适应交流电网波动要求，在以下条件下应可靠工作：

——电压：交流220×(1±15%)V；

——频率：50×(1±4%)Hz。

4.3.1.5 短路保护

警示灯供电线路的相线应设置过电流保护装置，能切断可能流过的最大故障电流(包括短路电流)。

4.3.1.6 防雷与过电压保护

警示灯应采取必要的防雷电和过电压保护措施，采用的接口、元器件和防护措施应符合有关标准的要求。

4.3.1.7 内部布线

警示灯的内部布线应以适当的方式连接、支撑、夹持或固定,以防止:

a) 在导线上和端接处产生过应力;

b) 端接处松动;

c) 导线绝缘受到损伤。

如果警示灯的内部布线上使用套管作为附加绝缘,则应采用可靠的方法将套管固定在位。

4.3.1.8 与交流电网电源的连接

警示灯应具有能与电源作永久性连接的接线端子,以确保警示灯能安全可靠的与交流电网电源连接。

4.3.1.9 与交流电网电源的断接

如果警示灯使用时无外部断接装置,警示灯内部应设置一个或多个断接装置,以便维修时能与交流电网电源断接。断接装置应能同时断开两极,但当可以借助标识辨认电网电源中线时,也可以使用单极断接装置来断开相线。

4.3.2 蓄电池供电和太阳电池充电型交通警示灯

4.3.2.1 过充与过放保护

警示灯应设置过充与过放保护控制电路,并具备以下功能:

a) 控制电路应能够监测蓄电池的过充与过放状态;

b) 当蓄电池进入过充状态时,控制电路应立即自动断开太阳电池与蓄电池之间的充电回路或自动转为浮充状态;

c) 当蓄电池进入过放状态时,控制电路应自动断开负载;

d) 当蓄电池由过充状态或过放状态恢复正常时,控制电路应立即自动恢复充电或接通负载。

4.3.2.2 蓄电池保护

警示灯在设计上应保证在正常条件下、负载故障后和蓄电池组件故障后,能减少着火、爆炸和化学泄露的危险。

4.3.2.3 太阳电池和蓄电池的匹配性能

太阳电池和蓄电池应匹配良好,在 GB/T 9535—1998 规定的标准测试条件下放置 8 h,蓄电池应至少满足警示灯正常工作 72 h 的要求。

4.3.2.4 蓄电池和负载的匹配性能

蓄电池和负载应匹配良好,蓄电池的额定容量应至少满足警示灯正常工作 120 h 的要求。

4.3.2.5 太阳电池和蓄电池的耐久性

太阳电池的使用寿命应不小于 40 000 h,蓄电池在浮充电状态下的循环使用寿命应不小于2 000 次充放电。

4.3.3 干电池供电型交通警示灯

4.3.3.1 连续运行时间

干电池应保证警示灯正常使用不少于 7 d。

4.3.3.2 干电池更换

干电池更换时,如果极性接反可能导致灯具故障或电池损坏,则在设计上应减少极性接反的可能。

4.4 密封防护性能

警示灯的外壳防护等级按 GB 4208－2008 的规定应不低于 IP55 级。

4.5 环境适应性能

4.5.1 耐低温性能

警示灯正常工作时,在－5 ℃(－20 ℃、－40 ℃、－55 ℃)条件下,进行耐低温性能试验 8 h,试验期间和试验结束后,警示灯应工作正常。

4.5.2 耐高温性能

警示灯正常工作时，在+55 ℃(+50 ℃、+45 ℃)条件下，进行耐高温性能试验 8 h，试验期间和试验结束后，警示灯应工作正常。

4.5.3 耐湿热性能

警示灯正常工作时，在温度+40 ℃，相对湿度(98±2)%条件下，进行耐湿热性能试验 48 h，试验期间和试验结束后，警示灯应工作正常。

4.5.4 耐温度交变性能

将警示灯在正常工作状态下，放入温度交变试验箱中，在高温+70 ℃条件下保持 4 h，在 2 min 内转移到低温−40 ℃条件下保持 4 h，在 2 min 内再转移到高温+70 ℃条件下，如此共循环五次。试验期间和试验结束后，警示灯应工作正常；警示灯的结构件包括发光单元、印刷电路板、机架等不应产生变形和其他损伤。

4.5.5 耐机械振动性能

警示灯正常工作时，在振动频率 2 Hz～150 Hz 的范围内进行扫频试验。在 2 Hz～9 Hz 时按位移控制，位移峰峰值 7.5 mm；在 9 Hz～150 Hz 时按加速度控制，加速度为 10 m/s^2。2 Hz→9 Hz→150 Hz→9 Hz→2 Hz 为一个循环，共经历 20 个循环，警示灯应工作正常，结构不受影响，零部件无松动。

4.5.6 耐盐雾腐蚀性能

警示灯的外壳防腐层、印刷电路板、显示单元及支撑底板等部件，经过 168 h 的耐盐雾腐蚀性能试验后，应无明显锈蚀现象，金属构件应无锈点，电气部件应工作正常。

4.5.7 耐候性能

警示灯的外壳防腐层、面罩及支撑底板等部件，经过人工加速老化试验累积能量达到 3.5×10^6 kJ/m^2 后，应符合 GB/T 22040—2008 中 5.1 的规定。

5 试验方法

5.1 试验条件

5.1.1 对 LED 的光电性能试验条件如下：

——环境温度：(23±2)℃；

——相对湿度：(50±5)%。

5.1.2 其他项目，除特殊规定外，一般试验条件如下：

——环境温度：15 ℃～35 ℃；

——相对湿度：35%～75%；

——大气压力：85 kPa～106 kPa。

5.2 材料和外观

5.2.1 外观采用目测和手感法。

5.2.2 用示值误差不低于 5%的 LED 发光强度测试仪对 LED 的发光强度和半强角进行测量。

5.3 供电要求与安全试验

5.3.1 交流电网单相电源供电型交通警示灯

5.3.1.1 绝缘电阻

用精度 1.0 级、500 V 的兆欧表在电源接线端子与外壳之间测量。

5.3.1.2 电气强度

用精度 1.0 级的耐电压测试仪在电源接线端子与外壳之间测量。

5.3.1.3 安全接地

用精度 0.5 级、分辨力 0.01 Ω 的电阻表在外壳顶部金属部位与安全保护接地端子之间测量。

5.3.1.4 **电源适应性**

用可调交流电源给警示灯供电，保持测试频率为 50 Hz，测试电压分别为 185 V→200 V→220 V→240 V→255 V→230 V→210 V→185 V，每调整到一档电压并稳定后，都分别开启和关闭警示灯开关，检查是否工作正常；保持测试电压为 220 V，测试频率分别为 48 Hz→49 Hz→51 Hz→52 Hz，每调整到一档频率并稳定后，都分别开启和关闭警示灯开关，检查是否工作正常。

5.3.1.5 **短路保护**

通过模拟过载或短路故障条件进行检验。

5.3.1.6 **内部布线**

通过目测和手感法进行检验。

5.3.1.7 **与交流电网电源的连接**

通过目测和手感法进行检验。

5.3.1.8 **与交流电网电源的断接**

通过目测和必要时通过断接装置断开电源输入进行检验。

5.3.2 **蓄电池供电和太阳电池充电型交通警示灯**

5.3.2.1 **过充与过放保护**

按以下步骤进行试验：

a) 用直流电源替代蓄电池接到警示灯的电源输入端子上，模拟蓄电池的电压；

b) 调节直流电源的电压模拟蓄电池进入过充状态，控制电路应当立即断开充电回路或转为浮充状态；

c) 降低直流电源的电压模拟蓄电池恢复到正常状态，控制电路应能重新接通充电回路；

d) 调节直流电源的电压模拟蓄电池进入过放状态，控制电路应能自动断开负载；

e) 升高直流电源的电压模拟蓄电池恢复到正常状态，控制电路应能再次接通负载。

5.3.2.2 **太阳电池和蓄电池的匹配性能**

对警示灯蓄电池正常放电至控制电路自动断开负载状态，将警示灯在 GB/T 9535—1998 规定的标准测试条件下放置 8 h，断开控制电路的充电回路，72 h 后检查警示灯是否工作正常。

5.3.2.3 **蓄电池和负载的匹配性能**

对警示灯蓄电池正常充电至控制电路自动断开充电回路或转为浮充状态，断开控制电路的充电回路，120 h 后检查警示灯是否工作正常。

5.3.3 **干电池供电型交通警示灯**

干电池与负载的匹配性能试验：将警示灯正常开启，不更换电池的前提下，7 d 后检查警示灯是否工作正常。

5.4 **密封防护性能试验**

密封防护性能试验按 GB 4208—2008 中第 11 章、第 13 章、第 14 章的规定进行。

5.5 **环境适应性能试验**

5.5.1 耐低温性能试验按 GB/T 2423.1 的规定进行。

5.5.2 耐高温性能试验按 GB/T 2423.2 的规定进行。

5.5.3 耐湿热性能试验按 GB/T 2423.3 的规定进行。

5.5.4 耐温度交变性能试验按 GB/T 2423.22 中试验 Na 的规定进行。

5.5.5 耐机械振动性能试验按 GB/T 2423.10 的规定进行。

5.5.6 耐盐雾腐蚀性能试验按 GB/T 2423.17 的规定进行。

5.5.7 耐候性能试验按 GB/T 22040—2008 中 6.9 的规定进行。

6 检验规则

6.1 检验分类

交通警示灯的检验分为型式检验和出厂检验。

6.2 型式检验

6.2.1 产品通过型式检验合格后，才能批量生产。

6.2.2 产品的型式检验一般由国家法定的质量监督机构组织进行。

6.2.3 凡有下列情况之一时，应进行型式检验：

a) 新产品试制定型鉴定或老产品转厂生产；

b) 正式生产后，如结构、材料、工艺有较大改变，可能影响产品性能时；

c) 产品停产半年以上，恢复生产时；

d) 正常批量生产时，每年一次；

e) 国家质量监督机构提出要求时。

6.2.4 型式检验中，若出现不合格项目，则该次型式检验不合格。

6.3 出厂检验

产品出厂检验由产品生产企业质量检验部门按出厂检验的规定逐项进行检验，合格后签发合格证，方可出厂。

7 标志、包装、运输及贮存

7.1 标志

7.1.1 产品标志

产品标志可采用铭牌或直接喷刷、印字等形式，标志应清晰，其颜色要有益于识别且不易随自然环境的变化而褪色、脱落。产品标志上应注明：

a) 生产企业名称、地址及商标；

b) 产品名称及型号规格；

c) 供电方式及电源电压；

d) 功耗；

e) 质量；

f) 产品编号；

g) 制造日期。

7.1.2 包装标志

包装标志应符合 GB/T 191 的规定，应标有“易碎物品”、“向上”和“怕雨”等图案，还应在包装箱上印刷以下内容：

a) 生产企业名称、地址及商标；

b) 产品名称及型号规格；

c) 质量；

d) 外形尺寸；

e) 数量；

f) 包装储运图示标志；

g) 产品编号。

7.2 包装

7.2.1 产品的外包装箱宜选择瓦楞纸箱，内部宜用聚胺脂泡沫板和塑料泡沫等材料缓冲。包装应牢固可靠，能适应常用运输工具运送。

7.2.2　产品包装箱内应随带如下文件：

a）产品合格证；

b）产品使用说明书；

c）装箱单；

d）随机备用附件清单；

e）接线图、安装图、支撑架结构图；

f）其他有关技术资料。

7.3　运输

包装好的产品可用常规运输工具运输，运输过程应避免剧烈振动、雨雪淋袭、太阳久晒、接触腐蚀性气体及机械损伤。

7.4　贮存

产品应贮存于通风、干燥、无酸碱及腐蚀性气体的仓库中，周围应无强烈的机械振动及强磁场作用。

ICS 03.220.20
R 84

中华人民共和国国家标准

GB 24965.2—2010

交通警示灯
第2部分:黄色闪烁警示灯

Traffic warning lights—Part 2: Yellow flashing warning lights

2010-08-09 发布 2011-01-01 实施

中华人民共和国国家质量监督检验检疫总局
中国国家标准化管理委员会 发布

前　　言

本部分的 5.4、5.5、5.6 为强制性，其余为推荐性。

GB 24965《交通警示灯》分为四个部分：

——第 1 部分：通则；

——第 2 部分：黄色闪烁警示灯；

——第 3 部分：雾灯；

——第 4 部分：临时安全警示灯。

本部分为 GB 24965 的第 2 部分。

本部分由全国交通工程设施（公路）标准化技术委员会（SAC/TC 223）提出并归口。

本部分起草单位：交通部公路科学研究院、国家交通安全设施质量监督检验中心、北京中交华安科技有限公司。

本部分主要起草人：李洪琴、丁伟智、马志功、蒋海峰、王磊、崔晗晶、陈建。

交通警示灯
第2部分：黄色闪烁警示灯

1 范围

GB 24965的本部分规定了黄色闪烁警示灯的构成、分类与命名、技术要求、测试方法、检验规则和标志、包装、运输及贮存。

本部分适用于道路危险路段上设置的黄色闪烁警示灯。

2 规范性引用文件

下列文件中的条款通过GB 24965的本部分的引用而成为本部分的条款。凡是注日期的引用文件，其随后所有的修改单(不包括勘误的内容)或修订版均不适用于本部分，然而，鼓励根据本部分达成协议的各方研究是否可使用这些文件的最新版本。凡是不注日期的引用文件，其最新版本适用于本部分。

GB 4599—2007 汽车用灯丝灯泡前照灯(ECE R1:1998,NEQ)

GB 14887—2003 道路交通信号灯

GB/T 24965.1—2010 交通警示灯 第1部分:通则

3 术语和定义

下列术语和定义适用于本部分。

3.1

基准轴 geometric axis

垂直于出光面的水平投影面并通过出光面几何中心的一条直线。

[GB 14887—2003,定义3.2]

3.2

遮沿侧夹角 side inclination of visor

通过出光面中心的水平截面所截取遮沿的线段顶点与出光面中心连线的夹角。

3.3

遮沿 visor

安装在黄色闪烁警示灯发光单元外沿，用来减小由于外来光源对黄色闪烁警示灯光学效果的干扰，增加信号的明暗对比度和色彩饱和度的挡板。

3.4

黄色闪烁警示灯 yellow flashing warning lights

设置在道路危险路段，通过黄色闪烁的视觉刺激方式，警示驾驶人员，以保证交通安全的灯光信号装置。

4 构成和分类

4.1 构成

黄色闪烁警示灯由光源、控制部件、灯罩、遮沿、外壳和安装连接件等构成。

4.2 分类

4.2.1 按发光单元透光面尺寸可分为ϕ200 mm型、ϕ300 mm型和ϕ400 mm型。

4.2.2 按供电方式分类应符合GB/T 24965.1—2010中3.2的要求。

4.2.3 按光源类型分为发光二极管型、白炽灯型和其他光源型。

4.3 型号

产品型号表示如下：

□-HS-□-□

- 光源类型：1—— 发光二极管光源；2—— 白炽灯光源；3—— 其他光源
- 规格，有效透光面积尺寸单位为毫米(mm)
- 黄色闪烁警示灯
- 生产企业标志，一般用大写字母

5 技术要求

5.1 适用条件

应符合 GB/T 24965.1—2010 中 4.1 的要求。

5.2 材料和外观

应符合 GB/T 24965.1—2010 中 4.2 的要求。

5.3 遮沿要求

带有遮沿的黄色闪烁警示灯，其遮沿长度应不小于发光面透光尺寸的 1.25 倍，遮沿侧夹角应小于 80°，遮沿包角应不小于 270°。

5.4 光学性能

5.4.1 调光功能

根据环境照度，黄色闪烁警示灯应能进行白天和夜间二级自动调光。

5.4.2 光强

5.4.2.1 黄色闪烁警示灯二级调光状态时，在基准轴线上的光强应符合表 1 的规定。

表 1 黄色闪烁警示灯发光面在基准轴线上的光强

调光级别	光强/cd	
	I_{min}	I_{max}
白天	600	3 000
夜间	150	300

5.4.2.2 黄色闪烁警示灯光强分布应符合图 1 的规定。

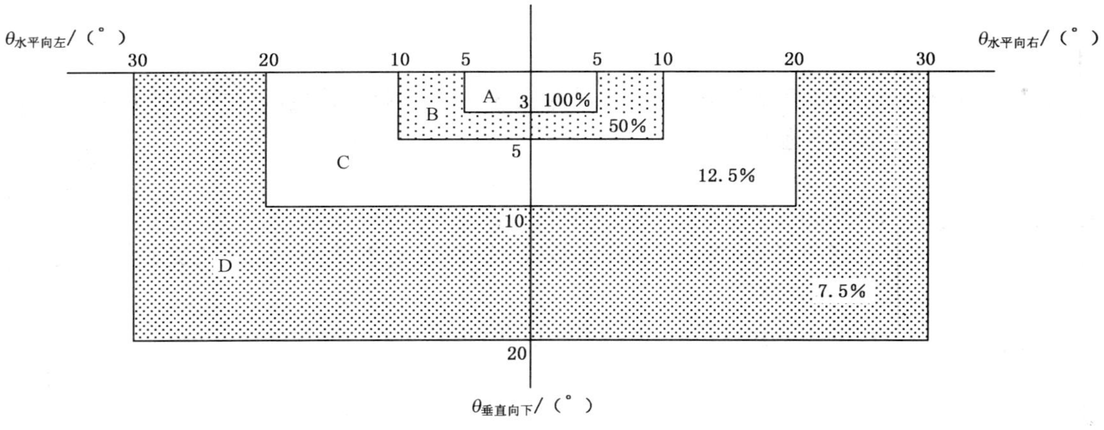

注 1：θ 表示以基准轴为中心分别向左、向右和向下偏移的角度，单位为度(°)。

注 2：A、B、C、D 表示以基准轴为中心，不同观测角的区域划分。

注 3：100%、50%、12.5%、7.5%表示所在区域内光强不得小于表 1 所规定的基准轴最小光强的百分数。

图 1 黄色闪烁警示灯光强分布图

5.4.3 色度性能

5.4.3.1 黄色闪烁警示灯应使用黄色，不应使用其他图案和文字。

5.4.3.2 黄色闪烁警示灯的色品坐标应在以表2中坐标点为顶点的四边形区域内，图2为色品坐标图。

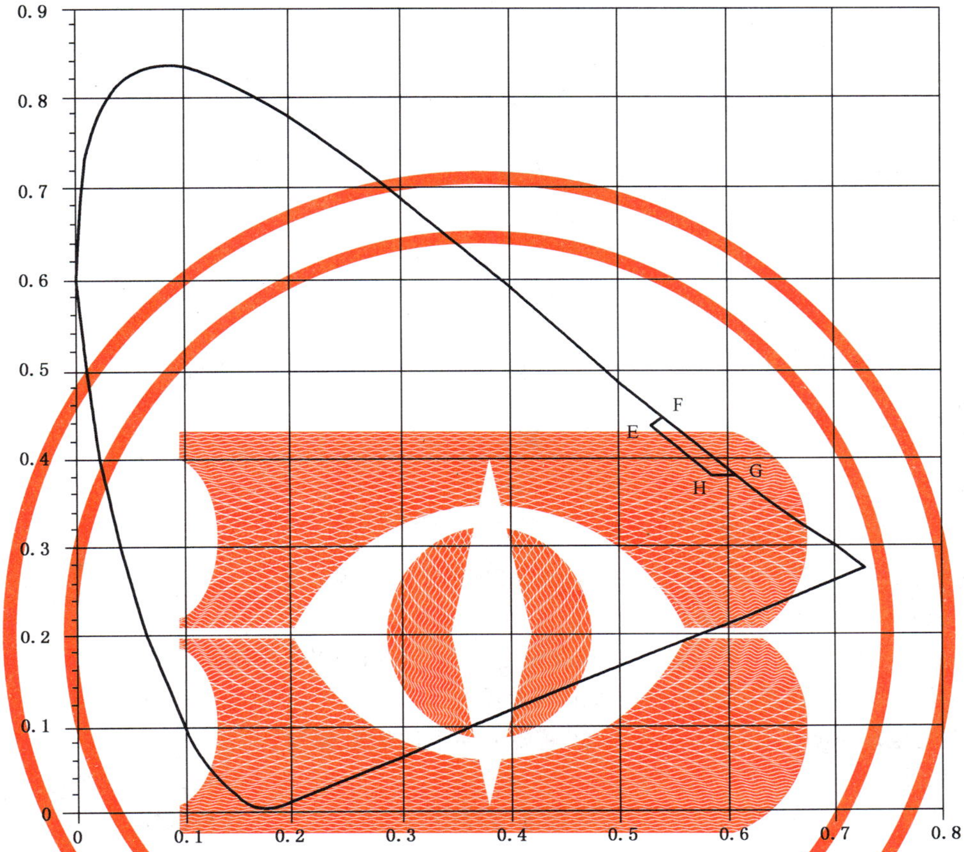

图2 黄色闪烁警示灯灯光颜色色品坐标图

表2 黄色闪烁警示灯灯光颜色边界线交点色品坐标

交叉点	色度坐标	
	x	y
E	0.536	0.444
F	0.547	0.452
G	0.613	0.387
H	0.593	0.387

5.5 动态视认性能

黄色闪烁警示灯的白天动态视认距离应不低于250 m；夜间动态视认距离应不低于500 m。

5.6 闪烁频率

黄色闪烁警示灯的闪烁频率应为(45±5)次/min，闪烁的亮暗时间比应为1∶1。

5.7 供电要求与安全

应符合GB/T 24965.1—2010中4.3的要求。

5.8 密封防护性能

应符合 GB/T 24965.1—2010 中 4.4 的要求。

5.9 环境适应性能

应符合 GB/T 24965.1—2010 中 4.5 的要求。

6 试验方法

6.1 试验条件

应符合 GB/T 24965.1—2010 中 5.1 的要求。

6.2 材料和外观

按 GB/T 24965.1—2010 中 5.2 的相关规定进行。

6.3 遮沿测量

按 GB 14887—2003 中 6.9 的相关规定进行。

6.4 光学性能

6.4.1 试样设置

进行光学性能测试时，将黄色闪烁警示灯试样设置为长亮状态，且不应安装任何遮沿。

6.4.2 调光功能

模拟白天和夜间照度环境，目测。

6.4.3 光强

光强测试的试验步骤如下所示：

a) 试验暗室，装置及设备应符合 GB 4599—2007 中 6.1 规定；
b) 测试距离应大于 7.5 m；
c) 测量仪器的受光面直径对试样的基准中心的张角介于 10′～1°之间；
d) 测量时，实际测量位置与规定位置的偏差不超过±15′；
e) 在额定电压下点亮试样 5 min 后，测量各方向上的发光强度。

6.4.4 色度性能

在符合 GB 4599—2007 中 6.1 规定的在标准暗室中，在额定电压下点亮试样 5 min 后，用色度测量仪器直接读取色品坐标，将测试结果表示在图 2 的色品坐标图上，检查其是否在规定的区域内。

6.5 动态视认性能

在车速(60±5)km/h、晴朗或多云天气、能见度大于 1 000 m 状态下目测。

6.6 闪烁频率

用频率计、示波器等仪器检测。

6.7 供电要求与安全

按 GB/T 24965.1—2010 中 5.3 的相关规定进行。

6.8 密封防护性能

按 GB/T 24965.1—2010 中 5.4 的相关规定进行。

6.9 环境适应性能

按 GB/T 24965.1—2010 中 5.5 的相关规定进行。

7 检验规则

7.1 型式检验

按 GB/T 24965.1—2010 中 6.2 的相关规定进行检验，检验项目见表 3。

7.2 出厂检验

按 GB/T 24965.1—2010 中 6.3 的相关规定进行检验，检验项目见表 3。

表 3 黄色闪烁警示灯检验项目

序号	项目名称	技术要求	试验方法	型式检验	出厂检验
1	材料和外观	5.2	6.2	√	√
2	遮沿要求	5.3	6.3	√	√
3	光学性能	5.4	6.4	√	√
4	动态视认性能	5.5	6.5	√	○
5	闪烁频率	5.6	6.6	√	√
6	供电要求与安全	5.7	6.7	√	√
7	密封防护性能	5.8	6.8	√	○
8	环境适应性能	5.9	6.9	√	○
注：√为检验项目，○为选做项目。					

8 标志、包装、运输及贮存

应符合 GB/T 24965.1—2010 中第 7 章的要求。

ICS 03.220.20
R 84

中华人民共和国国家标准

GB/T 24965.3—2010

交通警示灯
第3部分：雾灯

Traffic warning lights—Part 3:Foglight

2010-08-09 发布　　　　2011-01-01 实施

中华人民共和国国家质量监督检验检疫总局
中国国家标准化管理委员会　发布

前言

GB 24965《交通警示灯》分为四个部分：

——第 1 部分：通则；

——第 2 部分：黄色闪烁警示灯；

——第 3 部分：雾灯；

——第 4 部分：临时安全警示灯。

本部分为 GB 24965 的第 3 部分。

本部分由全国交通工程设施(公路)标准化技术委员会(SAC/TC 223)提出并归口。

本部分起草单位：交通部公路科学研究院、国家交通安全设施质量监督检验中心、公路交通安全实验室、北京中交华安科技有限公司。

本部分主要起草人：方正鹏、于江浩、王峣、张智勇、朱传征、李洪琴、孙岳。

交通警示灯
第3部分:雾灯

1 范围

GB 24965 的本部分规定了雾灯的分类、技术要求、试验方法、检验规则、标志、包装、运输及贮存。

本部分适用于具有交通警示、诱导作用的雾灯。

2 规范性引用文件

下列文件中的条款通过 GB 24965 的本部分的引用而成为本部分的条款。凡是注日期的引用文件,其随后所有的修改单(不包括勘误的内容)或修订版均不适用于本部分,然而,鼓励根据本部分达成协议的各方研究是否可使用这些文件的最新版本。凡是不注日期的引用文件,其最新版本适用于本部分。

GB 12708—1991 航标灯光信号颜色(eqv,IALA 建议:1977)

GB/T 24965.1—2010 交通警示灯 第1部分:通则

GB/T 24965.2—2010 交通警示灯 第2部分:黄色闪烁警示灯

3 术语和定义

下列术语和定义适用于本部分。

3.1

雾灯 foglight

安装在收费岛岛头或高速公路雾区两侧防护栏外等位置,用于雾天或其他异常天气条件下诱导驾驶员安全行驶的装置。

3.2

基准轴 geometric axis

垂直于雾灯出光面并通过出光面几何中心的一条直线。

[GB 14887—2003,定义3.2]

3.3

占空比 duty cycle

在一串理想的脉冲序列中,正脉冲的持续时间与脉冲总周期的比值,本部分指每次闪烁中雾灯点亮时间与闪烁总周期的比值。

4 分类

除满足 GB/T 24965.1—2010 中 3.2 的要求外。对于雾灯,还可按以下方法分类:

a) 按雾灯发光单元透光面尺寸分为 ϕ200 mm,ϕ300 mm;

b) 根据雾灯工作方式不同可分为:

   1) 闪烁频率与发光强度不可调式普通型雾灯;

   2) 闪烁频率与发光强度可调或自适应式节能型雾灯。

5 技术要求

5.1 适用条件

应符合 GB/T 24965.1—2010 中 4.1 的要求。

5.2 材料和外观

应符合 GB/T 24965.1—2010 中 4.2 的要求。

5.3 光学性能

5.3.1 光强

5.3.1.1 普通型雾灯

a) 雾灯在基准轴线上的光强应不小于 1 000 cd;

b) 雾灯光强分布应符合 GB 24965.2—2010 中 5.4.2.2 的要求。

5.3.1.2 节能型雾灯

a) 雾灯光强等级及基准轴线上的光强应满足表 1 要求;

b) 雾灯光强等级为"1"时,光强分布应符合 GB 24965.2—2010 中 5.4.2.2 的要求。

5.3.2 色度

雾灯的光色要求为穿透性能较好的黄色,色度性能应符合 GB 12708—1991 中 2.2.2、2.2.3 的要求。

5.4 闪烁频率

5.4.1 普通型雾灯

普通型雾灯闪烁频率应为:60 次/分~120 次/分,占空比为 1∶4~1∶2。

5.4.2 节能型雾灯

节能型雾灯闪烁频率可分为表 1 中几个等级。

表 1 节能型雾灯光强及闪烁频率

光强等级	基准轴光强/cd	能见度[a]/m	闪烁频率/(次/min)	占空比
1	≥1 000	≤50	150~180	1∶4~1∶2
2	700~800	≤100	120~150	
3	600~700	≤150	90~120	
4	500~600	≤200	60~90	
5	400~500	≤300	30~60	
6	—	≥300	常灭	

[a] 各"光强等级"给出参考能见度。

5.5 开关指示功能

雾灯应有开关指示功能,以标明雾灯的工作状态。

5.6 供电安全与要求

应符合 GB/T 24965.1—2010 中 4.3 的要求。

5.7 密封防护性能

应符合 GB/T 24965.1—2010 中 4.4 的要求。

5.8 环境适应性能

应符合 GB/T 24965.1—2010 中 4.5 的要求。

6 试验方法

6.1 试验条件

按 GB/T 24965.1—2010 中 5.1 的相关规定进行。

6.2 材料和外观

按 GB/T 24965.1—2010 中 5.2 的相关规定进行。

6.3 光学性能

6.3.1 光强

按 GB 24965.2—2010 中 6.4 的相关规定进行。

6.3.2 色度

按 GB 24965.2—2010 中 6.4 的相关规定进行。

6.4 闪烁频率

6.4.1 普通型雾灯

用频率计、示波器等仪器检测，也可采用秒表和目测进行。

6.4.2 节能型雾灯

用频率计、示波器等仪器检测，当闪烁频率较低时，也可采用秒表和目测进行。

6.5 开关指示功能

目视检查。

6.6 供电安全与要求

按 GB/T 24965.1—2010 中 5.3 的相关规定进行。

6.7 密封防护性能

按 GB/T 24965.1—2010 中 5.4 的相关规定进行。

6.8 环境适应性能

按 GB/T 24965.1—2010 中 5.5 的相关规定进行。

7 检验规则

7.1 型式检验

应符合 GB/T 24965.1—2010 中 6.2 的相关规定，型式检验的项目及顺序按表 2 规定。

表 2 雾灯检验项目

序号	项目名称	技术要求	试验方法	型式检验	出厂检验
1	材料和外观	5.2	6.2	√	√
2	光学性能	5.3	6.3	√	√
3	闪烁频率	5.4	6.4	√	○
4	开关指示功能	5.5	6.5	√	√
5	供电安全与要求	5.6	6.6	√	√
6	密封防护性能	5.7	6.7	√	○
7	环境适应性能	5.8	6.8	√	×
注：√为检验项目，×为不检验项目，○为选做项目。					

7.2 出厂检验

应符合 GB/T 24965.1—2010 中 6.3 的相关规定，出厂检验的项目及顺序按表 2 规定。

8 标志、包装、运输及贮存

应符合 GB/T 24965.1—2010 中第 7 章的相关规定。

参 考 文 献

[1] GB 14887—2003 道路交通信号灯.

ICS 03.220.20
R 84

中华人民共和国国家标准

GB/T 24965.4—2010

交通警示灯
第4部分:临时安全警示灯

Traffic warning lights—Part 4: Temporary safety warning lights

2010-08-09 发布

2011-01-01 实施

中华人民共和国国家质量监督检验检疫总局
中国国家标准化管理委员会
发布

前　言

GB/T 24965《交通警示灯》分为四个部分：

——第1部分：通则；

——第2部分：黄色闪烁警示灯；

——第3部分：雾灯；

——第4部分：临时安全警示灯。

本部分为GB/T 24965的第4部分。

本部分由全国交通工程设施(公路)标准化技术委员会(SAC/TC 223)提出并归口。

本部分起草单位：交通部公路科学研究院、国家交通安全设施质量监督检验中心、北京中交华安科技有限公司。

本部分主要起草人：刘玉新、丁伟智、王磊、郭俊、陈建、于江浩。

交通警示灯
第4部分：临时安全警示灯

1 范围

GB/T 24965 的本部分规定了临时安全警示灯的分类、技术要求、试验方法、检验规则、标志、包装、运输及贮存等。

本部分适用于道路交通使用的临时安全警示灯。

2 规范性引用文件

下列文件中的条款通过 GB/T 24965 的本部分的引用而成为本部分的条款。凡是注日期的引用文件，其随后所有的修改单（不包括勘误的内容）或修订版均不适用于本部分，然而，鼓励根据本部分达成协议的各方研究是否可使用这些文件的最新版本。凡是不注日期的引用文件，其最新版本适用于本部分。

GB 7000.11 可移式通用灯具安全要求（GB 7000.11—1999，idt IEC 60598-2-4：1997）

GB/T 8417—2003 灯光信号颜色

GB/T 24965.1—2010 交通警示灯 第1部分：通则

GB 24965.2—2010 交通警示灯 第2部分：黄色闪烁警示灯

3 术语和定义

下列术语和定义适用于本部分。

3.1

临时安全警示灯 temporary safety warning lights

临时设置在公路及城市道路的危险路段、现场作业区、临时交通管制区等区域，通过增强视觉刺激的方式，改善视认和辨识条件，用以警示注意交通安全的可移动的灯光信号装置。

3.2

动态视认距离 dynamic visibility distance

观察者（正常人，矫正视力1.0以上）在规定的气象条件下，当车速（60±5）km/h时，能看见发光体闪烁发光的最大距离。

3.3

基准轴 geometric axis

垂直于出光面的水平投影面并通过出光面几何中心的一条直线。

[GB 14887—2003，定义3.2]

4 产品分类与命名

除满足 GB/T 24965.1—2010 中 3.2 的要求外。对于临时安全警示灯，还可按以下方法分类：

a） 按临时安全警示灯的支撑形式，可分为吊挂型、绑扎型、吸附型和临时摆放型等；

b） 按临时安全警示灯的闪烁模式，可分为长亮型、频闪型和爆闪型等。

5 技术要求

5.1 适用环境条件

应符合 GB/T 24965.1—2010 中 4.1 的要求。

5.2 材料和外观

应符合 GB/T 24965.1—2010 中 4.2 的要求。对于临时安全警示灯，还应具有便于携带、易于现场安装的特点。

5.3 外形

5.3.1 单模块临时安全警示灯

单模块临时安全警示灯由红、黄、蓝等颜色的单个模块组成，在垂直面上的投影应为正多边形或圆形。

5.3.2 多模块临时安全警示灯

多模块临时安全警示灯由多个单颜色模块组成，可以横向或竖向排列，也可以在圆盘上以不同颜色的模块间隔排列。

5.4 光学性能

5.4.1 临时安全警示灯应具有白天和夜间两种工作模式，应能通过手动或自动方式对警示灯的发光强度进行调整。

5.4.2 临时安全警示灯白天在基准轴线上的表面发光强度应为 800 cd～2 000 cd，夜间在基准轴线上的表面发光强度应为 200 cd～500 cd。

5.4.3 临时安全警示灯的光强分布应符合 GB 24965.2—2010 中 5.4.2.2 的要求。

5.5 色度性能

警示灯的光色为红、黄、蓝三种颜色，按 GB/T 8417—2003 中的相关规定，色度性能应符合图 1 和表 1 的规定。

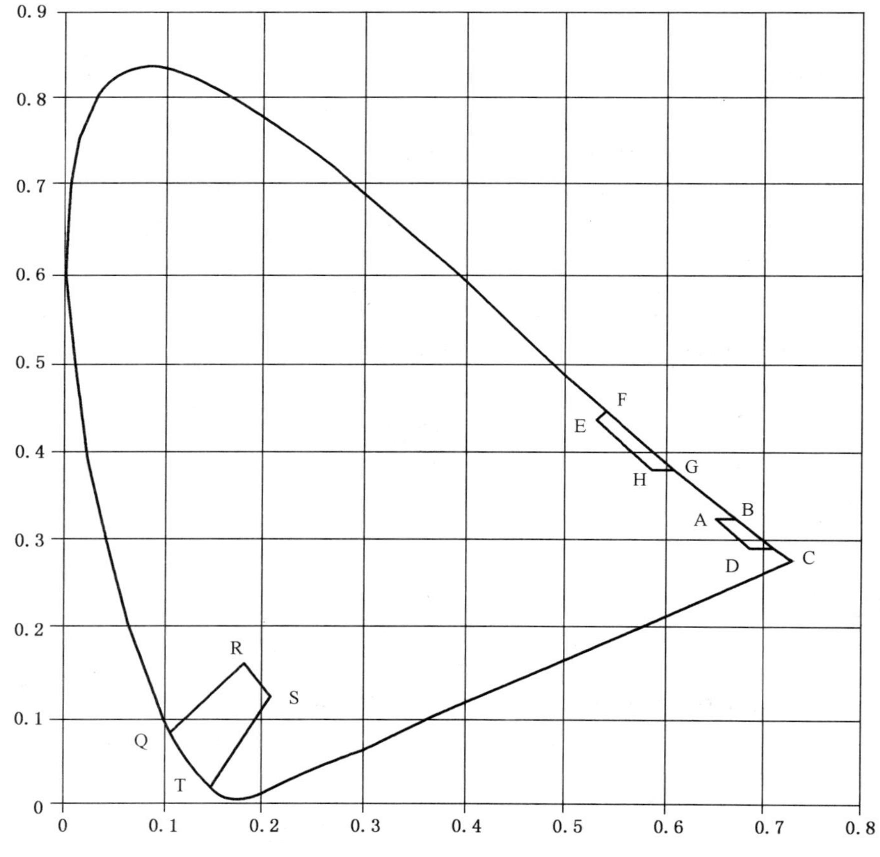

图 1 警示灯灯光颜色色品坐标图

表 1 警示灯灯光颜色边界线交点色品坐标

光色	交叉点	色度坐标	
		x	y
红色	A	0.660	0.320
	B	0.680	0.320
	C	0.710	0.290
	D	0.690	0.290
黄色	E	0.536	0.444
	F	0.547	0.452
	G	0.613	0.387
	H	0.593	0.387
蓝色	Q	0.109	0.080
	R	0.173	0.160
	S	0.208	0.125
	T	0.149	0.025

5.6 动态视认距离

晴朗的夜间，临时安全警示灯在额定电压下，动态视认距离应大于 300 m。

5.7 闪烁频率

临时安全警示灯的闪烁频率可分两个频段。第一频段的闪烁频率应为 40 次/min～80 次/min，第二频段的闪烁频率应为 200 次/min～300 次/min。在普通公路和城市道路上宜选用第一频段，在高速公路上宜选用第二频段。信号亮暗时间比应为 2：1～1：1。

5.8 开关功能

临时安全警示灯应有开关工作指示，以标明警示灯的工作状态。

5.9 供电要求与安全

应符合 GB/T 24965.1—2010 中 4.3 的要求。

5.10 密封防护性能

应符合 GB/T 24965.1—2010 中 4.4 的要求。

5.11 安装使用中的平稳性

临时摆放式安全警示灯底座的大小应与高度匹配，底座应进行配重处理。在安装使用过程中应具有足够的平稳度，不易倾倒。

5.12 环境适应性能

应符合 GB/T 24965.1—2010 中 4.5 的要求。

6 测试方法

6.1 测试条件

按 GB/T 24965.1—2010 中 5.1 的相关规定进行。

6.2 材料和外观

按 GB/T 24965.1—2010 中 5.2 的相关规定进行。

6.3 光学性能

6.3.1 分别模拟白天和夜间照度环境，对警示灯的调光功能进行测试。

6.3.2 按 GB 24965.2—2010 中 6.4.3 的相关规定对警示灯的发光强度进行测试。

6.4 色度性能

按 GB 24965.2—2010 中 6.4.4 的相关规定进行。

6.5 动态视认距离

按 GB 24965.2—2010 中 6.5 的相关规定进行。

6.6 闪烁频率

用频率计、示波器等仪器检测，当频率较低时可采用秒表和目测进行。

6.7 开关功能

操作临时安全警示灯的开关，目视检查警示灯的开关工作状态指示装置。

6.8 供电要求与安全

按 GB/T 24965.1—2010 中 5.3 的相关规定进行。

6.9 密封防护性能

按 GB/T 24965.1—2010 中 5.4 的相关规定进行。

6.10 安装使用中的平稳性

按 GB 7000.11 的相关规定，将警示灯以正常使用时最不利的位置置于一块平板上，平板与水平面成 6°夹角，置于此平板上的警示灯应不滑动。

6.11 环境适应性能

按 GB/T 24965.1—2010 中 5.5 的相关规定进行。

7 检验规则

7.1 型式检验

应符合 GB/T 24965.1—2010 中 6.2 的相关规定。型式检验的项目及顺序按表 2 规定。

7.2 出厂检验

应符合 GB/T 24965.1—2010 中 6.3 的相关规定。出厂检验的项目及顺序按表 2 规定。

表 2 临时安全警示灯检验项目

序号	项目名称	技术要求	试验方法	型式检验	出厂检验
1	材料和外观	5.2	6.2	√	√
2	光学性能	5.4	6.3	√	×
3	色度性能	5.5	6.4	√	√
4	视认性能	5.6	6.5	√	√
5	闪烁频率	5.7	6.6	√	√
6	开关功能	5.8	6.7	√	√
7	供电要求与安全	5.9	6.8	√	√
8	密封防护性能	5.10	6.9	√	×
9	安装使用中的平稳性	5.11	6.10	√	√
10	环境适应性能	5.12	6.11	√	×
注：√为检验项目，×为不检验项目。					

8 标志、包装、运输及贮存

应符合 GB/T 24965.1—2010 中第 7 章的相关规定。

参 考 文 献

[1] GB 14887—2003 道路交通信号灯.

ICS 03.220.20
R 84

GB

中华人民共和国国家标准

GB/T 24966—2010

车辆分离光栅

Vehicle separation grating

2010-08-09 发布 2010-12-01 实施

中华人民共和国国家质量监督检验检疫总局
中国国家标准化管理委员会 发布

前　言

本标准由全国交通工程设施(公路)标准化技术委员会(SAC/TC 223)提出并归口。

本标准起草单位:交通部公路科学研究院、国家交通安全设施质量监督检验中心、公路交通安全实验室、北京中交华安科技有限公司。

本标准主要起草人:孙岳、鲁燚、王蕊、张智勇、朱传征、方正鹏、王馨、任娟。

车辆分离光栅

1 范围

本标准规定了车辆分离光栅的型号、技术要求、试验方法、检验规则、标志、包装、运输与贮存等。

本标准适用于公路收费车道上的车辆分离光栅。

2 规范性引用文件

下列文件中的条款通过本标准的引用而成为本标准的条款。凡是注日期的引用文件,其随后所有的修改单(不包括勘误的内容)或修订版均不适用于本标准,然而,鼓励根据本标准达成协议的各方研究是否可使用这些文件的最新版本。凡是不注日期的引用文件,其最新版本适用于本标准。

GB/T 191 包装储运图示标志(GB/T 191—2008,ISO 780:1997,MOD)

GB/T 1958 产品几何量技术规范(GPS) 形状和位置公差 检测规定

GB/T 2423.1 电工电子产品环境试验 第2部分:试验方法 试验A:低温(GB/T 2423.1—2008,IEC 60068-2-1:2007,Environmental testing—Part 2-1:Tests—Test A:Cold,IDT)

GB/T 2423.2 电工电子产品环境试验 第2部分:试验方法 试验B:高温(GB/T 2423.2—2008,IEC 60068-2-2:2007,Environmental testing—Part 2-2:Tests—Test B:Dry heat,IDT)

GB/T 2423.3 电工电子产品环境试验 第2部分:试验方法 试验Cab:恒定湿热试验(GB/T 2423.3—2006,IEC 60068-2-78:2001,Environmental testing—Part 2-78:Tests—Test Cab:Damp heat,steady state,IDT)

GB/T 2423.10 电工电子产品环境试验 第2部分:试验方法 试验Fc:振动(正弦)(GB/T 2423.10—2008,IEC 60068-2-6:1995,IDT)

GB/T 2423.17 电工电子产品环境试验 第2部分:试验方法 试验Ka:盐雾(GB/T 2423.17—2008,IEC 60068-2-11:1981,Basic environmental testing procedures—Part 2:test Ka:Salt mist,IDT)

GB/T 2423.22 电工电子产品环境试验 第2部分:试验方法 试验N:温度变化(GB/T 2423.22—2002,IEC 60068-2-14:1984,Basic environmental testing procedures—Part 2:Tests—Test N:Change of temperature,IDT)

GB/T 3681 塑料大气暴露试验方法(GB/T 3681—2000,neq ISO 877:1994)

GB 4208 外壳防护等级(IP代码)(GB 4208—2008,IEC 60529:2001,IDT)

GB/T 5080.7 设备可靠性试验 恒定失效率假设下的平均无故障时间的验证试验方案(GB/T 5080.7—1986,eqv IEC 60605-7:1978)

GB/T 18226 高速公路交通工程钢构件防腐技术条件

GB/T 22040—2008 公路沿线设施塑料制品耐候性要求及测试方法

3 术语和定义

下列术语和定义适用于本标准。

3.1

车辆分离光栅 vehicle separation grating

车辆分离光栅由发射器和接收器组成,相向分置计重收费车道两旁,负责判断车辆是否完整通过车道。

3.2

分离判断正确率　separation judgment ratio

车辆通过车辆分离光栅后，系统输出的过车数量与实际全部过车数量的比率。

3.3

系统处理时间　system treatment time

自触发信号发出到系统给出识别结论为止的时间段。

4　组成及型号

4.1　组成

车辆分离光栅由发射端及接收端两部分组成。

4.2　分类

4.2.1　按功能分类

车辆分离光栅按其功能分为车辆分离型、车辆高度测量型、轴数识别型。

4.2.2　按供电电源分类

车辆分离光栅按其供电方式可分为直流电源型和交流电源型。

4.3　型号

车辆分离光栅的型号组成如下：

□ - CFG - □ - □ - □

- 设计序号
- 适用环境温度等级：分为 A、B、C
- 功能类别：F—— 车辆分离型；G—— 高度测量型；Z—— 轴数识别型
- 车辆分离光栅代号，拼音首写字母大写
- 企业名称代码

5　技术要求

5.1　环境条件

5.1.1　安装环境：户外固定安装。

5.1.2　温度范围：

——A 型：−20 ℃～+55 ℃；

——B 型：−40 ℃～+50 ℃；

——C 型：−55 ℃～+45 ℃。

5.1.3　相对湿度：不大于 98%。

5.1.4　大气压力：86 kPa～106 kPa。

5.2　外观

5.2.1　产品外观光洁、坚固无变形，不应有凹痕、划伤、裂缝；表面漆、镀层应光滑平整无气泡、龟裂和脱落；金属零件不应有毛刺、锈蚀及其他机械损伤。

5.2.2　车辆分离器保护外壳宜采用不锈钢、铝合金型材或镀锌钢板表面喷涂有机涂层，涂层厚度不小于 0.076 mm；保护外壳及连接件的防护层色泽均匀，无划伤、裂痕、机体裸露等缺陷。

5.2.3　保护外壳内的所有金属构件应采取防腐措施，并符合 GB/T 18226。

5.3 分离判断正确率

分离判断正确率：不小于99%。

5.4 最小分辨尺寸

车辆分离光栅的最小分辨尺寸不大于50 mm。

5.5 分离高度范围

车辆分离光栅最高层发射端发光管与接受端光电管的高度应不小于1 600 mm，最低一层发射端发光管与接受端光电管的高度应不大于400 mm。

5.6 高度测量误差

当系统具有车辆高度测量功能时，车辆高度测量误差不大于100 mm。

5.7 车轴识别精度

当系统具有车轴识别功能时，车轴识别精度不小于99%。

5.8 最大探测距离

发射端与接收端有效的最大探测距离不应小于8 000 mm。

5.9 系统功能要求

5.9.1 电加热玻璃

车辆分离光栅的玻璃采用自动电加热玻璃，具有温湿度控制，可有效的防凝露、结霜，自动电加热玻璃外表面温度不低于0 ℃。

5.9.2 故障报警

当玻璃窗上有污泥、过多灰尘、光电管故障等问题时，车辆分离器应可自动探测故障，同时输出报警信息，提醒尽快消除故障原因，在故障原因解除后，系统可自动回到正常工作状态。

5.9.3 安装与维护

接口与外部的连接应便于安装和维护，可通过车道计算机更改光栅参数设置。

5.9.4 通信接口

具有与上位机通信功能，通信接口的电气性能应符合相应标准的要求。

5.10 系统处理时间

自触发信号发出开始到系统给出识别结论为止总耗时不大于50 ms。

5.11 电气安全性能

5.11.1 交流电源型车辆分离光栅

5.11.1.1 电源适应性：在以下输入电压条件下，产品应可靠工作：

——电压：交流220×(1±15%)V；

——频率：50×(1±4%)Hz。

5.11.1.2 绝缘电阻

产品的电源接线端子与机壳的绝缘电阻应不小于100 MΩ。

5.11.1.3 介电强度

在产品的电源接线端子与机壳之间施加频率50 Hz、有效值1 500 V正弦交流电压，历时1 min，应无火花、飞弧和击穿现象。

5.11.1.4 接触电阻

产品应设安全保护接地端子，接地端子与机壳连接可靠，接地端子与机壳的接触电阻应小于0.1 Ω。

5.11.2 直流电源型车辆分离光栅

5.11.2.1 外置低压直流电源

产品采用外置低压直流电源设备供电时，外置低压直流电源设备应作为车辆分离光栅的附件，技术要求按5.11.1的规定执行。

5.11.2.2 直流输入电压

产品在直流输入电压允差不大于10%的条件下应可靠工作。

5.11.2.3 防雷与过电压保护

产品应采取防雷电和过电压保护措施，采用的接口、元器件和防护措施应符合有关标准的要求。

5.11.3 机箱防护等级

产品应采取防雨、防尘措施，产品内置光幕的防护等级按GB 4208的规定应不低于IP65，外壳的防护等级应不低于IP53。

5.12 环境适应性能

5.12.1 耐高温性能

在环境温度为+55 ℃(+50 ℃、+45 ℃)条件下，产品应启动正常，逻辑正确。

5.12.2 耐低温性能

在环境温度为−20 ℃(−40 ℃、−55 ℃)条件下，产品应启动正常，逻辑正确。

5.12.3 耐湿热性能

在环境温度为40 ℃±1 ℃、相对湿度98%±2%条件下，产品应启动正常，逻辑正确。

5.12.4 耐温度交变性能

产品应能耐受温度由−20 ℃～55 ℃变化的影响，在温度循环变化后，产品应起动正常，逻辑正确；产品的结构件等不应产生变形和其他损伤。

5.12.5 机械抗振性能

在通电状态下，在振动频率2 Hz～150 Hz的范围内进行扫频循环震动后，产品应功能正常，结构不受影响，零部件无松动。

5.12.6 耐盐雾腐蚀性能

产品的外壳防腐层及其支撑底板，应无明显锈蚀现象，金属构件应无红色锈点，消除反光的外涂材料不脱落。

5.12.7 耐候性能

在自然曝晒或人工加速老化后，产品的外壳防腐层、发光元件及其支撑底板外观应无明显老化现象，非金属材料的机械力学性能保留率应不小于90%。

5.13 可靠性

主体的平均故障间隔时间(MTBF)应满足：MTBF不小于30 000 h的要求。

6 试验方法

6.1 试验条件

一般在标准大气条件下进行试验：

a) 环境温度：15 ℃～35 ℃；

b) 相对湿度：25%～75%；

c) 大气压力：86 kPa～106 kPa。

6.2 外观

产品外观采用目测，涂层厚度用电子涂层测厚仪按平均法取样测量。

6.3 分离判断正确率

在户外按要求连接安装产品，加电运行，系统进入正常工作状态后，连续进行100次测试，车辆分离光栅识别结果与人眼识别结果进行比对，计算分离判断正确率 R。

6.4 最小分辨尺寸

用一个直径为50 mm的球形不透明标准件，以车辆分离光栅可识别的高、中、低三个高度区域每个高度任选一点，在该点位置以任意方向穿过识别区域。

6.5 分离判断高度

用精度为 0.5 mm 的卷尺测量发射管及接收管。

6.6 高度测量误差

在系统的量程内选取不同高度的车辆三辆，用精度为 0.5 mm 的米尺测量车辆的实际高度，测量方法按 GB/T 1958 进行，计算系统测量结果与车辆实际高度之间的误差。

6.7 车轴识别精度

在户外按要求连接安装产品，加电运行，系统进入正常工作状态后，连续测量 100 辆车，车型范围以覆盖各类客、货车为宜，将系统识别结果与实际结果进行比对，计算识别精度。

6.8 最大工作距离

将定发射端与接收端的工作距离设定为 8 000 mm，系统仍能正常工作。

6.9 系统功能要求

6.9.1 系统在正常工作状态以 1 ℃/min 的速度降温至－20 ℃(－40 ℃、－55 ℃)过程中，选取温度下降至 0 ℃、－10 ℃(－20 ℃、－28 ℃)、－20 ℃(－40 ℃、－55 ℃)3 个时间点，在车辆分离光栅电加热玻璃外表面任意选取三点，用红外测温仪测量其外表面温度。

6.9.2 用一个直径为 50 mm 的球形不透明标准件，在车辆分离光栅可识别的高度区域内任选一点，持续遮挡识别区域，持续时间按照产品设计文件技术要求或与业主协商。

6.9.3 为主观评定项目。

6.10 系统处理时间

装配系统，使系统处于常温室外环境中，与测试所使用的控制机连接。在控制器环境下编制测试软件，使用控制机控制触发的方式，控制车辆分离光栅进行车辆分离并记录时间。用来进行车辆分离的测试车辆停在系统识别范围内。

测试软件控制系统连续进行 100 次的触发识别，记录每次从触发系统到系统输出识别结果的时间。求 100 次试验的时间平均值 T_1 作为试验结果。

6.11 电气安全性能

6.11.1 交流型车辆分离光栅

6.11.1.1 电源适应性

用自耦变压器或可调交流电源给标志供电，测试电压分别为 180 V→200 V→220 V→240 V→255 V→230 V→210 V→180 V。每调整到一档电压并稳定后，都分别开启和关闭标志电源开关，检查逻辑和功能是否正常。

6.11.1.2 绝缘电阻

用精度 1.0 级、500 V 的兆欧表在电源接线端子与机壳之间测量。

6.11.1.3 介电强度

用精度 1.0 级的耐电压测试仪在接线端子与机壳之间测量。

6.11.1.4 接地电阻

用精度 0.5 级、分辨力 0.01 Ω 的电阻表在机壳顶部金属部位与安全保护接地端子之间测量。

6.11.2 直流电源型车辆分离光栅

6.11.2.1 直流输入电压

用直流电源给视频光端机供电，调节测试电压分别为额定输入电压的 90％和 110％，电压稳定后，都分别开启和关闭视频光端机，检查是否工作正常。

6.11.2.2 防雷与过电压保护

通过检查和必要时通过模拟过载或短路故障条件进行检验。

6.11.3 产品的防雨、防尘及安全防护，按 GB 4208 的试验方法进行。

6.12 环境适应性能

6.12.1 耐高温性能试验方法

按 GB/T 2423.2 的规定进行。试验 8 h。

6.12.2 耐低温性能试验方法

按 GB/T 2423.1 的规定进行。试验 8 h。

6.12.3 耐湿热性能试验方法

按 GB/T 2423.3 的规定进行。试验 48 h。

6.12.4 耐温度交变性能试验方法

按 GB/T 2423.22 试验中 Na 的规定进行。将整个产品(条件受限时可用代表产品质量特性的模块)在通电工作状态下放入温度交变试验箱中,在高温+55 ℃保持 2 h,在 2 min 内转移到低温−20 ℃保持 2 h,在 2 min 内再转移到高温,如此共循环五次。

6.12.5 机械抗振性能试验方法

按 GB/T 2423.10 的规定进行。产品通电工作时,在振动频率 2 Hz～150 Hz 的范围内进行扫频试验。在2 Hz～9 Hz 时按位移控制,位移 3.5 mm;在 9 Hz～150 Hz 时按加速度控制,加速度为 10 m/s^2。2 Hz→9 Hz→150 Hz→9 Hz→2 Hz 为一个循环,共 20 个循环。

6.12.6 耐盐雾腐蚀性能试验方法

按 GB/T 2423.17 的规定进行。试验 168 h。

6.12.7 耐候性能试验方法

可采用自然曝晒试验或人工加速老化试验方法。自然曝晒试验按照 GB/T 3681 的规定进行,试验时间为两年。人工加速老化试验按照 GB/T 22040—2008 中 6.9 的规定进行,试验累积能量达到 3.5×10^6 kJ/m^2。

6.13 可靠性

按 GB/T 5080.7 规定进行。

7 检验规则

7.1 一般规则

产品的检验分为型式检验和出厂检验,产品通过型式检验合格后,才能批量生产。

7.2 型式检验

7.2.1 产品的型式检验一般由国家法定的质量监督机构组织进行。

7.2.2 凡有下列情况之一时,应进行型式检验:

a) 新产品试制定型鉴定或老产品转厂生产;

b) 正式生产后,如结构、材料、工艺有较大改变,可能影响产品性能时;

c) 产品停产半年以上,恢复生产时;

d) 正常批量生产时,每年一次;

e) 国家质量监督机构提出要求时。

7.2.3 型式检验的样品应随机抽取一台产品。

7.2.4 型式检验的项目及顺序按表 1 规定执行。

7.2.5 型式检验中,电气安全性能不合格时,该次型式检验为不合格;若其他项目出现不合格,应在同一批产品中加倍抽取样品,对不合格项进行检验,若仍不合格,则该次型式检验不合格。

7.3 出厂检验

7.3.1 对于批量不大于三台的产品,由产品生产企业质量检验部门按表 1 规定,逐台进行检验,检验合格后签发合格证,方可出厂。

7.3.2 对于批量大于三台的产品,出厂检验的样品应从生产线终端随机抽取不少于 30%的样品,但不少于三台产品。若三台全部合格则整个检验批合格，签发合格证，允许出厂；若有一台不合格，则需对整个批进行逐台检验，剔除不合格品。

7.3.3　出厂检验中，若出现一项不合格，则对该批产品的该项目进行全部检验，剔除的不合格品允许返修，返修后重新对不合格项进行检验。

表 1　车辆分离光栅检验项目表

序号	试验项目	技术要求	试验方法	型式检验	出厂检验
1	外观	5.2	6.2	√	√
2	分离判断正确率	5.3	6.3	√	√
3	最小分辨尺寸	5.4	6.4	√	√
4	分离判断高度	5.5	6.5	√	√
5	高度测量误差	5.6	6.6	√	√
6	车轴识别精度	5.7	6.7	√	√
7	最大工作距离	5.8	6.8	√	√
8	电加热玻璃	5.9.1	6.9.1	√	√
9	故障报警	5.9.2	6.9.2	√	√
10	安装与维护	5.9.3	6.9.3	√	√
11	系统处理时间	5.10	6.10	√	○
12	电源适应性	5.11.1.1	6.11.1.1	√	○
13	绝缘电阻	5.11.1.2	6.11.1.2	√	√
14	介电强度	5.11.1.3	6.11.1.3	√	√
15	接触电阻	5.11.1.4	6.11.1.4	√	√
16	直流输入电压	5.11.2.2	6.11.2.1	√	√
17	防雷与过电压保护	5.11.2.3	6.11.2.2	√	√
18	外壳防护等级	5.11.3	6.11.3	√	√
19	耐高温性能	5.12.1	6.12.1	√	○
20	耐低温性能	5.12.2	6.12.2	√	○
21	耐湿热性能	5.12.3	6.12.3	√	○
22	耐温度交变性能	5.12.4	6.12.4	√	○
23	机械抗振性能	5.12.5	6.12.5	√	○
24	耐盐雾腐蚀性能	5.12.6	6.12.6	√	○
25	耐候性能	5.12.7	6.12.7	√	○
26	可靠性	5.13	6.13	√	○
注：√为进行检验的项目，○为不进行检验的项目。					

8　标志、包装、运输与贮存

8.1　标志

8.1.1　产品标志

产品标志可采用铭牌或直接喷刷、印字等形式，标志应清晰，易于识别且不易随自然环境的变化而褪色、脱落。产品标志上应注明以下内容：

a） 生产企业名称、地址及商标；

b） 产品名称、型号规格及产地；

c） 输入额定电压、频率；

d） 功耗；

e） 质量；

f） 产品编号；

g） 制造日期。

8.1.2 **包装标志**

产品包装标志应符合 GB/T 191 的有关规定，在外包装箱上应标有“注意防潮”、“小心轻放”、“易碎”、“防倾倒”等图案，在产品内包装箱上应印刷以下内容：

a） 生产企业名称、地址及商标；

b） 产品名称及型号规格；

c） 质量：×××kg；

d） 外形尺寸：长(mm)×宽(mm)×高(mm)；

e） 包装储运图示标志；

f） 本产品标准编号。

8.2 **包装**

8.2.1 产品包装由内外两部分组成，外包装箱宜用硬质材料，内部用防潮瓦楞纸箱加聚氨酯泡沫塑料或其他软性材料充填缓冲，包装应牢固可靠，能适应常用运输工具运送。

8.2.2 产品包装箱内应随带如下文件：

a） 产品合格证；

b） 产品使用说明书；

c） 装箱单；

d） 随机备用附件清单；

e） 接线图、安装图、支撑架结构图、基础设计示意图；

f） 其他有关技术资料。

8.3 **运输**

包装好的产品可用常规运输工具运输，运输过程应避免剧烈振动、雨雪淋袭、太阳曝晒、接触腐蚀性气体及机械损伤。

8.4 **贮存**

产品应贮存于通风、干燥、无酸碱及腐蚀性气体的仓库中，周围应无强烈的机械振动及强磁场作用。

ICS 03.220.20
R 86

中华人民共和国国家标准

GB/T 24967—2010

钢质护栏立柱埋深冲击弹性波检测仪

Impact elastic wave-based embedding depth measurement apparatus for steel guard rail post

2010-08-09 发布　　2010-12-01 实施

中华人民共和国国家质量监督检验检疫总局
中国国家标准化管理委员会　发布

前言

本标准附录 A 为规范性附录。

本标准由全国交通工程设施(公路)标准化技术委员会(SAC/TC 223)提出并归口。

本标准起草单位:交通部公路科学研究院、四川升拓检测技术有限责任公司、北京中交华安科技有限公司。

本标准主要起草人:张高强、吴佳晔、包左军、吴曾炜、王成虎、沈卓洋、吴玲涛、田北平、张建军。

钢质护栏立柱埋深冲击弹性波检测仪

1 范围

本标准规定了钢质护栏立柱埋深冲击弹性波检测仪的结构、技术要求、试验方法、检验规则及标志、包装、运输、贮存要求。

本标准适用于按照JTG/T D81—2006所设计及施工的钢质护栏立柱埋深的测试。其他类型钢质护栏立柱埋深检测可参照使用。

2 规范性引用文件

下列文件中的条款通过本标准的引用而成为本标准的条款。凡是注日期的引用文件,其随后所有的修改单(不包括勘误的内容)或修订版均不适用于本标准,然而,鼓励根据本标准达成协议的各方研究是否可使用这些文件的最新版本。凡是不注日期的引用文件,其最新版本适用于本标准。

GB/T 191 包装储运图示标志(GB/T 191—2008,ISO 780:1997,MOD)

GB/T 6388 运输包装收发货标志

GB/T 13384 机电产品包装通用技术条件

JJG 4—1999 钢卷尺检定规程

SJ 946 电子测量仪器电气、机械结构基本要求

JTG D30 公路路基设计规范

JTG/T D81—2006 公路交通安全设施设计细则

3 术语和定义

下列术语和定义适用于本标准。

3.1

钢质护栏立柱埋深冲击弹性波检测仪 impact elastic wave-based embedding depth measurement apparatus for steel guard rail post

通过测量冲击弹性波在钢质护栏立柱中的传播时间,计算出立柱总长,从而反算立柱埋深的检测仪器。

3.2

冲击弹性波 impact elastic wave

通过机械冲击在对象材料中产生的弹性波。本测试仪主要采用纵波波(也称P波,压缩波)。

3.3

加速度传感器 acceleration sensor

将测试对象的物理量加速度转换为电信号的装置。

本检测仪所用的是压电式加速度电荷传感器,是将加速度转换为微弱电荷信号的装置。

3.4

电荷灵敏度 dharge sensitivity

传感器在一个单位加速度(m/s^2 或 g)作用下产生的电荷量(pC)。

3.5

低噪声电缆 low noise cable

采用特殊结构的传送微弱电荷信号的电缆。

3.6

电荷放大器 charge amplifier

将传感器测得的微弱电荷信号放大,转换为电压信号输出的装置。

3.7

A/D 转换卡 A/D converter

将测试的模拟信号(电压信号)转换为数字信号的转换装置,也称模数转换卡。

3.8

自动激振装置 auto oscillator

发生冲击弹性波的激励装置,是产生符合要求的激振信号的装置。

3.9

激振控制器 oscillator controller

给自动激振装置提供激振电信号的电子装置,可以发出一个指定的电压脉冲。

3.10

频道 channel

测试信号的通道。

4 组成与分类

4.1 组成

钢质护栏立柱埋深冲击弹性波检测仪由检测仪本体和激振设备两部分组成,其中检测仪本体包括传感器、导线、模数转换、计算机等,激振设备包括自动激振装置和激振控制器等。

检测仪的结构见图 1。检测仪的电气、机械结构部分应符合 SJ 946 的规定。

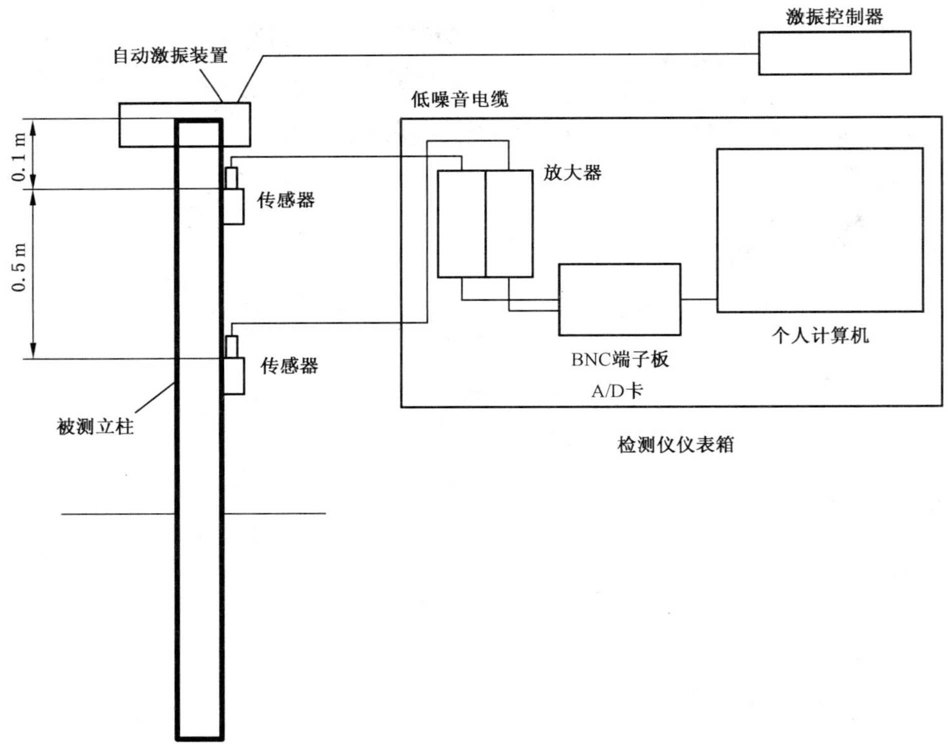

图 1 检测仪系统结构图

4.2 分类

钢质护栏立柱埋深冲击弹性波检测仪分为普通型和加强型两类，分别适用于不同的工作温度环境。

5 技术要求

5.1 检测仪整体要求

5.1.1 外观

5.1.1.1 表面喷漆，电镀层光洁，色泽及光泽一致，无人为缺陷痕迹。

5.1.1.2 商标、名称、型号及制造厂标志清晰，各开关旋钮调节自如，显示文字及图像应清晰，达到户外使用标准的要求。

5.1.1.3 外接导线及插头、插座应安全牢固，连接可靠，无松动现象。

5.1.2 工作条件(供电电压)

5.1.2.1 检测仪电源电压：应在 DC 5 V～12 V，可以由计算机 USB 接口供电，也可自带电源。

5.1.2.2 激振控制器供电电压：DC 12 V±10%或 DC 24 V±10%。

5.1.3 工作参数(弹性波速)

钢质立柱的弹性波速可通过实测标定。实测标定应当采用与柱长测试相同的测试方法。测试方法按照附录 A。

当无法进行实测标定时，弹性波中的 P 波波速可以取为 5.18 km/s。

5.1.4 性能要求

5.1.4.1 读测方式：程序自动判读，用波形及数字显示。

5.1.4.2 检测范围：0.7 m～5.0 m。

5.1.4.3 测量精确度如下：

a) 在钢质护栏立柱的弹性波波速经过事先标定的前提下，检测仪对未埋入地下的护栏立柱长度测试时，平均测量误差优于±1%或不大于±2 cm；

b) 在钢质护栏立柱的弹性波波速经过事先标定的前提下，检测仪对已埋入地下的护栏立柱埋深测试时，平均测量误差优于±4%或不大于±8 cm。

5.1.4.4 测试长度分辨力不低于 1 cm。

5.1.5 环境条件

检测仪正常工作环境条件宜为：

a) 环境温度：普通型为 0 ℃～40 ℃，加强型为－20 ℃～55 ℃；

b) 相对湿度：40 ℃时 30%RH～85%RH；

c) 大气压：85 kPa～105 kPa；

d) 空气中不含有腐蚀性气体、无强磁场、无较大振动和冲击。

5.2 部件性能要求

5.2.1 仪表箱

采用金属仪表箱，对箱内设备具有静电屏蔽防护能力。使用中仪表箱宜接地。

5.2.2 信号测试部分

信号测试部分性能要求如下：

a) 传感器性能宜满足表 1 的要求；

表 1 传感器性能

名　　称	电荷灵敏度	频率范围(±10%)	质量 (包括磁性卡座)
压电式加速度传感器	≥3.0 pC/g	1 kHz～10 kHz	≤20 g

b) 放大器性能宜满足表 2 的要求；

表 2 放大器性能

放大倍率	最大放大倍率大于 100 mV/pC，并可调
频率特性	0.2 Hz～10 kHz、+0.5 dB/−3 dB
滤波	要求有 BPF(带域滤波)或 LPF(低通滤波)

c) A/D 转换卡的性能要求见表 3；

表 3 A/D 转换卡的基本技术规格

输入通道	≥2
模拟量输入转换速度	不慢于 2 μsec/ch.
模拟量输入分辨率	≥16 bit

d) 低噪电缆：长度不小于 5 m；

e) 激振控制器宜有自动和手动控制切换装置，性能宜符合表 4 的要求；

表 4 激振控制器技术规格

输入电源	DC 12 V
输出信号大小	DC 12 V 的脉冲信号
输出信号脉冲宽度	大于 0.05 sec，可调

f) 自动激振装置应由固定支架、电磁发振装置、高频杂波及激振噪声抑制装置等部件组成，安装在立柱顶端，应能在激振后对柱顶保持一定的静态压力，以抑制激振的残留信号。

5.3 测试软件性能要求

检测仪所使用的测试软件的性能应符合表 5 的要求。

表 5 测试软件的性能要求

数据采集	自检功能	对仪器的基本状态能够自检
	采集数据量	能测试弹性波在立柱中五个来回的数据
	触发	予触发机能
	频道数	宜为两个
信号处理	降噪	消减激振时的残留振动信号 消减环境噪声(如交通振动等) 消减立柱与地面交界面处反射信号的影响
	反射信号的增强	对反射信号进行增强处理
	反射信号的抽出	客观地识别出反射信号，并能够提取反射信号的到达时刻
	频谱分析	具有频谱分析机能(如 FFT、MEM 等)
柱长分析	统计处理	进行重复测试，并对测试结果进行统计处理
	自动处理	自动得出测试结果、尽量降低人为误差

6 试验方法

6.1 试验环境

试验环境如下：

a) 湿度：不大于 75%RH；

b) 试验时周围应无影响检测仪正常工作的强烈电磁场干扰及机械振动；

c) 按JTG/T D81—2006中规定的路侧波形梁护栏立柱规格及埋设方式把立柱埋入土中。

6.2 外观测试

可以通过目测来进行。

6.3 技术条件测试

查看一起的相关技术文件及外购产品说明书与合格证。

6.4 性能测试

按照附录A的规定进行试验。

7 检验规则

7.1 出厂检验

7.1.1 检验项目

出厂检验项目见表6。

7.1.2 样本抽取

批量生产或连续生产的产品，出厂前进行全数检验。

7.1.3 合格判定

检验中，出现任一项不合格时，则判为不合格品。

7.1.4 结果的处理

对于不合格品可进行返修，返修后重新进行检验。

7.2 型式检验

7.2.1 有下列情况之一时，应进行型式试验：

a) 新研制的产品；

b) 当设计、工艺、材料等方面有重大变更时；

c) 停止生产满一年的产品再次生产时；

d) 国家质量监督机构提出进行型式检验的要求时。

7.2.2 检验项目

型式检验项目见表6。

表6 检验项目

序号	检验项目	技术要求	试验方法	出厂检验	型式检验
1	外观	5.1.1	6.2	++	++
2	工作电压	5.1.2	6.3	—	+
3	部件性能	表1、表2、表3	6.3	+	+
4	软件性能	5.3	6.3	—	+
5	性能测试	5.1.4	6.4	++	++

注：“++”表示应进行的检验项目，“+”表示宜进行的检验项目，“—”表示不检验的项目。

7.2.3 样本抽取

型式检验应从定型前指定产品中随机抽取一台样机进行。

7.2.4 合格判定

表6中规定的各项试验均合格，则判定型式检验合格。

8 标志、包装、运输和贮存

8.1 标志

8.1.1 检测仪组成部分应在其显著部位标明其型号、名称、生产厂家、出厂编号及日期等。

8.1.2 仪器外包装箱的标志应清楚，内容包括：

a) 仪器型号、名称、商标等标志；

b) 制造厂名；

c) 箱体尺寸(mm^3)：长×宽×高；

d) 箱体毛重(kg)；

e) 标有“精密仪器”、“请勿倒置”、“严禁碰撞”和“防潮防雨”等标志。

8.1.3 包装储运图和收发货标志按照 GB/T 191 和 GB/T 6388 的有关规定正确选用。

8.2 包装

检测仪的包装按 GB/T 13384 的有关规定执行。

8.3 运输

包装好的检测仪应能适应各种运输方式。

8.4 贮存

检测仪应能适应常温贮存环境条件，但应避免酸、碱等气体的腐蚀，避免强烈的机械振动和冲击。

附 录 A
（规范性附录）
公路护栏立柱埋深检测仪精度试验方法

A.1 试验准备

选取符合 JTG/T D81—2006 规定材质、壁厚、外径的护栏立柱三根，长度分别介于 0.7 m～1.4 m、1.4 m～2.8 m、2.8 m～5.0 m，用符合 JJG 4—1999 要求的钢卷尺测量柱长。并按 A.3 的检测步骤标定立柱的 P 波波速。

按 JTG/T D81—2006 施工要求埋入土中，土的压实度应满足 JTG D30 中有关要求。

A.2 试验次数

对每根立柱，应当在温度条件不同的上午、中午和下午进行三次试验。

A.3 试验步骤

试验步骤如下：

a) 检测仪的连接：按图 1 或使用检测仪的系统结构图连接检测仪和个人计算机。
b) 自动激振装置的安装：按照检测仪使用手册的说明将自动激振装置正确地安装在被测立柱的顶端，使激振装置的冲击头对准钢管立柱壁厚的中心线。
c) 传感器的安装：通过磁性卡座将传感器吸附在被测柱侧壁上。
d) 检测仪的开启：检测人员按照检测仪使用手册提供的方法开启放大器、激振控制器、计算机的电源并启动测试软件。
e) 检测仪的自检：利用测试软件的自检功能对测试仪器进行自检。
f) 设定：设置试验所需各参数并对环境噪声进行标定。
g) 激振准备：检测人员操纵激振控制器按键发出电脉冲信号，驱动自动激振装置发振，观察激振装置的冲击头冲击的力度是否正常和冲击的地方是否在钢管立柱壁厚的中心线上。
h) 数据采集准备：激振准备完成后，开启数据采集开关，准备激振。
i) 激振：操纵激振控制器按键使自动激振装置发振，并观察测得的波形是否正常。如波形有异常要寻找原因克服，直到测得正常波形。
j) 数据保存：对正常的波形进行保存。重复 h)～j) 步骤，以便测得多组数据。数据组数宜大于六组。

A.4 数据解析及误差分析

A.4.1 数据解析

使用检测仪所配置的解析软件，依检测仪使用手册相关步骤解析测试数据。对每次测试的各组数据的结果进行统计处理后得到立柱长度 L_{ij}。下标 i 为该立柱的编号，j 为测试的次数。

当立柱长度为已知时，可以反算立柱的弹性波速。

A.4.2 误差分析

将解析结果 L_{ij}，与被测立柱的实际总长度 L_{i0} 进行比较，其每次测试的测量误差率 δ_{ij} 按下式计算：

$$\delta_{ij}=\frac{|L_{ij}-L_{i0}|}{L_{i0}}\times 100\% \qquad \cdots\cdots\cdots\cdots(A.1)$$

每次测试的测量误差 ΔL_{ij} 则为：

$$\Delta L_{ij} = | L_{ij} - L_0 | \quad \cdots\cdots (A.2)$$

A.5 精度和分辨力

A.5.1 精度

对每根立柱，其测量误差率 δ_i 和测量误差 ΔL_i 分别取 δ_{ij} 和 ΔL_{ij} 的平均值，即

$$\delta_i = \frac{1}{N}\sum_{j=1}^{N}\delta_{ij} \quad \cdots\cdots (A.3)$$

$$\Delta L_i = \frac{1}{N}\sum_{j=1}^{N}\Delta L_{ij} \quad \cdots\cdots (A.4)$$

式中：

N——试验次数。

测量误差率 δ_i 和测量误差 ΔL_i 应符合 5.1.4.3 测量精确度的规定。

A.5.2 分辨力

分辨力 ε 按下式计算：

$$\varepsilon = \frac{V \cdot T_{SMP}}{2} \quad \cdots\cdots (A.5)$$

式中：

V——立柱材料的弹性波速，单位为米每秒(m/s)；

T_{SMP}——模拟量输入转换时间，单位为秒(s)。

对于钢质立柱，当模拟量输入转换时间不长于 2 μsec/ch. 时，其分辨力不低于 1 cm。因此，当采用满足表 3“A/D 转换卡的基本技术规格”的模数转换装置时，可以满足 5.1.4.4 关于分辨力要求。

ICS 03.220.20
R 84

中华人民共和国国家标准

GB/T 24968—2010

公路收费车道控制机

Toll lane controller of highway

2010-08-09 发布 2010-12-01 实施

中华人民共和国国家质量监督检验检疫总局
中国国家标准化管理委员会 发布

前言

本标准由全国交通工程设施(公路)标准化技术委员会(SAC/TC 223)提出并归口。

本标准起草单位:交通部公路科学研究院、国家交通安全设施质量监督检验中心、公路交通安全实验室、北京中交华安科技有限公司、广东新粤交通投资有限公司。

本标准主要起草人:方正鹏、王磊、葛涛、白冰、刘以建、陈建、丁伟智、王馨、龚柏岩、孙岳、夏创文、吕焰、彭正福。

公路收费车道控制机

1 范围

本标准规定了公路收费车道控制机的组成和型号、技术要求、试验方法、检验规则和标志、包装、运输及贮存等内容。

本标准适用于公路收费亭内收费车道控制机,其他道路参考使用。

2 规范性引用文件

下列文件中的条款通过本标准的引用而成为本标准的条款。凡是注日期的引用文件,其随后所有的修改单(不包括勘误的内容)或修订版均不适用于本标准,然而,鼓励根据本标准达成协议的各方研究是否可使用这些文件的最新版本。凡是不注日期的引用文件,其最新版本适用于本标准。

GB/T 191 包装储运图示标志(GB/T 191—2008,ISO 780:1997,MOD)

GB/T 2423.1 电工电子产品环境试验 第2部分:试验方法 试验A:低温(GB/T 2423.1—2008,IEC 60068-2-1:2007,IDT)

GB/T 2423.2 电工电子产品环境试验 第2部分:试验方法 试验B:高温(GB/T 2423.2—2008,IEC 60068-2-2:2007,IDT)

GB/T 2423.3 电工电子产品环境试验 第2部分:试验方法 试验Cab:恒定湿热试验(GB/T 2423.3—2006,IEC 60068-2-78:2001,IDT)

GB/T 2423.10 电工电子产品环境试验 第2部分:试验方法 试验FC:振动(正弦)(GB/T 2423.10—2008,IEC 60068-2-6:1995,IDT)

GB/T 2423.17 电工电子产品环境试验 第2部分:试验方法 试验Ka:盐雾(GB/T 2423.17—2008,IEC 60068-2-11:1981,IDT)

GB/T 3482—2008 电子设备雷击试验方法

GB 4208—2008 外壳防护等级(IP代码)(IEC 60529:2001,IDT)

GB/T 18226—2000 交通工程钢构件防腐(neq ASTM A428:1995)

3 术语和定义

下列术语和定义适用于本标准。

3.1

收费车道控制机 toll lane controller

安装在公路收费车道收费亭内,用来管理收费车道的各类外围设备。

4 组成和型号

4.1 组成

公路收费车道控制机主要由工业控制计算机、输入输出模块、配电模块和设备机箱等部分组成。

4.2 型号

公路收费车道控制机的型号由如下部分组成:

□-TLC-□-□

- 一位阿拉伯数字，表示设计序列号
- 环境适应等级，亭内型用“N”表示
- 收费车道控制机英文简写
- 生产企业标志，一般用大写字母

5 技术要求

5.1 适用条件

5.1.1 安装及使用环境：收费亭内。

5.1.2 环境温度：－5 ℃～＋55 ℃。

5.1.3 相对湿度：不大于 95％。

5.2 材料要求

5.2.1 控制机机箱外壳应由坚固材料制成，具有良好的抗振、耐腐蚀、防尘、防水溅、阻燃功能，且散热性能良好，坚固耐用。

5.2.2 主要部件应具有合格证或质量保证书。

5.3 外观质量

5.3.1 产品构件应完整、装配牢固、结构稳定，边角过渡圆滑，无飞边、毛刺。

5.3.2 箱体宜采用不锈钢或镀锌钢板表面喷涂有机涂层，涂层厚度不小于 0.076 mm；机箱及连接件的防护层色泽均匀，无划伤、裂痕、机体裸露等缺陷。

5.3.3 箱体内的所有金属构件应采取防腐措施，并符合 GB/T 18226—2000。

5.3.4 机箱设计应方便检查、维修和日常维护。机箱内的设备及部件安装应牢固端正、位置正确、部件齐全、整齐美观；箱体出线孔开口合适、切口整齐，出线管与箱体连接密封良好；箱体内接线整齐，回路编号清楚，走线横平竖直，符合工艺和视觉美观要求；箱锁应采用防水、防锈措施，箱门开闭灵活轻便，密封良好，箱体内外清洁。

5.3.5 散热降温：公路收费车道控制机应采取降温措施，采用风扇降温时，通风口应加过滤网。

5.4 功能要求

公路收费车道控制机应至少具有如下基本功能：

a) 按规定的收费流程控制收费亭内外车道设备，完成收费操作；
b) 采集原始操作数据和交通流数据；
c) 将收费数据及图像文件上传到收费站计算机系统，同时接收其下传的数据和管理指令；
d) 采集车道摄像机摄取的通行车辆的图像，并具有字符叠加功能（通过字符叠加设备实现），在车道图像上进行数据叠加并对图像进行压缩存储；
e) 为车道摄像机的视频图像提供必要信息，通过字符叠加设备叠加在视频图像上；
f) 在收费车道与收费站之间的通讯出现故障时，车道控制机能独立工作并存储不小于 40 d 的原始收费处理数据。在通信线路恢复后自动将存储的数据上传给上级计算机系统；
g) 在误操作和掉电等非正常情况下，收费处理数据不应被破坏；
h) 系统恢复应简单、易于操作；
i) 具有对所连接的外部设备的自检功能；
j) 能直观的显示车道设备的工作状况。

5.5 配置要求

5.5.1 工业控制计算机

采用符合工业标准的工业控制计算机，电磁兼容设计，低功耗，具有全面故障自我诊断能力及报警提示。主板的平均无故障时间(MTBF)不小于 30 000 h,平均修复时间(MTTR)不大于 0.5 h。

工业控制计算机最低配置应满足:

a) 一个标准以太网接口,速率为 10 M/100 Mbps 自适应或 100 Mbps;
b) 至少六个标准 RS-232C 串行和一个并行接口;
c) 两个以上标准的通用串行总线(USB)2.0 接口;
d) 标准的键盘接口与鼠标接口;
e) 足够的工业标准结构(ISA)和周边元件扩展接口(PCI)总线插槽,在满足基本模块的要求后,还至少留有一个 ISA 和两个 PCI 插槽;
f) 中央处理器(CPU)时钟频率大于 800 MHz;
g) 256 M 以上随机存取存储器(RAM)(可扩展);
h) 80 GB 以上硬盘,带有防震保护措施;
i) 64 M 以上显存;
j) 一块 16 位彩色/黑白图像采集卡(或独立的视频图像处理模块),捕获图像分辨率不应低于 756×288(单场),图像捕获速率不应低于 25 帧/s。图像处理速度:从接收到图像抓拍信号到抓拍完成的时间小于 0.1 ms。

5.5.2 输入输出模块

输入输出模块应配置:

a) 至少 16 路带隔离的数字 I/O 通道(八路输入,八路输出);
b) 至少四个带隔离保护的标准 RS-232C 串行接口;
c) 所有接口板和功能板应附有隔离保护措施;
d) 接口提供防误插、机械锁定功能;
e) 可控的四路交流输出:交流 220 V,3 A;直流输出:直流 12 V,3 A。

5.5.3 配电模块

配电模块应配置:

a) 车道控制机需对总电源、工控机及外设等各独立设备电源分别控制,并作抗干扰处理;
b) 开关电源输出:DC5 V,不小于 4 A;DC12 V,不小于 4 A;DC24 V,不小于 2 A;
c) 应有防雷装置;
d) 电源输入:交流电源 220(1±15%)V,50(1±4%)Hz;
e) 接口提供防误插、机械锁定功能。

5.6 电气安全性能

5.6.1 绝缘电阻:产品的电源接线端子与机壳的绝缘电阻应不小于 100 MΩ。

5.6.2 介电强度:在产品的电源接线端子与机壳之间施加频率 50 Hz、有效值 1 500 V 正弦交流电压,历时 1 min,应无火花、飞弧和击穿现象。

5.6.3 安全接地:产品应设安全保护接地端子,接地端子与机壳连接可靠,接地端子与机壳的接触电阻应小于 0.1 Ω。

5.6.4 在电压 220×(1±15%)V、频率 50×(1±4%)Hz 的电源条件下,系统应能正常工作。

5.6.5 产品的供电接口和通信接口应采取必要的防雷电和过电压保护措施。

5.6.6 产品应采取防雨、防尘措施,外壳的防护等级按 GB 4208—2008 的规定应不低于 IP55 级。

5.7 环境适应性能

5.7.1 耐低温存储性能:在−20 ℃条件下,试验 8 h,试验结束后,系统应工作正常。

5.7.2 耐低温工作性能:在−5 ℃条件下,试验 8 h,试验期间和试验结束后,系统应工作正常。

5.7.3 耐高温工作性能:在+55 ℃条件下,试验 8 h,试验期间和试验结束后,系统应工作正常。

5.7.4 耐湿热性能:在温度+40 ℃,相对湿度(95±2)%条件下,试验 48 h,试验期间和试验结束后,系统应工作正常。

5.7.5 耐机械振动性能:试验期间和试验结束后,设备功能正常,结构不受影响、零部件无松动。

5.7.6 耐盐雾腐蚀性能:产品的印刷电路板、支撑底板、金属外壳和门锁(其他部件由供需双方协定)经过 168 h 的试验后,应无明显锈蚀现象,金属构件应无红色锈点,印刷电路板经过 24 h 自然凉干后功能正常。

6 试验方法

6.1 试验条件

除特殊规定外,一般试验条件如下:

——环境温度:+15 ℃~+35 ℃;

——相对湿度:45%~75%;

——大气压力:86 kPa~106 kPa。

6.2 一般规定

除特殊规定,一般对可重复的客观测量项目进行三次测试,取算术平均值为测试结果。对于目测项目,测试人员应不少于三人,测试结果分为两级:合格、不合格。

6.3 材料检验

原材料和元器件的材质证明单应齐全有效,必要时可对原材料的主要性能指标(如物理化学性能)进行检验。

6.4 外观质量

用目测和手感法测试外观质量。

6.5 功能要求

连接显示器、键盘等计算机外围设备,接通电源打开工控机电源,连接模拟车道设备,运行车道测试软件,车道设备运行应正常。

6.6 配置检验

打开车道控制机箱门,核对车道控制机内安装的部件。

6.7 电气安全性

6.7.1 绝缘电阻:用精度 1.0 级、500 V 的兆欧表在电源接线端子与机壳之间测量。

6.7.2 介电强度:用精度 1.0 级的耐电压测试仪在电源接线端子与机壳之间测量。

6.7.3 安全接地:用精度 0.5 级、分辨力 0.01 Ω 的电阻表在机壳顶部金属部位与安全保护接地端子之间测量。

6.7.4 电源适应性

6.7.4.1 电源调压试验

用自耦变压器或可调交流电源对设备进行供电,测试电压分别为 185 V→200 V→220 V→240 V→255 V→230 V→210 V→185 V。每调整到一档电压并稳定后,都分别开启和关闭被测设备电源开关,检查设备逻辑和功能是否正常。

6.7.4.2 电源调频试验

频率波动试验:用变频交流电源对设备进行供电,电压恒定在 220 V,调整变频交流电源的输出频率分别为 48 Hz→49 Hz→51 Hz→52 Hz。每调整到一档稳定后,都分别开启和关闭被测设备电源开关,检查逻辑和功能是否正常。

6.7.5 产品的供电接口和通信接口防雷和过电压保护措施按 GB/T 3482—2008 的方法进行。

6.7.6 产品的防水、防尘及安全防护试验,按 GB 4028—2008 的方法进行。

6.8 环境适应性能

6.8.1 耐低温储存性能按 GB/T 2423.1 规定的试验方法进行。

6.8.2 耐低温工作性能按 GB/T 2423.1 规定的试验方法进行。

6.8.3 耐高温工作性能按 GB/T 2423.2 规定的试验方法进行。

6.8.4 耐湿热工作性能按 GB/T 2423.3 规定的试验方法进行。

6.8.5 耐机械振动性能按 GB/T 2423.10 规定的试验方法进行。设备通电工作时，在振动频率 2 Hz～150 Hz 的范围内进行扫频试验。在 2 Hz～9 Hz 时按振幅控制，振幅 3.5 mm；9 Hz～150 Hz 时按加速度控制，加速度为 10 m/s^2。2 Hz→9 Hz→150 Hz→9 Hz→2 Hz 为一个循环，共经历 20 个循环。

6.8.6 耐盐雾腐蚀性能按 GB/T 2423.17 规定的试验方法进行。

7 检验规则

7.1 一般规则

产品的检验分为型式检验和出厂检验，产品通过型式检验合格后，才能批量生产。

7.2 型式检验

7.2.1 产品的型式检验一般由国家法定的质量监督机构组织进行。

7.2.2 凡有下列情况之一时，应进行型式检验：

a） 新产品试制定型鉴定或老产品转厂生产；

b） 正式生产后，如结构、材料、工艺有较大改变，可能影响产品性能时；

c） 产品停产半年以上，恢复生产时；

d） 正常批量生产时，每年一次；

e） 国家质量监督机构提出要求时。

7.2.3 型式检验的样品应随机抽取一个完整的产品。

7.2.4 型式检验的项目及顺序按表 1 规定执行。

7.2.5 型式检验中，电气安全性能不合格时，该次型式检验为不合格；若其他项目出现不合格，应在同一批产品中加倍抽取样品，对不合格项进行检验，若仍不合格，则该次型式检验不合格。

7.3 出厂检验

7.3.1 对于批量不大于三个的产品，由产品生产企业质量检验部门按表 1 规定，逐台进行检验，检验合格后签发合格证，方可出厂。

7.3.2 对于批量大于三个的产品，出厂检验的样品应从生产线终端随机抽取不少于 30％的样品，但不少于三个完整的产品。若三个全部合格则整个检验批合格，签发合格证，允许出厂；若有一个不合格，则需对整个批进行逐台检验，剔除不合格品。

7.3.3 出厂检验中，若出现一项不合格，则对该批产品的该项目进行全部检验，剔除的不合格品允许返修，返修后重新对不合格项进行检验。

表 1 公路收费车道控制机检验规则

序号	项目名称	技术要求	试验方法	型式检验	出厂检验	备注
1	材料要求	5.2	6.3	√	√	
2	外观质量	5.3	6.4	√	√	
3	功能要求	5.4	6.5	√	√	
4	配置要求	5.5	6.6	√	√	
5	绝缘电阻	5.6.1	6.7.1	√	√	
6	介电强度	5.6.2	6.7.2	√	√	
7	安全接地	5.6.3	6.7.3	√	√	
8	电源适应性	5.6.4	6.7.4	√	√	

表 1（续）

序号	项目名称	技术要求	试验方法	型式检验	出厂检验	备注
9	防雷	5.6.5	6.7.5	√	√	
10	防护性能	5.6.6	6.7.6	√	√	
11	耐低温存储性能	5.7.1	6.8.1	√	×	
12	耐低温工作性能	5.7.2	6.8.2	√	×	
13	耐高温工作性能	5.7.3	6.8.3	√	×	
14	耐湿热工作性能	5.7.4	6.8.4	√	×	
15	耐机械振动试验	5.7.5	6.8.5	√	○	
16	耐盐雾腐蚀试验	5.7.6	6.8.6	√	×	
注：√为检验项目，×为不检验项目，○选做项目。						

8 标志、包装、运输与贮存

8.1 标志

8.1.1 产品标志

产品标志可采用铭牌或直接喷刷、印字等形式，标志应清晰，易于识别且不易随自然环境的变化而褪色、脱落。产品标志上应注明以下内容：

a) 生产企业名称、地址及商标；

b) 产品名称、型号规格及产地；

c) 输入额定电压、频率；

d) 功耗；

e) 质量；

f) 产品编号；

g) 制造日期。

8.1.2 包装标志

产品包装标志应符合 GB/T 191 的有关规定，在外包装箱上应标有“注意防潮”、“小心轻放”、“易碎”、“防倾倒”等图案，在产品内包装箱上应印刷以下内容：

a) 生产企业名称、地址及商标；

b) 产品名称及型号规格；

c) 质量：××× kg；

d) 外形尺寸：长(mm)×宽(mm)×高(mm)；

e) 包装储运图示标志；

f) 本产品标准编号。

8.2 包装

8.2.1 产品包装由内外两部分组成，外包装箱宜用硬质材料，内部用防潮瓦楞纸箱加聚氨酯泡沫塑料或其他软性材料充填缓冲，包装应牢固可靠，能适应常用运输工具运送。

8.2.2 产品包装箱内应随带如下文件：

a) 产品合格证；

b) 产品使用说明书；

c) 装箱单；

d) 随机备用附件清单；

e) 接线图、安装图、支撑架结构图、基础设计示意图；

f) 其他有关技术资料。

8.3 运输

包装好的产品可用常规运输工具运输，运输过程应避免剧烈振动、雨雪淋袭、太阳曝晒、接触腐蚀性气体及机械损伤。

8.4 贮存

产品应贮存于通风、干燥、无酸碱及腐蚀性气体的仓库中，周围应无强烈的机械振动及强磁场作用。

参 考 文 献

[1] 交通部2007年第35号公告《收费公路联网收费技术要求》.

ICS 03.220.20
R 10

中华人民共和国国家标准

GB/T 24969—2010

公路照明技术条件

Specification for highway lighting

2010-08-09 发布　　2010-12-01 实施

中华人民共和国国家质量监督检验检疫总局
中国国家标准化管理委员会　发布

前　言

本标准由全国交通工程设施(公路)标准化技术委员会(SAC/TC 223)提出并归口。

本标准起草单位:交通部公路科学研究院、国家交通安全设施质量监督检验中心、北京中交华安科技有限公司、上海三思科技有限公司。

本标准主要起草人:朱传征、杨勇、李伟、张璇、龚柏岩、杨丰艳、王鹰华。

公路照明技术条件

1 范围

本标准规定了公路照明质量要求、光源和灯具要求、照明布设要求、照明供电安全和控制要求、照明节能要求等。

本标准适用于设置照明的高速公路、一级公路和公路沿线特殊设施及场所，其他等级公路可参照使用。

本标准不适用于公路隧道照明。

2 规范性引用文件

下列文件中的条款通过本标准的引用而成为本标准的条款。凡是注日期的引用文件，其随后所有的修改单(不包括勘误的内容)或修订版均不适用于本标准，然而，鼓励根据本标准达成协议的各方研究是否可使用这些文件的最新版本。凡是不注日期的引用文件，其最新版本适用于本标准。

GB 4208—2008 外壳防护等级(IP 代码)(IEC 60529:2001,IDT)

GB 7000.1 灯具 第1部分:一般要求与试验(GB 7000.1—2007,IEC 60598-1:2003,IDT)

GB 7000.5 道路与街路照明灯具安全要求(GB 7000.5—2005,IEC 60598-2-3:2002,IDT)

GB/T 18226 高速公路交通工程钢构件防腐技术条件

GB 50057 建筑物防雷设计规范

3 术语和定义

下列术语和定义适用于本标准。

3.1

路面平均亮度 average road surface luminance

路面上的亮度平均值。

3.2

路面平均照度 average road surface illuminance

路面上的照度平均值。

3.3

路面亮度总均匀度 overall uniformity of road surface luminance

路面上最小亮度与平均亮度的比值。

3.4

路面亮度纵向均匀度 longitudinal uniformity of road surface luminance

车道中心线上路面最小亮度与最大亮度的比值。

3.5

路面照度总均匀度 uniformity of road surface illuminance

路面上最小照度与平均照度的比值。

3.6

阈值增量 threshold increment

眩光源引起失能眩光的度量。表示为存在眩光源时，为了达到同样看清物体的目的，在物体及其背景之间的亮度对比所需要增加的百分比。

3.7

环境比 surround ratio

车道外缘带状区域(一般为5 m宽)的平均照度与相邻的车道内缘带状区域(一般为5 m宽)的平均照度之比。

3.8

维护系数 maintenance factor

照明装置在使用一定周期后,在规定表面上的平均照度或平均亮度与该装置在相同条件下新装时在规定表面上所得到的平均照度或平均亮度之比。

3.9

维持值 maintained level

由于灯具和光源的维护因素导致照明性能降低后的量值。

3.10

高杆照明 high mast lighting

一组灯具安装在高度为20 m及其以上的灯杆上进行大面积照明的方式。

3.11

中杆(半高杆)照明 semi-high mast lighting

一组灯具安装在高度为小于20 m,但不小于15 m的灯杆上进行大面积照明的方式。

3.12

低杆照明 low mast lighting

将灯具安装在高度为小于15 m的灯杆上进行照明的方式。

3.13

照明功率密度 lighting power density

单位路面面积上的照明安装功率。

4 分类

按照路面材料不同,可将公路照明分为沥青混凝土路面照明和水泥混凝土路面照明。

5 照明质量

5.1 照明质量评价指标

公路照明质量评价指标包括路面平均亮度或平均照度、路面亮度均匀度或照度均匀度、眩光限制、环境比和视觉诱导性。

5.2 照明等级

公路照明等级可按适用条件分为一级和二级,见表1。

表1 公路照明等级

公路照明等级	适用条件
一级	车流密度较大或/和视距条件较差或/和公路自身条件复杂的照明路段
二级	车流密度适中、视距条件良好、公路自身条件良好的照明路段

5.3 照明质量要求

5.3.1 公路照明应具有良好的视觉诱导性。

5.3.2 公路照明质量应符合表2的要求。

表 2 公路照明质量要求

公路照明等级	亮度要求			照度要求		眩光限制阈值增量 TI/%	环境比 SR
	平均亮度 L_{av}/(cd/m^2)	总均匀度 U_o	纵向均匀度 U_l	平均照度 E_{av}/lx	总均匀度 U_o(E)		
	最小维持值	最小值	最小值	最小维持值	最小值	最大初始值	最小值
一级	2.0	0.4	0.7	30	0.4	10	0.5
二级	1.5	0.4	0.6	20	0.4	10	0.5

注 1：表中所列数值仅适用于干燥路面。
注 2：照度要求仅适用于沥青混凝土路面，水泥混凝土路面照度要求可相应降低不超过 30%。
注 3：公路照明的维护系数可按 0.70 确定。
注 4：公路照明质量宜优先符合亮度要求。
注 5：公路照明测量方法参见 GB/T 5700—2008。

5.3.3 公路交会区和公路沿线特殊设施及场所照明质量应符合表 3 的要求。

表 3 公路交会区和公路沿线特殊设施及场所照明质量要求

照明区域		照度要求		眩光限制
		平均照度 E_{av}/lx	总均匀度 U_o(E)	
		最小维持值	最小值	
公路交会区	与一级照明等级公路相连	50	0.4	与灯具向下垂直轴夹角在 80°和 90°的观察方向上的光强应分别不大于 30 cd/1 000 lm 和 10 cd/1 000 lm
	未与一级照明等级公路相连	30	0.4	
公路沿线特殊设施及场所	收费站广场	20～50	0.4	应防止照明设施给行人、机动车驾驶员和作业者造成眩光
	服务区	10～20	0.3	
	养护区	10～20	0.3	
	停车区	15～30	0.3	

注 1：公路交会区指交叉区、匝道及进出口区、限制宽度车道等。
注 2：公路照明的维护系数可按 0.70 确定。

6 光源和灯具

6.1 照明光源

6.1.1 公路照明光源的选择应综合考虑光效、使用寿命和显色性等因素。

6.1.2 常规路段照明宜采用高压钠灯，不应采用白炽灯。

6.1.3 对显色性有较高要求的设施及场所可采用一般显色指数较高的光源。

6.1.4 公路照明也可采用能够符合公路照明要求的新型光源，如 LED 光源、无极灯等。

6.2 照明灯具及附属设施

6.2.1 公路照明应采用截光型或半截光型灯具。

6.2.2 公路照明灯具的安全要求应符合 GB 7000.1 和 GB 7000.5 的规定。

6.2.3 公路照明灯具的防护等级按 GB 4208—2008 的规定应不低于 IP55，环境污染严重、维护困难的路段和区域，照明灯具的防护等级应不低于 IP65。

6.2.4 公路照明灯具应具有耐腐蚀性能和耐候性能。

6.2.5 公路照明应选用金属灯杆或钢筋混凝土灯杆。当采用金属灯杆时，其防腐性能要求应符合 GB/T 18226 的规定。

7 照明布设要求

7.1 照明布设一般要求

7.1.1 根据公路横断面形式、宽度、照明器具的配光性能和照明要求，灯具的布设可在单侧布置、双侧交错布置、双侧对称布置、中心对称布置和中心布置的方式中选择，见图 1。

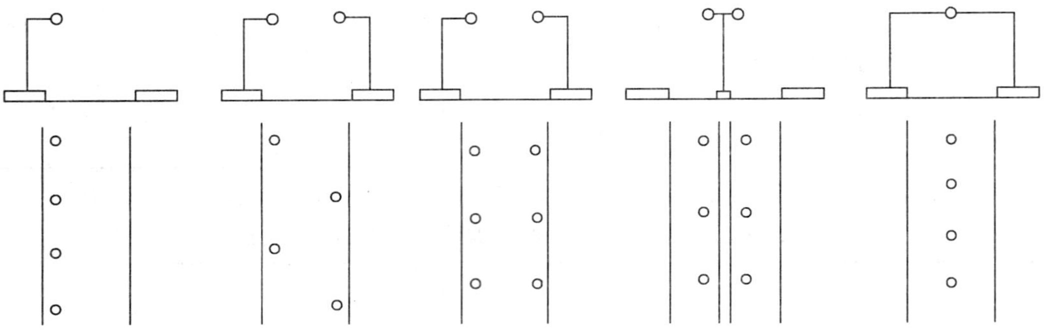

a）单侧布置　b）双侧交错布置　c）双侧对称布置　d）中心对称布置　e）中心布置

图 1 公路照明布设方式

7.1.2 照明灯具的间距应根据安装高度（H）、公路宽度、灯具的配光性能以及照明质量的要求设置，一般灯杆间距宜为 $3H\sim4.5H$。采用泛光灯照明时，高杆灯的灯杆间距宜为 $4H\sim6H$。

7.1.3 照明灯具的悬挑伸延长度一般不宜超过灯杆高度的 1/4，灯具的仰角不宜超过 15°。

7.2 曲线路段照明布设要求

7.2.1 平曲线半径大于等于 1 000 m 的曲线路段，可按直线路段进行照明布设。

7.2.2 平曲线半径小于 1 000 m 的曲线路段，照明灯具的布设间距宜为直线段的 0.5～0.7 倍。半径越小，间距也应越小。

7.2.3 在反向曲线路段上，宜固定在单侧设置灯具，产生视线障碍时可在曲线外侧增设附加灯具。

7.2.4 当曲线路段的路面较宽需采取双侧布置灯具时，宜采用双侧对称布置。

7.2.5 曲线路段的照明灯具不得安装在直线路段照明灯具的延长线上。

7.3 公路交会区和公路沿线特殊设施及场所照明布设要求

7.3.1 公路沿线特殊设施及场所照明应根据其范围和不同功能的要求进行照明布设。小型收费站广场宜采用低杆、中杆照明方式；大型收费站广场和互通式立体交叉应根据其特点及照明要求采用高杆照明方式；停车场宜采用高杆照明方式。当采用高杆照明方式时，宜优先选用升降式高杆照明设施。

7.3.2 特大型桥梁照明宜根据桥梁结构形式采用与之相适应的照明灯具和布设方式。桥梁照明应防止眩光，必要时采用严格控光灯具，不得使用对船舶航行等水上交通及渔业活动造成不利影响的照明设施。

7.3.3 有照明设施且平均亮度高于 1.0 cd/m^2 的公路的出入口，应设置照明过渡段。

8 照明供电安全和控制

8.1 照明供电安全要求

8.1.1 公路照明配电回路应设保护装置，每个灯具应设有单独保护装置。

8.1.2 可触及的金属灯杆和配电箱等金属照明设备均需保护接地，接地电阻不大于 4 Ω。

8.1.3　高杆灯或其他安装在高耸构筑物上的照明装置应配置避雷装置，并应符合 GB 50057 的规定。

8.2　照明控制要求

8.2.1　照明控制宜优先采用定时控制和光电控制相结合的控制方法。定时控制应根据公路所在地区的地理位置和季节变化合理确定；光电控制的开关时间应按照满足 5.3 的要求合理确定。

8.2.2　对照明系统采用远程控制方式时，照明系统应具有本地控制功能。

9　照明节能要求

9.1　照明灯具及器件节能要求

9.1.1　气体放电灯线路功率因数应在 0.85 以上。

9.1.2　常规照明灯具的性能指标应符合国家现行有关能效标准规定的节能评价值要求。

9.2　照明功率密度值

公路照明应以照明功率密度值作为照明节能的评价指标，连续照明的常规路段其照明功率密度值应符合表 4 的要求。

表 4　公路照明功率密度值要求

公路照明等级	车道数/条	照明功率密度值/(W/m^2)	照度值/lx
一级	≥6	≤1.05	30
	<6	≤1.25	
二级	≥6	≤0.70	20
	<6	≤0.85	
注：本表仅适用于光源为高压钠灯的条件，当采用其他光源时，应将照明功率密度值适当换算。			

参 考 文 献

［1］ GB/T 5700—2008 照明测量方法.
［2］ CJJ 45—2006 城市道路照明设计标准.
［3］ CIE 115—1995 Recommendations for the lighting of roads for motor and pedestrian traffic.

ICS 93.080.30
P 66

中华人民共和国国家标准

GB/T 24970—2010

轮　廓　标

Delineator

2010-08-09 发布　　2010-12-01 实施

中华人民共和国国家质量监督检验检疫总局
中国国家标准化管理委员会　发布

前　言

本标准由全国交通工程设施(公路)标准化技术委员会(SAC/TC 223)提出并归口。

本标准起草单位:交通部公路科学研究院、国家交通安全设施质量监督检验中心、北京中交华安科技有限公司。

本标准主要起草人:奚必仁、李丹、崔晓飞。

轮 廓 标

1 范围

本标准规定了轮廓标的分类、结构、技术要求、试验方法、检验规则、标志、包装、运输及贮存等。

本标准适用于我国公路、桥梁及隧道设置的轮廓标。城市道路、其他道路或停车场等可参照执行。

2 规范性引用文件

下列文件中的条款通过本标准的引用而成为本标准的条款。凡是注日期的引用文件，其随后所有的修改单(不包括勘误的内容)或修订版均不适用于本标准，然而，鼓励根据本标准达成协议的各方研究是否可使用这些文件的最新版本。凡是不注日期的引用文件，其最新版本适用于本标准。

GB/T 709 热轧钢板和钢带的尺寸、外形、重量及允许偏差(GB/T 709—2006，ISO 7452:2002，ISO 16160:2000，NEQ)

GB/T 2423.17 电工电子产品环境试验 第2部分:试验方法 试验Ka:盐雾(GB/T 2423.17—2008，IEC 60068-2-11:1981，IDT)

GB/T 3681 塑料大气暴露试验方法(GB/T 3681—2000，neq ISO 877:1994)

GB/T 3880(所有部分) 一般工业用铝及铝合金板、带材

GB/T 3978 标准照明体和几何条件

GB/T 3979 物体色的测量方法

GB/T 9286 色漆和清漆 漆膜的划格试验(GB/T 9286—1998，eqv ISO 2409:1992)

GB/T 9341—2008 塑料 弯曲性能的测定(ISO 178:2001，IDT)

GB/T 16422.2 塑料实验室光源暴露试验方法 第2部分:氙弧灯(GB/T 16422.2—1999，idt ISO 4892-2:1994)

GB/T 18226 高速公路交通工程钢构件防腐技术条件

GB/T 18833—2002 公路交通标志反光膜

3 术语和定义

下列术语和定义适用于本标准。

3.1

轮廓标 delineator

沿道路两侧边缘设置的、用于指示道路前进方向和边界的、具有逆反射性能的交通安全设施。

4 产品分类

轮廓标按设置条件可分为埋设于地面上的柱式轮廓标和附着于构造物上的附着式轮廓标；按形状不同可分为柱式、梯形、圆形和长方形轮廓标；按颜色可分为白色和黄色两种。柱式轮廓标按其柱体材料的不同特性，又可分为普通柱式轮廓标和弹性柱式轮廓标。

5 产品结构

5.1 柱式轮廓标

5.1.1 柱式轮廓标由柱体和逆反射材料组成。

5.1.2 普通柱式轮廓标的尺寸及允差见图1。柱体的横断面为空心圆角的等腰三角形，三角形的高为120 mm、底边长100 mm，顶面斜向行车道。柱身为白色，柱体上部应有250 mm长的一圈黑色标记，黑

色标记的中间应镶嵌有 180 mm×40 mm 的矩形逆反射材料，如反射器或反光膜。逆反射材料、黑色标记与轮廓标柱体应连接牢固，不易脱落。

5.1.3 弹性柱式轮廓标的尺寸及允差见图 2。柱体的横断面为圆弧形，圆弧的弦长为 110 mm，弦高为 16 mm。柱身为白色，柱体上部应有 250 mm 长的一条黑色标记，黑色标记的中间应牢固粘贴 180 mm×40 mm 的反光膜。

5.1.4 在柱式轮廓标安装中，其逆反射材料的表面(或弹性柱式轮廓标断面的弦)应与道路行车方向垂直(见图 1、图 2)；可在柱式轮廓标埋入地面部分打一个至两个安装孔。

单位为毫米

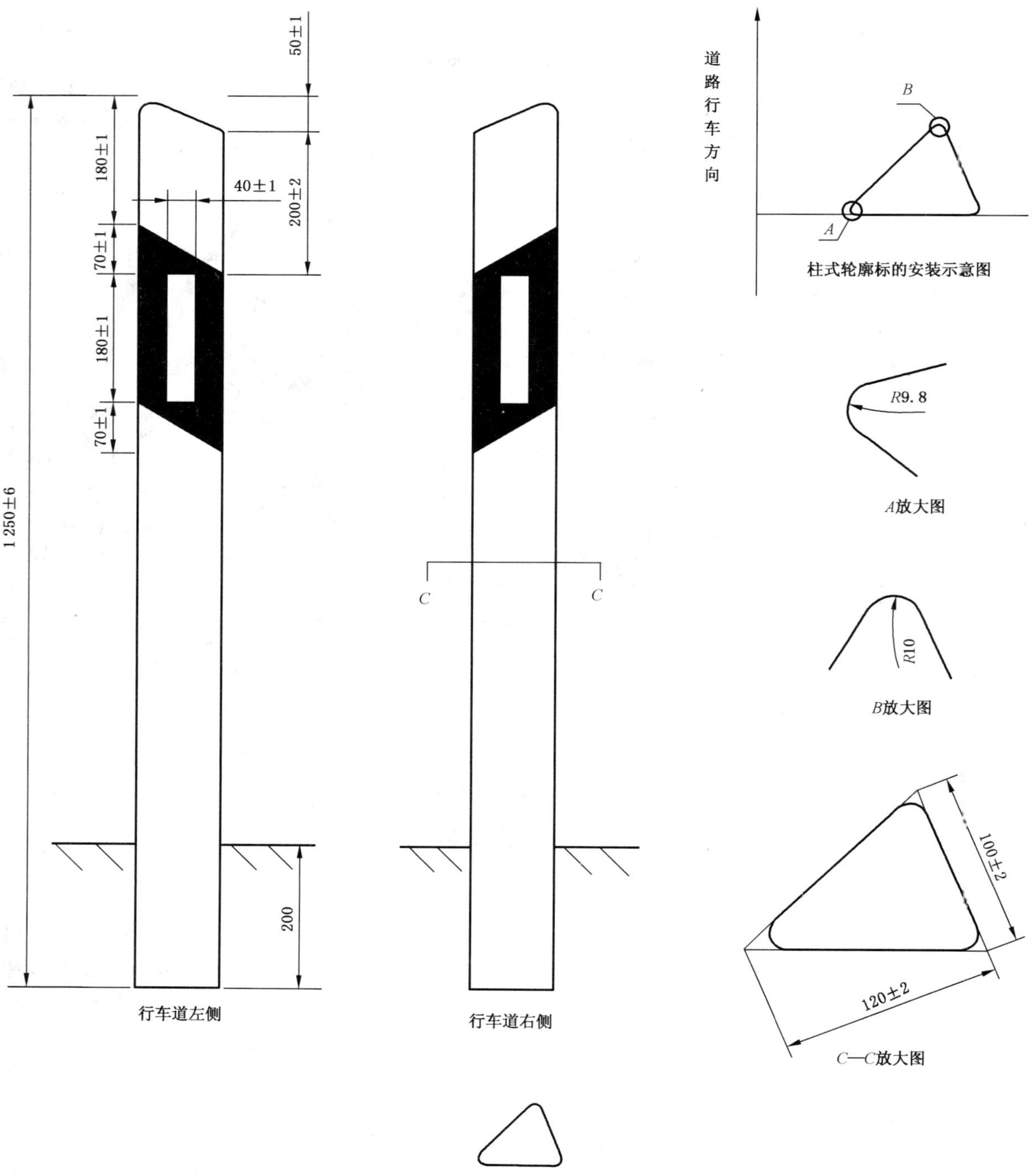

图 1 普通柱式轮廓标结构和安装示意图

单位为毫米

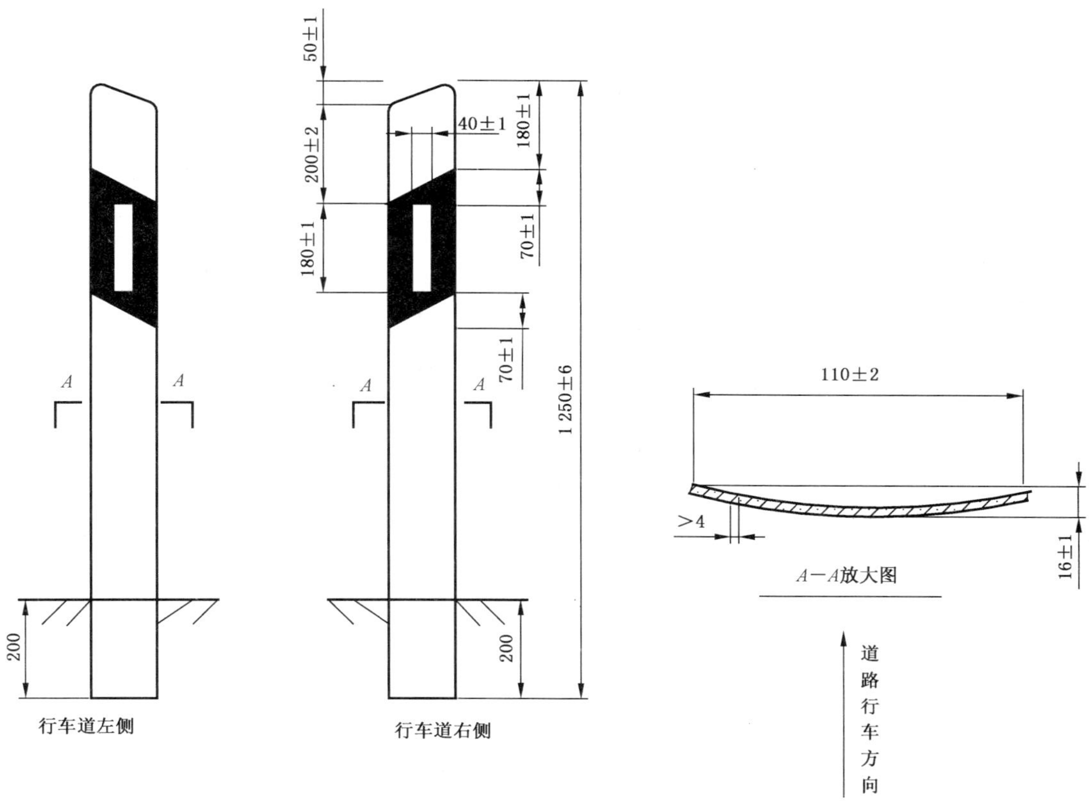

图 2 弹性柱式轮廓标

5.2 附着式轮廓标

5.2.1 附着于护栏的附着式轮廓标，由逆反射材料、支架和连接件组成(见图 3、图 5 和图 6)。轮廓标附着于波形梁护栏中间的槽内，其逆反射材料的形状应为圆角的梯形。梯形的上底为 50 mm、下底为 120 mm、高为 70 mm。通过支架固定在护栏与连接螺栓中，其构造、尺寸及允差见图 3、图 4。若轮廓标安装于波形梁护栏板的上方，其逆反射材料的形状应为圆形，构造、尺寸及允差见图 5。安装于中央分隔带混凝土护拦上方的轮廓标，构造、尺寸及允差见图 6。在混凝土护栏侧壁上也可安装长方形或梯形轮廓标。在附着式轮廓标安装中，应使其逆反射材料表面与道路行车方向垂直。

5.2.2 附着于其他建筑物上的轮廓标，包括在挡墙、桥墩、桥台、隧道侧壁、停车场和道路分隔带等处设置的轮廓标，其逆反射材料可制成 5.2.1 中的长方形或圆形。根据建筑物的种类及设置部位，采取不同形式的支架与建筑物连接。在安装中也应使逆反射材料表面与道路行车方向保持垂直。

6 技术要求

6.1 外观质量

6.1.1 轮廓标的各部分应成型完整，不应有明显的划伤、裂纹、缺陷或损坏。金属支架、底板的表面不得有砂眼、毛刺、飞边或其他缺陷；合成树脂类材料外表面不得有毛刺、裂缝、气泡或颜色不均匀等缺陷。

6.1.2 柱式轮廓标的外表面应平整光滑，无明显凹陷或变形等缺陷。普通柱式轮廓标的柱体表面平面度不应大于 2 mm/m。

6.1.3 柱式轮廓标柱体白色和黑色的色品坐标和亮度因数应在表1规定的范围内，其对应的颜色色品图见图7。

6.1.4 轮廓标的逆反射材料宜采用反射器或反光膜，反射器有微棱镜型和玻璃珠型两种形式。微棱镜型反射器的颜色和逆反射性能应均匀一致。玻璃珠型反射器的玻璃珠应颜色一致，排布均匀，不应有破损或其他缺陷。反光膜在柱体上应粘贴平整，无皱纹、气泡、拼接缝等缺陷。

单位为毫米

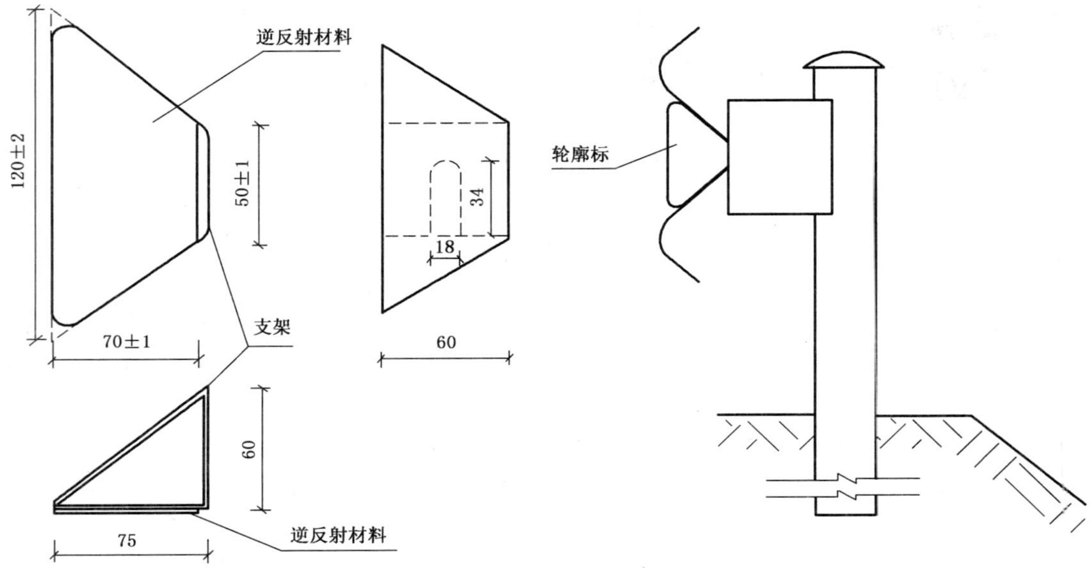

图3 附着于波形梁护栏的轮廓标结构和安装示意图

单位为毫米

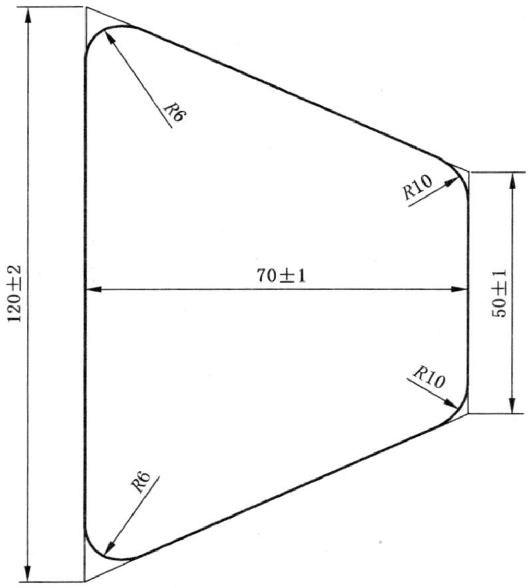

图4 梯形轮廓标反射器尺寸示意图

单位为毫米

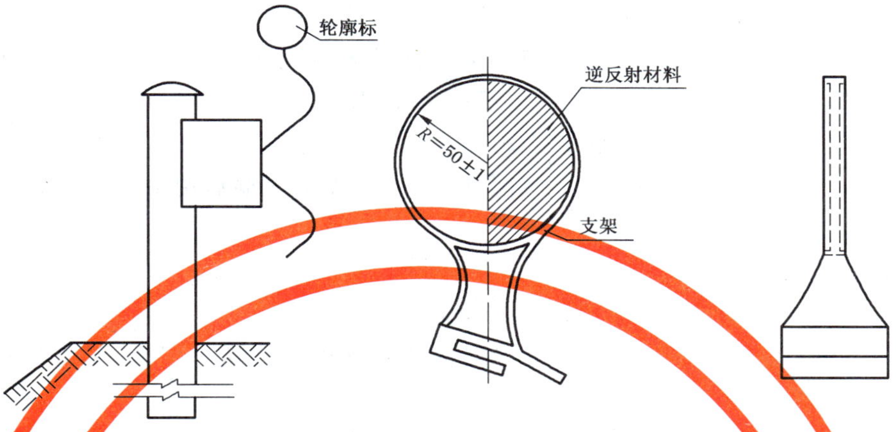

图 5　安装于波形梁护栏上方的轮廓标结构和安装示意图

单位为毫米

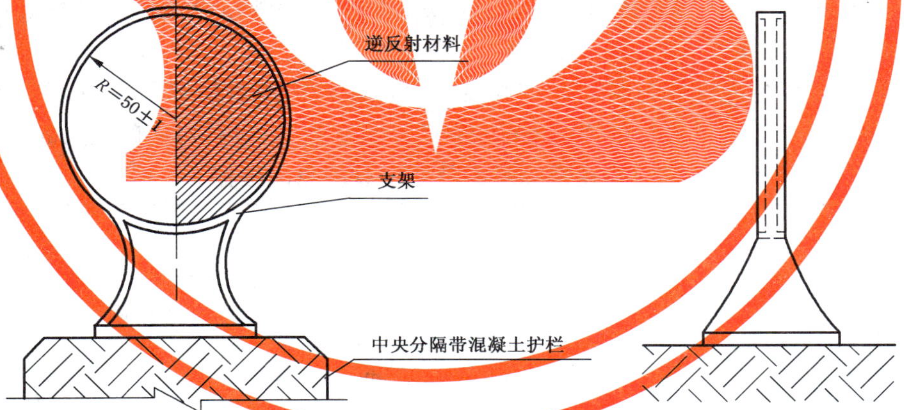

图 6　安装于中央分隔带混凝土护栏上的轮廓标结构和安装示意图

6.2　轮廓标柱体、标记、支架和底板的材料

6.2.1　合成树脂类材料

6.2.1.1　柱式轮廓标的柱体宜采用耐候性能优良的合成树脂类材料，其性能应符合以下要求：

a)　耐候性能：连续自然暴露两年或进行人工气候加速老化试验 1 200 h，轮廓标柱体不应有裂缝、凹陷、变形、剥落、腐蚀、粉化、变色或层间分离等破损的痕迹。

b)　耐盐雾腐蚀性能：试验后柱体不应有变色、扭曲、损伤或被侵蚀的痕迹。

c)　加保护层的合成树脂类柱体，其保护层在经受耐候性能试验、盐雾腐蚀试验后，也不应出现变色、开裂、粉化或剥落等破损的痕迹。

d)　普通柱式轮廓标用合成树脂类板材的实测厚度应不小于 3.0 mm，弹性柱式轮廓标柱体的实测厚度应不小于 4.0 mm，它们的纵向抗拉强度应不小于 25 MPa。弹性柱式轮廓标栏体经不小于 30 次折弯后，不应出现裂缝或折断的现象，其顶部任意水平方向的残余偏斜应不大于 70 mm。

e) 附着式轮廓标支架或底板用合成树脂类材料时，其实测厚度不应小于 3.0 mm，按 GB/T 9341—2008 的方法测试，其支架或底板的抗弯强度应不低于 40 MPa。

6.2.1.2 黑色标记宜采用耐候性能优良的涂料或塑料薄膜，应与轮廓标柱体有良好的粘结性能。黑色标记采用涂料喷涂而成，按 GB/T 9286 的划格试验测试(用单刃切割刀具、切割间距为 2 mm、底材为柱体材料)，涂料对柱体的附着性能应不低于二级的要求。若黑色标记采用塑料薄膜粘贴，拼接处应为搭接，重叠部分不小于 10 mm，每段黑色标记只能有一条拼接缝。试验后用手不能从一端把切开的黑膜整块剥下。

6.2.2 铝合金板

附着式轮廓标的支架和底板，一般应采用铝合金板或钢板制造，连接件应采用钢材制造。铝合金板应使用 GB/T 3880 中规定的牌号。用作支架及底板时，其最小实测厚度不应小于 2.0 mm。

6.2.3 钢板

钢板应使用 GB/T 709 中规定的牌号。用作支架及底板时，其最小实测厚度不应小于 1.5 mm。为提高钢材的防腐能力，用于轮廓标底板、支架或连接件的钢构件应进行热浸镀锌的表面处理，镀锌层平均厚度应不小于 50 μm，最小厚度应不小于 39 μm。若用其他方法防腐处理，防腐层应符合 GB/T 18226 的有关要求。

6.3 逆反射材料

6.3.1 色度性能

逆反射材料的颜色有白色和黄色两种。在行车道右侧应安装含白色逆反射材料的轮廓标；在行车道左侧或中央分隔带上应安装含黄色逆反射材料的轮廓标。

轮廓标各部位表面色的颜色色品坐标和亮度因数应在表 1 规定的范围内，对应的颜色色品图见图 7；轮廓标逆反射材料的逆反射色的色品坐标应在表 2 规定的范围内，对应的颜色的色品图见图 8。

表 1 轮廓标表面色各角点的色品坐标

角点坐标		色品坐标								亮度因数
		x	y	x	y	x	y	x	y	
柱式轮廓标的柱体	白	0.350	0.360	0.300	0.310	0.290	0.320	0.340	0.370	≥0.75
	黑	0.385	0.355	0.300	0.270	0.260	0.310	0.345	0.395	≤0.03
逆反射材料	白	0.350	0.360	0.300	0.310	0.285	0.325	0.335	0.375	≥0.27
	黄	0.545	0.454	0.464	0.534	0.427	0.483	0.487	0.423	0.16～0.40
注：D65 标准照明体，照明观测条件：45°/0°。										

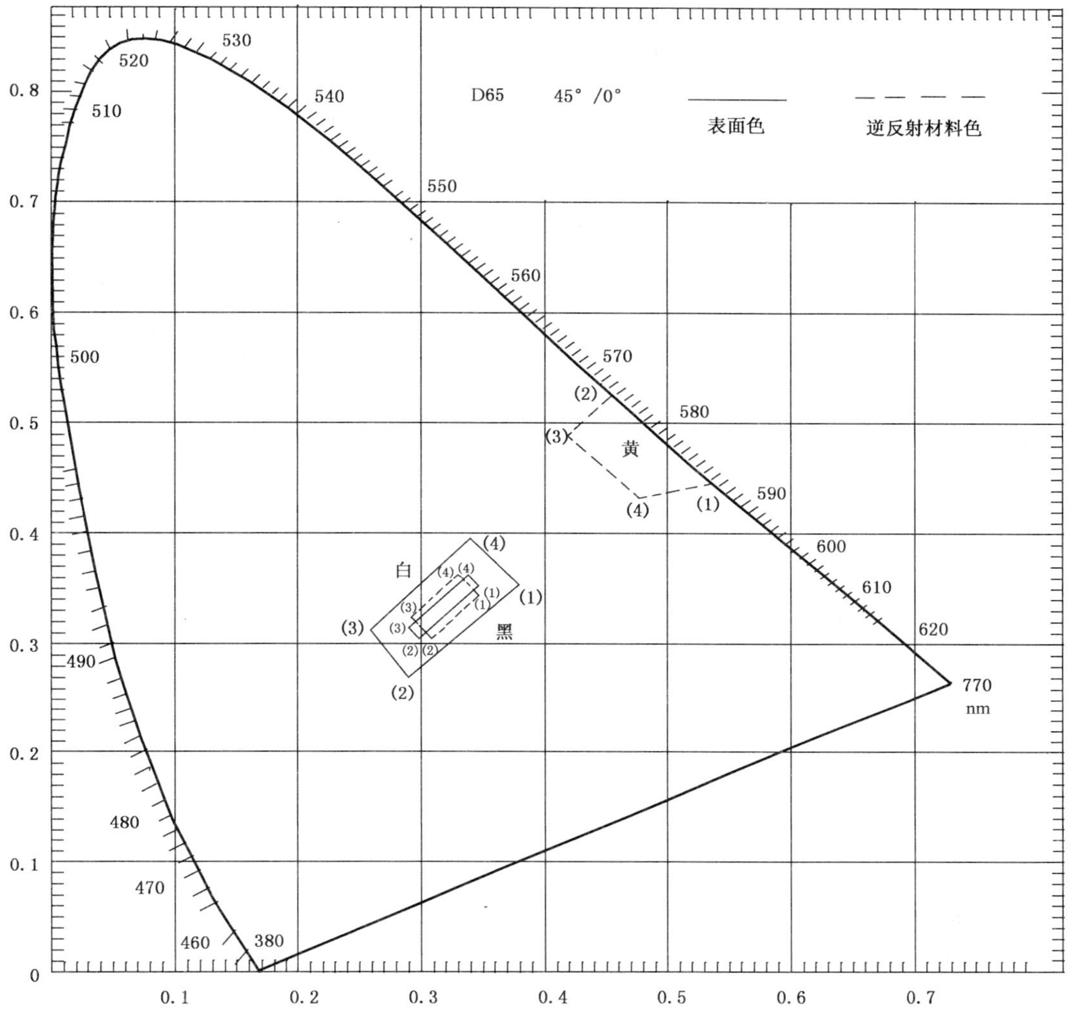

图7 颜色色品图

表2 轮廓标逆反射材料颜色各角点的色品坐标

色品坐标												
角点坐标	x	y	x	y	x	y	x	y	x	y	x	y
白	0.310	0.348	0.453	0.440	0.500	0.440	0.500	0.380	0.440	0.380	0.310	0.283
黄	0.545	0.424	0.559	0.439	0.609	0.390	0.597	0.390				
注：A光源，照明观测条件：入射角0°，观测角0.2°，视场角(0.1～1)°。												

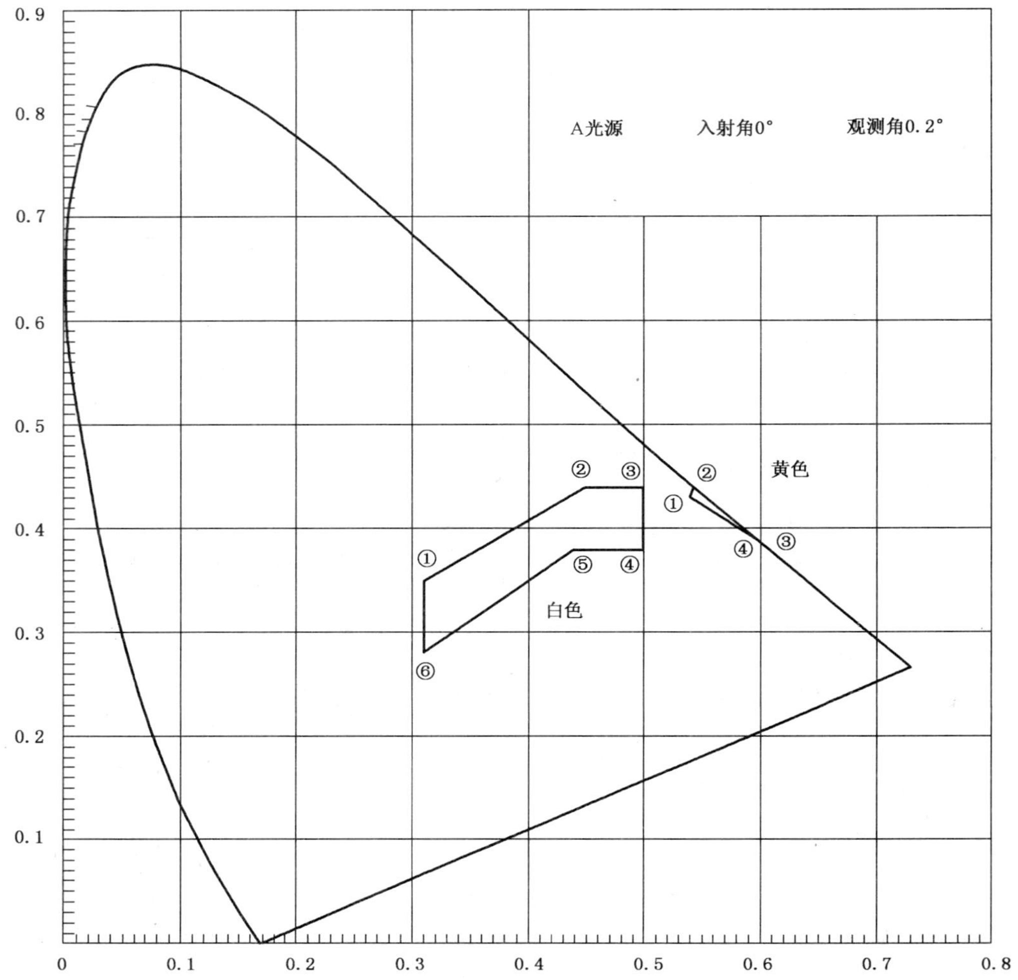

图 8 逆反射颜色色品图

6.3.2 光度性能

6.3.2.1 发光强度系数 *R*

轮廓标的微棱镜型反射器的发光强度系数值不应低于表 3 的规定;用作轮廓标的玻璃珠型反射器的发光强度系数值不应低于表 4 的规定。

6.3.2.2 逆反射系数 *R′*

用作轮廓标逆反射材料的反光膜应为 GB/T 18833—2002 中的一级微棱镜型反光膜。其逆反射系数值不应低于表 5 的规定。

表 3 轮廓标用微棱镜型反射器的发光强度系数

观测角 α	入射角 β_2($\beta_1=0$)	最小发光强度系数/($cd \cdot lx^{-1}$)	
		白色	黄色
0.2°	0°	4.65	2.90
	±10°	3.75	2.35
	±20°	1.95	1.21
0.5°	0°	2.25	1.45
	±10°	1.85	1.20
	±20°	0.93	0.56

表 4 轮廓标用玻璃珠型反射器的发光强度系数

观测角 α	入射角 β_2(β_1=0)	最小发光强度系数/(cd·lx^{-1})	
		白色	黄色
0.2°	0°	1.50	0.75
	±10°	1.20	0.60
	±20°	0.60	0.30
0.5°	0°	0.50	0.25
	±10°	0.45	0.22
	±20°	0.40	0.20

表 5 轮廓标用反光膜的逆反射系数

观测角 α	入射角 β_1(β_2=0)	最小逆反射系数/(cd·lx^{-1}·m^{-2})	
		白色	黄色
0.2°	−4°	600	450
	15°	450	320
	30°	300	220
0.33°	−4°	360	250
	15°	260	180
	30°	160	110

6.3.3 反光膜对底板或柱体的附着性能

反光膜对轮廓标的底板或柱体的附着性能应符合 GB/T 18833—2002 中反光膜对标志底板的附着性能的有关规定。

6.3.4 反射器的密封性能

经密封性能试验后，轮廓标用微棱镜型反射器不应出现被水或雾气渗入的现象。

6.4 耐候性能

连续自然暴露，或进行人工气候加速老化试验(如发生计量纠纷，应以连续自然暴露为仲裁)，在试验完成后：

a) 轮廓标试样应无明显的裂缝、刻痕、气泡、锈蚀、侵蚀、剥离、褪色、粉化或变形等破损的痕迹。轮廓标用反射器不应出现被水渗入的痕迹；反光膜不应出现边缘被剥开的现象。

b) 轮廓标试样各种颜色的色品坐标和亮度因数应保持在表 1 或表 2 规定的范围之内。

c) 轮廓标用反射器的发光强度系数值不应低于表 3 或表 4 相应规定值的 50%；反光膜的逆反射系数值不应低于表 5 相应规定值的 80%。

6.5 耐盐雾腐蚀性能

经盐雾腐蚀性能试验后，轮廓标各部件不应有变色、起泡、锈斑或被侵蚀的痕迹。轮廓标用反射器不应出现被水或雾气渗入的痕迹；反光膜不应出现渗漏或边缘被剥离的现象。

6.6 耐高低温性能

经高低温试验后，轮廓标各部件不应出现裂缝、剥落、碎裂、起泡、翘曲或变形等破损的痕迹。

7 试验方法

7.1 轮廓标性能测试的准备

7.1.1 试样的制备

根据不同情况，随机抽取下列物品制备各种试样：

a) 轮廓标生产厂制作的轮廓标整体产品,或截取柱式轮廓标带有完整黑色标记和反光材料、长度不小于 350 mm 的一段柱体,作为产品试样。

b) 轮廓标生产厂制作的或使用中的轮廓标反射器作为反射器试样。

c) 轮廓标生产厂使用的反光膜,一般截取 1.22 m×0.30 m,按 GB/T 18833—2002 规定的方法,制成符合各种性能测试要求的反光膜试样。

7.1.2 状态调节

试样应在温度 23 ℃±2 ℃,相对湿度 50%±10%的环境中,放置 24 h 后,方可进行各种测试工作。

7.1.3 测试条件

一般的测试工作宜在温度 23 ℃±2 ℃,相对湿度 50%±10%的环境中进行。

7.2 尺寸

用直尺、游标卡尺测量轮廓标的外形尺寸。

7.3 外观质量

7.3.1 在白天室内照度大于 150 lx 的条件下,目测产品外观或用四倍放大镜查看。

7.3.2 把刀口尺的刃口紧靠轮廓标柱体表面,测量柱体表面与刃口之间的最大间隙,即为该表面的平面度。

7.4 色度性能

7.4.1 表面色采用 GB/T 3978 规定的 D65 标准照明体及 45°/0°的照明观测条件,按 GB/T 3979 规定的方法,测出试样光谱的反射比,然后计算出该颜色的色品坐标,在同样条件下,分别测出试样和标准漫反射白板的光亮度,两者之比值即为亮度因数。或用直读式色差计直接测得各种颜色的色品坐标和亮度因数。

7.4.2 逆反射色采用 GB/T 3978 规定的标准 A 光源、照明观测条件为:视场角为 0.1°~1°,入射角为 0°,观测角为 0.2°。按 GB/T 3979 规定的方法,测出反射器试样光谱的反射比,然后计算出该颜色的色品坐标。或用亮度计直接测得各种颜色的色品坐标。

7.5 光度性能

7.5.1 测量原理和装置

7.5.1.1 测试于暗室中进行,测试原理见图 9,装置示意图见图 10 所示。

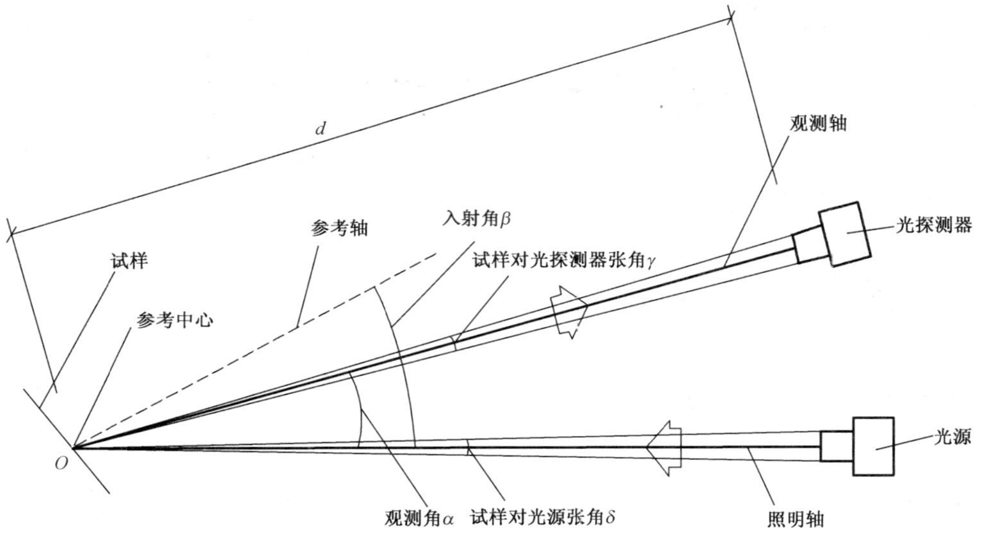

图 9 逆反射光学测试原理

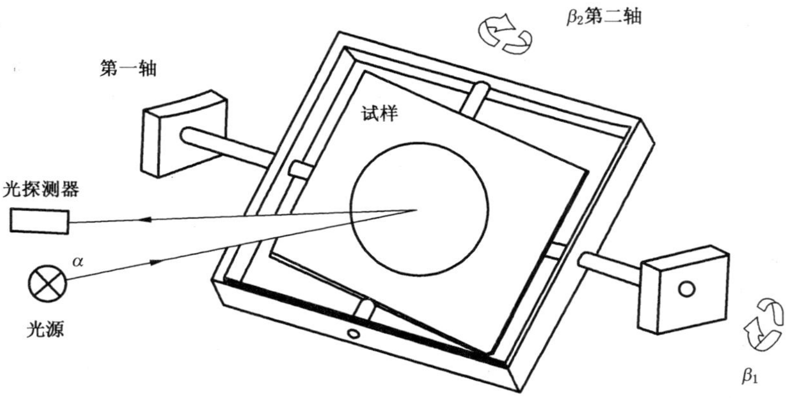

图 10 光度性能测试装置示意图

7.5.1.2 光源采用 GB/T 3978 规定的标准 A 光源，试样参考中心对光源孔径张角应不大于 12′。试样整个受照区域的垂直照度的不均匀性不应大于 5%。

7.5.1.3 光探测器是经光谱光效率曲线校正的照度计，安装在光源的正上方。试样参考中心对光探测器孔径张角应不大于 12′，光探测器应能上下自由移动，以保证观测角从 12′～1°或更大范围的变化。

7.5.1.4 光探测器前表面至试样表面的距离一般不应小于 15 m。

7.5.1.5 把反射器试样或尺寸不小于 150 mm×150 mm 的反光膜试样安装在一可转动的样品架上。当它沿第二轴旋转时，试样能获得入射角 β_2；当它沿第一轴旋转时，试样能获得入射角 β_1。

7.5.2 反射器发光强度系数测量过程

测量过程如下：

a) 把光探测器放在试样的参考中心位置上，正对着光源，测量出垂直于试样表面的照度值 $E_\perp$；

b) 把上述光探测器置于图 10 的位置上，把反射器试样固定在样品架上。移动光探测器使观测角为 12′；转动试样；转动样品架，使光的入射角 β_2($\beta_1=0$)分别为 0°，±10°，±20°，测出在每个入射角时试样反射光所产生的照度值 E_r；

c) 重复步骤 b)的过程，使观测角为 30′，入射角 β_2 分别为 0°，±10°，±20°等各种几何条件下，测出试样反射光所产生的照度值 E_r；

d) 用下列公式计算出不同观测角和入射角条件下的发光强度系数 R：

$$R=\frac{I}{E_\perp}=\frac{E_r d^2}{E_\perp} \quad \cdots\cdots\cdots\cdots(1)$$

式中：

E_r——光探测器在不同观测角和入射角条件下测得反射光的照度，单位为勒克斯(lx)；

d——试样参考中心与光探测器孔径表面的距离，单位为米(m)；

$E_\perp$——试样在参考中心上的垂直照度，单位为勒克斯(lx)。

7.5.3 反光膜逆反射系数测量过程

测量过程如下：

a) 测试轮廓标用反光膜在观测角分别为 12′、20′，入射角 β_1($\beta_2=0$) 分别为 −4°、15°、30°时的发光强度系数；

b) 用公式(2)计算出在不同观测角和入射角条件下的逆反射系数 R'：

$$R'=\frac{R}{A}=\frac{I}{E_\perp A}=\frac{E_r d^2}{E_\perp A} \quad \cdots\cdots\cdots\cdots(2)$$

式中：

A——试样的表面面积，单位为平方米(m^2)。

7.5.4 反光膜逆反射系数其他测试方法

轮廓标用反光膜的逆反射系数，也可用试样与标准样板对比的测量方法和仪器进行测试。其标准样板应定期到计量检定单位标定。如发生计量纠纷，应以7.5.1、7.5.2和7.5.3的装置和方法为仲裁。

7.6 耐候性能

7.6.1 试验时间

耐候性能试验时间如下：

a) 自然暴露试验：两年；

b) 人工气候加速老化试验：1 200 h。

7.6.2 自然暴露试验

按照GB/T 3681，把产品试样或反光膜试样(反光膜试样的尺寸应不小于150 mm×250 mm)安装在至少高于地面0.8 m的曝晒架上，试样面朝正南方，与水平面呈当地的纬度角或45°±1°。试样表面不应被其他物体遮挡阳光，不得积水。暴露地点的选择尽可能近似实际使用环境或代表某一气候类型最严酷的地方。

试样开始曝晒后，每一个月做一次表面检查，半年后每三个月检查一次，直至达到规定的曝晒期限，最终检查后进行有关性能测试。

7.6.3 人工气候加速老化试验

按照GB/T 16422.2，老化箱采用氙灯作为光源，产品试样或反光膜试样受到光谱波长为290 nm～800 nm光线的辐射，其辐射强度为1 000 W/m^2±100 W/m^2，光谱波长低于290 nm光线的辐射强度不应大于1 W/m^2。整个试样面积内，辐射强度的偏差不应大于±10%。在试验过程中，应采用连续光照，周期性喷水。

相关技术参数如下：

a) 箱内：黑板温度为65 ℃±3 ℃；

b) 喷水周期为：每120 min为一周期，其中18 min喷水、102 min不喷水。

试验时间到达1 200 h时，若试样所受累积辐射能量小于4.32×10^6 kJ/m^2，则应延长试验时间，以保证试样所受累积辐射能量值。

经过规定时间老化试验后的样品，用浓度5%的盐酸溶液清洗表面45 s，然后用水彻底冲洗，最后用干净软布擦干，即可置于标准测试条件下，用四倍放大镜进行各种检查并进行有关性能测试。

7.7 盐雾腐蚀试验

按照GB/T 2423.17，把化学纯的氯化钠溶于蒸馏水，配制成5%±0.1%(质量比)的盐溶液(pH值在6.5～7.2之间)，使该盐溶液在盐雾箱内连续雾化，箱内温度保持35 ℃±2 ℃。试样受试面与垂直方向成30°角，相邻两样品保持一定的间隙，行间距不小于75 mm，产品试样或反光膜试样在盐雾空间连续暴露120 h。试验结束后，用流动水轻轻洗掉试样表面的盐沉积物，再用蒸馏水漂洗，然后置于标准测试条件下恢复2 h，最后对样品用四倍放大镜进行全面检查。

7.8 高低温试验

将产品试样或反光膜试样放入试验箱内，开动冷源，使箱内温度逐渐降至−40 ℃±3 ℃，试样在该温度下保持72 h；关闭电源，让试验箱自然升温至室温(约需5 h～12 h)。再使试验箱升温至70 ℃±3 ℃，并在该温度下保持24 h；最后关闭电源，让试验箱自然冷却至室温。取出试样，在标准测试条件下放置2 h后，用四倍放大镜检查其表面的变化。

7.9 密封性能试验

将产品试样或反射器试样放入温度为50 ℃±3 ℃、深度为200 mm±30 mm的水中，使逆反射表面向上，浸泡15 min之后，在10 s内，迅速将试件取出并立即放入温度为5 ℃±3 ℃、同样深度的水中，再浸泡15 min。重复上述试验三次，使试样总计经受四个热冷循环的浸泡。然后取出试样，擦干其表面的水分。目测进行检查。

7.10 弯曲性能试验

把弹性柱式轮廓标安装到弯曲试验机(见图11)的样品架上,开动试验机的电机,使滚轮(在金属轮上涂以厚度为5 mm±2 mm、邵氏硬度为75的橡胶层)在离地面垂直距离270 mm处,以每分钟30次、(48±2)cm/s的速度,将弹性柱式轮廓标推倒至水平位置,然后让它自动弹起。经30次弯曲试验后,用四倍放大镜检查弹性柱式轮廓标的表面是否出现裂缝或折断的痕迹,并测量出弹起的轮廓标柱体顶部任意点与原竖直位置的最大水平偏差。

单位为毫米

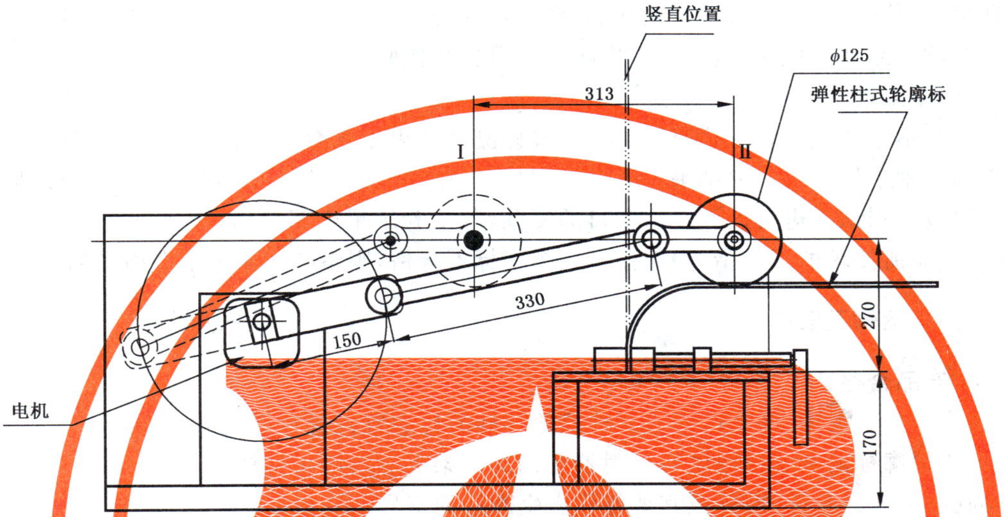

图11 弯曲试验原理示意图

7.11 黑色标记的剥离试验

在黑膜(除搭接处)的任何位置,用锋利的刀片、垂直于黑膜,沿柱体纵向轴、靠着直尺,从顶部到底部将黑膜完全切透;水平相隔约2 cm,切出两条平行线。在平行线中间的一端剥开黑膜,然后用力往外撕开黑膜,并进行检查。

8 检验规则

8.1 检验的分类和要求

对轮廓标质量的检验分出厂检验和型式检验两种形式。

8.1.1 出厂检验

轮廓标出厂前,应随机抽取足够数量的产品,按表6的要求进行检验,检验合格后方能出厂。

表6 出厂检验要求

序号	出厂检验项目	技术要求	试验方法	说明
1	外观质量	6.1	7.3、7.4.1	
2	外形尺寸	5.1、5.2	7.2	
3	反射器的发光强度系数	6.3.2.1	7.5	适用制造和购进反射器的轮廓标生产厂
4	微棱镜型反射器的密封性能	6.3.4	7.9	

8.1.2 型式检验

8.1.2.1 定型检验

轮廓标生产厂在新产品投入批量生产前,应提供足够数量、具有代表性的新产品,做本标准规定的全套性能试验。试验结果全部合格后,才能开始批量生产。需方或上级质量监督部门有权按本标准或供需双方合同的规定，对轮廓标的质量进行抽检或复查。

8.1.2.2 **周期检验**

轮廓标生产厂在发生下列情况之一者，应进行周期检验：

a) 老产品转厂生产时；

b) 停产一年或一年以上的产品再生产时；

c) 正常生产的产品每经历两年生产时；

d) 产品的设计、工艺或材料的改变影响产品性能时。

周期检验应随机抽取足够数量的样品，做本标准规定的全套性能试验；或在产品的设计、工艺或材料的改变影响产品部分性能时，仅对受影响的项目进行检验。

8.2 检验结果处理

本标准每项性能试验，至少取样三个，在试样测试结果全部合格的基础上，三个(或三个以上)试样测试结果的算术平均值为试验结果。若某一试样的测试结果不符合标准的要求，则应从同一批产品中再抽取双倍数量的试样进行该不合格项目的复验，若复验结果全部合格，则整批产品合格；若复验结果(包括该项试验所要求的任一指标)即使有一个指标不合格，则整批产品为不合格产品。

9 标志、包装、运输及贮存

9.1 标志、产品合格证

9.1.1 轮廓标应有清晰、耐久的标志。柱式轮廓标的标志宜设置在离地面 50 mm～200 mm 的柱体表面上；附着式轮廓标的标志宜设置在反射器表面或支架上。其内容包括：

a) 制造厂家的名称、商标或其他能代表生产厂的符号；

b) 应用标准号，若符合本标准要求，其编号为 GB/T 24970—2010。

9.1.2 包装箱外壁应标有产品名称、制造厂名称、地址、电话、产品批号、数量、颜色、出厂日期等。

9.2 包装、使用说明书、运输及贮存

9.2.1 对于每批轮廓标产品，厂方应提供使用说明书，内容包括：

a) 轮廓标的装配和安装说明；

b) 轮廓标的维修说明；

c) 产品制造的年、月、日。

9.2.2 每个轮廓标应采用塑料袋或软纸等材料包装，以防止轮廓标逆反射材料及其他部位的损伤。外包装采用瓦楞纸箱或木箱。

9.2.3 轮廓标装箱时，应随箱附有产品使用说明书及质量等级检验合格证。

9.2.4 轮廓标在运输过程中应采取防雨措施，装卸中应轻放并不得使用手钩。

9.2.5 储存轮廓标的仓库应保持通风、干燥。轮廓标贮存期不宜超过一年。

ICS 03.220.20
R 86

中华人民共和国国家标准

GB/T 24971—2010

轮 胎 识 别 器

Tyre recognizing machine

2010-08-09 发布　　2010-12-01 实施

中华人民共和国国家质量监督检验检疫总局
中国国家标准化管理委员会 发布

前　言

本标准由全国交通工程设施(公路)标准化技术委员会(SAC/TC 223)提出并归口。

本标准起草单位:交通部公路科学研究院、国家交通安全设施质量监督检验中心、公路交通安全实验室、北京中交华安科技有限公司。

本标准主要起草人:方正鹏、崔晗晶、丁伟智、鲁燚、蒋海峰、赵敬华、陈建。

轮 胎 识 别 器

1 范围

本标准规定了轮胎识别器的组成和型号、技术要求、试验方法、检测规则、标志、包装、运输及贮存等。

本标准适用于压电式轮胎识别器，其他类似设备参照使用。

2 规范性引用标准

下列文件中的条款通过本标准的引用而成为本标准的条款。凡是注日期的引用文件，其随后所有的修改单(不包括勘误的内容)或修订版均不适用于本标准，然而，鼓励根据本标准达成协议的各方研究是否可使用这些文件的最新版本。凡是不注日期的引用文件，其最新版本适用于本标准。

GB/T 191　包装储运图示标志(GB/T 191—2008，ISO 780:1997，MOD)

GB/T 2423.1　电工电子产品环境试验　第2部分:试验方法　试验A:低温(GB/T 2423.1—2008，IEC 60068-2-1:2007，IDT)

GB/T 2423.2　电工电子产品环境试验　第2部分:试验方法　试验B:高温(GB/T 2423.2—2008，IEC 60068-2-2:2007，IDT)

GB/T 2423.3　电工电子产品环境试验　第2部分:试验方法　试验Cab:恒定湿热试验(GB/T 2423.3—2006，IEC 60068-2-78:2001，IDT)

GB/T 2423.10　电工电子产品环境试验　第2部分:试验方法　试验FC:振动(正弦)(GB/T 2423.10—2008，IEC 60068-2-6:1995，IDT)

GB 4208—2008　外壳防护等级(IP代码)(IEC 60529:2001，IDT)

3 术语和定义

下列术语和定义适用于本标准。

3.1

轮胎识别器　tyre recognizing machine

通过检测驶过轮胎识别器传感器的胎宽度，判断驶过的轮胎是单胎还是双胎的设备。

3.2

识别率　recognition ratio

车辆通过轮胎识别器时，设备正确判断的次数占总判断次数的比率。

4 组成和型号

4.1 组成

轮胎识别器由多个传感器、防护外壳、信号处理器及输出接口等部分组成。

4.2 型号

轮胎识别器的型号由如下部分组成。

TRM-□-□-□

- 产品版本，用阿拉伯数字表示
- 检测器长度，单位为毫米(mm)
- 温度范围按5.1.2
- 轮胎识别器代号

5 技术要求

5.1 适用条件

5.1.1 安装环境：户外。

5.1.2 温度范围：

——A级：−20 ℃～+85 ℃；

——B级：−40 ℃～+85 ℃；

——C级：−55 ℃～+85 ℃。

5.2 外观质量、形状与尺寸

5.2.1 外观质量

产品外观整洁，无气泡、龟裂和脱落；防护外壳不应有凹痕、裂缝，不应有影响使用效果的变形；设备金属零件不应有毛刺、锈蚀及其他机械损伤。

5.2.2 形状与尺寸

轮胎识别器传感器组件由多个压电式传感器并排布置组成，传感器间距不大于100 mm，且布设均匀，误差不超过±10 mm。

5.3 轮胎识别率

轮胎识别率：不小于98%。

5.4 机械性能

5.4.1 抗压荷载

轮胎识别器传感器组件抗压荷载应不小于100 kN，经过抗压性能试验后，不得有任何破损现象，系统工作正常，防护外壳密封性能符合要求。

5.4.2 耐冲击性能

轮胎识别器传感器组件经过抗冲击性能试验后，不得有任何破损现象，系统工作正常，防护外壳密封性能符合要求。

5.5 通信接口

处理器与上端通信接口应具用RS-232C或RS-485接口，该两种接口的电气性能应符合相应标准的要求。

5.6 抗疲劳性

设备长时间处于循环机械力加载工作环境中，应长期保持工作可靠性，传感器抗疲劳强度要求不小于200万次。

5.7 功能要求

5.7.1 工作状态显示功能

信号处理器机壳上有LED指示灯或其他显示功能，能分别表征各传感器工作状态。

5.7.2 自检功能

自动检测各传感器和系统工作状态，并将故障信息通过通信接口上传到主控单元。

5.8 电气安全性能

5.8.1 绝缘电阻

产品的电源接线端子与机壳的绝缘电阻应不小于100 MΩ；12 V或24 V等直流供电系统不作要求。

5.8.2 介电强度

在产品的电源接线端子与机壳之间施加频率50 Hz、有效值1 500 V正弦交流电压，历时1 min，应无火花、闪络和击穿现象；12 V或24 V等直流供电系统不作要求。

5.8.3 安全接地

产品应设安全保护接地端子，接地端子与机壳连接可靠，接地端子与机壳的接触电阻应小于0.1 Ω；12 V或24 V等直流供电系统不作要求。

5.8.4 电源适应性

在电压220×(1±15%)V、频率50×(1±4%)Hz的电源条件下，系统应能正常工作；12 V或24 V等直流供电系统不作要求。

5.8.5 外壳防护性能

产品应采取防雨、防尘措施，传感器组件防护外壳的防护等级按GB 4208—2008的规定应不低于IP55。

5.9 环境适应性能

5.9.1 耐低温性能

在−20 ℃(−40 ℃、−55 ℃)条件下，试验8 h，试验期间和试验结束后，系统应工作正常。

5.9.2 耐高温性能

在+85 ℃条件下，试验8 h，试验期间和试验结束后，系统应工作正常。

5.9.3 耐湿热性能

在温度+40 ℃，相对湿度(95±2)%条件下，试验48 h，试验期间和试验结束后，系统应工作正常。

5.9.4 耐机械振动性能

试验期间和试验结束后，设备功能正常，结构不受影响、零部件无松动。

6 试验方法

6.1 试验条件

除特殊规定外，一般试验条件如下：

——环境温度：(15～35)℃；

——相对湿度：(35～75)%；

——大气压力：(85～106)kPa。

6.2 一般规定

除特殊规定，一般对可重复的客观项目进行三次测试，取算术平均值作为测试结果。对主观测试项目，测试人员应不少于三人，测试结果分为两级：合格、不合格。

6.3 外观质量、形状与尺寸

6.3.1 外观质量

用目测和手感法测试外观质量。

6.3.2 形状与尺寸

目测和用量具测量。

6.4 轮胎识别率

在户外按要求连接安装产品，加电运行，系统进入正常工作状态后，连续进行200次测试，轮胎识别器识别结果与人眼识别结果进行比对，计算识别率R。

6.5 机械性能

6.5.1 抗压荷载

抗压试验的步骤为：

a) 将组装好的传感器组件和防护外壳样品放置在一个厚度为13 mm，大小适当的钢板中心上；

b) 在被测试样品压力传感器上放置一块厚度为9.5 mm，邵氏硬度为A60、尺寸大小合适的弹簧垫；

c) 另一块厚度为13 mm，比被测样品压力传感器大的钢板放置在弹簧垫上；

d) 开启试验机，以2.5 mm/min的速率对试验样品进行加载，直到加载力值达到100 kN，取下样品，看系统能否正常工作。

6.5.2 耐冲击性能

将样品放置于一个稳固平面上,用质量为 1 kg 的实心钢球在传感器正上方 1 m 的高度自由落下,位置应为传感器受冲击面的中心,试验后,取下样品,看系统能否正常工作。

6.6 通信接口

目测检查。

6.7 抗疲劳性

在公路计重收费车道或其他位置用自然交通流进行试验。

6.8 功能要求

目测和进行验证试验。

6.9 电气安全性

6.9.1 绝缘电阻

用精度 1.0 级、500 V 的兆欧表在电源接线端子与机壳之间测量。

6.9.2 介电强度

用精度 1.0 级的耐电压测试仪在接线端子与机壳之间测量。

6.9.3 安全接地

用精度 0.5 级、分辨力 0.01 Ω 的电阻表在机壳顶部金属部位与安全保护接地端子之间测量。

6.9.4 电源适应性

6.9.4.1 电源调压试验

用自耦变压器或可调交流电源对设备进行供电,测试电压分别为 185 V→200 V→220 V→240 V→255 V→230 V→210 V→185 V。每调整到一档电压并稳定后,都分别开启和关闭被测设备电源开关,检查设备逻辑和功能是否正常。

6.9.4.2 电源调频试验

频率波动试验:用变频交流电源对设备进行供电,电压恒定在 220 V,调整变频交流电源的输出频率分别为 48 Hz→49 Hz→51 Hz→52 Hz。每调整到一档稳定后,都分别开启和关闭被测设备电源开关,检查逻辑和功能是否正常。

6.9.5 外壳防护性能

按 GB 4208—2008 的试验方法进行。

6.10 环境适应性能

6.10.1 耐低温性能

按 GB/T 2423.1 规定进行。

6.10.2 耐高温性能

按 GB/T 2423.2 规定进行。

6.10.3 耐湿热性能

按 GB/T 2423.3 规定进行。

6.10.4 耐机械振动性能

耐机械振动性能按 GB/T 2423.10 规定的试验方法进行。设备通电工作时,在振动频率 2 Hz~150 Hz 的范围内进行扫频试验。在 2 Hz~9 Hz 时按振幅控制,振幅 3.5 mm;9 Hz~150 Hz 时按加速度控制,加速度为 10 m/s^2。2 Hz→9 Hz→150 Hz→9 Hz→2 Hz 为一个循环,共经历 20 个循环。

7 检验规则

7.1 一般规则

产品的检验分为型式检验和出厂检验,产品通过型式检验合格后,才能批量生产。

7.2 型式检验

7.2.1 产品的型式检验一般由国家法定的质量监督机构组织进行。

7.2.2 凡有下列情况之一时，应进行型式检验：

a) 新产品试制定型鉴定或老产品转厂生产；

b) 正式生产后，如结构、材料、工艺有较大改变，可能影响产品性能时；

c) 产品停产半年以上，恢复生产时；

d) 正常批量生产时，每年一次；

e) 国家质量监督机构提出要求时。

7.2.3 型式检验的样品应随机抽取一个完整的产品。

7.2.4 型式检验的项目及顺序按表1规定执行。

7.2.5 型式检验中，电气安全性能不合格时，该次型式检验为不合格；若其他项目出现不合格，应在同一批产品中加倍抽取样品，对不合格项进行检验，若仍不合格，则该次型式检验不合格。

7.3 出厂检验

7.3.1 对于批量不大于三个的产品，由产品生产企业质量检验部门按表1规定，逐个进行检验，检验合格后签发合格证，方可出厂。

7.3.2 对于批量大于三个的产品，出厂检验的样品应从生产线终端随机抽取不少于30%的样品，但不少于三个完整的产品。若三个全部合格则整个检验批合格，签发合格证，允许出厂；若有一个不合格，则需对整个批进行逐个检验，剔除不合格品。

7.3.3 出厂检验中，若出现一项不合格，则对该批产品的该项目进行全部检验，剔除的不合格品允许返修，返修后重新对不合格项进行检验。

表1 轮胎识别器检验项目

序 号	项目名称	技术要求	试验方法	型式检验	出厂检验	备 注
1	外观质量、形状与尺寸	5.2	6.3	√	√	
2	轮胎识别率	5.3	6.4	√	×	
3	机械性能	5.4	6.5	√	×	
4	通信接口	5.5	6.6	√	√	
5	抗疲劳性	5.6	6.7	√	×	
6	功能要求	5.7	6.8	√	√	
7	绝缘电阻	5.8.1	6.9.1	√	√	
8	介电强度	5.8.2	6.9.2	√	√	
9	安全接地	5.8.3	6.9.3	√	√	
10	电源适应性	5.8.4	6.9.4	√	√	
11	外壳防护性能	5.8.5	6.9.5	√	×	
12	耐低温性能	5.9.1	6.10.1	√	×	
13	耐高温性能	5.9.2	6.10.2	√	×	
14	耐湿热性能	5.9.3	6.10.3	√	×	
15	耐机械振动性能	5.9.4	6.10.4	√	○	
注：√为检验项目，×为不检验项目，○为选做项目。						

8 标志、包装、运输与贮存

8.1 标志

8.1.1 产品标志

产品标志可采用铭牌或直接喷刷、印字等形式，标志应清晰，易于识别且不易随自然环境的变化而褪色、脱落。产品标志上应注明以下内容：

a) 生产企业名称、地址及商标；

b) 产品名称、型号规格及产地；

c) 输入额定电压、频率；

d) 功耗；

e) 质量；

f) 产品编号；

g) 制造日期。

8.1.2 包装标志

产品包装标志应符合 GB/T 191 的有关规定，在外包装箱上应标有“注意防潮”、“小心轻放”、“易碎”、“防倾倒”等图案，在产品内包装箱上应印刷以下内容：

a) 生产企业名称、地址及商标；

b) 产品名称及型号规格；

c) 质量：××× kg；

d) 外形尺寸：长(mm)×宽(mm)×高(mm)；

e) 包装储运图示标志；

f) 本产品标准编号。

8.2 包装

8.2.1 产品包装由内外两部分组成，外包装箱宜用硬质材料，内部用防潮瓦楞纸箱加聚氨酯泡沫塑料或其他软性材料充填缓冲，包装应牢固可靠，能适应常用运输工具运送。

8.2.2 产品包装箱内应随带如下文件：

a) 产品合格证；

b) 产品使用说明书；

c) 装箱单；

d) 随机备用附件清单；

e) 接线图、安装图、支撑架结构图、基础设计示意图；

f) 其他有关技术资料。

8.3 运输

包装好的产品可用常规运输工具运输，运输过程应避免剧烈振动、雨雪淋袭、太阳曝晒、接触腐蚀性气体及机械损伤。

8.4 贮存

产品应贮存于通风、干燥、无酸碱及腐蚀性气体的仓库中，周围应无强烈的机械振动及强磁场作用。

参 考 文 献

[1] GB/T 19813—2005 太阳能突起路标.
[2] 交通部2007年第35号公告《收费公路联网收费技术要求》.

ICS 03.220.20;93.080.30
P 66

中华人民共和国国家标准

GB/T 24972—2010

弹性交通柱

Reboundable traffic cylinders

2010-08-09 发布　　2010-12-01 实施

中华人民共和国国家质量监督检验检疫总局
中国国家标准化管理委员会　发布

前　言

本标准由全国交通工程设施(公路)标准化技术委员会(SAC/TC 223)提出并归口。

本标准起草单位:交通部公路科学研究院、国家交通安全设施质量监督检验中心、锐飞反光材料(厦门)有限公司、上海耐视达安全防护装备有限公司、杭州萧宏一品交通科技有限公司、北京中交华安科技有限公司。

本标准主要起草人:苏文英、李丹、王玮、白缓缓、张柏茂、陆晓理、朱厚根。

弹 性 交 通 柱

1 范围

本标准规定了弹性交通柱(简称交通柱)的产品分类、技术要求、试验方法、检验规则以及标志、包装、运输和贮存。

本标准适用于道路交通中起安全警示作用的、具有弹性的交通柱,主要用于分隔对向交通流或渠化交通,用作其他用途的交通柱可参照使用。

2 规范性引用文件

下列文件中的条款通过本标准的引用而成为本标准的条款。凡是注日期的引用文件,其随后所有的修改单(不包括勘误的内容)或修订版均不适用于本标准,然而,鼓励根据本标准达成协议的各方研究是否可使用这些文件的最新版本。凡是不注日期的引用文件,其最新版本适用于本标准。

GB/T 3681 塑料大气暴露试验方法(GB/T 3681—2000,neq ISO 877:1994)

GB/T 3978 标准照明体和几何条件

GB/T 3979 物体色的测量方法

GB/T 10111 随机数的产生及其在产品质量抽样检验中的应用程序

GB/T 16422.2 塑料实验室光源曝露试验方法 第2部分 氙弧灯(GB/T 16422.2—1999,idt ISO 4892-2:1994)

GB/T 18833 公路交通标志反光膜

JT/T 495 公路交通安全设施质量检验抽样及判定

JT/T 688 逆反射术语

3 术语和定义

JT/T 688确立的以及下列术语和定义适用于本标准。

3.1

弹性交通柱 traffic cylinder

由一个或多个部分组成,包括柱体、底座和反光面,具有弹性的圆柱形物体。

3.2

柱体 cylinder body

交通柱除底座以外的支撑反光面的柱形部分。

3.3

底座 base plate

交通柱底部与支撑面接触并用于固定安装的部分。

3.4

反光面 retroreflective surface

固定于交通柱柱体表面的逆反射材料,具有符合本标准要求的光度性能。

4 产品分类

交通柱分为A、B两类:

——A类:交通柱柱体被反光面全部覆盖;

——B类:交通柱柱体被反光面部分覆盖。

5 技术要求

5.1 材料及外观

5.1.1 交通柱所用材料一般为高分子弹性体,应满足相应材料性能要求及本标准规定的要求。

5.1.2 交通柱表面应平整光洁、颜色均匀一致,无明显的划痕、变形及其他缺陷。

5.1.3 交通柱的反光面,在正常使用中不应与交通柱剥离脱开,且在湿状态下应保持逆反射性能。

5.2 外形尺寸

5.2.1 交通柱的高度 H 应为 300 mm~1 250 mm。

5.2.2 柱体直径应为 75 mm~220 mm。

5.2.3 柱体顶端中心处应开一直径 30 mm±10 mm 的圆孔。

5.2.4 柱体上的反光面一般不少于三条,每条反光面沿柱体纵向轴的尺寸一般不小于 50 mm。

5.2.5 交通柱的未注公差不超过本标准规定尺寸的 5%。

5.3 颜色

交通柱柱体及底座的内部及外部一般均为红色,反光面为白色。交通柱的普通材料色和反光面的逆反射材料色,其色品坐标和亮度因数应符合表 1 和图 1 的要求。

表 1 色品坐标和亮度因数

颜色		色品坐标 光源为标准照明体 D65,观测条件为 45°/0°								亮度因数
		1		2		3		4		
		x	y	x	y	x	y	x	y	
普通材料色	红色	0.690	0.310	0.595	0.315	0.569	0.341	0.655	0.345	≥0.07
逆反射材料色	白色	0.350	0.360	0.300	0.310	0.290	0.320	0.340	0.370	≥0.27

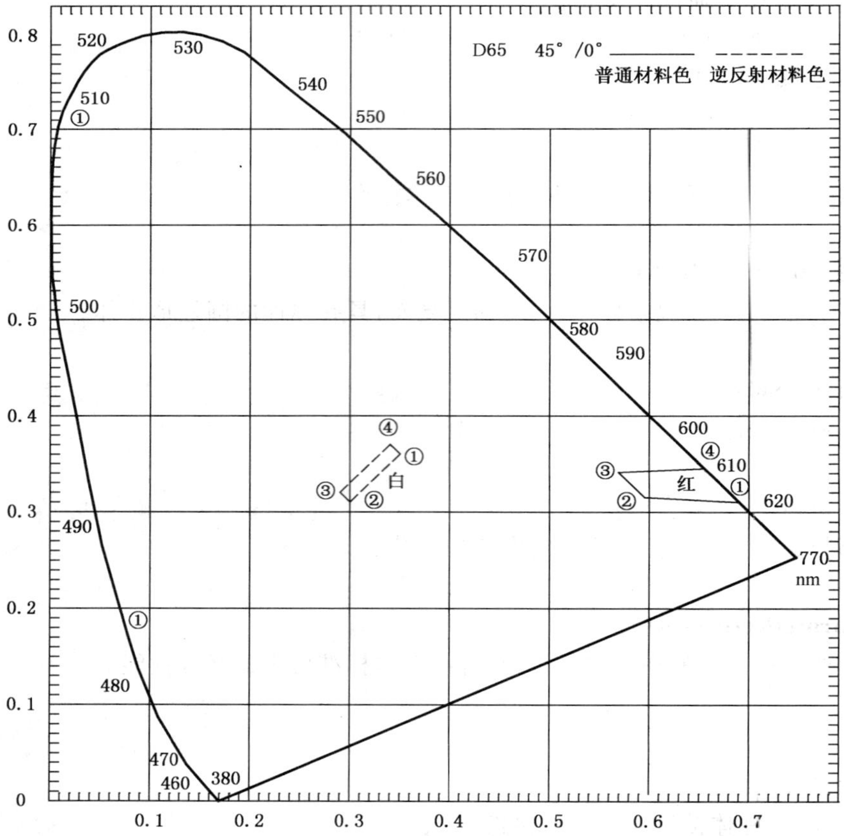

图 1 颜色色品图

5.4 反光面光度性能

交通柱反光面的光度性能分 R_1 级和 R_2 级。R_1 级交通柱反光面的逆反射系数值，应不低于 GB/T 18833中一级反光膜的要求；R_2 级交通柱反光面的逆反射系数值，应不低于 GB/T 18833 中三级反光膜的要求。

5.5 反光面与交通柱的附着性能

垂直于交通柱反光面切割后，反光面不应从柱体上切割线处脱离或出现层间剥离现象。

5.6 低温抗撞击性能

在−18 ℃±2 ℃温度下，交通柱经受 0.9 kg 实心钢球的撞击后，其柱体、底座、反光面不得撕开、破裂或损坏，并应在撞击后恢复原状。

撞击后反光面的逆反射系数值应不低于撞击前的 80%。

5.7 抗弯曲性能

交通柱经弯曲性能试验机往返 20 次碾压后，其柱体、底座、反光面不得有裂缝、破碎或分离，并应在试验完成后能够恢复原状，其柱体顶端在任意水平方向的残余偏斜不超过柱体高度的 7%。

5.8 耐候性能

自然暴露或人工加速老化试验后，交通柱的柱体、底座、反光面应无变形、开裂、剥离或其他损坏，其颜色应符合表 1 和图 1 的要求，反光面的逆反射系数应符合 GB/T 18833 中的相应要求。

6 试验方法

6.1 材料及外观

核查交通柱所用材料的材质证明单或检测报告。

外观质量在光线良好的条件下进行目测。

6.2 外形尺寸

用分度值不大于 1 mm 的尺子对交通柱外形尺寸进行测试。

6.3 颜色

采用 GB/T 3978 中规定的标准照明体 D65 光源、照明观测条件 45°/0°及 2°视场角，按 GB/T 3979 中的方法，对交通柱的普通材料色进行测试。

按 GB/T 18833 中的方法，对反光面的逆反射材料色进行测试。

6.4 反光面光度性能

按 GB/T 18833 中的方法，对反光面的逆反射系数进行测试。

6.5 反光面与交通柱的附着性能

试验环境温度为 20 ℃±5 ℃。

用锋利的刀片，垂直于反光面，沿柱体纵向轴从顶部到底部，在除封口处的任意位置，将柱体上的反光面完全切透。

6.6 低温抗撞击性能

交通柱在−18 ℃±2 ℃的温度下放置至少 2 h 进行调节，并在 1 min 内从调节环境移至试验环境完成测试工作。

将交通柱按其安装说明固定在参考平面上。质量为 0.9 kg±0.045 kg 的实心钢球悬挂在直径不超过 1 mm 的钢丝上做摆锤运动，摆动半径为 1 750 mm±10 mm。将钢球自摆动最高点自由释放，钢球与试验样品的撞击点应位于摆球悬挂点的垂直底部，距参考平面的高度为 $H/3 \sim H/2$ 之间（H 为交通柱的高度）。示意图见图 2。

记录测试过程中样品的任何变化。

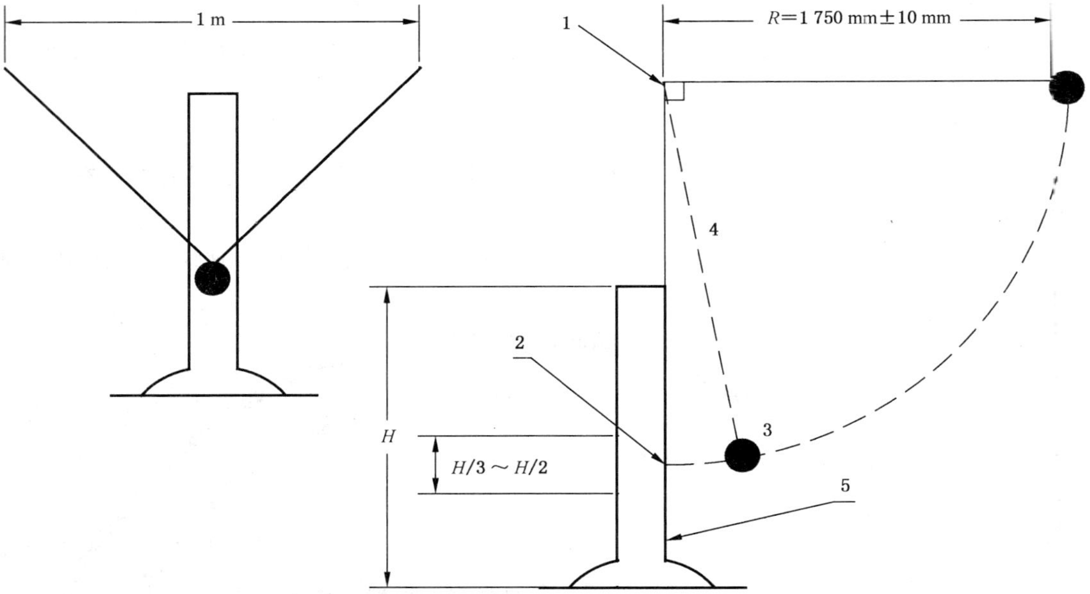

1——摆球中心；
2——撞击点；
3——钢球；
4——摆线；
5——交通柱试样。

图 2 低温抗撞击性能试验

6.7 抗弯曲性能

试验环境温度为 20 ℃±5 ℃。

用弯曲性能试验机对交通柱进行抗弯曲性能试验。弯曲性能试验机上装有一直径为 540 mm、胎压为(2.1～2.7)个大气压的轮胎，以及用于统计试验次数的行程开关 A、B(间距为 2 500 mm)和计数器 C，如图 3 所示。

按产品安装说明，将交通柱固定于试验机内，并调整交通柱位置，使试验机轮胎接触交通柱柱体根部。开启弯曲性能试验机，轮胎从行程开关 A 的位置自左向右，以 20 m/min 的速度转动并碾压交通柱；当轮胎转动至行程开关 B 时，反方向再自右向左，以相同速度转动并碾压交通柱。轮胎自 A 至 B，再自 B 至 A 往返一次，计数器计数一次。

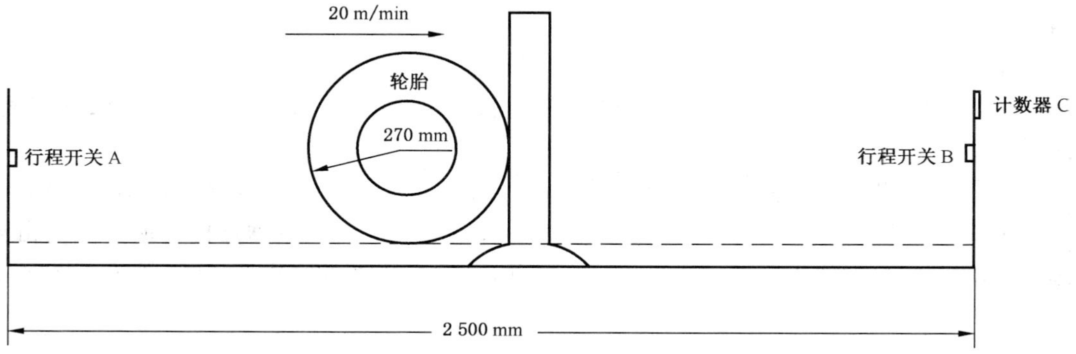

图 3 抗弯曲性能试验示意图

6.8 耐候性能

6.8.1 自然暴露试验

按 GB/T 3681 的要求，将交通柱放置在平坦空旷的场地进行自然暴露试验。

6.8.2 人工加速老化试验

按 GB/T 16422.2 的要求，从交通柱上裁取 65 mm×142 mm 的试样放置于老化箱中进行试验。

7 检验规则

7.1 出厂检验

产品出厂前，应按 GB/T 10111 的方法随机抽样，对 5.1～5.7 项性能进行检验，合格者附合格证才可出厂。

7.2 型式检验

有下列情况发生时，应对产品 5.1～5.8 的全项性能进行型式检验：

a) 老产品转厂生产时；

b) 停产一年或一年以上的产品再生产时；

c) 正常生产的产品经历两年生产时；

d) 产品结构、材料、工艺有较大改变时；

e) 合同规定时；

f) 国家授权的质量监督部门提出质量抽查时。

7.3 抽样方法

对每批产品进行随机抽样或依据 JT/T 495 进行抽样检测。本标准要求的各项试验，宜抽样三个或以上。

7.4 判定规则

本标准中的各项试验，其检测频率及结果判定应符合如下规定：

a) 每项试验至少检测三个数据(宜在不同试样上进行)，取其平均值为检测结果。

b) 检测数据全部符合标准要求，则判定该批产品合格。

c) 检测数据有一项不符合标准要求，抽取双倍数量的产品对该项指标进行复检。若复检合格，则判定该批产品合格；若复检不合格，则判定该批产品不合格。

8 标志、包装、运输和贮存

8.1 交通柱应清晰、耐久地做出如下标志：

a) 生产厂商的名称、商标或其他有关信息；

b) 应用的标准号，如：GB/T 24972—2010；

c) 交通柱的类别；

d) 生产日期及批号等。

8.2 标志在正常的视认距离应清晰易读，并且在交通柱的有效使用期限内牢固耐用。

8.3 交通柱的包装、运输和贮存应考虑方便、安全，并保证交通柱的性能不会下降。

8.4 每个独立的包装应附有产品合格证、使用说明书等必要的信息。

ICS 03.220.20;93.080.30
P 66

GB

中华人民共和国国家标准

GB/T 24973—2010

收费用电动栏杆

Toll electric barrier

2010-08-09 发布　　2010-12-01 实施

中华人民共和国国家质量监督检验检疫总局
中国国家标准化管理委员会　发布

前　言

本标准由全国交通工程设施(公路)标准化技术委员会(SAC/TC 223)提出并归口。

本标准起草单位:交通部公路科学研究院、国家交通安全设施质量监督检验中心、公路交通安全实验室、北京中交华安科技有限公司。

本标准主要起草人:孙岳、王馨、马志功、鲁燚、张智勇、方正鹏、丁伟智、任娟。

收费用电动栏杆

1 范围

本标准规定了公路收费站用电动栏杆的分类、型号、技术要求、试验方法、检验规则、标志、标签、包装、运输、贮存等内容。

本标准适用于公路收费站用电动栏杆，桥梁、隧道、停车场等收费站用电动栏杆可参照使用。

2 规范性引用文件

下列文件中的条款通过本标准中的引用而成为本标准的条款。凡是注日期的引用文件，其随后所有的修改单(不包括勘误的内容)或修订版均不适用于本标准，然而，鼓励根据本标准达成协议的各方研究是否可使用这些文件的最新版本。凡是不注日期的引用文件，其最新版本适用于本标准。

GB/T 191 包装储运图示标志(GB/T 191—2008,ISO 780:1997,MOD)

GB/T 2423.1 电工电子产品环境试验 第2部分:试验方法 试验A:低温(GB/T 2423.1—2008,IEC 60068-2-1:2007,IDT)

GB/T 2423.2 电工电子产品环境试验 第2部分:试验方法 试验B:高温(GB/T 2423.2—2008,IEC 60068-2-2:2007,IDT)

GB/T 2423.3 电工电子产品环境试验 第2部分:试验方法 试验Cab:恒定湿热试验方法(GB/T 2423.3—2006,IEC 60068-2-78:2001,IDT)

GB/T 2423.10 电工电子产品环境试验 第2部分:试验方法 试验Fc:振动(正弦)(GB/T 2423.10—2008,IEC 60068-2-6:1995,IDT)

GB/T 2423.17 电工电子产品环境试验 第2部分:试验方法 试验Ka:盐雾(GB/T 2423.17—2008,IEC 60068-2-11:1981,IDT)

GB/T 2423.22 电工电子产品环境试验 第2部分:试验方法 试验N:温度变化(GB/T 2423.22—2002,IEC 60068-2-14:1984,IDT)

GB 2893 安全色(GB 2893—2008,ISO 3864-1:2002,MOD)

GB/T 3681 塑料大气暴露试验方法(GB/T 3681—2000,ISO 877:1994,NEQ)

GB 4208 外壳防护等级(IP代码)(GB 4208—2008,IEC 60529:2001,IDT)

GB/T 4942.1 旋转电机整体结构的防护等级(IP代码)-分级(GB/T 4942.1—2006,IEC 60034-5:2000,IDT)

GB/T 17626.2 电磁兼容 试验和测量技术 静电放电抗扰度试验(GB/T 17626.2—2006,IEC 61000-4-2:2001,IDT)

GB/T 17626.3 电磁兼容 试验和测量技术 射频电磁场辐射抗扰度试验(GB/T 17626.3—2006,IEC 61000-4-3:2002,IDT)

GB/T 17626.4 电磁兼容 试验和测量技术 电快速瞬变脉冲群抗扰度试验(GB/T 17626.4—2008,IEC 61000-4-4:2004,IDT)

GB/T 22040—2008 公路沿线设施塑料制品耐候性要求及测试方法

3 术语和定义

下列术语和定义适用于本标准。

3.1

电动栏杆　toll electric barrier

通过控制器控制电动机驱动高出地面的栏杆臂绕特定的轴向旋转起落来阻挡车辆通行和控制车辆进出的机械设备。

3.2

控制开关　driver key

近程或远程操作栏杆臂起落的电子或机械设备。

3.3

堵转状态　locked-rotor condition

电动机在通电条件下转子堵住时的状态。

4　分类与型号

4.1　分类

电动栏杆按交通流方向栏杆臂下落关闭一侧，分为左侧型和右侧型。见图1、图2。电动栏杆由栏杆臂、机箱、连接件、控制开关及机箱内部电机、电控装置与一系列机械装置等组成。

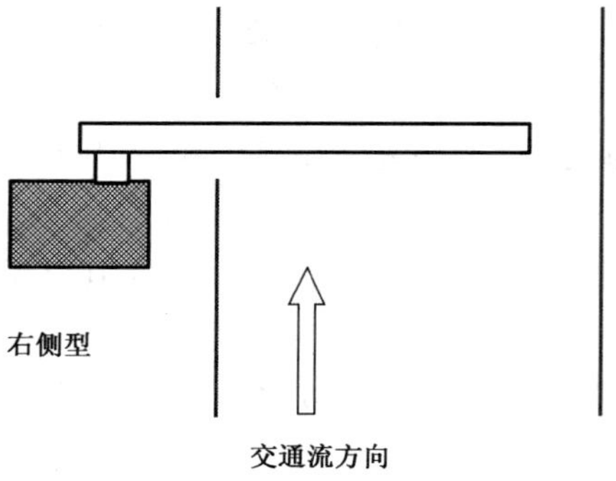

图 1

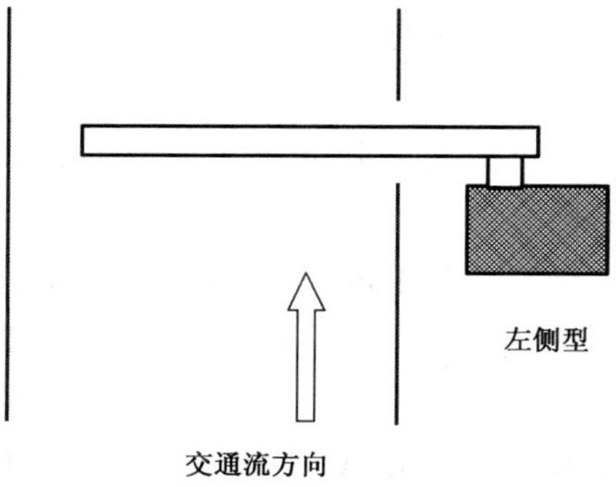

图 2

4.2　型号

产品型号命名如下：

□ - DL - □ - □ - □

- □（第五项）——开启方向，L、R
- □（第四项）——适用环境温度等级，分为 A，B，C
- □（第三项）——栏杆机速度等级，分为 F—— 快速，O—— 普通，S—— 低速
- DL——电动栏杆代号，拼音首写字母大写
- □（第一项）——生产企业标志，一般用大写字母

5　技术要求

5.1　适用条件

5.1.1　安装及使用环境：户外无气候防护。

5.1.2　环境温度

产品适合使用温度分为三级：

——A 级：−20 ℃～+55 ℃；

——B 级：−40 ℃～+50 ℃；

——C 级：−55 ℃～+45 ℃。

5.1.3 相对湿度：不大于98%。

5.2 **材料要求**

箱体宜采用不锈钢或2 mm以上厚的Q235钢板或同等强度相当的材料，表面均需喷涂有机涂层，涂层厚度不小于0.076 mm；栏杆臂可采用普通铝合金，也可用PVC、碳素纤维等材料制成。

5.3 **形状、尺寸要求**

5.3.1 机箱为长方体，长、宽、高尺寸应符合表1规定：

表1 机箱长、宽、高尺寸

长	240 mm～480 mm
宽	240 mm～480 mm
高	800 mm～1 200 mm

5.3.2 栏杆臂应有一定的强度，不允许因自身重量、手扳或风吹而产生明显的挠度。

5.3.3 横杆长度宜在2 500 mm～5 000 mm之间，栏杆臂下边缘距机箱底平面的高度应在650 mm～950 mm之间。

5.4 **一般要求**

5.4.1 产品应至少具备两种驱动控制方式：手动按钮操作和检测器控制自动操作。

5.4.2 栏杆臂的关闭应由电机驱动，不得自由下落。

5.4.3 在栏杆臂下落至水平关闭位置的过程中，只要收到打开信号，栏杆臂应能立刻抬起。

5.4.4 栏杆臂应贴敷红白相间的反光膜，反光膜不应出现边缘被剥离的现象。

5.5 **起落角度**

栏杆臂起落角度在0°～90°范围之内。处于关闭位置时，为0°；打开至最大位置时，为90°。两者的容许误差为±3°。

5.6 **起落时间**

电动栏杆的起落总时间分成三档：

——F级：小于1.4 s；

——O级：1.4 s～4 s，不含4 s；

——S级：4 s～5 s。

5.7 **可靠性**

产品无故障起落次数应不小于1 500 000次。

5.8 **终点位置**

正常工作下，在水平关闭终点位置或垂直开启终点位置时，栏杆臂应被锁定，不应抖动。

5.9 **防撞要求**

栏杆臂应能承受300 N/m^{2}的风压，而不影响正常使用。但在受到车辆撞击时应能及时水平转开或脱离机箱。

5.10 **故障处理**

在电源故障或机械失效时，处于关闭位置的栏杆臂能被手动打开，或者自动回复至打开位置。

5.11 **自检功能**

产品应设置自检功能，当产品发生故障时，应能够发出告警信息。

5.12 **电气安全性能**

5.12.1 **绝缘电阻**

栏杆电源输入端与机壳之间的绝缘电阻不小于100 MΩ。

5.12.2 **介电强度**

在产品的电源接线端子与机壳之间施加频率50 Hz、有效值1 500 V正弦交流电压，历时1 min，应无火花、飞弧和击穿现象。

5.12.3 接地电阻

产品应设安全保护接地端子，接地端子与机壳连接可靠，接地端子与机壳的接触电阻应小于0.1 Ω。

5.12.4 防触电保护

机箱所有的外露金属构件(含紧固件)都应具有可靠的防触电保护(电压超过50 V的带电部件)，控制装置应有短路保护、欠电压及过电压保护。

5.12.5 电源适应性

电动栏杆应在单相交流电压：220×(1±15%)V，频率50×(1±4%)Hz条件下可靠工作。

5.12.6 电动机一般要求

栏杆所使用的电动机必须能满足频繁反复启动的要求，宜能够长时间运行在堵转状态。应符合相关的国家和行业标准。电机外壳防护等级按GB/T 4942.1规定不低于IP55级。

5.12.7 机箱防护等级

机箱外壳的防护等级按GB 4208的规定应不低于IP55级。

5.13 噪声

栏杆在正常工作时所产生的噪声，用声级计测量应不大于声压级65 dB(A)。

5.14 环境适应性能

5.14.1 耐高温性能

在+55℃(+50 ℃，+45 ℃)条件下，产品应启动正常，逻辑正确。

5.14.2 耐低温性能

在−20 ℃(−40 ℃，−55 ℃)条件下，产品应启动正常，逻辑正确。

5.14.3 耐湿热性能

在环境温度为40 ℃±1 ℃、相对湿度95%±2%条件下，产品应启动正常，逻辑正确。

5.14.4 耐温度交变性能：

产品应能耐受温度由−20 ℃～55 ℃变化的影响，在温度循环变化后，产品应起动正常，逻辑正确；产品的结构件等不应产生变形和其他损伤。

5.14.5 机械抗振性能

在通电状态下，在振动频率2 Hz～150 Hz的范围内进行扫频循环震动后，产品应功能正常，结构不受影响，零部件无松动。

5.14.6 耐盐雾腐蚀性能

产品外壳应无明显锈蚀现象，电动栏杆用反光膜不应出现边缘被剥离的现象。

5.14.7 耐候性能

在自然曝晒或人工加速老化后，产品的外壳防腐层、发光元件及其支撑底板(其他部件由供需双方协定)外观应无明显老化现象，非金属材料的机械力学性能保留率应不小于90%。

5.15 电磁兼容性

5.15.1 电快速瞬变脉冲群抗扰度

产品的电源端口、信号和控制端口以及壳体的接地线应具有抗电快速瞬变脉冲群的性能，在遭受电快速瞬变脉冲群干扰后，产品的各种动作、功能及运行逻辑应正常。

5.15.2 静电放电抗扰度

产品正常使用时的接触点和表面以及维修点应具有抗静电放电性能，静电放电产生后，产品的各种动作、功能及运行逻辑应正常。

5.15.3 辐射电磁场抗扰度

产品应具有抗电磁场辐射性能，遭受电磁场辐射后，产品的各种动作、功能及运行逻辑应正常。

5.16 防腐

机箱内的所有金属构件如连杆件、弹簧、螺栓等应提供有效的防腐措施，并应符合相关的国家标准规定。

5.17 外观质量

5.17.1 箱体内外与栏杆臂防护涂层色泽应均匀，无划伤、裸露基体等损伤，其理化性能指标应符合国家或行业相关标准的要求。

5.17.2 栏杆臂与机箱内杆件连接安装应方便、牢固可靠，安装完毕后应无明显变形、凹凸等缺陷。机箱内部各构件应装配牢固，机械活动各部件应灵活、无卡滞现象。

5.17.3 机箱体、栏杆臂喷涂颜色应符合 GB 2893 中的有关规定，并与贴敷在栏杆臂上的反光膜颜色相区别。

5.17.4 机箱体设计应方便检查、维修与日常维护。箱体出线开孔位置、大小应合适，切口整齐，出线管与箱体开孔要密封良好；箱内接线整齐，回路编号清楚，走线横平竖直，符合视觉美学要求。箱锁应采取防水、防锈措施，箱门开闭灵活轻便，密封良好。箱门不应朝向行车道。

5.17.5 面板上所有文字、符号应清晰、正确、牢固。

6 试验方法

6.1 试验条件

除特殊规定外，一般试验条件如下：

——环境温度：+15 ℃～+35 ℃；

——相对湿度：45%～75%；

——大气压力：86 kPa～106 kPa。

6.2 测试结果的处理

除特殊规定外，一般要求对重复的客观测量项目进行三次测试，对于主观测试项目，测试人员应不少于三人，测试结果分为两级：合格、不合格。

6.3 材料

应核查原材料的材质证明单是否齐全有效，必要时可对原材料的主要性能指标（如物理力学性能）进行检验。涂层厚度用电子涂层测厚仪，按平均法取样测量。

6.4 外形尺寸

用精度为 0.5 mm 的钢卷尺测量，应根据栏杆使用场所的限制条件选择本标准要求范围之内的合适大小。

6.5 外观质量

用目测和手感法，为主观评定项目。

6.6 电气安全要求

6.6.1 绝缘电阻

用精度 1.0 级，500 V 的兆欧表在电源接线端子与机壳之间测量。

6.6.2 介电强度

用精度 1.0 级的耐电压测试仪在接线端子与机壳之间测量。

6.6.3 接触电阻

用精度 0.5 级分辨力 0.01 Ω 的电阻表在机壳顶部金属部位与安全保护接地端子之间测量。

6.6.4 电源适应性

用自耦变压器或可调交流电源给标志供电，测试电压分别为 180 V ⟶ 200 V ⟶ 220 V ⟶ 240 V ⟶ 255 V ⟶ 230 V ⟶ 210 V ⟶ 180 V。每调整到一档电压并稳定后，都分别开启和关闭标志电源开关，检查逻辑和功能是否正常。

6.6.5 机箱防护等级

试验按照 GB 4208 有关试验方法进行。

6.7 功能要求及技术指标试验

6.7.1 用角规测量电动栏杆开合角度。

6.7.2 栏杆的起落时间从栏杆的触发信号发出算起至栏杆下落至水平位置结束，用秒表检测起落杆总时间。

6.7.3 在户外无气候防护的环境下，给电动栏杆通电，用计数器记下连续起落次数。

6.7.4 给电动栏杆通电，发出关闭指令，观察栏杆臂的关闭过程至水平关闭位置，发出打开指令，观察栏杆臂的打开过程直至垂直打开位置。

6.7.5 给电动栏杆通电，发出关闭指令，栏杆臂至水平关闭位置后，给栏杆臂中部施加 300 N 压力。

6.7.6 给电动栏杆通电，发出关闭指令，栏杆臂至水平关闭位置后，断开电源。

6.8 噪声试验

噪声测试可采用普通声级计进行，采用 A 声级。测试应在环境噪声水平比产品和环境总噪声低 10 dB 的条件下进行。环境噪声应当是在本标准确定的每个参考点上紧接在产品进行试验前和进行试验后进行测量，取其平均值。

产品放置在周围空间 3 m 内没有声音反射面的地方(除地板或地面之外)。正对产品外壳前面中心开始，从上看以顺时针方向围绕产品按每间隔 1 m 取一个参考点，应当取不少于四个参考点。每个参考点离产品外壳的距离应为 1 m。传声话筒应置于参考点上离地面 1.2 m～1.5 m 高处，正对着设备的主噪声产生源，且距离测量人员身体 0.5 m 以上。在每个参考点上测量一次噪声，取其平均值作为产品的噪声水平。

6.9 环境适应性能试验

6.9.1 耐高温试验方法

按 GB/T 2423.2 规定进行。试验 8 h。

6.9.2 耐低温试验方法

按 GB/T 2423.1 规定进行。试验 8 h。

6.9.3 耐湿热试验方法

按 GB/T 2423.3 规定进行。试验 48 h。

6.9.4 耐温度交变性能试验方法

按 GB/T 2423.22 试验 Na 的规定进行。将整个产品(条件受限时可用代表产品质量特性的模块)在通电工作状态下放入温度交变试验箱中，在高温＋55 ℃保持 2 h，在 2 min 内转移到低温－20 ℃保持 2 h，在 2 min 内再转移到高温，如此共循环五次。

6.9.5 机械抗振性能试验方法

按 GB/T 2423.10 规定进行。栏杆通电工作时，在振动频率 2 Hz～150 Hz 的范围内进行扫频试验，2 Hz～9 Hz 内按振幅控制，振幅 7.5 mm；9 Hz～150 Hz 内按加速度控制，加速度为 20 m/s^2。2 Hz～9 Hz～150 Hz～9 Hz～2 Hz 为一个循环，经历 20 个循环。

6.9.6 耐盐雾腐蚀性能试验方法

按 GB/T 2423.17 规定进行。试验 168 h。

6.9.7 耐候性能试验方法

可采用自然曝晒试验或人工加速老化试验方法。自然曝晒试验按照 GB/T 3681 的规定进行，试验时间为两年。人工加速老化试验按照 GB/T 22040—2008 中 6.9 的规定进行，试验累积能量达到 3.5×10^6 kJ/m^2。

6.10 电磁兼容性试验方法

6.10.1 电快速瞬变脉冲群抗扰度试验

确定试验等级3，按照GB/T 17626.4进行试验。将2 kV试验电压通过耦合/去耦网络施加到供电电源端口和保护接地上，将1 kV试验电压通过耦合/去耦网络施加到输入输出信号和控制端口上，施加试验电压五次，每次持续时间不少于1 min。

6.10.2 静电放电抗扰度试验

确定试验等级2，按照GB/T 17626.2进行试验。对所确定的放电点采用接触放电，试验电压为4 kV。至少施加10次单次放电，放电之间间隔至少1 s。

6.10.3 辐射电磁场抗扰度试验

确定试验等级2，按照GB/T 17626.3进行试验。对正常运行的电动栏杆四个侧面分别在发射天线垂直极化和水平极化位置进行试验，发射场强为3 V/m。

7 检验规则

7.1 一般规则

产品的检验分为型式检验和出厂检验，产品通过型式检验合格后，才能批量生产。

7.2 型式检验

7.2.1 产品的型式检验一般由国家法定的质量监督机构组织进行。

7.2.2 凡有下列情况之一时，应进行型式检验：

a) 新产品试制定型鉴定或老产品转厂生产；

b) 正式生产后，如结构、材料、工艺有较大改变，可能影响产品性能时；

c) 产品停产半年以上，恢复生产时；

d) 正常批量生产时，每年一次；

e) 国家质量监督机构提出要求时。

7.2.3 型式检验的样品应随机抽取一台产品。

7.2.4 型式检验的项目及顺序按表2规定执行。

7.2.5 型式检验中，电气安全性能不合格时，该次型式检验为不合格；若其他项目出现不合格，应在同一批产品中加倍抽取样品，对不合格项进行检验，若仍不合格，则该次型式检验不合格。

7.3 出厂检验

7.3.1 对于批量不大于三台的产品，由产品生产企业质量检验部门按表2规定，逐台进行检验，检验合格后签发合格证，方可出厂。

7.3.2 对于批量大于三台的产品，出厂检验的样品应从生产线终端随机抽取不少于30%的样品，但不少于三台产品。若三台全部合格则整个检验批合格，签发合格证，允许出厂；若有一台不合格，则需对整个批进行逐台检验，剔除不合格品。

7.3.3 出厂检验中，若出现一项不合格，则对该批产品的该项目进行全部检验，剔除的不合格品允许返修，返修后重新对不合格项进行检验。

表2 收费用电动栏杆检测项目表

序号	项目名称	技术要求	检验方法	型式检验	出厂检验
1	形状尺寸	5.3	6.4	√	√
2	外观质量	5.17	6.5	√	√
3	绝缘电阻	5.12.1	6.6.1	√	√
4	介电强度	5.12.2	6.6.2	√	√
5	接地电阻	5.12.3	6.6.3	√	√

表 2（续）

序号	项目名称	技术要求	检验方法	型式检验	出厂检验
6	电源适应性	5.12.5	6.6.4	√	○
7	机箱防护性能	5.12.7	6.6.5	√	○
8	起落角度	5.5	6.7.1	√	√
9	起落时间	5.6	6.7.2	√	√
10	可靠性	5.7	6.7.3	√	○
11	终点位置	5.8	6.7.4	√	√
12	防撞要求	5.9	6.7.5	√	√
13	故障处理	5.10	6.7.6	√	√
14	噪声	5.13	6.8	√	○
15	耐高温性能	5.14.1	6.9.1	√	○
16	耐低温性能	5.14.2	6.9.2	√	○
17	耐湿热性能	5.14.3	6.9.3	√	○
18	耐温度交变性能	5.14.4	6.9.4	√	○
19	机械抗振性能	5.14.5	6.9.5	√	○
20	耐盐雾腐蚀性能	5.14.6	6.9.6	√	○
21	耐候性能	5.14.7	6.9.7	√	○
22	电磁兼容性	5.15	6.10	√	○
注：√为进行检验项目，○为不进行检验项目。					

8 标志、包装、运输与贮存

8.1 标志

8.1.1 产品标志

产品标志可采用铭牌或直接喷刷、印字等形式，标志应清晰，易于识别且不易随自然环境的变化而褪色、脱落。产品标志上应注明以下内容：

a) 生产企业名称、地址及商标；

b) 产品名称、型号规格及产地；

c) 输入额定电压、频率；

d) 功耗；

e) 质量；

f) 产品编号；

g) 制造日期。

8.1.2 包装标志

产品包装标志应符合 GB/T 191 的有关规定，在外包装箱上应标有“注意防潮”、“小心轻放”、“易碎”、“防倾倒”等图案，在产品内包装箱上应印刷以下内容：

a) 生产企业名称、地址及商标；

b) 产品名称及型号规格；

c) 质量：×××kg；

d) 外形尺寸：长(mm)×宽(mm)×高(mm)；

e） 包装储运图示标志；

f） 本产品标准编号。

8.2 包装

8.2.1 产品包装由内外两部分组成，外包装箱宜用硬质材料，内部用防潮瓦楞纸箱加聚氨酯泡沫塑料或其他软性材料充填缓冲，包装应牢固可靠，能适应常用运输工具运送。

8.2.2 产品包装箱内应随带如下文件：

a） 产品合格证；

b） 产品使用说明书；

c） 装箱单；

d） 随机备用附件清单；

e） 接线图、安装图、支撑架结构图、基础设计示意图；

f） 其他有关技术资料。

8.3 运输

包装好的产品可用常规运输工具运输，运输过程应避免剧烈振动、雨雪淋袭、太阳曝晒、接触腐蚀性气体及机械损伤。

8.4 贮存

产品应贮存于通风、干燥、无酸碱及腐蚀性气体的仓库中，周围应无强烈的机械振动及强磁场作用。

ICS 03.220.20;93.080.30
P 66

中华人民共和国国家标准

GB/T 24974—2010

收费用手动栏杆

Toll manual barrier

2010-08-09 发布　　　　2010-12-01 实施

中华人民共和国国家质量监督检验检疫总局
中国国家标准化管理委员会 发布

前　　言

本标准由全国交通工程设施(公路)标准化技术委员会(SAC/TC 223)提出并归口。

本标准起草单位:交通部公路科学研究院、国家交通安全设施质量监督检验中心、公路交通安全实验室、北京中交华安科技有限公司。

本标准主要起草人:王馨、孙岳、于江浩、张智勇、方正鹏、刘玉新、鲁燚、任娟。

收费用手动栏杆

1 范围

本标准规定了手动栏杆的组成、分类、命名、技术要求、试验方法、标志、包装、运输和贮存等内容。

本标准适用于公路、桥梁、隧道、停车场等收费站用手动栏杆。

2 规范性引用文件

下列文件中的条款通过本标准的引用而成为本标准的条款。凡是注日期的引用文件，其随后所有的修改单(不包括勘误的内容)或修订版均不适用于本标准。然而，鼓励根据本标准达成协议的各方研究是否可使用这些文件的最新版本。凡是不注日期的引用文件，其最新版本适用于本标准。

GB/T 191 包装储运图示标志(GB/T 191—2008,ISO 780:1997,MOD)

GB/T 2423.17 电工电子产品环境试验 第2部分:试验方法 试验Ka:盐雾(GB/T 2423.17—2008,IEC 60068-2-11:1981,IDT)

GB/T 3681 塑料大气暴露试验方法(GB/T 3681—2000,neq ISO 877:1994)

GB/T 22040 公路沿线设施塑料制品耐候性要求及测试方法

3 术语和定义

下列术语和定义适用于本标准。

3.1

手动栏杆 toll manual barrier

人工手动搬动横杆绕特定的轴向水平旋转或垂直起落来阻挡车辆通行的机械装置。

4 组成、分类与型号

4.1 组成与分类

收费用手动栏杆由横杆、旋转轴、底座等组成，根据横杆旋转方式分为水平转动式(S型)和垂直起落式(C型)两种类型。

4.2 型号

收费用手动栏杆的型号组成如下：

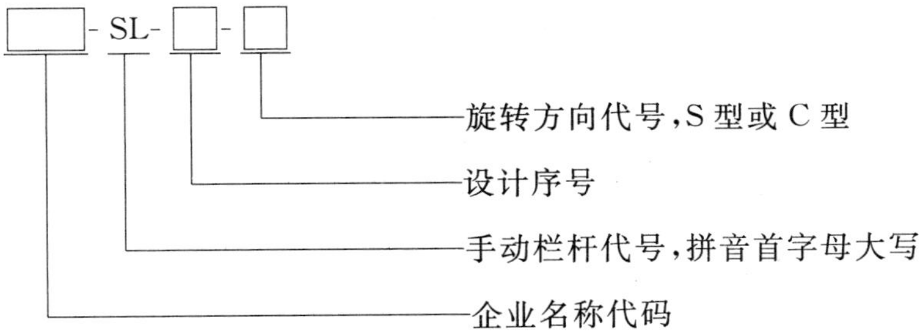

5 技术要求

5.1 一般要求

5.1.1 横杆、立杆等主要金属构件宜采用不锈钢制成，其他易腐蚀的金属构件应按相关国家标准作相应的防腐处理，表面喷涂有机涂层，涂层厚度不小于0.076 mm。横杆应有一定强度要求，不能因手扳、风吹而产生明显的挠度。

5.1.2 横杆与旋转轴连接应灵活、无卡滞现象。

5.1.3 横杆处于关闭位置时应保持水平。

5.1.4 横杆长度宜在 3 000 mm～5 000 mm 之间；横杆下边缘距底座水平面的高度在 650 mm～950 mm 之间。

5.1.5 横杆表面应贴敷红白相间的反光膜，反光膜不应出现边缘被剥离的现象，并在横杆中部悬挂禁止驶入标志。

5.1.6 各部件表面应光滑平整，无明显凹凸变形，边角过度圆滑；金属构件防护层色泽均匀，无划伤、裂痕等损伤。

5.2 耐盐雾腐蚀性能

产品外壳应无明显锈蚀现象，手动栏杆用反光膜不应出现边缘被剥离的现象。

5.3 耐候性能

在自然曝晒或人工加速老化后，手动栏杆不应出现裂缝或变形，手动栏杆用反光膜不应出现边缘被剥离的现象。

6 试验方法

6.1 材料

主要核查原材料的材质证明单是否齐全有效，必要时可对原材料的主要性能指标(如物理力学性能)进行试验，涂层厚度用电子涂层测厚仪，按平均法取样测量。

6.2 外观质量

用目测和手感法。

6.3 外观尺寸

用精度为 0.5 mm 的钢卷尺测量。

6.4 测试结果的处理

除特殊规定外，一般要求对重复的客观测量项目进行三次测试，取技术平均值为测试结果。对于主观测试项目，测试人员应不少于三人，测试结果为两级：合格、不合格。

6.5 耐盐雾腐蚀性能试验

按 GB/T 2423.17 规定进行。试验 168 h。

6.6 耐候性能试验

可采用自然曝晒试验或人工加速老化试验方法。自然曝晒试验按照 GB/T 3681 的规定进行，试验时间为两年。人工加速老化试验按照 GB/T 22040—2008 中 6.9 的规定进行，试验累积能量达到 $3.5\times10^6\ kJ/m^2$。

7 检验规则

7.1 一般规则

产品的检验分为型式检验和出厂检验，产品通过型式检验合格后，才能批量生产。

7.2 型式检验

7.2.1 产品的型式检验一般由国家法定的质量监督机构组织进行。

7.2.2 凡有下列情况之一时，应进行型式检验：

a) 新产品试制定型鉴定或老产品转厂生产；

b) 正式生产后，如结构、材料、工艺有较大改变，可能影响产品性能时；

c) 产品停产半年以上，恢复生产时；

d) 正常批量生产时，每年一次；

e) 国家质量监督机构提出要求时。

7.2.3 型式检验的样品应随机抽取一台产品。

7.2.4 型式检验的项目按第5章的要求进行。

7.3 出厂检验

7.3.1 对于批量不大于三台的产品，由产品生产企业质量检验部门按检验项目5.1、5.2、5.3规定的内容，逐台进行检验，检验合格后签发合格证，方可出厂。

7.3.2 对于批量大于三台的产品，出厂检验的样品应从生产线终端随机抽取不少于30%的样品，但不少于三台产品。若三台全部合格则整个检验批合格，签发合格证，允许出厂；若有一台不合格，则需对整个批进行逐台检验，剔除不合格品。

7.3.3 出厂检验中，若出现一项不合格，则对该批产品的该项目进行全部检验，剔除的不合格品允许返修，返修后重新对不合格项进行检验。

8 标志、包装、运输与贮存

8.1 标志

8.1.1 产品标志

产品标志可采用铭牌或直接喷刷、印字等形式，标识应清晰，易于识别且不易随自然环境的变化而褪色、脱落。产品标识上应注明以下内容：

a) 生产企业名称、地址及商标；

b) 产品名称、型号规格及产地；

c) 质量；

d) 产品编号；

e) 制造日期。

8.1.2 包装标志

产品包装标志应符合GB/T 191的有关规定，在外包装箱上应标有"注意防潮"、"小心轻放"、"易碎"、"防倾倒"等图案，在产品内包装箱上应印刷以下内容：

a) 生产企业名称、地址及商标；

b) 产品名称及型号规格；

c) 质量：×××kg；

d) 外形尺寸：长(mm)×宽(mm)×高(mm)；

e) 包装储运图示标志；

f) 本产品标准编号。

8.2 包装

8.2.1 产品包装由内外两部分组成，外包装箱宜用硬质材料，内部用防潮瓦楞纸箱加聚氨酯泡沫塑料或其他软性材料充填缓冲，包装应牢固可靠，能适应常用运输工具运送。

8.2.2 产品包装箱内应随带如下文件：

a) 产品合格证；

b) 产品使用说明书；

c) 装箱单；

d) 随机备用附件清单；

e) 安装图、支撑架结构图、基础设计示意图；

f) 其他有关技术资料。

8.3 运输

包装好的产品可用常规运输工具运输，运输过程应避免剧烈振动、雨雪淋袭、太阳曝晒、接触腐蚀性气体及机械损伤。

8.4 贮存

产品应贮存于通风、干燥、无酸碱及腐蚀性气体的仓库中，周围应无强烈的机械振动作用。

ICS 29.020
K 04

中华人民共和国国家标准

GB/T 24975.1—2010

低压电器环境设计导则 第1部分:总则

Guide of environmental design for low-voltage apparatus—Part 1:General rules

2010-08-09 发布 2011-02-01 实施

中华人民共和国国家质量监督检验检疫总局
中国国家标准化管理委员会 发布

前　　言

GB/T 24975《低压电器环境设计导则》包括以下7个部分：

——第1部分：总则；

——第2部分：隔离器；

——第3部分：断路器；

——第4部分：接触器；

——第5部分：熔断器；

——第6部分：按钮信号灯；

——第7部分：接线端子。

本部分是GB/T 24975《低压电器环境设计导则》的第1部分。

本部分的附录A、附录B为资料性附录。

本部分由全国电工电子产品与系统的环境标准化技术委员会(SAC/TC 297)提出并归口。

本部分起草单位：机械工业北京电工技术经济研究所、上海电器科学研究所(集团)有限公司、常熟开关制造有限公司、特变电工沈阳变压器集团有限公司、北京ABB低压电器有限公司。

本部分主要起草人：李锋、季慧玉、方晓燕、周建兴、王中丹、韩红军、岳高、张亮。

低压电器环境设计导则
第1部分：总则

1 范围

本部分规定了将环境因素引入低压电器产品(以下简称产品)的基本原则。

本部分适用于新的或改进的产品的设计。

本部分的目的是为了在产品的设计阶段就控制其对环境的影响。

2 规范性引用文件

下列文件的条款通过GB/T 24975的本部分的引用而成为本部分的条款。凡是注日期的引用文件，其随后所有的修改单或者修订版均不适用于本部分，然而，鼓励根据本部分达成协议的各方研究是否可使用这些文件的最新版本。凡是不注日期的引用文件，其最新版本适用于本部分。

GB 14048.1 低压开关设备和控制设备 第1部分：总则(GB 14048.1—2006,IEC 60947-1:2001,MOD)

GB/T 19000 质量管理体系 基础和术语(GB/T 19000—2008,ISO 9000:2005,IDT)

GB/T 24001 环境管理体系 要求及使用指南(GB/T 24001—2004,ISO 14004:2004,IDT)

GB/T 24040 环境管理 生命周期评价 原则与框架(GB/T 24040—2008,ISO 14040:2006,IDT)

ISO 14062:2002 环境管理 将环境因素引入产品设计和开发

3 术语和定义

GB/T 19000、GB/T 24001确立的以及下列术语和定义适用于本部分。

3.1

环境 environment

产品的运行环境，包括空气、水、陆地、自然资源、植物、动物、人和它们之间的相互关系。

注：这里的环境从产品内部延伸到全球系统。

[GB/T 24001]

3.2

环境因素 environmental aspect

一个组织的活动、产品或服务中能与环境发生相互作用的要素。

注：重要环境因素是指具有或能够产生重大环境影响的环境因素。

[GB/T 24001]

3.3

环境影响 environmental impact

全部或部分由于组织的活动、产品或服务给环境造成的任何有害或有益的变化。

[GB/T 24001]

3.4

环境设计 environmental design

在设计和开发过程中系统地考虑所有环境因素的方法，旨在减少负面环境影响环境设计。

注：环境设计与环境意识设计、环境生态设计、环境可持续设计、生态设计、绿色设计等术语同义。

3.5

设计和开发　design and development

将要求转化成产品、过程或体系的规定的特性或规范的一组过程。

注1：“设计”和“开发”有时是同义的，有时用于规定整个设计和开发过程中的不同阶段。

[GB/T 19000]

注2：产品开发是指实施产品设计想法的过程，从策划到投放市场再到产品的评价；商业战略、市场考虑、研究方法和设计因素都包括在这个过程中，使产品达到实际使用状态。设计和开发还包括改进或修改现行产品或加工过程。

3.6

生命周期　life cycle

产品系统中前后衔接的一系列阶段，从原材料的采购或自然资源的生成，直至最终处置。

[GB/T 24040]

3.7

生命周期评价　life cycle assessment

对一个产品系统的生命周期中的输入、输出及其潜在环境影响的汇编和评价。

[GB/T 24040]

4　将环境因素引入产品设计和开发的总体考虑

4.1　尽早引入环境设计

尽早引入环境设计，是在产品的开发和设计的初期就把产品对环境的影响作为设计内容的主题之一来考虑，同时也要把产品对环境的影响作为评价产品的重要因素之一。提倡因改善产品对环境影响，减少产品对环境的伤害的改进性设计。

注：建议组织利用已有的管理体系对环境设计进行评价。因此，在已有的管理体系中应该考虑环境设计的特点。为了更有效地对环境设计进行科学的评价，组织也可以根据本导则的要求设计主题性表格进行专门的评价。

4.2　强调产品的整个生命周期都对环境友好

产品的生命周期中的各个阶段都有可能直接或间接地与对环境的影响形成密切的关系，设计者有必要研究设计与产品生命周期的每一个阶段间的关系，并且给出设计与环境之间关系的信息。某些情况时，同一个问题会涉及到两个或两个以上的生命阶段，例如材料的选用。

注：所谓的设计者，并不是指某一个人，就低压产品而言或许是一个设计的工作团队。因此，更有必要把环境设计的思想作为设计的基本主导思想，特别是设计的各个环节要反复地衡量影响环境的问题。

即使环境因素被产品的生命周期的两个及以上的阶段所提及，也不意味着这个因素比其他的因素更为重要，而是提醒设计者或者组织在评估或评价设计结果时考虑因素取舍的平衡，以期产品对环境的影响降低。

4.3　建立产品的功能设计和环境设计的关系

产品需求的变化与技术的发展和产品的功能的关系越来越密切，产品需求的变化与技术发展速度明显地加快，促使产品的功能设定的目标要充分考虑这些因素的影响。

例如产品的功能性的扩展会延长产品部分部件的寿命，降低新的制造的耗能；适度而有限的寿命设计可以缓解产品对环境的伤害等。

一些涉及可用性、有效寿命、可靠性、外观等因素的设计会越来越更多地考虑对环境的影响，例如外观，从需求或产品的竞争角度看其变化会越来越快。

注1：不主张以牺牲对环境的友好换取市场竞争为目的的设计。低压电器的新的或改进的设计首要是为了改善对环境的影响，安全功能的增加不受此限制。

对产品来说，特别是在改进产品功能设计的时候，应该重点强调引入环境设计的要求和方法，而不必等到产品功能设计升级时再考虑环境设计问题。

注 2：功能设计和环境设计的关系有统一的时候，但也有相背的时候。本导则只是提醒在两者的关系相背的时候更多地关注环境设计的需求。但无论如何在产品改进性设计时，宜充分考虑环境设计的问题，除非新增的功能是必需的。

4.4 产品的环境设计是环境保护政策重要的延续

环境意识引入的重要目的是延续环境保护政策。正是由于产品从在市场的数量上和所用材料的种类上都会对环境产生影响，在设计阶段遵守环境设计的原则更会起到明显改善产品与环境友好的作用。所以，环境设计与传统设计(例如，性能、质量、成本)是同样重要的。

注：可能在某种意义上看，环境设计会越来越受到重视，甚至会影响产品某些功能的更新和发展。

4.5 侧重对环境的影响

侧重对环境的影响是必要的，在增加环境设计时，往往会遇到这样的问题，为了尽可能减少产品对环境的伤害，在材料、制造工艺、包装，以及回收上会明显增加制造商的成本。因此寻找最佳解决方案，包括在不同环境因素之间的权衡，以及环境、经济和社会利益之间的权衡，环境因素、技术因素和质量因素之间的权衡会给设计者带来困惑。

本导则积极鼓励尽可能更多地考虑产品对环境的影响是必要的，如果暂时不会实现明显或最佳的效果，设计者也应该给出相关的信息，这些信息对设立专门的研究课题和进一步改进的计划是非常有用的。

而对具有强制性的对环境影响的约束是设计者必须考虑的内容。

4.6 与相关标准的协调

在考虑产品设计时，应注意研究相关的产品或专业的标准对环境设计的影响与要求，例如 GB 14048.1。

4.7 产品的环境设计的管理

一般不将环境设计的管理作为组织的一个独立的管理体系，相反地，鼓励组织在既有的管理体系中增加相应的内容。例如在 GB/T 19000、GB/T 24001、GB/T 24040，或者 ISO 14062:2002 等标准所界定的内容。

注：环境设计不会停留在产品发展的某个阶段，换言之，每次对产品的设计都要注重环境设计观念的引入并有效贯彻。因此，环境设计的管理十分重要。通过管理的手段可以比较每一次设计对环境影响的改进程度提高了多少，这种积累循进的办法可以不断地提高产品与环境间的友好关系。

5 将环境因素引入产品设计和开发的基本原则

5.1 总则

5.1.1 应运用生命周期思想，即，包括产品生命周期的所有阶段，从而帮助找出各种设计机会。重要的是保证在强调产品生命周期任何单一阶段时都不会无意地改变其他阶段对环境的影响。

5.1.2 组织应建立将环境因素引入产品设计和开发过程的策略，这一策略不仅仅与组织的发展战略相协调，更重要的是应该成为组织管理体系的一部分。

5.1.3 经验表明，结合产品的特点和设计者的主观，以及组织强调环境设计管理而形成的有针对性的方案才是最佳方案。因此，本导则不能指出某种产品的特点与环境设计的直接关系，以及环境设计管理的某些环节的作用，但对设计者的主观影响是非常重要的。

5.1.4 就产品而言，制造用的材料几乎都会对环境有不同程度的影响，因此，材料的选用以及材料的加工制造过程是这类产品突出的影响环境的因素之一。并且由于产品自身功能需要所形成的特点，在产品生命末期如何快速地拆解、方便回收是结构设计上和制造工艺上需要着重考虑的方面之一。基于上述原因，设计者应考虑：

——产品对环境的影响(如,材料的加工和回收时的处置等)主要源于原材料的获取阶段。

——产品在使用阶段会持续地使用能源,降低或减少能源的使用或消耗,会对环境产生积极的影响。

——制造、经销和包装也会对环境产生影响,另一方面也存在减少环境影响的机会。只有在设计者可以实际影响到这些环境因素,并且这些环境因素可以得到显著提升时,才鼓励设计者考虑这些因素。

——当设计和开发本标准范围内的产品,并且设计者可以实际影响到这些产品时,本导则提出的要求和建议是积极的。

5.1.5 给出的附录:

——附录A塑料的兼容性指导(资料性);

——附录B有理由被进一步限/禁使用的有害物质的举例(资料性)。

注:设计者应考虑应用或参考这些资料时的时效性。

5.1.6 就环境设计的目标而言,组织从管理的角度应该提出目标要求。一般情况,目标往往是设计者提出来的,组织履行目标检查的职责。随着环境设计的深入,组织应该建立环境设计目标的更新机制。

5.2 原材料获取阶段

5.2.1 原材料要易于识别,避免使用对人体和环境有害的原材料

设计者应注意研究以下内容:

a) 避免使用对人体和环境有害的原材料包括:

——金属元素及其化合物:包括铅、镉、汞、六价铬、铍、锑、钡、镍等金属及其化合物;

——卤化阻燃剂:包括多氯联苯、多溴联苯(PBB)、多溴二苯醚(PBDE)、四溴双酚A、灭蚁灵(MireX)、短链氯化石蜡(C10-13)等;

——石棉;

——有机锡;

——邻苯二甲酸脂类增塑剂;

——偶氮燃料;

——多环芳烃(PAH);

——甲醛;

——聚氯乙稀(PVC)及其混合物。

b) 不可避免使用对人体和环境有害的原材料时:

——新的或改进的产品要比原产品用量减少;

——用量不得超过相关法律法规或者相关标准的限值要求;

——应在产品的使用说明中说明,条件许可时应在产品上或最小包装上予以标识。

c) 设计者应该注意产品的制造过程是否建立了对人体和环境有害的原材料使用的管理程序,如果有要严格执行相应的管理办法,如果没有应该细致地研究本导则的提示。

d) 如果设计者在了解到不可避免地使用了对人体和环境有害的原材料的整体情况后,应该有计划地提出下一步的打算,例如提出替代技术或材料的研究计划。

e) 对于外购的零部件,设计者应该甄别其使用的材料是否使用了对人体和环境有害的材料。一般情况下,应避免或限制外购零部件使用对人体和环境有害的材料。如果不可避免使用了对人体和环境有害的原材料,应该遵循b)的原则。

注:上述所列举的有害物质并不包括已知的所有有害物质,可能有理由进一步被禁/限使用的材料列举见附录B。

5.2.2 尽量减少原材料的种类、体积和质量

设计者应注意研究以下内容:

a) 减少原材料使用的种类对减少产品在整个生命周期内对环境的影响作用是比较明显的。

b) 在同样能保证产品功能的情况下，应选择体积更小的材料。

c) 应最大限度利用结构上的设计，以减少原材料的质（重）量对产品的影响，例如使用更多的原材料可能会增强产品的机械强度，而结构上的设计可以达到在保证机械强度的基础上使用更少的材料。

d) 通常多个零部件会比少的零部件对环境的影响大，而减少零部件可能造成结构的复杂，以至增加零部件的制造成本，设计者在权衡上述因素时，要更多地倾向于减少对环境的影响。

注：单一零件最好使用一种材料制造，不同材料的零件所组成的部件应设计成容易拆解分离。

5.2.3 考虑原材料的来源

设计者应注意研究以下内容：

a) 原材料的制造成本和制造原材料过程中的能源消耗没有必然的关系，所以在选用原材料时应该细致地比较不同原材料间成本与耗能之间的关系，以确定最优选的原材料。

b) 有必要比较原材料不同的供应商因所采取的环保措施不同而对环境影响的不同。例如应该优先考虑选择通过了环境管理体系认证，并在生产过程中贯彻了环保政策的供应商。

c) 下面所例举的材料有不易获取或稀有的特征，设计时应该尽量不使用或少使用：
锂、铍、铷、铯、钨、钼、钽、铌、铪、钒、钛、铼、镓、铟、铊和锗等。

如果原来的设计已经使用了上述的材料，新的设计或改进设计时应尽量用其他的材料替代或减少使用的量。

注：所谓不易获取或稀有特征只是人们普遍的一致认为。

5.2.4 考虑原材料的再使用和再生利用

设计者应注意研究以下内容：

a) 在比较和选用材料时，设计者应该遵循下面的使用顺序（从上往下优先选用）：
——直接可以回收使用的；
——回收过程中消耗的能源最小的；
——不可回收的。

注1：例如，减少热固性塑料的使用，更多地使用热塑性塑料会对环境更友好，因为热塑性材料更便于回收。而选用回收时能耗低的原材料，更便于原材料的循环使用。

b) 对于外购的零部件，设计者应该研究其材料是否符合a)的要求。

c) 对制造而言一种零件应该设计选用一种材料设计。如果需要两种或两种以上的材料制造时应考虑所使用的材料间的关系，特别是能不能或者是否容易分离，以及分离过程中能源的消耗的情况，一般应优选能够或者容易分离，以及分离过程中耗能比较小的材料。例如塑料的兼容性见附录A。

注2：直接回收使用的零件可能取决于回收过程中的成本，即便回收的成本会大于零件本身的成本，也不意味着不强调在设计时考虑这一因素。

5.3 制造阶段

5.3.1 考虑制造工艺对环境的污染

设计者应注意研究以下内容：

a) 对所有需要制造的零件，设计者要逐一分析可能对环境造成污染的环节。一般应该把对环境造成污染的程度加以适当的分类，例如：
——对环境基本无污染的；
——对环境有污染但在规定的限值以内；
——对环境的污染超过规定的限值。

b) 对环境污染程度超过规定的限值的制造工艺过程必须采取措施，如采用全封闭的生产线，或对制造过程中排出的废气、废水和废渣进行环保处理。

c) 对环境有污染但在规定的限值以内的制造工艺过程,原则上应设计可能排出的废气、废水和废渣的收集装置,以防止因积累造成对环境的污染。

d) 在制造工艺过程中对环境污染程度影响的因素具有活动性时,或者会因积累的原因造成突发性环境污染时,要考虑设置在线检测装置,以监控有毒有害物质排放的状况。

5.3.2 减少制造过程中的资源消耗

设计者应注意研究以下内容:

a) 对不可回收的能源或制品,在工艺设计时应注意尽量减少使用。

b) 对可重复或循环使用,或经过处理后不会对环境产生危害的资源,在工艺设计时应设置专门的装置。例如:淡水等。

c) 在选择制造工艺时应综合考虑电、石油制品、淡水等资源的消耗,并注意运用产生废弃物量小的工艺流程。

d) 以减少制造过程中的资源消耗为目的设计,可以是产品改进设计重要的目的,特别是新的工艺就是为节省资源而设计的。

5.3.3 降低制造过程中对环境的污染

即使每个零件的制造都可能不对环境有超出规定的影响,但整个生产过程的累积也有可能超出规定的要求。因此设计者:

a) 要尽量累积整个生产过程中所产生的废料和残渣的总和,分析检查其对环境影响的程度是否也在规定的限值内。

b) 要平衡使用或减少使用(指相对已有的产品)添加剂(包括诸如润滑作用的物质)的用量,如果可能,应采用无危害的添加剂或将其安全地回收。

c) 要避免使用 CFC、HCPC、HBFC、溴化甲烷、HFC PEC SF_6 等物质,因为这些物质可能会引起温室效应、臭氧破坏或者酸化效应等。

5.3.4 注意研究因降低环境污染而产生的能源消耗

由于必须采取必要的设备或工艺过程控制制造过程中对环境的污染产生的能源消耗是值得关注的,应该研究这些能源的消耗和改变设计(如更变材料或工艺等)之间的平衡。

5.3.5 注意研究因制造过程管理成本过高或生产效率低所产生综合能源消耗的影响

设计者应注意到在制造过程中的管理成本提高或生产效率低会在一定程度上影响到能源消耗的增加。例如增加管理内容会增加管理成本,提高生产的效率会降低能源的消耗。因此,有必要比较制造过程中管理成本的大小和生产效率的高低。通常零件的减少会减少管理的成本和提高生产的效率。

5.4 包装、运输和配送阶段

5.4.1 包装的减量化

设计者应注意研究以下内容:

a) 对个别性产品的包装,要注意包装的体积的设计,在达到强度要求的前提下,应选择密度小的包装材料,同时也要注意包装材料用量的使用,以减小包装的重量。

b) 对批量产品的包装,在设计时应注意不同组合包装的使用,例如采用类似的大批量产品的包装,避免单独设计小批量产品的包装。

5.4.2 包装的可回收性

a) 尽量使用可回收的、能多次使用的包装材料。

注 1:在生产过程中或相对集中供货时可能容易实现包装的重复或多次使用,但对产品终端用户来说是困难的,此时要更注重包装材料的可回收性。

b) 如果可能,应建立包装材料的回收渠道,制定措施来促进包装材料的回收。

注 2:例如组织可以设立专门的部门来负责包装材料的回收和再利用,可以通过收取包装材料的押金或者租金来促进包装材料回收。

5.4.3 包装材料的安全性

设计者应注意研究以下内容：

a) 应该尽量使用可降解的塑料包装材料。如果是改进设计，替代不可降解的包装是非常重要的改进设计内容之一。

b) 油墨、染料、安定剂和重金属等会对人体健康和环境有害，因此在包装设计上应避免使用。

c) 在包装外观上要设计印有回收信息的标识，以及所含有害物质的处理说明。

5.4.4 提高运输效率

包装的外形尺寸和运输工具容积尺寸之间有一定的协调关系。通常应该采用模数化的设计方法，选择与常用的运输工具所采用的模数一致，例如 25 mm 的模数。这样，会在不同程度上提高运输的效率，进而减少产品在运输过程中的能源消耗。

5.5 使用阶段

5.5.1 考虑对环境的污染

设计者应注意研究以下内容：

a) 如果产品在使用过程中可能会对环境产生明显的危害，设计者应该在产品说明书上给出合理使用产品的方法，避免有害物质外泄或者发生其他危险。

b) 对于可能的使用不当而造成的环境污染，例如可能的不良通风造成的热的积聚，导致材料内有害物质外泄，应该设计必要的通风或其他的补救措施，例如报警或停止运行等。

5.5.2 降低使用过程的资源消耗

a) 降低产品正常使用中的能耗是一项多因素的设计，因此正常使用条件下的能耗是产品重要的技术指标之一。可能会遇到这样的情况，产品的制造成本与产品使用过程中的能耗会有矛盾，即成本增加而能耗降低，反之成本减少而能耗增加。设计者应该合理确定平衡点，以优化设计方案。

b) 一般情况，产品在启动和关闭时会增加能耗，设计者应该考虑这一因素。

注：有些产品，例如接触器，在正常工作中会长期消耗电能，设计时应有专门的考虑。

5.5.3 合理的预期使用寿命设计

设计者应注意研究以下内容：

a) 考虑到对环境影响的技术会在相当长的时期内不断地更新，设计者应该考虑这一因素。

注 1：往往产品寿命的长短与技术的更新，以及市场的需要是相互矛盾的，设计者很难找到其中的平衡点。因此，更需要设计者积累经验，以寻找对环境影响的增量。

b) 产品应设计得易于维护和保养，例如可以快速地实现更换零件或减少保养措施、降低维护和保养的费用。

注 2：对大型的产品来说，产品故障的快速诊断、自动诊断，以及专业的故障诊断的指导直至专业、快速的维修，都会不同程度地降低维护(修)保养的能耗。

c) 应通过设计给产品的升级留有空间，例如只要局部更换或不断修改就可以实现产品的升级，或者使产品的功能等得到扩充。通常通过模块化设计，更换部件就可以使产品升级。

d) 零部件数量的多少会在产品的使用中影响产品的可靠性，数量的减少会有利于产品可靠性的提高，因此设计者应该优化产品的结构，减少产品的零部件数量。

5.6 生命末期(回收处理)阶段

5.6.1 减少产品废弃时对环境的污染

设计者应注意研究以下内容：

a) 设计者应当最大程度上了解产品所谓生命末期所处的状态，并且把所掌握的状态和回收处理时对环境的危害联系起来，以提出产品废弃时的处理方案。

b) 设计者应该了解是否已经存在废弃产品的回收渠道，如果有，应该在产品的适当位置(如标识上)注明回收的渠道。如果没有,应该在产品的使用说明或适当位置上标注废弃时应该注意的事项。特别要强调不能随意丢弃废弃的产品,因为产品废弃后导致温室效应、臭氧层破坏或者酸化效应等。

c) 应该考虑到回收处理过程中避免使用有害的原料或者物质,如果可能,设计者应该给出适当的回收工艺的原则要求。例如产品的回收处理过程需要使用清洁的工艺,此时应该避免引入新的有毒有害物质。

注:回收的过程可以定义为是一种生产的过程,因此设计者应该注意研究回收过程对环境危害的可能性,或许如同产品的制造阶段一样,对回收过程设计者也应该视同制造过程一样关注回收过程对环境的影响。

5.6.2 材料的回收

设计者应注意研究以下内容:

a) 在生命周期末期或处于废弃状态的产品,构成其材料可大致分为:
——可回收再利用;
——可回收再利用,但需要消耗能源;
——不可回收再利用。

注1:设计者应该在产品的设计阶段了解所选材料的回收再利用的价值,以作为选用材料时考虑的因素。

b) 即使在设计阶段已经做到了选用材料所应遵守的原则,但也要尽可能地给出废弃产品中可回收的材料与不可回收的材料合理分离的方法或处理的渠道。例如,产品的使用者或者废弃产品的处理机构能够很容易地从产品上得到回收的信息。

注2:对一些小的零部件可能很难标识回收的信息,但是设计者也应该给出使用者或者废弃产品的处理机构找到制造商的信息,例如通过网络可以查询到相关的信息。

5.6.3 产品的可拆卸性

设计者应注意研究以下内容:

a) 在产品的设计过程中,设计者应该尽可能采用多样化的方式方便产品的拆卸,例如:
——尽量减少产品中联接件的数量;
——简化联接结构;
——采用相同的紧固件;
——仅需要少的拆卸工具的种类;
——不用借助动力设备。

b) 为了更好地便于拆卸,设计上应提供良好的拆卸可达性,易于接近拆卸部位,有足够的操作空间,以及便于观察拆卸过程。

c) 在条件允许的情况下,标识需要拆卸回收的零部件是必要的,这样做可以节省拆卸的成本和时间。

d) 如果可拆卸的零件可以直接回收利用,设计者应该以恰当的形式予告知或标识,这样可以尽量避免零部件表面的二次加工(油漆、涂覆、电镀等)。

注:可拆性和产品的安全性隐患可能存在一定的平衡关系。换言之,对那些再次(直接回收)使用的有可能影响产品安全性能的零部件要在设计上有所考虑,以避免影响产品安全性的关键零部件直接回收利用时有可能造成的安全隐患。

5.6.4 信息的披露

组织的环境策略应该把产品生命末期的详细信息(例如材料回收、可拆性,或可直接回收的零部件等,甚至指导拆卸的方法等)以方便快捷的形式予以披露,例如组织的网站。因为很多这方面的详细信息很难在产品上标识,而随产品提供的一些文件或资料也很难保留很长时间(例如使用者在废弃产品时或许找不到相关的信息)。

附　录　A
（资料性附录）
塑料的兼容性指导

设计者应验证并且与塑料的卖方共同重新检查已识别出的塑料兼容性。所列出的聚合物具有许多不同特性，这取决于所使用的添加物，需要对聚合物材料的兼容性进行全面的分析。也就是说，有必要进行更多的分析。

表 A.1　塑料的兼容性

塑料 \ 添加材料	PE	PVC	PS	PC	PP	PA	POM	SAN	ABS	PBT	PET	PMMA	ASA	PBT+PC	PC+ABS	PC+PBT	PPO	PPO+PS	TPU
重要的设计高分子材料																			
PE	●	○	○	○	●	○	○	○	○	○	○	○	◔	◔	◔	◔	◔	◔	◔
PVC	○	●	○	○	○	○	○	●	◑	○	○	●	●	○	○	○	○	○	●
PS	○	○	●	○	○	○	○	○	○	○	○	○	◔	◔	◔	◔	●	●	◔
PC	○	◔	○	●	○	○	○	●	●	●	●	●	●	●	●	●	◔	◔	●
PP	◔	○	○	○	●	○	○	○	○	○	○	○	◔	◔	◔	◔	◔	◔	◔
PA	○	○	◔	○	○	●	○	○	○	◔	◔	○	◔	◔	◔	○	◔	◑	●
POM	○	○	○	○	○	○	●	○	○	◔	○	○	◔	○	◔	◔	◔	◔	◑
SAN	○	●	○	●	○	○	○	●	●	○	○	●	●	●	●	●	◔	◔	●
ABS	○	◑	○	●	○	○	◔	○	●	◔	◔	●	●	◑	●	◑	◔	◔	●
PBT	○	○	○	●	○	◔	○	○	◔	●	○	○	◑	●	◑	◑	◔	◔	◔
PET	○	○	◔	●	○	◔	○	○	◔	○	●	○	◔	◔	◑	◑	◔	◔	◑
PMMA	○	●	◔	●	○	○	◔	●	●	○	○	●	●	◔	●	◑	◔	◔	●
ASA	○	◑	◔	●	○	◔	◔	●	●	◑	◑	●	●	◑	●	◑	◔	◔	●
PBT+PC	○	○	◔	●	○	◔	◔	◑	◑	●	◑	◔	◑	●	◑	●	◔	◔	●
PC+ABS	○	○	◔	●	○	○	○	◑	●	◑	◑	●	●	◑	●	◑	◔	◔	●
PC+PBT	○	○	◔	●	○	○	○	◑	◑	●	◑	◑	◑	●	◑	●	◔	◔	●
PPO	○	○	●	◔	○	○	◔	◔	◔	◔	◔	◔	◔	◔	◔	◔	●	●	◔
PPO+PS	◔	◔	●	◔	◔	◔	◔	◔	◔	◔	◔	◔	◔	◔	◔	◔	●	●	◔
TPU	◔			◔	◔	●	◔		●	◔	◔	◔	●	◑	●	◑	◔	◔	●

注 1：●任何浓度下都能混合　　◑在很大的浓度范围内都能混合　　◔只能少量的混合
○不兼容　　（灰色）不确定

注 2：关于高分子材料的兼容性，不同的技术文献中有时候会出现互相矛盾的表述。这种情况下材料的混合用灰色的背景表示，背景中的标识是最可能或发生频率最高的情况。高分子材料的代码来自 ISO 11469。

附 录 B
（资料性附录）
有理由被进一步限/禁使用的有害物质的举例

B.1 总则

由于实验室条件的有限性和物质对机体和环境影响的复杂性，使人们对有毒有害物质的认识有一定的滞后性。有理由被进一步限/禁使用的有毒有害的物质会根据对其评估的原则和工业发展的进程所决定。

B.2 对限/禁用物质的评估原则

B.2.1 已经证明是有毒有害的

一般情况，有毒有害物质主要有以下两类：

——具有致癌性、诱变性或生殖毒性的化学品，还包括存在遗传、神经、过敏和免疫等方面影响的物质。

——具有持续有机污染物（POPS）特性的化学品。持续有机污染物在自然环境中能长时间保持稳定性，这些物质会表现出特别的危害。持续有机污染物可以从其生产地进行长距离的转移，可以在大多数生物的组织器官中积聚并产生危害性作用。

B.2.2 可以找到替代物的

对有毒有害的物质，如果能够找到合适的替代物质的，一般会限或禁使用。一些组织的豁免规定只是一种过渡性措施。

B.2.3 替代物不应产生新的污染

这个污染可能是替代物引起的，但也不能忽视生产该替代物所带来的污染问题。例如在电冰箱、空调机、泡沫塑料、喷雾剂和稀释剂中使用的对臭氧层有破坏作用的氯氟碳化合物，被氢氟碳化合物和全氟碳化合物所替代，但两种替代物质已被证明会导致温室效应。

B.3 有理由被限/禁用的有毒有害物质种类

B.3.1 金属元素及其化合物

铍、锑、钡、镍、硒和砷元素及其部分化合物具有很强的毒性，会对机体和环境带来严重的后果。

除上述金属元素及其化合物外，还应该关注的物质有：锰及其化合物、钴及其化合物、有机汞、硼及其化合物、钼及其化合物、铟及其化合物、钡及其化合物、铊及其化合物等。

对于一些金属元素，例如铋和钯，如果能够寻找到合适的替代物，也会被限/禁使用。

B.3.2 卤系阻燃剂

可能有害的卤系阻燃剂物质包括：

——多氯三苯（PCTs）

——灭蚁灵 MireX（Perchlordecone，Dechlorane Kepone）

——短链氯化石蜡（C10-13）（Short Chain Chlorinated Paraffins）

——五氯苯酚（PCP）

——多氯化萘（PCNs）。

四溴双酚 A 有致癌性的可能。

十溴二苯醚的危害性还在研究中。

B.3.3 石棉

石棉已经被证明对人身健康有危害。

B.3.4 有机锡

有机锡化合物已被证明是一种环境激素，并已其替代的产品。

B.3.5 邻苯二甲酸酯类增塑剂

邻苯二甲酸酯类物质包括 DEHP、DINP、DNOP、DBP、DIDP 和 BBP，这些物质经接触后容易进入人体产生危害。

B.3.6 偶氮染料

部分偶氮染料会分解出致癌的芳香胺。

B.3.7 多环芳烃(PAH)

多环芳烃中有 16 种物质是高致癌的物质，其中苯并(a)芘是 PAHs 中毒性最强的一种。

B.3.8 甲醛

甲醛已被确认为是对人体有毒害、致癌、致畸形的化学物质。

B.3.9 聚氯乙烯(PVC)及其混合物

聚氯乙烯及其混合物的残留或添加剂中的有害物质及其危害性有：

——残留氯乙烯单体为致癌物质；

——铅和镉系列的稳定剂，会逐渐释放到与之接触物质，例如食物或水，由此危害生物的健康；

——邻苯二甲酸酯类的增塑剂为致癌物质；

——邻苯二甲酸酯类的增塑剂为致癌物质。

聚氯乙烯及其混合物焚烧时会产生二噁英及含氯等有毒气体，并难以再利用。

ICS 29.020
K 04

GB

中华人民共和国国家标准

GB/T 24975.2—2010

低压电器环境设计导则 第2部分:隔离器

Guide of environmental design for low-voltage apparatus—Part 2:Disconnectors

2010-08-09 发布　　2011-02-01 实施

中华人民共和国国家质量监督检验检疫总局
中国国家标准化管理委员会 发布

前 言

GB/T 24975《低压电器环境设计导则》包括以下几个部分：

——第1部分：总则；

——第2部分：隔离器；

——第3部分：断路器；

——第4部分：接触器；

——第5部分：熔断器；

——第6部分：按钮信号灯；

——第7部分：接线端子。

本部分是GB/T 24975《低压电器环境设计导则》的第2部分，本部分应与第1部分一起使用。

本部分由全国电工电子产品与系统的环境标准化技术委员会(SAC/TC 297)提出并归口。

本部分起草单位：上海电器科学研究所(集团)有限公司、机械工业北京电工技术经济研究所、常熟开关制造有限公司。

本部分主要起草人：季慧玉、沈意冰、李锋、郭丽平、周建兴。

低压电器环境设计导则 第2部分:隔离器

1 范围

本部分规定了将环境因素引入隔离器产品(以下简称产品)的基本原则。

本部分适用于新的或改进的产品的设计。

本部分的目的是为了在产品的设计阶段就控制其对环境的影响。

2 规范性引用文件

下列文件中的条款通过GB/T 24975的本部分的引用而成为本部分的条款。凡是注日期的引用文件,其随后所有的修改单(不包括勘误的内容)或修订版均不适用于本部分,然而,鼓励根据本部分达成协议的各方研究是否可使用这些文件的最新版本。凡是不注日期的引用文件,其最新版本适用于本部分。

GB 14048.1 低压开关设备和控制设备 第1部分:总则(GB 14048.1—2006,IEC 60947-1:2001,MOD)

GB 14048.3 低压开关设备和控制设备 第3部分:开关、隔离器、隔离开关及熔断器组合电器(GB 14048.3—2008,IEC 60947-3:2005,IDT)

GB/T 24975.1—2010 低压电器环境设计导则 第1部分:总则

3 术语和定义

GB/T 24975.1—2010的第3章适用。

4 将环境因素引入产品设计和开发的总体考虑

GB/T 24975.1—2010的第4章适用。并注意研究GB 14048.1和GB 14048.3中相关的要求。

5 将环境因素引入产品设计和开发的基本原则

5.1 总则

GB/T 24975.1—2010的5.1适用。

5.2 原材料获取阶段

5.2.1 总则

GB/T 24975.1—2010的5.2适用。

5.2.2 塑料

设计者应注意研究以下内容:

a) 材料类别

塑料零部件材料,减少选用热固性塑料,更多地使用热塑性塑料。

b) 阻燃剂

优先选用不含有卤族元素、溴系元素阻燃剂的塑料,如选用$Al(OH)_3$、Sb_2O_3、磷酸酯、$Mg(OH)_2$。其中$Al(OH)_3$兼有无机填料和阻燃剂的效果,使用比较广泛。

c) 填充剂

不应选用石棉作为填充剂,宜采用玻璃纤维或其他材料作为填充剂。

d) 着色剂

应限制使用镉红等含有镉的着色剂。

5.2.3 弹性零部件材料的选用

弹性零部件宜采用非合金和低合金钢。

5.3 制造阶段

GB/T 24975.1—2010 的 5.3 适用,并:

a) 静插座(静触头)、动触刀(动触头)在电镀时一般不宜采用氰化物、六价铬作为镀锌钝化的材料。

b) 弹性零部件在表面处理时宜选用不含有害物质的环氧树脂漆和聚氨酯漆。

5.4 包装、运输阶段

GB/T 24975.1—2010 的 5.4 适用。

5.5 使用阶段

GB/T 24975.1—2010 的 5.5 适用。

5.6 生命末期(回收处理)阶段

GB/T 24975.1—2010 的 5.6 适用,并:

注意在结构设计时考虑零件易于拆卸,以降低回收成本并容易地回收再利用。

ICS 29.020
K 04

中华人民共和国国家标准

GB/T 24975.3—2010

低压电器环境设计导则 第3部分：断路器

Guide of environmental design for low-voltage apparatus—Part 3: Circuit breakers

2010-08-09 发布 2011-02-01 实施

中华人民共和国国家质量监督检验检疫总局
中国国家标准化管理委员会 发布

前　言

GB/T 24975《低压电器环境设计导则》包括以下几个部分：

——第1部分：总则；

——第2部分：隔离器；

——第3部分：断路器；

——第4部分：接触器；

——第5部分：熔断器；

——第6部分：按钮信号灯；

——第7部分：接线端子。

本部分是GB/T 24975《低压电器环境设计导则》的第3部分。本部分应与第1部分一起使用。

本部分由全国电工电子产品与系统的环境标准化技术委员会(SAC/TC 297)提出并归口。

本部分起草单位：常熟开关制造有限公司、上海电器科学研究所(集团)有限公司、机械工业北京电工技术经济研究所、北京ABB低压电器有限公司。

本部分主要起草人：周建兴、季慧玉、沈意冰、刘丽萍、李锋、郭丽平。

低压电器环境设计导则
第3部分：断路器

1 范围

本部分规定了将环境因素引入低压断路器的基本原则。

本部分适用于新的或改进的产品设计。

本部分适用的断路器包括万能式断路器(ACB)、塑料外壳式断路器(MCCB)、微型断路器(MCB)。

本部分的目的是为了在产品的设计阶段就控制其对环境的影响。

2 规范性引用文件

下列文件中的条款通过GB/T 24975的本部分的引用而成为本部分的条款。凡是注日期的引用文件，其随后所有的修改单(不包括勘误的内容)或修订版均不适用于本部分，然而，鼓励根据本部分达成协议的各方研究是否可使用这些文件的最新版本。凡是不注日期的引用文件，其最新版本适用于本部分。

GB 10963.1 电气附件 家用及类似场所用过电流保护断路器 第1部分：用于交流的断路器(GB 10963.1—2005，IEC 60898-1:2002，IDT)

GB 14048.1 低压开关设备和控制设备 第1部分：总则(GB 14048.1—2006，IEC 60947-1:2001，MOD)

GB 14048.2—2001 低压开关设备和控制设备 第2部分：低压断路器(IEC 60947-2:1997，IDT)

GB 18499 家用及类似用途的剩余电流保护器(RCD) 电磁兼容性(GB 18499—2008，IEC 61543:1995，IDT)

GB/T 24975.1—2010 低压电器环境设计导则 第1部分：总则

3 术语和定义

GB/T 24975.1—2010的第3章适用。

4 将环境因素引入产品设计和开发的总体考虑

GB/T 24975.1—2010的第4章适用。并注意GB 14048.1、GB 14048.2—2001、GB 10963.1中相关的要求。

5 将环境因素引入产品和开发的基本原则

5.1 总则

GB/T 24975.1—2010的5.1适用。

5.2 原材料获取阶段

5.2.1 总则

GB/T 24975.1—2010的5.2适用。

5.2.2 塑料

塑料的选用应遵循以下原则：

a) 材料类别

与电弧不直接接触或虽与电弧直接接触，但电弧能量不大的零部件优先选用热塑性塑料(如玻纤增强阻燃 PA66，矿物填充阻燃 PA6，无卤阻燃 PA6、PA66，矿物增强无卤阻燃 PA6，玻纤增强无卤阻燃 PA66，高 CTI 值阻燃增强 PBT，阻燃耐紫外 PC，阻燃 PPO，特种工程塑料 PPA、PPS 等）。如非模块化结构塑料外壳式断路器、微型断路器的外壳，模块化结构塑料外壳式断路器中除触头灭弧模块的壳体以外的其他塑料零件。

与电弧直接接触的零部件选用热固性塑料（如酚醛塑料、尿醛塑料、SMC、不饱和聚酯玻纤塑料 DMC 等）。如万能式断路器外壳及灭弧室、非模块化结构塑料外壳式断路器底座及灭弧室、触头支架，模块化结构塑料外壳式断路器中触头灭弧模块的壳体等。

b) 阻燃剂

优先选用不含卤族元素、溴系元素阻燃剂的塑料，如 DMC 可用 $Al(OH)_3$、Sb_2O_3、磷酸酯、$Mg(OH)_2$。其中 $Al(OH)_3$ 兼有无机填料和阻燃剂的效果，使用较广泛。尼龙可选用磷系元素、氮系元素。

c) 填充剂

不应选用石棉作为填充剂，宜采用玻璃纤维或其他材料作为填充剂。

d) 着色剂

应限制使用镉红等含有镉的着色剂。

5.2.3 触头

推荐的触头材料，ACB：AgW、AgZnO；MCCB：$AgSnO_2$、AgNi 30、AgWC、AgW、AgC；MCB：AgC、Cu。

5.2.4 印制电路板材

宜选用符合环保要求的印制电路板材。优先选用无铅焊料。

5.2.5 弹性零部件材料的选用

弹性零部件宜采用非合金和低合金钢，在表面处理时宜选用环氧树脂漆和聚氨酯漆。

5.2.6 黑色金属的钝化

避免使用六价铬作为镀锌钝化的材料。

5.3 制造阶段

GB/T 24975.1—2010 的 5.3 适用，并：

a) 垫片、螺丝、弹簧在电镀时应避免氰化物、六价铬作为电镀钝化的材料。

b) 弹性零部件在表面处理时宜选用环氧树脂漆和聚氨酯漆。

c) 标贴应选用不含 Cd 材料制作。

5.4 包装、运输阶段

GB/T 24975.1—2010 的 5.4 适用，并：

木材的处理应不含溴元素，宜选用可回收利用或降解的材料作为外包装材料及填充物，如可选用纸质材料：环保纸箱。

5.5 使用阶段

GB/T 24975.1—2010 的 5.5 适用，并：

具有电子线路的断路器应尽量降低电磁骚扰程度，应满足 GB 14048.2—2001 附录 B 的 B8.14 或附录 F 的 F11 或 GB 18499。

5.6 生命末期（回收处理）阶段

GB/T 24975.1—2010 的 5.6 适用，并：

注意在结构设计时考虑铜材料制造的零件易于拆卸，以降低回收成本，容易回收利用。同时还要注意考虑木制包装的回收利用。

ICS 29.020
K 04

中华人民共和国国家标准

GB/T 24975.4—2010

低压电器环境设计导则 第4部分:接触器

Guide of environmental design for low-voltage apparatus—Part 4:Contact

2010-08-09 发布　　2011-02-01 实施

中华人民共和国国家质量监督检验检疫总局
中国国家标准化管理委员会　发布

前　言

GB/T 24975《低压电器环境设计导则》包括以下几个部分：

——第1部分：总则；

——第2部分：隔离器；

——第3部分：断路器；

——第4部分：接触器；

——第5部分：熔断器；

——第6部分：按钮信号灯；

——第7部分：接线端子。

本部分是GB/T 24975《低压电器环境设计导则》的第4部分，本部分应与第1部分一起使用。

本部分由全国电工电子产品与系统的环境标准化技术委员会(SAC/TC 297)提出并归口。

本部分起草单位：上海电器科学研究所(集团)有限公司、机械工业北京电工技术经济研究所、常熟开关制造有限公司。

本部分主要起草人：季慧玉、沈意冰、李锋、郭丽平、周建兴。

低压电器环境设计导则
第4部分:接触器

1 范围

本部分规定了将环境因素引入接触器产品(以下简称产品)的基本原则。

本部分适用于新的或改进的产品的设计。本部分适用的接触器包括交流接触器、直流接触器、家用及类似用途接触器、真空接触器、空调用接触器等。

本部分的目的是为了在产品的设计阶段就控制其对环境的影响。

2 规范性引用文件

下列文件中的条款通过GB/T 24975的本部分的引用而成为本部分的条款。凡是注日期的引用文件,其随后所有的修改单(不包括勘误的内容)或修订版均不适用于本部分,然而,鼓励根据本部分达成协议的各方研究是否可使用这些文件的最新版本。凡是不注日期的引用文件,其最新版本适用于本部分。

GB 14048.1 低压开关设备和控制设备 第1部分:总则(GB 14048.1—2006,IEC 60947-1:2001,MOD)

GB 14048.4—2003 低压开关设备和控制设备 机电式接触器和电动机起动器(IEC 60947-4-1:2000,IDT)

GB 17885 家用及类似用途机电式接触器(GB 17885—2009,IEC 61095:2000,IDT)

GB/T 24975.1—2010 低压电器环境设计导则 第1部分:总则

3 术语和定义

GB/T 24975.1—2010的第3章适用。

4 将环境因素引入产品设计和开发的总体考虑

GB/T 24975.1—2010的第4章适用。并注意研究GB 14048.1、GB 14048.4—2003和GB 17885中相关的要求。

5 将环境因素引入产品设计和开发的基本原则

5.1 总则

GB/T 24975.1—2010的5.1适用。

5.2 原材料获取阶段

5.2.1 总则

GB/T 24975.1—2010的5.2适用。

5.2.2 塑料

a) 材料类别

与电弧不直接接触的零部件优先选用热塑性塑料(如尼龙、PBT、ABS、聚碳酸酯等)。如接触器的底座、线圈骨架、接线端子防护罩等。

与电弧直接接触的零部件选用热固性塑料(如酚醛塑料、尿醛塑料、SMC、不饱和聚酯玻纤塑料DMC等)。如接触器灭弧室、触头支架、隔弧板等。

b) 阻燃剂

优先选用不含有卤族元素、溴系元素阻燃剂的塑料，如 DMC 可选用 $Al(OH)_3$、Sb_2O_3、磷酸酯、$Mg(OH)_2$。其中 $Al(OH)_3$ 兼有无机填料和阻燃剂的效果，使用比较广泛。尼龙可选用磷系元素、氮系元素。

c) 填充剂

不应选用石棉作为填充剂，应采用玻璃纤维或其他材料作为填充剂。

d) 着色剂

应限制使用镉红等含有镉的着色剂。

5.2.3 触头

推荐的触头材料，ACB：AgW、AgZnO；MCCB：$AgSnO_2$、AgNi 30、AgWC、AgW、AgC；MCB：AgC、Cu。

5.2.4 印制电路板材料

宜选用符合环保要求的电路板。

考虑作为软焊料的铅的含量，优先选用无铅焊料。

5.2.5 弹性零部件材料的选用

弹性零部件宜采用非合金和低合金钢，在表面处理时宜选用不含有害物质的环氧树脂漆和聚氨酯漆。

5.2.6 黑色金属的钝化

避免使用六价铬作为镀锌钝化的材料。

5.3 制造阶段

GB/T 24975.1—2010 的 5.3 适用。

5.3.1 铁芯的防锈、防腐蚀处理过程中会产生有毒气体溢出，应尽可能采用不需要防锈、防腐蚀处理的材料。

5.3.2 线圈的绝缘处理过程中会产生有毒气体溢出，应尽可能采用不需要绝缘处理的漆包线材料。

5.3.3 线圈的焊接应优先选用无铅焊料。

5.4 包装、运输阶段

GB/T 24975.1—2010 的 5.4 适用，并：

大电流等级接触器的外包装有可能使用木材，木材的处理应不含溴元素，宜选用可回收利用或可降解的材料作为外包装材料及填充物，如可选用纸质材料、泡沫塑料。

5.5 使用阶段

5.5.1 总则

GB/T 24975.1—2010 的 5.5 适用。

5.5.2 噪声污染

应提高磁系统的加工质量来降低接触器在使用时产生的噪声。对于不频繁操作的中大容量交流接触器应采用交流吸合直流保持的系统控制，这样既能减少噪声污染又能减少能源消耗。

5.5.3 电磁骚扰

具有电子线路的接触器应尽量降低电磁骚扰程度，满足 GB 14048.4—2003 中 9.4.3 的要求。

5.5.4 谐波污染

应满足 GB 14048.1 中电磁兼容部分的要求。

5.6 生命末期（回收处理）阶段

GB/T 24975.1—2010 的 5.6 适用，并：

注意在结构设计时考虑铜材料制造的零件、热塑性塑料等易于拆卸，以降低回收成本并容易地回收再利用。同时还要注意考虑作为包装用的木材及泡沫塑料的回收再利用。

ICS 29.020
K 04

中华人民共和国国家标准

GB/T 24975.5—2010

低压电器环境设计导则 第5部分：熔断器

Guide of environmental design for low-voltage apparatus—Part 5: Fuse

2010-08-09 发布　　2011-02-01 实施

中华人民共和国国家质量监督检验检疫总局
中国国家标准化管理委员会　发布

前　　言

GB/T 24975《低压电器环境设计导则》包括以下几个部分：

——第1部分：总则；

——第2部分：隔离器；

——第3部分：断路器；

——第4部分：接触器；

——第5部分：熔断器；

——第6部分：按钮信号灯；

——第7部分：接线端子。

本部分是GB/T 24975《低压电器环境设计导则》的第5部分，本部分应与第1部分一起使用。

本部分由全国电工电子产品与系统的环境标准化技术委员会(SAC/TC 297)提出并归口。

本部分起草单位：上海电器科学研究所(集团)有限公司、机械工业北京电工技术经济研究所、常熟开关制造有限公司。

本部分主要起草人：季慧玉、刘金琰、李锋、郭丽平、周建兴。

低压电器环境设计导则
第5部分：熔断器

1 范围

本部分规定了将环境因素引入熔断器产品(以下简称产品)的基本原则。

本部分适用于新的或改进的产品的设计。

本部分适用的熔断器包括专职人员使用的熔断器(刀形触头断路器、螺栓连接熔断器、圆筒形帽熔断器),非熟练人员使用的熔断器(螺旋式熔断器、圆管式熔断器),半导体设备保护用熔断器等。

本部分的目的是为了在产品的设计阶段就控制其对环境的影响。

2 规范性引用文件

下列文件中的条款通过GB/T 24975的本部分的引用而成为本部分的条款。凡是注日期的引用文件,其随后所有的修改单(不包括勘误的内容)或修订版均不适用于本部分,然而,鼓励根据本部分达成协议的各方研究是否可使用这些文件的最新版本。凡是不注日期的引用文件,其最新版本适用于本部分。

GB 13539.1 低压熔断器 第1部分:基本要求(GB 13539.1—2008,IEC 60269-1:2006,IDT)

GB/T 13539.2 低压熔断器 第2部分:专职人员使用的熔断器的补充要求(主要用于工业的熔断器)标准化熔断器系统示例A至I(GB/T 13539.2—2008,IEC 60269-2:2006,IDT)

GB 13539.3 低压熔断器 第3部分:非熟练人员使用的熔断器的补充要求(主要用于家用和类似用途的熔断器)标准化熔断器系统示例A至F(GB 13539.3—2008,IEC 60269-3:2006,IDT)

GB/T 13539.4 低压熔断器 第4部分:半导体设备保护用熔断体的补充要求(GB/T 13539.4—2009,IEC 60269-4:2006,IDT)

GB/T 24975.1—2010 低压电器环境设计导则 第1部分:总则

3 术语和定义

GB/T 24975.1—2010的第3章适用。

4 将环境因素引入产品设计和开发的总体考虑

GB/T 24975.1—2010的第4章适用。并注意研究GB 13539.1、GB/T 13539.2、GB 13539.3、GB/T 13539.4中相关的要求。

5 将环境因素引入产品设计和开发的基本原则

5.1 总则

GB/T 24975.1—2010的5.1适用。

5.2 原材料获取阶段

GB/T 24975.1—2010的5.2适用,并:

熔断器熔体材料一般选用纯铜、铜镀银、纯银等,应减少使用铅锡、锡镉等材料。

5.3 制造阶段

GB/T 24975.1—2010的5.3适用,并:

熔断器瓷管制造过程中，以及有填料式熔断器在石英砂灌砂振动过程中会产生粉尘，因此应考虑必要的措施防止或降低污染水平。

5.4 包装、运输阶段

GB/T 24975.1—2010 的 5.4 适用。

5.5 使用阶段

GB/T 24975.1—2010 的 5.5 适用。

5.6 生命末期(回收处理)阶段

GB/T 24975.1—2010 的 5.6 适用。并且：

产品中的纯铜、纯银材料可以回收再利用，设计时应给出必要的标识和回收再利用的方法。

ICS 29.020
K 04

中华人民共和国国家标准

GB/T 24975.6—2010

低压电器环境设计导则 第6部分：按钮信号灯

Guide of environmental design for low-voltage apparatus—Part 6: Button lamp

2010-08-09 发布　　2011-02-01 实施

中华人民共和国国家质量监督检验检疫总局
中国国家标准化管理委员会　发布

前 言

GB/T 24975《低压电器环境设计导则》包括以下几个部分：

——第1部分：总则；

——第2部分：隔离器；

——第3部分：断路器；

——第4部分：接触器；

——第5部分：熔断器；

——第6部分：按钮信号灯；

——第7部分：接线端子。

本部分是GB/T 24975《低压电器环境设计导则》的第6部分，本部分应与第1部分一起使用。

本部分由全国电工电子产品与系统的环境标准化技术委员会(SAC/TC 297)提出并归口。

本部分起草单位：上海电器科学研究所(集团)有限公司、机械工业北京电工技术经济研究所、常熟开关制造有限公司。

本部分主要起草人：季慧玉、刘金琰、李锋、郭丽平、周建兴。

低压电器环境设计导则 第6部分:按钮信号灯

1 范围

本部分规定了将环境因素引入按钮信号灯产品(以下简称产品)的基本原则。

本部分适用于新的或改进的产品的设计。

本部分的目的是为了在产品的设计阶段就控制其对环境的影响。

2 规范性引用文件

下列文件中的条款通过GB/T 24975的本部分的引用而成为本部分的条款。凡是注日期的引用文件,其随后所有的修改单(不包括勘误的内容)或修订版均不适用于本部分,然而,鼓励根据本部分达成协议的各方研究是否可使用这些文件的最新版本。凡是不注日期的引用文件,其最新版本适用于本部分。

GB 14048.5 低压开关设备和控制设备 第5-1部分:控制电路电器和开关元件 机电式控制电路电器(GB 14048.5—2008,IEC 60947-5-1:2003,MOD)

GB/T 24975.1—2010 低压电器环境设计导则 第1部分:总则

3 术语和定义

GB/T 24975.1—2010第3章适用。

GB 14048.5适用。

4 将环境因素引入产品设计和开发的总体考虑

GB/T 24975.1—2010第4章适用。

5 将环境因素引入产品设计和开发的基本原则

5.1 总则

GB/T 24975.1—2010的5.1适用。

5.2 原材料获取阶段

5.2.1 总则

GB/T 24975.1—2010的5.2适用。

5.2.2 塑料

设计者应注意研究以下内容:

a) 一般要求

应优先选用热塑性塑料,如聚对苯二甲酸丁二醇酯(PBT)等。

b) 阻燃剂

优先选用不含有卤族元素、溴系元素阻燃剂的塑料,如选用$Al(OH)_3$、Sb_2O_3、磷酸酯、$Mg(OH)_2$。其中$Al(OH)_3$兼有无机填料和阻燃剂的效果,使用比较广泛。

c) 固化剂

不应选用石棉,宜采用玻璃纤维或其他材料作为填充剂。

d) 着色剂

应限制使用镉红等含有镉的着色剂。

5.2.3 触头

在 AgCdO(银氧化镉)按钮触头的分断过程中,会在电弧电流的作用下升华,形成镉蒸气对人体产生危害,因此不宜在触头材料中使用镉。推荐的按钮触头材料有 $AgSnO_2$(银氧化锡)、AgNi(银镍)。

5.2.4 弹性零部件材料的选用

弹性零部件宜采用非合金和低合金钢,在表面处理时宜选用环氧树脂漆和聚氨酯漆。

5.2.5 金属零件

按钮信号灯接线端子材料多为铜或黑色金属,表面电镀(镀锌、镀锡或镀银)应考虑对环境的影响。

5.3 制造阶段

GB/T 24975.1—2010 的 5.3 适用,并:

金属零件在电镀时要尽量避免使用氰化物、六价铬作为镀锌钝化的材料。

5.4 包装、运输阶段

GB/T 24975.1—2010 的 5.4 适用。

5.5 使用阶段

GB/T 24975.1—2010 的 5.5 适用。

5.6 生命末期(回收处理)阶段

GB/T 24975.1—2010 的 5.6 适用,并:

在设计时更多地要考虑铜和热塑性塑料与其他材料的分离,以便这些材料以较低的成本回收再利用。

ICS 29.020
K 04

中华人民共和国国家标准

GB/T 24975.7—2010

低压电器环境设计导则 第7部分：接线端子

Guide of environmental design for low-voltage apparatus—Part 7: Terminal blocks

2010-08-09 发布

2011-02-01 实施

中华人民共和国国家质量监督检验检疫总局
中国国家标准化管理委员会
发布

前　　言

GB/T 24975《低压电器环境设计导则》包括以下几个部分：

——第1部分：总则；

——第2部分：隔离器；

——第3部分：断路器；

——第4部分：接触器；

——第5部分：熔断器；

——第6部分：按钮信号灯；

——第7部分：接线端子。

本部分是GB/T 24975《低压电器环境设计导则》的第7部分，本部分应与第1部分一起使用。

本部分由全国电工电子产品与系统的环境标准化技术委员会(SAC/TC 297)提出并归口。

本部分起草单位：上海电器科学研究所(集团)有限公司、机械工业北京电工技术经济研究所、常熟开关制造有限公司。

本部分主要起草人：季慧玉、刘金琰、李锋、郭丽平、周建兴。

低压电器环境设计导则
第7部分:接线端子

1 范围

本部分规定了将环境因素引入接线端子产品(以下简称产品)的基本原则。

本部分适用于新的或改进的产品的设计。

本部分的目的是为了在产品的设计阶段就控制其对环境的影响。

2 规范性引用文件

下列文件中的条款通过GB/T 24975的本部分的引用而成为本部分的条款。凡是注日期的引用文件,其随后所有的修改单(不包括勘误的内容)或修订版均不适用于本部分,然而,鼓励根据本部分达成协议的各方研究是否可使用这些文件的最新版本。凡是不注日期的引用文件,其最新版本适用于本部分。

GB 14048.1 低压开关设备和控制设备 第1部分:总则(GB 14048.1—2006,IEC 60947-1:2001,MOD)

GB/T 14048.7 低压开关设备和控制设备 第7-1部分:辅助器件 铜导体的接线端子排(GB/T 14048.7—2006,IEC 60947-7-1:2002,MOD)

GB/T 14048.8 低压开关设备和控制设备 第7-2部分:辅助器件 铜导体的保护导体接线端子排(GB/T 14048.8—2006,IEC 60947-7-2:2002,MOD)

GB/T 24975.1—2010 低压电器环境设计导则 第1部分:总则

3 术语和定义

GB/T 24975.1—2010的第3章适用。

4 将环境因素引入产品设计和开发的总体考虑

GB/T 24975.1—2010的第4章适用,并注意研究GB 14048.1、GB 14048.7和GB 14048.8中相关的要求。

5 将环境因素引入产品设计和开发的基本原则

5.1 总则

GB/T 24975.1—2010的5.1适用。

5.2 原材料获取阶段

5.2.1 总则

GB/T 24975.1—2010的5.2适用。

5.2.2 塑料

接线端子的塑料零部件材料,选用热塑性塑料,多采用聚碳酸酯(PC)并注意:

a) 阻燃剂

优先选用不含有卤族元素、溴系元素阻燃剂的塑料,如选用$Al(OH)_3$、Sb_2O_3、磷酸酯、

$Mg(OH)_2$。其中 $Al(OH)_3$ 兼有无机填料和阻燃剂的效果。

b) 填充剂

不应选用石棉作为填充剂，宜采用玻璃纤维或其他材料作为填充剂。

c) 着色剂

应限制使用镉红等含有镉的着色剂。

5.2.3 接线柱

接线柱材料多为铜或黑色金属，表面电镀(镀锌、镀锡或镀银)。

5.3 制造阶段

GB/T 24975.1—2010 的 5.3 适用，接线柱在电镀时避免使用氰化物、六价铬作为镀锌钝化的材料。

5.4 包装、运输阶段

GB/T 24975.1—2010 的 5.4 适用。

5.5 使用阶段

GB/T 24975.1—2010 的 5.5 适用。

5.6 生命末期(回收处理)阶段

GB/T 24975.1—2010 的 5.6 适用，并考虑铜、热塑性塑料的回收再利用。

ICS 29.020
K 04

中华人民共和国国家标准

GB/T 24976.1—2010

电器附件环境设计导则 第1部分:总则

Guide of environmental design for electrical accessories—Part 1:General rules

2010-08-09 发布　　2011-02-01 实施

中华人民共和国国家质量监督检验检疫总局
中国国家标准化管理委员会　发布

前　言

GB/T 24976《电器附件环境设计导则》包括以下八个部分：

——第1部分：总则；

——第2部分：电缆管理用导管系统和槽管系统；

——第3部分：家用和类似用途电缆卷盘；

——第4部分：工业用插头插座和耦合器；

——第5部分：家用和类似用途插头插座；

——第6部分：家用和类似用途器具耦合器；

——第7部分：家用和类似用途低压电器用连接器件；

——第8部分：家用和类似用途固定式电气装置的开关。

本部分是GB/T 24976《电器附件环境设计导则》的第1部分。

本部分的附录A、附录B均为资料性附录。

本部分由全国电工电子产品与系统的环境标准化技术委员会(SAC/TC 297)提出并归口。

本部分起草单位：机械工业北京电工技术经济研究所、中国电器科学研究院、上海电动工具研究所、北京突破电气有限公司、北京司坎·拓普国际电气有限公司、中国家用电器研究院。

本部分主要起草人：李锋、罗怀平、郭丽平、蔡军、刘江、朱焰、金卫东、朱松涛。

电器附件环境设计导则 第1部分:总则

1 范围

本部分规定了将环境因素引入电器附件产品(以下简称产品)的基本原则。

本部分适用于新的或改进的产品的设计。

本部分适用的产品包括电缆管理用电气导管和槽管系统、家用电缆卷盘、家用和工业用插头插座、家用开关、家用器具耦合器、低压电路连接器件等产品新的或改进的开发和设计。

本部分的目的是为了在产品的设计阶段就控制其对环境的影响。

2 规范性引用文件

下列文件中的条款通过GB/T 24976的本部分的引用而成为本部分的条款。凡是注日期的引用文件,其随后所有的修改单(不包括勘误的内容)或修订版均不适用于本部分,然而,鼓励根据本部分达成协议的各方研究是否可使用这些文件的最新版本。凡是不注日期的引用文件,其最新版本适用于本部分。

GB/T 19000 质量管理体系 基础和术语(GB/T 19000—2008,ISO 9000:2005,IDT)

GB/T 24001 环境管理体系 要求及使用指南(GB/T 24001—2004,ISO 14004:2004,IDT)

GB/T 24040 环境管理 生命周期评价 原则和框架(GB/T 24040—2008,ISO 14040:2006,IDT)

IEC 62139 专门对TC23在产品标准中增加环境因素的指南

ISO 14062:2002 环境管理 将环境因素引入产品设计和开发

3 术语和定义

GB/T 24001中确立的术语和定义适用于本部分。

3.1

环境 environment

产品的运行环境,包括空气、水、陆地、自然资源、植物、动物、人和它们之间的相互关系。

注:这里的环境从产品内部延伸到全球系统。

[GB/T 24001]

3.2

环境因素 environmental aspect

一个组织的活动、产品或服务中能与环境发生相互作用的要素。

注:重要环境因素是指具有或能够产生重大环境影响的环境因素。

[GB/T 24001]

3.3

环境影响 environmental impact

全部或部分由于组织的活动、产品或服务给环境造成的任何有害或有益的变化。

[GB/T 24001]

3.4

环境设计　environmental design

在设计和开发过程中系统的考虑所有环境因素的方法，旨在减少负面环境影响。

注：环境设计与环境意识设计、环境生态设计、环境可持续设计、生态设计、绿色设计等术语同义。

3.5

设计和开发　design and development

将要求转化成产品、过程或体系的规定的特性或规范的一组过程。

注1：“设计”和“开发”有时是同义的，有时用于规定整个设计和开发过程中的不同阶段。

[GB/T 19000]

注2：产品开发是指实施产品设计想法的过程，从策划到投放市场再到产品的评价；商业战略、市场考虑、研究方法和设计因素都包括在这个过程中，使产品达到实际使用状态。设计和开发还包括改进或修改现行产品或加工过程。

3.6

生命周期　life cycle

产品系统中前后衔接的一系列阶段，从原材料的采购或自然资源的生成，直至最终处置。

[GB/T 24040]

3.7

生命周期评价　life cycle assessment

对一个产品系统的生命周期中的输入、输出及其潜在环境影响的汇编和评价。

[GB/T 24040]

4　将环境因素引入产品设计和开发的总体考虑

4.1　强调构思阶段引入环境设计

在产品的开发和设计的构思初期就要把产品对环境的影响作为设计内容的主题来考虑，同时也要把产品对环境的影响，或者说产品与环境的关系作为评价产品的重要因素之一。从不断提高产品与环境的友好性的角度，特别提倡因改善产品对环境影响，减少产品对环境的伤害的改进性设计。

4.2　强调环境设计密切与产品属性特点相关联

4.2.1　电器附件产品属性特点

电器附件产品属性特点有：

——产品品种及规格和数量比较大；

——使用范围广阔并分散；

——产品的使用寿命一般会很长；

——与人的日常生活接触密切。

4.2.2　环境设计的针对性

a)　关注设计的细节

任何的细节都会很大程度产生对环境的影响。例如材料的选用，可能单一的产品使用量并不是很大，但因产品数量大而积聚的影响会很明显。

b)　关注制造过程中的排放

合理地控制制造工艺会减少因连续不断地生产所产生的不良排放。

c)　关注产品使用过程中有害物质的持续排放

产品在暴露环境中持续的时间很长，诸如添加剂之类的物质会有效而充分地分离到空气中，因此，易挥发或易分离的物质的使用是需要慎重控制的。

注：一般正常使用时有害物质的分离不会很明显，但在非正常使用条件下(例如过热)，有害物质的分离会明显加大。

d) 关注包装材料的设计

单一产品的包装会因使用的分散而难以有效回收，所以对单一产品的包装易采用直接可降解的材料。

e) 关注产品废弃时的处理方式

因使用寿命很长和大气的腐蚀作用的影响，以及材料的老化因素等，产品的零部件一般可能不能直接回收再利用，有效地指出产品废弃时的处理方法显然是十分必要的。

4.3 强调产品的整个生命周期都对环境友好

产品的生命周期中的各个阶段都有可能直接或间接地与对环境的影响形成密切的关系，设计者有必要研究设计与产品生命周期的每一个阶段间的关系，并且给出设计与环境之间关系的信息。有些情况，同一个问题会涉及到两个或两个以上的生命阶段，例如材料的选用。

注：设计与环境设计之间的关系信息是影响设计持续改善产品对环境影响的十分重要的文件。一般情况，新的一次设计应该分析研究上一次设计在改善对环境影响时做了什么，或者因为技术等方面的原因需要进一步改进而提出的建议。另外，设计者应该在产品设计时把改善产品对环境的影响作为设计目标加以提出。

从管理的角度应该把设计与环境之间关系的信息作为设计业绩的内容之一加以考核。

4.4 建立产品的功能设计和环境设计的协调关系

产品的功能设计和环境设计的协调原则在于：

强调新的设计或改进设计的首要目标是改善了产品对环境的影响，所有的功能设计应该服从这一原则。

注1：安全性功能除外。

功能性设计的更新往往基于产品需求的变化，这些变化可能来于：

——用户对产品有了新的需求；

——新的技术的应用；

——制造商间的竞争，例如外观设计不断刺激使用的更新；

——市场消费水平的提高。

设计者应该细致研究满足这些需求对环境影响的情况：

——优先考虑利用产品功能的扩展性延长产品部分部件的寿命，以降低新的制造的耗能；

——优先考虑适度而有限的寿命设计缓解因产品更新速度过快而造成的材料和制造上的浪费；

——不鼓励将流行性功能，特别是会增加产品对环境的危害的功能设计作为新的设计目标，除非新的功能至少不会增加产品对环境的危害或影响。

注2：可能细分产品的档次设计是必要的，例如普遍性基本功能的产品，可以以较低的价格吸引更多的人使用，而外观流行性设计应制定较高的价格。

4.5 产品的环境设计是环境保护政策重要的延续

环境设计引入的重要目的是延续环境保护的政策。

由于产品在生命周期的各个阶段都存在影响环境的因素，因此在设计阶段遵守环境设计的原则会起到明显改善产品与环境友好的作用。

一般情况下，传统设计的很多因素(例如，性能、质量、成本)都会不同程度地与对环境的影响有关，所以，环境设计原则与传统设计原则是同样重要的。

4.6 更多地考虑对环境的影响是必要的

在增加环境设计时，往往会遇到这样的问题，为了尽可能减少产品对环境的伤害，在材料、制造工艺、包装，以及回收上会明显增加制造商的成本。因此寻找最佳解决方案，包括在不同环境因素之间的权衡，以及环境、经济和社会利益之间的权衡，环境因素、技术因素和质量因素之间的权衡会给设计者带来困惑。

设计者更多地考虑产品对环境的影响是必要的，如果暂时不会实现明显或最佳的效果，设计者也应该给出相关的信息，并且有进一步改进的计划。

注：这些信息应该得到很好的保存，见4.3。

对具有强制性的对环境影响的约束是设计者必须考虑的内容。

4.7 与相关标准的协调

在考虑产品设计时，应注意研究相关的产品或专业的标准对环境设计的影响与要求，例如IEC 62139。

设计者应该注意对环境设计要求的更新，以及专门为减少对环境影响的技术、工艺，以及材料等方面的更新。

4.8 产品的环境设计的管理

一般不将环境设计的管理作为组织的一个独立的管理体系，相反地，鼓励组织在既有的管理体系中增加相应的内容。例如在诸如GB/T 19000、GB/T 24001、GB/T 24040，或者ISO 14062:2002等标准所界定的内容。

5 将环境因素引入产品设计和开发的基本原则

5.1 总则

5.1.1 应运用生命周期思想，即，包括产品生命周期的所有阶段，从而帮助找出各种设计机会。重要的是保证在强调产品生命周期任何单一阶段时都不会无意地改变其他阶段对环境的影响。

注：很多因素会多次地被提及，例如在生命周期的不同阶段都会提及同一个因素。这不意味着这个因素重要性会比其他的因素更高，而只是期望做出最后决定时取得一种可以接受的平衡。这种所谓的平衡需要一个科学而合理的评估来做出，一般情况给出的建议是利用组织现有的管理系统进行这项工作。所以有必要提醒组织利用现有管理体系在对环境设计进行评价时考虑环境设计的某些特点，这些特点会在本导则的内容上有所体现。

5.1.2 经验表明，结合产品的特点和设计者的主观，以及组织强调环境设计管理而形成的有针对性的方案才是最佳方案。

5.1.3 就产品而言，制造用的材料几乎都会对环境有不同程度的影响，因此，材料的选用以及材料的加工制造过程是这类产品突出的影响环境的因素之一。

5.1.4 由于部分电器附件自身功能需要所形成的特点，在产品生命末期如何快速地拆解、方便回收是结构设计上和制造工艺上需要着重考虑的方面之一。

5.1.5 对于使用寿命较长的部分产品，在产品生命末期如何无害废弃，设计者应考虑足够的措施。特别是除在结构设计以外的因素上，例如如何保证在产品的生命末期使用者还能清晰地得到如何无害废弃的信息。

5.1.6 应找出将环境因素引入产品设计和开发过程的策略。基于这个原因，产品应考虑：

——许多产品对环境的影响（如，材料选用、能量消耗等）主要源于制造阶段；

——使用、经销和包装也会对环境产生影响，另一方面也存在减少环境影响的机会。不过，只有在设计者可以实际影响到这些环境因素，并且这些环境因素可以得到显著提升时，才鼓励设计者考虑这些因素；

——当设计和开发本标准范围内的产品，并且设计者可以实际影响到这些产品时，可使用下面汇总的要求和建议。

5.2 原材料获取阶段

5.2.1 原材料要易于识别，避免使用对人体和环境有害的原材料

设计者应注意研究以下内容：

a） 避免使用对人体和环境有害的原材料包括：

——金属元素及其化合物：包括铅、镉、汞、六价铬、铍、锑、钡、镍等金属及其化合物；

——卤化阻燃剂：包括多氯联苯、多溴联苯（PBB）、多溴二苯醚（PBDE）、四溴双酚A、灭蚁灵

(MireX)、短链氯化石蜡(C10-13)等；

——石棉；

——有机锡；

——邻苯二甲酸脂类增塑剂；

——偶氮燃料；

——多环芳烃(PAH)；

——甲醛；

——聚氯乙稀(PVC)及其混合物。

b) 不可避免使用对人体和环境有害的原材料时：

——新的或改进的产品要比原产品用量减少；

——用量不得超过相关法律法规或者相关标准的限值要求；

——应在产品的使用说明中说明，条件许可时应在产品上或最小包装上予以标识。

c) 设计者应该注意产品的组织(制造商)是否建立了对人体和环境有害的原材料使用的管理程序，如果有要严格执行相应的管理办法，如果没有应该细致地研究本导则的提示。

d) 如果设计者在了解到不可避免地使用了对人体和环境有害的原材料的整体情况后，应该有计划地提出下一步的打算，例如提出替代技术或材料的研究计划。

e) 对于外购的零部件，设计者应该甄别其使用的材料是否使用了对人体和环境有害的材料。一般情况下，应避免或限制外购零部件使用对人体和环境有害的材料。如果不可避免使用了对人体和环境有害的原材料，应该遵循 b)的原则。

注：上述所列举的有害物质并不包括已知的所有有害物质，可能有理由进一步被禁/限使用的材料列举见附录 B。

5.2.2 尽量减少原材料的种类、体积和质量

设计者应注意研究以下内容：

a) 减少原材料使用的种类对减少产品在整个生命周期内对环境的影响作用是比较明显的，特别地可以减少回收时的成本。

b) 在同样能保证产品功能的情况下，应选择体积更小的材料。产品体积的减小会明显地减少产品对环境的影响，例如包装体积的减小不但减少了包装材料的使用，还可以增加运输的效率。

c) 应最大限度利用结构上的设计，以减少原材料的质(重)量对产品的影响，例如使用更多的原材料可能会增强产品的机械强度，而结构上的设计可以达到在保证机械强度的基础上使用更少的材料。

d) 设计者在权衡复杂的工艺和零部件结构会增加产品的成本与减少产品生命周期内对环境的影响时，要更多地倾向后者。例如可以用一个零部件替代多个零部件避免了零部件间的联接(如可能的焊接、铆接或螺钉联接)。

5.2.3 考虑原材料的来源

设计者应注意研究以下内容：

a) 原材料的制造成本和制造原材料过程中的能源消耗没有必然的关系，所以在选用原材料时应该细致地比较不同原材料间成本与耗能之间的关系，以确定最优选的原材料。

b) 有必要比较原材料不同的供应商因所采取的环保措施不同而对环境影响的不同。例如应该优先考虑选择通过了 ISO 14000 环境管理体系认证，并在生产过程中贯彻了环保政策的供应商。

c) 下面所列举的材料有不易获取或稀有的特征，设计时应该尽量不使用或少使用：

锂、铍、铷、铯、钨、钼、钽、铌、铪、钒、钛、铼、镓、铟、铊和锗等。

注：所谓不易获取或稀有特征只是人们普遍的一致认为。

如果原来的设计已经使用了上述的材料，新的设计或改进设计时应尽量用其他的材料替代或减少

使用的量。

5.2.4 考虑原材料的回收和循环利用

设计者应注意研究以下内容：

a) 在比较和选用材料时，设计者应该遵循下面的使用顺序(从上往下优先选用)：

——直接可以回收使用的；

——回收过程中消耗的能源最小的；

——不可回收的。

例如，减少热固性塑料的使用，更多地使用热塑性塑料会对环境更友好，因为热塑性材料更便于回收。而选用回收时能耗低的原材料，更便于原材料的循环使用。

注：应注意研究新的环境技术的应用，特别是符合改善产品对环境影响要求的材料。尤其是原来不优先使用的材料，经过技术更新后可以使用。

b) 对于外购的零部件，设计者应该研究其材料是否符合 a)的要求。

c) 对制造而言一种零件应该设计选用一种材料设计。如果需要两种或两种以上的材料制造时应考虑所使用的材料间的关系，特别是能不能或者是否容易分离，以及分离过程中能源的消耗的情况，一般应优选能够或者容易分离，以及分离过程中耗能比较小的材料。例如塑料的兼容性见附录 A。

5.3 制造阶段

5.3.1 考虑制造工艺对环境的污染

设计者应注意研究以下内容：

a) 正是由于产品生产数量比较大，设计者应该特别注意分析除了对所有需要制造的零件可能对环境造成污染的环节外，其因数量的积聚而产生的对环境的危害。

一般应该把对环境造成污染的程度加以适当的分类，以便在制造工艺上采取不同的措施。例如：

——对环境基本无污染的；

——对环境有污染但在规定的限值以内；

——对环境的污染超过规定的限值。

注：即便有害物质的回收是有效的，例如有效的排放回收，但由于回收的量比较大，对有害物质的处理可能也会消耗更多的能源。因此，在设计阶段考虑材料在制造阶段的影响是必要的。

b) 对环境污染程度超过规定的限值的制造工艺过程必须采取措施，如采用全封闭的生产线，或对制造过程中排出的废气、废水和废渣进行诸如回收方法的处理。

c) 对环境有污染但在规定的限值以内的制造工艺过程，原则上应设计可能排出的废气、废水和废渣的收集装置，以防止因积累造成对环境的污染。

d) 在制造工艺过程中对环境污染程度影响的因素具有活动性时，或者会因积累的原因造成突发性环境污染时，要考虑设置在线检测装置，以监控有毒有害物质排放的状况。

5.3.2 减少制造过程中的资源消耗

设计者应注意研究以下内容：

a) 对不可回收的能源，在工艺设计时应注意尽量减少使用，例如：电、石油制品等。

b) 对可重复或循环使用，或经过处理后不会对环境产生危害的资源，在工艺设计时应设置专门的装置。例如：淡水等。

c) 在选择制造工艺时应综合考虑电、石油制品、淡水等资源的消耗，并注意运用产生废气物量小的工艺流程。

d) 以减少制造过程中的资源消耗为目的设计，可以是产品改进设计重要的目的，特别是新的工艺就是为节省资源而设计的。

5.3.3 降低生产过程中对环境的污染

即使每个零件的制造都可能不对环境有超出规定的影响，但整个生产过程的累积也有可能超出规定的要求。因此设计者：

a) 要尽量累积整个生产过程中所产生的废料和残渣的总和，分析检查其对环境影响的程度是否也在规定的限值内。

b) 要平衡使用或减少使用（指相对已有的产品）添加剂（包括诸如润滑作用的物质）的用量，如果可能，应采用无危害的添加剂或将其安全地回收。

c) 要避免使用 CFC、HCPC、HBFC、溴化甲烷、HFC PEC SF_6 等物质，因为这些物质可能会引起温室效应、臭氧破坏或者酸化效应等。

注：已有的产品可能没有使用所列举的物质，但新的设计应该避免使用。

5.3.4 注意研究因降低环境污染而产生的能源消耗

由于必须采取必要的设备或工艺过程控制制造过程中对环境的污染产生的能源消耗是值得关注的，应该研究这些能源的消耗和改变设计（如更变材料或工艺等）之间的平衡。

注：因此设计者可能要反复比较或权衡为了减少能耗而采取的设计措施，以及成本的影响。例如能耗减小，可能成本增加。

5.4 包装、运输和配送阶段

5.4.1 包装的减量化

a) 对单个产品的包装，要注意包装的体积上的设计，在达到强度要求的前提下，应选择密度小的包装材料，同时也要注意包装材料用量的使用，以减小包装的重量。

b) 对批量产品的包装，在设计时应注意不同组合包装的使用，例如采用类似的大批量产品的包装，避免单独设计小批量产品的包装。

5.4.2 包装的可回收性

a) 尽量使用可回收的、能多次使用的包装材料。

注 1：对单一分散使用的产品的最小包装宜使用可以直接降解的材料，以降低回收的成本。

b) 应建立包装材料的回收渠道，制定措施来促进包装材料的回收。

注 2：在一定时期内，组织建立回收渠道可能是困难的，特别是废弃的包装。在没有建立专门的回收渠道前利用已有的废弃物质回收渠道是重要的，因此关注已有废弃物质回收机构的利益是有益的。

注 3：对大量采购的供应商，应该使用可反复使用的包装。

c) 尽量使用一种包装材料，避免使用多种包装材料。

例如采用预铸模标签取代纸或者塑胶贴纸标签，避免使用胶带、标签、黏合剂、涂装等可能妨碍回收的物品。

5.4.3 包装材料的安全性

a) 选择使用可生物分解材料的包装，可以直接入填埋场处理。如果使用塑料包装材料，应该尽量使用可降解的塑料材料。如果是改进设计，替代不可降解的包装是非常重要的改进设计内容之一。

b) 油墨、染料、安定剂和重金属等会对人体健康和环境有害，因此在包装设计上应避免使用。

c) 在包装外观上要设计印有回收信息的标识，以及所含有害物质的处理说明。

5.4.4 提高运输效率

包装的外形尺寸和运输工具容积尺寸之间有一定的协调关系。通常应该采用模数化的设计方法，选择与常用的运输工具所采用的模数一致，例如 25 mm 的模数。这样，会在不同程度上提高运输的效率，进而减少产品在运输过程中的能源消耗。

5.5 使用阶段

5.5.1 考虑对人体无害

设计者应注意研究以下内容：

a） 考虑产品在正常使用过程中应对使用者不造成损害。在符合相关产品安全要求情况下，通过合理的外形设计、材料选用、工艺要求，避免在产品使用中对使用者或接触者造成损害。

b） 考虑产品在安装过程中对安装者不造成损害。应设计易于安装和方便的产品，避免产品安装对安装者造成损害。

c） 方便维修和产品废弃时的拆解，以避免造成对人体的伤害。

5.5.2 考虑对环境的污染

设计者应注意研究以下内容：

a） 如果产品在使用过程中可能会对环境产生明显的危害，设计者应该在产品说明书上给出合理使用产品的方法，避免有害物质外泄或者发生其他危险。

注1：就电器附件类产品而言，材料添加剂的分离是难以避免的，因此使用无害的添加剂是十分重要的。

b） 对于可能的使用不当而造成的环境污染，例如可能的不良通风造成的热的积聚，导致材料内有害物质外泄，应该设计选用可避免有害物质外泄的材料或其他的补救措施等。

注2：一些电器附件产品在使用过程中，或长期或短期会产生热的积聚，会在不同程度影响产品的正常使用，或者影响产品的预期寿命。设计者应考虑非正常使用条件下对环境的影响，例如采取必要的设计避免非正常使用的情况发生，或者给出强烈的信息，指出非正常使用的危害。

5.5.3 合理延长产品使用寿命

对产品的使用寿命的要求可能因产品应用情况不同而不同。例如：

——基于以预埋方式使用的产品，对产品的寿命要求比较长；

——基于随整机使用的产品，对产品寿命的要求不低于整机的寿命；

——基于技术变化比较快，或者市场变化比较快的产品，产品的使用寿命可以适当有限。

因此，针对不同的产品应该有不同的设计思路。以下的讨论更倾向于技术或市场变化比较快的产品。

a） 考虑到对环境影响的技术会在相当长的时期内不断地更新，设计者没有必要把产品的寿命设计得很长。这样，可以避免超过期望使用寿命的产品设计造成的不必要的浪费。

注：设计者可能很难找到最佳的设计方案解决合理的预期寿命问题。有的时候为了保证在所谓的预期寿命内的安全性，不得不留有一定的安全裕度，这样就造成产品的实际使用寿命远远大于预期的寿命，而产品的使用者一般很难注意到产品达到失效的状态。这时，设计者的经验往往是可贵的，例如能找到提示产品失效的方法将是非常有意义的。

b） 产品应设计得易于维护和保养，例如可以快速地实现更换零件或减化保养措施、降低维护和保养的费用等。

c） 应通过设计给产品的升级（或者组合）留有空间。例如新的设计时可以沿用原来的零部件设计，只要局部更换就可以实现产品的升级（或实现新的组合），或者使产品的功能得到扩充，这样可以使新的产品降低制造成本或能耗。

d） 零部件数量的多少会在产品的使用中影响产品的可靠性，数量的减少会有利于产品可靠性的提高，因此设计者应该优化产品的结构，减少产品的零部件数量。

5.6 生命末期（回收处理）阶段

5.6.1 减少产品废弃时对环境的污染

设计者应注意研究以下内容：

a） 设计者应当最大程度上了解产品所谓生命末期所处的状态，并且把所掌握的状态和回收处理时对环境的危害联系起来，以提出产品废弃时的处理方案。

注：对于有些产品来说，对废弃产品回收机构有益的设计是可取的，因为产品的使用者并不会一次性处理大量的废弃产品，数量较少的产品废弃回收的问题往往被忽视。

b） 设计者应该了解是否已经存在废弃产品的回收渠道，如果有，应该在产品的适当位置（如标识上）注明回收的渠道。如果没有，应该在产品的使用说明或适当位置上说明废弃时应该注意的事项。特别要强调不能随意丢弃废弃的产品，因为产品废弃后导致温室效应、臭氧层破坏或者酸化效应等。

c) 应该考虑到回收处理过程中避免使用有害的原料或者物质，如果可能，设计者应该给出适当的回收工艺的原则要求。例如产品的回收处理过程需要使用清洁的工艺，此时应该避免引入新的有毒有害物质。

5.6.2 材料的回收和再生利用

设计者应注意研究以下内容：

a) 在生命周期末期或处于废弃状态的产品，构成其材料可分为：
——可回收再利用；
——可回收再利用，但需要消耗能源；
——不可回收再利用。
显然，设计者应该在产品的设计阶段确定所选材料的回收再利用的价值。

注1：结合具体产品的情况，设计者应借助最有效的方式给出回收的信息。信息披露的方式应该是多样化的，例如在网络上。

b) 即使在设计阶段已经做到了选用材料所应遵守的原则，但也要尽可能地给出废弃产品中可回收的材料与不可回收的材料合理分离的方法或处理的渠道。例如，产品的使用者或者废弃产品的处理机构能够很容易地从产品上得到回收的信息。

注2：在废弃产品处理机构尚不健全的情况下，至少应该提示废弃的产品不要随意丢弃(例如跟生活垃圾一起处理)，因为很多产品与人们的日常生活关系密切。

5.6.3 产品的可拆卸性

设计者应注意研究以下内容：

a) 在产品的设计过程中，设计者应该尽可能采用多样化的方式方便产品的拆卸，例如：
——尽量减少产品中连接件的数量；
——简化连接结构；
——采用相同的紧固件；
——仅需要少的拆卸工具的种类；
——不用借助动力设备。

b) 为了更好地便于拆卸，设计上应提供良好的拆卸可达性，以及便于观察拆卸过程。

注1：在可能的情况下，设计者应该适当地考虑在拆卸产品时不会对人身产生伤害，例如产品内部可能存在的锋利的棱边或毛刺等。

c) 在条件允许的情况下，标识需要拆卸回收的零部件是必要的，这样做可以节省拆卸的成本和时间。

注2：对某些产品而言，由于零件的体积较小，难以给出标识，因此需要设计者利用其他的一些方法间接地显示回收的信息。例如在网络上。

d) 即使没有回收价值，设计者也应该在可拆卸性上给出便利的设计，以减少废弃处理过程中的能源消耗，例如方便的拆卸可以减小废弃产品的体积，从而提高运输的效率。

附 录 A
（资料性附录）
塑料的兼容性指导

设计者应验证并且与塑料的卖方共同重新检查已识别出的塑料兼容性。所列出的聚合物具有许多不同特性，这取决于所使用的添加物，需要对聚合物材料的兼容性进行全面的分析。也就是说，有必要进行更多的分析。

表 A.1 塑料的兼容性

		添加材料																		
	重要的设计高分子材料	PE	PVC	PS	PC	PP	PA	POM	SAN	ABS	PBT	PET	PMMA	ASA	PBT+PC	PC+ABS	PC+PBT	PPO	PPO+PS	TPU
塑料	PE	●	○	○	○	●	○	○	○	○	○	○	○	◔	◔	◔	◔	◔	◔	◔
	PVC	○	●	○	○	○	○	○	●	◑	○	○	●	●	○	○	○	○	○	●
	PS	○	○	●	○	○	○	○	○	○	○	○	○	◔	◔	◔	◔	●	●	◔
	PC	○	◔	○	●	○	○	○	●	●	●	●	●	●	●	●	●	◔	◔	●
	PP	◔	○	○	○	●	○	○	○	○	○	○	○	◔	◔	◔	◔	◔	◔	◔
	PA	○	○	◔	○	○	●	○	○	○	◔	◔	○	◔	◔	◔	○	◔	◑	●
	POM	○	○	○	○	○	○	●	○	○	◔	○	○	◔	○	◔	◔	◔	◔	◑
	SAN	○	●	○	●	○	○	○	●	●	○	○	●	●	●	●	●	◔	◔	●
	ABS	○	◑	○	●	○	○	◔	○	●	◔	◔	●	●	◑	●	◑	◔	◔	●
	PBT	○	○	○	●	○	◔	○	○	◔	●	○	○	◑	●	◑	◑	◔	◔	◔
	PET	○	○	◔	●	○	◔	○	○	◔	○	●	○	◔	◔	◑	◑	◔	◔	◑
	PMMA	○	●	◔	●	○	○	◔	●	●	○	○	●	●	◔	●	◑	◔	◔	●
	ASA	○	◑	◔	●	○	◔	◔	●	●	◑	◑	●	●	◑	●	◑	◔	◔	●
	PBT+PC	○	○	◔	●	○	◔	◔	◑	◑	●	◑	◔	◑	●	◑	●	◔	◔	●
	PC+ABS	○	○	◔	●	○	○	○	◑	●	◑	◑	●	●	◑	●	◑	◔	◔	●
	PC+PBT	○	○	◔	●	○	○	○	◑	◑	●	◑	◑	◑	●	◑	●	◔	◔	●
	PPO	○	○	●	◔	○	○	◔	◔	◔	◔	◔	◔	◔	◔	◔	◔	●	●	◔
	PPO+PS	◔	◔	●	◔	◔	◔	◔	◔	◔	◔	◔	◔	◔	◔	◔	◔	●	●	◔
	TPU	◔			◔	◔	●	◔		●	◔	◔	◔	●	◑	●	◑	◔	◔	●

注 1：● 任何浓度下都能混合　　◑ 在很大的浓度范围内都能混合　　◔ 只能少量的混合

○ 不兼容　　▒ 不确定

注 2：关于高分子材料的兼容性，不同的技术文献中有时候会出现互相矛盾的表述。这种情况下材料的混合用灰色的背景表示，背景中的标识是最可能或发生频率最高的情况。高分子材料的代码来自 ISO 11469。

附　录　B
（资料性附录）
有理由被进一步限/禁使用的有害物质的举例[1)]

B.1　总则

由于实验室条件的有限性和物质对机体和环境影响的复杂性，使人们对有毒有害物质的认识有一定的滞后性。有理由被进一步限/禁使用的有毒有害的物质会根据对其评估的原则和工业发展的进程所决定。

B.2　对限/禁用物质的评估原则

B.2.1　已经证明是有毒有害的

一般情况，有毒有害物质主要有以下两类：

——具有致癌性、诱变性或生殖毒性的化学品，还包括存在遗传、神经、过敏和免疫等方面影响的物质。

——具有持续有机污染物(POPS)特性的化学品。持续有机污染物在自然环境中能长时间保持稳定性，这些物质会表现出特别的危害。持续有机污染物可以从其生产地进行长距离的转移，可以在大多数生物的组织器官中积聚并产生危害性作用。

B.2.2　可以找到替代物的

对有毒有害的物质，如果能够找到合适的替代物质的，一般会限或禁使用。一些组织的豁免规定只是一种过渡性措施。

B.2.3　替代物不应产生新的污染

这个污染可能是替代物引起的，但也不能忽视生产该替代物所带来的污染问题。例如在电冰箱、空调机、泡沫塑料、喷雾剂和稀释剂中使用的对臭氧层有破坏作用的氯氟碳化合物，被氢氟碳化合物和全氟碳化合物所替代，但两种替代物质已被证明会导致温室效应。

B.3　有理由被限/禁用的有毒有害物质种类

B.3.1　金属元素及其化合物

铍、锑、钡、镍、硒和砷元素及其部分化合物具有很强的毒性，会对机体和环境带来严重的后果。

除上述金属元素及其化合物外，还应该关注的物质有：锰及其化合物、钴及其化合物、有机汞、硼及其化合物、钼及其化合物、铟及其化合物、钡及其化合物、铊及其化合物等。

对于一些金属元素，例如铋和钯，如果能够寻找到合适的替代物，也会被限/禁使用。

B.3.2　卤系阻燃剂

可能有害的卤系阻燃剂物质包括：

——多氯三苯(PCTs)；

——灭蚁灵　MireX (Perchlordecone, Dechlorane　Kepone)；

——短链氯化石蜡(C10-13)(Short Chain Chlorinated Paraffins)；

——五氯苯酚(PCP)；

——多氯化萘(PCNs)。

1)　本附录B引自全国电工电子产品与系统的环境标准化工作组，《电工电子产品与系统的环境标准化工作指南——欧盟 WEEE 和 RoHS 指令应对方略》，中国标准出版社，2006年5月出版。

四溴双酚 A 有致癌性的可能。

十溴二苯醚的危害性还在研究中。

B.3.3 石棉

石棉已经被证明对人身健康有危害。

B.3.4 有机锡

有机锡化合物已被证明是一种环境激素，并已其替代的产品。

B.3.5 邻苯二甲酸酯类增塑剂

邻苯二甲酸酯类物质包括 DEHP、DINP、DNOP、DBP、DIDP 和 BBP，这些物质经接触后容易进入人体产生危害。

B.3.6 偶氮染料

部分偶氮染料会分解出致癌的芳香胺。

B.3.7 多环芳烃(PAH)

多环芳烃中有 16 种物质是高致癌的物质，其中苯并(a)芘是 PAHs 中毒性最强的一种。

B.3.8 甲醛

甲醛已被确认为是对人体有毒害、致癌、致畸形的化学物质。

B.3.9 聚氯乙烯(PVC)及其混合物

聚氯乙烯及其混合物的残留或添加剂中的有害物质及其危害性有：

——残留氯乙烯单体为致癌物质；

——铅和镉系列的稳定剂，会逐渐释放到与之接触物质，例如食物或水，由此危害生物的健康；

——邻苯二甲酸酯类的增塑剂为致癌物质；

——邻苯二甲酸酯类的增塑剂为致癌物质。

聚氯乙烯及其混合物焚烧时会产生二恶英及含氯等有毒气体，并难以再利用。

参 考 文 献

［1］ GB/T 2900.70 电工术语 电器附件(IEC 60050-442:1998,IDT)

［2］ GB/T 20877 电气产品标准中引入环境因素的导则(IEC 导则 109:2003,IDT)

［3］ GB/T 21273 环境意识设计 将环境因素引入电工产品的设计和开发(IEC 导则 114:2005,IDT)

［4］ ISO 11469 塑料 塑料产品的一般鉴定和标志

［5］ ISO 14050:2002 环境管理 术语

ICS 29.020
K 04

中华人民共和国国家标准

GB/T 24976.2—2010

电器附件环境设计导则 第2部分:电缆管理用导管系统和槽管系统

Guide of environmental design for electrical accessories—Part 2: Cable conduiting system and cable trunking and ducting system for cable management

2010-08-09 发布　　2011-02-01 实施

中华人民共和国国家质量监督检验检疫总局
中国国家标准化管理委员会　发布

前　言

GB/T 24976《电器附件环境设计导则》包括以下几个部分：

——第1部分：总则；

——第2部分：电缆管理用导管系统和槽管系统；

——第3部分：家用和类似用途电缆卷盘；

——第4部分：工业用插头插座和耦合器；

——第5部分：家用和类似用途插头插座；

——第6部分：家用和类似用途器具耦合器；

——第7部分：家用和类似用途低压电器用连接器件；

——第8部分：家用和类似用途固定式电气装置的开关。

本部分是GB/T 24976《电器附件环境设计导则》的第2部分。本部分应与GB/T 24976.1—2010《电器附件环境设计导则　第1部分：总则》配合使用。

本部分由全国电工电子产品与系统的环境标准化技术委员会(SAC/TC 297)提出并归口。

本部分起草单位：中国电器科学研究院、机械工业北京电工技术经济研究所。

本部分主要起草人：罗怀平、蔡军、李锋、郭丽平。

电器附件环境设计导则 第2部分:电缆管理用导管系统和槽管系统

1 范围

本部分规定了将环境因素引入电缆管理用导管系统和槽管的基本原则。

本部分适用于新的或改进的产品的设计。

本部分适用的电缆管理用导管系统包括金属、非金属和复合材料导管系统,包括端接这些系统的螺纹的和非螺纹的导管入口。电缆管理用槽管系统包括为电气装置的导体、电缆或软线和/或其他电气设备特设的,并在必要之处,将它们隔离开的电缆管和电缆槽系统。

本部分的目的是为了在产品的设计阶段就控制其对环境的影响。

2 规范性引用文件

下列文件中的条款通过GB/T 24976的本部分的引用而成为本部分的条款。凡是注日期的引用文件,其随后所有的修改单(不包括勘误的内容)或修订版均不适用于本部分,然而,鼓励根据本部分达成协议的各方研究是否可使用这些文件的最新版本。凡是不注日期的引用文件,其最新版本适用于本部分。

GB/T 19215.1 电气安装用电缆槽管系统 第1部分:通用要求(GB/T 19215.1—2003,IEC 61084-1:1991,MOD)

GB/T 24976.1—2010 电器附件环境设计导则 第1部分:总则

3 术语和定义

GB/T 24976.1—2010的第3章适用。

4 将环境因素引入产品设计和开发的总体考虑

GB/T 24976.1—2010的第4章适用。

5 将环境因素引入产品设计和开发的基本原则

5.1 总则

GB/T 24976.1—2010的5.1增加以下内容后适用。

设计者应注意研究GB/T 19215.1中的有关要求。

5.2 原材料获取阶段

GB/T 24976.1—2010的5.2增加以下内容后适用。

5.2.101 绝缘材料

设计者应注意研究以下原则:

a) 材料类别

电缆管理用导管及槽管的绝缘材料主要用于制造管体、管接件等部件,应优先选用热塑性工程塑料(如,PP、PE、PC、ABS等)。

b) 阻燃剂

优先选用不含有卤族元素、溴系元素阻燃剂的塑料，如 DMC 可选用 $Al(OH)_3$、Sb_2O_3、磷酸酯、$Mg(OH)_2$。其中 $Al(OH)_3$ 兼有无机填料和阻燃剂的效果，使用比较广泛。尼龙可选用磷系元素、氮系元素。

c) 填充剂

不应选用石棉作为填充剂，宜采用玻璃纤维或其他材料作为填充剂。

d) 着色剂

应限制使用镉红等含有镉的着色剂。

5.2.102 黑色金属的钝化材料

避免使用六价铬作为镀锌钝化的材料。

5.3 制造阶段

GB/T 24976.1—2010 的 5.3 增加以下内容后适用。

5.3.101 考虑制造工艺对环境的污染

GB/T 24976.1—2010 的 5.3.1 增加以下内容后适用。

制造非金属材料的管体、管接件等部件过程中应减少挤塑等工艺产生的有害气体和噪声。制造金属材料的管体、管接件等部件过程中应减少焊接、切割等工艺中产生的有害气体和噪声。

5.3.102 减少制造过程中的资源消耗

GB/T 24976.1—2010 的 5.3.2 适用。

5.3.103 降低生产过程中对环境的污染

GB/T 24976.1—2010 的 5.3.3 适用。

5.3.104 注意研究因降低环境污染而产生的能源消耗

GB/T 24976.1—2010 的 5.3.4 适用。

5.4 包装、运输和配送阶段

GB/T 24976.1—2010 的 5.4 适用。

5.5 使用阶段

GB/T 24976.1—2010 的 5.5 适用。

5.6 生命末期(回收处理)阶段

GB/T 24976.1—2010 的 5.6 适用。

ICS 29.020
K 04

中华人民共和国国家标准

GB/T 24976.3—2010

电器附件环境设计导则 第3部分:家用和类似用途电缆卷盘

Guide of environmental design for electrical accessories—
Part 3:Cable reels for household application and similar purposes

2010-08-09 发布　　2011-02-01 实施

中华人民共和国国家质量监督检验检疫总局
中国国家标准化管理委员会　发布

前　　言

GB/T 24976《电器附件环境设计导则》包括以下几个部分：

——第1部分：总则；

——第2部分：电缆管理用导管系统和槽管系统；

——第3部分：家用和类似用途电缆卷盘；

——第4部分：工业用插头插座和耦合器；

——第5部分：家用和类似用途插头插座；

——第6部分：家用和类似用途器具耦合器；

——第7部分：家用和类似用途低压电器用连接器件；

——第8部分：家用和类似用途固定式电气装置的开关。

本部分是GB/T 24976《电器附件环境设计导则》的第3部分。本部分应与GB/T 24976.1—2010《电器附件环境设计导则　第1部分：总则》配合使用。

本部分由全国电工电子产品与系统的环境标准化技术委员会(SAC/TC 297)提出并归口。

本部分起草单位：中国电器科学研究院、机械工业北京电工技术经济研究所。

本部分主要起草人：罗怀平、蔡军、李锋、郭丽平。

电器附件环境设计导则 第3部分:家用和类似用途电缆卷盘

1 范围

本部分规定了将环境因素引入家用和类似用途电缆卷盘产品(以下简称电缆卷盘)的基本原则。

本部分适用于新的或改进的产品的设计。

本部分的目的是为了在产品的设计阶段就控制其对环境的影响。

2 规范性引用文件

下列文件中的条款通过GB/T 24976的本部分的引用而成为本部分的条款。凡是注日期的引用文件,其随后所有的修改单(不包括勘误的内容)或修订版均不适用于本部分,然而,鼓励根据本部分达成协议的各方研究是否可使用这些文件的最新版本。凡是不注日期的引用文件,其最新版本适用于本部分。

GB/T 19637 电器附件 家用和类似用途电缆卷盘(GB/T 19637—2005,IEC 61242:1995,MOD)

GB/T 24976.1—2010 电器附件环境设计导则 第1部分:导则

3 术语和定义

GB/T 24976.1—2010的第3章适用。

4 将环境因素引入产品设计和开发的总体考虑

GB/T 24976.1—2010的第4章适用。

5 将环境因素引入产品设计和开发的基本原则

5.1 总则

GB/T 24976.1—2010的5.1增加以下内容后适用。

设计者应注意研究GB/T 19637中有关的要求。

5.2 原材料获取阶段

GB/T 24976.1—2010的5.2增加以下内容后适用。

5.2.101 绝缘材料

设计者应注意研究以下原则:

a) 材料类别

家用电缆卷盘的绝缘材料主要用于制造底座、跷板、面板等部件,应优先选用热塑性工程塑料(如,PC、PA、ABS等)。

b) 阻燃剂

优先选用不含有卤族元素、溴系元素阻燃剂的塑料,如DMC可选用$Al(OH)_3$、Sb_2O_3、磷酸酯、$Mg(OH)_2$。其中$Al(OH)_3$兼有无机填料和阻燃剂的效果,使用比较广泛。尼龙可选用磷系元素、氮系元素。

c) 填充剂

不应选用石棉作为填充剂,宜采用玻璃纤维或其他材料作为填充剂。

d) 着色剂

应限制使用镉红等含有镉的着色剂。

5.2.102 触头材料

在 AgCdO(银氧化镉)触头的分断过程中,会在电弧电流的作用下升华,形成镉蒸汽对人体产生危害,因此不宜在触头材料中使用镉。推荐的触头材料有 AgNi(银镍)、$AgSnO_2$(银氧化锡)、AgC(银石墨)、AgW(银钨)、AgWC(银碳化钨)。

5.2.103 印制线路板

如果家用电缆卷盘有印制线路板,宜选用符合环保要求的印制线路板。

考虑作为软焊料的铅的含量,优先选用无铅焊料。

5.2.104 电子元器件

微型熔断器、电容器、电阻器、断流器等电子元器件应符合环保要求。

5.2.105 黑色金属的钝化材料

避免使用六价铬作为镀锌钝化的材料。

5.3 制造阶段

GB/T 24976.1—2010 的 5.3 增加以下内容后适用。

5.3.101 考虑制造工艺对环境的污染

GB/T 24976.1—2010 的 5.3.1 增加以下内容后适用。

制造底座、跷板、面板等部件过程中应减少注塑产生的有害气体和噪声。制造端子过程中应减少冲压产生的噪声。

5.3.102 减少制造过程中的资源消耗

GB/T 24976.1—2010 的 5.3.2 适用。

5.3.103 降低生产过程中对环境的污染

GB/T 24976.1—2010 的 5.3.3 适用。

5.3.104 注意研究因降低环境污染而产生的能源消耗

GB/T 24976.1—2010 的 5.3.4 适用。

5.4 包装、运输和配送阶段

GB/T 24976.1—2010 的 5.4 适用。

5.5 使用阶段

GB/T 24976.1—2010 的 5.5 增加以下内容后适用。

5.5.101 噪声污染

应该采用新的技术来限制家用电缆卷盘在使用时产生的噪声。

5.5.102 电磁干扰

具有电子线路的家用电缆卷盘应尽量降低电磁干扰程度。

5.5.103 谐波污染

具有电子线路的家用电缆卷盘应尽量降低谐波污染程度。

5.6 生命末期(回收处理)阶段

GB/T 24976.1—2010 的 5.6 适用。

ICS 29.020
K 04

中华人民共和国国家标准

GB/T 24976.4—2010

电器附件环境设计导则
第4部分:工业用插头插座和耦合器

Guide of environmental design for electrical accessories—
Part 4:Plugs,socket-outlets and couplers for industrial purposes

2010-08-09 发布 2011-02-01 实施

中华人民共和国国家质量监督检验检疫总局
中国国家标准化管理委员会 发布

前　言

GB/T 24976《电器附件环境设计导则》包括以下几个部分：

——第1部分：总则；

——第2部分：电缆管理用导管系统和槽管系统；

——第3部分：家用和类似用途电缆卷盘；

——第4部分：工业用插头插座和耦合器；

——第5部分：家用和类似用途插头插座；

——第6部分：家用和类似用途器具耦合器；

——第7部分：家用和类似用途低压电器用连接器件；

——第8部分：家用和类似用途固定式电气装置的开关。

本部分是GB/T 24976《电器附件环境设计导则》的第4部分。本部分应与GB/T 24976.1—2010《电器附件环境设计导则　第1部分：总则》配合使用。

本部分由全国电工电子产品与系统的环境标准化技术委员会(SAC/TC 297)提出并归口。

本部分起草单位：中国电器科学研究院、北京司坎·拓普国际电气有限公司、机械工业北京电工技术经济研究所、上海电动工具研究所。

本部分主要起草人：罗怀平、蔡军、金卫东、李锋、刘江、郭丽平。

电器附件环境设计导则 第4部分:工业用插头插座和耦合器

1 范围

本部分规定了将环境因素引入工业用插头插座和耦合器产品的基本原则。

本部分适用于新的或改进的产品的设计。

本部分适用的工业用插头插座和耦合器包括工业用插头、工业用插座和工业用连接器、工业用器具输入插座、工业用耦合器等。

本部分的目的是为了在产品的设计阶段就控制其对环境的影响。

2 规范性引用文件

下列文件中的条款通过GB/T 24976的本部分的引用而成为本部分的条款。凡是注日期的引用文件,其随后所有的修改单(不包括勘误的内容)或修订版均不适用于本部分,然而,鼓励根据本部分达成协议的各方研究是否可使用这些文件的最新版本。凡是不注日期的引用文件,其最新版本适用于本部分。

GB/T 11918 工业用插头插座和耦合器 第1部分:通用要求(GB/T 11918—2001,idt IEC 60309-1:1999)

GB/T 11919 工业用插头插座和耦合器 第2部分:带插销和插套的电器附件的尺寸互换性要求(GB/T 11919—2001,idt IEC 60309-2:1999)

GB/T 24976.1—2010 电器附件环境设计导则 第1部分:总则

3 术语和定义

GB/T 24976.1—2010的第3章适用。

4 将环境因素引入产品设计和开发的总体考虑

GB/T 24976.1—2010的第4章适用。

5 将环境因素引入产品设计和开发的基本原则

5.1 总则

GB/T 24976.1—2010的5.1增加以下内容后适用。

设计者应注意研究GB/T 11918和GB/T 11919中有关的要求。

5.2 原材料获取阶段

GB/T 24976.1—2010的5.2增加以下内容后适用。

5.2.101 绝缘材料

设计者应注意研究以下原则:

a) 材料类别

工业用插头插座和耦合器的绝缘材料主要用于制造底座、外壳等部件,应优先选用热塑性工程塑料(如,PC、PA、ABS等)。

b) 阻燃剂

优先选用不含有卤族元素、溴系元素阻燃剂的塑料，如 DMC 可选用 Al(OH)$_3$、Sb_2O_3、磷酸酯、Mg(OH)$_2$。其中 Al(OH)$_3$ 兼有无机填料和阻燃剂的效果，使用比较广泛。尼龙可选用磷系元素、氮系元素。

c) 填充剂

不应选用石棉作为填充剂，宜采用玻璃纤维或其他材料作为填充剂。

d) 着色剂

应限制使用镉红等含有镉的着色剂。

5.2.102 触头材料

在 AgCdO(银氧化镉)触头的分断过程中，会在电弧电流的作用下升华，形成镉蒸汽对人体产生危害，因此不宜在触头材料中使用镉。推荐的触头材料有 AgNi(银镍)、$AgSnO_2$(银氧化锡)、AgC(银石墨)、AgW(银钨)、AgWC(银碳化钨)。

5.2.103 印制线路板

如果工业用插头插座和耦合器有印制线路板，宜选用符合环保要求的印制线路板。

考虑作为软焊料的铅的含量，优先选用无铅焊料。

5.2.104 电子元器件

微型熔断器、电容器、电阻器、断流器等电子元器件应符合环保要求。

5.2.105 黑色金属的钝化材料

避免使用六价铬作为镀锌钝化的材料。

5.3 制造阶段

GB/T 24976.1—2010 的 5.3 增加以下内容后适用。

5.3.101 考虑制造工艺对环境的污染

GB/T 24976.1—2010 的 5.3.1 增加以下内容后适用。

制造底座、外壳等部件过程中应减少注塑产生的有害气体和噪声。制造端子过程中应减少冲压产生的噪声。

5.3.102 减少制造过程中的资源消耗

GB/T 24976.1—2010 的 5.3.2 适用。

5.3.103 降低生产过程中对环境的污染

GB/T 24976.1—2010 的 5.3.3 适用。

5.3.4 注意研究因降低环境污染而产生的能源消耗

GB/T 24976.1—2010 的 5.3.4 适用。

5.4 包装、运输和配送阶段

GB/T 24976.1—2010 的 5.4 适用。

5.5 使用阶段

GB/T 24976.1—2010 的 5.5 增加以下内容后适用。

5.5.101 噪声污染

应该采用新的技术来限制工业用插头插座和耦合器在使用时产生的噪声。

5.5.102 电磁干扰

具有电子线路的工业用插头插座和耦合器应尽量降低电磁干扰程度。

5.5.103 谐波污染

具有电子线路的工业用插头插座和耦合器应尽量降低谐波污染程度。

5.6 生命末期(回收处理)阶段

GB/T 24976.1—2010 的 5.6 适用。

ICS 29.020
K 04

中华人民共和国国家标准

GB/T 24976.5—2010

电器附件环境设计导则 第5部分：家用和类似用途插头插座

Guide of environmental design for electrical accessories—Part 5: Plugs and socket-outlets for household and similar purposes

2010-08-09 发布　　2011-02-01 实施

中华人民共和国国家质量监督检验检疫总局
中国国家标准化管理委员会　发布

前　言

GB/T 24976《电器附件环境设计导则》包括以下几个部分：

——第1部分：总则；

——第2部分：电缆管理用导管系统和槽管系统；

——第3部分：家用和类似用途电缆卷盘；

——第4部分：工业用插头插座和耦合器；

——第5部分：家用和类似用途插头插座；

——第6部分：家用和类似用途器具耦合器；

——第7部分：家用和类似用途低压电器用连接器件；

——第8部分：家用和类似用途固定式电气装置的开关。

本部分是GB/T 24976《电器附件环境设计导则》的第5部分。本部分应与GB/T 24976.1—2010《电器附件环境设计导则　第1部分：总则》配合使用。

本部分由全国电工电子产品与系统的环境标准化技术委员会(SAC/TC 297)提出并归口。

本部分起草单位：中国电器科学研究院、北京突破电气有限公司、机械工业北京电工技术经济研究所、上海电动工具研究所。

本部分主要起草人：蔡军、罗怀平、朱松涛、李锋、刘江、郭丽平。

电器附件环境设计导则
第5部分:家用和类似用途插头插座

1 范围

本部分提出了将环境因素引入家用和类似用途插头插座产品(以下简称家用插头插座)的基本原则。

本部分适用于新的或改进的产品的设计。

本部分适用的家用和类似用途插头插座包括单相插头插座、三相插头插座等。

本部分的目的是为了在产品的设计阶段就控制其对环境的影响。

2 规范性引用文件

下列文件中的条款通过GB/T 24976的本部分的引用而成为本部分的条款。凡是注日期的引用文件,其随后所有的修改单(不包括勘误的内容)或修订版均不适用于本部分,然而,鼓励根据本部分达成协议的各方研究是否可使用这些文件的最新版本。凡是不注日期的引用文件,其最新版本适用于本部分。

GB 1002 家用和类似用途单相插头插座 型式、基本参数和尺寸

GB 1003 家用和类似用途三相插头插座 型式、基本参数与尺寸

GB 2099.1 家用和类似用途插头插座 第1部分:通用要求(GB 2099.1—2008,IEC 60884-1:2006,MOD)

GB 2099.2 家用和类似用途插头插座 第二部分:器具插座的特殊要求

GB 2099.3 家用和类似用途插头插座 第2部分:转换器的特殊要求(GB 2099.3—2008 IEC 60884-2-5:1995,MOD)

GB 2099.4 家用和类似用途插头插座 第2部分:固定式无联锁带开关插座的特殊要求(GB 2099.4—2008 IEC 60884-2-3:2006,IDT)

GB 2099.5 家用和类似用途插头插座 第2部分:固定式有联锁带开关插座的特殊要求(GB 2099.5—2008 IEC 60884-2-6:1997,IDT)

GB 2099.6 家用和类似用途插头插座 第2部分:带熔断器插头的特殊要求(GB 2099.6—2008 IEC 60884-2-1:2006,IDT)

GB/T 24976.1—2010 电器附件环境设计导则 第1部分:导则

3 术语和定义

GB/T 24976.1—2010的第3章适用。

4 将环境因素引入产品设计和开发的总体考虑

GB/T 24976.1—2010的第4章适用。

5 将环境因素引入产品设计和开发的基本原则

5.1 总则

GB/T 24976.1—2010的5.1增加以下内容后适用。

设计者应注意研究 GB 2099.1、GB 2099.2、GB 2099.3、GB 2099.4、GB 2099.5、GB 2099.6、GB 1002 和 GB 1003 中的有关要求。

5.2 原材料获取阶段

GB/T 24976.1—2010 的 5.2 增加以下内容后适用。

5.2.101 绝缘材料

设计者应注意研究以下原则：

a) 材料类别

家用插头插座的绝缘材料主要用于制造插座底座、面板和插头外皮、内架等部件，应优先选用热塑性工程塑料(如，PC、PA、ABS 等)。

b) 阻燃剂

优先选用不含有卤族元素、溴系元素阻燃剂的塑料，如 DMC 可选用 $Al(OH)_3$、Sb_2O_3、磷酸酯、$Mg(OH)_2$。其中 $Al(OH)_3$ 兼有无机填料和阻燃剂的效果，使用比较广泛。尼龙可选用磷系元素、氮系元素。

c) 填充剂

不应选用石棉作为填充剂，宜采用玻璃纤维或其他材料作为填充剂。

d) 着色剂

应限制使用镉红等含有镉的着色剂。

5.2.102 印制线路板

如果家用插头插座有印制线路板，宜选用符合环保要求的印制线路板。

考虑作为软焊料的铅的含量，优先选用无铅焊料。

5.2.103 黑色金属的钝化材料

避免使用六价铬作为镀锌钝化的材料。

5.3 制造阶段

GB/T 24976.1—2010 的 5.3 增加以下内容后适用。

5.3.101 考虑制造工艺对环境的污染

GB/T 24976.1—2010 的 5.3.1 增加以下内容后适用。

制造底座、面板等部件过程中应减少注塑产生的有害气体和噪声。制造端子过程中应减少冲压产生的噪声。

5.3.102 减少制造过程中的资源消耗

GB/T 24976.1—2010 的 5.3.2 适用。

5.3.103 降低生产过程中对环境的污染

GB/T 24976.1—2010 的 5.3.3 适用。

5.3.104 注意研究因降低环境污染而产生的能源消耗

GB/T 24976.1—2010 的 5.3.4 适用。

5.4 包装、运输和配送阶段

GB/T 24976.1—2010 的 5.4 适用。

5.5 使用阶段

GB/T 24976.1—2010 的 5.5 增加以下内容后适用。

5.5.101 噪声污染

应该采用新的技术来限制家用插头插座在使用时产生的噪声。

5.5.102 电磁干扰

具有电子线路的家用插头插座应尽量降低电磁干扰程度。

5.5.103 **谐波污染**

具有电子线路的家用插头插座应尽量降低谐波污染程度。

5.6 生命末期(回收处理)阶段

GB/T 24976.1—2010 的 5.6 适用。

ICS 29.020
K 04

中华人民共和国国家标准

GB/T 24976.6—2010

电器附件环境设计导则 第6部分：家用和类似用途器具耦合器

Guide of environmental design for electrical accessories—Part 6: Appliance couplers for household and similar purposes

2010-08-09 发布　　2011-02-01 实施

中华人民共和国国家质量监督检验检疫总局
中国国家标准化管理委员会　发布

前　言

GB/T 24976《电器附件环境设计导则》包括以下几个部分：

——第 1 部分：总则；

——第 2 部分：电缆管理用导管系统和槽管系统；

——第 3 部分：家用和类似用途电缆卷盘；

——第 4 部分：工业用插头插座和耦合器；

——第 5 部分：家用和类似用途插头插座；

——第 6 部分：家用和类似用途器具耦合器；

——第 7 部分：家用和类似用途低压电器用连接器件；

——第 8 部分：家用和类似用途固定式电气装置的开关。

本部分是 GB/T 24976《电器附件环境设计导则》的第 6 部分。本部分应与 GB/T 24976.1—2010《电器附件环境设计导则　第 1 部分：总则》配合使用。

本部分由全国电工电子产品与系统的环境标准化技术委员会(SAC/TC 297)提出并归口。

本部分起草单位：中国电器科学研究院、机械工业北京电工技术经济研究所。

本部分主要起草人：蔡军、罗怀平、李锋、郭丽平。

电器附件环境设计导则
第6部分：家用和类似用途器具耦合器

1 范围

本部分规定了将环境因素引入家用和类似用途器具耦合器产品（以下简称家用耦合器）的基本原则。

本部分适用于新的或改进的产品的设计。

本部分适用的家用和类似用途的耦合器包括连接器、器具输入插座、插头连接器、器具插座等。

本部分的目的是为了在产品的设计阶段就控制其对环境的影响。

2 规范性引用文件

下列文件中的条款通过GB/T 24976的本部分的引用而成为本部分的条款。凡是注日期的引用文件，其随后所有的修改单（不包括勘误的内容）或修订版均不适用于本部分，然而，鼓励根据本部分达成协议的各方研究是否可使用这些文件的最新版本。凡是不注日期的引用文件，其最新版本适用于本部分。

GB 17465.1 家用和类似用途器具耦合器 第1部分：通用要求（GB 17465.1—2009，IEC 60320-1：2007，MOD）

GB 17465.2 家用和类似用途器具耦合器 第2部分：家用和类似设备用互连耦合器（GB 17465.2—2009，IEC 60320-2-2：1998，MOD）

GB 17465.3 家用和类似用途器具耦合器 第2部分：防护等级高于IPX0的器具耦合器（GB 17465.3—2008，IEC 60320-2-3：2005，IDT）

GB/T 24976.1—2010 电器附件环境设计导则 第1部分：总则

3 术语和定义

GB/T 24976.1—2010的第3章适用。

4 将环境因素引入产品设计和开发的总体考虑

GB/T 24976.1—2010的第4章适用。

5 将环境因素引入产品设计和开发的基本原则

5.1 总则

GB/T 24976.1—2010的5.1增加以下内容后适用。

设计者应注意研究GB 17465.1、GB 17465.2、GB 17465.3中的有关要求。

5.2 原材料获取阶段

GB/T 24976.1—2010的5.2增加以下内容后适用。

5.2.101 绝缘材料

设计者应注意研究以下原则：

a) 材料类别

家用耦合器的绝缘材料主要用于制造底座、内架、外皮等部件，应优先选用热塑性工程塑料（如，PC、PA、ABS等）。

b) 阻燃剂

优先选用不含有卤族元素、溴系元素阻燃剂的塑料，如 DMC 可选用 $Al(OH)_3$、Sb_2O_3、磷酸酯、$Mg(OH)_2$。其中 $Al(OH)_3$ 兼有无机填料和阻燃剂的效果，使用比较广泛。尼龙可选用磷系元素、氮系元素。

c) 填充剂

不应选用石棉作为填充剂，宜采用玻璃纤维或其他材料作为填充剂。

d) 着色剂

应限制使用镉红等含有镉的着色剂。

5.2.102 黑色金属的钝化材料

避免使用六价铬作为镀锌钝化的材料。

5.3 制造阶段

GB/T 24976.1—2010 的 5.3 增加以下内容后适用。

5.3.101 考虑制造工艺对环境的污染

GB/T 24976.1—2010 的 5.3.1 增加以下内容后适用。

制造过程中应减少注塑产生的有害气体和噪声。制造端子过程中应减少冲压产生的噪声。

5.3.102 减少制造过程中的资源消耗

GB/T 24976.1—2010 的 5.3.2 适用。

5.3.103 降低生产过程中对环境的污染

GB/T 24976.1—2010 的 5.3.3 适用。

5.3.104 注意研究因降低环境污染而产生的能源消耗

GB/T 24976.1—2010 的 5.3.4 适用。

5.4 包装、运输和配送阶段

GB/T 24976.1—2010 的 5.4 适用。

5.5 使用阶段

GB/T 24976.1—2010 的 5.5 增加以下内容后适用。

5.5.101 噪声污染

应该采用新的技术来限制家用耦合器在使用时产生的噪声。

5.5.102 电磁干扰

具有电子线路的家用耦合器应尽量降低电磁干扰程度。

5.5.103 谐波污染

具有电子线路的家用耦合器应尽量降低谐波污染程度。

5.6 生命末期(回收处理)阶段

GB/T 24976.1—2010 的 5.6 适用。

ICS 29.020
K 04

中华人民共和国国家标准

GB/T 24976.7—2010

电器附件环境设计导则 第7部分:家用和类似用途低压电器用连接器件

Guide of environmental design for electrical accessories—
Part 7:Connecting devices for low-voltage circuits for household and similar purposes

2010-08-09 发布　　2011-02-01 实施

中华人民共和国国家质量监督检验检疫总局
中国国家标准化管理委员会　发布

前 言

GB/T 24976《电器附件环境设计导则》包括以下几个部分：

——第1部分：总则；

——第2部分：电缆管理用导管系统和槽管系统；

——第3部分：家用和类似用途电缆卷盘；

——第4部分：工业用插头插座和耦合器；

——第5部分：家用和类似用途插头插座；

——第6部分：家用和类似用途器具耦合器；

——第7部分：家用和类似用途低压电器用连接器件；

——第8部分：家用和类似用途固定式电气装置的开关。

本部分是GB/T 24976《电器附件环境设计导则》的第7部分。本部分应与GB/T 24976.1—2010《电器附件环境设计导则　第1部分：总则》配合使用。

本部分由全国电工电子产品与系统的环境标准化技术委员会(SAC/TC 297)提出并归口。

本部分起草单位：中国电器科学研究院、机械工业北京电工技术经济研究所。

本部分主要起草人：蔡军、罗怀平、李锋、郭丽平。

电器附件环境设计导则
第7部分：家用和类似用途低压电器用连接器件

1 范围

本部分规定了将环境因素引入家用和类似用途低压电器用连接器件产品(以下简称连接器件)的基本原则。

本部分适用于新的或改进的产品的设计。

本部分的目的是为了在产品的设计阶段就控制其对环境的影响。

2 规范性引用文件

下列文件中的条款通过GB 24976的本部分的引用而成为本部分的条款。凡是注日期的引用文件,其随后所有的修改单(不包括勘误的内容)或修订版均不适用于本部分,然而,鼓励根据本部分达成协议的各方研究是否可使用这些文件的最新版本。凡是不注日期的引用文件,其最新版本适用于本部分。

GB 13140.1 家用和类似用途低压电路用的连接器件 第1部分:通用要求(GB 13140.1—2008,IEC 60998-1:2002,IDT)

GB 13140.2 家用和类似用途低压电路用的连接器件 第2部分:作为独立单元的带螺纹型夹紧件的连接器件的特殊要求(GB 13140.2—2008,IEC 60998-2-1:2002,IDT)

GB 13140.3 家用和类似用途低压电路用的连接器件 第2部分:作为独立单元的带无螺纹型夹紧件的连接器件的特殊要求(GB 13140.3—2008,IEC 60998-2-2:2002,IDT)

GB 13140.4 家用和类似用途低压电路用的连接器件 第2部分:作为独立单元的带刺穿绝缘型夹紧件的连接器件的特殊要求(GB 13140.4—2008,IEC 60998-2-3:2002,IDT)

GB 13140.5 家用和类似用途低压电路用的连接器件 第2部分:扭接式连接器件的特殊要求(GB 13140.5—2008,IEC 60998-2-4:2004,IDT)

GB/T 24976.1—2010 电器附件环境设计导则 第1部分:总则

3 术语和定义

GB/T 24976.1—2010的第3章适用。

4 将环境因素引入产品设计和开发的总体考虑

GB/T 24976.1—2010的第4章适用。

5 将环境因素引入产品设计和开发的基本原则

5.1 总则

GB/T 24976.1—2010的5.1增加以下内容后适用。

设计者应注意研究中GB 13140.1、GB 13140.2、GB 13140.3、GB 13140.4和GB 13140.5的有关要求。

5.2 原材料获取阶段

GB/T 24976.1—2010的5.2增加以下内容后适用。

5.2.101 绝缘材料

设计者应注意研究以下原则：

a) 材料类别

连接器件的绝缘材料主要用于制造底座等部件，应优先选用热塑性工程塑料(如，PC、PA、ABS等)。

b) 阻燃剂

优先选用不含有卤族元素、溴系元素阻燃剂的塑料，如DMC可选用$Al(OH)_3$、Sb_2O_3、磷酸酯、$Mg(OH)_2$。其中$Al(OH)_3$兼有无机填料和阻燃剂的效果，使用比较广泛。尼龙可选用磷系元素、氮系元素。

c) 填充剂

不应选用石棉作为填充剂，宜采用玻璃纤维或其他材料作为填充剂。

d) 着色剂

应限制使用镉红等含有镉的着色剂。

5.2.102 印制线路板

如果连接器件有印制线路板，宜选用符合环保要求的印制线路板。

考虑作为软焊料的铅的含量，优先选用无铅焊料。

5.2.103 黑色金属的钝化材料

避免使用六价铬作为镀锌钝化的材料。

5.3 制造阶段

GB/T 24976.1—2010的5.3增加以下内容后适用。

5.3.101 考虑制造工艺对环境的污染

GB/T 24976.1—2010的5.3.1增加以下内容后适用。

制造过程中应减少注塑产生的有害气体和噪声。制造端子过程中应减少冲压产生的噪声。

5.3.102 减少制造过程中的资源消耗

GB/T 24976.1—2010的5.3.2适用。

5.3.103 降低生产过程中对环境的污染

GB/T 24976.1—2010的5.3.3适用。

5.3.104 注意研究因降低环境污染而产生的能源消耗

GB/T 24976.1—2010的5.3.4适用。

5.4 包装、运输和配送阶段

GB/T 24976.1—2010的5.4适用。

5.5 使用阶段

GB/T 24976.1—2010的5.5增加以下内容后适用。

5.5.101 噪声污染

应该采用新的技术来限制连接器件在使用时产生的噪声。

5.5.102 电磁干扰

具有电子线路的连接器件应尽量降低电磁干扰程度。

5.5.103 谐波污染

具有电子线路的连接器件应尽量降低谐波污染程度。

5.6 生命末期(回收处理)阶段

GB/T 24976.1—2010的5.6适用。

ICS 29.020
K 04

中华人民共和国国家标准

GB/T 24976.8—2010

电器附件环境设计导则 第8部分:家用和类似用途固定式电气装置的开关

Guide of environmental design for electrical accessories—Part 8:Switches for household and similar fixed electrical installations

2010-08-09 发布 2011-02-01 实施

中华人民共和国国家质量监督检验检疫总局
中国国家标准化管理委员会 发布

前　言

GB/T 24976《电器附件环境设计导则》包括以下几个部分：

——第1部分：总则；

——第2部分：电缆管理用导管系统和槽管系统；

——第3部分：家用和类似用途电缆卷盘；

——第4部分：工业用插头插座和耦合器；

——第5部分：家用和类似用途插头插座；

——第6部分：家用和类似用途器具耦合器；

——第7部分：家用和类似用途低压电器用连接器件；

——第8部分：家用和类似用途固定式电气装置的开关。

本部分是GB/T 24976《电器附件环境设计导则》的第8部分。本部分应与GB/T 24976.1—2010《电器附件环境设计导则　第1部分：总则》配合使用。

本部分由全国电工电子产品与系统的环境标准化技术委员会(SAC/TC 297)提出并归口。

本部分起草单位：中国电器科学研究院、机械工业北京电工技术经济研究所、上海电动工具研究所等。

本部分主要起草人：蔡军、罗怀平、李锋、郭丽平、刘江。

电器附件环境设计导则 第8部分：家用和类似用途固定式电气装置的开关

1 范围

本部分规定了将环境因素引入家用和类似用途固定式电气装置的开关产品(以下简称开关)的基本原则。

本部分适用于新的或改进的产品的设计。

本部分适用的家用和类似用途固定式电气装置的开关包括旋转开关、倒扳开关、跷板开关、按钮开关、拉线开关、触摸开关、接近开关、光控开关、声控开关、其他外部感应开关等。

本部分的目的是为了在产品的设计阶段就控制其对环境的影响。

2 规范性引用文件

下列文件中的条款通过GB/T 24976的本部分的引用而成为本部分的条款。凡是注日期的引用文件,其随后所有的修改单(不包括勘误的内容)或修订版均不适用于本部分,然而,鼓励根据本部分达成协议的各方研究是否可使用这些文件的最新版本。凡是不注日期的引用文件,其最新版本适用于本部分。

GB 16915.1 家用和类似用途固定式电气装置的开关 第1部分:通用要求(GB 16915.1—2003, IEC 60669-1:2001 E3.1,MOD)

GB 16915.2—2000 家用和类似用途固定式电气装置的开关 第2部分:特殊要求 第1节:电子开关(GB 16915.2—2000,eqv IEC 60669-2-1:1996)

GB 16915.3 家用和类似用途固定式电气装置的开关 第2部分:特殊要求 第2节:遥控开关(RCS)(GB 16915.3—2000,idt IEC 60669-2-2:1996)

GB 16915.4 家用和类似用途固定式电气装置的开关 第2部分:特殊要求 第3节:延时开关(GB 16915.4—2003,IEC 60669-2-3:1997,MOD)

GB/T 24976.1—2010 电器附件环境设计导则 第1部分:总则

3 术语和定义

GB/T 24976.1—2010 的第3章适用。

4 将环境因素引入产品设计和开发的总体考虑

GB/T 24976.1—2010 的第4章适用。

5 将环境因素引入产品设计和开发的基本原则

5.1 总则

GB/T 24976.1—2010 的5.1增加以下内容后适用。

设计者应注意研究GB 16915.1、GB 16915.2—2000、GB 16915.3和GB 16915.4中的有关要求。

5.2 原材料获取阶段

GB/T 24976.1—2010 的5.2增加以下内容后适用。

5.2.101 **绝缘材料**

设计者应注意研究以下原则：

a) 材料类别

开关的绝缘材料主要用于制造底座、跷板、面板等部件，应优先选用热塑性工程塑料（如，PC、PA、ABS等）。

b) 阻燃剂

优先选用不含有卤族元素、溴系元素阻燃剂的塑料，如DMC可选用$Al(OH)_3$、Sb_2O_3、磷酸酯、$Mg(OH)_2$。其中$Al(OH)_3$兼有无机填料和阻燃剂的效果，使用比较广泛。尼龙可选用磷系元素、氮系元素。

c) 填充剂

不应选用石棉作为填充剂，宜采用玻璃纤维或其他材料作为填充剂。

d) 着色剂

应限制使用镉红等含有镉的着色剂。

5.2.102 **触头材料**

在AgCdO（银氧化镉）开关触头的分断过程中，会在电弧电流的作用下升华，形成镉蒸汽对人体产生危害，因此不宜在触头材料中使用镉。推荐的开关触头材料有AgNi（银镍）、$AgSnO_2$（银氧化锡）、AgC（银石墨）、AgW（银钨）、AgWC（银碳化钨）。

5.2.103 **印制线路板**

如果开关有印制线路板，宜选用符合环保要求的印制线路板。

考虑作为软焊料的铅的含量，优先选用无铅焊料。

5.2.104 **电子元器件**

微型熔断器、电容器、电阻器、断流器等电子元器件应符合环保要求。

5.2.105 **黑色金属的钝化材料**

避免使用六价铬作为镀锌钝化的材料。

5.3 制造阶段

GB/T 24976.1—2010的5.3增加以下内容后适用。

5.3.101 **考虑制造工艺对环境的污染**

GB/T 24976.1—2010的5.3.1增加以下内容后适用。

制造底座、跷板、面板等部件过程中应减少注塑产生的有害气体和噪声。制造端子过程中应减少冲压产生的噪声。

5.3.102 **减少制造过程中的资源消耗**

GB/T 24976.1—2010的5.3.2适用。

5.3.103 **降低生产过程中对环境的污染**

GB/T 24976.1—2010的5.3.3适用。

5.3.104 **注意研究因降低环境污染而产生的能源消耗**

GB/T 24976.1—2010的5.3.4适用。

5.4 包装、运输和配送阶段

GB/T 24976.1—2010的5.4适用。

5.5 使用阶段

GB/T 24976.1—2010的5.5增加以下内容后适用。

5.5.101 **噪声污染**

应该采用新的技术来限制电子开关在使用时产生的噪声。

5.5.102 **电磁干扰**

具有电子线路的开关应尽量降低电磁干扰程度，满足 GB 16915.2—2000 中第 26 章的要求。

5.5.103 **谐波污染**

应满足 GB 16915.2—2000 中第 26 章的要求。

5.6 生命末期（回收处理）阶段

GB/T 24976.1—2010 的 5.6 适用。

ICS 97.140
Y 81

中华人民共和国国家标准

GB 24977—2010

卫浴家具

Bathroom furniture

2010-08-09 发布 2011-06-01 实施

中华人民共和国国家质量监督检验检疫总局
中国国家标准化管理委员会 发布

前　言

本标准表5序号12的要求、5.7、5.8.7为强制性的，其余为推荐性的。

本标准由中国轻工业联合会提出。

本标准由全国家具标准化中心归口。

本标准起草单位：浙江省家具与五金研究所、杭州金迪家私装饰有限公司、九牧集团有限公司、浙江方圆检测集团有限公司、上海市质量监督检验技术研究院。

本标准主要起草人：梁米加、汤玉训、古鸣、王永虎、宋利明、林孝发、沈炳富。

卫 浴 家 具

1 范围

本标准规定了卫浴家具产品的术语和定义、产品分类、要求、试验方法、检验规则及标志、包装、运输、贮存、使用说明。

本标准适用于卫生间、浴室使用的家具,其他类似场所使用的家具可参照执行。

2 规范性引用文件

下列文件中的条款通过本标准的引用而成为本标准的条款。凡是注日期的引用文件,其随后所有的修改单(不包括勘误的内容)或修订版均不适用于本标准,然而,鼓励根据本标准达成协议的各方研究是否可使用这些文件的最新版本。凡是不注日期的引用文件,其最新版本适用于本标准。

GB/T 1732 漆膜耐冲击测定法

GB/T 2828.1—2003 计数抽样检验程序 第1部分:按接收质量限(AQL)检索的逐批检验抽样计划

GB 4706.1—2005 家用和类似用途电器的安全 第1部分:通用要求

GB/T 4893.1 家具表面耐冷液测定法

GB/T 4893.2 家具表面耐湿热测定法

GB/T 4893.3 家具表面耐干热测定法

GB/T 4893.4 家具表面漆膜附着力交叉切割测定法

GB/T 4893.7 家具表面漆膜耐冷热温差测定法

GB/T 4893.8 家具表面漆膜耐磨性测定法

GB/T 4893.9 家具表面漆膜抗冲击测定法

GB 5296.6 消费品使用说明 第6部分:家具

GB 6566 建筑材料放射性核素限量

GB/T 6739—2006 色漆和清漆 铅笔法测定漆膜硬度

GB/T 10357.1 家具力学性能试验 桌类强度和耐久性

GB/T 10357.5 家具力学性能试验 柜类强度和耐久性

GB/T 13667.1—2003 钢制书架通用技术条件

GB/T 17657—1999 人造板及饰面人造板理化性能试验方法

GB 18584 室内装饰装修材料 木家具中有害物质限量

JC 981—2005 居室用玻璃台盆、台面

QB/T 1102—2006 民用装饰镜

QB 2658—2004 卫生设备用台盆

QB/T 3814—1999 轻工产品金属镀层和化学处理层的外观质量测试方法

QB/T 3826—1999 轻工产品金属镀层和化学处理层的耐腐蚀试验方法 中性盐雾试验(NSS)法

3 术语和定义

下列术语和定义适用于本标准。

3.1

卫浴家具 bathroom furniture

卫生间、浴室中用于台盆支撑、具有存放及储藏功能的系列柜(台)、架类,在此基础上配置台盆、梳

妆镜、镜灯等辅助设施的统称。

4 产品分类

4.1 按结构形式分为：

a) 分体式；

b) 整体式。

4.2 按使用材料分为：

a) 木质卫浴家具；

b) 金属卫浴家具；

c) 塑料卫浴家具；

d) 玻璃卫浴家具；

e) 石材卫浴家具；

f) 混合卫浴家具。

4.3 按安装方式分为：

a) 落地式；

b) 悬挂式。

4.4 按使用功能分为：

a) 台盆柜；

b) 置物柜(架)；

c) 储物柜；

d) 其他独立柜。

4.5 卫浴家具及设备部件名称示意图见图1。

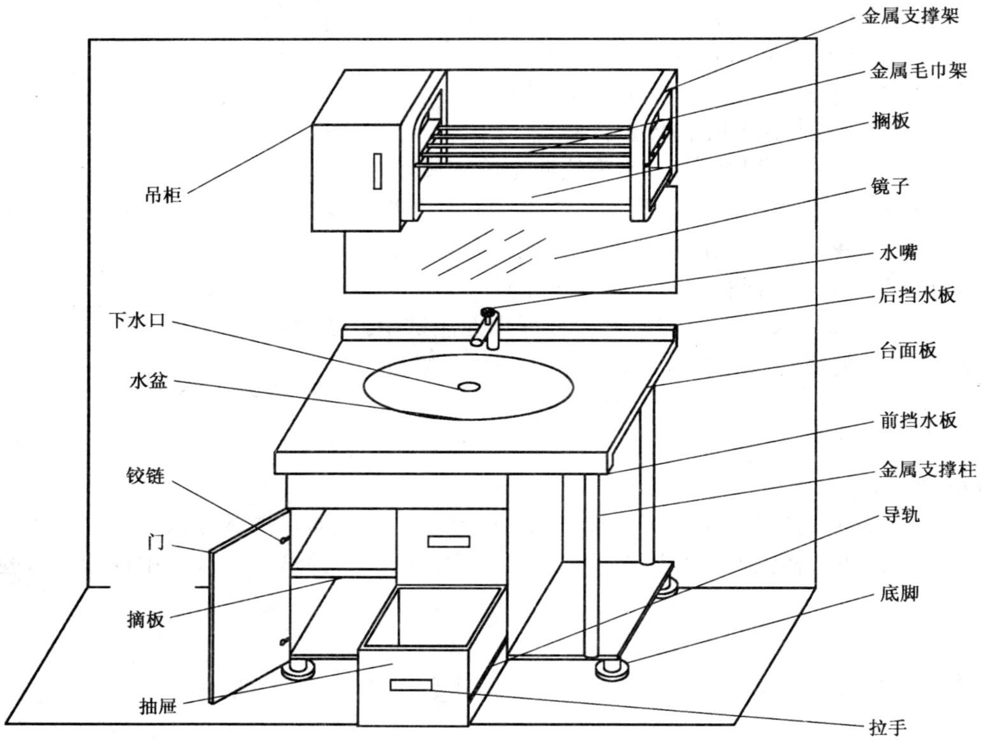

图1 卫浴家具及设备部件名称示意图

5 要求

5.1 主要尺寸偏差、形状和位置公差

卫浴家具产品的主要尺寸偏差、形状和位置公差应符合表1的规定。

表1 主要尺寸偏差、形状和位置公差

单位为毫米

<table>
<tr><th rowspan="2">序号</th><th rowspan="2">检验项目</th><th rowspan="2" colspan="4">要　求</th><th colspan="2">项目分类</th></tr>
<tr><th>基本</th><th>一般</th></tr>
<tr><td>1</td><td>主要外形尺寸偏差</td><td colspan="4">[−3,+3]</td><td>√</td><td></td></tr>
<tr><td>2</td><td>主要开孔、开槽尺寸偏差</td><td colspan="4">[0,+5]</td><td>√</td><td></td></tr>
<tr><td rowspan="3">3</td><td rowspan="3">面板、正视面板件翘曲度</td><td colspan="3">对角线长度≥1 400</td><td>≤3.0</td><td rowspan="3"></td><td rowspan="3">√</td></tr>
<tr><td colspan="3">700≤对角线长度<1 400</td><td>≤2.0</td></tr>
<tr><td colspan="3">对角线长度<700</td><td>≤1.0</td></tr>
<tr><td>4</td><td>面板、正视面板件平整度</td><td colspan="4">≤0.2</td><td></td><td>√</td></tr>
<tr><td rowspan="4">5</td><td rowspan="4">邻边垂直度</td><td rowspan="4">面板、框架</td><td rowspan="2">对角线长度</td><td>≥1 000</td><td>长度差≤3</td><td rowspan="2"></td><td rowspan="2">√</td></tr>
<tr><td><1 000</td><td>长度差≤2</td></tr>
<tr><td rowspan="2">对边长度</td><td>≥1 000</td><td>对边长度差≤3</td><td rowspan="2"></td><td rowspan="2">√</td></tr>
<tr><td><1 000</td><td>对边长度差≤2</td></tr>
<tr><td rowspan="2">6</td><td rowspan="2">圆度</td><td rowspan="2">圆管弯曲处</td><td>$\phi<25$</td><td colspan="2">≤2.0</td><td rowspan="2"></td><td rowspan="2">√</td></tr>
<tr><td>$\phi\geq25$</td><td colspan="2">≤2.5</td></tr>
<tr><td>7</td><td>位差度</td><td colspan="4">门与框架、门与门相邻表面、抽屉与框架、抽屉与门、抽屉与抽屉相邻两表面间的距离偏差(非设计要求)≤2.0</td><td></td><td>√</td></tr>
<tr><td>8</td><td>分缝</td><td colspan="4">所有分缝(非设计要求时)≤2.0</td><td></td><td>√</td></tr>
</table>

5.2 外观要求

外观要求应符合表2的规定。

表2 外观要求

<table>
<tr><th rowspan="2">序号</th><th rowspan="2" colspan="2">检验项目</th><th rowspan="2">要　求</th><th colspan="2">项目分类</th></tr>
<tr><th>基本</th><th>一般</th></tr>
<tr><td>1</td><td rowspan="10">台盆及台面</td><td rowspan="3">陶瓷</td><td>表面应平整光滑,无明显裂纹、釉面划痕、污斑、落渣缺陷</td><td></td><td>√</td></tr>
<tr><td>2</td><td>图案清晰,色泽均匀,无明显色斑、针孔、气泡、鼓泡缺陷</td><td></td><td>√</td></tr>
<tr><td>3</td><td>应无破损</td><td>√</td><td></td></tr>
<tr><td>4</td><td rowspan="4">人造石</td><td>表面应平整光滑,无明显裂纹、划痕、污斑、麻点缺陷</td><td></td><td>√</td></tr>
<tr><td>5</td><td>图案清晰,色泽均匀,无明显色斑、变色、褪色、气孔、气泡、鼓泡缺陷</td><td></td><td>√</td></tr>
<tr><td>6</td><td>台面倒棱、倒角应均匀一致</td><td></td><td>√</td></tr>
<tr><td>7</td><td>无缺棱、掉角等破损现象</td><td>√</td><td></td></tr>
<tr><td>8</td><td rowspan="3">玻璃</td><td>应光洁平滑,倒棱、倒角应均匀一致,不应有裂纹、划伤、沙粒、疙瘩和麻点等缺陷</td><td></td><td>√</td></tr>
<tr><td>9</td><td>表面的图案应符合设计要求并清晰完整、无划痕</td><td></td><td>√</td></tr>
<tr><td>10</td><td>外露周边应磨边处理、无破损</td><td>√</td><td></td></tr>
</table>

表 2（续）

序号	检验项目		要　　求	项目分类	
				基本	一般
11	台盆及台面	金属	表面应平整光滑，无划痕		√
12			应进行防锈处理，应无锈迹、锈蚀现象	√	
13			倒棱、倒角应均匀一致		√
14		塑料	表面应光洁，应无裂纹、皱褶、污渍、明显色差		√
15			图案清晰，色泽均匀，无明显色斑、变色、褪色、掉色、气孔、气泡、鼓泡缺陷		√
16		其他材质	表面应平整光滑，图案清晰，无裂纹、划伤、污斑等缺陷		√
			倒棱、倒角应均匀一致		√
17			应无破损	√	
18	木质部件		应无具有贯通裂缝的木材；不应使用有活虫尚在侵蚀的木质材料，实木类材料应经杀虫处理	√	
19			外表应无腐朽材，内表轻微腐朽面积不应超过零件面积的 20%	√	
20			外表及存放物品部位不应有未修补的树脂囊		√
21			表面不应有活动的死节	√	
22			外表应无明显色差、压痕、鼓泡、龟裂、分层		√
23			封边、包边不应出现脱胶、鼓泡或开裂现象	√	
24			各种配件安装应严密、平整、端正、牢固，结合处应无开裂或松动	√	
25			柜体内、外部(包括搁板)表面、人造板部件的非交接面均应进行饰面或涂饰处理	√	
26			漆膜涂层应无褪色、掉色现象，不应有皱皮、发粘或漏漆现象	√	
27			涂层应平整光滑、清晰，无皱皮、明显粒子、涨边现象	√	
28			涂层应无明显加工痕迹、划痕、雾光、白棱、白点、鼓泡、油白、流挂、缩孔、刷毛、积粉和杂渣		√
29	金属支架及配件		应进行防锈处理，无锈迹、锈蚀现象	√	
30			表面应光滑，无划痕、裂纹、变形，管材外露管口端面应封闭	√	
31			焊接件焊接处应无脱焊、虚焊、焊穿、错位	√	
32			电镀层表面应无剥落、返锈	√	
33			电镀层应无烧焦、起泡、针孔、裂纹、花斑(不包括镀彩锌)和划痕		√
34			金属合金件表面应无氧化膜脱落、锐棱	√	
35			涂层件应无漏喷现象	√	
36			涂层应光滑均匀，色泽一致，无明显流挂、疙瘩、皱皮、起泡、飞漆等缺陷		√
37			镀层无花斑、烧焦、起泡、针孔等缺陷		√

表 2（续）

序号	检验项目	要　　求	项目分类	
			基本	一般
38	玻璃门	玻璃表面应无气泡、划痕，倒棱、倒角应均匀一致		√
39		玻璃表面的图案应符合设计要求并清晰完整、图案无划痕		√
40		外露周边应磨边处理，无裂纹和缺角	√	
41	镜子	成像清晰，不得有蚀边、麻点、气泡		√
42	雕刻图案与装饰线条	雕刻图案应符合设计要求并完整、无缺损，装饰图案粘贴应牢固		√
43		光滑处不应有刀痕、划痕		√
44		装饰线条应符合设计要求，对接应紧密，接缝不应影响装饰效果		√
注：某单项中有2个以上(含2个)检验内容，若有一个检验项目不符合要求时，应按一个不合格计数。若一般项目缺陷明显到足以影响产品质量时则作为基本项目判定。				

5.3　配件要求(合同项目)

5.3.1　台盆

应符合QB 2658—2004或JC 981—2005的规定。

5.3.2　镜子

应符合QB/T 1102—2006的规定。

5.3.3　电器

安全应符合GB 4706.1—2005的规定。

5.3.4　玻璃配件

应使用钢化玻璃。

5.4　理化性能要求

5.4.1　台盆柜台面理化性能

应符合表3的规定。

表3　台盆柜台面理化性能要求

序号	检验项目	试验条件及要求	项目分类	
			基本	一般
1	耐液性	10%碳酸钠溶液，24 h；10%乙酸溶液，24 h。应不低于3级	√	
2	耐湿热	20 min，85 ℃，应不低于2级	√	
3	耐干热	20 min，100 ℃，应不低于2级或者无裂纹或破损	√	
4	抗冲击强度	冲击高度750 mm、钢球质量为(112±1)g，冲击点无裂纹或破损	√	
5	耐香烟灼烧	应无脱落状黑斑、裂纹、鼓泡现象	√	
6	耐污染	牙膏、口红、洗发水、沐浴液，试验后表面无污染或腐蚀痕迹	√	

5.4.2　其他外表部位理化性能

其他外表部位理化性能要求应符合表4的规定。

表 4　其他外表部位理化性能要求

序号	检验项目		试验条件及要求		项目分类	
					基本	一般
1	木制部件表面漆膜	耐液性	10%碳酸钠溶液,24 h;10%乙酸溶液,24 h;应不低于 3 级		√	
2		耐湿热	20 min,70 ℃,应不低于 3 级		√	
3		耐干热	20 min,85 ℃,应不低于 3 级		√	
4		附着力	涂层交叉切割法,应不低于 3 级		√	
5		耐冷热温差	3 周期,应无鼓泡、裂缝和明显失光		√	
6		耐磨性	1 000 r,应不低于 3 级		√	
7		抗冲击	冲击高度 50 mm,应不低于 3 级		√	
8		耐香烟灼烧	应无脱落状黑斑、裂纹、鼓泡现象			√
9	软硬质覆面	耐液性	10%碳酸钠溶液,24 h;10%乙酸溶液,24 h。应不低于 3 级		√	
10		耐湿热	20 min,70 ℃,应不低于 2 级		√	
11		耐干热	20 min,85 ℃,应不低于 2 级		√	
12		耐冷热温差	3 周期,应无鼓泡、裂缝和明显失光		√	
13		耐划痕	加载 1.5 N,表面无整圈连续划痕		√	
14		表面耐磨性	图案	磨 100 r 后应无露底现象	√	
			素色	磨 350 r 后应无露底现象		
15		耐香烟灼烧	应无脱落状黑斑、裂纹、鼓泡现象		√	
16	金属表面涂层	硬度	≥H		√	
17		冲击强度	应无剥落、裂纹、皱纹		√	
18		耐腐蚀	100 h 内,观察在溶剂中样板上划道两侧 3 mm 以外,应无气泡产生		√	
19			100 h 后,检查划道两侧 3 mm 以外,应无锈迹、剥落、起皱、变色和失光等现象			
20		附着力	不低于 2 级		√	
21	金属电镀层	粗糙度	$Ra \leqslant 1.25\ \mu m$			√
22		抗盐雾	18 h,1.5 mm 以下锈点≤20 点/dm^2,其中≥1.0 mm 锈点不超过 5 点(距离边缘棱角2 mm 以内的不计)		√	
23	产品外表木质部件 24 h 吸水厚度膨胀率		≤10%		√	
24	单板贴面及软硬质覆面浸渍剥离		按Ⅱ类浸渍剥离试验后,胶层或贴面、封边条与基材间无剥离或分层现象		√	

5.5　产品耐水性(基本项目)

经试验后不应出现明显涨边、起泡、锈迹、发霉现象。

5.6 力学性能要求(基本项目)

力学性能要求见表 5。

表 5 力学性能要求

序号	试验项目		试验条件	要求	试验方法
1	落地式柜台面强度	台面垂直静载荷	加力 1 000 N,加载 10 次	1. 零、部件应无断裂或豁裂; 2. 牢固部件应无永久性松动; 3. 零、部件应无严重影响使用功能的磨损或变形; 4. 五金连接件应无松动; 5. 活动部件(包括门夹装置)的开关应灵便。	6.6.1
2		台面垂直冲击	质量(25±0.1)kg 冲击器,跌落高度 140 mm,冲击 2 次		6.6.2
3		沙袋加载	(25±0.5)kg 的沙袋,加载 10 次		6.6.3
4	搁板支承件强度		均布加载 1.5 kg/dm²,冲击能 1.08 N·m,钢块在靠近支承件部位跌倒 10 次	1. 应无破损; 2. 零部件应无永久性松动。	6.6.5
5	底板强度		力 750 N,10 次		6.6.5
6	抽屉和滑道强度	抽屉结构强度	加力 60 N,加载 10 次	1. 抽屉整体结构应无断裂、豁裂; 2. 抽屉应无永久性松动; 3. 滑道应无影响使用的磨损、变形; 4. 五金连接件应无松动; 5. 抽屉开关应灵便。	6.6.5
7		抽屉和滑道强度	加力 350 N,加载 10 次		6.6.5
8		抽屉猛关	载荷 5 kg,线速度 2.15 m/s,猛关 10 次		6.6.5
9	门强度	拉门强度	加载质量 20 kg,10 次	1. 门应无断裂、豁裂; 2. 零部件应无永久性松动; 3. 五金件未出现松动; 4. 门开关应灵便; 5. 暗铰链应使用正常,无严重磨损、变形。	6.6.5
10		拉门猛开	加载质量 1.5 kg,10 次		6.6.5
11		移门和侧向启闭的卷门猛关	加载质量 3 kg,猛关 10 次		6.6.5
12	悬挂式柜(架)极限强度	正常安装后台面离地高度<1 000 mm 的柜(架)	在最易发生破坏的位置,垂直向下施加 1 000 N 的力,保持 10 min	试验后,柜体及各零部件连接无松动,连接部位应无变形、裂纹、损坏。	6.6.4
		正常安装后台面离地高度≥1 000 mm 的柜(架)	按表 6 规定载荷,在最上层置物层前沿任意处缓慢施加 100 N的垂直向下载荷,保持 10 min	试验后,柜体及各零部件连接无松动,搁板、支承件无损坏,搁板无倾翻跌落,连接部位应无变形、裂纹、损坏。	

5.7 卫生安全要求(基本项目)

5.7.1 木质产品有害物质限量应符合 GB 18584 的规定。

5.7.2 产品放射性应符合 GB 6566 中 A 级规定。

5.7.3 正常使用中可能接触到的部件或配件不应有毛刺、尖锐的端头、锋利边缘和尖角。

5.8 安装及使用要求(基本项目)

5.8.1 产品各部件连接应牢固、紧密,结合处应平整、无崩茬和松动。

5.8.2 各种配件、连接件安装不应少件、漏钉、透钉。

5.8.3 启闭部件安装后应使用灵活。

5.8.4 产品各部件之间安装后正常使用下应无渗、漏水。

5.8.5 柜体安装后应水平，与地面的平行度不大于 0.7‰。

5.8.6 柜体安装应竖直，各活动部件受外力冲击后不应出现自开现象。

5.8.7 灯具、插座、开关等电器安装应牢固、接地可靠。

6 试验方法

6.1 主要尺寸偏差、形状和位置公差测定

6.1.1 主要尺寸偏差测定

试件应放置在平板或平整地面上，采用精确度不小于 1 mm 的钢直尺或卷尺进行测定。尺寸偏差为产品标识值与实测值之间的差值。

6.1.2 翘曲度测定

应采用精确度不小于 0.1 mm 的翘曲度测定器具。选择翘曲度最严重的板件，将器具放置在板件的对角线上进行测量，以其中最大距离为翘曲度测定值。

6.1.3 平整度测定

采用精确度不小于 0.03 mm 的平整度测定器具。选择不平整程度最严重的三个板件，测量其表面上 0～150 mm 长度内与基准直线间的距离，以其中最大距离为平整度测定值。

6.1.4 邻边垂直度测定

采用精确度不小于 1 mm 的钢直尺或卷尺，测定矩形板件或框架的两对角线、对边长度，其差值即为邻边垂直度测定值。

6.1.5 圆度

用精确度不小于 0.05 mm 的卡尺测量圆管弯曲段中部最大管径和最小管径，其差值即为圆度评定值。

6.1.6 位差度测定

采用精确度不小于 0.1 mm 的位差度测定器具。应选择测试的相邻表面间距离最大部位进行测定，在该相邻表面中任选一表面为测量基准表面，将器具的基面安放在测量基面上，器具的测量面对另一相邻表面进行测量(并沿着该相邻表面再测量一个或以上部位)，当测定值同为正(或负)值时，以最大绝对值为位差度测定值；当测定值为正负时，以最大的绝对值之和为位差度测定值，并以最大测定值为位差度评定值。

6.1.7 分缝测定

采用塞尺测定。测定前应先将抽屉或门来回启闭三次，使抽屉或门处于关闭位置，然后测量分缝两端内侧 5 mm 处的分缝值，取其最大值作为分缝的评定值。

6.2 外观要求检验

应在自然光或光照度 300 lx～600 lx 范围内的近似自然光(如 40 W 日光灯)下检验，视距为 700 mm～1 000 mm。存在争议时由三人共同检验，以多数相同结论为评定值。

6.3 配件要求检验

按相应标准规定进行测定。

6.4 理化性能试验

6.4.1 台盆柜台面理化性能

6.4.1.1 耐液性

按 GB/T 4893.1 的规定进行测定。

6.4.1.2 耐湿热

按 GB/T 4893.2 的规定进行测定。

6.4.1.3 耐干热

按 GB/T 4893.3 的规定进行测定。

6.4.1.4 抗冲击强度

使用表面光滑，质量为(112±1)g(直径约 30 mm)的钢球，使其从 750 mm 的高度自由下落在试样表面，取三个试验点分别进行，冲击点应无裂纹或破损。

6.4.1.5 耐香烟灼烧

按 GB/T 17657—1999 中 4.40 的规定进行测定。

6.4.1.6 耐污染

按 GB/T 17657—1999 中 4.37 的规定进行测定。

6.4.2 其他外表部位理化性能

6.4.2.1 木制部件表面漆膜理化性能测定

按 GB/T 4893.1～4893.4、GB/T 4893.7～4893.9 和 GB/T 17657—1999 中 4.40 的规定进行测定。

6.4.2.2 软硬质覆面理化性能测定

按 GB/T 4893.1～4893.3、GB/T 4893.7 和 GB/T 17657—1999 中 4.29、4.38、4.40 的规定进行测定。

6.4.2.3 金属表面涂层理化性能测定

6.4.2.3.1 硬度

按 GB/T 6739—2006 的规定进行测定。

6.4.2.3.2 冲击强度

按 GB/T 1732 的规定进行测定。

6.4.2.3.3 耐腐蚀

按 GB/T 13667.1—2003 中 7.3.3.7 的规定进行测定。

6.4.2.3.4 附着力

按 GB/T 4893.4 的规定进行测定。

6.4.2.4 金属电镀层粗糙度

按 QB/T 3814—1999 中 3.2 的规定进行测定。

6.4.2.5 金属电镀层抗盐雾

按 QB/T 3826—1999 的规定进行测定。

6.4.2.6 产品外表木制部件 24 h 吸水厚度膨胀率

按 GB/T 17657—1999 中 4.6 的规定进行测定。

6.4.2.7 单板贴面及软硬质覆面浸渍剥离

按 GB/T 17657—1999 中 4.17 的Ⅱ类浸渍剥离试验规定进行测定。

6.5 耐水性

如图 2 所示，用 50 孔～80 孔的喷淋头，孔径为 1.0 mm～1.5 mm，流量为 10 L/min～12 L/min 的装置从产品正上方向下对产品外表面淋洒 10 min(所有可启闭装置均处于关闭状态)，水温不超过 30 ℃，喷淋头距离地面高度为 1 500 mm～1 800 mm，喷淋头喷出的水应能整个覆盖试样。试验后将试样(不需要擦干)放置在实验室内阴暗处，环境温度(20±5)℃，湿度(65±5)%，24 h 后查看其表面变化。

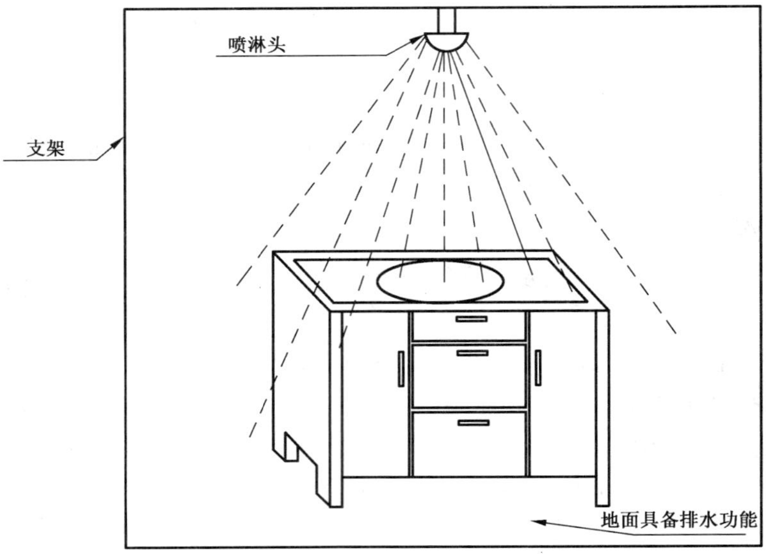

图 2　耐水性能试验

6.6　力学性能试验方法

6.6.1　落地式柜台面垂直静载荷

在台面上易于发生破坏的位置，通过具有坚硬、光滑表面和边沿倒圆的 100 mm×100 mm 刚性加载垫，垂直向下施加 1 000 N 的力，每次至少保持 10 s，加载 10 次，检查产品是否有破裂等情况。

6.6.2　落地式柜台面垂直冲击

在台面上易于发生破坏的位置，按 GB/T 10357.1 规定的方法进行测定。

6.6.3　落地式柜沙袋加载试验

把试样放置在水平测试台上，用挡块挡住试样防止试样在试验过程中滑动，通过直径(350±5)mm，重(25±0.5)kg 的沙袋，使沙袋自由跌落，向台盆内循环加载 10 次，加载高度为沙袋最低点离台盆上边缘 25 mm，见图 3。

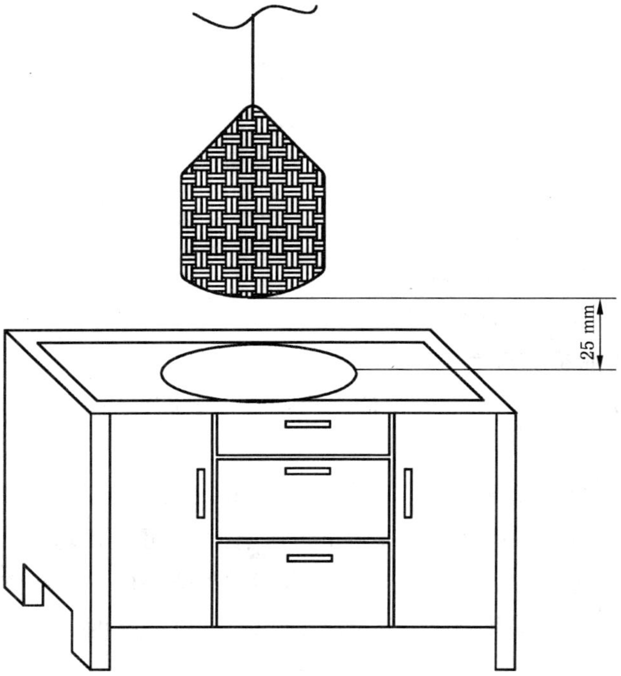

图 3　沙袋加载试验

6.6.4 **悬挂式柜(架)极限强度**

将产品正常或等同效果安装固定。

正常安装后台面离地高度<1 000 mm 的柜(架):在柜台面上最易发生破坏的位置,通过具有坚硬、光滑表面和边沿倒圆的 100 mm×100 mm 刚性加载垫,垂直向下施加 1 000 N 的力,保持 10 min。

正常安装后台面离地高度≥1 000 mm 的柜(架):在柜(架)上加载表 6 规定的载荷,并开启柜门,在最上层置物层前沿任意处缓慢施加 100 N 的垂直向下载荷,保持 10 min。

表 6 正常安装后台面离地高低≥1 000 mm 的柜(架)加载载荷

序号	加载位置	加载载荷/(kg/m^2)
1	底板	200
2	第一块搁板	150
3	第二块搁板	100
4	第三块及以后搁板	65

6.6.5 **其他力学性能试验**

按 GB/T 10357.5 的规定进行测定。

6.7 **卫生安全要求试验**

6.7.1 木质产品有害物质限量试验按 GB 18584 的规定进行测定。

6.7.2 产品放射性试验按 GB 6566 的规定进行测定。

6.7.3 部件或配件安全按 6.3 进行检验。

6.8 **安装及使用要求试验**

6.8.1 **平行度测定**

用每米精确度不小于±0.6 mm 的钢卷尺或钢直尺测量柜体每组对边中点的离地高度,其差值与边长的比值即为平行度。

6.8.2 **渗、漏水测定**

将水注满台盆,30 min 后查看有无渗漏,然后放完水后查看柜体内部无渗漏。

6.8.3 **其他项目试验**

按 6.2 规定进行检验。

7 检验规则

7.1 **检验分类**

产品检验分型式检验、出厂检验和安装验收检验。型式检验是对产品质量进行全面考核检验;出厂检验是产品出厂或交货时应进行的规定项目检验;安装验收检验是产品在用户使用地安装完毕后进行的检验。

7.2 **出厂检验**

7.2.1 **出厂检验项目**

出厂检验项目为本标准中的 5.1、5.2、5.7.3、5.8.1~5.8.3。

7.2.2 **组批规则和出厂检验抽样方案**

相同材料、相同工艺、同一时期生产的产品可作为一批产品。

抽样检验程序执行 GB/T 2828.1—2003 中规定,采用正常检验一次抽样,检验水平为一般检验水平Ⅱ,接收质量限(AQL)为 6.5,其抽样方案(批量、样本量、接收数及拒收数)见表 7。

表 7 抽样方案(批量、样本量、接收数及拒收数)　　单位为件(套)

批 量	样本量	接收数(Ac)	拒收数(Re)
2～15	2	0	1
16～50	8	1	2
51～90	13	2	3
91～150	20	3	4
151～280	32	5	6
281～500	50	7	8
501～1 200	80	10	11
1 201～3 200	125	14	15

7.2.3　出厂检验结果的评定

7.2.3.1　单件产品和成套产品出厂结果评定

基本项目应合格,一般项目不合格项不超过 5 项,则该产品为出厂合格品。否则为不合格品。

7.2.3.2　批产品的评定

按表 7 规定抽取样品量中,不合格品数小于或等于接收数(Ac),应评定该批产品为合格批;不合格品数大于或等于拒收数(Re),应评定该批产品为不合格批。

7.3　型式检验

7.3.1　型式检验项目

型式检验是对产品质量进行全面考核,本标准中第 5 章规定的(除 5.3 和 5.8.4～5.8.7 外)与产品有关的全部项目进行检验。

7.3.2　型式检验条件

有下列情况之一时,应进行型式检验:

a)　新产品或老产品转厂生产的试制定型鉴定;

b)　正式生产后,如结构、材料、工艺有较大改变,可能影响产品性能时;

c)　正常生产时,定期或积累一定产量后,应周期性进行一次检验,检验周期一般为一年;

d)　产品长期停产后,恢复生产时;

e)　出厂检验结果与上次型式检验有较大差异时;

f)　国家质量监督机构提出进行型式检验的要求时。

7.3.3　型式检验抽样规则

在一个检验周期内,从近期生产的产品中随机抽取 2 件样品,1 件送检,1 件封存。

7.3.4　型式检验结果评定

7.3.4.1　单件产品检验结果评定

基本项目全部合格,一般项目不合格项不超过 5 项,则评定该型号的产品为合格品(合同项目,按合同要求进行判定)。否则为不合格品。

7.3.4.2　成套产品检验结果评定

成套产品中的每一件产品应按 7.3.4.1 评定,当每一件产品均为合格时,评定该套产品为合格品,否则为不合格品。

7.3.5　复验规则

产品经型式检验为不合格的,可对封存的备用样品进行复验。对不合格项目及因试件损坏未检项目进行检验,按 7.3.4.1 的规定进行评定,并在检验结果中注明“复验”。

7.4 安装验收检验

7.4.1 检验项目

安装检验项目为本标准中的5.1、5.2、5.7.3、5.8。

7.4.2 检验结果评定

按7.2.3规定进行评定。

8 标志、包装、运输、贮存、使用说明

8.1 标志

产品标志至少应包括以下内容：

a) 产品名称、规格型号；

b) 执行标准编号；

c) 检验合格证明、生产日期；

d) 生产者名称和地址。

8.2 包装

需要时，产品应有适宜的包装，防止产品损坏或污染，包装材料宜使用可降解材料或可回收材料。

8.3 运输

产品在运输过程中应加衬垫物或包装的保护，防止产品损伤或日晒雨淋。

8.4 贮存

产品在贮存期间应保持干燥通风，防止污染、日晒或受潮，堆迭放时应加衬垫物，以防挤压损坏变形。避免与腐蚀性物质接触。

8.5 使用说明

产品使用说明的编写应按GB 5296.6的规定，内容至少应包括：

a) 产品名称、规格型号、执行标准编号、生产日期和等级；

b) 产品主要原、辅材料名称、使用部位；

c) 有害物质限量的控制指标；

d) 产品安装和调整技术要求、注意事项；

e) 产品使用方法、注意事项；

f) 产品故障分析和排除、保养方法。

ICS 13.220.20
C 81

中华人民共和国国家标准化指导性技术文件

GB/Z 24978—2010

火灾自动报警系统性能评价

Performance assessment of fire detection and alarm system

2009-08-09 发布　　2010-12-01 实施

中华人民共和国国家质量监督检验检疫总局
中国国家标准化管理委员会　发布

前　言

火灾自动报警系统日趋多样化，系统保护对象和安装场所也日趋复杂化，需要对火灾自动报警系统进行科学的评价。

本指导性技术文件仅供参考。有关对本指导性技术文件的建议和意见，向国务院标准化行政主管部门反映。

本指导性技术文件的附录A为资料性附录。

本指导性技术文件由中华人民共和国公安部提出。

本指导性技术文件由全国消防标准化技术委员会火灾探测和报警分技术委员会(SAC/TC 113/SC 6)归口。

本指导性技术文件负责起草单位：公安部沈阳消防研究所。

本指导性技术文件参加起草单位：辽宁省公安消防总队、海湾安全技术有限公司、西安盛赛尔电子有限公司。

本指导性技术文件主要起草人：梅志斌、宋珍、宋立巍、董文辉、关大巍、陈广、丁宏军、刘卫华、张雄飞、高锴、翁立坚、吴炳龙、田永利。

火灾自动报警系统性能评价

1 范围

本指导性技术文件给出了火灾自动报警系统的产品、设计和运行评价的要求和方法。

本指导性技术文件适用于火灾自动报警系统的产品性能、设计性能和运行性能的评价。

2 规范性引用文件

下列文件中的条款通过本指导性技术文件的引用而成为本指导性技术文件的条款。凡是注日期的引用文件，其随后所有的修改单(不包括勘误的内容)或修订版均不适用于本指导性技术文件，然而，鼓励根据本指导性技术文件达成协议的各方研究是否可使用这些文件的最新版本。凡是不注日期的引用文件，其最新版本适用于本指导性技术文件。

GB/T 4718—2006 火灾报警设备专业术语

GB 50116 火灾自动报警系统设计规范

GB 50166 火灾自动报警系统施工及验收规范

3 术语和定义

GB/T 4718—2006 确立的以及下列术语和定义适用于本指导性技术文件。

3.1

主观评价法 subjective assessment method

评价人员针对被评价系统和技术文件，依据实际工作经验，按照一定的评价程序，对全部或部分评价指标做出主观判断并给出相应评价结论的方法。

3.2

客观评价法 objective assessment method

评价人员通过具体试验、模拟测试或仿真计算，对系统或组件的特定评价指标做出评价结论的方法。

3.3

现场检查法 spot inspection method

评价人员通过工程实际运行现场的考察和测试，对系统的全部或部分评价指标做出评价结论的方法。

3.4

审核检查法 check inspection method

评价人员针对被评价系统和技术文件，依据国家相关标准，按照一定的评价程序，对全部或部分评价指标做出评价结论的方法。

3.5

设备完好率 equipment availability

系统中技术性能完好设备台(只)数占全部设备的百分率。

3.6

系统利用率 system utilization

系统中控制器完好工作时间与制度工作时间的比值。

3.7

系统有效性　system effectiveness

用户完成特定消防功能任务和达到特定目标时系统所具有的正确和完整程度。

4　分类

火灾自动报警系统性能评价按照评价活动及其目标可分为以下三种评价模式：

a）产品评价：对系统及其组件特定性能或适用性能进行试验，以确认是否达到设计目标或是否满足特殊应用要求；

b）设计评价：对大型复杂火灾自动报警系统设计方案进行论证，判断满足系统设计目标的程度；

c）运行评价：对系统运行性能进行检查和试验，以评价系统完好有效性。

5　一般要求

5.1　总则

5.1.1　火灾自动报警系统性能评价应首先满足本章要求，并按照第6、7、8章相应规定进行评价，否则不能声称符合本指导性技术文件。

5.1.2　评价主体应具备的条件：

a）评价机构应为火灾自动报警系统技术领域的消防技术中介服务机构，具备独立法人资格和相关人员、设备等评价所需的资源条件，并依法获得相应的资质、资格；

b）评价人员应为火灾自动报警系统技术领域具备相关专业经验的技术人员。参加评价活动至少5人，其中具有高级技术职称的人员不少于2人。

5.2　评价原则

5.2.1　火灾自动报警系统性能评价，可以根据系统产品制造商、工程建设单位或系统管理单位的要求，按照相应评价模式，选择全部或部分评价指标进行。

5.2.2　火灾自动报警系统性能评价，应遵循公正、公平、公开的原则。

5.2.3　评价机构应对接受评价的系统技术资料保密。

5.3　评价流程

本指导性技术文件的评价流程见图1。

5.4　评价报告

对火灾自动报警系统性能评价的结果应写出报告，报告原则上应包括下列主要内容：

a）被评价火灾自动报警系统（或其组件）的产品信息/工程项目名称；

b）委托要求/评价模式；

c）评价指标体系及评价记录；

d）评价结论；

e）评价机构，评价人员，评价地点和日期。

6　产品评价

6.1　产品评价指标体系

6.1.1　产品评价指标应由评价委托方提出。

6.1.2　产品评价指标可分为：

a）制造商宣称的、高于国家相关标准规定或国家相关标准未规定的技术性能和指标；

b）特定应用场所要求系统或其组件应具有的特殊技术性能和指标。

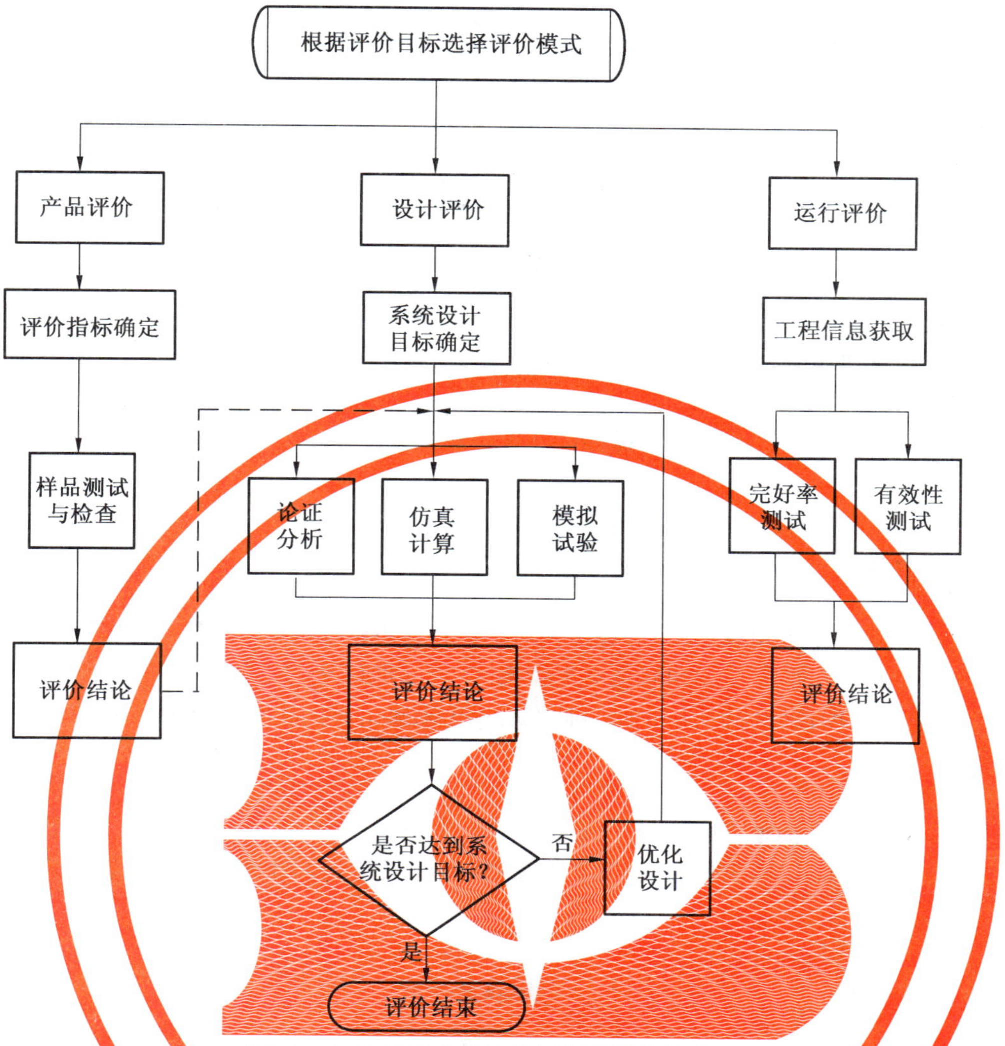

图 1　火灾自动报警系统性能评价流程

6.1.3　对系统或其组件进行产品评价，宜包括可靠性、环境适应性、兼容性、可维护性、可扩展性和易用性等一级评价指标：

a)　可靠性是指被评对象在规定条件下和规定时间内，完成规定功能的能力。火灾自动报警系统可靠性是指系统应具有可靠的信号采集和准确的辨识能力，具有可靠的信号传输能力，具有较强的故障自诊断能力以及系统主要设备应有充分的冗余备份能力。火灾探测器的可靠性包括火灾响应能力以及抑制误报能力。

b)　环境适应性是指系统设备在其寿命周期内对各种不同环境（气候环境、机械环境、电磁环境等）的适应能力，即在规定环境条件下稳定工作并实现其预定功能的能力。

c)　兼容性是指系统组件之间的相互配套兼容能力。

d)　可维护性是指系统维护保养的能力。主要包括自诊断能力、组件更换能力、主要设备独立部件互换能力以及远程维护能力等。

e)　可扩展性是指系统具有扩展的能力。主要表现为系统扩容能力以及系统扩展不影响已有设备运行的能力。

f)　易用性是指系统易于操作、学习和方便使用的能力。

6.2　产品评价要求

评价委托方应提供规定数量的产品样品和相关技术资料。

6.3 产品评价方法

产品评价主要采用客观评价法,部分指标可以采用主观评价法,各评价指标对应的评价要求与方法由评价机构给出。

6.4 产品评价结论

提供产品达到或未达到各项委托评价指标的试验数据,并给出性能评价结论。评价结论可作为系统设备选型确定或调整的依据,并为设计评价提供参考。

7 设计评价

7.1 设计评价要求

7.1.1 接受评价的火灾自动报警系统工程设计方案,应按照 GB 50116 和国家相关工程建设消防技术标准进行设计。

7.1.2 评价委托方应按评价机构要求提供设计资料和相关产品技术资料。

7.2 设计评价指标体系

设计评价指标体系见表 1。

7.3 设计评价方法

7.3.1 总则

7.3.1.1 设计评价采用主观评价法、客观评价法和审核检查法。

7.3.1.2 系统设计目标应包括早期探测火灾类别、有效火灾报警、消防设施可靠联动控制与监视、信息远程传输等方面具体的消防保护性能要求,且不应低于国家工程建设消防技术标准的安全水平,并与应用实际情况相结合。

7.3.2 系统整体性

7.3.2.1 系统基本技术要求

检查系统主要技术参数、主要功能、设备配置,判断是否满足 GB 50116 和国家相关工程建设消防技术标准的要求。

7.3.2.2 系统网络构成与管理模式

检查或考察系统组网方式、信息传输方式、信息共享模式,判断是否能够满足系统内部信息传输的要求。

7.3.2.3 系统兼容

检查系统对外信息传输硬件接口方式和软件接口协议,判断系统与已存在系统和其他系统(楼宇、安防、门禁系统等)是否能可靠的进行信息共享。

7.3.2.4 控制器容量冗余与扩展

检查控制器回路的扩展能力和单回路带载量冗余设计情况,判断是否能够满足工程中可能发生的回路组件数量增加的要求。

表 1 设计评价指标体系

评价指标		评价方法
一级指标	二级指标	
系统整体性	系统基本技术要求	7.3.2.1
	系统网络构成与管理模式	7.3.2.2
	系统兼容	7.3.2.3
	控制器容量冗余与扩展	7.3.2.4
火灾探测	火灾探测器选择和选型	7.3.3.1
	火灾触发器件设置	7.3.3.2

表 1(续)

评价指标		评价方法
一级指标	二级指标	
疏散安全	疏散联动控制设备选择	7.3.4.1
	火灾警报与应急广播设计	7.3.4.2
	疏散通道设备综合联动控制逻辑关系	7.3.4.3
	人员密集复杂区域疏散路线引导指示	7.3.4.4
灭火联动控制	灭火系统联动控制设备选择	7.3.5.1
	灭火系统联动控制逻辑关系	7.3.5.2
防火分隔	防火分隔联动控制设备选择	7.3.6.1
	防火分隔设备联动控制逻辑关系	7.3.6.2
设施监控	防排烟风机和防排烟阀监控	7.3.7.1
	疏散通道防火门监控	7.3.7.2
	灭火设施监控	7.3.7.3
	现场消防电源监控	7.3.7.4
外部救援帮助	火灾过程与范围信息指示	7.3.8.1
	火灾危险部位指示	7.3.8.2
	消防电梯联动控制	7.3.8.3

7.3.3 火灾探测

7.3.3.1 火灾探测器选择和选型

以国家工程建设消防技术标准、产品评价结论以及应用场所火灾早期特性分析为依据，检查或测试火灾探测器类型的选择、型号的选取情况，判断是否能够满足火灾早期探测的要求。

7.3.3.2 火灾触发器件设置

检查或测试火灾触发器件设置部位和设置数量，判断是否满足国家相关工程建设消防技术标准和早期发现火灾的系统设计目标。

7.3.4 疏散安全

7.3.4.1 疏散联动控制设备选择

检查疏散相关联动控制设备类型和数量，判断是否与建筑结构、内部人员特征相匹配，是否能够满足人员疏散安全的要求。

7.3.4.2 火灾警报与应急广播设计

检查火灾警报与应急广播设置部位、设计数量和联动逻辑关系，判断是否满足被保护场所有效报警的要求。

7.3.4.3 疏散通道设备综合联动控制逻辑关系

检查各疏散设备联动控制逻辑关系，判断是否满足 GB 50116 和国家相关工程建设消防技术标准的要求。

7.3.4.4 人员密集复杂区域疏散路线引导指示

检查或测试人员密集复杂区域疏散路线引导指示设置情况以及疏散引导的联动逻辑关系，判断是否能够满足复杂区域疏散路线引导指示和人员疏散时间的要求。

7.3.5 灭火联动控制

7.3.5.1 灭火系统联动控制设备选择

检查灭火系统相关联动控制设备类型和数量，判断是否与建筑结构、易燃物特征相匹配，是否能够满足灭火控火的要求。

7.3.5.2 灭火系统联动控制逻辑关系

检查各灭火系统(自动喷水灭火系统、水喷雾灭火系统、消火栓系统、气体灭火系统、泡沫灭火系统、干粉灭火系统等)联动控制逻辑关系,判断是否满足 GB 50116 和国家相关工程建设消防技术标准的要求。

7.3.6 防火分隔

7.3.6.1 防火分隔联动控制设备选择

检查系统各防火分隔设施控制设备选择,判断是否符合国家工程建设消防技术标准要求,是否满足工程防火分隔的实际情况。

7.3.6.2 防火分隔设备联动控制逻辑关系

检查各防火分隔设备(防火卷帘、水幕等)联动控制逻辑关系,判断是否满足 GB 50116 的要求。

7.3.7 设施监控

7.3.7.1 防排烟风机和防排烟阀监控

检查系统是否能够监控防排烟风机的正常、启动、停止、故障(包括供电电源缺相、错相故障)、手动控制、自动控制状态,检查系统是否能够监控防排烟阀的开启、关闭、故障状态。

7.3.7.2 疏散通道防火门监控

检查系统是否能够监控疏散通道防火门的开启、闭合、故障状态。

7.3.7.3 灭火设施监控

检查系统是否能够监控灭火设施的正常、启动、停止、故障(包括供电电源缺相、错相故障)、手动控制、自动控制状态。

7.3.7.4 现场消防电源监控

检查系统是否能够监控现场消防电源的正常、异常、故障状态。

7.3.8 外部救援帮助

7.3.8.1 火灾过程与范围信息指示

检查或考察系统是否能够在消防控制室的图形显示装置上利用图形方式显示火灾探测器的响应顺序和范围信息。

7.3.8.2 火灾危险部位指示

检查或考察系统是否能够在消防控制室的图形显示装置上显示建筑内火灾危险部位信息。

7.3.8.3 消防电梯联动控制

检查消防电梯联动控制逻辑关系,判断是否满足 GB 50116 的要求。

7.4 设计评价总体结论

7.4.1 判定二级指标是否满足系统设计目标,满足设计目标则认为合格,否则为不合格,最终形成设计评价总体结论。

7.4.2 设计评价总体结论可分为:

a) 设计方案的各项评价指标均合格,设计方案适用、合理;

b) 设计方案的各项评价指标至少有一条不合格,列出不合格项,设计方案应进行优化设计,并重新评价。火灾自动报警系统优化设计流程参见附录 A。

8 运行评价

8.1 运行评价要求

8.1.1 接受评价的火灾自动报警系统,应按照 GB 50166 的要求施工并验收合格。

8.1.2 接受评价的火灾自动报警系统,连续运行时间应至少达到 30 d,并具有符合要求的运行记录。

8.1.3 根据评价指标对系统运行所起作用的重要程度,将不合格的评价指标判定为:

——A 类缺陷:直接关系到火灾自动报警系统运行功能和可能对人身安全造成危害;

——B类缺陷：对火灾自动报警系统的工程运行状况有重要影响，可能间接影响系统功能；

——C类缺陷：对火灾自动报警系统的工程运行状况有轻微影响。

8.1.4 获取的工程信息宜包括接受评价的火灾自动报警系统安装场所的建筑构造、使用功能、火灾危险部位、人员分布以及火灾自动报警系统运行记录等。

8.2 运行评价指标体系

运行评价指标体系见表2。

8.3 运行评价方法

8.3.1 总则

运行评价以采用现场检查法为主，个别评价指标必要时采用客观评价法和审核检查法。

8.3.2 系统利用率

测试系统运行时间内的完好性程度，用公式(1)表示。

$$P_t = \frac{nT_t - T_s}{nT_t} \times 100\% \qquad (1)$$

式中：

P_t——系统利用率；

T_t——系统运行总时间，即系统从验收合格（或上一次评价）至本次评价的时间间隔；

T_s——各控制器停机的累计时间，含控制器存在影响火灾报警或联动控制功能的故障时间；控制器包括火灾报警控制器、火灾报警控制器（联动型）、消防联动控制器、可燃气体报警控制器、电气火灾监控设备、消防电话主机和消防应急广播主机；

n——控制器数量总和。

检查数量：系统中全部控制器。

8.3.3 设备完好率

8.3.3.1 控制器完好率

按照GB 50166的要求，对系统的各控制器基本功能进行试验，测试各控制器运行完好程度。若控制器能够实现基本功能，则该控制器完好率计为1；若控制器有一项基本功能不能实现，则该控制器完好率为0。用公式(2)统计控制器的完好率。

$$P_c = \frac{\sum_{i=1}^{n} P_i}{n} \times 100\% \qquad (2)$$

式中：

P_c——控制器完好率；

P_i——某台控制器的完好率；

n——系统中控制器的数量。

检查数量：系统中的全部控制器。

表2 运行评价指标体系

评价指标		评价方法
一级指标	二级指标	
系统利用率	—	8.3.2
设备完好率	控制器完好率	8.3.3.1
	探测器完好率	8.3.3.2
	模块完好率	8.3.3.3
	消火栓按钮完好率	8.3.3.4
	手动报警按钮完好率	8.3.3.5

表 2（续）

评价指标		评价方法
一级指标	二级指标	
探测有效性	火灾探测报警和联动负载性能	8.3.4.1
	黑烟响应	8.3.4.2
	阴燃火/有烟明火响应	8.3.4.3
	探测功能障碍环境检查	8.3.4.4
疏散有效性	疏散楼梯防排烟联动性能	8.3.5.1
	人员密集的复杂区域疏散引导及设备联动性能	8.3.5.2
	电梯及疏散通道门联动性能	8.3.5.3
防火分隔有效性	共享空间防火分隔联动性能	8.3.6.1
	防火阀联动性能	8.3.6.2
灭火有效性	关键灭火设备冗余控制性能	8.3.7.1
	管网末端消火栓按钮启泵性能	8.3.7.2
	自动喷水灭火系统联动性能	8.3.7.3
	气体、泡沫、干粉等灭火系统联动性能	8.3.7.4
重要消防设施监控	消防水箱(池)水位信息	8.3.8.1
	消防泵、喷淋泵工作条件信息	8.3.8.2
	联动设备现场供电直流电源信息	8.3.8.3

8.3.3.2 探测器完好率

8.3.3.2.1 利用控制器的查询功能，分别统计不同种类的火灾探测器的故障和屏蔽数量，得出某类火灾探测器的查询完好率，用公式(3)表示。

$$P_Q = \frac{N - N_f}{N} \times 100\% \quad \cdots\cdots\cdots (3)$$

式中：

P_Q——该类探测器查询完好率；

N——该类探测器总数量；

N_f——该类探测器故障总数和屏蔽总数之和。

检查数量：全数检查，每种探测器分别检查。

8.3.3.2.2 利用模拟火灾方式，抽查所有重点及火灾危险部位某类火灾探测器的报警响应性能。如果探测器能够正常报警，则该探测器判定为合格，用公式(4)表示该类探测器的抽查合格率。

$$R_c = \frac{N_q}{n} \times 100\% \quad \cdots\cdots\cdots (4)$$

式中：

R_c——该类探测器抽查合格率；

N_q——该类探测器合格数量；

n——该类探测器的抽查数量。

检查数量：总安装数量的 20%，且抽查总数不能低于 20 只，不足 20 只则全数检查。

8.3.3.2.3 该类探测器的完好率＝该类探测器查询完好率×该类探测器抽查合格率。用公式(5)表示。

$$P_c = P_Q \times R_c \qquad \cdots\cdots(5)$$

式中：

P_c——该类探测器完好率；

P_Q——该类探测器查询完好率；

R_c——该类探测器抽查合格率。

8.3.3.3 **模块完好率**

8.3.3.3.1 利用控制器的查询功能，分别统计输入、输出、输入/输出模块和中继模块的故障和屏蔽数量，得出模块的查询完好率，用公式(3)表示。

式中：

P_Q——模块查询完好率；

N——模块总数量；

N_f——模块故障总数和屏蔽总数之和。

检查数量：全数检查。

8.3.3.3.2 抽查测试模块动作情况。如果任一只模块能够正常工作，则该模块判定合格，用公式(4)表示模块的抽查合格率

式中：

R_c——模块抽查合格率；

N_q——模块合格数量；

n——模块的抽查数量。

检查数量：重点及火灾危险部位模块总安装数量的20%，且抽查总数不能低于20只，不足20只则全数检查。

8.3.3.3.3 模块完好率＝模块查询完好率×模块抽查合格率。用公式(5)表示。

式中：

P_c——模块完好率；

P_Q——模块查询完好率；

R_c——模块抽查合格率。

8.3.3.4 **消火栓按钮完好率**

8.3.3.4.1 利用控制器的查询功能，统计消火栓按钮的故障和屏蔽数量，得出消火栓按钮的查询完好率，用公式(3)表示。

式中：

P_Q——消火栓按钮查询完好率；

N——消火栓按钮总数量；

N_f——消火栓按钮故障总数和屏蔽总数之和。

检查数量：全数检查。

8.3.3.4.2 抽查重点及火灾危险部位的消火栓按钮起泵动作情况。如果抽查的消火栓按钮能够正常起泵，则该消火栓按钮判定为合格，用公式(4)计算消火栓按钮的抽查合格率。

式中：

R_c——消火栓按钮的抽查合格率；

N_q——消火栓按钮合格数量；

n——消火栓按钮的抽查数量。

检查数量：按实际安装数量的10%比例抽检，且抽查总数不能低于10只，不足10只则全数检查。

8.3.3.4.3 消火栓按钮完好率＝消火栓按钮查询完好率×消火栓按钮抽查合格率。用公式(5)表示。

式中：

P_c——消火栓按钮完好率；

P_Q——消火栓按钮查询完好率；

R_c——消火栓按钮抽查合格率。

8.3.3.5 手动报警按钮完好率

8.3.3.5.1 利用控制器的查询功能，统计手动报警按钮的故障和屏蔽数量，得出手动报警按钮的查询完好率，用公式(3)表示。

式中：

P_Q——手动报警按钮查询完好率；

N——手动报警按钮总数量；

N_f——手动报警按钮故障总数和屏蔽总数之和。

检查数量：全数检查。

8.3.3.5.2 抽查重点及火灾危险部位的手动报警按钮动作情况。如果抽查的每只手动报警按钮能够正常动作，则该手动报警按钮判定为合格，用公式(4)计算手动报警按钮的抽查合格率。

式中：

R_c——手动报警按钮的抽查合格率；

N_q——手动报警按钮合格数量；

n——手动报警按钮的抽查数量。

检查数量：按实际安装数量的20%比例抽检，且抽查总数不能低于20只，不足20只则全数检查。

8.3.3.5.3 手动报警按钮完好率＝手动报警按钮查询完好率×手动报警按钮抽查合格率。用公式(5)表示。

式中：

P_c——手动报警按钮完好率；

P_Q——手动报警按钮查询完好率；

R_c——手动报警按钮抽查合格率。

8.3.4 探测有效性

8.3.4.1 火灾探测报警和联动负载性能

在总线距离最长的回路末端，选取至少10只火灾探测器进行模拟火灾试验，同时手动启动至少10只(若少于10只，全部启动)输出模块，测试火灾探测器响应性能和模块动作性能。

如果任一只探测器不报火警，或任一只模块未动作，则判定为A类缺陷。

8.3.4.2 黑烟响应

在可能发生黑烟的场所，利用模拟火灾方式，测试点型光电感烟火灾探测器黑烟响应性能。

检查方式为抽查检验，检查数量应不少于10只，对于安装的火灾探测器数量少于10只的全部抽检；对于重点防火部位应至少抽取1只火灾探测器。

如果被检查的火灾探测器全部报火警，则判定为合格。如果有任一只火灾探测器不报火警，则判定为A类缺陷。

8.3.4.3 阴燃火/有烟明火响应

针对既能够产生阴燃火又能产生有烟明火的大空间场所，利用模拟火灾方式，测试感烟火灾探测器阴燃火/有烟明火响应性能。

检查方式为抽查检验，抽查数量至少是一个探测区域的火灾探测器。

如果该探测区域不能有效报警，则判定为A类缺陷。

8.3.4.4 探测功能障碍环境检查

检查火灾探测器探测区域内是否存在影响火灾探测性能的障碍物、格栅吊顶或干扰源。

检查数量：全数检查。

如果影响火灾探测器的火灾探测功能，则判定为A类缺陷；如果引起火灾探测器误报火警，则判定为B类缺陷。

8.3.5 疏散有效性

8.3.5.1 疏散楼梯防排烟联动性能

按照GB 50166要求的方法和数量，测试疏散楼梯防排烟风机、通风空调以及防烟排烟阀门的联动功能，并同时测试防排烟风机供电故障信息的监控功能。

如果有一项不能正确动作，或无法监控，则判定为A类缺陷；如果能够全部动作，并且阀门之间的动作互不影响，则判定为合格。

8.3.5.2 人员密集的复杂区域疏散引导及设备联动性能

控制器处于自动工作状态，利用模拟火灾方式，测试人员密集和疏散路线复杂区域的疏散引导及设备联动功能。

检查数量：全数检查。

如果疏散路线生成快速准确，疏散路线与火灾报警位置有关联，并且与其他设备联动配合正确，则判定合格；如果不能达到上述要求，并严重影响人员疏散的，则判定为A类缺陷；如果存在缺陷，且影响人员疏散程度一般，则判定为B类缺陷；如果存在其他问题，但不影响人员疏散的，则判定为C类缺陷。

8.3.5.3 电梯及疏散通道门联动性能

控制器处于自动工作状态，利用模拟火灾方式，测试电梯、门禁系统以及涉及疏散的电动栅杆联动功能，并同时测试消防控制室监控疏散通道防火门状态和电动防火门故障信息的功能。

如果正确动作，联动控制和时序合理，则判定为合格；如果不能正确动作，严重影响人员疏散，则判定为A类缺陷。

如果能够监控全部信息，则判定为合格；如果有一种信息无法监控，则判定为B类缺陷。

8.3.6 防火分隔有效性

8.3.6.1 共享空间防火分隔联动性能

在共享空间内或相邻的防火分区模拟火灾，测试首层及其他层防火卷帘动作情况，并同时测试消防控制室监控防火卷帘状态和故障信息的功能。

检查数量：按照实际安装数量的10%～20%抽查。

如果正确动作，则判定为合格；如果不能正确动作，则判定为A类缺陷；如果能正确动作，但存在其他问题，则判定为C类缺陷。

如果能够监控全部信息，则判定为合格；如果有一种信息无法监控，则判定为B类缺陷。

8.3.6.2 防火阀联动性能

利用模拟火灾方式，对穿越重要或火灾危险性大的房间风管内设置的防火阀，进行联动动作情况测试。

检查数量：全数检查。

如果正确动作，则判定为合格；如果不能正确动作，则判定为A类缺陷；如果能正确动作，但存在其他问题，则判定为C类缺陷。

8.3.7 灭火有效性

8.3.7.1 关键灭火设备冗余控制性能

8.3.7.1.1 分别以消防控制室自动控制方式、消防控制室专线启动控制方式以及现场手动启动方式测试消防泵、喷淋泵和泡沫液泵等联动动作情况。

检查数量：全数检查。

如果任意一种方式无法实现控制，则判定为A类缺陷；如果可以实现控制，但存在其他问题，则判定为C类缺陷。

8.3.7.1.2 分别在消防主控室和分控室测试控制关键灭火设备的动作情况。

检查数量：全数检查。

如果都能实现控制，则判定为合格；如果其中一个不能实现控制，则判定为A类缺陷。

8.3.7.2 管网末端消火栓按钮启泵性能

按下管网末端的消火栓按钮，测试消防泵动作情况。

如果正确动作，消防控制室能够正确接受相关信息，则判定为合格；如果不能正确动作，则判定为A类缺陷；如果能够正确动作，但存在其他问题，则判定为C类缺陷。

8.3.7.3 自动喷水灭火系统联动性能

测试同一管网首层、最高层以及重点部位所在楼层末端的自动喷水灭火系统的联动动作情况，并同时测试自动喷水灭火系统管网过压、欠压以及手动阀的开闭状态信息的监控功能。

检查数量：GB 50166规定的数量。

如果能够正确联动，且水流指示器、信号阀、压力开关以及电动(磁)阀等指示或动作正确，则判定为合格；如果不能正确动作，则判定为A类缺陷。

如果有任一种信息无法返回到消防控制室，则判定为B类缺陷。

8.3.7.4 气体、泡沫、干粉等灭火系统联动性能

断开联动的真实负载，利用模拟火灾方式，测试气体、泡沫、干粉等灭火系统模拟联动动作情况。

检查数量：GB 50166规定的数量。

如果正常工作，动作时序、联动逻辑关系正确，则判定为合格；如果不能正常工作，则判定为A类缺陷；如果能够动作，但动作时序或联动逻辑关系不正确，则判定为B类缺陷；如果能够正确工作，但存在其他问题，则判定为C类缺陷。

8.3.8 重要消防设施监控

8.3.8.1 消防水箱(池)水位信息

测试消防水箱(池)水位以及低温报警信息的监控功能。

检查数量：全数检查。

如果水位低于补水水位，还没有补水，且控制室也未收到无法补水信息，则判定为A类缺陷；如果水箱(池)水温低于冰点而不报警，则判定为B类缺陷；如果溢流不报警，则判定为C类缺陷。

8.3.8.2 消防泵、喷淋泵等工作条件信息

测试消防泵、喷淋泵等手、自动工作状态以及供电故障信息的监控功能。

检查数量：全数检查。

如果能够监控全部信息，则判定为合格；如果有任一种信息无法监控，则判定为B类缺陷。

8.3.8.3 联动设备现场供电直流电源信息

测试消防控制室监控联动设备现场供电直流电源工作信息的功能。

如果能够监控，并且将现场故障信号回传到消防控制室，则判定为合格；如果无法监控，则判定为B类缺陷。

8.4 运行评价总体结论

8.4.1 给出系统利用率以及设备完好率的各项测试数据。

8.4.2 系统有效性应依据测试的探测、疏散、防火分隔、灭火有效性以及重要消防设施监控指标的缺陷数量给出：

a) 如果测试数据中有$A \geq 1$，则系统有效性为差；

b) 如果$A=0$，且$B>2$，或$B+C>$检查项的5%，则系统有效性为一般；

c) 如果$A=0$，且$B \leq 2$，且$B+C \leq$检查项的5%，则系统有效性为良好。

附　录　A
（资料性附录）
火灾自动报警系统优化设计流程

火灾自动报警系统优化设计流程见图A.1。

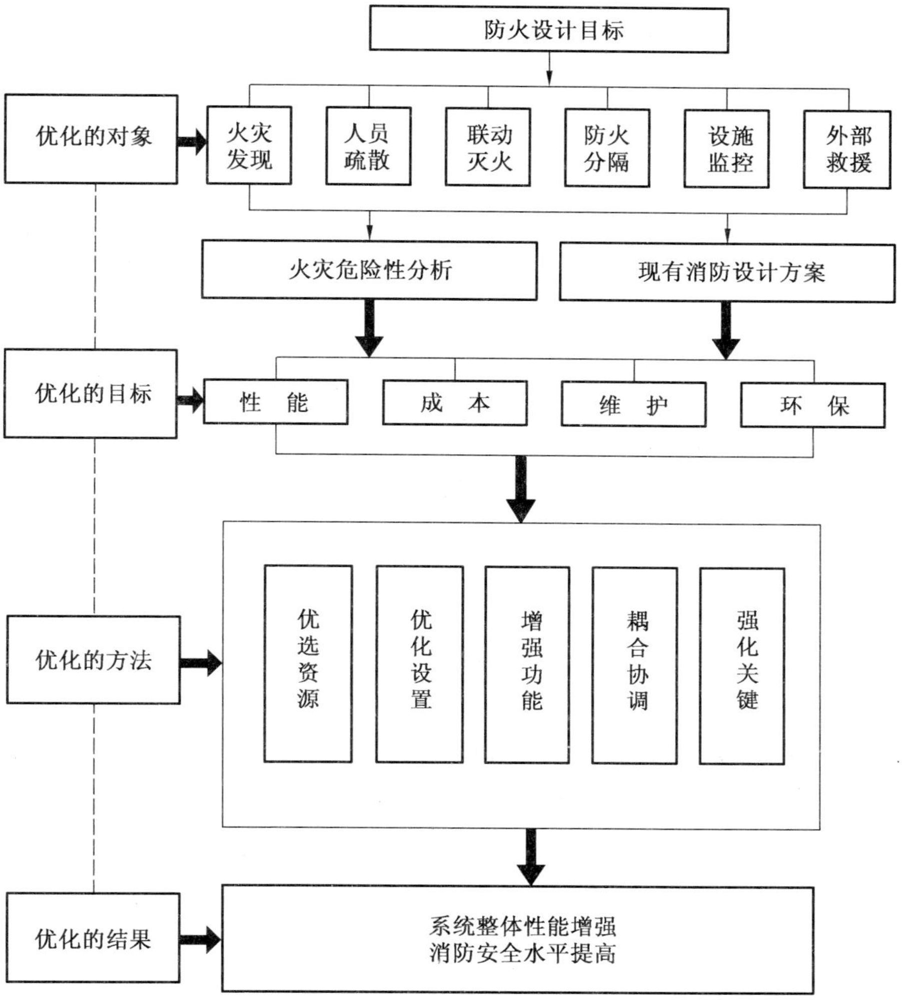

图A.1　火灾自动报警系统优化设计流程图

ICS 13.220.20
C 81

GB

中华人民共和国国家标准化指导性技术文件

GB/Z 24979—2010

点型感烟/感温火灾探测器性能评价

Performance assessment of point type smoke and/or heat fire detector

2009-08-09 发布　　2010-12-01 实施

中华人民共和国国家质量监督检验检疫总局
中国国家标准化管理委员会　发布

前　言

点型感烟/感温火灾探测器在特殊及复杂应用条件下的火灾响应、抗干扰能力等综合性能需要进行科学的评价，以确保防火目标的实现。

本指导性技术文件仅供参考。有关对本指导性技术文件的建议和意见，向国务院标准化行政主管部门反映。

本指导性技术文件的附录B、附录C、附录D为规范性附录，附录A为资料性附录。

本指导性技术文件由中华人民共和国公安部提出。

本指导性技术文件由全国消防标准化技术委员会火灾探测和报警分技术委员会(SAC/TC 113/SC 6)归口。

本指导性技术文件负责起草单位：公安部沈阳消防研究所。

本指导性技术文件参加起草单位：辽宁省公安消防总队、西安盛赛尔电子有限公司、海湾安全技术有限公司。

本指导性技术文件主要起草人：董文辉、梅志斌、龚溥、王卓甫、宋珍、刘玉宝、关大巍、张雄飞、王爱中、高贵宾。

点型感烟/感温火灾探测器性能评价

1 范围

本指导性技术文件给出了点型感烟/感温火灾探测器性能评价的评价流程和评价方法。

本指导性技术文件适用于点型感烟火灾探测器、点型感温火灾探测器、点型烟温复合火灾探测器，为点型感烟/感温火灾探测器的性能评价提供了准则。

本指导性技术文件也适用于点型感烟、点型感温、点型烟温复合火灾探测算法的性能评价。

2 规范性引用文件

下列文件中的条款通过本指导性技术文件的引用而成为本指导性技术文件的条款。凡是注日期的引用文件，其随后所有的修改单(不包括勘误的内容)或修订版均不适用于本指导性技术文件，然而，鼓励根据本指导性技术文件达成协议的各方研究是否可使用这些文件的最新版本。凡是不注日期的引用文件，其最新版本适用于本指导性技术文件。

GB 4208—2008 外壳防护等级(IP 代码)(IEC 60529:2001,IDT)

GB 4715—2005 点型感烟火灾探测器

GB 4716—2005 点型感温火灾探测器

GB/T 4718—2006 火灾报警设备专业术语

3 术语和定义

GB/T 4718—2006 中确立的以及下列术语和定义适用于本指导性技术文件。

3.1

主观评价法 subjective assessment method

评价人员针对被评价火灾探测器和技术文件，依据实际工作经验，按照一定的评价程序，对全部或部分评价指标做出主观判断并给出相应评价结论的方法。

3.2

客观评价法 objective assessment method

评价人员通过具体试验、模拟测试或仿真计算，对被评价火灾探测器的特定评价指标做出评价结论的方法。

3.3

缓慢发展火 slowly developed fire

以大于每小时 $A/4$(A 为探测器不加补偿的初始响应阈值)的升烟速率慢速发展的火灾。

4 要求

4.1 总则

4.1.1 参与评价的点型感烟/感温火灾探测器应首先满足本章要求，然后按照第 5 章规定进行评价。

4.1.2 除了在产品开发过程中开展的评价活动以外，点型感烟/感温火灾探测器在性能评价前应通过国家产品质量监督检验。

4.2 评价流程

点型感烟/感温火灾探测器的性能评价应按照图1所示的流程实施。

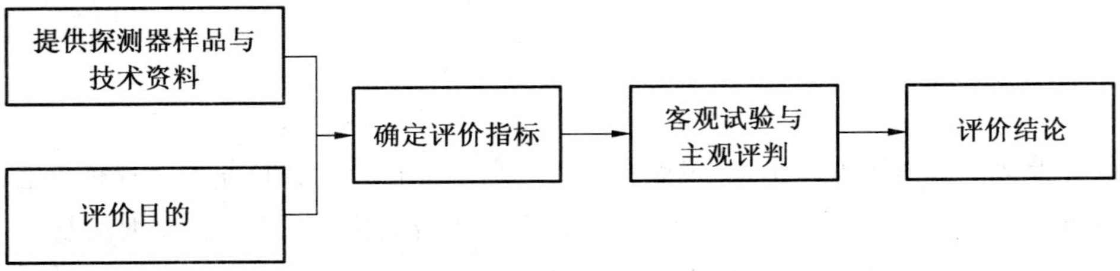

图1 评价流程框图

4.3 评价指标体系

点型感烟/感温火灾探测器的评价指标体系见表1。

5 评价方法

5.1 总则

5.1.1 评价方法分类

本指导性技术文件的评价方法分为主观评价法和客观评价法。

5.1.2 评价主体条件

评价主体应具备如下条件：

a) 评价机构应为火灾自动报警技术领域的消防技术服务机构，具备独立法人资格和相关人员、设备等评价所需的资源条件，并依法获得相应的资质、资格；

b) 评价人员应为具备相关消防工作经验的技术服务人员。参加评价活动人员不少于5人，其中具有高级技术职称的人员不少于2人。

5.1.3 试验样品

对于需要提供试验样品的评价，试验前，应提供下列试验样品（探测器加底座）：

a) 对于感烟火灾探测器或感温火灾探测器，提供7只样品；

b) 对于烟温复合火灾探测器，提供7只样品；

c) 对于烟温一氧化碳三复合火灾探测器，提供11只样品；

d) 火灾报警控制器或控制指示设备1台。

5.1.4 试验设备及环境

本评价试验方法中所用的试验设备应符合GB 4715—2005相关规定。有关试验环境条件、探测器安装、容差、试验前检查方面的要求应按照GB 4715—2005执行。

5.1.5 评分方法

5.1.5.1 得分按公式(1)进行计算。

$$S_i = \sum_{j=1}^{n} S_j \times \alpha_j \quad \cdots\cdots(1)$$

式中：

S_i——当前级指标得分；

S_j——下一级指标得分；

α_j——权重。权重由评价人员根据具体评价目的确定。

表 1　评价指标体系

一级指标	二级指标	三级指标	感烟	感温	复合	评价方法
火灾探测性能	标准试验火	木材明火	●		●	选择三级指标中的一个或几个进行评价，评价方法见 5.2
		木材热解阴燃火				
		棉绳阴燃火				
		聚氨酯塑料火				
		正庚烷火				
		十氢化萘火				
		新闻纸燃烧火				
	缓慢发展火	—	●		●	评价方法见 5.3
	其他试验火	—	●		●	评价方法见 5.4
	响应时间	—		●		评价方法见 5.5
防误报性能	气溶胶误报	大气尘	●		●	选择三级指标中的一个或几个进行评价，评价方法见 5.6
		黄土尘				
		煤飞灰				
		水雾				
		烹调油烟				
	热源误报	瞬间温升		●	●	评价方法见 5.7
		高温应用				
环境适应性	气候环境	温度	●	●	●	选择三级指标中的一个或几个进行评价，评价方法见 5.8
		湿度				
		湿热				
		气流				
	电磁环境	EMC 等级	●	●	●	
	防护等级	外壳防护等级（GB 4208—2008）	●	●	●	
		防爆等级				
	外观	对外观的主观评价	●	●	●	
	环保	环保认证等级	●	●	●	
维护性	自诊断与报修	常见故障的自诊断和报修	●	●	●	评价方法见 5.9
	专用工具	保养维护时提供的工具	●	●	●	
	组件兼容	系列产品的兼容	●	●	●	
注：●表示该项评价指标适合该类探测器。						

5.1.5.2　评定等级与评分如下：

A 级：(81～100)分；B 级：(61～80)分；C 级：(0～60)分。

5.1.6　评价报告内容

对点型感烟/感温火灾探测器性能评价的结果应写出报告，报告原则上应包括部分或全部如下内容：

a)　被评价探测器的生产厂家、商标、型号、类型、出厂号和出厂日期；

b) 评价指标；

c) 被评价探测器的评价结果；

d) 评价结果的分析；

e) 评价机构、评价人员、评价地点和日期。

5.2 标准试验火评价方法

标准试验火的评价方法见表2。

表2 标准试验火的评价方法

序号	名称	试验方法	评分方法
1	木材热解阴燃火	按照 GB 4715—2005 的规定	$100-50\times M^{a}$
2	棉绳阴燃火		
3	聚氨酯塑料火		$100-50\times Y^{a}/3$
4	正庚烷火		
5	木材明火	见附录 B	
6	十氢化萘火	见附录 C	$100-200\times M/3$
7	新闻纸火	见附录 D	$100-25\times T$

注1：M：报警时的 m 值。

注2：Y：报警时的 y 值。

注3：T：报警时刻。

[a] 有关 m 值、y 值的计算公式与测量方法见 GB 4715—2005。

5.3 缓慢发展火评价方法

5.3.1 本试验按照 GB 4715—2005 执行。

5.3.2 试验结果评判如下：

探测器的得分按公式(2)进行计算。

$$[1-(t/1.6\times A/R)]\times 100 \qquad \cdots\cdots(2)$$

式中：

t——报警时间−100，单位为秒(s)。

5.4 其他试验火评价方法

根据具体的评价要求，对被评价探测器进行其他试验火的评价活动，其试验方法和得分方法参照5.2规定执行。

5.5 响应性能评价方法

5.5.1 本试验按照 GB 4716—2005 执行。

5.5.2 试验结果评判如下：

探测器的得分按公式(3)进行计算。

$$\frac{1}{6}\sum_{i=1}^{6}\frac{2T_{\min}}{t_1+t_2} \qquad \cdots\cdots(3)$$

式中：

$T_{\min}$——GB 4716—2005 规定的6种升温速率的响应时间下限值；

t_1、t_2——试样的实际响应时间。

5.6 气溶胶误报评价方法

根据具体的评价要求，通过附录A规定的火灾探测性能综合模拟评估试验平台测试探测器的抗气溶胶误报干扰的能力并给出结果。

5.7 热源误报评价方法

根据具体的评价要求，通过附录A规定的火灾探测性能综合模拟评估试验平台测试探测器的抗热源干扰的能力并给出结果。

5.8 环境适应性评价方法

环境适应性评价采用主观评价法，结论分为A、B、C三类，A类对应分值为100分；B类对应分值为80分；C类对应分值为60分。环境适应性评价具体方法见表3。

表3 环境适应性评价方法

项目		评分		
		A	B	C
气候环境	温度	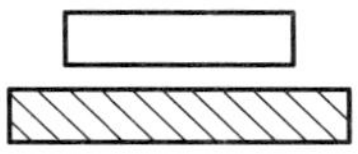	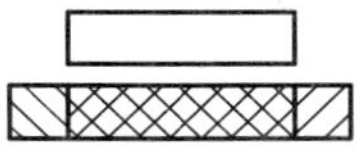	
	湿度			
	湿热			
	气流			
电磁环境		满足较高认证	满足基本认证	—
防护等级	外壳防护等级	满足较高认证	满足基本认证	—
	防爆等级			
外观		非常好	较好	一般
环保		非常好	较好	一般

注1：：工程要求的实际参数区间。

注2：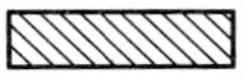：被评价探测器的参数区间。

5.9 维护性评价方法

维护性评价按表4进行，对被评价探测器是否具有该功能进行确认，具备全部功能得分100，具备80%以上功能得80分，具备60%以上得60分，其余0分。维护性评价检查表见表4。

表4 维护性评价检查表

项目		是否具备该功能	
		是	否
自诊断与报修	感烟探测器迷宫污染报修		
	火警确认灯故障报修		
	传感器故障报修		
	存储器故障报修		
	模拟量基值超限报修		
	工作电压超限报修		
专用工具	火警测试		
	地址编码		
	感烟探测器迷宫更换或清洗		
	探测器拆卸		
组件兼容	底座		
	探测器系列		

附 录 A
（资料性附录）
火灾探测性能综合模拟评估试验平台

A.1 引言

本平台主体结构为矩形截面的通风管道，由计算机控制，配备模拟发生装置和数据采集系统，模拟点型火灾探测器所面临的火灾早期烟气环境和各种典型干扰背景，主要包括：气流、温度、湿度、一氧化碳、石蜡气溶胶、丙烯黑烟、水蒸气、粉尘以及小尺寸火灾试验等。本平台可以完成点型火灾探测器（点型感烟、点型烟/温复合、一氧化碳火灾探测器）应用于不同目标场所的火灾响应能力试验、环境适应能力和抗误报能力等性能测试。

A.2 主要技术参数

火灾探测性能综合模拟评估试验平台的主要技术参数如表 A.1 所示。

表 A.1 火灾探测性能综合模拟评估试验平台参数表

参 数	范 围
风速	(0.2～5)m/s
温度	≤+90 ℃
灰尘浓度	(0～5 000)mg/m^3
水雾浓度	(0～5 000)mg/m^3
白烟	(0～2)dB/m
黑烟	(0～2)dB/m
烹调油烟	(0～2)dB/m
一氧化碳	(0～200)sccm

A.3 试验种类

在火灾探测性能综合模拟评估试验平台上可进行的试验种类如表 A.2 所示。

表 A.2 试验列表

试验种类	试验项目	说 明
模拟试验	石蜡气溶胶、丙烯黑烟	模拟火灾产生的烟雾，用来测试感烟探测器对烟雾敏感的广谱性
干扰试验	灰尘干扰、水雾干扰 烹调油烟等	测试感烟探测器对实际环境中的典型误报干扰的抑制能力
小尺寸火试验	木材阴燃、棉绳阴燃 聚氨酯塑料、正庚烷等	模拟小尺寸火灾情况，测试探测器的响应情况
其他试验	多传感组合试验	测试多种火灾参数同时作用的情况下，复合或多传感探测器的响应情况
	慢速发展火灾	测试具有漂移补偿功能的探测器对慢速发展火灾的响应情况
	设计试验	根据探测器的功能以及实际应用环境特点开展的一些有针对性的试验。例如一般建筑内感烟探测器的长期运行效果试验等

附 录 B
（规范性附录）
木 材 明 火

B.1 燃料：大约70根尺寸为1 cm×2 cm×25 cm的干山毛榉木棍（含水量小于3%）。

B.2 布置：木棍交错摞成方阵形，底面积为(50×50)cm^2，最少摞成七层，中间形成空隙。

B.3 点火材料：5 cm^3 甲基化酒精装在直径为5 cm的金属圆盘里。

B.4 点火位置：置于上述木棍叠落方阵底部的中心处，用明火点燃。

B.5 试验结束判据：y 值=6。

附　录　C
（规范性附录）
十氢化萘火

C.1　燃料：大约 170 g 的十氢化萘（$C_{10}H_{18}$，一种分子量 138.25 g/mol、密度 0.88 kg/L 的同分异构体混合物）。

C.2　布置：将十氢化萘放入尺寸为 10 cm×10 cm，深 2 cm 的正方形铁盘里燃烧。

C.3　点火方式：火焰或电火花等，应使用少量干净的燃料（5 g 乙醇 C_2H_5OH）用来支持燃烧。

C.4　试验结束的判据：m 值＝1.5 dB/m，试验结束时温升 ΔT 应不少于 10 ℃。

附 录 D
（规范性附录）
新 闻 纸 火

D.1 燃料：被裁成(6～10)mm宽，(25.4～102)mm长，总质量为42.6 g的新闻纸碎片倒入容器中，容器底端临时盖上一个扁平的盘子，在倒入新闻纸的过程中不断的将容器中的新闻纸夯实，直到纸的顶端低于容器边缘102 mm，并使新闻纸的中央从上到下形成一个直径大约在25.4 mm的洞，然后取下底端的临时盘子，安装在一个离地面0.9 m高，直径为127 mm的环形支撑物上。

D.2 容器：用直径102 mm，高0.3 m，厚0.8 mm的薄金属焊接而成，在焊接处没有空气缝隙，底端是一个152 mm的正方形支撑边缘。

D.3 点火位置：点燃装置的顶端放在容器底部的中心位置并持续5 s。

D.4 试验结束判据：时间不超过4 min。

ICS 77.120.99
H 65

中华人民共和国国家标准

GB/T 24980—2010

稀土长余辉荧光粉

Long afterglow phosphors activated by rare earths

2010-08-09 发布　　2011-05-01 实施

中华人民共和国国家质量监督检验检疫总局
中国国家标准化管理委员会　发布

前　言

本标准由全国稀土标准化技术委员会提出并归口。

本标准负责起草单位：大连路明发光科技股份有限公司。

本标准参加起草单位：四川新力光源有限公司、上海跃龙新材料股份有限公司、杭州大明荧光材料有限公司。

本标准主要起草人：夏威、曲智博、曹英凌、肖志国、张宏伟、于晶杰、陈惠新、赵昆。

稀土长余辉荧光粉

1 范围

本标准规定了稀土长余辉荧光粉的要求、试验方法、检验规则及标志、包装、运输、贮存。

本标准适用于经高温反应制得的铝酸盐体系、硅酸盐体系、硫氧化物体系的稀土长余辉荧光粉，主要用于消防、交通、建筑等领域的弱光指示和照明。

2 规范性引用文件

下列文件中的条款通过本标准的引用而成为本标准的条款。凡是注日期的引用文件，其随后所有的修改单(不包括勘误的内容)或修订版均不适用于本标准，然而，鼓励根据本标准达成协议的各方研究是否可使用这些文件的最新版本。凡是不注日期的引用文件，其最新版本适用于本标准。

GB/T 8170　数值修约规则与极限数值的表示和判定

GB/T 15676　稀土术语

GB/T 20170.1　稀土金属及其化合物物理性能测试方法　稀土化合物粒度分布的测定

GB/T 24981(所有部分)　稀土长余辉荧光粉试验方法

3 术语和定义

GB/T 15676 确立的以及下列术语和定义适用于本标准。

3.1

稀土长余辉荧光粉　long afterglow phosphors activated by rare earths

在紫外光或可见光激发时，能够吸收储存光能，光激发停止后，可以持续长时间发出可见光的稀土离子激活的荧光粉。

3.2

标准荧光粉　standard phosphors

按指定牌号及一定要求制得的、并经过性能标定的、用于产品性能相对测量用的荧光粉。

注：本标准采用稀土蓄光型(长余辉)荧光粉相对亮度国家标准样品为标准荧光粉。

3.3

发光颜色　color of long afterglow

在停止激发后发出的余辉荧光颜色，用色品坐标表征。

3.4

相对亮度　relative brightness

在规定的激发条件下，荧光粉待测样品与相同分类的标准荧光粉在规定的相同的余辉测试时间点的亮度之比。

3.5

粒度分布　particle size distribution

颗粒群在规定的粒度区间范围内的质量百分数。

4 要求

4.1 产品分类及牌号

产品按化学成分组成共分为 20 个牌号。产品的类别、牌号、发射主峰、色品坐标、发光颜色、相对亮度、中心粒径(或粒度分布)应符合表 1 的规定。如需方对产品有特殊要求时，由供需双方协商确定。

表 1

产品化学成分组成体系	类别	产品牌号	发射主峰	色品坐标		发光颜色	相对亮度/%		中心粒径（$D[V,50]$）	粒度分布
			nm	x	y		10 min	60 min	μm	
碱土铝酸盐	207001（常规一级）	207001A	510～530	0.245～0.305	0.545～0.605	黄绿色	≥70.0	≥70.0	50～100	—
		207001B	510～530	0.245～0.305	0.545～0.605	黄绿色	≥49.0	≥48.0	20～50	—
		207001C	510～530	0.245～0.305	0.545～0.605	黄绿色	≥34.0	≥33.5	10～20	—
		207001D	480～500	0.115～0.175	0.350～0.410	蓝绿色	≥60.0	≥60.0	50～100	—
		207001E	480～500	0.115～0.175	0.350～0.410	蓝绿色	≥42.0	≥40.0	20～50	—
	207002（常规二级）	207002A	510～530	0.245～0.305	0.545～0.605	黄绿色	44.0～70.0	43.5～70.0	50～100	—
		207002B	510～530	0.245～0.305	0.545～0.605	黄绿色	35.5～49.0	34.5～48.0	20～50	—
		207002C	510～530	0.245～0.305	0.545～0.605	黄绿色	22.5～34.0	21.5～33.5	10～20	—
		207002D	480～500	0.115～0.175	0.350～0.410	蓝绿色	34.5～60.0	33.0～60.0	50～100	—
		207002E	480～500	0.115～0.175	0.350～0.410	蓝绿色	26.5～42.0	25.0～40.0	20～50	—
	207003（常规三级）	207003A	510～530	0.245～0.305	0.545～0.605	黄绿色	35.5～44.0	35.5～43.5	50～100	—
		207003B	510～530	0.245～0.305	0.545～0.605	黄绿色	21.0～35.5	21.0～34.5	15～50	—
	207004（颗粒型）	207004A	510～530	0.245～0.305	0.545～0.605	黄绿色	≥65.0	≥65.0	—	在 0.85 mm～1.80 mm 之间的质量百分数不小于 80%
		207004B	510～530	0.245～0.305	0.545～0.605	黄绿色	≥63.0	≥60.0	—	在 0.40 mm～1.20 mm 之间的质量百分数不小于 80%
		207004C	510～530	0.245～0.305	0.545～0.605	黄绿色	≥58.5	≥55.5	—	在 0.25 mm～0.60 mm 之间的质量百分数不小于 80%
	207005（弱光型）	207005A	510～530	0.245～0.305	0.545～0.605	黄绿色	≥70.0	≥70.0	20～50	
		207005B	510～530	0.245～0.305	0.545～0.605	黄绿色	≥52.5	≥50.5	10～20	
硅酸盐	207101（常规一级）	207101A	455～475	0.110～0.170	0.135～0.195	蓝色	≥65.0	≥65.0	50～75	
		207101B	455～475	0.110～0.170	0.135～0.195	蓝色	≥35.0	≥33.0	20～35	
硫氧化物	207201（常规一级）		620～630	0.530～0.590	0.400～0.460	橙红色	1 min	10 min	20～40	
							≥65.0	≥65.0		

注 1：碱土铝酸盐体系化学参考组成为：$MO \cdot nAl_2O_3$：Eu、Ln(M=Ca、Mg、Sr、Ba；Ln=Dy、Nd、Ho、Sm、Er、Tm、Pr；$1 \leqslant n \leqslant 2$)；

注 2：硅酸盐体系化学参考组成为：$(Sr_{2-n}Ca_n)MgSi_2O_7$：Eu、Dy；

注 3：硫氧化物化学参考组成为：Y_2O_2S：Eu、Ln(Ln=Mg、Ti、Sm、Ho、Pr)。

4.2 外观

产品外观为固体粉末状，杂质颗粒含量不多于5个/100 cm^2。

5 试验方法

5.1 发射主峰、色品坐标、发光颜色、相对亮度的测定按GB/T 24981的规定进行。

5.2 中心粒径的测定按GB/T 20170.1中方法1的规定进行。

5.3 粒度分布的测定按表2中的规定选择筛网，称取试样10 g，准确至0.1 g。放入细筛网内，手持筛子的上端轻轻摇动，用中楷羊毛笔将荧光粉轻轻刷下，至无荧光粉落下为止。再将细筛网内的筛余物全部放入粗筛网内，重复上述步骤，至无荧光粉落下为止。将粗筛筛下物称重，准确至0.1 g。计算粗筛筛下物占试样总质量的质量百分数。

表2

数字牌号	粗筛网/(孔径 μm)	细筛网/(孔径 μm)	粒度区间/(mm)
207004A	1 400	830	0.85～1.80
207004B	1 000	380	0.40～1.20
207004C	550	250	0.25～0.60

5.4 数值修约规则按GB/T 8170的规定进行。

5.5 外观检查时，采用牛角勺从不同部位约取10 g试样，均匀地平摊在白色瓷板或白色油光纸上，其摊开面积不小于200 cm^2，在日光下用目视法观察。

6 检验规则

6.1 检查和验收

6.1.1 产品应由供方技术监督部门进行检验，保证产品质量符合本标准(或订货合同)的规定，并填写产品质量证明书。

6.1.2 需方应对收到的产品按本标准的规定进行检验，如检验结果与本标准(或订货合同)的规定不符时，应在收到产品之日起三个月内向供方提出，由供需双方协商解决。如需仲裁，可委托双方认可的单位进行，并在需方共同取样。

6.2 组批

产品应成批提交验收，每批应由同一牌号组成。

6.3 检验项目

每批产品应进行发射主峰、色品坐标、发光颜色、相对亮度、中心粒径(或粒度分布)和外观的检验。若用户需要其他性能指标的检测结果，应在合同中注明。

6.4 仲裁取样

仲裁取样按表3的规定进行。每件(袋)取样量不少于100 g。将试样充分混匀后，用四分法迅速缩分至试样所需数量。

表3

件(袋)数	1～5	6～49	50～100	>100
取样件(袋)数	件(袋)数的100%	5	件(袋)数的10%	件(袋)数的平方根取正整数

6.5 检验结果判定

除外观外，仲裁分析结果与本标准规定不符时，则从该批产品中取双倍试样对不合格项目进行重复试验，如仍有一项结果不合格，则该批产品为不合格。

外观检验结果与本标准规定不符时，则直接判定该批产品不合格。

7 标志、包装、运输、贮存

7.1 标志、包装

7.1.1 产品外包装上应有明显的“防潮”标志或字样，桶(或箱)外应注明：供方名称、产品名称、牌号、批号、净重、生产日期。

7.1.2 产品分装于双层塑料袋中，每袋净重分别为 1 kg、5 kg、10 kg、20 kg、25 kg。塑料袋置于塑料桶、铁桶、纸箱或木桶中。产品包装应密封牢固。

7.2 运输、贮存

产品运输时防止机械碰撞，保持包装完整；防止日晒、雨淋。贮存时应放于通风、干燥的库房内。

7.3 质量证明书

每批产品应附有质量证明书，注明：

a) 供方名称；

b) 产品名称和牌号；

c) 批号；

d) 净重和件数；

e) 各项分析检验结果和技术监督部门印记；

f) 本标准编号；

g) 生产日期。